Fünfmast-Vollschiff „Preußen".

Middendorf, Bemastung und Takelung der Schiffe.

Verlag von Julius Springer in Berlin.

BEMASTUNG UND TAKELUNG DER SCHIFFE

VON

F. L. MIDDENDORF

DIREKTOR DES GERMANISCHEN LLOYD

MIT 172 FIGUREN, 1 TITELBILD UND 2 TAFELN

Springer-Verlag Berlin Heidelberg GmbH

1903

Vieles Gewaltige lebt, doch nichts
Ist gewaltiger als der Mensch,
Denn selbst über die dunkle Meerflut
Zieht er, vom Sturme umtost,
Hinwandelnd zwischen den Wogen,
Den rings umwetterten Pfad.

Sophokles (Antigone).

Additional material to this book can be downloaded from http://extras.springer.com.

ISBN 978-3-662-24466-1   ISBN 978-3-662-26610-6 (eBook)
DOI 10.1007/978-3-662-26610-6
Softcover reprint of the hardcover 1st edition 1903

Vorwort.

Das vorliegende Buch hat den Zweck, die Literatur über die Bemastung und Takelung der Schiffe, die durch den Niedergang der Segelschiffahrt vernachlässigt worden ist, bis auf die Gegenwart weiter zu führen. Trotz der geringen Tätigkeit im Bau von Segelschiffen in den letzten Jahrzehnten, und trotz der Einführung der Doppelschrauben bei großen Dampfern, wodurch die Takelung der letzteren zum größten Teil ihre frühere Wichtigkeit verloren hat, sind doch ganz erhebliche Fortschritte auf dem Gebiete der Bemastung und der Takelung zu verzeichnen. In den modernen Vier- und Fünfmastern sind neue Schiffstypen entstanden, während andere nach und nach verschwunden sind.

Im ersten Teil des Buches findet der Schiffbauer die allgemeinen theoretischen Grundlagen, die zum selbständigen Entwerfen von Segelzeichnungen erforderlich sind. Im zweiten Teil sind von den verschiedensten Segel- und Dampfschiffstakelungen, die gegenwärtig bei deutschen Schiffen vorkommen, Abbildungen und Anleitungen zur Berechnung der Größe der einzelnen Teile der Bemastung gegeben. Die Berechnungen sind möglichst übersichtlich gehalten, so daß sich auch der Anfänger leicht darin zurecht finden kann.

In der guten alten Zeit hatte der Schiffskonstrukteur hinsichtlich der Takelung schon seine Schuldigkeit getan, wenn er eine vollständige Segelzeichnung mit einem Verzeichnis der Abmessungen der Rundhölzer und allenfalls noch des stehenden Gutes angefertigt hatte. Die Ausführung der Beschlagteile konnte er dem Schmied und dem Schlosser, die der Blöcke dem Blockmacher und das übrige dem Takelmeister und dem Segelmacher überlassen. Diese waren oft direkt dem Reeder bezw. dem Kapitän, der die Arbeiten vermittelte, verantwortlich. Die vorerwähnten Arbeiten wurden in der Regel handwerksmäßig betrieben, und dies ist auch der Grund, weshalb in keinem Buche auch nur einigermaßen brauchbare Zeichnungen oder Skizzen über die Einzelheiten der Takelung enthalten sind. Heutzutage ist ein regelrechter und vorteilhafter Werftbetrieb nur möglich, wenn den Arbeitern von jedem einzelnen Werkstück vollständige Zeichnungen geliefert werden, und die Anfertigung dieser Werkzeichnungen, die eine große Summe von praktischen Kenntnissen erfordern, ist Sache des Schiffbauers. Der junge Schiffbauer muß jetzt vieles auf der Schule und aus Büchern erlernen, was er sich früher auf der Werft, auf Seereisen und aus der Unterhaltung mit Seeleuten aneignen konnte. Ich glaube daher den jüngeren Fachgenossen dadurch einen Dienst erwiesen zu haben, daß ich im dritten Teil dieses Buches versuchte, die verschiedenartigsten Beschläge, Blöcke u. s. w. durch Zeichnungen und Skizzen darzustellen, die Art ihrer Beanspruchung zu erörtern und Tabellen oder Formeln über die Abmessungen zu geben.

Bei der schon vor vielen Jahren angefangenen Bearbeitung dieses Buches mußte ich vielfach Zeichnungen von verschiedenen Werften erbitten, denen ich hiermit für das Entgegenkommen bestens danke. Insbesondere bin ich Herrn Claußen, Direktor der Werft von Joh. C. Tecklenborg A.-G., der mir im Laufe der Zeit stets mit größter Bereitwilligkeit die von ihm gemachten Erfahrungen und Beobachtungen mitteilte, zu ganz besonderem Danke verpflichtet.

Bei der Kontrolle der Berechnungen und der Durchsicht des Textes wurde ich von den Schiffbauingenieuren Herren Carl Müller und Skalweit unterstützt, denen ich ebenfalls an dieser Stelle meinen Dank aussprechen möchte.

Berlin, im Januar 1903.

Der Verfasser.

Inhaltsverzeichnis.

Erster Teil.

Theoretische und praktische Grundlagen.

I. Abschnitt.

Deplacement, Auftrieb, Stabilität.

II. Abschnitt.

Gewicht und Schwerpunkt vom Schiff und von der Ladung.

Zweiter Teil.
Anordnung der Bemastung und Takelung der Schiffe.
I. Abschnitt.
Bemastung und Takelung der Segelschiffe.

II. Abschnitt.
Bemastung und Takelung der Dampfschiffe.

Dritter Teil.
Ausführung der einzelnen Teile der Bemastung und der Takelung.

I. Abschnitt.
Ausführung und Abmessungen der Bemastung.

II. Abschnitt.

Tauwerk, Ketten, Winden, Blöcke und Segel.

Einleitung.

Im Nachstehenden soll die Takelung der Schiffe behandelt werden, und deshalb müssen die Segelschiffe den breitesten Raum einnehmen. Es ist aber nicht die Absicht, hier eine ausführliche geschichtliche Abhandlung über das mutmaßliche Aussehen der Schiffe und ihrer Takelung im Altertum und ihre Entwickelung bis zur Gegenwart zu schreiben, sondern es soll nur zum besseren Verständnis des Ganzen kurz angedeutet werden, wie sich seit der Einführung der Dampfer und der eisernen Schiffe für überseeische Fahrten der Niedergang des Holzschiffbaues — der früher für Segelschiffe ausschließlich in Frage kam — vollzogen, und welche Wandlungen die Segelschiffahrt von der genannten Zeit an bis zur Gegenwart erfahren hat.

Als im Jahre 1845 bei dem Dampfer „Great Britain" — Länge 88 m, Breite 15,5 m, Tiefgang 5,49 m — die Schraube als Treibapparat für Seeschiffe in Benutzung kam, wodurch die Dampfschiffahrt in ganz neue Bahnen gelenkt wurde, stand der Holzschiffbau auf einer sehr hohen Stufe der Entwickelung. Die Amerikaner hatten sich, unterstützt durch ihr vorzügliches und billiges Baumaterial, in der ersten Hälfte des vorigen Jahrhunderts allmählich losgemacht von dem Althergebrachten und Schiffe von größeren Abmessungen und schärferen Formen gebaut, als früher für Handelsschiffe üblich waren. Ihre sogenannten Klipperschiffe wurden wegen der größeren Tragfähigkeit und Geschwindigkeit bald überall bekannt und bevorzugt, und man fing nach und nach auch in anderen Ländern an, derartige größere Holzschiffe zu bauen und in Fahrt zu setzen.

Die Schwierigkeit in der Beschaffung von passendem Baumaterial führte die Engländer, die bereits den Bau eiserner Dampfer eifrig betrieben und schon 1837 das erste eiserne Seedampfschiff, den „Rainbow", hergestellt hatten, auch zu dem Bau von eisernen Segelschiffen. Bei diesen machte sich aber der Übelstand geltend, daß der unter Wasser befindliche Teil des Schiffes, der „Boden", namentlich bei Fahrten in warmen Gegenden, nicht lange genug rein blieb. Es bildete sich auf der Außenhaut ein Ansatz, wodurch die Geschwindigkeit und die Manövrierfähigkeit nach einiger Fahrzeit eine solche Einbuße erlitt, daß anfänglich die Verwendbarkeit dieser Schiffe für weite Reisen in Frage gestellt wurde. Die im Boden mit Kupferblech beschlagenen (gekupferten) Holzschiffe dagegen konnten mehrere Jahre im Wasser verbleiben, ohne einen nennenswerten Ansatz resp. Anwuchs an der Kupferhaut aufzuweisen.

Man ging deshalb in England anfangs der sechziger Jahre des 19. Jahrhunderts zu dem Bau von sogenannten Kompositschiffen über. Bei diesem System bestanden die Querverbände und die wichtigsten Längsverbände sowie die Diagonalen aus Eisen, die Außenhaut dagegen aus Holz. Unter Benutzung von Teakholz als beste Holzart für die Außenhaut und bei besonderer Rücksichtnahme auf die Kupferung wurden diese Schiffe recht teuer, sie erhielten aber, wenn sie nach den im Jahre 1864 vom englischen Lloyd aufgestellten vorzüglichen Bauvorschriften ausgeführt wurden, die höchste Klasse für 20 Jahre, weil bei dieser Bauart die bei Holzschiffen so sehr gefährliche Fäulnis der Inhölzer nicht Platz greifen konnte.

Eine Anzahl dieser Schiffe wurde hauptsächlich für den Teehandel, d. h. für Fahrten zwischen England und China verwandt. Hierbei kam es weniger auf schnelle Ausreisen als auf schnelle Heimreisen an, und bei letzteren entwickelte sich eine Art Sport, der seinen Höhepunkt in der denkwürdigen Ozeanwettfahrt zwischen den „schneidig" geführten Schiffen „Ariel", „Taitsing", „Taeping", „Serica" und „Fiery-Cross" erreichte. Von diesen Schiffen waren die ersten drei Kompositschiffe, die beiden letzten Holzschiffe; sie hatten für unsere heutigen Begriffe nur bescheidene Dimensionen, es war keines derselben über 60 m lang und über 900 Registertons groß.

Die berühmten Klipper, die in den fünfziger und sechziger Jahren des vorigen Jahrhunderts in der Fahrt nach Australien beschäftigt waren und die Ausreise meist in Ballast und mit Passagieren — also möglichst günstig beladen — machten, haben gelegentlich schnellere Reisen ausgeführt, als unsere modernen Segler. Die „Thermopylae" brauchte z. B. für eine Reise vom Kanal nach Melbourne 61 Tage, während heute eine Reisedauer — allerdings mit schwer beladenen Schiffen — von 70—80 Tagen als sehr gut bezeichnet wird.

Auf dem Kontinent, wo damals der Mangel an geeignetem Baumaterial noch nicht so sehr empfunden wurde wie in England, wurde der Bau von Holzschiffen eifrig weiter betrieben, nur die Holländer beteiligten sich in hervorragender Weise an dem Bau von Kompositschiffen, die sie vorzugsweise für den Verkehr mit ihren Kolonien verwandten.

Alle Segelschiffe für lange Fahrt wurden zu damaliger Zeit stark bemannt; sie führten eine große Takelung und Leesegel, um bei geringer Windstärke durch Vergrößerung der Segelfläche besseren Fortgang zu erzielen. Es wurden doppelte Marsraaen und verschiedene höchst sinnreiche Einrichtungen zum selbsttätigen Reffen der oberen Marssegel eingeführt, auch kam stellenweise die Schraube bei Segelschiffen als Hilfstriebmittel in Anwendung.

Hand in Hand mit den Verbesserungen in der Bauart der Segelschiffe gingen auch die Fortschritte in der Navigation. Man beobachtete mehr als in früheren Zeiten die Meeresströmungen, die Stärke und die Richtung des Windes sowie Temperatur und Barometerstände, welche an verschiedenen Stellen und zu verschiedenen Zeiten auf den Meeren vorherrschen, und konstruierte aus den Beobachtungen in rationeller Weise für alle Jahreszeiten, sowohl für die Ausreise als auch für die Heimreise, die günstigste Route. Man machte unter Umständen große Umwege, um die jeweiligen örtlichen meteorologischen Verhältnisse klug und geschickt auszunutzen, d. h. um guten Wind anzutreffen und dadurch die Reisedauer abzukürzen, und erreichte schließlich auch in dieser Hinsicht alles, was nach menschlichem Ermessen zur Abkürzung der Reisen von Segelschiffen geschehen konnte.

Auch eiserne Segelschiffe kamen immer mehr in Aufnahme, man hatte geeignete Anstriche für den Boden erfunden, wodurch das unbequeme Ansetzen etwas eingeschränkt wurde.

Inzwischen wurden aber auch die Dampfer verbessert. Sie hatten den Segelschiffen gegenüber den großen Vorteil, daß sie in gerader Richtung auf ihr Ziel lossteuern konnten und keine Umwege zu machen brauchten. Der Kohlenverbrauch ihrer unvollkommenen Maschinen war aber noch außerordentlich groß und deshalb die Rentabilität der Dampfer in langer Fahrt nicht so günstig wie die der Segler.

Durch die im Jahre 1869 erfolgte Eröffnung des für Segelschiffe nicht befahrbaren Suez-Kanals wurde die Reisedauer von Europa nach Indien, Ostasien und Australien für gewöhnliche Frachtdampfer um 30 bis 40 Tage abgekürzt und so kam es, daß ein großer Teil des Verkehrs auf den Welthandelsstraßen, der den Segelschiffen bis dahin gehört hatte, auf die Dampfer überging.

Dadurch geriet auch der Bau der kostspieligen Kompositschiffe bald wieder in Verfall, und gegenwärtig gelangt dieses Bausystem, abgesehen von einigen Kriegsschiffen (Kreuzern) und Vergnügungsfahrzeugen, nur noch vereinzelt, u. a. in Schweden und in den Vereinigten Staaten von Amerika, zur Ausführung.

Auch von den deutschen Seeuferstaaten, namentlich aber von den Hansestädten Bremen und Hamburg, wurde schon um die Hälfte vorigen Jahrhunderts die überseeische Segelschiffahrt energisch betrieben. Dabei spielte die Beförderung von Auswanderern von Europa nach den verschiedenen Plätzen Amerikas eine hervorragende Rolle. Auch die bereits im Jahre 1847 gegründete Hamburg-Amerikanische Paketfahrt-Aktien-Gesellschaft betrieb anfänglich die Beförderung ihrer Passagiere mit hölzernen Segelschiffen, und erst im Jahre 1856 wurde der erste Dampfer die „Borussia", in den regulären Betrieb eingestellt. Diesem Dampfer folgten bald die „Hammonia" und andere. Der Norddeutsche Lloyd eröffnete seine Fahrten im Jahre 1858 mit den vier Dampfern „Bremen", „New York", „Weser" und „Hudson". Beide Dampferlinien hatten anfänglich mit vielen Widerwärtigkeiten zu kämpfen; dazu kam noch, daß die Schiffe oft beträchtliche Havarien erlitten und jeder Linie ein Dampfer durch Feuer verloren ging.

Diese Unfälle und außerdem finanzielle Mißerfolge trugen wesentlich dazu bei, daß neben den Dampfern die Segelschiffe noch längere Zeit weiter bestehen konnten, und noch im Anfange der siebziger Jahre las man in den Zeitungen der genannten Städte, daß „das rühmlichst bekannte, schnellsegelnde, kupferfeste und gekupferte .... Schiff .... mit Auswanderern nach New York, Boston, Baltimore etc. expediert wird".

Dann hörte auch diese früher sehr lohnende Beschäftigung für die Segelschiffe auf, nicht etwa durch ein besonderes Ereignis oder durch eine epochemachende Erfindung, sondern lediglich durch allmähliche Verbesserung der Dampfer und deren Maschinen. Man konnte schon bei der Abfahrt mit einem Dampfer mit ziemlicher Zuverlässigkeit den Tag der Ankunft am Ziele der Reise bestimmen, und dieser Umstand war auch für Auswanderer von so großem Werte, daß sie die Dampfer bevorzugten. Mehr als früher wurde Wert auf schnelle Beförderung gelegt, was sich später, nach Einführung der Schnelldampfer, dadurch kundgab, daß selbst von armen Zwischendeckpassagieren ein höherer Preis für die Überfahrt mit diesen Schiffen gezahlt wurde, obgleich bei allen Schiffen die Verpflegung für die ganze Reisedauer in dem Passagepreis enthalten war.

Die Passagierbeförderung mit Segelschiffen hat inzwischen längst aufgehört, und es wird wohl keinem Reeder einfallen, etwa durch Einstellung von ganz modernen, einige Tausend Tons großen und 7—8 m tiefgehenden Wulstkielern das verlorene Terrain wieder zurückerobern zu wollen.

Etwas anders liegt es mit der Beförderung von Frachtgütern. Hier kämpfen die Dampfer schon seit Jahrzehnten mit den Segelschiffen, ohne daß es ihnen gelungen ist, die letzteren gänzlich aus dem Felde zu schlagen. Segelschiffe mittlerer Größe können sich schwer halten, selbst wenn durch ihre Verwendung Umladungen vermieden werden. Den großen Seglern in langer Fahrt, d. h. in Fahrten um das Kap Horn und um das Kap der guten Hoffnung herum, ist aber für Massengüter (Bulkartikel) als: Kohlen, Reis, Salpeter, Guano, Petroleum in Kisten u. s. w. noch ein großes Feld ihrer früheren Tätigkeit verblieben, während kleine Segler in der heimischen Küsten- und Wattfahrt, trotz zunehmenden Leichterbetriebes, immer noch Beschäftigung finden. Der früher so lohnende Transport von Petroleum in Barrels ist dagegen längst auf die modernen Tankdampfer übergegangen.

Im Anfang der achtziger Jahre des letzten Jahrhunderts trat der Stahl (Flußeisen) als Baumaterial für Handelsschiffe merklich in die Erscheinung. Erst langsam, dann aber, nach Einführung besserer und billigerer Fabrikationsmethoden und nach Verringerung der Materialstärken, verschaffte sich das neue Material immer mehr Eingang. Dies geht am deutlichsten aus nachfolgender, Lloyds Register entnommenen Tabelle der in den letzten zehn Jahren des vorigen Jahrhunderts vorhandenen Schiffe der Welt hervor. Es sind dabei nur die Schiffe von 100 Registertons und darüber (bei Dampfschiffen die Brutto-Registertons, bei Segelschiffen die Netto-Registertons) angegeben. Die Zahlen gelten von Jahresmitte bis Jahresmitte.

No.	Baumaterial	1890/91		1891/92		1892/93		1893/94	
		Anzahl der Schiffe	Tonnengehalt	Anzahl der Schiffe	Tonnengehalt	Anzahl der Schiffe	Tonnengehalt	Anzahl der Schiffe	Tonnengehalt
									Dampf-
1	Eisen	7 606	8 252 841	7 531	8 058 848	7 439	7 914 687	7 238	7 661 124
2	Stahl	2 941	5 145 588	3 516	6 098 411	3 943	6 938 215	4 502	7 986 235
3	Komposit	152	42 873	148	41 429	162	46 555	164	58 424
4	Holz	1 006	375 207	998	363 315	1 014	364 961	1 003	360 419
5	Zusammen	11 705	13 816 509	12 193	14 562 003	12 558	15 264 418	12 907	16 066 202
									Segel-
6	Eisen	1 824	1 963 109	1 807	1 924 915	1 762	1 879 185	1 703	1 814 267
7	Stahl	349	512 865	598	916 683	681	1 028 118	759	1 142 750
8	Komposit	136	99 488	125	91 154	122	87 735	115	83 839
9	Holz	18 312	6 547 987	17 343	6 199 753	16 887	5 998 919	15 237	5 462 438
10	Zusammen	20 621	9 123 449	19 873	9 132 505	19 452	8 993 957	17 814	8 503 294
11	Gesamtsumme aller Schiffe	32 326	22 939 958	32 066	23 694 508	32 010	24 258 375	30 721	24 569 496

Aus der 2. und 7. Zeile der Tabelle ist auch ersichtlich, daß die Vorteile, welche die Verwendung des Stahles mit sich bringt, und die namentlich in der größeren Leichtigkeit des Schiffskörpers und der ent-

Einleitung.   5

sprechend größeren Ladefähigkeit liegen, den Dampfern schneller zu gute gekommen sind, als den Seglern.

Wie schon bemerkt, hat der Bau von Handelsschiffen aus gemischtem Material (Komposit) fast ganz aufgehört. Die schweren eisernen Schiffe, sowie die wegen ihres großen Gewichts ihres kleinen Rauminhalts und ihrer kurzen Lebensdauer recht unvorteilhaften Holzschiffe werden in Europa fast gar nicht mehr ausgeführt, und die noch vorhandenen alten Fahrzeuge, so gut es eben geht, aufgebraucht. In Amerika, dem Lande des Holzreichtums, ist jedoch der Holzbau noch nicht aufgegeben. Wie weit dort neuerdings mit den Abmessungen der Holzschiffe gegangen wird, geht daraus hervor, daß die im Jahre 1892 vom Stapel gelassene Viermast-Bark „Roanoke" eine Gesamtlänge von 100,88 m, eine Kiellänge von 94,8 m, eine Breite von 15 m und bei einem Tiefgange von 8,23 m eine Tragfähigkeit von 5000 t hat. Ferner werden dort in neuester Zeit große Gaffelschoner mit 4, 5, 6 und 7 Masten gebaut, von denen hier nur die beiden zu Anfang dieses Jahrhunderts fertiggestellten Sechsmast-Gaffelschoner „George W. Wells" und „Eleanor A. Percy", von je ca. 100 m Länge, 14—15 m Breite und 7—7,5 m Tiefe, sowie ein Siebenmast-Gaffelschoner „Thomas W. Lawson" von 123 m Länge, 15,24 m Breite und 10,46 m Tiefe bei 5218 Brutto-Registertons erwähnt werden mögen. Da aber in Amerika der Bau von Handelsschiffen bislang nur mäßig betrieben wurde, so fällt der dortige Holzbau nicht sehr ins Gewicht. Aus Zeile 4 und 9 der Tabelle geht der Niedergang des Holzschiffbaues hervor.

Zeile 5 und 10 der Tabelle lassen deutlich erkennen, in welchem Maße der durchschnittliche Tonnengehalt der einzelnen Schiffe allmählich zugenommen, sowohl bei Dampfern, als auch bei Segelschiffen. Die Abnahme des Gesamtraumgehalts der letzteren im letzten Jahrzehnt des verflossenen Jahrhunderts geht aus Zeile 10 der Tabelle hervor.

1894/95		1895/96		1896/97		1897/98		1898/99		1899/1900	
Anzahl der Schiffe	Tonnengehalt	Anzahl der Schiffe	Tonnengehalt	Anzahl der Schiffe	Tonnengehalt	Anzahl der Schiffe	Tonnengehalt	Anzahl der Schiffe	Tonnengehalt.	Anzahl der Schiffe	Tonnengehalt
...chiffe.											
7 099	7 432 890	6 959	7 186 852	6 865	6 935 067	6 735	6 664 283	6 502	6 194 102	6 262	5 915 714
4 994	9 038 000	5 525	10 137 431	6 102	11 253 129	6 702	12 417 281	7 507	14 254 522	8 286	15 999 406
156	56 170	166	63 321	168	64 124	180	67 341	193	69 885	192	72 107
1 007	360 911	1 002	350 221	1 048	354 292	1 084	362 387	1 122	359 237	1 158	382 131
13 256	16 887 971	13 652	17 737 825	14 183	18 606 612	14 701	19 511 292	15 324	20 877 746	15 898	22 369 358
...schiffe.											
1 671	1 778 671	1 608	1 714 593	1 546	1 649 509	1 500	1 601 677	1 439	1 532 511	1 386	1 482 388
801	1 185 101	841	1 241 569	875	1 306 876	913	1 369 118	1 000	1 421 014	1 082	1 509 298
114	82 123	105	73 845	96	67 409	95	64 767	88	58 802	86	55 193
14 526	5 173 766	13 674	4 846 257	11 651	4 277 045	10 843	4 014 396	10 329	3 783 455	9 970	3 627 491
17 112	8 219 661	16 228	7 876 264	14 168	7 300 839	13 351	7 049 958	12 856	6 795 782	12 524	6 674 370
30 368	25 107 632	29 880	25 614 089	28 351	25 907 451	28 052	26 561 250	28 180	27 673 528	28 422	29 043 728

Der Bestand der deutschen Kauffahrteiflotte an registrierten Fahrzeugen mit einem Bruttoraumgehalt von mehr als 50 cbm belief sich nach dem 1. Hefte des Jahrgangs 1902 der Vierteljahrshefte zur Statistik des Deutschen Reichs vom 1. Januar 1901 auf 3883 Schiffe mit einem Gesamtraumgehalt von 2 826 400 Brutto-Registertons und 1 941 645 Netto-Registertons. Der Gattung nach waren 2493 Segel- und Schleppschiffe mit 640 510 Brutto-Registertons und 593 770 Netto-Registertons, sowie 1390 Dampfschiffe mit 2 185 890 Brutto-Registertons und 1 347 875 Netto-Registertons vorhanden. Unter den Segel- und Schleppschiffen befanden sich am 1. Januar 1901 45 Schiffe mit mehr als drei Masten, 296 dreimastige, 1377 zweimastige, 552 einmastige Schiffe, und 223 waren Schleppschiffe und führten keine oder nur Lademasten. Zu den Schiffen mit mehr als drei Masten zählt die in Hamburg beheimatete **Fünfmastbark „Potosi"**, welche mit einem Raumgehalt von 4026 Brutto-Registertons bis 1901 das **größte in Fahrt befindliche Segelschiff der Welt war**. (Gegenwärtig ist das **Fünfmast-Vollschiff „Preußen"** mit 5081 Brutto-Registertons das größte Raaschiff der Welt.)

Während in früheren Zeiten die Schiffahrt oft noch mit ziemlich ungeeignetem und unvorteilhaftem Material betrieben werden konnte, und es weniger auf ökonomischen Betrieb ankam, ein guter Gewinn oft lediglich durch Ausnützung einer günstigen Konjunktur erzielt wurde, ist gegenwärtig die Sachlage so, daß ein Handelsschiff nur dann noch existenzfähig ist, wenn es eine gewisse direkte Erwerbsfähigkeit besitzt. Je größer diese ist, desto größer ist auch der Wert des Schiffes oder, mit anderen Worten, dasjenige Schiff ist als das zweckmäßigste anzusehen, welches die Beförderung von Frachtgütern zu dem geringsten Preise ausführen kann. Hieraus folgt, daß ein solches Schiff nicht nur eine ausreichende Solidität und Dauerhaftigkeit, eine möglichst große Tragfähigkeit, eine angemessene Geschwindigkeit und Manövrierfähigkeit besitzen, sondern auch von einer kleinen Besatzung regierbar sein muß. Auch darf der Tiefgang im allgemeinen diejenigen Grenzen, die durch die Tiefe der in Frage kommenden Seehäfen gegeben sind, nicht überschreiten, so daß keine Leichterkosten entstehen.

Was die Bauart der Segelschiffe anlangt, so ist zu bemerken, daß diese in der Regel noch eine gute und gefällige Schiffsform aufweisen, im Gegensatz zu den modernen plattbodigen Frachtdampfern, welche nicht selten eine völlig prahmartige Gestalt und eine Takelage haben, die von Konstrukteuren mit einem überaus stark ausgeprägten Sinn für das Unästhetische herzurühren scheint. Wenn auch die Takelung der Dampfer unter allen Umständen dem praktischen Bedürfnis angepaßt werden muß, so kann dieselbe in den meisten Fällen doch so angeordnet werden, daß das Ganze ein einigermaßen gefälliges Aussehen erlangt.

Der innere Raum wird bei Seglern gewöhnlich nicht, wie bei Dampfern, durch mehrere Schotte in verschiedene wasserdichte Abteilungen geteilt, es ist vielmehr meistens nur ein einziger großer Laderaum vorhanden, durch den sich bei größeren Schiffen in horizontaler Richtung das Zwischendeck hindurchzieht. Das Unterdeck bezw. die Raumbalken werden neuerdings durch Rahmenspanten oder hohe Spanten ersetzt.

Alle Segelschiffe erhalten vorne ein Kollisionsschott und in vielen Fällen hinten ein Schott zur Begrenzung des Laderaums. Eine weitere Aufteilung des Schiffsraumes durch wasserdichte Schotte, in der Weise, wie dies bei Dampfern üblich, würde bei Segelschiffen das Ein- und Ausbringen der Ladung erschweren, die Sicherheit aber nicht wesentlich erhöhen, denn wenn sich ein Raum mit Wasser füllt, taucht das Schiff nahezu bis zum

Deck ein, und die Stabilität wird dann in den meisten Fällen so klein, daß das Schiff kentert. Bei großen Vier- und Fünfmastern werden oft noch hinter den Masten Rahmenspanten oder auch wohl Schotte angebracht, die aber nur zur Verstärkung des Querverbandes dienen und große Öffnungen. zum Durchbringen der Ladung erhalten.

Die Aufbauten auf dem Hauptdeck bestehen bei den Fünfmastern und den größeren Viermastern gewöhnlich aus einer Back, einer kurzen Poop (Hütte) und aus einem großen, in der Schiffsmitte befindlichen, von Bord zu Bord reichenden sogenannten Brückenhause. In diesem Brückenhause befindet sich die Einrichtung für die Besatzung, auf dem Deck dieses Hauses ist die Steuervorrichtung und ein Navigationszimmer, ähnlich wie bei Dampfern, angeordnet.

Bei kleinen Viermastern und bei großen Dreimastern findet man meistens, wie dies schon seit langer Zeit üblich, vorne eine Back und hinten eine lange Poop; letztere enthält die Kajütseinrichtung. Für die Mannschaft ist gewöhnlich ein großes Deckshaus (Logis) hinter dem Fockmast errichtet. Die Räume für Deckoffiziere und die Kombüse werden entweder auch in diesem oder in einem besonderen kleinen Deckshause untergebracht. Kleinere Schiffe erhalten hinten eine sogenannte Kofferkajüte oder ein erhöhtes Quarterdeck für die Kajütseinrichtung, sowie eine Back oder ein Deckshaus für die Mannschaft.

Bei den neueren französischen Segelschiffen, die bislang vom Staate Bau- und Fahrprämien erhielten, sind große Aufbauten, die sich oft — mit nur einer einzigen kleinen Unterbrechung in der Mitte — von vorne bis hinten erstrecken, typisch. In den Aufbauten wird keine Ladung gefahren, dieselben dienen vielmehr vorzugsweise zur Erzielung eines großen Brutto-Tonnengehaltes, d. h. einer hohen Prämie. Der Netto-Raumgehalt wird dabei möglichst klein bemessen.

Hinsichtlich der Ausrüstung ist zu erwähnen, daß die bei Dampfern längst eingeführten stocklosen Anker erst in allerneuester Zeit bei Segelschiffen Eingang gefunden haben. Man hält diese Anker nicht unter allen Verhältnissen für ebenso sicher wie die Anker gewöhnlicher Konstruktion. Bei Segelschiffen kömmt es ganz besonders auf gutes Ankergeschirr an, weil hier nicht, wie bei Dampfern, die Maschine zur Entlastung der Grundtakelung in kritischen Fällen dienen kann.

Bei der Takelung geht das Bestreben immer mehr dahin, eine größere Einfachheit gegen früher zu erzielen. Die Leesegel und alle schönen Einrichtungen zum selbsttätigen Reffen der Segel u. s. w. hat man längst wegen der großen Abnützung und sonstigen Unzuträglichkeiten über Bord geworfen. Der lange Klüverbaum ist weggefallen, statt des Bugspriets und des Klüverbaums wird ein kurzes Hornbugspriet geführt, und die Vorsegel werden, wegen der mit dem Festmachen derselben verbundenen Gefahr für die Seeleute, so klein wie möglich gehalten. Es gelangen allgemein doppelte Marsraaen und, wenn die Schiffe eine gewisse Größe überschreiten, auch doppelte Bramraaen zur Anwendung, in neuester Zeit sogar oft unter Weglassung der Roilraaen. Zum Heißen der Obermars- und Oberbramraaen bedient man sich bei großen Schiffen besonderer Hand- oder Dampfwinden, ebenso setzt man bei diesen Schiffen die Schoten der Untersegel mittels kleiner an der Reling befestigter Winden.

Die Masten, Stengen, Raaen, sowie das Bugspriet werden, wenn von größeren Abmessungen, aus Eisen bezw. Stahl, sonst aus Holz hergestellt. Das stehende Gut besteht gewöhnlich aus Stahldraht und wird in neuerer Zeit auf Schrauben gesetzt.

Nachdem nun im Vorstehenden eine kurze Übersicht über die Entwickelung des Segelschiffes in der letzten Hälfte des vorigen Jahrhunderts gegeben ist, sollen jetzt Einrichtungen erörtert werden, von denen einige als Ursache des Unterganges von verschiedenen Segelschiffen angesehen werden.

Wie schon im Eingange bemerkt, drängt alles nach Vergrößerung der Schiffe hin, und es ist noch nicht abzusehen, wann die obere Grenze des praktisch Zulässigen erreicht sein wird. Bei Dampfern ist noch eine fortwährende Steigerung der Abmessungen bemerkbar, bei Segelschiffen dagegen soll schon — nach Ansicht von verschiedenen Sachverständigen — diese obere Grenze bereits erreicht oder stellenweise sogar überschritten sein, obgleich man hier bis jetzt erst bei einer Größe von 4000—5000 Registertons angelangt ist. Nur die Firma F. Laeisz in Hamburg besitzt so große Raaschiffe.

Den großen Segelschiffen macht man den Vorwurf, daß sie nicht so gut zu regieren sind wie kleinere Schiffe und eine außerordentlich umsichtige und mutige Führung erfordern, und aus diesem Grunde sträuben sich viele Reeder, größere Schiffe als die größten jetzt üblichen Dreimaster bauen zu lassen. Es ist einerseits auch gar keine Frage, daß ein Dreimaster, namentlich eine Bark, viel bequemer und sicherer zu handhaben ist, als ein Vier- oder Fünfmaster, andererseits muß aber auch in Betracht gezogen werden, daß gegenwärtig große Schiffe nicht mehr in engem Fahrwasser manövrieren brauchen, sondern dort von Schleppdampfern, die fast überall zu haben sind, angefaßt werden.

Um selbst hiervon unabhängig zu sein und um auch bei andauernder Windstille vorwärts kommen zu können, hat man schon oft den Versuch gemacht, Segelschiffe mit einer kleinen Dampfmaschine zum Betriebe einer Hilfsschraube zu versehen, aber meistens ohne Erfolg. So hatte die Firma Rickmers Reismühlen, Rhederei und Schiffbau-A.-G. in Bremerhaven dem großen Fünfmaster „Maria Rickmers" eine Hilfsmaschine von 750 indizierten Pferdestärken gegeben, welche dem Schiffe in beladenem Zustande und bei ruhigem Wetter eine Geschwindigkeit von 5—6 Knoten zu erteilen vermochte. Dadurch, daß das Schiff zwei vollständig voneinander unabhängige Fortbewegungsorgane — die Takelung und die Schraube — besaß, war die Manövrierfähigkeit und Sicherheit eine sehr große, größer als bei einem gewöhnlichen Segelschiffe und größer als bei einem gewöhnlichen Dampfer, und es ist zu beklagen, daß durch den unaufgeklärt gebliebenen Untergang des genannten Fahrzeuges nicht genügende Erfahrung über die Zweckmäßigkeit dieser Einrichtung gemacht werden konnte. In neuester Zeit werden übrigens derartige Versuche mit Hilfsmaschinen bei kleinen Segelschiffen (Schonern) und bei Fischereifahrzeugen wieder aufgenommen, anscheinend mit gutem Erfolg.

In der ersten Hälfte des letzten Jahrzehnts und in neuester Zeit sind Klagen laut geworden über viele Havarien und Verluste von großen drei- und viermastigen Segelschiffen, so daß es sich verlohnt, einzelne Fälle und Umstände, die später die Bauart dieser Schiffe beeinflußt haben, etwas näher zu untersuchen, soweit dies bei den oft nur dürftigen Angaben der Verhältnisse überhaupt möglich ist.

An den Unglücksfällen der ersten Periode waren alle Nationen nahezu gleichmäßig beteiligt, während in neuester Zeit größtenteils französische Segler Unfälle erlitten.

Von den in der ersten Periode verunglückten großen Seglern wurden ganz oder teilweise entmastet eingebracht die Viermaster: „Wanderer", „Austrasia" und „Somali", der Viermaster „Govanbank" wurde nach Beschädigung der Takelage am Kap Horn verlassen, der Viermaster „Thracia" kenterte mit 600 t Ballast im Schlepptau eines Dampfers, war also nicht unter Segel, die Viermaster „Nation", „Ben Douran", „Govanburn", „Dunkerque", „Caracas", „Persévérance" und der Fünfmaster „Maria Rickmers" sind verschollen. Diese letzteren Schiffe hatten alle volle Ladung, bis auf „Persévérance", die 613 Tonnen Wasser im Doppelboden und 250 Tonnen Steine als weiteren Ballast auf dem Doppelboden liegen hatte. „Govanburn" und „Dunkerque" hatten Kohlen geladen, welche vielleicht durch Explosion oder Selbstentzündung die Ursache des Unterganges gewesen sein können. „Thracia" scheidet aus wegen ungenügendem bezw. schlecht verstautem Ballast. Bei den vier ersten kann schlechte Stauung bezw. zu große Stabilität, falsche Behandlung oder zu schwache Takelung die Ursache gewesen sein.

Von den verschollenen sieben Schiffen waren vier mit einem Doppelboden zur Aufnahme von Wasserballast versehen, wie dies bei Dampfern schon lange üblich, um das kostspielige Ein- und Ausbringen von festem Ballast zu umgehen.

Diese Einrichtung kann für Segelschiffe im allgemeinen nicht als eine glückliche Lösung der Ballastfrage angesehen werden, weil einerseits das Gewicht des Wassers, welches im Doppelboden als Ballast geführt werden kann, allein nicht ausreicht, um dem Schiffe einen genügend großen Tiefgang zu geben, und andererseits, wenn das Schiff mit einer homogenen Ladung voll beladen ist, der Schwerpunkt der Ladung, wegen der großen Höhe des Doppelbodens, höher zu liegen kommt, als bei Schiffen ohne Doppelboden. Man erhält daher im ersteren Falle, wenn das Schiff in Ballast segelt, ein zu steifes und zu flach gehendes, im letzteren Falle, wenn das Schiff beladen, oft ein zu rankes Schiff.

Der erste Übelstand läßt sich auch dadurch nicht ganz beseitigen, daß man, außer dem Ballast im Doppelboden, noch Sand oder Steinballast auf den Doppelboden bringt, wie bei der „Persevérance", der Schwerpunkt des gesamten Ballastgewichts wird immer zu tief liegen.

Es ist deshalb einleuchtend, daß ein Schiff mit Doppelboden bei einer vollen homogenen Ladung ohne Wasserballast nicht so viel Segel führen kann, wie ein Schiff ohne Doppelboden. Will man dagegen nicht auf die Vorteile einer großen Takelung verzichten, so muß weniger Ladung genommen und der Doppelboden ganz oder teilweise mit Wasser gefüllt werden. Durch die Anlage eines Doppelbodens wird außerdem noch der Laderaum verkleinert.

Wenn nun auch ein von vorne bis hinten durchlaufender Doppelboden unter Umständen — z. B. in einem Strandungsfall — von großem Nutzen sein kann, so sind die oben angedeuteten Nachteile doch so schwerwiegend, daß diese Einrichtung für Segelschiffe als ungeeignet bezeichnet werden muß. Bei Dampfern dagegen ist ein Doppelboden nahezu unentbehrlich. Diesen Schiffen kommt die hohe Lage des Schwerpunktes von Kessel, Maschine und Kohlen beim Fahren in Wasserballast sehr zu statten, außerdem wird ihnen eine zu große Stabilität nicht leicht verhängnisvoll wie den Segelschiffen, welchen unter ungünstigen Umständen durch heftiges Rollen die Takelage über Bord gehen kann.

Aber auch bei großen Dampfern hat man die Erfahrung gemacht, daß das Wasserquantum im Doppelboden allein nicht ausreicht, um dem Schiff einen genügend großen Tiefgang zu geben, und deshalb kommen in neuerer Zeit vom Doppelboden bis zum Deck hinaufreichende Seitentanks, oder im Zwischendeck angebrachte Tanks, oder sogenannte tiefe Tanks, zur Anwendung. Die letzteren sind nicht neu; schon die im Jahre 1873 auf der

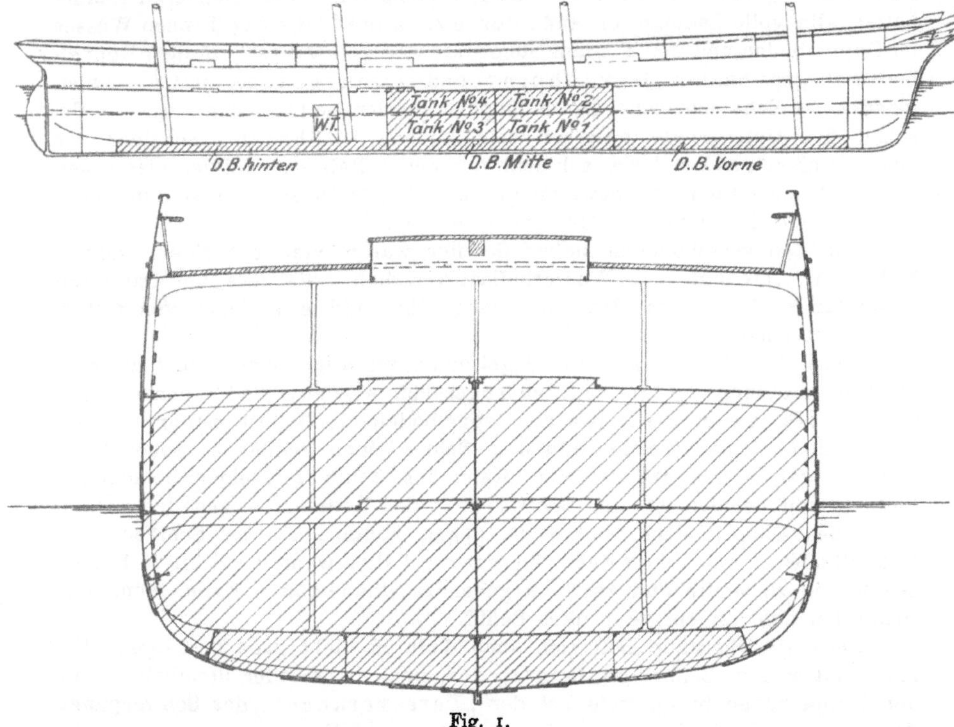

Fig. 1.

Werft der Aktiengesellschaft „Weser" in Bremen erbauten Frachtdampfer „Minerva" und „Ceres" erhielten u. a. solche tiefen Tanks, die sich für Dampfer sehr gut bewährt haben.

Derartige tiefe, bis zum Zwischendeck hinaufreichende Wasserballasttanks, die auf dem Doppelboden stehen, hat man gelegentlich auch bei Segelschiffen angeordnet und dadurch nicht allein einen ausreichenden Tiefgang, sondern auch eine bessere Schwerpunktslage des Gesamtballastgewichtes erzielt.

Die sogenannten tiefen Tanks werden selbstverständlich auch als Laderäume verwertet, ihre Einrichtung ist in Fig. 1 im Längen- und Querschnitt dargestellt.

Der Doppelboden wird hier gewöhnlich der Länge nach durch eine vertikale Kielplatte und querschiffs durch zwei bis drei Querschotte geteilt, so daß vorne zwei, mittschiffs zwei bis vier und hinten zwei Abteilungen entstehen. Der über dem Doppelboden befindliche Tankraum reicht bis zum Zwischendeck hinauf. Er wird ebenfalls durch ein Längsschott und außerdem noch durch ein Querschott in vier große Abteilungen geteilt, die bei sehr tiefen Schiffen mitunter noch in Höhe des Unterdecks bezw. der Raumbalken durch ein wasserdichtes Deck in horizontaler Richtung geteilt werden, so daß acht Räume entstehen, welche gewöhnlich mit Tank No. 1, 2, 3 und 4, und zwar Steuerbord und Backbord, bezeichnet werden. Durch diese Anordnung kommt man einerseits in die Lage, bei sehr leichter Ladung ein kleineres Quantum Ballast nehmen und die Stabilität nach Belieben

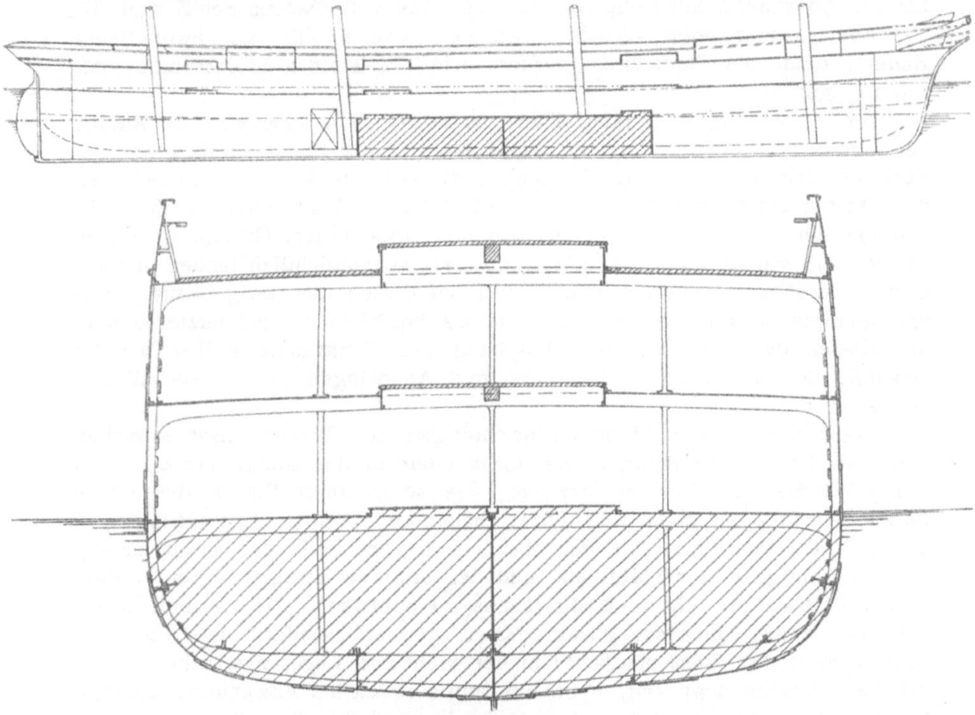

Fig. 2.

regulieren zu können, andererseits entstehen aber beim Laden und Löschen der vielen Tankräume Schwierigkeiten.

Wenn nun auch durch die Verbindung des Doppelbodens mit tiefen Tanks für ein Schiff in Ballast, oder auch mit sehr leichter bezw. teilweiser Beladung, leidliche Stabilitätsverhältnisse erzielt werden können, so bleibt der obengenannte Übelstand, die Rankheit des Schiffes im vollbeladenen Zustande, bei einem Doppelboden immer bestehen, weil der Schwerpunkt der Ladung höher zu liegen kommt, als bei Schiffen von gewöhnlicher Bauart. Aus diesem Grunde hat man in neuester Zeit von der Anbringung eines durchlaufenden Doppelbodens bei Segelschiffen gänzlich Abstand genommen und gebotenenfalls nur tiefe Tanks zur Aufnahme von Wasserballast vorgesehen. Diese Einrichtung ist sehr einfach und in Fig. 2 im Längen- und Querschnitt dargestellt.

Der ganze Tankraum wird hier durch zwei Querschotte begrenzt, die bis zur Höhe des Unterdecks bezw. der Raumbalken, in welcher Höhe die Tankdecke angebracht ist, hinaufreichen. Der Tankraum erhält ferner ein wasserdichtes Längsschott und, je nach der Größe des Schiffes, ein bis zwei Querschotte, so daß im ganzen vier bezw. sechs Abteilungen entstehen. Sollte bei dieser Anordnung der Schwerpunkt des Wasserballastes zu tief zu liegen kommen, so lassen sich die beiden mittleren Tankräume bis zur Höhe des Zwischendecks hinaufführen.

Durch eine solche Einrichtung können mindestens ebenso günstige Stabilitätsverhältnisse für das in Ballast fahrende Schiff erzielt werden, wie bei der Anordnung mit Doppelboden. Für das vollbeladene Schiff sind die Verhältnisse aber genau dieselben, wie bei einem Schiffe von gewöhnlicher Bauart, denn die Tankräume werden, wie die übrigen Schiffsräume, mit Ladung gefüllt.

Bei Anordnung von tiefen Tanks ist es oft nicht möglich, alle Räume von oben mit großen Luken, die von beiden Seiten für Uferkrähne gut zugänglich sind, zu versehen. Es nehmen die Wanten und Pardunen zwischen den Masten einen großen Raum ein, die Ladung kann daher nicht mehr bequem eingebracht und gelöscht werden. Aus diesem Grunde wird eine Einrichtung zur Aufnahme von Wasserballast voraussichtlich immer nur bei großen Schiffen Anwendung finden, weil bei diesen die obengenannten Vorbedingungen leichter zu erfüllen sind als bei kleinen. Bei letzteren sind die Kosten der Beladung und Löschung der Tankräume größer als der Gewinn, der durch das billige Ein- und Ausbringen des Wasserballastes erzielt wird.

Wenn ein Segelschiff mit Einrichtungen für Wasserballast versehen wird, so hat es der Schiffsführer nicht mehr in der Hand, die Stabilität seines Schiffes nach bestem Ermessen, wie sonst durch Stauen des festen Ballastes oder der etwa als Ballast dienenden Ladung, einzurichten. In diesem Falle übernimmt der Schiffbauer von vornherein die Verantwortung für die Richtigkeit der Stabilitäts- und der anderen Verhältnisse des Schiffes in der Ballastlage. Er muß die Tanks so anordnen, daß sie nicht allein ein genügendes Quantum Wasser fassen können, sondern daß auch der Schwerpunkt des Wasserballastes in der richtigen Lage, namentlich in angemessener Höhe liegt und, wenn ein Doppelboden zur Anwendung gelangt, die Takelung so bemessen, daß auch das Schiff mit voller homogener Ladung und leerem Doppelboden beim Maximaltiefgang noch genügende Stabilität behält.

Wird ein Segelschiff mit Einrichtung für Wasserballast versehen, so ist selbstverständlich auch Dampfkraft und eine entsprechende Pumpenanordnung erforderlich

Wenn es irgendwie mit der Rentabilität zu vereinbaren ist, sollten auch große Segelschiffe nicht mit Einrichtungen für Wasserballast versehen werden, schon wegen der großen Gefahr, die beim Leckspringen eines Tanks für das Schiff entstehen kann. Für Schiffe, die in einer bestimmten Linie fahren, gelingt es nämlich oft, eine kleine Stückgut- oder andere passende Ladung zu finden, welche die Stelle des Ballastes vertritt.

Von den in neuester Zeit havarierten großen französischen Segelschiffen wurden mit Takelageschaden bezw. ganz oder teilweise entmastet eingebracht die Barken: „Emilie Galline", „Grande Duchesse Olga", „Maréchal

de Turenne“, „Maréchal de Villars“, „Max“, „Normandie“, „Paris“
und „Seine“. „Bretagne“ wurde infolge von Ruder- und Segelverlust
am Kap Horn verlassen, „Ville de Dijon“ wurde leck und entmastet in
Montevideo eingeschleppt, die Barken „Geneviéva Melinos“, „Marie
Molinos“, „Vendée“ und die Viermastbarken „Emilie Siegfried“,
„Ernest Siegfried“, „Président Felix Faure“ und „Ville du Havre“
sind auf See leckgesprungen. „Emilie Siegfried“ und „Ville du Havre“
hatten einen Brutto-Raumgehalt von über 3000 Registertons, die übrigen
waren 2000 bis 3000 Brutto-Registertons groß. Havarierte Schiffe unter
2000 Brutto-Registertons und über 6 Jahre alt sind hier nicht mit auf-
geführt. — „Président Felix Faure“ wurde 1896, die übrigen Schiffe
in den Jahren 1898, 1899 und 1900 gebaut. Man hat es hier also mit
einer Reihe von ganz neuen Schiffen zu tun, welche ihre Entstehung den
durch das französische Gesetz vom 30. Januar 1893 eingeführten Schiffbau-
und Schiffahrtsprämien verdanken. Infolge dieses Gesetzes sind in den
letzten Jahren in Frankreich 60 bis 70 große Segelschiffe gebaut worden.
Abgesehen von den bereits erwähnten großen Aufbauten unterscheiden sich
alle diese Schiffe hinsichtlich der Bauart nicht wesentlich von anderen bewährten Schiffen. Keins derselben ist mit Einrichtungen für Wasserballast
oder mit sonstigen Neuerungen versehen, auf welche sich die vielen Unfälle
zurückführen lassen. Auch die Art der Ladung kann nicht erheblich in
Betracht kommen. Es hatten allerdings zwei der leck gewordenen Schiffe
Erz geladen, dieselbe Ladung hatte auch eins der entmasteten Schiffe, von
den übrigen aber waren fünf mit Kohlen, vier mit Stückgut, eins mit Getreide beladen und fünf waren in Ballast. Bei den mit Kohlen beladenen
Schiffen ist auch keine Selbstentzündung der Ladung eingetreten. Die
Abmessungen und deren Verhältnisse sind ebenfalls nicht abnorm. Es
existiert bereits eine große Anzahl ähnlicher Schiffe anderer Nationen, die
jahraus, jahrein gut fahren und bei denen in keinem Falle die absolute
Größe zu Klagen Veranlassung gegeben hat. Auch die französische Arbeits-
ausführung ist im allgemeinen eine gute. Es kann daher als Ursache der
Unfälle nur in Betracht kommen, daß die Schiffe und ihre Bemastung nicht
ausreichend stark konstruiert und die Schiffe übermäßig hoch getakelt sind,
daß unzweckmäßige bezw. ungünstige Stauung, d. h. schlechte Stabilitätsverhältnisse vorlagen, und daß die Schiffe nicht ausreichend bemannt und
nicht mit der nötigen Umsicht geführt worden sind.

Die ersten Punkte lassen sich nur an Hand der Pläne — die uns nicht
vorliegen — entscheiden. Auch über die Stauung fehlen die nötigen Angaben zur Beurteilung derselben. Was die Bemannung anlangt, so dürfte,
in Anbetracht der günstigen Verhältnisse, die durch die Staatsprämien bestehen, hieran auch kein Mangel sein. Dagegen liegt die Möglichkeit vor,
daß bei dem raschen Aufschwung der französischen Segelschiffahrt dort
noch nicht die erforderliche Zahl von gut geschulten Kapitänen, Offizieren
und Matrosen zur Verfügung stand.

Von größter Wichtigkeit ist es, die Segelfläche der Größe und Form
des Schiffskörpers entsprechend zu bemessen, damit das Schiff gut segelt
und möglichst wenig Bedienungsmannschaft erfordert. Nicht selten wird
die Takelung zu groß bemessen in der Erwartung, daß dadurch eine größere
Geschwindigkeit oder wenigstens eine schnellere Reise erzielt wird, als bei
einer mäßigen Takelung.

Dies ist aber in den meisten Fällen ein Irrtum. Der Verfasser hat die Verhältnisse der Segelflächen bei verschiedenen Schiffen, die als ganz vorzügliche Schnellsegler gelten und die besten Reisen gemacht haben, nachgerechnet und gefunden, daß diese durchaus keine übermäßig schwere Takelung führen, während andere Schiffe mit einer verhältnismäßig viel größeren Takelung nicht so gute Resultate aufweisen konnten.

Ein Schiff mit einer übermäßig schweren Takelung muß naturgemäß vorsichtiger behandelt und stärker bemannt werden, als ein Schiff, bei welchem die Takelung in gutem Verhältnis zu seiner Stabilität steht.

Es sollte deshalb die Bemastung innerhalb der in diesem Buche angegebenen Grenzen, die aus der Berechnung einer großen Anzahl guter Segler hergeleitet worden sind, gehalten werden.

Obgleich die „Behandlung" der Schiffe außerhalb des Rahmens dieser Arbeit liegt und eigentlich Sache der Schiffsführung ist, so dürfte doch einiges über diesen Punkt zu erwähnen hier am Platze sein, um so mehr, als dabei die Mitwirkung des Schiffbauers in Frage kommt.

Bei Schwergut, sowie bei leichter oder gemischter Ladung muß der Schiffsführer zur Erzielung einer passenden Stabilität für eine zweckmäßige Stauung der Güter bezw. für genügenden Ballast unter der Ladung Sorge tragen. Dies ist aber oft nicht leicht, denn wenn bei einem Schiffe nicht schon bestimmte Erfahrungen mit der zu befördernden oder ähnlichen Ladung vorliegen, so kann auch der erfahrenste Seemann nicht immer übersehen, wie sich sein Schiff in See mit der Ladung benehmen wird. Dies ist um so schwieriger, je größer das Schiff ist; denn bei großen Schiffen kann die Größe der Stabilität nicht so leicht direkt durch die menschlichen Sinne wahrgenommen werden wie bei kleinen, bei welchen oft schon durch die Neigung, die das Schiff beim Übernehmen von schweren Gegenständen annimmt, in gewissem Grade die Größe der Stabilität vor Augen tritt.

Der Schiffsführer, dem viele Menschenleben und wertvolle Güter anvertraut werden, müßte genau mit den Stabilitätsgesetzen — am besten schon auf der Navigationsschule — vertraut gemacht und in den Stand gesetzt werden, mit seinem Schiffe selbständig einen Krängungsversuch ausführen und die Resultate verwerten zu können. Dabei ist er von dem Schiffbauer zu unterstützen, der jedem großen Schiffe die erforderlichen Tabellen und Kurven mit den nötigen für den Schiffsführer verständlichen Erläuterungen und mit Angabe der Grenzen, innerhalb welcher bei einem gegebenen Tiefgange die metazentrische Höhe zu halten ist, mit auf den Weg geben sollte.

Vor allen Dingen sind die Stabilitätsverhältnisse, sowohl für das Schiff mit Ballast als auch mit verschiedenen Ladungen und Tiefgängen, sorgfältiger zu behandeln, als es ohne Zweifel von verschiedenen Seiten bislang geschehen ist.

Wenn auch in gewissen Kreisen die prophetische Behauptung aufgestellt wird, daß mit der Zeit die Segelschiffe von der Meeresfläche gänzlich verschwinden werden, weil nicht zu hoffen ist, daß bei diesen durch Verbesserungen oder durch Ersparungen im Betriebe noch eine wesentliche Erhöhung ihrer Leistungsfähigkeit erzielt werden kann, dagegen bei Dampfschiffen noch vielfache Verbesserungen sicher zu erwarten sind, so ist doch nicht zu vergessen, daß die Entwertung infolge neuer Erfindungen bei Seglern weniger in Betracht kommt, daß die Betriebskosten bei gewissen Segelschiffstypen um rund $25\,^0/_0$, die Anschaffungskosten um $30\,^0/_0$ geringer sind als bei Dampfern, und daß ferner die Kosten des Heizmaterials für Dampfer mehr und mehr steigen, während die Kosten der Betriebskraft für Segler ewig konstant — und zwar gleich Null — bleiben werden.

Der Niedergang der Segelschiffahrt wird in verschiedenen Ländern schon jetzt schwer empfunden. In Deutschland wird auf Anregung unseres Kaisers der Segelsport immer mehr gepflegt, und für die Ausbildung der jungen Seeleute werden neuerdings unter dem Protektorat des Großherzogs von Oldenburg Schulschiffe gebaut. In Frankreich unterstützte der Staat die Segelschiffahrt bislang durch hohe Prämien. Alles dies geschieht in der richtigen Erkenntnis, daß das Segelschiff stets die hohe Schule für den Seemann bleiben wird.

Benennung der Schiffsarten und der einzelnen Teile eines Schiffes.

a. Benennung der Schiffsarten.

Soweit größere Seeschiffe in Frage kommen, herrscht über ihre Benennung völlige Klarheit, ausgenommen bei einigen Schonerarten, welche den Übergang der Raaschiffe zu den Schiffen mit Gaffelsegeln bilden. Bei diesen sind hier und da noch verschiedenartige Benennungen anzutreffen, von denen hier, zur Vermeidung von Verwechselungen, die folgenden angenommen werden sollen:

Dreimast-Gaffelschoner für Schiffe, welche an allen drei Masten nur Gaffel- und Stagsegel führen,

Dreimastschoner für Schiffe, welche am Fockmast Toppsegel und Bramsegel führen,

Dreimast-Toppsegelschoner für Schiffe, welche am Fock- und am Großmast Toppsegel und Bramsegel führen.

Schonerbark für Schiffe, welche einen vollgetakelten Fockmast mit Mars- und Bramstenge nebst den zugehörigen Raaen, und am Groß- und Besahnmast nur Gaffel- und Stagsegel führen.

Schonerbark und Schonerbrigg sind bei den folgenden Beispielen zu den Raaschiffen gerechnet.

Handelt es sich bei obigen Schiffsgattungen um Schiffe mit mehr als drei Masten, so wird dieselbe Bezeichnung beibehalten und nur statt Dreimast . . . .: Viermast . . . ., Fünfmast . . . . u. s. w. gesagt.

Die Bezeichnung der kleineren Seeschiffe — vom Schoner abwärts — ist gegenüber den obigen Schiffen nicht so einfach. Hier herrschen feinere Unterscheidungen vor, und die Schwierigkeit der richtigen Bezeichnung wird noch durch den Umstand erhöht, daß die Benennung eines und desselben Schiffes in den verschiedenen deutschen Küstengegenden oft verschieden ist. Ferner ändern einige Typen nach und nach ihre Urform, einige sterben gänzlich aus und andere neue Arten treten dafür an die Stelle. So sind z. B. die Polacker, Pinken, Hucker, Schmacken und Buisen in deutschen Gewässern bereits vollständig ausgestorben, Kuffen, Galioten, Schniggen und Kähne werden kaum noch gebaut und verschwinden allmählich, dagegen ragen die Tjalken und Kufftjalken in ihrer uralten Form gleichsam wie Denkmäler längst entschwundener Zeiten in die Gegenwart hinein, sie sind überall zu finden und werden noch unverändert weiter gebaut. Andere Arten wieder, welche bislang nur in Flüssen und Kanälen fortkamen, wie Mutten, Pünten, Aaken u. s. w., wachsen nach und nach zu Seeschiffen aus.

Will man die gegenwärtig in der deutschen Handelsmarine vorkommenden kleinen Küstenfahrer etwas näher beschreiben, so geschieht dies am einfachsten, erstens durch Angabe der Bauart des Schiffsrumpfes und dann durch die Angabe der Art der Takelung.

Hinsichtlich der Bauart sind zwei Hauptgruppen zu unterscheiden und zwar:

I. Fahrzeuge, die auf Kiel gebaut sind, einen mehr oder weniger ansteigenden Boden haben und ohne Seitenschwerter fahren. Hierzu gehören:

Schoner, Logger und Kutter. Dieselben haben einen aufrechten oder überhängenden Vorsteven, Heck, mäßigen Sprung und sind im allgemeinen wie große Seeschiffe gebaut.

Galeassen. Dieselben sind ähnlich gebaut wie die vorstehenden Schiffe, haben aber einen größeren Sprung, überhängenden Vorsteven und statt des Hecks oft einen Spiegel (Plattgatt).

Schaluppen und Jachten sind ähnlich gebaut wie Galeassen, haben aber kein Heck, sondern stets einen Spiegel.

Galioten sind Fahrzeuge mit großem Sprung, überhängendem Vorsteven, ohne Heck oder Spiegel, mit aufrechtstehendem Hintersteven, gegen welchen unten der Boden des Schiffes in Form einer Piek, wie bei großen Schiffen, und oben die Berghölzer in starker, etwas nach außen fallender Ründung endigen.

Schniggen sind ähnlich gebaut wie die Galioten, nur hinten im Oberschiff noch völliger gehalten als diese.

Kuffen sind Fahrzeuge mit sehr großem Sprung, ohne Heck, mit überhängendem Vorsteven, und aufrechtstehendem Hintersteven, an den sich der Schiffsboden in Form einer Piek anschließt. Im Oberschiff ist die Schiffsform vorn und hinten sehr völlig und über den Berghölzern stark einfallend. Der Kiel ist oft niedrig, es sind dann aber Kimmkiele vorhanden, um die Abtrift einzuschränken.

II. Fahrzeuge mit plattem Boden und Seitenschwertern: die Tjalken und Kufftjalken. Dieselben sind ähnlich geformt wie die Kuffen, unterscheiden sich aber von diesen, außer durch die Seitenschwerter noch dadurch, daß das Hinterschiff nicht in Form einer Piek ausläuft, sondern löffelförmig gestaltet und mit einem großen Totholz vor dem aufrechten Hintersteven versehen ist.

Ewer sind Fahrzeuge mit starkem Sprung, eingezogener Kimm, stark überhängendem Vorsteven und Plattgatt.

Kähne sind ähnlich wie Ewer gebaut, nur ist der Sprung hinten hier nicht so groß wie dort. Der Spiegel steht mehr aufrecht und ist größer als bei den Ewern.

Mutten laufen vorn und hinten spitz zu, haben einen mittelmäßigen Sprung, überhängende Steven, kein Heck oder Plattgatt. Die Mutten sind gedeckte Fahrzeuge, sie wurden früher nur als Flußschiffe verwendet, kommen aber in neuerer Zeit auch als Seeschiffe vor.

Auch Pünten und Aaken sind neuerdings vereinzelt als Seeschiffe registriert worden, sie sind aber ihrer ganzen Bauart nach typische Flußschiffe, so daß sie nur durch wesentliche Änderung ihrer Form und Bauart zu Seeschiffen umgestaltet werden können. Zu diesem Zweck wird die Pünte gedeckt, vorne zugespitzt, und dann „Spitzpünte" statt „Mutte" genannt, was vermieden werden sollte.

Der Takelung nach können die kleinen Segelschiffe in drei Gruppen geteilt werden und zwar in:

1. Schiffe mit zwei Masten, von denen der Großmast mit dem Großsegel hinten steht, und der Fockmast annähernd ebenso groß ist, wie der Großmast. Es sind dies die Schoner und die als Schoner getakelten Kuffen, Galioten und Jachten, sowie die Gaffelschoner mit zwei Masten.

2. Schiffe mit einem großen und einem kleinen Mast; der Großmast mit dem Großsegel steht vorne, der hintere kleine Besahn- bezw. Treibermast steht hinten im Schiff. Zum Unterschiede vom Zweimaster und Einmaster kann man diese Schiffe „Anderthalbmaster" nennen. Es sind dies die Kuffen, Kufftjalken, Galioten, Galeassen, Jachten, Ewer und Kähne mit zwei Masten, Logger, Schniggen und von den Vergnügungsfahrzeugen (Yachten) die Ketschen und Yawls (Jollen).

Bei den Galioten und Galeassen (Schlupgaleassen) hat der Großmast und oft auch der Besahnmast eine Stenge, bei allen übrigen Anderthalbmastern sind beide Masten Pfahlmasten. Über dem Großsegel und bisweilen auch über dem Besahn wird noch ein Gaffeltoppsegel gefahren. Die Kufftjalken, Ewer und Kähne mit zwei Masten fahren in der Regel drei, die übrigen drei bis vier Vorsegel.

3. Schiffe mit einem Mast (Einmaster): Jachten, Schaluppen, Kutter, Tjalken, Ewer, Kähne und Mutten. In Neuvorpommern und auf Rügen bezeichnet man mit Jacht ein Fahrzeug mit einem Pfahlmast und festem Bugspriet, zum Unterschied von der Schaluppe, die einen Mast mit Stenge und ein Bugspriet mit Klüverbaum hat. Hat eine Schaluppe auch Raasegel, so ist sie eine Raaschaluppe; der Kutter hat einen Mast mit oder ohne Stenge. Die Ewer und Kähne der Unterweser haben einen Pfahlmast, ein festes Bugspriet und fahren zwei Vorsegel. Alle Einmaster fahren über dem Großsegel noch ein Gaffeltoppsegel.

Bei den Vergnügungsfahrzeugen (Yachten) gibt es nachstehende Typen:

Schlup: Fahrzeug mit einem Mast mit oder ohne Stenge, einem Großsegel und im allgemeinen mit einem Vorsegel. Das Großsegel kann ein Gaffelsegel, eventuell mit Gaffeltoppsegel, oder ein Lugger- (Raasegel), Spriet-, Houari- oder Sliding-gunter-Segel sein. Das Vorsegel wird am Bugspriet oder, wenn kein Bugspriet bei stark überhängendem Steven vorhanden, an letzterem gefahren. Hat eine Schlup mehr als ein Vorsegel, dann ist das Charakteristische für die Schlup, zum Unterschiede vom Kutter, daß die Vorsegel alle am Bugspriet fahren.

Kutter: Fahrzeug mit einem Mast mit oder ohne Stenge, einem Großsegel, eventuell mit Gaffeltoppsegel, einer Stagfock, die am festen Stag vom Steven ab fährt, ferner mit einem Klüver, und bei Fahrzeugen, die am Mast eine Stenge haben, mit Flieger. Klüver und Flieger fahren am Bugspriet, der Klüver fährt aber in der Regel nicht an einem festen Stag. Statt des Gaffelsegels wird zuweilen ein Spriet- oder ein Houari-Segel gefahren.

Yawl: Fahrzeug mit Schlup- oder Kuttertakelung, welches hinten am Heck neben oder hinter dem Ruder noch einen Treibermast hat, an dem ein Gaffel-, Lugger-, Spriet-, Houari- oder ein spitzes, dreieckiges Segel, der Treiber, fährt.

Ketsch: Fahrzeug mit Schlup- oder Kuttertakelung, welches hinten vor dem Ruder noch einen Besahnmast hat, der mit einem Gaffel- und eventuell noch einem Gaffeltoppsegel, oder statt dessen mit einem Spriet- oder Houarisegel versehen ist. Der Unterschied zwischen Ketsch und Yawl besteht namentlich darin, daß im Verhältnis zum Großsegel bei der Ketsch das Besahnsegel erheblich größer ist, als bei der Yawl der Treiber.

Hiernach lassen sich die verschiedenen Schiffstypen wie folgt schematisch zusammenstellen:

I. Fahrzeuge mit mehr oder weniger ansteigendem Boden und auf Kiel gebaut.	II. Fahrzeuge mit plattem Boden und Seitenschwertern.

1. Zweimaster.

Schoner (Raaschoner)	
Schonergaliot	
Schonerjacht (Jachtschoner)	
Schonerkuff.	

Gaffelschoner
(mit oder ohne Seiten- oder Mittelschwert).

2. Anderthalbmaster.

Galiot	Kufftjalk
Galeaß (Schlupgaleaß)	Ewerkahn (Besahnewer)
Galeaßewer (Jachtgaleaß)	Besahnkahn (Kahnewer)
Kuff	Ewer mit zwei Masten
Logger	Kahn „ „ „

Schniggen

Yachten: {Ketsch / Yawl} mit oder ohne Mittelschwert.

3. Einmaster.

Jacht	Tjalk
Schaluppe	Ewer
Kutter	Kahn
	Mutte

Yachten: {Kutter / Schlup} mit oder ohne Mittelschwert.

b. Benennung der einzelnen Teile eines Schiffes.

In Deutschland hat sich eine einheitliche Benennung für die einzelnen Teile eines Schiffes bislang noch nicht eingebürgert. Für einen und denselben Gegenstand hat man in verschiedenen Gegenden verschiedene Namen. So heißt z. B. der untere Teil eines Spantes: Bodenwrange, Bodenstück, Flurplatte, Kattspor, der auf diesem Teil liegende Träger heißt Kolschwein, Kielschwein, Kielschwief, und so kann man leicht eine große Anzahl von Abweichungen in der Benennung der Schiffsteile anführen. Auch in der Benennung der einzelnen Bestandteile der Takelung sind Abweichungen sehr zahlreich. So wurde z. B. schon seit langer Zeit an der Nordsee das Segel über dem Bramsegel „Roil" (Royal) genannt, während dasselbe Segel an der Ostsee „Oberbramsegel" hieß. Dieser Unterschied ist jetzt dadurch verschwunden, daß bei großen Schiffen das Bramsegel, ebenso wie das Marssegel, zweiteilig gemacht wird. Dadurch entsteht naturgemäß ein Unter- und ein Oberbramsegel, so daß jetzt allgemein das Segel über dem Bramsegel — bezw. bei großen Schiffen über dem Oberbramsegel — „Roil" genannt wird. Die letztere Benennung haben unsere Seeleute vermutlich in der zweiten Hälfte des vorigen Jahrhunderts von englischen oder amerikanischen Schiffen übernommen, denn weder in dem Wörterbuch von Röding noch in dem von Bobrik ist für ein Segel das Wort „Reil", „Roil", oder „Royal" enthalten. Dieser Ausdruck, sowie die Bezeichnung „Skei" oder „Sky"-Segel für das über dem Roil befindliche Segel sind jetzt vollständig in den deutschen Sprachgebrauch übergegangen.

In den genannten Wörterbüchern fehlt auch das Wort „Kreuzmast", obgleich es schon lange vor Ausgabe der Bücher vollgetakelte Schiffe gab, was schon daraus hervorgeht, daß die verschiedenen Kreuzraaen der Reihe nach regelrecht aufgezählt werden. Im Bobrik heißt es: „Eine Bark hat keinen Besahnmast, der so zugetakelt ist wie die anderen beiden Masten, sondern nur ein Besahn- und ein Gaffelsegel." Unter „Kauffahrer" steht: „Barkschiffe unterscheiden sich dadurch von den Pinken, daß sie am Besahnmast keine Raasegel führen."

Heute nennen wir bei einem Dreimaster den letzten Mast, wenn er nur ein Gaffel- und Gaffeltoppsegel führt, „Besahnmast", während ein vollgetakelter Mast von kleineren Abmessungen als Fock- und Großmast, ganz allgemein „Kreuzmast" heißt.

Durch die Einführung der Vier- und Fünfmaster ist nun in neuester Zeit eine gewaltige Konfusion in der Benennung der Masten entstanden. Diese Benennung ist sogar auf den einzelnen Schiffen einer und derselben Gattung verschieden. So werden z. B. bei einer Viermastbark die Masten der Reihe nach oft mit Fock-, Groß-, Kreuz- und Besahnmast bezeichnet, als ob ein solches Schiff ein Vollschiff wäre, dem man noch als Attribut hinten einen Besahnmast zugegeben hat, während es doch in Wirklichkeit eine Bark mit zwei Großmasten ist, denn der vorletzte Mast ist nicht ein Kreuzmast von verkrüppelten Abmessungen, sondern er ist in allen seinen Teilen ebenso bemessen wie der Großmast.

Noch schlimmer wird die Sache bei einem Viermast-Vollschiff. Da konnte man nicht gut zwei Kreuzmasten hintereinander gebrauchen und nannte deshalb den letzten Mast „Jiggermast". Hier hätte man doch noch lieber auf die Bezeichnung Besahnmast zurückgreifen sollen, wenn er auch vollgetakelt war.

Damit wäre aber immer noch nicht die falsche Bezeichnung „Kreuzmast" für den dritten Mast beseitigt. Es kommt also darauf an, für diesen, d. h. für den vorletzten Mast oder den zweiten Großmast eine passende Bezeichnung zu finden, dann kann für den letzten Mast unter allen Umständen die gute deutsche Bezeichnung „Besahnmast" bei Barken, und „Kreuzmast" bei Vollschiffen beibehalten bleiben.

Da der Großmast auch oft „Hauptmast" (mainmast) genannt wird, so schlagen wir vor, diese Benennung für den zweiten Großmast anzunehmen, so daß die Masten bei einer Viermastbark: Fock-, Groß-, Haupt- und Besahnmast, und bei einem Viermast-Vollschiff: Fock-, Groß-, Haupt- und Kreuzmast heißen würden.

Bei den Fünfmastern — also bei Schiffen mit drei Großmasten — bleibt dann dieselbe Bezeichnung, nur daß der fünfte in der Mitte stehende Mast „Mittelmast" genannt wird. Diese Bezeichnung, d. h. „Hauptmast" für den vorletzten Mast bei allen Vier- und Fünfmastern haben wir im Nachstehenden angenommen. Bei den in Frage kommenden Schiffen der großen Hamburger Reederei F. Laeisz ist neuerdings für den betreffenden Mast die Bezeichnung „Laeisz-Mast" eingeführt. Andererseits ist der Name „Achtermast" in Vorschlag gebracht und soll von einigen Reedereien angenommen worden sein. Von einem einheitlichen Sprachgebrauch kann also jetzt noch nicht die Rede sein, es wird aber wohl noch verhütet werden können, daß Inkonsequenzen entstehen oder ganz überflüssige Fremdwörter, wie „Jiggermast" u. s. w., ohne Grund in unsere deutsche Seemannssprache eingeführt werden.

Eine höchst verdienstvolle Arbeit über diesen Gegenstand hat der Marine-Oberpfarrer Goedel in der „Marine-Rundschau" 1893 veröffentlicht. Der Verfasser weist darin nach, daß die deutsche Seemannssprache ihren Ursprung dem Niederdeutschen verdankt. Er sagt:

> „Es kommt hier ganz besonders das Niedersächsische in Betracht, welches zwischen Weser und Ems, also auf dem alten ostfriesischen Boden gesprochen, und das Niedersächsisch-Friesische, welches um das Jahr 1300 das Altfriesische verdrängt hat. Hier ist die Wiege der deutschen Seemannssprache zu suchen. Hier ist ihre eigentliche Heimat . . . . . Die Geschichte lehrt, daß die deutschen Kiele die Meere durchfurchten, als die Engländer noch Küstenschiffer waren. Die deutschen Schiffe warfen zu einer Zeit, lange vor der Hansa, in englischen Häfen Anker, wo man in deutschen Häfen vergeblich nach der englischen Flagge ausschaute . . . . . Wenn trotzdem jetzt zahlreiche Seemannsausdrücke mit den entsprechenden englischen ganz gleich lauten, so kommt dies daher, daß die englische Tochter der deutschen Mutter auf den Mund gesehen hat, und nicht umgekehrt."

Die größte Verwirrung ist später durch die Übersetzung unserer Seemannsausdrücke ins Hochdeutsche entstanden, was von Goedel klar nachgewiesen wird, so daß er z. B. sagen kann:

> „Das Eselshaupt hat etymologisch so wenig mit dem Esel zu tun, wie das Kielschwein mit dem Schwein." Vergl. Etymologisches Wörterbuch der deutschen Seemannssprache von Gustav Goedel 1902. Kiel und Leipzig, Verlag von Lipsius & Tischer.

Hier näher auf diese interessante Sache einzugehen, würde zu weit führen; es sei nur noch bemerkt, daß die im Nachstehenden gewählten Benennungen wohl in der Praxis am meisten verbreitet sein dürften, und daß sie im wesentlichen mit denjenigen in dem Wörterbuch von Paasch: „Vom Kiel zum Flaggenknopf" enthaltenen übereinstimmen.

Zusammenstellung der Abkürzungen und Zeichen.

A = Areal der Segel.

A_1 = Areal der Hauptsegel.

a = Areal der Segel des Fockmastes.

B = Breite des Schiffes über Spanten.

B_s = Bramstenge vom Fuß bis zum ersten Absatz.

B_1 = Bramstenge vom ersten bis zum zweiten Absatz.

B_2 = Bramstenge vom zweiten bis zum dritten Absatz.

D = Deplacement oder Wasserverdrängung in cbm.

$\mathcal{D}$ = Deplacement in Tonnen à 1000 kg.

F = Schwerpunkt des Deplacements.

F_m = Fockmast.

F_t = Topp des Fockmastes.

G = Systemschwerpunkt (Gravitätszentrum.

G_r = Großmast.

G_t = Topp des Großmastes.

H = Höhe des Schiffes von Oberkante Kiel bis Unterkante Hauptdeckstringer an der Seite des Schiffes in halber Schiffslänge gemessen.

h = Höhe des Segelschwerpunktes über dem Schwerpunkt des Längenplans für alle Segel.

h_1 = Dasselbe für die Hauptsegel.

h_2 = Dasselbe für das Schiff in Ballast.

L = Schiffslänge in der Wasserlinie (Tiefladelinie) über Steven.

L_0 = Schwerpunkt des Längenplans (Lateralplans) mit Ausschluß des Ruders.

L_1 = Schwerpunkt des Längenplans, wenn das Schiff in Ballast ist.

M = Metazentrum.

m_t = Metertonnen.

m = Meter.

$\mathfrak{M}$ = Moment.

M_s = Marsstenge.

M_t = Topp der Marsstenge.

OMr = Obermarsraa.

OBr = Oberbramraa.

p = Winddruck in kg auf den qm.

R_t = Raumtiefe des Schiffes in halber Schiffslänge, gemessen von der Oberkante der Bodenwägerung bis Oberkante Hauptdeckbalken.

R_u = Unterraa.

R_r = Roilraa (Royalraa).

S = Schwerpunkt der sämtlichen Segel.

S_1 = Schwerpunkt der Hauptsegel.

S_r = Skeisegelsraa.

Tg = Tiefgang.

U = Umfang des Hauptspants von Mitte der Oberkante des Kiels nach den Seiten bis zur Wasserlinie gemessen.

UMr = Untermarsraa.

ABr = Unterbramraa.

WL = Wasserlinie (Tiefladelinie).

$\odot$ = Schwerpunkt.

$\mathcal{D}$ = Deplacement (dem Gewicht nach).

I = Einmastiges Fahrzeug.

II = Zweimastiges Fahrzeug (Schoner etc.).

II_1 = Schonerbrigg.

II_2 = Brigg.

III_1 = Schonerbark.

III_2 = Bark.

III_3 = Vollschiff.

IV_3 = Viermast-Bark.

IV_4 = Viermast-Vollschiff.

V_4 = Fünfmast-Bark.

V_5 = Fünfmast-Vollschiff.

Tonne (Tonnen) bezeichnet ein Gewicht von 1000 kg.

Ton (Tons) bezeichnet ein **Raummaß** von 100 Kubikfuß engl. = 2,832 cbm.

Die im dritten Teil in den Zeichnungen vorkommenden Schraffierungen bedeuten:

Gußeisen oder Stahlguß. Schmiedeeisen oder Stahl. Holz. Bronze und Metall.

/ # Erster Teil.

Theoretische und praktische Grundlagen.

I. Abschnitt.

Deplacement, Auftrieb, Stabilität.

A. Allgemeines.

Alle Lagen und Bewegungen, die ein Schiff unter den verschiedenartigsten Umständen annehmen kann, können theoretisch untersucht und verfolgt werden. Die Berechnungen geben auch vollständig mit den Beobachtungen übereinstimmende Resultate, und trotzdem ist es nicht möglich, auf rein wissenschaftlichem Wege ein brauchbares Schiff zu konstruieren. Es ist aber andererseits wiederum sehr gewagt, ohne Zuhilfenahme der wichtigsten Grundsätze der Mathematik und Mechanik ein größeres Schiff auszuführen, obgleich zugegeben werden muß, daß weitaus die meisten jetzt üblichen und im allgemeinen zweckmäßigen Schiffskonstruktionen auf dem Wege der Erfahrung — allerdings unter vielen Mißgriffen — zu stande gekommen sind. In vielen Fällen würden aber manche kostspieligen Experimente unterblieben und große Verluste an Leben und Eigentum vermieden worden sein, wenn sich die Empiriker etwas mehr um die theoretischen Grundlagen gekümmert hätten.

Über die vorliegenden Probleme gibt es eine reiche Literatur, und es könnte ein weiteres Eingehen auf den Gegenstand hier ganz unterbleiben, wenn nicht in den meisten Büchern zu wenig Rücksicht auf die praktische Anwendung der Materie genommen würde. Entweder wird alles streng geschichtlich, wissenschaftlich und nach allen Seiten hin erschöpfend behandelt, oder es wird zuviel als bekannt und selbstverständlich vorausgesetzt, so daß sich in beiden Fällen der Praktiker schwer darin zurecht finden kann.

Da es aber von größter Wichtigkeit ist, daß der Schiffbauer und der Seemann die grundlegenden Gesetze nicht nur richtig auffassen, sondern auch durch Übung in der Anwendung auf die Praxis mit ihnen vollkommen vertraut werden, so wollen wir im Nachstehenden versuchen, die Grundbegriffe des Deplacements, des Auftriebes und der Stabilität, soweit sie für die vorliegende Arbeit in Betracht kommen, möglichst kurz und verständlich klarzulegen.

B. Deplacement und Auftrieb.

Wenn in eine Flüssigkeit, die ein Gefäß bis zum Überlaufen anfüllt, ein schwimmender fester Körper gelegt wird, so wird ein Teil der Flüssigkeit über den Gefäßrand hinweg ablaufen, aber keine Änderung in dem Gewicht des Ganzen nach dem Abfluß der überschüssigen Flüssigkeit eintreten.

Denkt man sich nun die Flüssigkeit in der Umgebung des Körpers erstarrt oder gefroren, dann kann der letztere aus der Flüssigkeit herausgehoben und die Vertiefung, welche genau die negative Form des Körpers bis zur Schwimmebene wiedergibt, bis zu der erstarrten Oberfläche mit der gleichen Flüssigkeit angefüllt werden.

Es ist klar, daß nach dem Auftauen weder eine Senkung der Oberfläche noch ein Überlaufen der Flüssigkeit stattfinden wird, und daß das ursprüngliche Gewicht wieder hergestellt ist. Die Flüssigkeitsmenge, welche zum Ausfüllen der durch den schwimmenden Körper gebildeten Vertiefung erforderlich war, hat mithin dasselbe Gewicht, wie der betreffende Körper selbst.

Denkt man sich ferner den schwimmenden Körper vollkommen gewichtlos, so wird man einen gewissen Druck ausüben müssen, um ihn ebenso weit in die Flüssigkeit hinabzudrücken, wie er in dieselbe hineinsank, als er noch sein natürliches Gewicht hatte. Der Druck, der nun zum Niederhalten des gewichtlosen Körpers erforderlich ist, ist gleich dem aufwärts gerichteten von der Flüssigkeit auf den Körper ausgeübten Druck. Derselbe verteilt sich auf jeden einzelnen Punkt des Körpers, er wird Auftrieb genannt und ist gleich dem Gewicht des Körpers.

Dieses schon von Archimedes gefundene Gesetz heißt:

Die Mittelkraft aus allen Druckkräften wirkt vertikal aufwärts, ist gleich dem Gewicht der Flüssigkeit, welche der Körper aus der von ihm eingenommenen Stelle verdrängt, und ihre Richtung geht durch den Schwerpunkt der verdrängten Flüssigkeit.

Ein auf dem Wasser schwimmendes Schiff hat demnach ein Gewicht, welches gleich ist dem Gewicht des von dem Schiff verdrängten Wassers.

Das Volumen des unter Wasser befindlichen Teils eines Schiffes nennt man die Wasserverdrängung oder das Deplacement $= D$. Es ist demnach das Gewicht eines Schiffes $=$ Deplacement $\times$ Gewicht der Raumeinheit des Wassers $= \overset{.}{D}$ (der Punkt in dem $\overset{.}{D}$ soll andeuten, daß das Deplacement ausgedrückt in Gewichtseinheiten gemeint ist, zum Unterschied von $D =$ dem Deplacement in Volumeinheiten).

Das Gewicht des reinen (destillierten) Wassers beträgt pro cbm $=$ 1 Tonne $=$ 1000 kg. In diesem Falle ist das Deplacement in cbm $=$ dem Deplacement in Tonnen, d. h. $\overset{.}{D} = D$. Flußwasser ist meistens etwas schwerer als reines Wasser, und Seewasser, je nach dem Salzgehalt, noch schwerer als Flußwasser. Bei den nachfolgenden Berechnungen ist das Gewicht für den cbm Seewasser zu 1025 kg angenommen.

Das Deplacement eines Schiffes wird gewöhnlich in cbm bis zu jeder Wasserlinie berechnet und dort dieses Maß in einem Diagramm von einer Vertikalen aus abgesetzt. Verbindet man die Punkte durch eine Kurve, so erhält man die sogenannte Deplacementskurve oder den Lastenmaßstab. Oft wird noch eine zweite Kurve, die das Deplacement D in Tonnen für Seewasser darstellt, daneben gezeichnet oder es werden für eine und dieselbe Kurve zwei verschiedene Maßstäbe angefertigt, von denen der eine das Deplacement in cbm, der andere das Deplacement in Tonnen à 1000 kg angibt.

Auch wird nicht selten die Höhe des Deplacementschwerpunktes für die verschiedenen Tiefgänge durch eine Kurve auf der Deplacementskala angegeben.

C. Stabilität.

Liegt der Schwerpunkt G (s. Fig. 3, I) eines auf einer Flüssigkeit schwimmenden festen Körpers mit dem Schwerpunkt F der verdrängten Flüssigkeit, also dem Schwerpunkt des Deplacements, in einer Vertikalen, so kann, ohne Einwirkung einer äußeren Kraft, keine Drehung des Körpers eintreten. Da aber bei einem Schiffe die Bedingung, daß keine äußeren Kräfte, wie Wind, Seegang u. s. w. auf den Körper einwirken dürfen, nicht erfüllt werden kann, so muß verlangt werden, daß ein durch äußere Kräfte aus der vertikalen Lage gebrachter Schiffskörper nach Aufhören der Kraftwirkung wieder von selbst in die aufrechte Lage zurückkehrt.

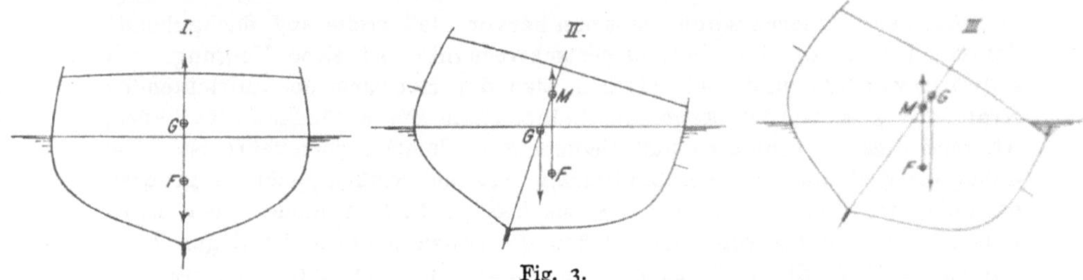

Fig. 3.

Das Bestreben des Schiffes, aus einer durch eine äußere Kraft herbeigeführten geneigten Lage in die aufrechte Lage zurückzukehren, nennt man Stabilität. Die Kraft, mit welcher das Schiff von der geneigten in die aufrechte Lage zurückzukehren strebt, läßt sich genau berechnen.

Wird nämlich ein Schiff in eine geneigte Lage gebracht, so bleibt zwar die Größe des Deplacements stets dieselbe, aber es ändert sich die Form desselben, und infolgedessen nimmt der Schwerpunkt des Deplacements eine andere Lage an, er wandert bei der Neigung des Schiffes im allgemeinen nach derjenigen Seite hin, nach welcher die Neigung erfolgt. Der Schwerpunkt des Schiffskörpers mit allem Zubehör, der sogenannte Systemschwerpunkt G, dagegen verbleibt, da alle Gewichte im Schiff als fest verstaut anzunehmen sind, in seiner ursprünglichen Lage.

Bezeichnet nun in Fig. 3 II F die Lage des Deplacementsschwerpunktes in der geneigten Lage des Schiffes, dann geht die Richtung der Mittelkraft des Auftriebes durch diesen Punkt vertikal nach oben und schneidet die Mittelaxe des Schiffes in dem Punkt M, dem Metazentrum. Die vertikal abwärts gerichtete Mittelkraft der Gesamtgewichte des Schiffskörpers geht durch den Systemschwerpunkt G. Der Abstand beider Kraftrichtungen von einander ist der Hebelarm der aufrichtenden Kraft.

Die Höhe des Metazentrums über dem Systemschwerpunkt, d. h. die Entfernung GM nennt man die metazentrische Höhe des Schiffes.

Je größer nun der Hebelarm der aufrichtenden Kraft ist, um so größer ist die Stabilität bei der entsprechenden Neigung. Wird $GM =$ Null, d. h. liegt der Systemschwerpunkt im Metazentrum, dann wird auch das aufrichtende Moment $= 0$, d. h. es ist indifferentes Gleichgewicht vorhanden. Befindet sich der Systemschwerpunkt über dem Metazentrum, so wird auch, wie aus Fig. 3 III sofort ersichtlich, die Wirkung des Kräftepaares umgekehrt, d. h. das Schiff kentert.

Diese Stabilitätsgesetze gelten sowohl für die Neigung des Schiffes um seine Längsaxe, d. h. die Querschiffsstabilität, als auch für die Neigung um seine Queraxe, d. h. die Längsschiffsstabilität. Da nun bei größeren Seeschiffen, wegen ihrer großen Länge niemals der Fall eintreten wird, daß die Längsschiffsstabilität $= 0$ oder gar negativ wird, d. h. daß sich ein Schiff über die Steven überschlägt, so braucht für den vorliegenden Zweck die Längsschiffsstabilität hier nicht näher berücksichtigt zu werden.

Die Lage des Deplacementschwerpunktes F ist durch die Schiffsform bedingt und läßt sich für jede geneigte Lage und für jeden Tiefgang genau berechnen. Die Lage des Systemschwerpunktes ist von der Gewichtsverteilung im Schiff, also namentlich von der Stauung der Ladung abhängig.

Aus dem Vorhergehenden geht nun hervor, daß breite und flachgehende Schiffe, bei denen der Deplacementschwerpunkt bei einer Neigung weit seitwärts wandern und bei welchen also der Hebelarm der aufrichtenden Kraft sehr groß werden kann, durch ihre Form eine große Stabilität haben, während dies bei schmalen und tiefgehenden Schiffen umgekehrt ist. Um daher die Stabilität bei verhältnismäßig breiten Schiffen nicht zu groß zu erhalten, wird man hier den Systemschwerpunkt G möglichst hoch legen müssen, während bei schmalen Schiffen der Schwerpunkt G tief liegen muß, um eine größere Stabilität zu erzielen. Man hat also durch die Stauung ein Mittel, die Stabilität nach Bedarf zu regulieren.

Ein Schiff, bei welchem die Stabilität groß ist, nennt man steif und ein solches, bei welchem sie klein ist, rank.

Man unterscheidet:

Statische Stabilität und
Dynamische Stabilität.

Statische Stabilität nennt man das Moment der Kraft, welches erforderlich ist, um ein Schiff in einer geneigten Lage zu halten. Dieses ist gleich dem Moment der Kraft, welches das Schiff wieder aufzurichten strebt. Es ist also das aufrichtende Moment $=$ Kraft $\times$ Hebelarm $= D \cdot GH$ (siehe Fig. 4).

Dynamische Stabilität nennt man die mechanische Arbeit, welche erforderlich ist, um das Schiff bis zu einer bestimmten Lage zu neigen. Diese wird ausgedrückt durch das Produkt des Gesamtgewichts vom Schiffskörper multipliziert mit derjenigen Weglänge, um welche sich der Deplacementschwerpunkt von dem Systemschwerpunkt entfernt, und zwar von der aufrechten Lage des Schiffes bis zu der betreffenden Neigung, also

$$\text{Masse} \times \text{Weg} = D \cdot (F_1 H - FG)$$

S. Fig. 4.

a. Statische Stabilität.

Das Gewicht D sowie dessen Schwerpunktslage G und der Schwerpunkt F des Deplacements für die aufrechte Lage des Schiffes kann als bekannt angenommen werden, es kommt daher zur Bestimmung der statischen Stabilität nur auf die Ermittelung des Hebelarmes GH (Fig. 4) oder auf die Entfernung des Schwerpunktes G von der Linie $F_1 M$ an.

Zur Vermeidung von Verwechselungen soll im Nachstehenden nicht mit dem Gewicht D, sondern überall mit dem Volumen gerechnet werden.

Wird ein Stück in einem Schiff von der Länge $= 1$ und dem Deplacement D, dessen Schwerpunkt in F liegt, um den Winkel φ auf die Seite geneigt, dann rückt der Schwerpunkt nach F_1. Auf der einen Seite des Schiffes tritt das Keilstück $ABO = V$ aus dem Wasser heraus, auf der andern Seite wird das Keilstück $EJO = V$ in das Wasser hinein-

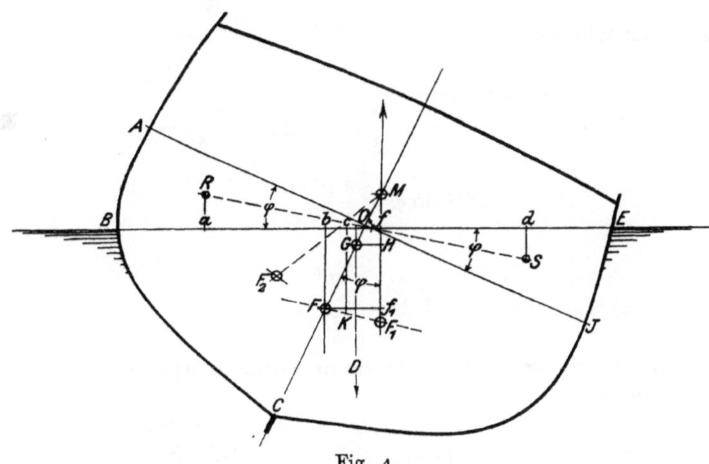

Fig. 4.

gedrückt. Der Inhalt eines jeden Keilstückes soll mit V und der betreffende Schwerpunkt mit R und S bezeichnet werden. Eine durch F_1 gezogene Vertikale schneidet die Wasserlinie BE in f und die Mittellinie des Schiffes in dem Metazentrum M. Eine durch den Schwerpunkt F gezogene Vertikale schneidet die Wasserlinie BE in b, und die durch die Schwerpunkte R und S gehenden Vertikalen treffen die Wasserlinie in a und d. Liegt der Schwerpunkt des Körpers $BCJO$ in K bezw. in der Vertikalen Kc und wählt man den Punkt F als Drehpunkt, dann finden folgende Momentengleichungen statt:

$$BCEO \cdot lf = BCJO \cdot bc + JOE \cdot bd,$$

oder

$$1) \qquad D \cdot bf = (D - V) \cdot bc + V \cdot bd.$$

Ferner:

$$ABCJO \cdot o + AB\dot{O} \cdot ab = BCJO \cdot bc,$$

oder

$$D \cdot o + V \cdot ab = (D - V) \cdot bc.$$

2)
$$bc = \frac{V}{D-V} \cdot ab.$$

Aus 1) und 2) ergibt sich:

$$D \cdot bf = V \cdot ab + V \cdot bd = V \cdot (ab + bd),$$
$$= V \cdot ad.$$

Ferner ist $D \cdot Ff_1 = V \cdot ad$, also

3)
$$bf = Ff_1 = \frac{V}{D} \cdot ad.$$

Der Höhe nach liegt F_1 in einer Linie, die durch F geht und parallel RS ist. Ist $AO = OJ = y$ die halbe Schiffsbreite, dann ist für kleine Neigungen $AB = EJ = y \cdot \sin\varphi$. Das Volumen V ist dann $= \frac{y}{2} \cdot y \sin\varphi$ und

$$Oa = Od = \frac{2}{3}y, \text{ mithin } ad = 2 \cdot \frac{2}{3}y.$$

Aus 3) entsteht also

$$Ff_1 = \frac{\frac{y}{2} \cdot y \sin\varphi}{D} \cdot 2 \cdot \frac{2}{3}y \quad \text{und} \quad \frac{Ff_1}{FM} = \sin\varphi$$

$$FM \sin\varphi = \frac{2}{3} \frac{y^3 \sin\varphi}{D}$$

4)
$$FM = \frac{\frac{2}{3}y^3}{D},$$

für eine Schiffslänge $= 1$, d. h. für einen Parallelkörper von der Breite y und dem Deplacement D.

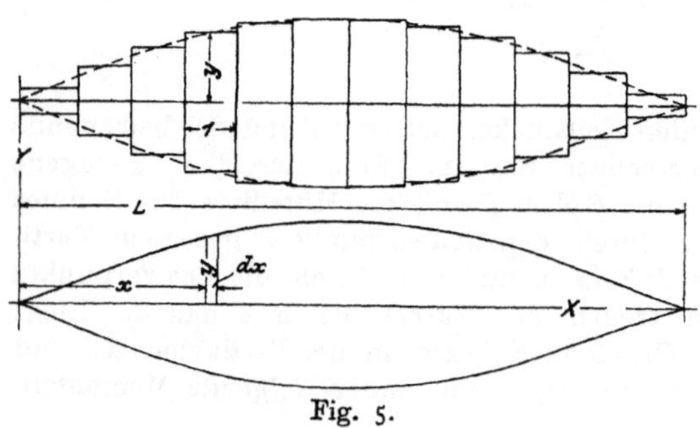

Fig. 5.

Man kann sich nun ein Schiff aus vielen Parallelkörpern zusammengesetzt denken, s. Fig. 5, dann sind die Werte aller einzelnen Körper zu summieren und es entsteht:

$$FM = \Sigma \frac{\frac{2}{3}y^3 \cdot 1}{D}.$$

Wird die Wasserlinie der Länge nach in unendlich viele und unendlich kleine Teile geteilt, s. Fig. 5 unten, dann ist, wenn L die Schiffslänge:

5)
$$FM = \frac{\frac{2}{3}\int_0^L y^3 dx}{D}.$$

Der Ausdruck $\dfrac{2}{3}\displaystyle\int y^3\,dx$ ist das Trägheitsmoment der Wasserlinie.

Da es in der Regel für die Wasserlinie eines Schiffes keine Gleichung gibt, so ist auch das obige Integral nicht auflösbar. Man bedient sich deshalb für die Berechnung von FM gewöhnlich der nachstehenden Simpsonschen Näherungsformel, worin δ die Entfernung der Ordinaten $y_0, y_1, y_2 \ldots\ldots y_n$ ist:

$$6)\quad FM = \frac{4}{9}\cdot\frac{\delta}{D}\cdot\left(\frac{y_0{}^3}{2} + 2\cdot y_1{}^3 + y_2{}^3 + 2\cdot y_3{}^3 + y_4{}^3 + \ldots\ldots + 2\cdot y_{n-1}{}^3 + \frac{y_n{}^3}{2}\right).$$

Durch die Höhe FM ist das Metazentrum M sowie auch der Hebelarm GH festgelegt, denn es ist

$$7)\qquad GH = MG\sin\varphi.$$

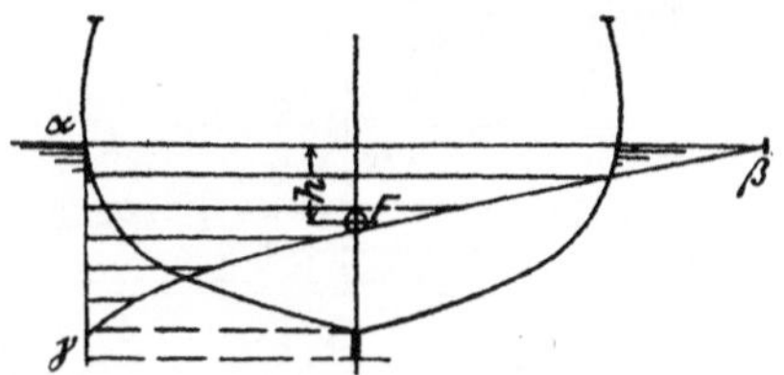

Wie schon bemerkt, ist diese Art der Bestimmung von F_1 nur für kleine Neigungswinkel genügend genau. Für größere Neigungswinkel gibt es zur Ermittelung des Hebelarmes GH bezw. zur Festlegung der Linie MF_1 eine Reihe von Methoden, welche aber meistens eine mühsame und ziemlich verwickelte rechnerische Arbeit erfordern oder nur mit Hilfe eines Integrators ausführbar sind.

Wenn kein Integrator zur Verfügung steht, so ist ein vom Verfasser in der Zeitschrift des Vereins deutscher Ingenieure, Band XXXVI, Seite 1421, und in Johow, Hilfsbuch für den Schiffsbau, Seite 443, veröffentlichtes Verfahren zur Bestimmung des Deplacementschwerpunkts für alle verschiedenen Neigungen anwendbar.

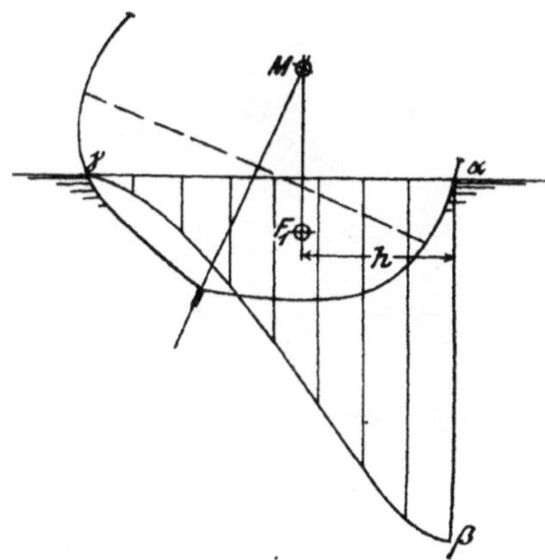

Fig. 6 und 7.

Das Verfahren stützt sich auf die Tatsache, daß der Schwerpunkt des Deplacements in der Höhe $h = \dfrac{\text{Areal }\alpha\beta\gamma}{\alpha\beta}$ liegt. Siehe Fig. 6 und 7.

Ebenso leicht wie für die aufrechte Lage des Schiffes läßt sich auch für jede beliebige geneigte Lage eine Deplacementskurve konstruieren, man teilt den Tiefgang in eine gerade Anzahl Teile, zieht durch die Teilpunkte Wasserlinien und ermittelt bis zu jeder Wasserlinie das Deplacement. Aber auch in vertikaler Richtung läßt sich der unter Wasser befindliche Teil des Schiffes in parallele Ebenen zerlegen und ganz in derselben Weise eine Deplacementskurve darstellen, die dann etwa die Gestalt der Linie $\gamma\beta$ (Fig. 7) annimmt. Es ist dann wieder

$$h = \frac{\text{Areal }\alpha\beta\gamma}{\alpha\beta}.$$

Eine Parallele in einem Abstande h zu $\alpha\beta$ geht durch den Punkt F_1 und gibt in dem Schnittpunkt mit der Mittellinie des Schiffes bei M das Metazentrum.

Die Höhen des Metazentrums für die verschiedenen Neigungen können als Kurven in die Deplacementskala eingezeichnet, und die Hebelarme GH (siehe Fig. 4) — gewöhnlich als „Hebelarme von G" bezeichnet — in einer Weise für jeden beliebigen Tiefgang aufgetragen werden, wie dies in nachstehender Fig. 8 für einen Tiefgang von 3,85 m geschehen ist.

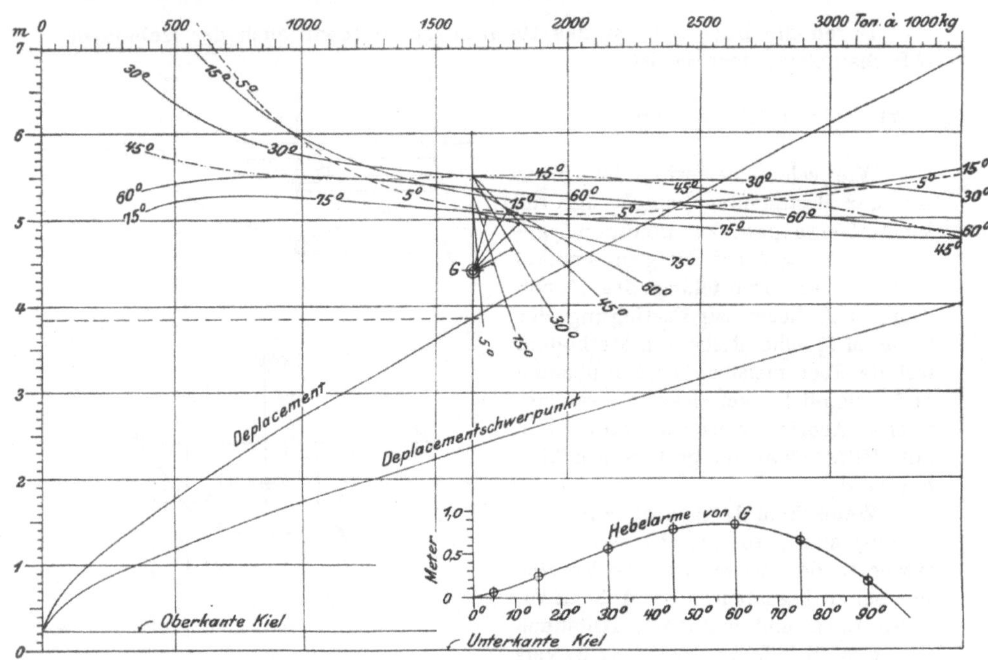

Fig. 8.

b. Dynamische Stabilität.

Wenn ein Schiff sich im Wasser von der einen Seite nach der andern überneigt, so bewegt sich der Schwerpunkt des Deplacements von F_1 nach F_2, (s. Fig. 4). In der mittleren Lage des Schiffes liegt er in F. Er wandert also von der einen Seite zur andern, gleichsam wie ein Pendel, das bei dem Punkt M aufgehängt ist. Zum besseren Verständnis des Nachstehenden soll nun versucht werden, die Bewegungen eines Schiffes an denjenigen eines gewöhnlichen Pendels zu erläutern.

Wird ein in dem Punkt M aufgehängtes Pendel, Fig. 9, dessen Gewicht Q und dessen Länge l sein mag, von einer äußeren Kraft P aus der vertikalen Ruhelage a durch die verschiedenen Stadien 1, 2, 3, 4 seitwärts bewegt, so ist klar, daß zu dieser Bewegung anfänglich nur eine geringe Kraft erforderlich ist. Diese Kraft wird allmählich größer und erreicht ihr

Maximum, wenn das Pendel horizontal, also im Punkt 10 steht. Befindet sich das Pendelgewicht Q in dem Punkt C, dann ist das Moment

$$P \cdot l = Q \cdot bC.$$

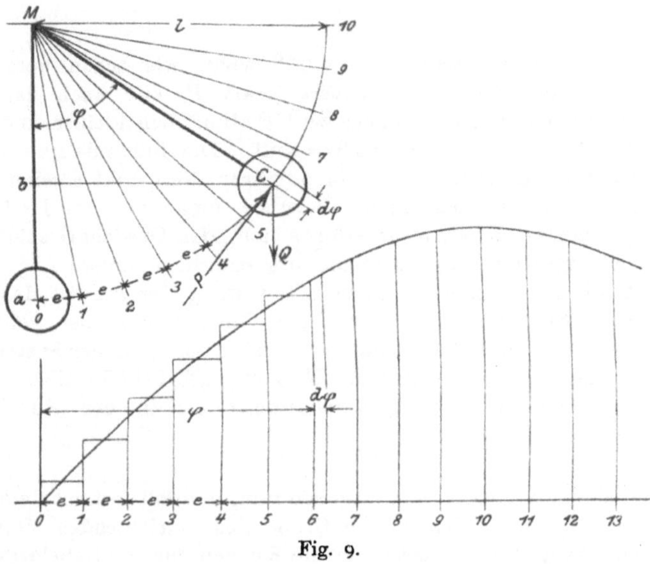

Fig. 9.

Bezeichnet nun e die Weglänge der einzelnen Stadien 0—1, 1—2, 2—3, 3—4 u. s. w., und P_1, P_2, P_3, P_4 ... die betr. mittlere Kraft, welche zur seitlichen Bewegung des Pendels erforderlich ist, dann ist die mechanische Arbeit, die zur Bewegung des Pendels von 0 bis 6 aufzuwenden ist

$$= P_1 \cdot l \cdot e + P_2 \cdot l \cdot e + P_3 \cdot l \cdot e + P_4 \cdot l \cdot e + P_5 \cdot l \cdot e + P_6 \cdot l \cdot e,$$
$$= e \cdot l \cdot (P_1 + P_2 + P_3 + P_4 + P_5 + P_6),$$
$$= e \cdot l \cdot \Sigma P.$$

Während dieser Bewegung wurde andererseits das Gewicht Q von a bis b gehoben, es ist also die verrichtete mechanische Arbeit = Gewicht $\times$ Weglänge, also

$$Q \cdot ab = e \cdot l \cdot \Sigma P.$$

Diese verrichtete mechanische Arbeit läßt sich auch graphisch darstellen, indem auf die Weglängen e der Punkte 1, 2, 3, 4 .... als Abscissen eines Koordinatensystems die mittleren Kräfte P_1, P_2, P_3, P_4 .... als Ordinaten aufgetragen werden, s. Fig. 9 unten. Die abgetreppte Fläche stellt dann die verrichtete mechanische Arbeit dar, die erforderlich war, um das Gewicht Q vom Ruhepunkt 0 bis zum Ausschlagspunkt 6 zu bewegen.

Werden die Ausschlagsintervalle 0—1, 1—2, 2—3, 3—4 ... unendlich klein angenommen, dann entsteht statt der stufenförmigen Begrenzung eine Kurve, die sogen. Integralkurve (ähnlich der in Fig. 10 dargestellten Kurve). Der Inhalt der von dieser Kurve eingeschlossenen Fläche stellt dann die mechanische Arbeit dar, welche erforderlich ist, um das Gewicht Q bis zu dem betr. Winkel zu bewegen.

Bezeichnet allgemein $\mathfrak{M}$ das Moment $P \cdot l$ und φ den Ausschlagwinkel, dann ist die mechanische Arbeit bis zum Winkel φ

$$= \int_0^\varphi \mathfrak{M} \cdot d\varphi.$$

In dem Punkte 10, also bei $\varphi = 90^0$ wird, wie schon bemerkt, bei einem gewöhnlichen Pendel die äußere Kraft P, also auch das Moment $P \cdot l = \mathfrak{M}$ am größten, darüber hinaus wird P allmählich kleiner und schließlich im Scheitelpunkt 20 ($\varphi = 180^0$) $=$ Null. Die Integralkurve muß also im Punkt 10 ihren Höhepunkt und in 20 ihren Nullpunkt erreichen, d. h. hier die Abscissenachse schneiden. Darüber hinaus ist zur Drehung des Pendels keine äußere Kraft mehr erforderlich, das Gewicht Q schlägt dann durch sein Eigengewicht wieder in die ursprüngliche untere Lage zurück.

Ähnlich wie hier bei der seitlichen Bewegung des Pendels das Gewicht Q, wird bei der Neigung eines Schiffes das Gewicht desselben gehoben, solange noch ein aufrichtendes Moment vorhanden ist, d. h. der Systemschwerpunkt G, s. Fig. 4, erhält bei einer Neigung des Schiffes einen größeren Abstand über dem Deplacementschwerpunkt als in der Ruhelage des Schiffes, es ist also

$$HF_1 > GF.$$

Die Hebelarme von G, s. Fig. 4, geben nun, multipliziert mit dem Gewicht D des Schiffes, für jede Neigung die Größe des aufrichtenden Moments an. Diese Momente kann man, ebenso wie die Kurven für die Hebelarme, durch eine Kurve, die sogenannte Momentenkurve, darstellen, ähnlich der in Fig. 9 dargestellten Integralkurve. Setzt man das Schiffsgewicht $D = 1$, dann ist die Momentenkurve identisch mit der Kurve der Hebelarme, ist D verschieden von 1, so wird die erstere Kurve von der letzteren naturgemäß verschieden werden, beide Kurven durchschneiden aber die x-Achse des Koordinatensystems an derselben Stelle, und zwar in dem Punkte 0, Fig. 10.

Bei der Kurve $A\,b\,f\,o\,q\,t$ der statischen Momente sind also die Abscissen die Neigungswinkel und die Ordinaten die statischen Momente $\mathfrak{M} = D \cdot GH$ für den zugehörigen Neigungswinkel. Nach dem Vorangegangenen und dem Beispiel Fig. 9 wird nun die zur Neigung des Schiffes bis zu einem Winkel φ erforderliche mechanische Arbeit dargestellt durch die schraffierte Fläche in Fig. 10, d. h. durch:

$$\int_0^\varphi \mathfrak{M} \cdot d\varphi.$$

Es ist somit der ganze Aufwand an mechanischer Arbeit, der erforderlich ist, um das Schiff bis zu dem Punkte 0 überzukrängen, d. h. es von der aufrechten Lage bis zum Kentern zu bringen, dargestellt durch den Inhalt der Fläche $Abfogc A$.

Über den Punkt 0 hinaus werden die Momente negativ, d. h. es ist zum Weiterneigen des Schiffes nicht nur keine mechanische Arbeit mehr erforderlich, sondern es würde sich das Schiff auch ohne äußere Beihilfe durch die Schwerkraft von selbst weiter neigen und dadurch selbsttätig mechanische Arbeit verrichten, ähnlich wie in dem Beispiel Fig. 10 der

Körper von selbst umfällt, wenn er über den Scheitelpunkt hinaus nach links bewegt wird.

Um nun für jeden Winkel φ die Summe der für die Neigung des Schiffes aufgewendeten mechanischen Arbeit zu erhalten, hat man also die von der Momentenkurve und der x-Achse bis zur Ordinate von φ eingeschlossene Fläche — s. schraffierte Fläche in Fig. 10 — zu berechnen. Diese Flächen kann man nun wieder als Ordinaten auftragen, d. h. man kann, wie in Fig. 10 geschehen, den Inhalt $Abc = de$, den Inhalt $Abfg = hi$, den Inhalt $Abfo = kl =$ dem Maximum der verrichteten mechanischen Arbeit und den Inhalt $Abfo - opq = mn$ machen. Die Kurve $Udhkmr$ ist dann die Integralkurve der statischen Momente und gibt in ihren Ordinaten die mechanische Arbeit, welche zum Neigen des Schiffes bis zu dem betreffenden Winkel erforderlich war.

Im Vorstehenden ist die mechanische Arbeit — die sogenannte dynamische Stabilität — dargestellt durch die Summe der aufrichtenden Momente

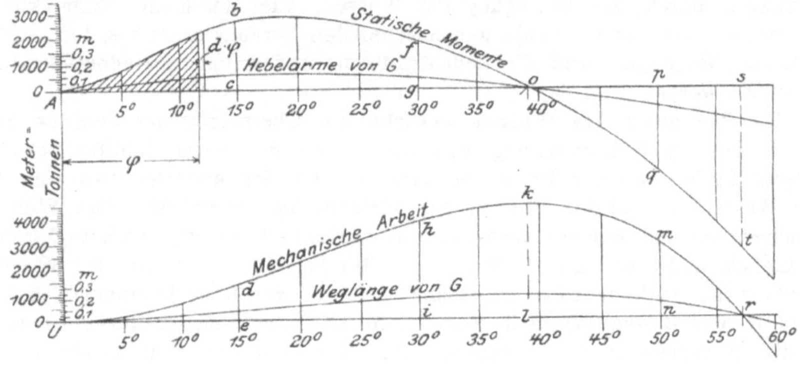

Fig. 10.

für die verschiedenen Neigungen bezogen auf den Systemschwerpunkt G. Es kann aber auch die mechanische Arbeit dargestellt werden durch das Gewicht des Schiffes multipliziert mit der Weglänge, um welche das Schiff bis zum Eintritt der Neigung in vertikaler Richtung gehoben wird. Diese Weglänge ist die Vergrößerung, den der Abstand des Systemschwerpunktes vom Deplacementschwerpunkt erfährt, wenn das Schiff von der aufrechten Lage in die geneigte gebracht wird, also

$$\text{Weglänge} = F_1 H - GF,$$

s. Fig. 4, sie erreicht ihren Höhepunkt an der Stelle, an welcher die Stabilität aufhört, d. h. wo die Kurve der Hebelarme von G oder die Kurve der statischen Momente die x-Achse, s. Fig. 10, schneidet.

Es kann demnach auch durch Multiplikation des Schiffsgewichtes D mit den Ordinaten der Kurve für die Weglänge von G ebenfalls die Kurve $Udhkmr$, Fig. 10, für die mechanische Arbeit konstruiert werden, woraus erhellt, daß die Kurven der Hebelarme von G und der statischen Momente einerseits und die der Weglänge von G und der mechanischen Arbeit andererseits miteinander in engstem Zusammenhange stehen.

Die Kurve der mechanischen Arbeit steigt während der Neigung fortwährend und kulminiert in dem Punkte k, wo die Stabilität $=$ Null wird und die Kurve der statischen Momente die x-Achse schneidet. Verfolgt man den Vorgang nach dem Kentern noch weiter, so findet sich, daß nach dem Aufhören der Stabilität die mechanische Arbeit allmählich abnimmt und == Null wird an der Stelle, wo auch die Weglänge == Null, d. h. wo der Abstand des Systemschwerpunktes vom Deplacementsschwerpunkte wieder ebenso gross wird, wie er in der aufrechten Lage des Schiffes war. Dies findet statt in dem Punkte r, bei welcher Neigung auch der Inhalt der Momentenkurve $Abfo$ gleich wird dem Inhalt der Summe der negativen Momente ost.

Die bei einer Neigung sonst noch auftretenden Widerstände, als seitliche Verschiebung des Schwerpunktes, Reibung der Außenhaut im Wasser u. s. w., werden in der Regel vernachlässigt, weil sie einerseits nur unbedeutend sind, andererseits sich durch Rechnung schwer ermitteln lassen.

Untersuchen wir nun die äußeren Kräfte, welche die Bewegungen des Schiffes herbeiführen, so finden wir, daß das Stampfen und die seitlichen Neigungen durch die Bewegung des Wassers oder durch die Einwirkung des Windes oder durch beide gemeinschaftlich hervorgerufen werden. Die seitlichen Neigungen sind die bedeutendsten, und sollen im Nachstehenden behandelt werden.

Die Bewegung des Wassers bewirkt ein Überneigen des Schiffes dadurch, daß durch Einwirkung von Wellen an der einen Schiffsseite ein höherer hydrostatischer Druck entsteht als an der anderen, und sich so eine Wasserfläche bildet, die zu der horizontalen geneigt ist. Die Wellen verschwinden und kehren nach einer gewissen Zeit wieder, das Schiff kann anfänglich nicht so schnell folgen wie die Wellen und, wenn die Wellen aufhören zu wirken, nicht so schnell wieder zur Ruhe kommen; es beharrt in der Bewegung noch weiter und tritt dann mit größerer Energie in die entgegengesetzte Bewegung ein. Dadurch entstehen pendelartige Bewegungen, die sogenannten Rollbewegungen, welche abhängig sind von der Größe der Wellen, von der Verteilung der Massen im Schiff, von dem Verhältnis der natürlichen Schwingungsdauer des Schiffes zu der Periode der Wellen, von der Wassertiefe u. s. w. Die Verteilung der Massen im Schiff spielt hierbei eine große Rolle, und man kann bei einer zweckmäßig gewählten Schiffsform immer gute Seeeigenschaften durch eine geeignete Stauung erzielen, wenn die Art der Ladung dies zuläßt. Heftiges Rollen wird z. B. dadurch vermindert, daß schwere Gewichte weit ab vom Schwerpunkt des Schiffes nach den Seiten hin verstaut werden und starkes Stampfen und Wegsetzen dadurch, daß Anhäufung von großen Lasten an den Enden des Schiffes vermieden wird.

Da aber derartige Untersuchungen am einfachsten mit dem fertigen Schiff vorzunehmen sind, indem dasselbe im ruhigen Wasser ins Schlingern gebracht, die Schwingungsdauer beobachtet und nötigenfalls durch eine andere Stauung eine Änderung in der Schwingungsperiode herbeigeführt wird, so hat es keinen praktischen Wert, hier, wo es sich um Frachtschiffe handelt, näher auf diesen Gegenstand einzugehen.

Durch die Einwirkung des Windes kann ein Schiff auch in ganz ruhigem Wasser auf die Seite geneigt werden. Bezeichnet in Fig. 11 (Grundriß) dc die Stellung der Segel und gk die Richtung und Stärke des Windes, dann erhält man durch Konstruktion des Kräfteparallelogramms in gi den Normaldruck auf die Segelfläche und in ki die Kraft, welche in der Richtung der Segelfläche nach Lee abgeleitet. Der Normaldruck gi kann wieder zerlegt werden in die beiden Komponenten fg und fi, von welchen die erstere als vorwärtstreibende Kraft auftritt, die zweite querschiffs auf das Schiff gerichtet ist und die seitliche Neigung sowie die Abtrift verursacht. Es ist daher wichtig, die Segelfläche so zu stellen, daß die vorwärtstreibende Kraft, d. h. die Komponente fg, recht groß und die Komponente fi recht klein wird. Für die vorliegende Betrachtung kommt nur die letztere Komponente in Frage, welche in Fig. 11 (Querschnitt) mit W bezeichnet ist, in horizontaler Richtung querschiffs auf die Segelfläche und Takelung einwirkt und dadurch eine Neigung des Schiffes um den Winkel φ erzeugt. Bezeichnet nun A das Areal der sämtlichen Segel, die eine Höhenausdehnung $= ab$ haben mögen, S den Schwerpunkt der Segelfläche, in welchem Punkte der Winddruck konzentriert gedacht werden kann, dann wirkt der Winddruck mit seiner vollen Stärke nur auf die Projektionsfläche von A, d. h. auf $A \cdot \cos \varphi$.

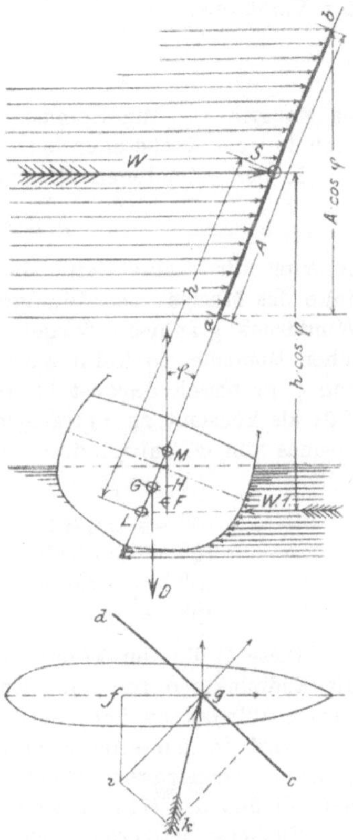

Gegen das Abtreiben wirkt der Widerstand des Wassers W_1. Die Geschwindigkeit, mit welcher sich das Schiff seitwärts bewegt, ist im Vergleich zur Windgeschwindigkeit nur gering und kann vernachlässigt werden. Die Höhenlage der Resultierenden W_1 des Wasserwiderstandes läßt sich nicht genau berechnen, man kann aber, ohne einen nennenswerten Fehler zu machen, annehmen, daß diese Resultierende durch den Schwerpunkt des Längenplanes hindurchgeht.

Bezeichnet nun h die Höhe des Segelschwerpunktes S über dem Schwerpunkt L des Längenplanes, dann ist, bei einer unter dem Winkel φ geneigten Lage des Schiffes die Höhe des Punktes S über der Resultierenden W_1 des Wasserwiderstandes $= h \cos \varphi$.

Bezeichnet ferner p den Druck des Windes auf die Flächeneinheit von A, dann ist:

$$W = p \cdot A \cos \varphi$$

und demnach das Moment des Winddrucks:

$$W \cdot h \cos \varphi = p \cdot A \cdot h \cos^2 \varphi.$$

Weht nun der Wind mit einer konstanten Geschwindigkeit, ist also der Winddruck konstant, dann muß nach den Gesetzen der statischen Stabilität das Moment des Winddrucks $=$ sein dem aufrichtenden Moment des Schiffes, d. h. es muß stattfinden:

$$p \cdot A \cdot h \cos^2 \varphi = D \cdot GH = D \cdot MG \sin \varphi$$

Fig. 11.

3^*

oder
$$p \cdot A \cdot h \, (1 - \sin^2\varphi) = D \cdot MG \sin\varphi.$$

Beim Segeln übersteigt φ selten 8 bis 10 Grad, mithin ist $\sin^2\varphi$ sehr klein und kann vernachlässigt werden, dann ist:
$$p \cdot A \cdot h = D \cdot MG \sin\varphi$$
oder
$$\sin\varphi = \frac{p \cdot A \cdot h}{D \cdot MG}.$$

Da nun die Werte für φ und p für alle Schiffe gleich sind, so kann das Verhältnis:
$$\frac{A \cdot h}{D \cdot MG}$$

als Maßstab für die Bemastung der Segelschiffe angesehen werden, was auch in dem Nachstehenden geschehen soll.

In der gefundenen Gleichung
$$p \cdot A \cdot h \cos^2\varphi = D \cdot MG \sin\varphi$$

bedeutet die rechte Seite das aufrichtende Moment des Schiffes und die linke das Moment des Winddrucks. So wie das erstere Moment für jeden Winddruck graphisch dargestellt werden kann durch die Kurve der statischen Momente, so kann auch das Moment des Winddrucks für jeden Wert von φ graphisch dargestellt werden, indem man die für einen gegebenen Fall als konstant zu betrachtenden Werte p, A und h mit dem Quadrat des Cosinus von φ multipliziert. Dies gibt für

0^0	$= 1$	50^0	$= 0,41345$
10^0	$= 0,97023$	60^0	$= 0,25000$
20^0	$= 0,88360$	70^0	$= 0,11696$
30^0	$= 0,74996$	80^0	$= 0,03028$
40^0	$= 0,58676$	90^0	$= 0$

Diese Ordinaten können für die betreffenden Winkel aufgetragen und die Endpunkte durch eine Kurve verbunden werden, wodurch die sogenannte Windkurve $bcfg$ entsteht, Fig. 12.

Wird in dasselbe Koordinatensystem die Kurve $aceg$ der statischen Momente eingetragen, dann ist man im stande, die Bewegung des unter dem Einfluß des Windes sich überneigenden Schiffes genau zu verfolgen.

Zunächst ist ersichtlich, daß auf den beiden Linien cd und gk das aufrichtende Moment des Schiffes und das Moment des Winddrucks gleich sind, d. h. bei den beiden Neigungen (hier ca. 16^0 und 68^0) würde ein gleichmäßiger Winddruck das Schiff unter den betreffenden Winkeln niederhalten, so daß es sich vollständig in der Ruhelage befindet.

In Wirklichkeit kommt es aber selten vor, daß der Wind einen gleichmäßigen Druck auf das Schiff ausübt, weil der Wind nicht mit konstanter Geschwindigkeit sondern stoßweise wirkt. Stellen wir uns nun das Schiff in der aufrechten Ruhelage vor, also $\varphi = 0$, nehmen wir ferner an, der Wind wirke plötzlich mit seiner vollen Stärke auf das Schiff, also Moment des Winddrucks $= ab$, dann wird bis zu dem Augenblick, wo $\varphi = ad$, also das Moment des Winddrucks $=$ dem aufrichtenden Moment geworden ist, die mechanische Arbeit, die der Winddruck auf das Schiff übertragen hat gleich sein der Fläche *abcd*. Zum Überneigen des Schiffes bis zu dem Winkel *ad* war aber nur die durch die Fläche *acd* repräsentierte mechanische Arbeit erforderlich. Es wird also bis zum Eintritt der Neigung *ad*, wo das Moment des Winddrucks gleich dem aufrichtenden Moment des Schiffes ist und bei gleichmäßigem Winddruck ein Gleichgewicht eintreten würde, ein weiteres Überneigen des Schiffes stattfinden. Dieses Weiterneigen wird solange fortgehen, bis die durch den Winddruck verrichtete mechanische Arbeit gleich geworden ist derjenigen, welche zum Überneigen des Schiffes nötig war, d. h. bis die Flächen *abfl* und *acel*, oder die schraffierten Flächen *abc* und *cef* gleich groß geworden sind, das Schiff sich also bis zu dem Winkel *al* übergeneigt hat.

Der Winkel *al* ist annähernd doppelt so groß als der Winkel *ad*, woraus hervorgeht, daß bei einer plötzlich auftretenden Bö das Schiff sich ungefähr doppelt so weit überneigen wird, als es geschieht, wenn der Wind

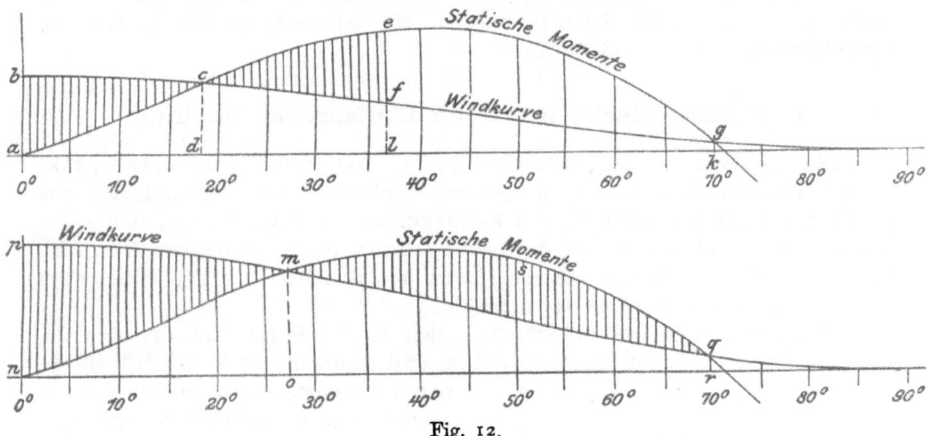

Fig. 12.

das Schiff allmählich in die geneigte Lage bringt. Wenn das Schiff rollt und sich mit einer gewissen Geschwindigkeit von der einen Seite her auf die andere bewegt, kann das Überneigen noch erheblich über den Winkel *al* hinausgehen.

Wird der Winddruck *np* — s. Fig. 12, unteres Koordinatensystem — bei einer plötzlich einsetzenden Bö so groß, daß die Fläche *npmqr* (die mechanische Arbeit des Winddrucks bis zur Neigung *nr*) gleich wird der Fläche *nmsqr* (die mechanische Arbeit, welche zum Überneigen des Schiffes bis zu dem Winkel *nr* erforderlich ist), werden also die schraffierten Flächen *npm* und *msq* gleich groß, dann liegt das Schiff bei der Neigung *nr* zum Kentern.

Wenn es sich also darum handelt, zu ermitteln, welchem Winddruck z. B. ein leeres Schiff ohne Segel widerstehen kann, ohne zu kentern, so hat man nur in die Kurve der statischen Momente diejenige Winddruckkurve hineinzuzeichnen, welche die erstere so schneidet, daß die Flächen *npm* und *msq* gleich groß werden und dann das Moment des Winddrucks auf der *y*-Achse abzulesen. Dieses Moment $p \cdot A \cdot h$ ist dann im stande, das Schiff zum Kentern zu bringen. Da A — die Fläche des Schiffrumpfes und der Takelungsteile — und h — die Höhe des gemeinschaftlichen Schwerpunktes aller dieser Flächen über dem Schwerpunkt des Längenplanes — berechnet werden können, so ergibt sich aus dem Moment der Winddruck p. Bei der Berechnung der Fläche A soll man stets die Raaen scharf angebraßt annehmen, so daß ihre volle Fläche Berücksichtigung findet. Als Fläche der Takelung ist die Projektionsfläche der Masten, Stengen, Raaen und des Tauwerks in Rechnung zu bringen. Mit Hilfe dieser Methode läßt sich auch das Quantum Ballast berechnen, welches erforderlich ist, wenn das vor Topp und Takel liegende Schiff einen gegebenen Winddruck aushalten soll.

Bei der Berechnung des Winddrucks, s. Fig. 11, sind bislang ebene Flächen angenommen, in Wirklichkeit sind dieselben aber gewölbt. Außerdem ist der wirkliche Winddruck sehr schwer bestimmbar, weil er nicht allein von der Form und Stellung, sondern auch von der absoluten Größe der Flächen u. s. w. abhängig ist. Aus diesem Grunde kann diese Theorie zur Berechnung der abtreibenden und vorwärtstreibenden Kraft des Windes leider praktisch wenig benutzt werden, sie ist aber zur Beurteilung der Stabilitätsfragen von großem Wert.

c. Metazentrische Höhe und Umfang der Stabilität.

Die Entfernung des Metazentrums M von dem Systemschwerpunkt (Gravitätszentrum), d. h. von demjenigen Punkte, in welchem man sich das Gewicht der sämtlichen Teile des Schiffskörpers, der Ausrüstung, der Takelung, des Inventars u. s. w. und der Ladung konzentriert zu denken hat, also die Größe MG — für die aufrechte Lage des Schiffes — (s. Fig. 4, Seite 27) nennt man die metazentrische Höhe.

In vielen Fällen beschränkt man sich in der Praxis darauf, das Deplacement, den Schwerpunkt desselben und allenfalls noch die Höhenlage des Breiten-Metazentrums für die aufrechte Lage des Schiffes zu ermitteln und damit dann einen Vergleich mit denselben Werten von anderen Schiffen anzustellen. Ein solcher Vergleich hat aber gar keinen Wert, denn ohne eine möglichst genaue Höhenlage des Systemschwerpunktes, ohne welche die metazentrische Höhe nicht bestimmt werden kann, ist es unmöglich, einen Einblick in die Stabilitätsverhältnisse eines Schiffes zu erlangen.

Auch die Anfangs- oder Initial-Stabilität, d. h. diejenige Stabilität,

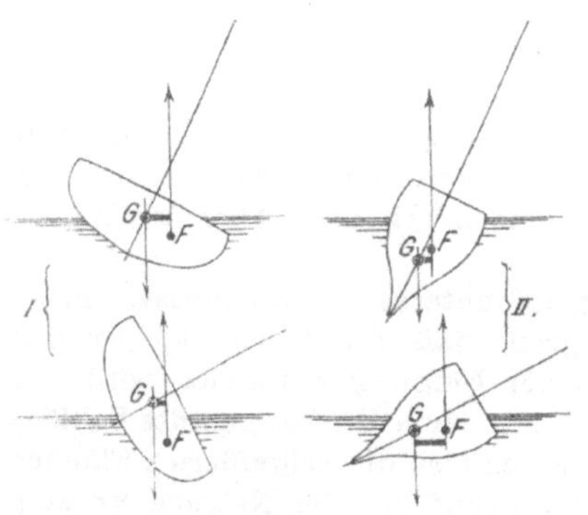

Fig. 13.

welche ein Schiff beim Beginn einer Neigung besitzt, gibt nicht immer einen zuverlässigen Anhalt für die Stabilität bei größeren Neigungen, was sofort aus einer Betrachtung der in Fig. 13 dargestellten beiden Schiffsformen I und II erhellt. Das aufrichtende Moment ist das Gewicht des Schiffes multipliziert mit dem Hebelarm von G, wobei der Hebelarm von G den Abstand des Systemschwerpunkts G von der durch den Deplacementschwerpunkt F gehenden Vertikalen bedeutet. Ist dieser Hebelarm von G groß, dann ist auch die Stabilität groß, und umgekehrt.

Aus Fig. 13 ist nun leicht zu ersehen, daß das breite und flachgehende Schiff I bei einer kleinen Neigung einen viel größeren Hebelarm von G aufweist als das schmale tiefgehende Schiff II, während bei großer Neigung (s. die unteren Figuren) das Schiff I einen kleineren Hebelarm von G hat als das Schiff II. Hieraus geht also hervor, daß, trotz der größeren Anfangsstabilität des Schiffes I dem Schiff II gegenüber, die Stabilität des ersteren Schiffes bei einer größeren Neigung viel früher aufhört als die des letzteren, d. h. I kentert schon bei einem kleineren Neigungswinkel als II.

Unter Umfang der Stabilität versteht man den Bereich der Neigung, innerhalb welcher dem Schiff noch das Bestreben innewohnt, von selbst wieder in die aufrechte Lage zurückzukehren, sobald die überneigende Kraft aufhört zu wirken. Es ist dies also der Winkel, um welchen sich das Schiff von der aufrechten Lage bis zur Grenze der Stabilität überlegt.

Aus der metazentrischen Höhe und dem Umfange der Stabilität kann man in den meisten Fällen schon ein klares Bild von den Seeeigenschaften eines Schiffes erhalten.

Bei Segelschiffen muß ein größeres Maß an metazentrischer Höhe vorhanden sein als bei Dampfschiffen, weil bei ersteren das aufrichtende Moment wegen des Segeldruckes größer sein muß als bei letzteren. Sonst aber ist eine geringe metazentrische Höhe und ein großer Umfang der Stabilität besser als eine große metazentrische Höhe und ein geringer Stabilitätsumfang.

Bestimmte Grenzen für beide Größen lassen sich theoretisch nicht bestimmen, dieselben ergeben sich lediglich aus der Erfahrung. Man kann für Segelschiffe, die mit einer homogenen und den Raum ausfüllenden Ladung fahren, annehmen:

$$MG = \frac{A \cdot h}{\varepsilon \cdot D},$$

wobei ε ein Koeffizient ist, dessen Größe in dem Kapitel „Anfertigung der Segelzeichnung" (Seite 63) angegeben ist. Der Umfang der Stabilität sollte bei dieser Belastung nicht unter 60° liegen.

Es ist leider sehr schwierig, zuverlässige Angaben über die metazentrische Höhe bei Handelsschiffen zu erlangen. Derartige Ermittelungen werden in der Regel nur bei neuen Schiffen von einzelnen Erbauern angestellt, die erzielten Resultate aber meistens in den Archiven sorgfältig aufbewahrt, weil eine Veröffentlichung nicht im Interesse der Werften liegt. Es ist deshalb sehr zu wünschen, daß, wo es nur irgend angängig, mit allen größeren Schiffen bei den verschiedenen Arten von Ladungen ein Krängungsversuch angestellt und darnach die metazentrische Höhe ermittelt wird. Der Schiffsführer würde sich dann mit Hilfe von Kurven ein klares Bild von den Seeeigenschaften seines Schiffes verschaffen können und in die Lage versetzt werden, Gefahren, die aus einer schlechten Stauung entstehen, durch geeignetes Umstauen zu verhüten.

Wie einfach ein solcher Krängungsversuch auszuführen ist, soll im Folgenden gezeigt werden.

d. Krängungsversuch.

Eine genaue Bestimmung des Systemschwerpunktes auf dem Wege der Rechnung ist eine höchst mühsame und zeitraubende Arbeit, auch wenn man nur die Höhenlage — worauf es hier namentlich ankommt — erhalten will. Um für den Entwurf eines Schiffes einen Anhalt zu haben, kann der betreffende Punkt annäherungsweise, wie dies unter „Eigengewicht und Schwerpunkt des Schiffes, Gewicht und Schwerpunkt der Ladung" (s. Seite 51) angegeben werden soll, ermittelt werden.

Durch Vornahme eines sogenannten Krängungsversuches mit dem fertigen Schiff läßt sich die Höhenlage dieses Punktes aber auch mit genügender Genauigkeit ermitteln, und zwar unter Zuhilfenahme der Stabilität.

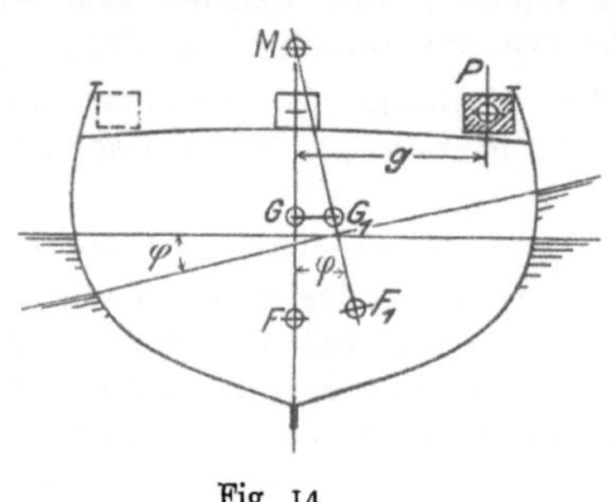

Fig. 14.

Wird an Bord eines Schiffes ein Gewicht P von der Schiffsmitte nach der einen Bordseite so weit verschoben, daß die Entfernung des Gewichtes von der Mitte g ist, dann verschiebt sich der Systemschwerpunkt von G nach G_1, siehe Fig. 14, und es findet statt

$$D \cdot GG_1 = P \cdot g,$$

also

$$GG_1 = \frac{P \cdot g}{D}.$$

Durch die einseitige Belastung oder, was dasselbe ist, durch die seitliche Verschiebung des Systemschwerpunktes, wird sich das Schiff so weit überneigen, bis G_1 lotrecht über den Deplacementschwerpunkt kommt. Das Metazentrum M liegt dann in dem Durchschnittspunkt der Verlängerung dieser Lotrechten mit der Mittellinie des Schiffes, und es ist, wenn φ der Neigungswinkel,

$$D \cdot GG_1 = D \cdot MG \operatorname{tg} \varphi = P \cdot g$$

also:

$$GG_1 = MG \operatorname{tg} \varphi = \frac{P \cdot g}{D},$$

mithin:

$$MG = \frac{P \cdot g}{D} \operatorname{cotg} \varphi.$$

Da nun bei einem Versuch der Winkel φ gemessen werden kann, außerdem P, g und D bekannte Größen sind, so läßt sich sehr leicht die metazentrische Höhe und damit auch die Lage des Systemschwerpunktes bestimmen.

Ist das zum Krängen benutzte Gewicht an Bord vorhanden und verbleibt dasselbe später in derselben Höhenlage, so ist der für MG gefundene Wert ohne weiteres richtig, wird dagegen das Gewicht nach dem Krängungsversuch vom Schiff entfernt, so ist eine Korrektur der gefundenen Höhenlage von G vorzunehmen. Bezeichnet h die Höhe des Gewichts über dem Systemschwerpunkt G und x das Maß, um welches der Systemschwerpunkt infolge der Entfernung des Gewichts P tiefer zu liegen kommt, dann ist

$$x \cdot (D - P) = P \cdot h,$$

also
$$x = \frac{P \cdot h}{(D-P)}.$$

Um von der für die aufrechte Lage des Schiffes berechneten Höhe des Metazentrums ausgehen zu können und nicht die Kurve der statischen Stabilität für große Neigungen berücksichtigen zu brauchen, ist es wichtig, bei einem Krängungsversuch das Schiff nur um einen kleinen Winkel, etwa 2 bis 3 Grad, zu neigen.

Diese Bedingung bringt noch die große Annehmlichkeit mit sich, daß nur ein kleines Gewicht — etwa $1\,^0/_0$ des Deplacements — bei einem MG von 0,6 bis 0,7 m zum Krängen erforderlich ist.

Für die Ausführung eines Krängungsversuches mögen noch folgende praktische Winke hier Platz finden:

I. Der Versuch muß bei ruhigem Wetter und, wegen der geringen Neigung, mit großer Sorgfalt vorgenommen werden.

Das Schiff muß freiliegend vertäut sein und darf nicht gegen einen festen Gegenstand, Ufermauer u. s. w. oder quer zur Windrichtung oder einer etwa vorhandenen Strömung im Wasser liegen.

Die Bilge ist vollkommen lenz zu pumpen. Ist ein Doppelboden oder sind Räume für Wasserballast vorhanden, so ist jede einzelne Abteilung entweder vollständig mit Wasser zu füllen oder ganz leer zu pumpen. Es ist genau festzustellen, welche Abteilungen gefüllt und welche leer waren.

Das zum Krängen bestimmte Gewicht ist entweder ganz mittschiffs oder in zwei genau gleichen Teilen zu beiden Bordseiten — an jeder Seite gleich viel und gleich weit aus der Mitte entfernt — auf Deck, Zwischendeck oder auf dem Doppelboden unterzubringen und, falls das Gewicht in zwei Hälften geteilt ist, die Entfernung der Schwerpunkte der Gewichte von der Mitte des Schiffes sowie die Höhe über Wasser genau zu messen. (Als Gewicht können Anker, mit Wasser gefüllte Boote und dergleichen genommen werden.)

Es sind zwei bis drei Lote im Gewicht von ca. 2 kg. anzubringen, möglichst lang aufzuhängen und gegen Luftzug zu schützen. (Wenn die Lote in Wasser gehängt werden, so erleichtert dies das Messen des Ausschlagswinkels.) Die Länge einer jeden Lotschnur, vom Aufhängepunkt bis zu der Stelle, wo der Ausschlag gemessen werden soll, ist genau zu messen und zu notieren.

Das Schiff ist durch Verschiebung von Gegenständen genau in die aufrechte Lage zu bringen, die Mannschaft muß still stehen, und die Lotpunkte sind genau zu markieren.

Der Tiefgang vorne und hinten ist abzulesen und aufzuschreiben, die Oberfläche des Wassers zu beiden Seiten — etwa in der Mitte des Schiffes — genau am Schiff durch einen horizontalen Strich anzumerken, die Breite des Schiffes an dieser Stelle über Außenhaut zu messen und aufzuschreiben.

II. Liegt nun das Gewicht in der Mitte des Schiffes, so wird dasselbe nach der einen Seite, liegt dagegen an jeder Bordseite die Hälfte des Gewichtes, so wird das auf der einen Seite liegende Gewicht zu dem auf der anderen befindlichen hinübergebracht und hier so hingelegt, daß der Schwerpunkt desselben genau ebenso hoch und ebenso weit von der Schiffsmitte entfernt zu liegen kommt, wie zuvor.

Nachdem die Mannschaft, welche das Hinüberbringen des Gewichtes ausgeführt hat, wieder in ihre ursprünglich innegehabte Stellung zurückgekehrt ist, wird die Ein- und Austauchung an den Seiten des Schiffes durch Striche angemerkt und ebenso die Abweichung der Lote gemessen und notiert.

III. Das gesamte, jetzt auf der einen Bordseite befindliche Gewicht wird auf die andere Seite gebracht und dort so gelagert, daß der Schwerpunkt desselben hier ebenso weit von der Mitte des Schiffes entfernt ist und dieselbe Lage der Höhe und Länge nach hat, wie vorher. Nachdem die Mannschaft, welche den Transport des Gewichtes besorgt hat, wieder ihren alten Platz eingenommen, werden dieselben Markierungen am Schiff ausgeführt, die Ein- und Austauchung sowie der Ausschlag der Lote gemessen und aufgeschrieben, wie bei dem ersten Versuch.

IV. Das Gewicht wird jetzt wieder in die Lage gebracht, in welcher es vor dem ersten Versuch sich befand, und nun untersucht, ob das Schiff wieder, wie anfänglich, die genaue vertikale Lage einnimmt. Stellen sich Abweichungen heraus, so sind dieselben gleich zu untersuchen und aufzuklären.

V. In den Notizen über den Krängungsversuch ist, außer dem unter I angegebenen etwaigen Wasserballast, noch besonders hinzuzufügen:

a. Das Gewicht derjenigen Gegenstände, welche nicht zu dem komplett ausgerüsteten Schiffe gehören als: Gewicht und Art der Ladung, Gewicht der Decklast, des Stauholzes u. s. w., Angaben über die Stauung der Ladung. Gewicht vom Proviant, Trinkwasser und Brennmaterial nebst Angaben über die Höhenlage dieser Gewichte. Sonstige Gewichte und ihre Höhenlage.

b. Das Gewicht derjenigen Gegenstände, welche an dem kompletten Schiff fehlen als: Teile der Ausrüstung und Takelung, Segel, Reservesegel u. s. w.

D. Schiffsform, Freibord und Tiefgang.

a. Allgemeines über die Schiffsform.

Von der größten Wichtigkeit bei der Konstruktion eines Segelschiffes ist die zweckmäßige Wahl der Hauptdimensionen Länge L, Breite B und Seitenhöhe (Tiefe) H. Obgleich unter Umständen in dem Verhältnis der Länge zur Breite und dieser beiden Faktoren zur Seitenhöhe ein ziemlich weiter Spielraum zulässig ist, so kommen bei dieser Wahl doch leicht Mißgriffe vor, die oft durch die schönsten Formen nicht wieder gut zu machen sind. Man soll deshalb bei der Festsetzung der Hauptabmessungen sehr vorsichtig verfahren und tunlichst von bewährten Vorbildern ausgehen. Auf Tafel I sind die Hauptabmessungen L, B und H durch Kurven dargestellt. Ist der Raumgehalt des Schiffes in cbm oder Brutto-Registertons gegeben, so wird durch den betreffenden Punkt auf der horizontalen Achse eine Ordinate gezogen, auf welcher die Werte von L, B und H in Metern abgemessen werden können. Der Wert von L ist mit 6 zu multiplizieren. Bei größeren Schiffen sollten die Hauptabmessungen nicht wesentlich von den Kurven abweichen. Für die im Nachfolgenden behandelten Beispiele sind, soweit es angängig war, die Hauptabmessungen für den betreffenden Schiffstyp nach guten Mustern gewählt.

Was die **Schiffsform** betrifft, so existieren darüber so viele Lehrbücher, daß dieser Punkt hier nur gestreift zu werden braucht. Ein gut ansteigender Boden, große Rundung der Kimm und ein nicht zu scharfes Vorderschiff sind die allgemeinen Vorbedingungen für ein gutes Segelschiff. Im übrigen ist dem Geschmack des Konstrukteurs viel Freiheit gelassen. Um den Umfang des Buches nicht unnötig zu vergrößern, sind bei den Beispielen die einzelnen Wasserlinien, Spanten und Schnitte weggelassen und für die Ausführung der Berechnungen nur ungefähre Hilfsspantlinien angegeben, 6, 8, 10 oder 12 an der Zahl, je nach der Größe des Schiffes. Für die Praxis nimmt man — der größeren Genauigkeit wegen — gewöhnlich die doppelte Anzahl und bei großen Schiffen noch mehr.

Da die wirklichen Spanten (Bauspanten) im Schiff gewöhnlich von hinten nach vorn numeriert werden, am Hintersteven mit 0 anfangend, so sind hier, zur Vermeidung von Verwechslungen, die Hilfsspanten von vorn nach hinten numeriert, am Vorsteven mit 0 anfangend.

Der Raumersparnis wegen ist bei den Beispielen in dem Spantenplan die Deplacementskala und die Skala für den inneren Laderaum des Schiffes eingezeichnet.

b. Freibord und Tiefgang.

Für die Berechnung eines Schiffes ist der größte Tiefgang desselben zu berücksichtigen, weil gerade hier bei gewissen homogenen Ladungen, Getreide u. s. w., die Stabilitätsverhältnisse am ungünstigsten werden.

Die Ebene, bis zu welcher das Schiff, wenn es seine volle Ladung an Bord hat, eintauchen soll, stellt sich im Längenplan als eine gerade Linie dar und heißt „Tiefladelinie", „Ladewasserlinie" oder auch kurz „Wasserlinie" (*WL*). Der für die Berechnung maßgebende Tiefgang eines Schiffes mit geradem Kiel ist der Abstand von Unterkante Kiel bis zur Wasserlinie, der Tiefgang „ohne Kiel" ist der Abstand von Oberkante Kiel bis zur Wasserlinie; in beiden Fällen mittschiffs, d. h. in halber Schiffslänge gemessen. Freibord ist die Seitenhöhe H_1 (s. Seite 45) minus Tiefgang ohne Kiel.

Da nun bei einem Schiffe immer die Seitenhöhe und damit die Summe Freibord und Tiefgang gegeben ist, so kann die Wasserlinie entweder durch den Freibord oder durch den Tiefgang festgelegt werden. Gewöhnlich wählt man das erstere Maß, weil sich dieses bei einem auf dem Wasser liegenden Schiffe leichter nachmessen läßt als das letztere.

Wie groß nun das Minimum an Freibord für ein gegebenes Schiff sein muß, damit es noch mit der erforderlichen Sicherheit die See befahren kann, ist schon seit einer Reihe von Jahren eine vielumstrittene Frage. Einerseits muß ein Schiff so gut wie möglich ausgenutzt werden, d. h. es muß so viel Ladung nehmen, wie nur irgend zulässig, andererseits ist die Sicherheit des Schiffes nicht außer acht zu lassen. Dann gibt es wieder einzelne Fälle, in welchen ein etwas tieferes Beladen, als sonst wohl für zulässig erachtet wird, dem Schiffe geradezu eine größere Sicherheit verleiht. Es spielt oft hierbei die Stabilität eine viel größere Rolle als der Freibord, was sich am Ende des vorigen Jahrhunderts so recht deutlich bei dem Untergange von verschiedenen großen Getreidedampfern gezeigt hat. Die Freibordfrage steht im engsten Zusammenhange mit der Stabilitätsfrage und ist ohne Berücksichtigung der letzteren niemals vollständig zu lösen. Die Streitfrage wegen Überladung der Schiffe hat bereits in Großbritannien zu gesetzlichen Bestimmungen geführt. Für alle Schiffe muß nach bestimmten Vorschriften dort der Freibord ermittelt, und die Ladewasserlinie an jeder Schiffsseite durch eine Marke kenntlich gemacht werden.

Die Vorschriften, nach welchen in England der Freibord für die einzelnen Schiffstypen festgesetzt wird, sind sehr sorgfältig durchgearbeitet, aber doch in vielen Punkten, namentlich bezüglich der Frachtdampfer, anfechtbar. Für Segelschiffe der gewöhnlichen Bauart dagegen findet man, daß die genannten Vorschriften einen Freibord ergeben, der im allgemeinen von den in der Praxis gemachten Erfahrungen nicht erheblich abweicht, und der auch von solchen Schiffsführern, die bezüglich des Freibords ganz freie Hand haben, in der Regel nicht wesentlich kleiner genommen wird.

Bei Segelschiffen kommt ein Überladen seltener vor als bei Dampfern. Dies liegt zum größten Teil daran, daß man einem Schiff mit geringem Freibord nicht so viel „bieten" kann als einem Schiff mit gutem Freibord. Im ersteren Falle kommt das Deck bei einer bestimmten Neigung eher unter Wasser und es müssen früher Segel geborgen werden als im letzteren. Dadurch entsteht dann eine kleinere Geschwindigkeit bezw. größere Reisedauer, die selten durch den Gewinn, den man durch das Mitführen von etwas mehr Ladung erzielt, wieder aufgewogen wird.

c. Ermittelung des Freibords von erstklassigen eisernen und stählernen Segelschiffen.

Die nachstehenden Vorschriften sind in der Hauptsache den vom englischen Handelsamte (Board of Trade) herausgegebenen Freibordregeln entlehnt, welche zur Zeit für alle britischen Handelsschiffe in Kraft sind. Der die Decksaufbauten behandelnde § 8· ist hier jedoch etwas anders gefaßt und vereinfacht worden, um die Freibordtabellen für Voll- und Sturmdeckschiffe, die nach den englischen Regeln zur Bestimmung der Reduktion des Freibords von Segelschiffen mit Brückenhäusern u. s. w. benutzt werden, weglassen zu können. Es ist deshalb bei einem mit einem Brückenhause versehenen Schiffe eine geringe Differenz des aus den englischen Regeln und dem Nachstehenden sich ergebenden Freibords möglich.

§ I.

Unter „Freibord" ist zu verstehen die Höhe der Oberkante des oberen Decks über der Wasserlinie, gemessen in halber Schiffslänge an der Seite des Schiffes. Der Freibord wird bei einem durchlaufenden Holzdeck stets von der Oberkante des Decks gemessen oder, falls ein Wassergang oder Wasserlauf vorhanden ist, von dem Schnittpunkte der verlängerten Deckskurve mit der Schiffsseite, bei einem Eisendeck ohne Holzbelag von der Oberkante der Stringerplatte an der Bordseite.

Ist nur ein Teil des Decks mit Holz beplankt, so ist der Freibord von einer Linie zu messen, welche die Oberkante des Decks bei einer gleichmäßigen Verteilung der Holzbeplankung über die ganze Deckfläche darstellt. Ist z. B. bei einem Schiff die ganze Deckfläche 800 qm, die mit Holz bedeckte Fläche nur 530 qm, und ist die Dicke der Beplankung 90 mm, dann ist $\frac{530}{800} \cdot 90 = 60$ mm als mittlere Dicke der Deckbeplankung über dem Eisendeck anzunehmen, s. § 6.

In nachstehender Tabelle ist der Freibord angegeben.

§ 2.

Länge des Schiffes in der Ladewasserlinie (L), gemessen von Vorkante Vorsteven bis Hinterkante Hintersteven.

§ 3.

Größte Breite (B_1), gemessen auf der Außenkante der Beplattung, wie sie im Register oder Meßbrief steht.

§ 4.

Raumtiefe (Rt_1). Diese wird gemessen in der Mitte der Schiffslänge von der am tiefsten gelegenen Stelle der Oberkante der Bodenwegerung bis zur Oberkante der Ober- oder Hauptdeckbalken mittschiffs.

§ 5.

Völligkeitskoeffizient. Derselbe ist gleich dem Inhalt des ganzen inneren Schiffsraumes (überall bis zur Wegerung und bis Unterkante des Hauptdecks gemessen), geteilt durch $L \cdot B_1 \cdot Rt_1$.

§ 6.

Seitenhöhe (H_1). Dieselbe wird gemessen an der Bordseite in der Mitte der Schiffslänge von Oberkante Kiel bis Oberkante Deck. In allen Fällen bis zu dem Punkt, von welchem der Freibord gemessen wird. s. § 1.

Bei eisernen und stählernen Segelschiffen, welche eine größere Aufkimmung im Boden haben als 125 mm auf 1 m kann die Seitenhöhe zur Benutzung der Tabelle vermindert werden und zwar um die halbe Differenz zwischen der Aufkimmung des Schiffes (gemessen auf größter Schiffsbreite) und obiger normaler Aufkimmung. Eine größere Ansteigung im Boden als 210 mm auf 1 m darf jedoch nicht in Rechnung gebracht werden.

§ 7.

Bei Schiffen, deren Länge größer oder geringer ist, als die bei der betreffenden Seitenhöhe in der Tabelle angegebene Länge, wird der Freibord der in der Tabelle befindlichen Anmerkung entsprechend vergrößert oder verringert.

§ 8.

Für Aufbauten auf dem Hauptdeck (oberen Deck), welche von Bord zu Bord reichen, sind Abzüge von dem tabellarischen Freiborde gestattet, die sich nach dem Verhältnisse der Länge der Aufbauten zu der Länge des Schiffes richten.

Die Länge des Schiffes in der Ladelinie gibt die Endpunkte, bis wohin die Länge der Back oder der Poop oder des erhöhten Quarterdecks zu messen ist.

Freibordtabelle für eiserne

Seitenhöhe	1,68	1,83	1,98	2,13	2,29	2,44	2,59	2,74	2,90	3,05	3,20
Völligkeitsgrad 0,64 . . .	0,203	0,227	0,253	0,278	0,303	0,329	0,354	0,380	0,405	0,430	0,456
0,66 . . .	0,209	0,233	0,259	0,284	0,309	0,335	0,360	0,386	0,411	0,436	0,462
0,68 . . .	0,215	0,239	0,265	0,290	0,315	0,341	0,366	0,392	0,417	0,442	0,468
0,70 . . .	0,221	0,245	0,271	0,296	0,321	0,347	0,372	0,398	0,423	0,448	0,475
0,72 . . .	0,227	0,251	0,277	0,302	0,328	0,353	0,378	0,404	0,429	0,455	0,482
0,74 . . .	0,234	0,258	0,284	0,309	0,335	0,360	0,385	0,411	0,436	0,462	0,484
0,76 . . .	0,241	0,265	0,291	0,316	0,342	0,367	0,392	0,418	0,443	0,469	0,496
Länge des Schiffes . . . . m	16,8	18,3	19,8	21,3	22,9	24,4	25,9	27,4	29,0	30,5	32,0
Korrektur für einen Unterschied in der Länge von 1 m	0,006	0,006	0,006	0,006	0,006	0,006	0,007	0,007	0,007	0,007	0,007
Abzug vom Freibord für Frischwasser	0,024	0,027	0,030	0,033	0,036	0,039	0,042	0,045	0,048	0,051	0,054

Seitenhöhe	5,79	5,94	6,10	6,25	6,40	6,55	6,71	6,86	7,01	7,16	7,32
Völligkeitsgrad 0,64 . . .	1,052	1,090	1,130	1,170	1,210	1,250	1,296	1,342	1,386	1,430	1,477
0,66 . . .	1,065	1,104	1,145	1,186	1,226	1,267	1,313	1,359	1,404	1,448	1,496
0,68 . . .	1,078	1,118	1,160	1,202	1,242	1,284	1,331	1,377	1,422	1,467	1,515
0,70 . . .	1,092	1,133	1,175	1,218	1,259	1,302	1,349	1,395	1,440	1,486	1,534
0,72 . . .	1,106	1,148	1,191	1,234	1,276	1,320	1,367	1,413	1,458	1,505	1,553
0,74 . . .	1,120	1,163	1,207	1,250	1,293	1,338	1,385	1,431	1,477	1,524	1,572
0,76 . . .	1,134	1,178	1,223	1,267	1,310	1,356	1,403	1,449	1,496	1,543	1,592
Länge des Schiffes . . . . m	57,9	59,4	61,0	62,5	64,0	65,5	67,1	68,6	70,1	71,6	73,2
Korrektur für einen Unterschied in der Länge von 1 m	0,010	0,010	0,010	0,010	0,010	0,010	0,010	0,010	0,011	0,011	0,011
Abzug vom Freibord für Frischwasser	0,097	0,099	0,101	0,103	0,105	0,107	0,109	0,111	0,113	0,115	0,117

Seitenhöhe	9,90	10,05	10,20	10,35	10,50	10,65	10,80	10,95	11,10	11,25	11,40
Völligkeitsgrad 0,64 . . .	2,385	2,440	2,493	2,546	2,601	2,656	2,710	2,766	2,823	2,880	2,937
0,66 . . .	2,407	2,463	2,516	2,570	2,626	2,681	2,735	2,792	2,849	2,906	2,963
0,68 . . .	2,430	2,486	2,540	2,594	2,651	2,706	2,760	2,818	2,875	2,932	2,989
0,70 . . .	2,453	2,509	2,564	2,619	2,676	2,731	2,786	2,844	2,901	2,958	3,015
0,72 . . .	2,476	2,532	2,588	2,644	2,701	2,756	2,812	2,870	2,927	2,984	3,042
0,74 . . .	2,499	2,555	2,612	2,669	2,726	2,782	2,838	2,896	2,953	3,011	3,069
0,76 . . .	2,522	2,579	2,636	2,694	2,751	2,808	2,864	2,922	2,980	3,038	3,096
Länge des Schiffes . . . . m	99,0	100,5	102,0	103,5	105,0	106,5	108,0	109,5	111,0	112,5	114,0
Korrektur für einen Unterschied in der Länge von 1 m	0,013	0,013	0,013	0,013	0,013	0,013	0,013	0,013	0,013	0,013	0,014
Abzug vom Freibord für Frischwasser	0,151	0,153	0,155	0,157	0,159	0,161	0,163	0,165	0,167	0,169	0,171

und stählerne Segelschiffe.

3,35	3,50	3,66	3,81	3,96	4,11	4,27	4,42	4,57	4,72	4,88	5,03	5,18	5,33	5,49	5,64
0,482	0,510	0,540	0,571	0,602	0,635	0,672	0,711	0,749	0,787	0,825	0,862	0,900	0,938	0,976	1,014
0,489	0,518	0,549	0,581	0,613	0,647	0,685	0,723	0,761	0,799	0,837	0,874	0,912	0,950	0,988	1,027
0,496	0,526	0,558	0,591	0,624	0,659	0,698	0,735	0,773	0,811	0,849	0,886	0,924	0,962	1,000	1,040
0,503	0,534	0,567	0,601	0,636	0,672	0,711	0,748	0,786	0,824	0,862	0,899	0,937	0,975	1,013	1,053
0,510	0,542	0,576	0,612	0,648	0,685	0,724	0,761	0,799	0,837	0,875	0,912	0,950	0,988	1,026	1,066
0,518	0,550	0,586	0,623	0,660	0,698	0,737	0,774	0,812	0,850	0,888	0,925	0,963	1,001	1,039	1,079
0,526	0,559	0,596	0,634	0,672	0,711	0,750	0,787	0,825	0,863	0,901	0,938	0,976	1,014	1,052	1,092
33,5	35,0	36,6	38,1	39,6	41,1	42,7	44,2	45,7	47,2	48,8	50,3	51,8	53,3	54,9	56,4
0,007	0,008	0,008	0,008	0,008	0,008	0,008	0,009	0,009	0,009	0,009	0,009	0,009	0,009	0,009	0,009
0,057	0,060	0,063	0,066	0,069	0,072	0,075	0,078	0,081	0,083	0,085	0,087	0,089	0,091	0,093	0,095

7,47	7,62	7,77	7,92	8,08	8,23	8,38	8,53	8,69	8,84	8,99	9,14	9,30	9,45	9,60	9,75
1,527	1,577	1,627	1,676	1,726	1,776	1,826	1,880	1,933	1,986	2,044	2,104	2,164	2,219	2,274	2,329
1,546	1,596	1,646	1,695	1,745	1,796	1,847	1,902	1,955	2,009	2,067	2,127	2,186	2,241	2,297	2,351
1,565	1,615	1,665	1,714	1,764	1,816	1,868	1,924	1,978	2,032	2,090	2,150	2,208	2,264	2,320	2,374
1,584	1,634	1,684	1,733	1,783	1,836	1,889	1,946	2,001	2,056	2,114	2,173	2,231	2,287	2,343	2,397
1,603	1,653	1,703	1,752	1,802	1,856	1,910	1,968	2,024	2,080	2,138	2,196	2,254	2,310	2,366	2,420
1,622	1,672	1,722	1,771	1,821	1,876	1,932	1,990	2,047	2,104	2,162	2,220	2,277	2,333	2,389	2,443
1,641	1,691	1,741	1,791	1,841	1,896	1,954	2,012	2,070	2,128	2,186	2,244	2,300	2,356	2,412	2,466
74,7	76,2	77,7	79,2	80,8	82,3	83,8	85,3	86,9	88,4	89,9	91,4	93,0	94,5	96,0	97,5
0,011	0,011	0,011	0,011	0,011	0,012	0,012	0,012	0,012	0,012	0,012	0,012	0,012	0,012	0,012	0,012
0,119	0,121	0,123	0,125	0,127	0,129	0,131	0,133	0,135	0,137	0,139	0,141	0,143	0,145	0,147	0,149

11,55	11,70	11,85	12,00	12,15	12,30	12,45	12,60	12,75	12,90	13,05	13,20	13,35	13,50
2,994	3,051	3,110	3,165	3,220	3,275	3,330	3,390	3,450	3,510	3,570	3,630	3,690	3,750
3,020	3,078	3,137	2,192	3,248	3,304	3,360	3,420	3,480	3,540	3,600	3,660	3,720	3,780
3,046	3,105	3,164	3,220	3,276	3,333	3,390	3,450	3,510	3,570	3,630	3,690	3,750	3,810
3,073	3,132	3,191	3,248	3,305	3,362	3,420	3,480	3,540	3,600	3,660	3,720	3,780	3,840
3,100	3,159	3,218	3,276	3,334	3,392	3,450	3,510	3,570	3,630	3,690	3,750	3,810	3,870
3,127	3,186	3,245	3,304	3,363	3,422	3,481	3,541	3,601	3,661	3,721	3,781	3,841	3,901
3,154	3,213	3,272	3,332	3,392	3,452	3,512	3,572	3,632	3,692	3,752	3,812	3,872	3,932
115,5	117,0	118,5	120,0	121,5	123,0	124,5	126,0	127,5	129,0	130,5	132,0	133,5	135,0
0,014	0,014	0,014	0,014	0,014	0,014	0,014	0,015	0,015	0,015	0,015	0,015	0,015	0,015
0,173	0,175	0,177	0,179	0,181	0,183	0,185	0,187	0,189	0,191	0,193	0,195	0,197	0,199

a) **Back.** Beträgt die Länge der Back weniger als $^1/_8$ der Schiffslänge, so wird in jedem Falle ihre ganze Länge in Rechnung gesetzt; einerlei ob sie hinten durch ein festes Schott geschlossen oder offen ist.

Beträgt die ganze Länge der Back mehr als $^1/_8$ der Schiffslänge, und ist sie hinten geschlossen, ohne weiteren offenen Teil, so wird ebenfalls ihre ganze Länge in Rechnung gesetzt; hat sie jedoch einen geschlossenen Teil, der länger ist als $^1/_8$ der Schiffslänge, und dahinter noch einen offenen Teil, so wird als Länge der Back die ganze Länge des geschlossenen Teils zuzüglich der Hälfte des offenen Teils in Rechnung gesetzt.

Beträgt die ganze Länge der Back mehr als $^1/_8$ der Schiffslänge, und ist sie hinten offen, oder hat sie einen geschlossenen Teil, der kürzer ist als $^1/_8$ der Schiffslänge und dahinter noch einen offenen Teil, so wird als Länge der Back $^1/_8$ der Schiffslänge zuzüglich der Hälfte des über $^1/_8$ der Schiffslänge hinausragenden Teils in Rechnung gesetzt.

Ist z. B. das Schiff 80 m lang, und besitzt dasselbe eine offene Back von 24 m Länge, so · ist als Länge der Back $10 + \dfrac{14}{2} = 17$ m anzunehmen.

Niedrige oder sogenannte versenkte Backs sind nur dann in Rechnung zu bringen, wenn dieselben mindestens die gleiche Höhe wie die Reling haben, und ist dann die Länge der Back mit ihrer Höhe zu multiplizieren und hierauf durch 1,83 zu dividieren. Das erhaltene Resultat gibt die zur Berechnung zu benutzende Länge. Ist die Back z. B. 10 m lang und 1,2 m hoch, so ist statt 10 m nur $\dfrac{10 \cdot 1,2}{1,83} = 6,6$ m in Rechnung zu stellen.

b) **Poop (Hütte).** Die volle Länge der Poop ist nur dann in Rechnung zu ziehen, wenn dieselbe mit einem festen Frontschott versehen ist. Ist dies nicht der Fall, oder erstreckt sich das Schott nicht über die ganze Breite des Schiffes, so ist nur die halbe Länge der Poop in Anrechnung zu bringen.

c) **Quarterdeck.** Bei einem erhöhten Quarterdeck ist vorausgesetzt, daß die Höhe desselben mindestens 1,22 m beträgt. Ist die Höhe geringer, so ist für die Berechnung auch die Länge entsprechend zu verringern. Ist z. B. ein Quarterdeck 12 m lang und nur 1 m hoch, so ist als Länge des Quarterdecks $\dfrac{12 \cdot 1}{1,22} = 9,84$ m anzunehmen.

d) **Brückenhaus.** Die volle Länge des Brückenhauses ist nur dann anzunehmen, wenn dasselbe an beiden Enden mit eisernen Schotten versehen ist. Ist das Brückenhaus an beiden Enden offen, so ist nur die halbe Länge desselben, ist es hinten offen und vorne geschlossen, so ist $^3/_4$ der Länge desselben in Anrechnung zu bringen.

Beträgt nun die unter Berücksichtigung des Vorstehenden ermittelte Gesamtlänge der Aufbauten $^4/_8$ der Schiffslänge L, so ist als Vergünstigung für die Aufbauten eine Reduktion von $12\,^0/_0$ für den nach § 7 für die Länge korrigierten Freibord in der Tabelle zulässig, ferner ist bei:

$^3/_8$ der Schiffslänge eine Reduktion von $10\,^0/_0$
$^2/_8$ „   „   „   „   „ $8\,^0/_0$
$^1/_8$ „   „   „   „   „ $6\,^0/_0$

zulässig. Für dazwischen liegende Größen ist zu interpolieren.

e) Hat ein Schiff nur eine Back und weiter keine von Bord zu Bord reichenden Aufbauten, so soll zur Berechnung angenommen werden, daß auch eine Poop von gleicher Länge wie die Back vorhanden ist. Von der sich unter dieser Annahme ergebenden Vergünstigung wird jedoch nur die Hälfte in Rechnung gesetzt.

f) Hat ein Schiff nur eine Poop oder ein erhöhtes Quarterdeck, so wird der vierte Teil der Vergünstigung in Rechnung gesetzt, die das Schiff in dem Falle haben würde, wenn außer der Poop oder dem erhöhten Quarterdeck auch noch eine Back von gleicher Länge vorhanden wäre.

§ 9.

Sprung des Schiffes. Die Freibordtabelle ist unter der Voraussetzung aufgestellt, daß ein mittlerer Sprung, wie in folgender Tabelle angegeben, vorhanden ist:

	Länge in m, über welche der Sprung gemessen wird							
	30	45	60	75	90	105	120	135
I. Schiffe ohne Aufbauten. Der Sprung wird am Vor- und Hintersteven gemessen. Als Länge ist die ganze Schiffslänge in Betracht zu ziehen.	0,504	0,629	0,754	0,879	1,002	1,130	1,254	1,379
II. Schiffe mit Poop bezw. Quarterdeck und Back. Der Sprung wird auf $^1/_8$ der Schiffslänge vom Vor- und Hintersteven gemessen. Als Länge ist demnach $^3/_4$ der Schiffslänge anzunehmen.	0,353	0,452	0,553	0,652	0,752	0,853	0,953	1,053
III. Schiffe mit kurzer Back. Hat das Schiff nur eine Back, so wird der Sprung am Hintersteven und auf $^1/_8$ der Länge vom Vorsteven gemessen. Als Länge ist demnach $^7/_8$ der Schiffslänge in Betracht zu ziehen.	0,365	0,465	0,577	0,678	0,778	0,890	1,002	1,102

Für zwischenliegende Werte kann interpoliert werden.

Es wird vorausgesetzt, daß der Sprung des Schiffes in einer guten Kurve verläuft. Es soll der Sprung auf $^1/_8$ der Schiffslänge von den Enden ca. $55\,^0/_0$, auf $^1/_4$ ca. $26\,^0/_0$ und auf $^3/_8$ der Schiffslänge ca. $7\,^0/_0$ des Sprunges an den Steven betragen.

a) Der sich ergebende Unterschied aus obiger Tabelle und dem mittleren Sprung im Schiff, falls dieser gleichmäßig verläuft, ist durch 4 zu dividieren und das Resultat dem sich aus der Tabelle ergebenden Freibord hinzuzufügen, oder von demselben abzuziehen, je nachdem der Sprung geringer oder größer ist als obige Tabelle angibt.

Der durch 4 zu teilende Unterschied darf jedoch nicht die Hälfte des in der Tabelle gegebenen Sprunges überschreiten.

b) Liegt der tiefste Punkt des Sprunges hinter der Mitte des Schiffes, so ist die Hälfte des Unterschiedes zwischen dem Punkte mittschiffs und dem tiefsten Punkte zu dem Freibord zuzuzählen. Derjenige Teil der Decklinie jedoch, der zwar tiefer liegt als der Sprung mittschiffs, aber mit Aufbauten überdeckt ist, kommt hierbei nicht in Betracht.

c) Befindet sich unter den Aufbauten ein Brückenhaus, so wird der unter I angegebene Sprung zu grunde gelegt, wenn das Brückenhaus an beiden Enden geschlossen ist; ist dagegen das Brückenhaus an einem Ende offen, so wird der Sprung unter II zu grunde gelegt.

§ 10.

Balkenbucht. Bei der Aufstellung der Tabelle ist angenommen, daß die Balkenbucht bei allen Schiffen $^1/_{50}$ oder $2^0/_0$ der Länge des Mittschiffsbalkens beträgt. Ist dieselbe bei Schiffen ohne Aufbauten größer oder geringer, so ist die Hälfte des Unterschiedes von dem Freibord abzuziehen bezw. demselben hinzuzufügen.

Bei Schiffen mit Aufbauten ist die Länge der letzteren in Anrechnung zu bringen. Ist z. B. nur $^5/_{10}$ der Schiffslänge unbedeckt, so ist nur $^5/_{10} \cdot ^1/_2$ der Differenz in Rechnung zu bringen.

§ 11.

Bei allen Schiffen, welche auf dem Nord-Atlantischen Ozean zwischen dem Mittelmeer und einem europäischen Hafen einerseits und Britisch Nordamerika oder den Häfen an der Ostküste der Vereinigten Staaten nördlich vom Kap Hatteras andererseits verkehren, ist für die Wintermonate — vom Oktober bis März inkl. — ein Zuschlag zum Freibord von 75 mm zu machen.

§ 12.

Beim Laden in Frischwasser können die Schiffe nach Maßgabe der in der untersten Zeile der Tabelle enthaltenen Zahlen tiefer gehen.

II. Abschnitt.

Gewicht und Schwerpunkt vom Schiff und von der Ladung.

A. Gewicht und Schwerpunktslage von Segelschiffen.

a. Gewicht des vollständig ausgerüsteten leeren Schiffes.

Für die Berechnung und Konstruktion der Takelage eines Segelschiffes ist es zunächst erforderlich, das Eigengewicht des vollständig ausgerüsteten Schiffes zu kennen.

Eine oberflächliche Gewichtsermittelung nach dem Deplacement, wie sie früher vielfach üblich war, ist nicht genau genug, und eine ausführliche Berechnung aller einzelnen Teile des Schiffskörpers und der Takelage mit Zubehör kann erst erfolgen, wenn die Abmessungen derselben — wenigstens annähernd — festgelegt sind.

Unter Zuhilfenahme der durch Wägung oder Berechnung ermittelten Gewichte einer Reihe von ausgeführten Schiffen läßt sich aber das Eigengewicht eines eisernen oder stählernen Segelschiffes mit ziemlicher Genauigkeit aus den Hauptabmessungen L, B und H feststellen, wenn dabei alle diejenigen Punkte berücksichtigt werden, welche auf das Gewicht wesentlich von Einfluß sind. Es muß z. B. bekannt sein, welches Baumaterial — ob Eisen gewöhnlicher oder besserer Qualität oder ob Stahl zur Anwendung kommen soll, ob das Schiff ein festes Zwischendeck oder nur Raumbalken bezw. Rahmenspanten erhält, ob Einrichtungen für Wasserballast vorzusehen sind, u. s. w.

Alle diese Einzelheiten lassen sich aber nicht gut durch eine Formel ausdrücken, es ist viel übersichtlicher und einfacher, die Gewichte durch Kurven darzustellen, wie dies auf Tafel I, „Gewichtsdarstellung“ genannt, geschehen ist.

Auf der horizontalen Achse des Diagrammes ist unter der Linie der Wer von 0,75 L. B. H., über derselben der annähernde Brutto-Raumgehalt des Schiffes in britischen Registertons für Schiffe gewöhnlicher Bauart, d. h. ohne Doppelboden, und auf der vertikalen Achse das Gewicht in Tonnen à 1000 Kilogramm aufgetragen, so daß aus den Kurven für jede beliebige Schiffsgröße bis über 5000 Registertons die Gewichte hervorgehen.

Das Gesamtgewicht des Schiffes setzt sich aus folgenden Hauptgruppen zusammen:

4*

1. Gewicht der Eisen- oder der Eisen- und Stahlteile (bei Eisen- oder Stahlschiffen) des eigentlichen Schiffskörpers,
2. Gewicht der sämtlichen Holzteile,
3. Gewicht der Ausrüstung,
4. Gewicht der kompletten Takelung und
5. Gewicht der Zementierung und des Anstrichs.

Eisen- und Stahlteile. Das Gewicht der Eisen- bezw. Stahlteile ist das bedeutendste und besteht im wesentlichen aus dem Gewicht der Bleche, Winkel, Rund-, Flach- und Façonstangen, Nieten, Beschläge u. s. w. Dies Gewicht läßt sich streng genommen nicht durch eine kontinuierliche Kurve darstellen, weil einmal durch die stufenweise Steigerung der Materialstärken in den von den Klassifikations-Gesellschaften aufgestellten Tabellen und weil zweitens, infolge der Bauart des Schiffes, z. B. durch Anordnung eiserner oder stählerner Deckbeplattungen auf halber oder ganzer Schiffslänge bei einer geringen Zunahme des Tonnengehalts, plötzlich Änderungen im Gewicht entstehen.

Diese Abstufungen konnten aber in der Gewichtsdarstellung nicht berücksichtigt werden, da solches nur möglich ist, wenn für alle Schiffe ein bestimmtes Verhältnis der Länge zur Breite und Tiefe angenommen wird. Von einer derartigen Einschränkung ist aber aus verschiedenen Gründen Abstand genommen.

Für Schiffe bis zu 2000 Brutto-Registertons können Eisen- und Stahlteile ohne weiteres aus dem Diagramm abgemessen werden. Für größere Schiffe sind — da sonst die Zeichnung zu groß und unbequem ausgefallen wäre — die genannten Gewichte in halber Größe aufgetragen; sie sind deshalb mit 2 zu multiplizieren.

Der Zuschlag für eingebaute Wasserballasttanks ist durch punktierte Linien über den Kurven für die Eisen- und Stahlteile angedeutet.

Holzteile. Bei den in dem Diagramm dargestellten Kurven für das Gewicht der Holzteile sind die bei gewöhnlichen Segelschiffen üblichen und erforderlichen Einrichtungen und Aufbauten berücksichtigt. Es sind 2 Linien für das Gewicht der sämtlichen Holzteile angegeben, von denen die obere das Gewicht eines Zwischendecks mit einschließt, die untere das Gewicht der Holzteile ohne Zwischendeck darstellt.

Für den Fall, daß statt eines hölzernen Zwischendecks ein volles Zwischendeck aus Eisen oder Stahl zur Ausführung gelangt, ist für die Ermittelung des Gewichts anzunehmen, daß das Schiff ein Zwischendeck aus Holz erhält. Das Gesamtgewicht des Schiffes wird dann annähernd richtig sein, nur muß das Gewicht der Zwischendeckbeplattung zu den Eisen- bezw. Stahlteilen hinzugerechnet und von den Holzteilen abgesetzt werden.

Ausrüstung. Das Gewicht aller zur Ausrüstung zu rechnenden Teile ist auf Tafel I durch die unterste Linie angedeutet und umfaßt die Gewichte der nachstehenden Gegenstände nebst deren Zubehör:

Anker und Ketten, Trossen, Ankerspill, Gangspille, Winden, Steuervorrichtung, Boote, Bootsdavits, Ankerkran, Pumpen, Poller, Klüsen, Verholklampen u. s. w. Kombüse mit Einrichtung, Frischwasser-, Brod- und Öltanks, Hilfskessel und kleines Inventar.

Von dem Gesamtgewicht der Ausrüstung entfällt etwa die Hälfte auf Anker und Ketten.

Takelung. Das Gewicht der Takelung ist durch eine punktierte Linie dargestellt und setzt sich zusammen aus dem Gewichte der Bemastung nebst Rundholzbeschlägen, des Draht- und Hanftauwerks, der Takelageketten, der Segel, Blöcke u. s. w.

Nur bei kleinen Schiffen wird die ganze Bemastung aus Holz hergestellt, bei größeren dagegen bestehen nur die oberen Stengen und Raaen, sowie die Gaffeln aus Holz, alle übrigen Teile aus Eisen resp. Stahl, oder es wird die ganze Bemastung aus letzterem Material hergestellt. Auf die einzelnen Teile der Takelung verteilt sich das in der Gewichtsdarstellung Tafel I angegebene Gesamtgewicht etwa wie folgt:

Gewicht der Bemastung und Beschläge . . . . . $67\,^0/_0$
   „   „   Ketten, des Tauwerks und der Blöcke $27\,^0/_0$
   „   „   Segel nebst Zubehör . . . . $6\,^0/_0$

Zement und Anstrich. Das Gewicht der Zementierung und des Anstriches ist bei Segelschiffen in der Regel größer als bei Dampfern von gleichen Abmessungen, weil man bei ersteren im Interesse der Stabilität des leeren Schiffes mit dem Zement im Boden nicht so sparsam umgeht wie bei letzteren. Dieses Gewicht ist durch eine punktierte Kurve dargestellt und, wie die übrigen Linien, entsprechend bezeichnet.

Aus der Gewichtsdarstellung Tafel I läßt sich nun leicht für jeden gegebenen Fall das Gewicht der vorstehenden 5 Gruppen, und damit das Gesamtgewicht des Schiffskörpers annähernd ermitteln. Für kleine Schiffe ist das Gesamtgewicht noch durch besondere Linien dargestellt und kann somit direkt abgemessen werden.

Sollte sich später bei einer genauen Gewichtsberechnung herausstellen, daß die eine oder die andere Position nicht stimmt, so kann leicht eine Richtigstellung der dem Diagramm entnommenen Gewichte vorgenommen werden.

b. Schwerpunktslage des vollständig ausgerüsteten leeren Schiffes.

Außer dem Gewicht des fertigen Schiffes ist auch die Lage — namentlich die Höhenlage — seines Schwerpunktes zu ermitteln, weil diese für die Berechnung der Takelung erforderlich ist.

Die Ermittelung des Schiffsschwerpunktes durch Rechnung ist eine mühsame Arbeit und kann, ebenso wie die dazu erforderliche Gewichtsberechnung, erst vorgenommen werden, wenn die Konstruktion des Schiffes, also auch die der Takelung, fertig vorliegt.

Es muß daher von vornherein der Schwerpunkt auf eine andere Weise annähernd bestimmt werden. Dies geschieht am einfachsten dadurch, daß als Höhenlage des Schwerpunktes eines neuen Schiffes das Mittel aus den von verschiedenen ausgeführten Schiffen durch Rechnung oder durch Krängungsversuche ermittelten Schwerpunktshöhen angenommen wird.

Bei Schiffen von annähernd gleicher Größe, Form, Bauart und Takelungsart ist dieses Verfahren ohne Frage ziemlich zuverlässig, will man aber von einem Schiffstyp auf einen andern, wesentlich davon verschiedenen schließen, so können immerhin Fehler entstehen. Es müßte deshalb, genau genommen, von jedem Schiffstyp die Schwerpunktslage ermittelt werden.

Leider war es nicht möglich, für den vorliegenden Zweck von allen einzelnen Schiffstypen die genaue Höhenlage des Schiffsschwerpunktes zu erlangen, weil Krängungsversuche mit den fertigen Schiffen nur in vereinzelten Fällen vorgenommen werden. Es ist deshalb bei den hier angeführten Beispielen überall ein und dasselbe Maß, welches aus nachstehenden Angaben hervorgegangen ist, für die Höhe des Schiffsschwerpunktes angenommen:

Schiffsname	Höhe des Schwerpunktes vom leeren Schiff über Oberkante Kiel
Earl. of Jersey	$0,8230 \times$ Seitenhöhe
I. C. Glade	0,8315 „
Kaiser Wilhelm	0,8206 „
Pisagua	0,8420 „
Richard Wagner	0,8010 „
Chile	0,8018 „
Mittel = 0,8199	„

d. h. der Schwerpunkt des fertig ausgerüsteten leeren Schiffes liegt also rund $0,82\,H$ über Oberkante Kiel.

B. Gewicht und Schwerpunktslage der Ladung.

a. Gewicht der Ladung.

Wird von dem Deplacement D das Eigengewicht des vollständig ausgerüsteten leeren Schiffes subtrahiert, so erhält man das Gewicht, welches das Schiff bis zu seiner Tiefladelinie tragen kann. Dieses Gewicht soll im Nachfolgenden immer als das „Gewicht der Ladung" bezeichnet werden. In Wirklichkeit kann das Schiff aber nicht dieses volle Gewicht an Ladung aufnehmen, weil davon noch dasjenige der Besatzung nebst deren Ausrüstung, das Gewicht des Proviants und des Trinkwassers für die Mannschaft, das Gewicht des für die Stauung und Garnierung der Ladung erforderlichen Materials u. s. w. in Abzug zu bringen ist. Die meisten der letzteren Faktoren sind aber von der Dauer der Reise oder von der Art der Ladung abhängig, sie üben auch auf die hier in Frage kommenden Betrachtungen keinen bemerkbaren Einfluß aus und können deshalb außer acht gelassen werden.

Es gibt viele Arten von Ladungen, bei welchen der innere Raum nicht ausreicht, um ein so großes Quantum davon aufzunehmen, daß der größte Tiefgang erreicht wird. In solchen Fällen muß das Gewicht der Ladung nach dem kubischen Inhalt des Laderaumes und dem eventuell auf Deck zur Verfügung stehenden Raume (z. B. für Decklast bei Holzladungen) ermittelt werden. Ist bei leichten Gütern zur Erzielung einer ausreichenden Stabilität unter der Ladung Ballast erforderlich, so soll das Gewicht dieses Ballastes und das Gewicht der über dem Ballast befindlichen Ladung als das „Gewicht der Ladung" angesehen werden.

b. Schwerpunktslage der Ladung.

Wenn nach dem Vorhergehenden eine genaue Ermittelung des Gewichtes der Ladung sehr einfach ist, so ist die Bestimmung des Schwerpunktes der Ladung hinsichtlich der Höhe — worauf es für die hier zu lösende Aufgabe ankommt — sehr schwierig, weil sich oft beim Beladen unter den Decks und in den verschiedenen Ecken und Winkeln unberechenbare Hohlräume bilden, welche sich durch das infolge der Bewegung des Schiffes in See verursachte Zusammensacken der Ladung noch vergrößern. Es kann daher die Höhenlage des Schwerpunktes der Ladung immer nur annähernd bestimmt werden.

Zunächst ist zu unterscheiden:

1. Homogene Ladung:

   α. die den Laderaum ausfüllt, und bei welcher der Maximaltiefgang erreicht wird;

   β. die den Laderaum ausfüllt, und bei welcher der Maximaltiefgang nicht erreicht wird;

   γ. die den Laderaum ausfüllt, die aber beweglich ist (Petroleum u. s. w.) und bei welcher der Maximaltiefgang erreicht wird;

   δ. die den Laderaum nicht ausfüllt, bei welcher aber der Maximaltiefgang erreicht wird.

2. Gemischte Ladung:

   α. Homogene Ladung mit Ballast darunter,

   β. Ladung die aus verschiedenartigen Gütern besteht.

3. Ladung mit Decklast.

Gewöhnlich kommen bei dem Entwurf eines Schiffes nur die unter 1. α, β und γ aufgeführten Ladungsarten in Betracht, bei den übrigen Arten dagegen hat es der Schiffsführer in der Hand, sein Schiff so zu beladen, daß es die für die Seefahrt erforderlichen Eigenschaften erlangt. Bei der unter 1. γ aufgeführten Ladungsart werden gewöhnlich Tanks oder besondere Abteilungen vorgesehen. Der Schwerpunkt liegt dann in dem Gesamtschwerpunkt der einzelnen Räume. Bei Festlegung der Räume ist wegen der Ausdehnung der Flüssigkeit (Öl, Petroleum) darauf Rücksicht zu nehmen, daß bei der größten Temperatur, die während der Fahrt in den Laderäumen vorkommen kann, der Schwerpunkt der Ladung nicht zu hoch hinaufrückt. Andererseits kann bei Anbringung eines Längsschottes und nicht übermäßig breiter Expansionsschächte die Beweglichkeit der Ladung außer acht gelassen werden. Bei dieser Art Ladung bleiben in der Regel vorne und hinten noch ganz erhebliche Räume im Schiff frei und es ist nicht schwierig, den Schwerpunkt in die passendste Lage zu bringen.

Anders dagegen liegt es bei den Ladungsarten 1. α und β. Hier liegt der Schwerpunkt der Ladung in dem Schwerpunkt des ganzen zur Verfügung stehenden Laderaumes. Es kommt also vor allem darauf an, die Begrenzung des Laderaumes festzulegen.

Gewöhnlich werden die äußersten Enden eines Schiffes nicht zur Aufnahme von Ladung, sondern als Kettenkasten, Proviantraum, Segelkammer,

Kabelgatt u. s. w. benutzt. Es ist daher gerechtfertigt, bei der Bestimmung des Schwerpunktes der Laderäume diese Endräume einfach als mit zu dem Laderaum gehörig anzusehen.

Die untere und seitliche Begrenzung des Laderaumes ist durch die Bauchdielen und Wägerungslatten gegeben, die obere Grenze bildet in der Regel das Hauptdeck. Diese obere Grenze wird aber oft durch Aufbauten (Quarterdecks) oder durch eingebaute Wohnräume unter Deck an einigen Stellen höher oder tiefer gerückt. Ferner kann man nicht annehmen, daß die Ladung überall bis dicht unter die Deckplanken gestaut wird und auch nicht, daß sie überall nur bis zur Unterkante der Deckbalken hinaufreicht. Es ist daher notwendig, die obere Begrenzung des Laderaumes ganz genau festzulegen, damit eine bestimmte Basis für die Berechnung entsteht und nicht bei. dem Vergleich mit den folgenden Beispielen willkürlich von ganz anderen Gesichtspunkten ausgegangen werden kann. Es sollen daher bei den hier behandelten Segelschiffen alle Aufbauten und Einbauten des Oberdecks nicht berücksichtigt werden, und als **obere Begrenzung des Laderaumes soll diejenige Ebene angenommen werden, die in der Mitte des Schiffes durch den höchsten Punkt der unteren Fläche des Hauptdeckes hindurch geht und parallel zur Tiefladelinie liegt.**

Durch diese Annahme wird also der „Sprung“ vernachlässigt. Bei Schiffen mit großem Sprung kommt der Schwerpunkt der Ladung etwas höher und bei Schiffen mit geringerem Sprung unter Umständen tiefer zu liegen als die Berechnung ergibt. Da aber ein großer Sprung im allgemeinen für die Seeeigenschaft günstig ist, so wird der Fehler, der hier durch die etwas ungenaue Annahme gemacht wird, wieder verbessert.

Die Höhenlage des Schwerpunktes der Ladung berechnet sich leicht in derselben Weise wie die des Deplacementschwerpunktes, indem man den inneren Raum des Schiffes durch Ebenen zerlegt und den Inhalt bis zu jeder einzelnen Ebene ermittelt. Es empfiehlt sich, auch den Inhalt des Laderaumes durch eine Kurve, ähnlich wie beim Deplacement, s. Fig. 6, darzustellen. Der Inhalt der von dieser Kurve, der vertikalen Achse und der oberen Ordinate (Deckebene) begrenzten Fläche, geteilt durch die Länge der oberen Ordinate (Gesamtinhalt des Laderaumes), gibt die Höhe des Schwerpunktes der Ladung unter der oberen Begrenzungsebene des Laderaumes.

C. Gewicht und Schwerpunktslage des Ballastes.

a. Gewicht des Ballastes.

Es gibt eine große Anzahl Segelschiffe, die so gebaut sind, daß sie in leerem Zustande ihre volle Takelung nicht tragen können, andere dagegen können in diesem Zustande aufrecht stehen oder gar verholt werden, ohne in die Gefahr des Kenterns zu kommen.

Im allgemeinen stehen unter sonst gleichen Verhältnissen Holzschiffe besser als eiserne oder stählerne Schiffe, weil bei ersteren das Gewicht des Schiffsrumpfes im Vergleich zur Takelung größer ist, als bei den letzteren. Es gibt bekanntlich viele Holzschiffe, die sich beim Kielholen soweit überkrängen lassen, daß der Kiel aus dem Wasser kommt, bei eisernen oder stählernen Schiffen ist das aber in den seltensten Fällen ausführbar.

Wenn nun auch einige Schiffe der letzteren Gattung existieren, die im leeren Zustande mit ihrer vollen Takelung stehen können, so ist bei denselben doch immer die größte Vorsicht geboten, denn gewöhnlich ist das aufrichtende Moment und der Umfang der Stabilität hier nur gering und ein Kentern bei einer einfallenden Bö immerhin möglich.

Der Grund der Rankheit eiserner Schiffe in leerem Zustande liegt gewöhnlich in dem geringen Eigengewicht des Schiffskörpers, in der scharfen Schiffsform des Unterschiffes und namentlich in der geringen Fläche der ledigen Wasserlinie. Man kann aber nicht ohne weiteres sagen, daß Schiffe, welche leer gar nicht oder nur unsicher stehen, im allgemeinen schlechter oder unvorteilhafter sind als solche, die eine genügende Stabilität besitzen. Schiffe, welche in leerem Zustande rank sind, erfordern zwar immer schon beim Verholen etwas Ballast, sie haben aber gewöhnlich, wegen ihrer schärferen Linien unter Wasser, von Hause aus einen größeren Tiefgang als breite und platt gebaute stabile Schiffe, sie können deshalb meistens mit einer geringeren Quantität Ballast auf den zum Segeln erforderlichen Tiefgang gebracht werden, als diese. Der Vorteil, der also auf der einen Seite durch die Annehmlichkeit der großen Stabilität in leerem Zustande erzielt wird, geht auf der anderen Seite durch das zum Segeln erforderliche größere Ballastquantum verloren.

Als Ballast für Schiffe verwendet man in der Regel möglichst wertlose schwere Massen als: Erde, Sand, Steine, Wasser u. s. w. Das Gewicht, welches ein Schiff als Ballast nötig hat, um mit Sicherheit stehen und verholt werden zu können, richtet sich nach der Stabilität des leeren Schiffes und nach der in den betreffenden Gewässern vorkommenden Windstärke. Ist der Winddruck bekannt, dann kann man nach der in dem Kapitel: „Dynamische Stabilität" angegebenen Methode das erforderliche Quantum Ballast für ein gegebenes Schiff ermitteln.

Für die meisten Häfen der Erde dürfte es wohl genügen, wenn ein Winddruck von 80—100 kg pro qm in Rechnung gebracht wird. Es kommen aber stellenweise auch erheblich größere Windpressungen vor. Nach den „Mitteilungen aus dem Gebiete des Seewesens" 1893, No. IV und V, Seite 258 über die Borastöße in Triest betrug die größte beobachtete Windgeschwindigkeit 65,3 m pro Sek. (235 km pro Stunde) entsprechend einem Winddruck vom 200 kg pro qm. Nach Mackrows Pocket-Book beträgt der größte Winddruck bei einem Zyklon 325 kg pro qm. — Will man also sicher sein, daß z. B. das Schiff im Hafen von Triest beim Einsetzen der heftigsten Bora nicht kentert, so muß das Gewicht des Ballastes unter Annahme eines Windstoßes von mindestens 200 kg pro qm auf die Fläche des Schiffsrumpfes und der Takelung — bei festgemachten Segeln — bemessen werden. Dieses Ballastquantum wird indes nur selten durch Rechnung ermittelt. Der Seemann verläßt sich gewöhnlich auf seine Erfahrung und kommt meistens gut dabei weg. Von Zeit zu Zeit wird die Gefahr aber doch unterschätzt, und beim Verholen eines Schiffes genügt gelegentlich die Stabilität nicht und das Schiff kentert.

Dasjenige Ballastgewicht, welches ein Schiff an Bord nehmen muß, um mit Sicherheit über See segeln zu können, läßt sich nicht so leicht auf dem Wege der Rechnung ermitteln wie dasjenige, welches zum Stehen und Verholen des Schiffes im Hafen erforderlich ist. Es kommt hierbei nicht allein die zum Segeln erforderliche Stabilität in Betracht, sondern es muß das Schiff auch auf einen genügend großen Tiefgang gebracht werden, damit es gut See halten kann und nicht zu sehr abtreibt. Aus dem letzteren Grunde muß, wie die Erfahrung gelehrt hat, für „Lange Fahrt" ein Tiefgang $= 0{,}6$ bis $0{,}7 \times$ Tiefgang des beladenen Schiffes vorhanden sein. Was die Stabilität betrifft, so muß diese bei einem in Ballast segelnden Schiffe selbstverständlich viel größer sein als bei einem mit festgemachten Segeln still liegenden. Dieselbe kann aber auch zu groß werden. Für die Küsten- und atlantische Fahrt ist bei Bestimmung des Ballastquantums auch die mutmaßliche Reisedauer und die Jahreszeit zu berücksichtigen.

Bei Schiffen, die keine Ladung fahren, wie Yachten, Lotsenfahrzeuge u. s. w. kommt ein Ballastkiel oder fest eingebauter Ballast zur Anwendung.

Im allgemeinen kann man annehmen, daß zum Segeln erforderlich ist:

α. bei festem Ballast (Sand, Steine u. s. w.) ein Gewicht von $0{,}4$ bis $0{,}55$ t für jede Brutto-Registerton, d. h. für ein Schiff von 1000 Brutto-Registertons sind 400 bis 550 t Ballast nötig, je nach Örtlichkeit und Jahreszeit, sowie nach der Bauart des Schiffes und Größe der Takelung. Ist das Schiff sehr steif, so muß der Ballast hoch gestaut werden. In allen Fällen ist er stets gut gegen Übergehen durch Längsschotte u. s. w. zu sichern. (Das Vollschiff „Culmore" von 1720 Registertons kenterte mit 920 t Sandballast in der Nordsee. Der Ballast war infolge heftiger Rollbewegungen des Schiffes übergeschossen.)

β. bei Wasserballast ein Gewicht von $0{,}53$ bis $0{,}61$ t für jede Brutto-Registerton. Bei Schiffen mit Doppelboden und hohen Tanks verteilt sich das Gewicht wie folgt:

Im Doppelboden $0{,}4$ bis $0{,}44$ des Gesamtgewichts,
in den hohen Tanks $0{,}6$ „ $0{,}56$ „   „

des Wasserballastes.

Für die erste Ballastreise gibt man einem Schiffe in der Regel reichlich viel Ballast, um die Stabilität auszuprobieren.

(Das 5081 Brutto-Registertons große Fünfmast-Vollschiff „Preußen" hat einen kurzen Doppelboden für 554 t Wasserballast. Auf der ersten Ausreise nach Iquique im Jahre 1902 führte das Schiff hierzu noch 2207 t Sandballast, zusammen also 2761 t Ballast $= 0{,}543$ t für jede Registerton. Außerdem waren noch 74 t Frischwasser, 25 t Proviant und 78 t Kohlen, Holz u. s. w., im ganzen 2938 t Zuladung an Bord. Der Tiefgang betrug vorne $5{,}205$ m, hinten $5{,}333$ m, wobei das Schiff sehr gut manövriert haben soll.)

b. Schwerpunktslage des Ballastes.

Bei festem Ballast (Sand, Steine u. s. w.) wird wenig oder gar keine Rücksicht auf eine gute Höhenlage des Ballastschwerpunktes genommen. Der Ballast wird gewöhnlich oben nicht regelrecht geebnet, so daß es schwer ist, die wirkliche Lage des Schwerpunktes zu ermitteln. Und doch ist es unter Umständen von großer Wichtigkeit zu wissen, wie hoch der Schwerpunkt des Ballastes liegt, namentlich um Anhaltspunkte für die Anordnung von Wasserballasttanks zu erhalten. Bei der Berechnung des Ballastschwerpunktes dürfte kein großer Fehler gemacht werden, wenn man Sandballast von einem spezifischen Gewicht $= 1{,}8$ voraussetzt und annimmt, daß die obere Fläche desselben die Form einer Pyramide bildet, deren Basis etwa so lang ist, wie die halbe Schiffslänge und deren seitliche Flächen sich annähernd unter demselben Winkel abflachen, wie die nach den Enden des Schiffes zulaufenden Flächen. Siehe Fig. 15.

Man erhält so die Umrisse des Ballastkörpers und kann die Höhe des Schwerpunktes danach leicht ermitteln.

Bei der Berechnung der Stabilitätsverhältnisse findet man, daß namentlich bei großen Schiffen die metazentrische Höhe auffallend groß ist.

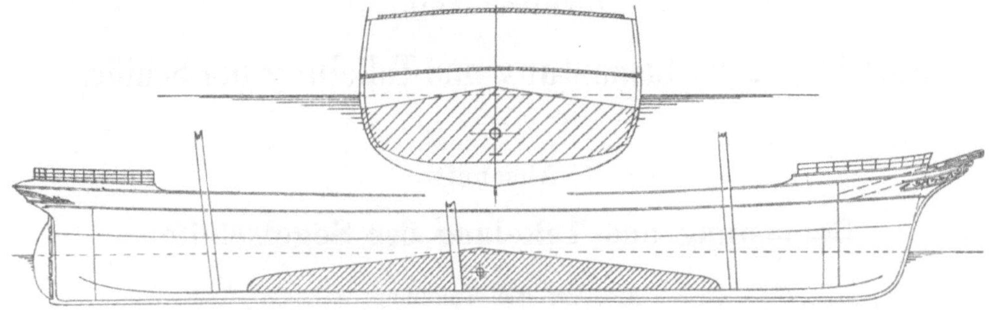

Fig 15.

In den weitaus meisten Fällen wäre es auch besser, wenn der Ballastschwerpunkt in eine höhere Lage gebracht würde, aber es geschieht dieses meistens nicht, aus Furcht, daß die Anhäufung des großen Gewichtes in der Mitte des Schiffes nachteilige Wirkungen auf die Verbände desselben ausüben könnte.

Wie schon bemerkt, wird gewöhnlich bei Anwendung von Wasserballast ein größeres Gewicht angenommen als bei festem Ballast, weil man ohne erhebliche Mehrkosten die Seetüchtigkeit des Schiffes dadurch erhöht. Es ist aber darauf zu achten, daß der Schwerpunkt des Ballastes bei diesem erhöhten Gewichte entsprechend höher zu liegen kommt als bei festem Ballast. Die Tanks sind demnach so anzuordnen, daß bei Wasserballast keine wesentlich größere Stabilität eintritt, als wenn das Schiff in der üblichen Weise mit Sand beballastet wird. Für große Schiffe empfiehlt es sich, das Verhältnis

$$\frac{A \cdot h_2}{D \cdot MG} = 15 \text{ bis } 19$$

zu nehmen.

D. Gesamtgewicht und Systemschwerpunktslage.

Das Gesamtgewicht eines Schiffes ist das Gewicht des Schiffskörpers nebst Takelung und Ausrüstung, Ladung bezw. Ballast und sonstigem Zubehör als: Proviant, Trinkwasser, Mannschaft u. s. w. Es wird ausgedrückt durch $D =$ dem Gewicht des verdrängten Wassers.

Der Schwerpunkt dieses Gewichtes heißt der Systemschwerpunkt, derselbe wird gefunden, indem man die Momente der Einzelgewichte — bezogen auf die Wasserlinie oder Kiellinie — addiert und durch das Deplacement D dividiert.

Zweiter Teil.

Anordnung der Bemastung und Takelung der Schiffe.

I. Abschnitt.

Bemastung und Takelung der Segelschiffe.

A. Art der Takelung.

Für die Art der Takelung sind, außer der Größe des Schiffes, noch verschiedene Gesichtspunkte entscheidend.

In früheren Jahren war es mehr als jetzt üblich, daß seitens der Reeder vor Inangriffnahme eines Neubaues der Kapitän, der das Schiff später führen sollte, zum Baubeaufsichtiger ernannt wurde. Der Schiffbauer war dann in der Lage, überall, namentlich aber bei der Takelung, die Wünsche und den Geschmack des betreffenden Sachverständigen zu berücksichtigen. Wie weit oft diesen Wünschen Rechnung getragen wurde, geht z. B. daraus hervor, daß unter der Leitung des Verfassers einmal für eine und dieselbe Reederei zwei ganz gleiche eiserne Segelschiffe gebaut wurden, von denen — lediglich auf Veranlassung der Führer — das eine Schiff Vollschiffs-, das andere Bark-Takelung erhielt. Der Führer der Bark versprach, mit einer geringeren Besatzung fahren zu wollen, als sein Kollege von dem Vollschiff wogegen dieser kürzere Reisedauer in Aussicht stellte.

Dieses Zusammenarbeiten des Schiffbauers mit dem Kapitän hatte manche Annehmlichkeit; trugen doch so beide gemeinschaftlich die Verantwortung, nicht allein für die gute Anordnung und Ausführung der Takelung, sondern auch für das Gelingen des ganzen Bauwerks.

Gegenwärtig kommt oft der Kapitän erst auf die Werft, wenn mit dem Ausbau der Einrichtungen und mit dem Einsetzen der Masten begonnen wird. Seine Wünsche können dann nur noch bei ganz untergeordneten Dingen berücksichtigt werden. Werden Schiffe für eigene Rechnung aufgesetzt, so kauft der Reeder das fertige Schiff und ernennt dann erst den Führer. In diesem Fall wird nach „berühmten Mustern" gearbeitet, und den Schiffbauer trifft allein die Verantwortung für die Zweckmäßigkeit des von ihm zu bauenden Schiffes.

In allen zweifelhaften Fällen, in welchen es sich um die Feststellung der Takelungsart handelt, wird der Schiffbauer gut tun, mit einem erfahrenen Kapitän, der schon Schiffe von ähnlicher Größe wie das zu erbauende geführt hat, Rücksprache zu nehmen.

Was die Art der Takelung angeht, so kann man im allgemeinen wohl
sagen, daß Dreimastschoner, Schonerbarks und Barks vorteilhafter sind
als Briggs und Vollschiffe. Briggs werden nur noch sehr selten gebaut,
Vollschiffe dagegen sind überall da am Platze, wo man bei einer Bark mit
einem gegebenen Segelareal auf zu große Abmessungen der Raaen stößt.
Die Länge der Unterraaen sollte nicht viel über 30 m und nicht mehr als
1,34 × Entfernung der Masten voneinander betragen, damit sie einmal
nicht zu unhandlich werden und damit zweitens die Segel immer gut voll
stehen, d. h. sich gegenseitig nicht den Wind „stehlen".

Aus nachstehendem Diagramm Fig. 16 ist zu ersehen, welche Art der
Takelung bei den verschiedenen Schiffsgrößen gegenwärtig angewendet
wird. Auf der oberen Horizontalen ist die Größe in Brutto-Registertons,
links vertikal übereinander die Takelungsart angegeben, und zwar so, daß
die Anzahl der Masten durch römische Ziffern, die Anzahl der darunter
befindlichen vollgetakelten Masten — welche Raaen führen — durch da-
hinterstehende arabische Zahlen markiert ist. Aus dem Diagramm Fig. 16

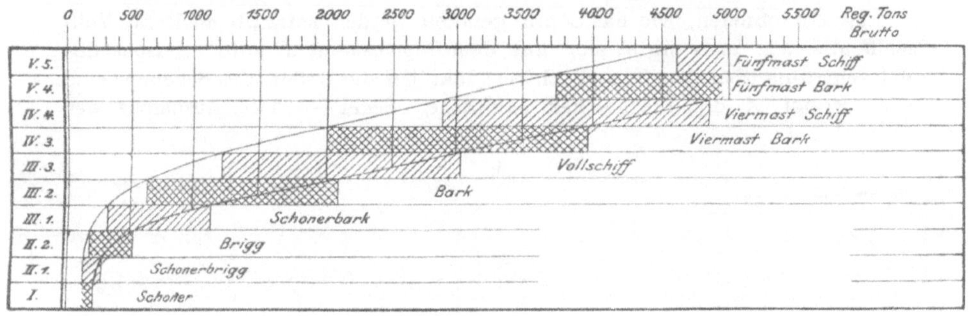

Fig. 16.

geht nun hervor, daß man von einer Schonerbrigg direkt auf eine Schonerbark übergehen und die Brigg überspringen kann. Ebenso kann man
praktisch von einer Bark auf eine Viermastbark und von einer Viermast-
bark auf eine Fünfmastbark übergehen und die dazwischen liegenden Vollschiffe überspringen. Der Bereich der Briggs und Barks ist in Fig. 16
kreuz schraffiert dargestellt.

Man kann aber auch ebenso gut von einem Vollschiff auf ein Viermast-
Vollschiff und von einem Viermast-Vollschiff auf ein Fünfmast-Vollschiff
übergehen und die Barktakelung vermeiden.

Wie schon in der Einleitung angedeutet, wird von verschiedenen Seiten
Wert darauf gelegt, mit einer möglichst geringen Anzahl Masten auszukommen, und dann wird die Vollschiffstakelung gewählt, während von
anderen Seiten die Barktakelung vorgezogen wird. Der Verfasser ist der
Ansicht, daß die Barktakelung im allgemeinen die beste ist.

Auf Tafel II ist zur Darstellung gebracht, wie die einzelnen Raaen an
den Masten verteilt werden. Es ist daraus ersichtlich, daß überall doppelte
Marsraaen, und von einer gewissen Schiffsgröße an auch doppelte Bramraaen
zur Anwendung kommen. Bei denjenigen Segeln, die über den Bramsegeln
gefahren werden, herrscht hinsichtlich der Anordnung noch nicht, wie bei den
Unter-, Mars- und Bramsegeln, eine internationale Einigkeit. Während oft bei

kleinen Schiffen über den Bramsegeln noch Roils und Skeisegel angebracht sind, findet man nicht selten bei großen Schiffen über den oberen Bramsegeln nur noch Roils, und auch diese kommen in neuester Zeit sogar gänzlich in Wegfall. Als oberstes Segel wird dann das Oberbramsegel gefahren, so daß an jedem Mast nur zwei Raaen, und zwar die Obermars- und die Oberbramraa, beim Setzen und Bergen der Segel gehoben bezw. gesenkt zu werden brauchen. Es ist anzunehmen, daß diese Art der Besegelung sich nach und nach Eingang verschaffen wird, namentlich dürfte sie für kleine Schiffe von großem Vorteil sein.

Für alle diese Variationen in der Anordnung der oberen Segel lassen sich aber nicht gut bestimmte Regeln aufstellen, weshalb dies dem Belieben des Kapitäns oder Konstrukteurs überlassen bleiben muß.

B. Anfertigung der Segelzeichnung.

a. Berechnung des Segelmoments.

Ist entschieden, wie das Schiff getakelt werden soll, ob als Bark, Vollschiff u. s. w., dann ergibt sich aus dem Deplacement D und der Höhe des Metazentrums über dem Systemschwerpunkt MG die Größe des Segelmoments $A \cdot h$, wobei A die Fläche der sämtlichen Segel — mit Ausnahme der

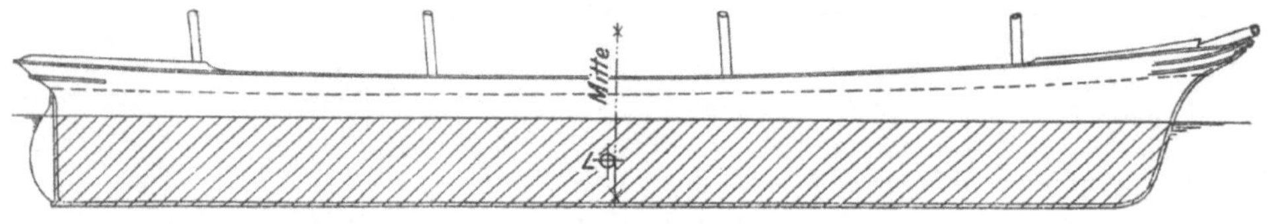

Fig. 17.

zwischen den Masten geführten Stagsegel und Flieger (soweit diese nicht zur Berechnung herangezogen sind) und des Bagiensegels bei Vollschiffen — und h die Höhe des Segelschwerpunkts über dem Schwerpunkt des Längenplans ist. Siehe schraffierte Fläche der Fig. 17.

Es ist dann: $A \cdot h = \varepsilon \cdot D \cdot MG$ oder

$$\frac{A \cdot h}{D \cdot MG} = \varepsilon.$$

Während nun bei Tjalken und Kuffen der Koeffizient ε etwa 13 beträgt, steigert sich dieser Wert bei großen Raaschiffen bis zu 26. Aus den angeführten Zahlen geht zur Genüge hervor, daß ε bei verschiedenen Schiffen sehr verschieden sein kann. Wenn man aber Segelschiffe von gleicher Größe, die für bestimmte Fahrten gebaut und besonders für die in Betracht kommenden Verhältnisse zugeschnitten sind, miteinander vergleicht, so findet man keinen sehr erheblichen Unterschied. Selbstverständlich wird ε bei solchen Schiffen, die mit den Kalmen und den Monsoons oder Passatwinden im indischen Ozean zu rechnen haben, größer genommen als bei Schiffen, die gewöhnlich in den nordatlantischen Gewässern fahren. Für Schiffe der großen und kleinen Küstenfahrt wird ε noch kleiner gehalten als für die der atlantischen Fahrt. Die nachstehende Tabelle, die aus der Berechnung einer großen Anzahl bewährter Segelschiffe hervorgegangen ist, dürfte für ε zweckmäßige Werte geben:

Fahrten, für welche das Schiff bestimmt ist	Grenzen für ε
Lange oder indische Fahrt	26 bis 24
Atlantische Fahrt	24 „ 21
Europäische Fahrt	21 „ 19
Große Küstenfahrt	19 „ 17
Kleine Küstenfahrt (Nord- und Ostsee) . .	17 „ 14

Als Mittelwerte können im allgemeinen auch folgende Zahlen dienen:

Für größere Raaschiffe:

$$\text{wenn sämtliche Segel stehen} \begin{cases} \text{Schiff beladen} \ . \ . \ . \ \varepsilon = 23 \\ \text{Schiff in Ballast} \ . \ . \ \varepsilon = 17 \end{cases}$$

wenn nur die unteren Segel stehen . . . . $\varepsilon = 12$

Für Raaschoner:

wenn Schiff beladen und alle Segel stehen . . . . $\varepsilon = 19{,}5$

Für Gaffelschoner:

wenn Schiff beladen und alle Segel stehen . . . . $\varepsilon = 16{,}5$

Ist also der Zweck, dem das Schiff später dienen soll, bezw. die Fahrt, für welche es bestimmt ist, bekannt, dann ist auch ε und somit auch das Segelmoment $A \cdot h$ gegeben.

Es fragt sich nun, wie groß nimmt man das Segelareal A? Auf den ersten Blick sollte es scheinen, daß es am besten ist, A so groß und füglich h so klein wie möglich zu nehmen, d. h. die Raasegel unten recht breit und oben schmal zulaufend anzuordnen, weil dadurch bei einem gegebenen Moment das Areal am größten wird. Ganz abgesehen davon, daß die untere Breite der Segel ihre Grenzen hat und nicht viel größer als die doppelte Schiffsbreite genommen werden kann, findet man doch oft eine große Vorliebe bei Schiffsführern für eine hohe und oben breite Takelung. Sie behaupten, bei geringer Brise mit einer solchen weiter zu kommen, als mit einer niedrigen Takelung, selbst wenn das Gesamtareal im ersteren Falle kleiner ist als im letzteren. Diese Behauptung ist neuerdings durch die Beobachtungen von Angot (s. Meteorologische Zeitschrift 1894, Wien und Berlin, Heft 7) begründet worden. Nach diesen ist die mittlere Geschwindigkeit des Windes — auf das Jahr berechnet — auf der Spitze des Eiffelturmes zu Paris annähernd 4 mal so groß als am Fuße desselben.

Es ist also sehr wohl möglich, daß z. B. für indische Fahrten eine hohe Takelung zweckmäßiger ist, als eine breite und niedrige.

Nicht zu verwechseln ist hierbei, daß es — wie allgemein anerkannt — am besten ist, die einzelnen Raasegel im Verhältnis zu ihrer Breite so niedrig wie möglich zu machen. Dies gilt namentlich von den Untermarssegeln, welche als Sturmsegel dienen müssen. Eine hohe Takelung kann also recht gut niedrige Raasegel haben, es muß dabei nur die Anzahl der Raaen größer genommen werden.

In allen schiffbautechnischen Dingen soll man sich aber weder nach der einen noch nach der anderen Richtung hin plötzlich zu weit vorwagen, sondern lieber den Mittelweg einschlagen. Es ist deshalb hier für die Bestimmung von A und h ein besonderes Verfahren angegeben, welches im Nachstehenden näher beschrieben werden soll.

Bei Schiffen mit einem Bugspriet ohne Klüverbaum (Hornbugspriet), verteilt sich das Areal A der sämtlichen bei der Berechnung in Betracht kommenden Segel auf die Vorsegel und die Segel an den einzelnen Masten wie folgt:

Schiffe	Verteilung des Segelareals A auf die Segel am					
	Bugspriet (Vorsegel)	Fockmast a	Großmast	Mittelmast	Hauptmast	Kreuz- resp. Besahnmast
Fünfmast-Vollschiff	0,0624	0,1975	0,2106	0,1985	0,2047	0,1263
Fünfmast-Bark	0,0652	0,2124	0,2248	0,2132	0,2235	0,0609
Viermast-Vollschiff	0,0600	0,2630	0,2630	—	0,2630	0,1510
Viermast-Bark	0,0634 bis 0,0713	0,2892 bis 0,2748	0,2890 bis 0,2925	—	0,2912 bis 0,2837	0,0672 bis 0,0777
Vollschiff	0,0840 bis 0,0833	0,3402 bis 0,3424	0,3660 bis 0,3536	—	—	0,2098 bis 0,2207
Bark	0,0864 bis 0,0991	0,3864 bis 0,3791	0,4090 bis 0,3826	—	—	0,1182 bis 0,1392
Schonerbark	0,1232	0,3700	0,2993	—	—	0,2075
Brigg	0,1540	0,3500	0,4960	—	—	—
Schonerbrigg	0,1604	0,4720	0,3676	—	—	—
Dreimast-Toppsegelschoner	0,1889	0,2079	0,4278	—	—	0,1754
Dreimastschoner	0,1943	0,2184	0,3830	—	—	0,2043
Schoner	0,2270	0,4510	0,3220	—	—	—
Gaffelschoner	0,2765	0,2811	0,4434	—	—	—
Logger	0,3117	0,5069	—	—	—	0,1814
Kutter	0,3100	0,6900	—	—	—	—

Bezeichnet nun für alle Schiffe a das Areal der Raasegel am Fockmast, dann ist $a = \eta \cdot A$ und mithin nach der vorstehenden Tabelle für:

$$
\begin{aligned}
\text{Fünfmast-Vollschiffe} &\quad \eta = 0,1975 \\
\text{Fünfmast-Barks} &\quad \eta = 0,2124 \\
\text{Viermast-Vollschiffe} &\quad \eta = 0,2630 \\
\text{Viermast-Barks} &\quad \eta = 0,2820 \\
\text{Vollschiffe} &\quad \eta = 0,3413 \\
\text{Barks} &\quad \eta = 0,3826 \\
\text{Schonerbarks} &\quad \eta = 0,3700 \\
\text{Briggs} &\quad \eta = 0,3520 \\
\text{Schonerbriggs} &\quad \eta = 0,4720
\end{aligned}
$$

Da nun $A \cdot h$ bekannt ist, so ist durch Multiplikation mit obigen Koeffizienten auch $a \cdot h$ festgelegt.

b. Anleitung zur Bestimmung der Größe der Bemastung für Raaschiffe.

Für die Größe $a \cdot h$ ist in Tafel II eine besondere Kurve $(a \cdot h)$ angegeben. Der Maßstab für diese Kurve befindet sich auf der rechten Seite der Tafel II. Außerdem sind noch die Längen der Masten und Stengen, sowie deren Toppen, die Höhenlage der Raaen und ihre Längen, sowie das Segelareal a und die Höhe h des Segelschwerpunktes durch Kurven dargestellt.

Zieht man nun an derjenigen Stelle, an welcher der Wert von $a \cdot h$ für ein gegebenes Schiff mit der Kurve $a \cdot h$ übereinstimmt, eine Ordinate, dann kann man auf dieser Linie ohne weiteres die ungefähren Längen des Großmastes und dessen Stengen für alle Vollschiffe und Barks und die Längen des Fockmastes nebst Stengen für alle übrigen Schiffe, sowie auch die Längen der verschiedenen Raaen abmessen. Stengen und Raaen werden an den verschiedenen Masten gleich groß genommen, nur am Kreuzmast sind sie kleiner. Die Verhältniszahlen finden sich unter e dieses Abschnittes (s. Seite 72 und 73)

Um die Segel bezw. Raaen des Fock-, Groß-, Mittel- und Hauptmastes auch für den Kreuzmast benutzen zu können, wird häufig die Bagienraa ebenso wie die Groß-Obermarsraa, die Kreuz-Untermarsraa wie die Groß-Unterbramraa, die Kreuz-Obermarsraa wie die Groß-Oberbramraa und die Kreuz-Bramraa wie die Groß-Roilraa ausgeführt. Es läßt sich dies aber nicht immer mit dem guten Aussehen der Segel am Kreuzmast vereinigen.

Nachdem die Abmessungen der Bemastung hiernach festgelegt sind, ist auch die Größe der an den Raaen, Bäumen und Gaffeln zu führenden Segel im wesentlichen gegeben. Bei den Untersegeln ist hinsichtlich der Höhe derselben auf den Sprung und die Aufbauten des Schiffes, und hinsichtlich der unteren Breite dieser Segel auf die Schiffsbreite Rücksicht zu nehmen. Was die obere Breite der Untersegel und die obere und untere Breite aller übrigen Raasegel anlangt, so ist in Fig. 18 angedeutet, wie weit die stehenden Lieken und die Brillenlegel der Segel von den Nocken der Raaen entfernt sein müssen. Dieser Abstand ist für die Oberkante des Segels nicht für alle Segel gleich, so muß z. B. das stehende Liek bei stark nach oben zugespitzten Raasegeln oben weiter von der Nock entfernt sein als bei nahezu rechteckig geformten Segeln, bei denen die stehenden Lieken annähernd parallel laufen. Ferner muß bei allen Raasegeln, die zum Reffen eingerichtet werden, die Breite des Segels am untersten Reff nicht größer sein, als die Länge der Raa zwischen den Nägeln der Schotenscheiben, weil sonst beim Reffen, nachdem das Segel mit der Refftalje hochgezogen ist, die Refflegel nicht mehr innerhalb der Nocken bleiben. Wenn R die ganze Länge der Raa bedeutet, so kann man als Mittelwert für den Abstand des stehenden Lieks von der Innenkante der Nock $0{,}025 \cdot R$ annehmen. Die Brille (Schothorn) der Raasegel muß in allen Fällen mindestens $0{,}013 \cdot R$ von der Innenkante der Nocken abstehen, wie dies in Fig. 18 bei I für die oberen Raaen, bei IIa und IIb für die unteren Mars- und die unteren Bramraaen und bei III für Unterraaen und für Ober-Mars- und Ober-Bramraaen angedeutet ist.

Wenn nach diesen Angaben die Segel eingezeichnet werden, dann erhält man annähernd die größten Abmessungen für dieselben, wie sie bei den gegebenen Längen der Raaen noch möglich sind. In Wirklichkeit

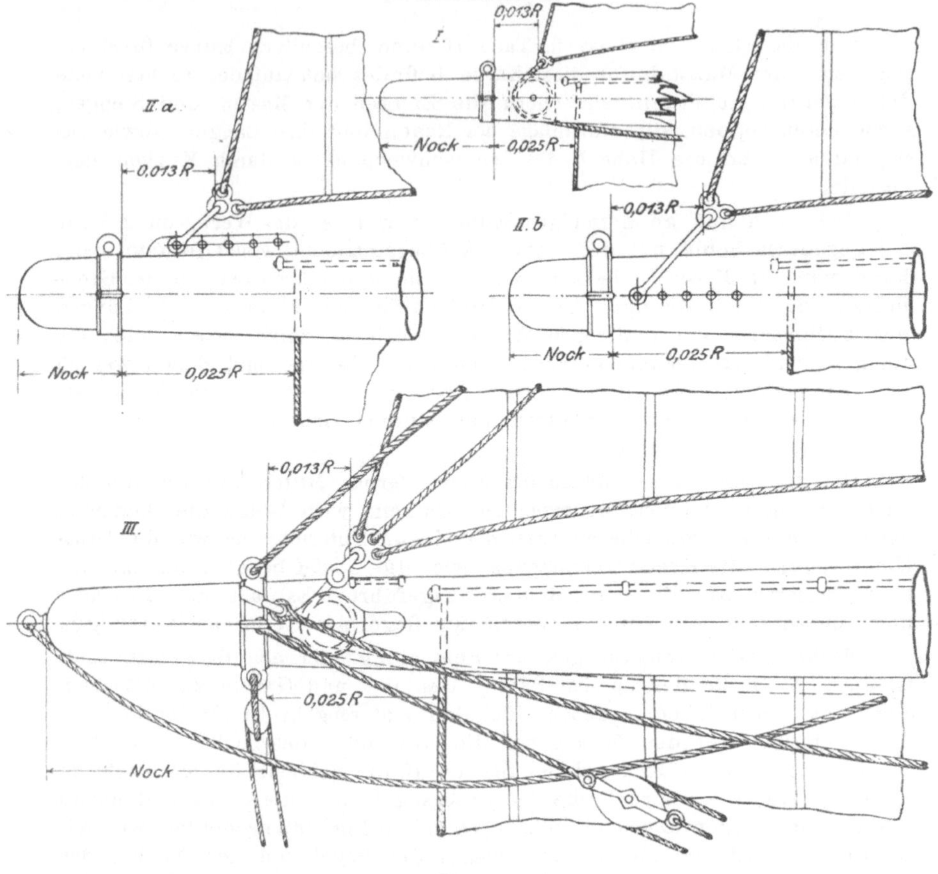

Fig. 18.

werden aber die Segel von dem Segelmacher nie so groß angefertigt, weil das Tuch sich beim Gebrauch ausdehnt (reckt). Bei der Berechnung des Segelareals soll im Nachstehenden aber immer das größte Areal in Rechnung gebracht werden.

c. Berechnung der einzelnen Segel.

Um eine Übereinstimmung mit den hier angegebenen Verhältniszahlen zu erzielen, sind die einzelnen Segelflächen wie folgt zu berechnen:

Raasegel. Als Begrenzung der Raasegel werden seitlich die stehenden Lieken, oben wird die Mitte der zu dem Segel gehörigen Raa und unten das Fußliek genommen. Die Größe der Wölbung für das Fußliek ist auf der Segelzeichnung anzugeben, und zwar so, daß — mit Ausnahme der Untersegel und der Ober-Mars- und Ober-Bramsegel — genügend Raum für die nach den Masten fahrenden Stagen und Brassen verbleibt.

Stagsegel. Für die Begrenzung der Stagsegel gilt das Vorliek, das Hinterliek und das Fußliek.

Gaffelsegel. Als Begrenzung der Gaffelsegel gilt die Hinterkante des Mastes, das Hinterlick, die Mitte der Gaffel und die Mitte des Baumes, oder, wenn kein Baum vorhanden, das Fußliek.

Gaffeltoppsegel. Als Begrenzung dieser Segel gilt die Hinterkante der Stenge, das Hinterliek und die Mitte der Gaffel. Ist oben eine Raa vorhanden, so gilt hier die Mitte der Raa.

Das Fußliek kann bei der Berechnung der Segel durch eine gerade Linie, die so durch die Kurve gelegt wird, daß die Fläche des Segels unverändert bleibt, ersetzt werden.

d. Annähernder Standort und Fall der Masten, sowie Lage und Steigung des Bugspriets.

Die Anfertigung der Segelzeichnung wird sehr erleichtert, wenn von vornherein die Achsen der Masten und des Bugspriets — wenn auch nur annähernd richtig — in die Zeichnung eingetragen werden.

Der Standort der Masten richtet sich zum Teil nach der Lage des Segelschwerpunktes in horizontaler Richtung, zum Teil nach der Größe der Vor- und Hintersegel. Es kann daher die Stellung der Masten weder einseitig nach dem Schwerpunkt des Längenplanes — von welchem die Lage des Segelschwerpunktes abhängig ist — noch nach Teilen der Schiffslänge mit ausreichender Genauigkeit erfolgen, es sind vielmehr, wenn der eine oder der andere Weg eingeschlagen wird, in den meisten Fällen nach der Berechnung noch kleine Korrekturen erforderlich.

Aus praktischen Gründen sind hier im Nachstehenden, wie es allgemein üblich, die Entfernungen der Masten unter sich und von den Endpunkten der Ladewasserlinie als Teile der Schiffslänge angegeben. Wenn sich nun nach der Berechnung ergibt, daß z. B. der Segelschwerpunkt nicht weit genug vor dem Schwerpunkt des Längenplanes liegt, so braucht der Ausgleich nicht allein durch eine Verschiebung der Masten nach vorne bewirkt zu werden, es kann auch eine Vergrößerung der Vorsegel und eine Verkleinerung der Hintersegel eintreten und umgekehrt, falls der Segelschwerpunkt zu weit nach vorne liegen sollte.

Die Höhenlage des Bugspriets richtet sich nach dem Strak des Vorschiffes und der Form des Galions, wie in den nachfolgenden Zeichnungen angegeben.

Fünfmast-Vollschiffe.

Entf. von Vorkante Vorsteven bis Mitte Fockmast . . . . . . $0,1082 \cdot L$
„ „ Mitte Fockmast bis Mitte Großmast . . . . . . $0,1954 \cdot L$
„ „ „ Großmast „ „ Mittelmast . . . . . . $0,1954 \cdot L$
„ „ „ Mittelmast „ „ Hauptmast . . . . . . $0,1954 \cdot L$
„ „ „ Hauptmast „ „ Kreuzmast . . . . . . $0,1720 \cdot L$
„ „ „ Kreuzmast „ Hinterkante Hintersteven . . . $0,1327 \cdot L$

Fall der Masten:

Fockmast . . . . . . 3¹/₂ Grad   Hauptmast. . . . . . . 5 Grad
Großmast . . . . . . 4 „   Kreuzmast. . . . . . . 5¹/₂ „
Mittelmast . . . . . . 4¹/₂ „   Steigung des Bugspriets . 18—19 „

Fünfmast-Barks.

Entf. von Vorkante Vorsteven bis Mitte Fockmast . . $0{,}1202—0{,}1333 \cdot L$
„   „   Mitte Fockmast bis Mitte Großmast. . . . $0{,}1995—0{,}2089 \cdot L$
„   „   „   Großmast   „   „   Mittelmast . . $0{,}1995—0{,}2036 \cdot L$
„   „   „   Mittelmast   „   „   Hauptmast . . $0{,}1995—0{,}2004 \cdot L$
„   „   „   Hauptmast   „   „   Besahnmast . . $0{,}1652—0{,}1554 \cdot L$
„   „   „   Besahnmast „   Hinterkante Hintersteven $0{,}1161—0{,}0984 \cdot L$

Fall der Masten:

Fockmast . . . . . . 3¹/₂ Grad   Hauptmast . . . . . . 5 Grad
Großmast . . . . . . 4 „   Kreuzmast. . . . . . . 5¹/₂ „
Mittelmast . . . . . . 4¹/₂ „   Steigung des Bugspriets . 18—19 „

Viermast-Vollschiffe.

Entf. von Vorkante Vorsteven bis Mitte Fockmast . . . $0{,}151—0{,}163 \cdot L$
„   „   Mitte Fockmast bis Mitte Großmast . . . . . $0{,}240 \cdot L$
„   „   „   Großmast   „   „   Hauptmast . . . . . . $0{,}240 \cdot L$
„   „   „   Hauptmast   „   „   Kreuzmast . . . . . . $0{,}213 \cdot L$
„   „   „   Kreuzmast   „   Hinterkante Hintersteven . $0{,}156—0{,}144 \cdot L$

Fall der Masten:

Fockmast . . . . 3—4 Grad
Großmast . . . . 4—4¹/₂ „
Hauptmast . . . . 4¹/₂—5 „
Kreuzmast . . . . 5—5¹/₂ „
Steigung des Bugspriets . . . . . 17¹/₂—19 „

Viermast-Barks.

Entf. von Vorkante Vorsteven bis Mitte Fockmast . . . $0{,}160—0{,}170 \cdot L$
„   „   Mitte Fockmast bis Mitte Großmast . . . . . . $0{,}258 \cdot L$
„   „   „   Großmast   „   „   Hauptmast . . . . . . $0{,}258 \cdot L$
„   „   „   Hauptmast   „   „   Besahnmast. . . . $0{,}182—0{,}194 \cdot L$
„   „   „   Besahnmast „   Hinterkante Hintersteven . $0{,}142—0{,}120 \cdot L$

Fall der Masten:

Fockmast . . . . 3—4 Grad
Großmast . . . . 4—4¹/₂ „
Hauptmast 5   „
Besahnmast . . . . 5¹/₂ „
Steigung des Bugspriets . . . . . . 17¹/₂—19 „

Vollschiffe.

Entf. von Vorkante Vorsteven bis Mitte Fockmast . . $0{,}1906—0{,}2070 \cdot L$
„   „   Mitte Fockmast bis Mitte Großmast   . . . $0{,}3338—0{,}3205 \cdot L$
„   „   „   Großmast   „   „   Kreuzmast . . . $0{,}3013—0{,}2935 \cdot L$
„   „   „   Kreuzmast   „   Hinterkante Hintersteven $0{,}1743—0{,}1790 \cdot L$

Fall der Masten:

Fockmast	3—4 Grad
Großmast	4—4$^1/_2$ „
Kreuzmast	5—5$^1/_2$ „
Steigung des Bugspriets	17$^1/_2$—19 „

Barks.

Entf. von Vorkante Vorsteven bis Mitte Fockmast . .	0,2085—0,220·L
„ „ Mitte Fockmast bis Mitte Großmast	0,3488—0,342·L
„ „ „ Großmast „ „ Besahnmast . . .	0,2719—0,270·L
„ „ „ Besahnmast „ Hinterkante Hintersteven .	0,1708—0,168·L

Fall der Masten:

Fockmast	3—4$^1/_2$ Grad	Besahnmast	5$^1/_2$—6 Grad
Großmast	5 „	Steigung des Bugspriets 17—19 „	

Schonerbarks.

Entf. von Vorkante Vorsteven bis Mitte Fockmast	0,2057·L
„ „ Mitte Fockmast bis Mitte Großmast.	0,2982·L
„ „ „ Großmast „ „ Besahnmast	0,2825·L
„ „ „ Besahnmast „ Hinterkante Hintersteven. . . .	0,2136·L

Fall der Masten:

Fockmast	3—4 Grad	Besahnmast	5—6 Grad
Großmast	4—5$^1/_2$ „	Steigung des Bugspriets 17—19 „	

Briggs.

Entf. von Vorkante Vorsteven bis Mitte Fockmast.	0,246·L
„ „ Mitte Fockmast bis Mitte Großmast	0,407·L
„ „ „ Großmast „ Hinterkante Hintersteven	0,347·L

Fall der Masten:

Fockmast	3—4 Grad
Großmast	4—5 „
Steigung des Bugspriets	17—19 „

Schonerbriggs.

Entf. von Vorkante Vorsteven bis Mitte Fockmast . .	0,2788—0,2845·L
„ „ Mitte Fockmast bis Mitte Großmast. . . .	0,3125—0,3155·L
„ „ „ Großmast „ Hinterkante Hintersteven	0,4087—0,4000·L

Fall der Masten:

Fockmast	3—4 Grad
Großmast	5—6 „
Steigung des Bugspriets	17—19 „

Dreimasttoppsegelschoner.

Entf. von Vorkante Vorsteven bis Mitte Fockmast.	0,197·L
„ „ Mitte Fockmast bis Mitte Großmast	0,335·L
„ „ „ Großmast „ „ Besahnmast	0,275·L
„ „ „ Besahnmast „ Hinterkante Hintersteven	0,193·L

Fall der Masten:

Fockmast . . . . 3—4 Grad   Besahnmast . . . . 6—6^1/$_2$ Grad
Großmast . . . . 4^1/$_2$—5 „   Steigung des Bugspriets 17—19 „

Dreimastschoner.

Entf. von Vorkante Vorsteven bis Mitte Fockmast . . . . . 0,2000·L
„ „ Mitte Fockmast bis Mitte Großmast . . . . 0,2983·L
„ „ „ Großmast „ „ Besahnmast . . . . . 0,2822·L
„ „ „ Besahnmast „ Hinterkante Hintersteven . . . 0,2195·L

Fall der Masten:

Fockmast . . . . 3^1/$_2$—4 Grad   Besahnmast . . . . 5^1/$_2$—6 Grad
Großmast . . . . 4^1/$_2$—5 „   Steigung des Bugspriets 17—19 „

Schoner.

Entf. von Vorkante Vorsteven bis Mitte Fockmast . . . 0,265—0,250·L
„ „ Mitte Fockmast bis Mitte Großmast . . . . 0,348—0,362·L
„ „ „ Großmast „ Hinterkante Hintersteven . 0,387—0,388·L

Fall der Masten:

Fockmast . . . . 3—7 Grad
Großmast . . . . 4^1/$_2$—8 „
Steigung des Bugspriets . . . . . . 17—19 „

Dreimastgaffelschoner.

Entf. von Vorkante Vorsteven bis Mitte Fockmast . . . . 0,2—0,170·L
„ „ Mitte Fockmast bis Mitte Großmast . . . . . 0,3—0,296·L
„ „ „ Großmast „ „ Besahnmast . . . . 0,3—0,296·L
„ „ „ Besahnmast „ Hinterkante Hintersteven . . 0,2—0,238·L

Fall der Masten:

Fockmast . . . . 2—4 Grad
Großmast . . . . 2^1/$_2$—5 „
Besahnmast . . . . 3—6 „
Steigung des Bugspriets . . . . . . 15—18^1/$_2$ „

Gaffelschoner.

a) Als Frachtschiff getakelt:

Entf. von Vorkante Vorsteven bis Mitte Fockmast . . . 0,242—0,247·L
„ „ Mitte Fockmast bis Mitte Großmast . . . . 0,379—0,350·L
„ „ „ Großmast „ Hinterkante Hintersteven . 0,379—0,403·L

Fall der Masten:

Fockmast . . . . 1^1/$_2$—7 Grad
Großmast . . . . 2^1/$_2$—8 „
Steigung des Bugspriets . . . . . 12^1/$_2$—17 „

b) Als Yacht oder Lotsenschoner getakelt:

Entf. von Vorkante Vorsteven bis Mitte Fockmast . . 0,264—0,2418·L
„ „ Mitte Fockmast bis Mitte Großmast . . . . 0,345—0,3771·L
„ „ „ Großmast „ Hinterkante Hintersteven . 0,391—0,3811·L

Fall der Masten:

Fockmast . . . . 2—3 Grad
Großmast . . . . 3—4 „
Steigung des Bugspriets . . . . . . 10—12 „

Galioten und Galeassen.

Entf. von Vorkante Vorsteven bis Mitte Großmast . . . 0,323—0,30·L
„ „ Mitte Großmast bis Mitte Besahnmast . . . . 0,437—0,45·L
„ „ „ Besahnmast bis Hinterkante Hintersteven . 0,240—0,25·L

Fall der Masten:

Großmast und Besahnmast . . . . . 0—2 Grad
Steigung des Bugspriets . . . . . . 17—19 „

Kuffen und Schniggen.

Entf. von Vorkante Vorsteven bis Mitte Großmast . . . 0,286—0,315·L
„ „ Mitte Großmast bis Mitte Besahnmast . . . . 0,534—0,515·L
„ „ „ Besahnmast bis Hinterkante Hintersteven 0,180—0,170·L

Fall der Masten:

Großmast und Besahnmast . . . . 0—$1^1/_2$ Grad
Steigung des Bugspriets . . . . . 12—19 „

Besahn-Kähne und -Ewer.

Entf. von Vorkante Vorsteven bis Mitte Großmast . . . . . 0,347·L
„ „ Mitte Großmast bis Mitte Besahnmast . . . . . 0,418·L
„ „ „ Besahnmast bis Hinterkante Hintersteven . . . 0,235·L
Fall der Masten und Steigung des Bugspriets wie oben.

Logger.

Entf. von Vorkante Vorsteven bis Mitte Fockmast . . . . . 0,3227·L
„ „ Mitte Fockmast bis Mitte Treibermast . . . . . 0,5757·L
„ „ „ Treibermast bis Hinterkante Hintersteven . . 0,1016·L

Fall der Masten:

Fockmast . . . . 2 Grad
Treibermast . . . . 5 „
Steigung des Bugspriets . . . . 8 „

Kutter.

Entf. von Vorkante Vorsteven bis Mitte Mast . . . . 0,3783·L
„ „ Mitte Mast bis Hinterkante Hintersteven . . . . 0,6217·L

Fall des Mastes . . . . 0—2 Grad
Steigung des Bugspriets . . . . . . 2 „

Tjalks.

Entf. von Vorkante Vorsteven bis Mitte Mast . . . . 0,29—0,31·L
„ „ Mitte Mast bis Hinterkante Hintersteven . . . 0,71—0,69·L

Fall des Mastes . . . . 1—3 Grad
Steigung des Bugspriets . . . . . . 3—4 „

Benennung der Teile der Bemastung	Abmessungen der Teile	Fünfmast-Vollschiff	Fünfmast-Bark	Viermast-Vollschiff
Fockmast	Länge über der Wasserlinie *(WL)*	$0{,}975-0{,}980 \cdot G_r$	$0{,}975-0{,}980 \cdot G_r$	$0{,}980-0{,}990 \cdot G_r$
	" des Topps	$1{,}000 \cdot G_t$	$1{,}000 \cdot G_t$	$1{,}000 \cdot G_t$
Großmast	" über *WL*	G_r	G_r	G_r
	" des Topps	G_t	G_t	G_t
Mittelmast	" über *WL*	$1{,}000 \cdot G_r$	$1{,}000 \cdot G_r$	—
	" des Topps	$1{,}000 \cdot G_t$	$1{,}000 \cdot G_t$	—
Hauptmast	" über *WL*	$0{,}970-0{,}980 \cdot G_r$	$0{,}980-0{,}990 \cdot G_r$	$0{,}960-0{,}970 \cdot G_r$
	" des Topps	$1{,}000 \cdot G_t$	$1{,}000 \cdot G_t$	$1{,}000 \cdot G_t$
Kreuzmast	" über *WL*	$0{,}900-0{,}910 \cdot G_r$	—	$0{,}830-0{,}900 \cdot G_r$
	" des Topps	$0{,}850-0{,}900 \cdot G_t$	—	$0{,}820-0{,}850 \cdot G_t$
Besahnmast	" über *WL*	—	$0{,}965-1{,}000 \cdot G_r$	—
	" des Topps	—	$0{,}800-0{,}850 \cdot G_t$	—
Bugspriet	" vor Vorkante Vorsteven	$0{,}600-0{,}860 \cdot G_r$	$0{,}600-0{,}860 \cdot G_r$	$0{,}600-0{,}800 \cdot G_r$
Marsstenge	Ganze Länge (s. Diagramm)	M_s	M_s	M_s
	Länge des Topps	M_t	M_t	M_t
Kreuzstenge	Bei doppelten { Ganze Länge	$0{,}840-0{,}845 \cdot M$	—	$0{,}840-0{,}845 \cdot M_s$
	Bramraaen { Länge des Topps	$0{,}800-0{,}900 \cdot M_t$	—	$0{,}800-0{,}900 \cdot M_t$
	Bei einfacher { Ganze Länge	$0{,}835-0{,}840 \cdot M$	—	$0{,}835-0{,}840 \cdot M_s$
	Bramraa { Länge des Topps	$0{,}700-0{,}800 \cdot M_t$	—	$0{,}700-0{,}800 \cdot M_t$
Besahnstenge	Länge vom Fuß bis 1. Absatz	—	$0{,}742-0{,}747 \cdot M_s$	—
	" " 1. bis 2. Absatz	—	$0{,}385-0{,}455 \cdot M_s$	—
Bramstenge	" " Fuß bis 1.Absatz(s.Diagr.)	B_s	B_s	B_s
	" " 1. " 2. " " "	B_1	B_1	B_1
	" " 2. " 3. " " "	B_2	B_2	B_2
Kreuzbramstenge	" " Fuß bis 1. Absatz	$0{,}800-0{,}870 \cdot B$	—	$0{,}650-0{,}800 \cdot B$
	" " 1. " 2. "	$0{,}650-0{,}800 \cdot B_1$	—	$0{,}700-0{,}850 \cdot B_1$
Unterraa	Ganze Länge (s. Diagramm)	R_u	R_u	R_u
	Länge der Nocken	$0{,}021-0{,}028 \cdot R$	$0{,}022-0{,}029 \cdot R$	$0{,}023-0{,}030 \cdot R$
Untermarsraa	Ganze Länge (s. Diagramm)	UMr	UMr	UMr
	Länge der Nocken	$0{,}005-0{,}009 \cdot UMr$	$0{,}006-0{,}010 \cdot UMr$	$0{,}007-0{,}012 \cdot UMr$
Obermarsraa	Ganze Länge (s. Diagramm)	OMr	OMr	OMr
	Länge der Nocken	$0{,}022-0{,}025 \cdot OMr$	$0{,}023-0{,}025 \cdot OMr$	$0{,}024-0{,}026 \cdot OMr$
Unterbramraa	Ganze Länge (s. Diagramm)	UBr	UBr	UBr
	Länge der Nocken	$0{,}007-0{,}010 \cdot UBr$	$0{,}008-0{,}010 \cdot UBr$	$0{,}009-0{,}012 \cdot UBr$
Bramraa	Ganze Länge (s. Diagramm)	—	—	—
	Länge der Nocken	—	—	—
Oberbramraa	Ganze Länge (s. Diagramm)	OBr	OBr	OBr
	Länge der Nocken	$0{,}022-0{,}028 \cdot OBr$	$0{,}023-0{,}029 \cdot OBr$	$0{,}024-0{,}030 \cdot OBr$
Roilraa	Ganze Länge (s. Diagramm)	R_r	R_r	R_r
	Länge der Nocken	$0{,}026-0{,}031 \cdot R_r$	$0{,}027-0{,}032 \cdot R_r$	$0{,}028-0{,}033 \cdot R_r$
Skeisegelsraa	Ganze Länge (s. Diagramm)	S_r	S_r	S_r
	Länge der Nocken	$0{,}028-0{,}034 \cdot S_r$	$0{,}029-0{,}035 \cdot S_r$	$0{,}030-0{,}036 \cdot S_r$
Bagienraa	Ganze Länge	$0{,}800 \cdot R_u$	—	$0{,}800 \cdot R_u$
	Länge der Nocken	$0{,}022-0{,}030 \cdot R$	—	$0{,}024-0{,}032 \cdot R$
Unterkreuzraa	Ganze Länge	$0{,}800-0{,}820 \cdot UMr$	—	$0{,}800-0{,}810 \cdot UMr$
	Länge der Nocken	$0{,}006-0{,}010 \cdot R$	—	$0{,}008-0{,}013 \cdot R$
Kreuzraa	Ganze Länge	OMr	—	OMr
	Länge der Nocken	$0{,}022-0{,}025 \cdot R$	—	$0{,}024-0{,}026 \cdot R$
Oberkreuzraa	Ganze Länge	$0{,}800-0{,}870 \cdot OMr$	—	$0{,}77-0{,}85 \cdot OMr$
	Länge der Nocken	$0{,}022-0{,}025 \cdot R$	—	$0{,}024-0{,}026 \cdot R$
Kreuzbramraa	Ganze Länge	$1{,}000 \cdot R_r$	—	$1{,}000 \cdot R_r$
	Länge der Nocken	$0{,}026-0{,}031 \cdot R_r$	—	$0{,}028-0{,}033 \cdot R_r$
Kreuzroilraa	Ganze Länge	$1{,}000 \cdot S_r$	—	$1{,}000 \cdot S_r$
	Länge der Nocken	$0{,}028-0{,}034 \cdot S_r$	—	$0{,}030-0{,}036 \cdot S_r$
Besahnbaum (Briggbaum)	Ganze Länge	$0{,}149 \cdot L$	$0{,}137 \cdot L$	$0{,}150 \cdot L$
	Länge der Nock-Baumlänge ×	$0{,}030-0{,}050$	$0{,}030-0{,}051$	$0{,}030-0{,}052$
Besahngaffel (Brigggaffel)	Ganze Länge	$0{,}093 \cdot L$	$0{,}106 \cdot L$	$0{,}104 \cdot L$
	Länge der Nock-Gaffellänge ×	$0{,}100$	$0{,}100$	$0{,}100$
Fockmast	Länge über *WL* (s. Diagramm)	—	—	—
	" des Topps	—	—	—
Großmast	" über der *WL*	—	—	—
	" des Topps	—	—	—
Besahnmast	" über der *WL*	—	—	—
	" des Topps	—	—	—
Großstenge	" vom Fuß bis 1. Absatz	—	—	—
	" " 1. " 2. "	—	—	—
Besanstenge	" " Fuß bis zum Absatz	—	—	—
Großbaum	Ganze Länge	—	—	—
	Länge der Nock-Baumlänge ×	—	—	—
Großgaffel	Ganze Länge	—	—	—
	Länge der Nock-Gaffellänge ×	—	—	—
Besahnbaum	Ganze Länge	—	—	—
	Länge der Nock-Baumlänge ×	—	—	—
Besahngaffel	Ganze Länge	—	—	—
	Länge der Nock-Gaffellänge ×	—	—	—

Viermast-Bark	Vollschiff	Bark	Schoner-Bark	Brigg	Schoner-Brigg
0,980—0,990·G_r	0,965—0,980·G_r	0,965—0,980·G_r	Siehe unten	0,965—0,98·G_r	Siehe unten
1,000·G_t	1,000·G_t	1,000·G_t	„	1,000·G_t	„
G_r	G_r	G_r	—	G_r	—
G_t	G_t	G_t	—	G_t	—
—	—	—	—	—	—
—	—	—	—	—	—
0,980—0,990·G_r	—	—	—	—	—
1,000·G_t	—	—	—	—	—
—	0,900—0,910·G_r	—	—	—	—
—	0,820—0,850·G_t	—	—	—	—
0,970—1,000·G_r	—	0,970—1,000·G_r	—	—	—
0,800—0,850·G_t	—	0,800—0,850·G_t	—	—	—
0,600—0,800·G_r	0,600—0,750·G_r	0,600—0,750·G_r	0,680—0,700·F	0,680—0,700·G_r	0,675—0,800·F
M_s	M_s	M_s	M_s	M_s	M_s
M_t	M_t	M_t	M_t	M_t	M_t
—	0,830—0,840·M_s	—	—	—	—
—	0,800—0,900·M_t	—	—	—	—
—	0,830—0,840·M_s	—	—	—	—
—	0,700—0,800·M_t	—	—	—	—
0,742—0,747·M_s	0,742—0,747·M_s	Siehe unten	—	—	—
0,385—0,455·M_s	0,385—0,455·M_s	„	—	—	—
B_s	B_s	B_s	B_s	B_s	B_s
B_1	B_1	B_1	B_1	B_1	B_1
B_2	B_2	B_2	—	—	—
—	0,700—0,800·B	—	—	—	—
—	0,700—0,800·B_1	—	—	—	—
R_u	R_u	R_u	R_u	R_u	R_u
0,024—0,031·R	0,025—0,032·R	0,026—0,033·R	0,027—0,034·R	0,028—0,035·R	0,029—0,036·R
UMr	UMr	UMr	UMr	UMr	UMr
0,008—0,013·UMr	0,009—0,014·UMr	0,010—0,015·UMr	0,011—0,016·UMr	0,012—0,017·UMr	0,013—0,018·UMr
OMr	OMr	OMr	OMr	OMr	OMr
0,025—0,026·OMr	0,026—0,028·OMr	0,027—0,029·OMr	0,028—0,030·OMr	0,029—0,031·OMr	0,030—0,032·OMr
UBr	UBr	UBr	—	—	—
0,010—0,014·UBr	0,011—0,016·UBr	0,012—0,018·UBr	—	—	—
—	B_r	B_r	B_r	B_r	B_r
—	0,028—0,032·B_r	0,029—0,034·B_r	0,030—0,036·B_r	0,031—0,038·B_r	0,032—0,040·B_r
OBr	OBr	OBr	—	—	—
0,025—0,031·OBr	0,026—0,032·OBr	0,027—0,033·OBr	—	—	—
R_r	R_r	R_r	R_r	R_r	R_r
0,029—0,034·R_r	0,030—0,036·R_r	0,031—0,037·R_r	0,032—0,038·R_r	0,034—0,039·R_r	0,035—0,040·R_r
S_r	S_r	—	—	—	—
0,031—0,037·S_r	0,032—0,038·S_r	—	—	—	—
—	0,800·R_u	—	—	—	—
—	0,026—0,034·R	—	—	—	—
—	0,800·UMr	—	—	—	—
—	0,009—0,015·R	—	—	—	—
—	OMr	—	—	—	—
—	0,026—0,028·R	—	—	—	—
—	0,77—0,83·OMr	—	—	—	—
—	0,026—0,028·R	—	—	—	—
—	1,000·R_r	—	—	—	—
—	0,030—0,036·R_r	—	—	—	—
—	1,000·S_r	—	—	—	—
—	0,032—0,038·S_r	—	—	—	—
0,167·L	0,194·L	0,207·L	—	0,361·L	—
0,030—0,053·	0,03—0,054	0,03—0,055	—	0,03—0,055	—
0,127·L	0,108·L	0,147·L	—	0,242·L	—
0,100	0,100	0,100	—	0,100	—
—	—	—	F_m	—	F_m
—	—	—	F_t	—	F_t
—	—	—	1,218·F	—	1,270·F
—	—	—	0,900·F_t	—	0,840·F_t
—	—	—	1,228·F	—	—
—	—	—	0,900·F_t	—	—
—	—	—	0,855·M_s	—	0,890·M_s
—	—	—	0,322·M_s	—	0,304·M_s
—	—	—	0,177·M_s	—	—
—	—	—	Entspr. Entfernung der Masten	—	0,476·L
—	—	—	0,060	—	0,038
—	—	—	0,205·L	—	0,290·L
—	—	—	0,088	—	0,106
—	—	—	0,265·L	—	—
—	—	—	0,060	—	—
—	—	—	0,211·L	—	—
—	—	—	0,120—0,131	—	—

f. Entfernung des Schwerpunktes S der sämtlichen Segel von dem Schwerpunkt des Längenplanes.

Nachdem mit Hilfe der vorstehenden Angaben die Segelzeichnung fertiggestellt ist, kann die Berechnung des gesamten Segelareals und des gemeinschaftlichen Schwerpunktes der sämtlichen Segel vorgenommen werden.

Wenn das Schiff beim Segeln stets seine vertikale Lage beibehielte, dann müßte der Schwerpunkt der Segel genau über dem Schwerpunkt des Längenplanes liegen. Durch die geneigte Lage aber, die das Schiff durch den Winddruck erleidet, entsteht eine Tendenz, das Vorschiff in den Wind zu drehen, das Schiff wird luvgierig. Um dies zu verhindern, muß der Segelschwerpunkt stets vor dem Schwerpunkt des Längenplanes liegen, und zwar bei vollgebauten Schiffen mehr als bei scharfen, und bei Schiffen mit Raasegeln mehr als bei Schiffen mit Gaffelsegeln, weil die Raasegel beim Anbrassen ihren Schwerpunkt nicht wesentlich verändern, während bei Gaffelsegeln in ihrer Schrägstellung der Schwerpunkt stets nach vorne rückt. Der letztere beschreibt einen Kreis, dessen Mittelpunkt in der Mastenachse liegt.

Eine genaue Berechnung der Entfernung des Segelschwerpunktes vor dem Schwerpunkt des Längenplanes ist unter Berücksichtigung der verschiedenen Neigungen des Schiffes und der verschiedenen Windrichtungen schwer durchführbar. Sie würde auch wenig nützen, weil für verschiedene Neigungen auch verschiedene Werte für die fragliche Entfernung entstehen. Man kann sich hierbei nach folgenden Grenz- bezw. Mittelwerten richten.

Für Raaschiffe und Schoner mit Raasegeln: $0{,}055$ bis $0{,}08 \cdot L$, im Mittel also $0{,}0675 \cdot L$.

Für Gaffelschoner: $0{,}011$ bis $0{,}067 \cdot L$, im Mittel also $0{,}039 \cdot L$.

Sollte die Berechnung ergeben, daß der Segelschwerpunkt nicht innerhalb der vorstehenden Grenzen liegt, oder Wert auf die Lage an der oberen oder unteren Grenze oder im Mittel gelegt werden, dann ist dies durch geeignete Veränderung der Flächen der Vor- und Hintersegel oder durch Verschiebung aller oder einzelner Masten leicht zu erzielen. Zur Vereinfachung dieser Arbeit empfiehlt es sich, namentlich bei großen Schiffen, das Gesamtareal der Segel und den zugehörigen Schwerpunkt für jeden Mast besonders zu berechnen.

C. Beispiele für die Berechnung der Schiffe und Anfertigung der Segelzeichnung.

Bemerkungen.

Die folgenden, meistens willkürlich gewählen Beispiele sind in möglichst einfacher Weise bearbeitet, damit der Anfänger einen guten Überblick behält und die Aufeinanderfolge der einzelnen Rechnungen leicht verfolgen kann. Kommt es bei wirklichen Ausführungen auf die Erzielung einer großen Genauigkeit an, dann können für die Berechnungen beliebig viele Ordinaten gewählt werden.

Ferner ist zu bemerken, daß hier für die Brassen und Fallen bei allen Schiffen die gewöhnliche Anordnung, d. h. ohne Windevorrichtung, angegeben ist. Wie sich diese unter Anwendung von Winden gestaltet, wird später im 3. Teil, Abschnitt II unter B d angegeben.

a. Raaschiffe.

1. Fünfmast-Vollschiff.

Als erstes Beispiel soll ein Schiff, Fig. 19, von annähernd gleichen Hauptabmessungen wie diejenigen des gegenwärtig größten Raaschiffes der Welt, des Fünfmast-Vollschiffes „Preußen" der Firma F. Laeisz in Hamburg, erbaut von der Werft Joh. C. Tecklenborg, A.-G., Geestemünde, gewählt werden. Die Schiffsform ist durch die Spantlinien dargestellt und willkürlich angenommen, s. Fig. 20.

Die Hauptabmessungen sind:

$$L = 120 \text{ m}, \quad B = 16,4 \text{ m}, \quad H = 9,9 \text{ m}.$$

Freibord und Tiefgang. Zur Bestimmung des Freibords ist zunächst die Völligkeit des Schiffes zu ermitteln. Der Völligkeitsgrad im Sinne der Freibordregeln ist:

$$\frac{\text{Inhalt des Schiffsraumes unter Deck}}{\text{Länge} \times \text{Breite über Außenhaut} \times \text{Raumtiefe}}.$$

Der Inhalt des Schiffsraumes unter Deck beträgt 13870 cbm, die Raumtiefe $= 9,35$ m, die Breite über Außenhaut 16,46 m, demnach ist der Völligkeitskoeffizient $= \dfrac{13870}{120 \cdot 16,46 \cdot 9,35} = 0,75.$

Die Seitenhöhe H_1 ist $= H +$ Dicke des Holzdecks und Dicke der Stringerplatte $= 9,900 + 0,090 + 0,016 = 10,006$ m, demnach ist der Freibord nach der Tabelle auf S. 46 und 47 $= 2,55$ m. Die in der Tabelle angegebene Schiffslänge ist rund 100 m. Die wirkliche Schiffslänge ist um 20 m größer, demnach ist ein Zuschlag zum Freibord von $0,013 \cdot 20 = 0,260$ m zu machen.

Eine weitere Korrektur ist für den Sprung vorzunehmen. Der Sprung des Schiffes beträgt vorne am Steven 2,72 m

$$\begin{array}{r} \text{hinten } \text{„} \quad \text{„} \quad \underline{1,22 \text{ m}} \\ \text{im Mittel: } 1,97 \text{ m}. \end{array}$$

Der Sprung auf $^1/_8$ der Schiffslänge von den Schiffsenden beträgt:

$$\begin{array}{r} \text{vorne} \quad 1,42 \text{ m} \\ \text{hinten} \quad \underline{0,53 \text{ m}} \\ \text{im Mittel} \quad 0,975 \text{ m}. \end{array}$$

Das Schiff hat ein geschlossenes Brückenhaus, deshalb ist der Sprung nach § 9e auf den Vorder- und Hintersteven zu beziehen. Nach § 9, S. 49 soll aber der Sprung gleichmäßig verlaufen, d. h. der Sprung auf $^1/_8 L$ vom Steven soll $55^0/_0$ von dem Sprung an den Enden betragen. Beträgt nun bei dem vorliegenden Schiff der Sprung auf $^1/_8 L$ weniger als $55^0/_0$ von dem Sprung an den Enden, so ist als mittlerer Sprung an den Steven derjenige auf $^1/_8$ geteilt durch 0,55 in Betracht zu ziehen, d. h.

$$\frac{0,975}{0,55} = 1,773 \text{ m als ideeller Sprung an den Enden im Mittel.}$$

Sonach ist:

Sprung im Mittel (bezogen auf die Schiffsenden) $= 1,773$
„   in der Tabelle unter § 9 I. Seite 49 $= 1,254$
Unterschied: $0,519.$

Dieser Unterschied ist durch 4 zu dividieren, siehe § 9 a der Freibordregeln. Es ist sonach, da der Sprung größer ist als normal, von dem Freibord $\dfrac{0,519}{4} = 0,130$ m in Abzug zu bringen.

Sodann ist eine Korrektur des Freibords für die Aufbauten vorzunehmen. Das Schiff hat eine geschlossene Back, ein geschlossenes Brückenhaus und eine geschlossene Poop, deren Längen 12 m, 22 m und 10,5 m sind, also im ganzen 44,5 m Aufbauten. Es ist also

$$\frac{\text{Länge der Aufbauten}}{\text{Länge des Schiffes}} = \frac{44,5}{120} = 0,371.$$

Es erstrecken sich also die Aufbauten auf $0,371 \cdot L = \dfrac{2,97}{8} \cdot L$ über das Schiff.

Nach den Freibordregeln ist nun von dem für die Länge korrigierten Freibord abzuziehen,

wenn die Länge der Aufbauten $\tfrac{3}{8} L$ beträgt $= 10\,^0/_0,$
„   „   „   „   „ $\tfrac{2}{8} L$ „ $= 8\,^0/_0,$
„   „   „   „   „ $\dfrac{2,97\,L}{8}$ „ $= 9,94\,^0/_0.$

Der unkorrigierte Freibord beträgt . . . . 2,550 m
die Korrektur für die Länge beträgt . . . 0,260 m
somit der für die Länge korrigierte Freibord . 2,810 m
$9,94\,^0/_0 = 0,0994$
Abzug für die Aufbauten $= 0,279$ m.

Die Tiefe im Raum beträgt 9,35 m, die Höhe von Oberkante Kiel bis Bodenwegerung 0,9 m, somit die ganze Tiefe mittschiffs 10,25 m. Da $H = 9,9$ m ist, so ist die Deckbalkenbucht $10,25 - 9,9 = 0,35$ m. Nach § 10 der Freibordregeln (siehe S. 50) ist die normale Deckbucht $= 2\,^0/_0$ der Länge des Mittschiffbalkens $= 0,32$ m. Es ist also ein Unterschied von 0,03 m vorhanden. Hiervon ist die Hälfte, reduziert im Verhältnis der Länge des nicht mit Aufbauten versehenen Teils des Decks zur Länge des Schiffes, in Anrechnung zu bringen. Die Aufbauten überdecken 0,371 der Schiffslänge, es sind also $0,629 \cdot L$ unbedeckt. Somit ist eine Korrektur zum Freibord als Abzug von $0,5 \cdot 0,03 \cdot 0,629 = 0,009$ m vorzunehmen.

Es ergibt sich also:

Freibord nach der Tabelle. . . . . $= 2,550$ m,
Korrektur für die größere Länge . . . . $+ 0,260$ m,
„   „   den Sprung . . . . $- 0,130$ m,
„   „   die Aufbauten . . . . . . $- 0,279$ m,
„   „   „ Balkenbucht . . . . . $- 0,009$ m,
Freibord $= 2,392$ m.

Dieser wird von Oberkante Deck an der Schiffsseite gemessen. (Für Frischwasser ist ein Abzug von 0,152 m vom obigen Freibord statthaft.)

Der Tiefgang ohne Kiel ist somit $10{,}006 - 2{,}392 = 7{,}614$ m.　Die Kielhöhe ist $0{,}306$, somit Tiefgang inkl. Kiel $= 7{,}92$ m.

Deplacement und Lage des Deplacementschwerpunktes. Da das Schiff nicht steuerlastig gebaut ist, so kann der gefundene Tiefgang ohne weiteres vorne und hinten auf der Zeichnung abgesetzt, die Wasserlinie eingezeichnet und die Berechnung des Schiffes für den größten Tiefgang vorgenommen werden.

Zunächst ist das Deplacement und die Lage des Depl.$\odot$s zu ermitteln. Dies geschieht am einfachsten, indem für jedes Spant die Fläche unterhalb der Wasserlinie berechnet und dann nach der Simpsonschen Regel in bekannter Weise verfahren wird. Der Kontrolle wegen kann zur Ermittelung der Lage des Depl.$\odot$s in horizontaler Richtung einmal die Entfernung des Schwerpunktes vom Vorsteven (Spant 0) und ein zweites Mal die Entfernung des Schwerpunktes vom Hintersteven (Spant 12) gerechnet werden, wie dies in nachstehender Rechnung durchgeführt ist.

Spant	Areal der Spanten	Koeff.	Areal $\times$ Koeffizient	Koeff.	Momente bezogen auf Spant 0	Koeff.	Momente bezogen auf Spant 12
0	0,00	$^1/_2$	0,00	0	0,00	12	0,00
1	48,04	2	96,08	1	96,08	11	1056,88
2	88,62	1	88,62	2	177,24	10	886,20
3	109,00	2	218,00	3	654,00	9	1962,00
4	117,22	1	117,22	4	468,88	8	937,76
5	120,70	2	241,40	5	1207,00	7	1689,80
6	120,70	1	120,70	6	724,20	6	724,20
7	119,40	2	238,80	7	1671,60	5	1194,00
8	114,52	1	114,52	8	916,16	4	458,08
9	100,11	2	200,22	9	1801,98	3	600,66
10	72,82	1	72,82	10	728,20	2	145,64
11	35,68	2	71,36	11	784,96	1	71,36
12	0,00	$^1/_2$	0,00	12	0,00	0	0,00
			1579,74		9230,30		9726,58

$$\delta = 10 \qquad \frac{2}{3}\delta = 6{,}6667 \qquad \delta = 10 \qquad \delta = 10$$

$$D = 10\,531 \text{ cbm} \qquad 92\,303{,}0 \qquad 97\,265{,}8$$

$$\frac{D}{L \cdot B \cdot Tg} = 0{,}7028$$

$$\frac{92\,303{,}0}{1\,579{,}74} = 58{,}43 \text{ m} = D\odot \text{ hinter Spant } 0,$$

$$\frac{97\,265{,}8}{1\,579{,}74} = 61{,}57 \text{ m} = D\odot \text{ vor Spant } 12,$$

$$\underline{120{,}00 \text{ m}} = \text{Schiffslänge.}$$

Der Depl.$\odot$ liegt also $1{,}57$ m $= 0{,}0131 \cdot L$ vor der Mitte.

Das Deplacement ist $= 10\,531$ cbm, also das Gewicht des ganzen Schiffes mit Ladung $= 10\,531 \cdot 1{,}025 = 10\,794$ t $= D$.

Für die Ermittelung der Höhenlage des Depl.$\odot$s kann die Deplacementsskala (Fig. 20) benutzt werden, wie dies aus nachstehender Rechnung hervorgeht.

	cbm	Koeff.	
Deplacement bis WL I	10531	$^1/_2$	5265,5
„ „ „ II	8455	2	16910
„ „ „ III	6405	1	6405
„ „ „ IV	4460	2	8920
„ „ „ V	2565	1	2565
„ „ „ VI	992	2	1984
„ „ Kieloberkante	0	$^1/_2$	0
			42049,5

$$\delta = \frac{1}{6}\ \text{Tiefgang} = \frac{7,614}{6} = 1,269; \qquad \frac{2}{3}\,\delta = \frac{0,846}{35573,87}$$

$$\frac{35573,87}{10531} = 3,378\,\text{m} = \text{Depl} \odot \text{unter WL,}$$

$$7,614\,\text{m} = \text{Tiefgang von Oberkante Kiel,}$$

$$a = 4,236\,\text{m} = \text{Depl.}\odot \text{über Oberkante Kiel.}$$

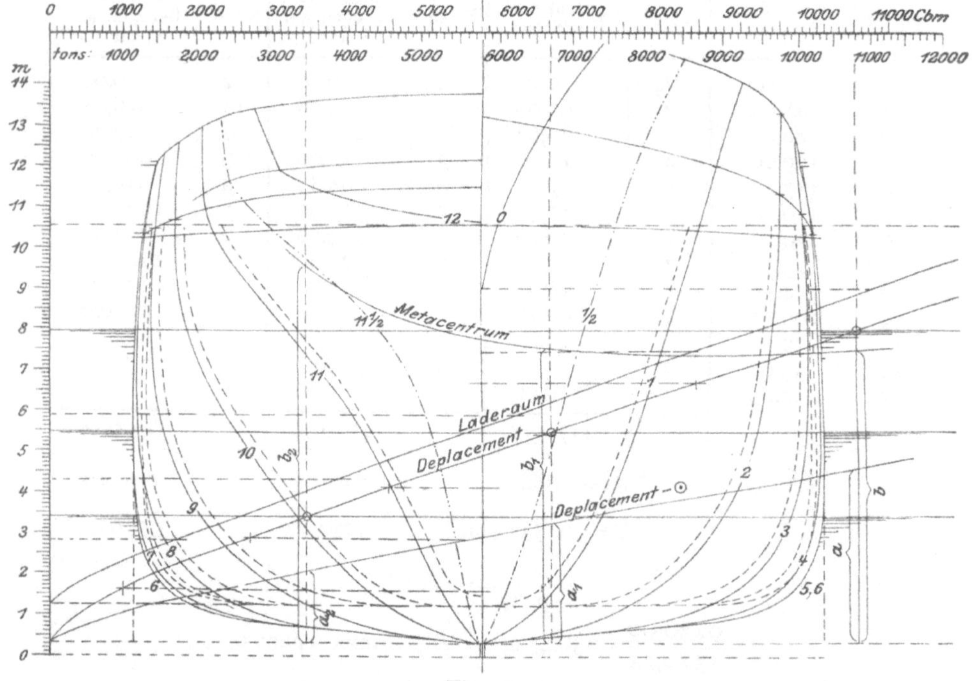

Fig. 20.

In Fig. 20 stellt die mit „Deplacement-⊙" bezeichnete Kurve den Wert von a für jeden beliebigen Tiefgang dar, und zwar in einer jeden Vertikalen, die durch die Deplacementskurve und durch die betreffende Wasserlinie geht.

Quer-Metazentrum.

Für die aufrechte Lage des Schiffes oder für eine unendlich kleine Neigung desselben berechnet man die Lage des Metazentrums wie folgt: (S. Fig. 20.)

Span-ten	$\frac{1}{2}$ Breite der WL m	$(\frac{1}{2}$ Breite$)^3$	Koeff.	$(\frac{1}{2}$ Breite$)^3 \times$ Koeff.
0	0,00	0,0000	$\frac{1}{2}$	0,0000
1	4,55	94,1964	2	188,3928
2	6,92	331,3739	1	331,3739
3	7,80	474,5520	2	949,1040
4	8,06	523,6066	1	523,6066
5	8,16	543,3385	2	1086,6770
6	8,17	545,3385	1	545,3385
7	8,17	545,3385	2	1090,6770
8	8,10	531,4410	1	531,4410
9	7,81	476,3795	2	952,7590
10	7,08	354,8949	1	354,8949
11	4,67	101,8476	2	203,6952
12	0,00	0,0000	$\frac{1}{2}$	0,0000
				6757,9599

$$\delta = \frac{L}{12} = 10, \qquad \frac{4}{9}\,\delta = 4,4444$$

$$\frac{2}{3}\int y^3\,dx = 30035$$

$$\frac{\dfrac{2}{3}\displaystyle\int y^3\,dx}{D} = \frac{30035}{10531} = 2,852\ \text{m} = \text{Metaztr. über Depl.}\odot,$$

$$4,236\ \text{m} = \text{Depl.}\odot \text{ über Oberkante Kiel,}$$

$$b = \overline{7,088\ \text{m}} = \text{Metaztr. über Oberkante Kiel.}$$

Ähnlich wie die Kurve für die Höhe des Deplacementschwerpunktes, kann auch die Höhe des Metazentrums für jeden Tiefgang als Kurve dargestellt werden, indem die Werte von b für die betreffenden Tiefgänge ermittelt und als Ordinaten auf der durch die Schnittpunkte der Deplacementskurve mit der betr. Wasserlinie gehenden Vertikalen abgesetzt werden. In Fig. 20 ist die Höhe des Metazentrums mit b bezeichnet.

Gewicht und Schwerpunkt des Schiffskörpers. Das Gewicht des Schiffskörpers wird nach der Gewichtsdarstellung Tafel I ermittelt. Das Schiff soll als ein aus Stahl gebautes und mit Einrichtung für Wasserballast versehenes angenommen werden. Es ist $0{,}75 \cdot L \cdot B \cdot H = 14612$ cbm (ca. 5160 Registertons), demnach ergibt die verlängerte Kurve für das halbe Gewicht der Stahlteile 1230 t, mithin ist das Gesamtgewicht:

Stahl- und Eisenteile	$1230 \cdot 2 = 2460$ t
Holzteile	412 t
Ausrüstung	133 t
Takelung	287 t
Zement und Anstrich	140 t
	3432 t.

Wird das Schiff nicht mit Einrichtung für Wasserballast versehen, so ist nach Tafel I das Gewicht der Eisen- und Stahlteile um 160 t geringer. Der Schwerpunkt des komplett ausgerüsteten Schiffes ohne Ladung liegt $0{,}82 \cdot H = 0{,}82 \cdot 9{,}9 = 8{,}118$ m über Oberkante Kiel.

Gewicht und Schwerpunkt der Ladung. Das Gewicht der hier in Rechnung zu stellenden Ladung ist D — Eigengewicht des Schiffes also

$$10794 - 3432 = 7362 \text{ t.}$$

Die Höhenlage des Schwerpunktes der Ladung wird in gleicher Weise wie die Höhenlage des Deplacement-$\odot$s berechnet, und zwar nur bis zur Höhe einer zur Wasserlinie parallelen Ebene, die durch den Scheitelpunkt der Deckunterkante in halber Schiffslänge geht. Diese Ebene liegt 10,25 m über Oberkante Kiel, siehe Fig. 20. Wird der Inhalt des Laderaumes von Oberkante der Bodenwegerung bis zu der oben genannten Deckebene nach den Wasserlinien ermittelt und ähnlich wie bei dem Deplacement durch eine Kurve dargestellt, dann entsteht die in Fig. 20 mit Laderaum bezeichnete Kurve, aus der sich zur Ermittelung der Schwerpunktlage der Ladung die folgenden Inhalte des Laderaumes ergeben:

	Inhalt cbm	Koeff.	Koeff. $\times$ Inhalt
Bis zur Deckebene I.	13130	$^1/_2$	6565
„ „ Ebene II.	10761	2	21522
„ „ „ III.	8465	1	8465
„ „ „ IV.	6055	2	12110
„ „ „ V.	3795	1	3795
„ „ „ VI.	1695	2	3390
„ Oberkante Wägerung	0	$^1/_2$	0
			55847

$$\delta = \frac{\text{Raumtiefe}}{6} = 1{,}558; \qquad \frac{2}{3}\delta = 1{,}0387$$

$$58008{,}28$$

$$\frac{58008{,}28}{13130} = 4{,}418 = \odot \text{ der Ladung unter Deckebene } I,$$

mithin $10{,}25 - 4{,}418 = 5{,}832$ m über Oberkante Kiel.

Systemschwerpunkt.

Aus dem Gewicht und der Schwerpunktslage des Schiffes und der Ladung ergibt sich:

$$\begin{aligned}
\text{Schiffskörper} \quad & 3432 \cdot 8{,}118 = 27860{,}976 \\
\text{Ladung . . .} \quad & 7362 \cdot 5{,}832 = 42935{,}184 \\
\hline
\text{Depl.} = 10794 \text{ t} \quad & \phantom{7362 \cdot 5{,}832 =} 70796{,}160
\end{aligned}$$

$$\frac{70796{,}16}{10794} = 6{,}559 \text{ m} = \text{System } \odot \text{ über Oberkante Kiel,}$$

$$7{,}088 \text{ m} = \text{Metazentrum über Oberkante Kiel,}$$

$$MG = 0{,}529 \text{ m} = \text{Höhe des Metazentrums über dem } \odot \text{ des Systems.}$$

Takelung. Nachdem im Vorstehenden die wichtigsten Punkte bezüglich des Schiffskörpers ermittelt worden sind, kann jetzt zur Anfertigung der Segelzeichnung geschritten werden.

Zunächst soll angenommen werden, daß das Schiff für indische Fahrten Verwendung finden soll und deshalb stark besegelt sein muß. Es ist daher

$$\frac{A \cdot h}{D \cdot MG} \text{ zu } 25$$

anzunehmen.   Mithin ist:

$$A \cdot h = \sim D \cdot MG \cdot 25 = \sim 10794 \cdot 0{,}529 \cdot 25$$
$$\sim 142750.$$

Bei einem **Fünfmastvollschiff** beträgt nach der Tabelle auf Seite 64 das Areal a der Segel des Fockmastes $= 0{,}1975 \times$ Gesamt-Segelareal, mithin ist:

$$a \cdot h = 0{,}1975 \cdot 142750 = 28193.$$

Nach Tafel II liegt für das obige Maß von $a \cdot h$ die Ordinate in der Linie $\alpha - \beta$ (an der linken Seite der Tafel).

Die Kurve a für das Segelareal des Fockmastes ergibt die Zahl 921,5 qm, das Gesamt-Segelareal A ist demnach

$$A = \frac{921{,}5}{0{,}1975} = 4666 \text{ qm.}$$

Der $\odot$ der Segel liegt nach Tafel II 30,58 m über dem $\odot$ des Längenplans, siehe Ordinate h.

Nach Maßgabe der Tabelle Seite 67 (s. 2. Teil, I. Abschn. B. d.), sind nun die Mittellinien der Masten sowie des Bugspriets auf der Segelzeichnung zu markieren und dann nach Tafel II die aus der Ordinate $\alpha - \beta$ sich ergebenden Höhenlagen für die Salinge, Eselshäupter und Absätze der Bramstengen, sowie für die Raaen abzusetzen. Sodann werden auf der Linie $\alpha - \beta$ die Längen der einzelnen Raaen ermittelt. Für den Großmast ergeben sich daraus nachstehende Werte:

Großraa über Wasserlinie	18,250 m
Saling „ „	20,600 „
Eselshaupt und Untermarsraa über WL	25,600 „
Obermarsraa über WL	34,200 „
Bramsaling	36,300 „
Brameselshaupt und Unterbramraa über WL	40,050 „
Oberbramraa	46,200 „
1. Absatz der Bramstenge	47,850 „
Roilraa	53,650 „
2. Absatz der Bramstenge	55,000 „

Die halbe Länge der einzelnen Raaen wird auf der Linie $\alpha - \beta$ von der Wasserlinie ab gemessen und beträgt nach den zugehörigen Kurven:

$^1/_2$ Länge der Unterraa	15,450 m
„ „ „ Untermarsraa	13,850 „
„ „ „ Obermarsraa	12,800 „
„ „ „ Unterbramraa	11,400 „
„ „ „ Oberbramraa	9,970 „
„ „ „ Roilraa	8,200 „

Die Länge der Skeisegelraa ergibt sich aus dem Verlauf der Segelbegrenzung (außen links).

Die Länge der übrigen Masten wird nach Maßgabe der Länge des Großmastes bemessen. Die Stengen und Raaen des Fock-, Mittel- und Hauptmastes sind ebenso groß wie die des Großmastes. Wird bei dem einen oder anderen dieser Masten das Skeisegel weggelassen, dann kommt selbstverständlich auch der oberste Absatz der betr. Bramstenge in Wegfall.

Die Länge des Bugspriets und die der Raaen des Kreuzmastes gehen aus den Tabellen im 2. Teil, I. Abschn., S. 72 u. 73, hervor.   Nach vorstehender Anweisung kann die Segelzeichnung angefertigt und die Berechnung des Segel-$\odot$s in nachstehender Weise ausgeführt werden, siehe Fig. 19.

Areal und Schwerpunkt der sämtlichen Segel.

Benennung der Segel	Areal in qm	Über der Wasserlinie		Vor der Schiffsmitte	
		Abstand des $\odot$s m	Momente	Abstand des $\odot$s m	Momente
Besahn	144,5	13,35	1929,08	— 52,80	— 7629,60
Kreuz-Untermarssegel . .	115,8	20,20	2339,16	— 45,30	— 5245,74
„ -Obermarssegel . .	126,0	26,60	3351,60	— 46,20	— 5821,20
„ -Unterbramsegel . .	76,4	32,40	2475,36	— 46,90	— 3583,16
„ -Oberbramsegel . .	73,2	37,45	2741,34	— 47,55	— 3480,66
„ -Roil	53,0	42,50	2252,50	— 48,20	— 2554,60
Haupt-Untersegel	322,0	11,55	3719,10	— 22,73	— 7319,06
„ -Untermarssegel . .	149,5	21,80	3259,10	— 23,80	— 3558,10
„ -Obermarssegel . .	187,0	29,40	5497,80	— 24,56	— 4592,72
„ -Unterbramsegel . .	93,5	36,90	3450,15	— 25,26	— 2361,81
„ -Oberbramsegel . .	100,0	42,33	4233,00	— 25,80	— 2580,00
„ -Roil	102,6	49,20	5047,92	— 26,45	— 2713,77
Mittel-Untersegel	293,0	13,00	3809,00	+ 0,85	+ 249,05
„ -Untermarssegel . .	149,5	22,60	3378,70	— 0,00	— 0,00
„ -Obermarssegel . .	187,0	30,20	5647,40	— 0,70	— 130,90
„ -Unterbramsegel . .	93,5	37,70	3524,95	— 1,37	— 128,10
„ -Oberbramsegel . .	100,0	43,13	4313,00	— 1,85	— 185,00
„ -Roil	102,6	50,00	5130,00	— 2,50	— 256,50
Groß-Untersegel	350,0	12,05	4217,50	+ 24,45	+ 8557,50
„ -Untermarssegel. . .	149,5	22,60	3378,70	+ 23,62	+ 3531,19
„ -Obermarssegel . . .	187,0	30,20	5647,40	+ 23,10	+ 4319,70
„ -Unterbramsegel . .	93,5	37,70	3524,95	+ 22,47	+ 2100,95
„ -Oberbramsegel . . .	100,0	43,13	4313,00	+ 22,03	+ 2203,00
„ -Roil	102,6	50,00	5130,00	+ 21,50	+ 2205,90
Fock	288,0	12,50	3600,00	+ 47,65	+ 13723,20
Vor-Untermarssegel . . .	149,5	22,00	3289,00	+ 47,10	+ 7041,45
„ -Obermarssegel	187,0	29,60	5535,20	+ 46,55	+ 8704,85
„ -Unterbramsegel . . .	93,5	37,10	3468,85	+ 46,10	+ 4310,35
„ -Oberbramsegel	100,0	42,53	4253,00	+ 45,75	+ 4575,00
„ -Roil	102,6	49,40	5068,44	+ 45,30	+ 4647,78
Vorstengestagsegel	62,4	15,72	980,93	+ 59,10	+ 3687,84
Binnenklüver	72,8	17,85	1299,48	+ 62,80	+ 4571,84
Großer Klüver	72,0	19,80	1425,60	+ 67,25	+ 4842,00
Außenklüver	84,0	23,95	2011,80	+ 65,90	+ 5535,60
Areal $A =$	4663,5 qm		123243,01		+ 84807,20
					— 52140,92
					+ 32666,28

$$\frac{32666,28}{4663,5} = 7{,}004\ \text{m} = \text{Segel} \odot\, S \text{ vor der Mitte der } WL,$$

$$0{,}480\ \text{m} = \odot\, L \text{ des Längenplans hinter der Mitte der } WL,$$

$$7{,}484\ \text{m} = \odot\, S \text{ der Segel vor der Mitte des Längenplans}$$
$$= 0{,}0624 \cdot L.$$

$$\frac{123\,243,01}{4663,5} = 26,427 \text{ m} = \text{Segel} \odot S \text{ über der } WL,$$

$$3,950 \text{ m} = \odot L \text{ des Längenplans unter der } WL,$$

$$h = 30,377 \text{ m} = \text{Segel} \odot S \text{ über dem } \odot \text{ des Längenplans.}$$

Es ist also:　$A \cdot h = 4663,5 \cdot 30,377 = 141\,663$　und

$$\frac{A \cdot h}{D \cdot MG} = \frac{141663}{10794 \cdot 0,529} = 24,8.$$

Das ganze Segelareal beträgt:

$$A = 4663,5 \text{ qm}$$

3 Skeisegel . . . . . je 55,7 =	167,1	„
1 Bagiensegel	212,8	„
1 Kreuzstengestagsegel	93,1	„
1 Kreuzbramstagsegel.	89,0	„
1 Kreuzroilstagsegel	68,4	„
3 Stengestagsegel . . . je 115,2 =	345,6	„
3 Bramstagsegel. . . . je 100,0 =	300,0	„
3 Roilstagsegel . . . . je 81,1 =	243,3	„
2 Skeistagsegel . . . . je 79,2 =	158,4	„
4 Sturmsegel . . . . . je 116,2 =	464,8	„
	6806,0 qm	

Für die unteren (schweren) Segel erhält man aus der vorstehenden Rechnung folgendes Segelmoment:

Areal und Schwerpunkt der unteren Segel.

Benennung der Segel	Areal in qm	Über der Wasserlinie		Vor der Schiffsmitte	
		Abstand des $\odot$s m	Momente	Abstand des $\odot$s m	Momente
Besahn	144,5	13,35	1929,08	— 52,80	— 7629,60
Kreuz-Untermarssegel . .	115,8	20,20	2339,16	— 45,30	— 5245,74
„ -Obermarssegel . .	126,0	26,60	3351,60	— 46,20	— 5821,20
Haupt-Untersegel	322,0	11,55	3719,10	— 22,73	— 7319,06
„ -Untermarssegel . .	149,5	21,80	3259,10	— 23,80	— 3558,10
„ -Obermarssegel . .	187,0	29,40	5497,80	— 24,56	— 4592,72
Mittel-Untersegel	293,0	13,00	3809,00	+ 0,85	+ 249,05
„ -Untermarssegel . .	149,5	22,60	3378,70	± 0,00	0,00
„ -Obermarssegel . .	187,0	30,20	5647,40	— 0,70	— 130,90
Groß-Untersegel	350,0	12,05	4217,50	+ 24,45	+ 8557,50
„ -Untermarssegel . . .	149,5	22,60	3378,70	+ 23,62	+ 3531,19
„ -Obermarssegel . . .	187,0	30,20	5647,40	+ 23,10	+ 4319,70
Fock	288,0	12,50	3600,00	+ 47,65	+ 13723,20
Vor-Untermarssegel . . .	149,5	22,00	3289,00	+ 47,10	+ 7041,45
„ -Obermarssegel	187,0	29,60	5535,20	+ 46,55	+ 8704,85
„ -Stengestagsegel . . .	62,4	15,72	980,93	+ 59,10	+ 3687,84
Binnenklüver	72,8	17,85	1299,48	+ 62,80	+ 4571,84
$A_1 =$ Areal =	3120,5 qm		60879,15		+ 54386,62
					— 34297,32
					+ 20089,30

$$\frac{60879,15}{3120,5} = 19{,}509 \text{ m} = \text{Segel} \odot S_1 \text{ über der WL,}$$

$$3{,}950 \text{ m} = \odot L \text{ des Längenplans unter der WL,}$$

$$h_1 = 23{,}459 \text{ m} = \text{Segel} \odot S_1 \text{ über dem } \odot \text{ des Längenplans,}$$

$$\frac{20089,30}{3120,5} = 6{,}438 \text{ m} = \text{Segel} \odot S_1 \text{ vor der Mitte der WL,}$$

$$0{,}480 \text{ m} = \odot L \text{ des Längenplans hinter der Mitte der WL,}$$

$$6{,}918 \text{ m} = \odot S_1 \text{ der Segel vor dem } \odot \text{ des Längenplans}$$

$$= 0{,}0576 \cdot L.$$

Ferner ist: $\quad \dfrac{A_1 \cdot h_1}{D \cdot MG} = \dfrac{3120,5 \cdot 23,459}{10794 \cdot 0,529} = 12{,}82.$

Stabilität.

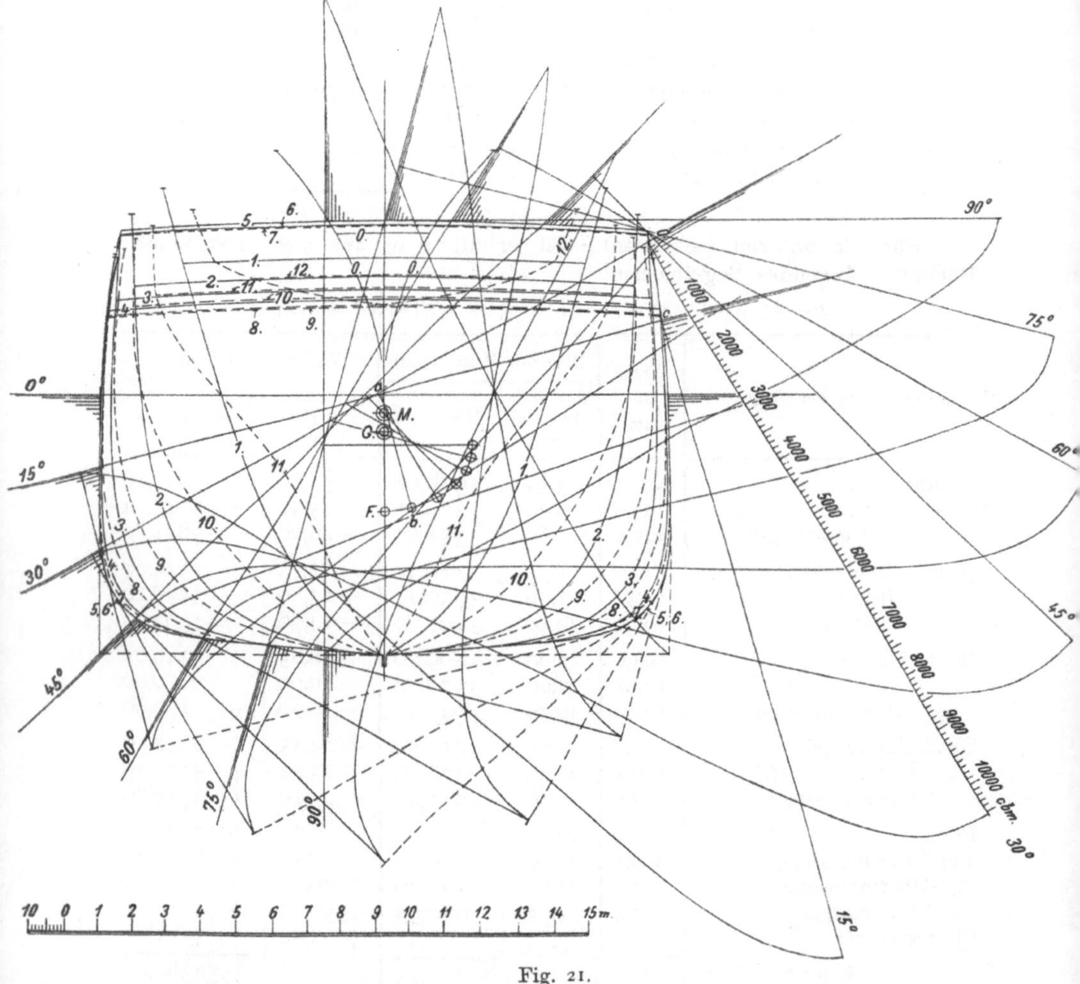

Fig. 21.

Nachdem im Vorstehenden die Takelung festgelegt ist, soll noch untersucht werden, ob der Umfang der Stabilität in der erforderlichen Aus-

dehnung vorhanden ist, oder ob mit Rücksicht hierauf eine Verkleinerung der Bemastung notwendig wird.

Zu diesem Zweck sind zunächst für verschiedene Neigungen des Schiffes die Deplacementskurven und daraus — wie in dem Kapitel „Stabilität" angegeben — die Schwerpunktslagen für die verschiedenen Neigungen zu ermitteln. Bei dieser Berechnung soll das Brückenhaus vorn und hinten als wasserdicht geschlossen angenommen werden, die Poop aber nicht, obgleich diese auch zum Verschließen \eingerichtet wird und füglich noch zur Sicherheit des Schiffes gegen Kentern beitragen kann. Durch Weglassen der Poop oder durch die Annahme, daß die Tür im Frontschott der Poop nicht geschlossen ist, rechnet man etwas sicherer. Für die Berechnung selbst bringt das Weglassen der Poop oder irgend eines Aufbaues keine Erleichterung, es brauchen nur die betreffenden Spanten im Bereich der Aufbauten nach oben verlängert und bei der Aufmessung mit berücksichtigt bezw. mit dem Planimeter umfahren zu werden, wie dies im vorliegenden Falle mit dem Brückenhause geschehen soll.

In Fig. 21 sind für die verschiedenen Neigungswinkel 15°, 30°, 45°, 60°, 75° und 90° die Deplacementskurven eingetragen, die sich aus der Berechnung nach der horizontalen und vertikalen Richtung ergeben. Die Berechnung der Schwerpunktslage für jede einzelne Neigung kann dann wie folgt vorgenommen werden:

Neigung 15°.

	Horizontal			Vertikal		
Depl. bis WL I	10531	$^1/_2$	5266	10531	$^1/_2$	5266
„ „ „ II	8246	2	16492	9503	2	19006
„ „ „ III	6000	1	6000	7378	1	7378
„ „ „ IV	3874	2	7748	4984	2	9968
„ „ „ V	1949	1	1949	2565	1	2565
„ „ „ VI	617	2	1234	895	2	1790
„ „ „ O	0	$^1/_2$	0	0	$^1/_2$	0
			38689			45973

$$\delta = 1{,}402; \quad \frac{2}{3}\delta = \frac{0{,}9347}{36162{,}61}$$

$$\frac{36162{,}61}{10531} = 3{,}434 \text{ m} = \odot \text{ unter WL} = ab$$

(Fig. 21).

$$\delta = 2{,}887; \quad \frac{2}{3}\delta = \frac{1{,}9247}{88484{,}23}$$

$$\frac{88484{,}23}{10531} = 8{,}402 \text{ m} = \odot$$

unter WL $= ac$ (Fig. 21).

Neigung 30°.

	Horizontal			Vertikal		
Depl. bis WL I	10531	$^1/_2$	5266	10531	$^1/_2$	5266
„ „ „ II	7935	2	15870	9889	2	19778
„ „ „ III	5448	1	5448	7625	1	7625
„ „ „ IV	3126	2	6252	4976	2	9952
„ „ „ V	1385	1	1385	2420	1	2420
„ „ „ VI	356	2	712	687	2	1374
„ „ „ O	0	$^1/_2$	0	0	$^1/_2$	0
			34933			46415

Horizontal	Vertikal
$\delta = 1{,}574;\quad \dfrac{2}{3}\delta = \dfrac{1{,}049}{36644{,}72}$	$\delta = 3{,}081;\quad \dfrac{2}{3}\delta = \dfrac{2{,}054}{95336{,}41}$
$\dfrac{36644{,}72}{10531} = 3{,}48\,\mathrm{m} = \odot$ unter WL.	$\dfrac{95336{,}41}{10531} = 9{,}053\,\mathrm{m} = \odot$ unter WL.

Neigung 45°.

	Horizontal			Vertikal		
Depl. bis WL I	10531	$^1/_2$	5266	10531	$^1/_2$	5266
„ „ „ II	8096	2	16192	10049	2	20098
„ „ „ III	5461	1	5461	7942	1	7942
„ „ „ IV	3030	2	6060	5045	2	10090
„ „ „ V	1285	1	1285	2380	1	2380
„ „ „ VI	302	2	604	515	2	1030
„ „ „ O	0	$^1/_2$	0	0	$^1/_2$	0
			34868			46806

$$\delta = 1{,}69;\quad \dfrac{2}{3}\delta = \dfrac{1{,}127}{39296{,}24} \qquad\qquad \delta = 3{,}06;\quad \dfrac{2}{3}\delta = \dfrac{2{,}04}{95484{,}24}$$

$$\dfrac{39296{,}24}{10531} = 3{,}731\,\mathrm{m} = \odot \text{ unter WL.} \qquad\qquad \dfrac{95484{,}24}{10531} = 9{,}067\,\mathrm{m} = \odot \text{ unter WL.}$$

Neigung 60°.

	Horizontal			Vertikal		
Depl. bis WL I	10531	$^1/_2$	5266	10531	$^1/_2$	5266
„ „ „ II	8229	2	16458	10166	2	20332
„ „ „ III	5615	1	5615	8185	1	8185
„ „ „ IV	3251	2	6502	5560	2	11120
„ „ „ V	1439	1	1439	2866	1	2866
„ „ „ VI	383	2	766	725	2	1450
„ „ „ O	0	$^1/_2$	0	0	$^1/_2$	0
			36046			49219

$$\delta = 1{,}77;\quad \dfrac{2}{3}\delta = \dfrac{1{,}18}{42534{,}28} \qquad\qquad \delta = 2{,}79;\quad \dfrac{2}{3}\delta = \dfrac{1{,}86}{91547{,}34}$$

$$\dfrac{42534{,}28}{10531} = 4{,}039\,\mathrm{m} = \odot \text{ unter WL.} \qquad\qquad \dfrac{91547{,}34}{10531} = 8{,}693\,\mathrm{m} = \odot \text{ unter WL.}$$

Neigung 75°.

Horizontal			Vertikal		
Depl. bis WL I 10531	$^1/_2$	5266	10531	$^1/_2$	5266
„ „ „ II 8316	2	16632	10028	2	20056
„ „ „ III 5962	1	5962	8070	1	8070
„ „ „ IV 3765	2	7530	5693	2	11386
„ „ „ V 1850	1	1850	3306	1	3306
„ „ „ VI 591	2	1182	1119	2	2238
„ „ „ 0 0	$^1/_2$	0	0	$^1/_2$	0
		38422			50322

$$\delta = 1{,}74; \quad \frac{2}{3}\delta = 1{,}16$$
$$44569{,}52$$

$$\delta = 2{,}43; \quad \frac{2}{3}\delta = 1{,}62$$
$$81521{,}64$$

$$\frac{44569{,}52}{10531} = 4{,}232 \text{ m} = \odot \text{ unter WL.}$$

$$\frac{81521{,}64}{10531} = 7{,}741 \text{ m} = \odot$$
$$\text{unter WL.}$$

Neigung 90°.

Horizontal			Vertikal		
Depl. bis WL I 10531	$^1/_2$	5266	10531	$^1/_2$	5266
„ „ „ II 8305	2	16610	9578	2	19156
„ „ „ III 6097	1	6097	7553	1	7553
„ „ „ IV 4163	2	8326	5373	2	10746
„ „ „ V 2409	1	2409	3341	1	3341
„ „ „ VI 977	2	1954	1325	2	2650
„ „ „ 0 0	$^1/_2$	0	0	$^1/_2$	0
		40662			48712

$$\delta = 1{,}656; \quad \frac{2}{3}\delta = 1{,}104$$
$$44890{,}85$$

$$\delta = 2{,}13; \quad \frac{2}{3}\delta = 1{,}42$$
$$69171{,}04$$

$$\frac{44890{,}85}{10531} = 4{,}262 \text{ m} = \odot \text{ unter WL.}$$

$$\frac{69171{,}04}{10531} = 6{,}569 \text{ m} = \odot$$
$$\text{unter WL.}$$

Für alle übrigen Tiefgänge kann die „horizontale" Deplacementskala entbehrt werden. Die für den größten Tiefgang berechnete Deplacementskala wird benutzt, indem man auf derselben einfach die dem kleineren Tiefgange entsprechende Wasserlinie absetzt und das Deplacement abmißt, bezw. das Deplacement absetzt und den Tiefgang abmißt.

So ist z. B. für das leere Schiff bei einem Deplacement von 3432 t (= 3348 cbm in Seewasser) der Tiefgang in der aufrechten Lage

$$= 3{,}075 \text{ ohne Kiel,}$$
$$= 3{,}380 \text{ mit Kiel}$$

Für die verschiedenen Neigungen des leeren Schiffes ergeben sich nachstehende Tiefgänge (s. Fig. 22):

$$\text{Neigung } 0^0 \qquad \text{Tiefgang } 3{,}075 \text{ m}$$

	Neigung		Tiefgang	
„	15^0	„	$3{,}875$	„
„	30^0	„	$4{,}830$	„
„	$45{,}^0$	„	$5{,}375$	„
„	60^0	„	$5{,}330$	„
„	75^0	„	$4{,}890$	„
„	90^0	„	$4{,}230$	„

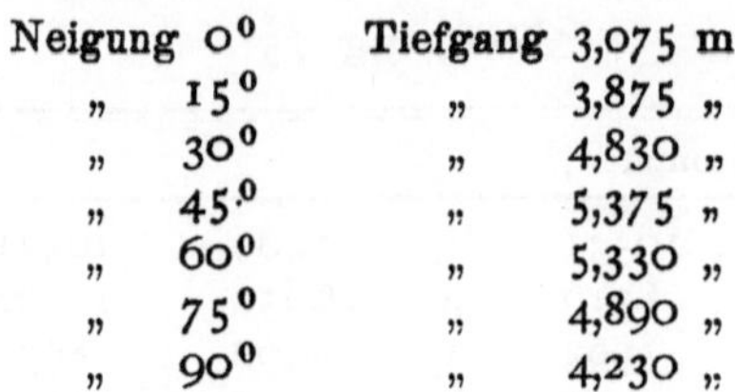

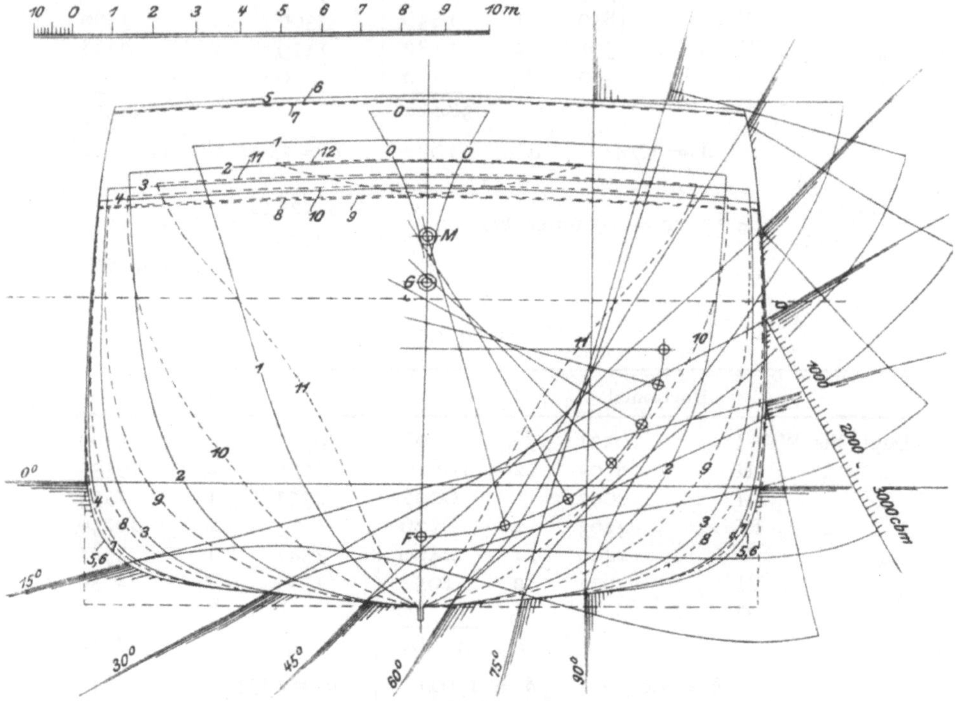

Fig. 22.

Aus der Deplacementskurve ergibt sich für die aufrechte Lage des
Schiffes die Höhe des Deplacementschwerpunktes wie folgt:

	cbm	Koeff.	
Deplacement bis WL I	3348	$^1/_2$	1674
„ „ „ II	2305	2	4610
„ „ „ III	1306	1	1306
„ „ „ IV	500	2	1000
„ „ Oberkante Kiel	0	$^1/_2$	0
			8590

$$\delta = \frac{Tg}{4} = \frac{3{,}075}{4} = 0{,}7688; \qquad \frac{2}{3}\delta = \frac{0{,}5125}{4402{,}375}$$

$$\frac{4402{,}375}{3348} = 1{,}315 = \text{Depl.} \odot \text{ unter der WL I,}$$

$$3{,}075 = \text{Tiefgang bis Oberkante Kiel,}$$

$$a_2 = 1{,}760 = \text{Depl.} \odot \text{ über Oberkante Kiel. (S. Fig. 20.)}$$

Das Quer-Metazentrum für den obigen Tiefgang und für die aufrechte Lage bestimmt sich in der bekannten Weise wie folgt:

Span-ten	$\frac{1}{2}$ Breite der WL m	$(\frac{1}{2}$ Breite$)^3$	Koeff.	Koeff. $\times$ $(\frac{1}{2}$ Breite$)^3$
0	0,00	0,000	$\frac{1}{2}$	0,000
1	2,86	23,394	2	46,788
2	5,72	187,149	1	187,149
3	7,46	415,161	2	830,322
4	7,96	504,358	1	504,358
5	8,14	539,353	2	1078,706
6	8,14	539,353	1	539,353
7	8,10	531,441	2	1062,882
8	7,80	474,552	1	474,552
9	6,72	303,464	2	606,928
10	4,51	91,734	1	91,734
11	1,80	5,832	2	11,664
12	0,00	0,000	$\frac{1}{2}$	0,000
				5434,436

$$L \cdot \frac{1}{12} = \delta = 10\,\text{m}; \qquad \frac{4}{9}\delta = 4,4444$$

$$\frac{2}{3}\int y^3\,dx = 24152,80$$

$$\frac{24152,8}{3348} = 7,22\,\text{m} = \text{Metazentrum über Depl.}\odot,$$

$$1,76\,\text{m} = \text{Depl.}\odot \text{ über Oberkante Kiel,}$$

$$b_2 = \overline{8,98\,\text{m}} = \text{Metazentrum über Oberkante Kiel. (S. Fig. 20.)}$$

Die Lage des Deplacementschwerpunktes für die verschiedenen Neigungen des Schiffes ermittelt sich aus den Deplacementskalen, welche hier wieder, wie bei dem beladenen Schiffe, in sechs Teile geteilt werden sollen, wie folgt:

Neigung 15°.

Horizontal					Vertikal			
Depl. bis WL I	3348	$\frac{1}{2}$	1674		WL I	3348	$\frac{1}{2}$	1674
„ „ „ II	1987	2	3974		„ II	2907	2	5814
„ „ „ III	1006	1	1006		„ III	2158	1	2158
„ „ „ IV	338	2	676		„ IV	1317	2	2634
„ „ „ V	0	$\frac{1}{2}$	0		„ V	544	1	544
			7330		„ VI	125	2	250
					„ 0	0	$\frac{1}{2}$	0
								13074

$$\delta = 0,957; \qquad \frac{2}{3}\delta = 0,638$$

$$4676,54$$

$$\frac{4676,54}{3348} = 1,397\,\text{m} = \odot \text{ unter WL.}$$

$$\delta = 2,64; \qquad \frac{2}{3}\delta = 1,76$$

$$23010,24$$

$$\frac{23010,24}{3348} = 6,873\,\text{m} = \odot \text{ unt. WL.}$$

Neigung 30°.

Horizontal					Vertikal				
Depl. bis WL	I	3348	$^1/_2$	1674	WL	I	3348	$^1/_2$	1674
„ „ „	II	1810	2	3620	„	II	2961	2	5922
„ „ „	III	790	1	790	„	III	2233	1	2233
„ „ „	V	197	2	394	„	IV	1452	2	2904
„ „ „	0	0	$^1/_2$	0	„	V	722	1	722
				6478	„	VI	152	2	304
					„	0	0	$^1/_2$	0
									13759

$$\delta = 1{,}205; \qquad \frac{2}{3}\delta = \underline{0{,}80333}$$
$$5203{,}972$$

$$\frac{52039{,}72}{3348} = 1{,}554\,\text{m} = \odot \text{ unter WL.}$$

$$\delta = 2{,}30; \qquad \frac{2}{3}\delta = \underline{1{,}5333}$$
$$21096{,}67$$

$$\frac{21096{,}67}{3348} = 6{,}30\,\text{m} = \odot \text{ unter WL.}$$

Neigung 45°.

Horizontal					Vertikal				
Depl. bis WL	I	3348	$^1/_2$	1674	WL	I	3348	$^1/_2$	1674
„ „ „	II	1758	2	3516	„	II	3051	2	6102
„ „ „	III	785	1	785	„	III	2484	1	2484
„ „ „	IV	191	2	382	„	IV	1660	2	3320
„ „ „	0	0	$^1/_2$	0	„	V	864	1	864
				6357	„	VI	276	2	552
					„	0	0	$^1/_2$	0
									14996

$$\delta = 1{,}333; \qquad \frac{2}{3}\delta = \underline{0{,}8888}$$
$$5650{,}102$$

$$\frac{5650{,}102}{3348} = 1{,}688\,\text{m} = \odot \text{ unter WL.}$$

$$\delta = 2{,}199; \qquad \frac{2}{3}\delta = \underline{1{,}466}$$
$$21984{,}14$$

$$\frac{21984{,}14}{3348} = 6{,}566\,\text{m} = \odot \text{ unter WL.}$$

Neigung 60°.

Horizontal					Vertikal				
Depl. bis WL	I	3348	$^1/_2$	1674	WL	I	3348	$^1/_2$	1674
„ „ „	II	1815	2	3630	„	II	3109	2	6218
„ „ „	III	792	1	792	„	III	2624	1	2624
„ „ „	IV	230	2	460	„	IV	1924	2	3848
„ „ „	0	0	$^1/_2$	0	„	V	1070	1	1070
				6556	„	VI	329	2	658
					„	0	0	$^1/_2$	0
									16092

$$\delta = 1{,}31; \qquad \frac{2}{3}\delta = \underline{0{,}873}$$
$$5723{,}388$$

$$\frac{5723{,}388}{3348} = 1{,}7095\,\text{m} = \odot \text{ unter WL.}$$

$$\delta = 2{,}313; \qquad \frac{2}{3}\delta = \underline{1{,}542}$$
$$24813{,}864$$

$$\frac{24813{,}864}{3348} = 7{,}411\,\text{m} = \odot \text{ unter WL.}$$

Neigung 75°.

Horizontal					Vertikal				
Depl. bis WL I	3348	$^1/_2$	1674		WL I	3348	$^1/_2$	1674
„ „ „ II	1987	2	3974		„ II	3139	2	6278
„ „ „ III	994	1	994		„ III	2548	1	2548
„ „ „ IV	338	2	676		„ IV	1878	2	3756
„ „ „ O	O	$^1/_2$	O		„ V	1104	1	1104
			7318		„ VI	382	2	764
					„ O	O	$^1/_2$	O
								16124

$$\delta = 1{,}216; \qquad \frac{2}{3}\delta = \frac{0{,}8107}{5932{,}703}$$

$$\frac{5932{,}703}{3348} = 1{,}772 \text{ m} = \odot \text{ unter WL.}$$

$$\delta = 2{,}20; \qquad \frac{2}{3}\delta = \frac{1{,}467}{23653{,}91}$$

$$\frac{23653{,}91}{3348} = 7{,}065 \text{ m} = \odot \text{ unter WL.}$$

Neigung 90°.

Horizontal					Vertikal				
Depl. bis WL I	3348	$^1/_2$	1674		WL I	3348	$^1/_2$	1674
„ „ „ II	2180	2	4360		„ II	3033	2	6066
„ „ „ III	1275	1	1275		„ III	2345	1	2345
„ „ „ IV	522	2	1044		„ IV	1631	2	3262
„ „ „ O	O	$^1/_2$	O		„ V	949	1	949
			8353		„ VI	367	2	734
					„ O	O	$^1/_2$	O
								15030

$$\delta = 1{,}042; \qquad \frac{2}{3}\delta = \frac{0{,}6947}{5802{,}829}$$

$$\frac{5802{,}829}{3348} = 1{,}733 \text{ m} = \odot \text{ unter WL.}$$

$$\delta = 2{,}06; \qquad \frac{2}{3}\delta = \frac{1{,}373}{20636{,}19}$$

$$\frac{20636{,}19}{3348} = 6{,}164 \text{ m} = \odot \text{ unter WL.}$$

Werden nun die so gefundenen Depl.-Schwerpunkte — die natürlich auch nach jeder beliebigen anderen Methode ermittelt werden können — in die Zeichnungen, Fig. 21 und 22, für die verschiedenen geneigten Lagen bezw. für den größten und kleinsten Tiefgang eingetragen, so findet man, daß alle Punkte in einer Kurve liegen, die sich nach derjenigen Schiffsseite hinstreckt, nach der die Neigung angenommen wurde.

Die durch die Schwerpunkte gezogenen Normalen zu den betreffenden Wasserlinien schneiden die Mittellinie des Schiffes. Der Schnittpunkt ist dann das Metazentrum für die betr. Neigung.

Die Abstände der Normalen von dem Systemschwerpunkt G in Fig. 21 und 22 sind die Hebelarme für das aufrichtende Moment. Werden diese Hebelarme in ein Koordinatensystem eingetragen, dessen Abscissen die einzelnen Neigungswinkel und deren Ordinaten die Längen der Hebelarme GH sind, dann entsteht durch die Verbindung der Endpunkte der Ordinaten eine Kurve a für das beladene Schiff und eine Kurve b für das leere Schiff, siehe Fig. 23, obere Figur.

Aus der Figur geht hervor, daß die Kurve a bei 70^0 und die Kurve b bei $48,6^0$ die Abscissenachse schneidet. In diesen Punkten wird der Hebelarm und folglich auch das Moment $=$ Null, d. h. das Schiff kentert im beladenen Zustande bei einer Neigung von 70^0 und im leeren Zustande bei einer Neigung von $48,6^0$. Beim beladenen Schiff (Kurve a) liegt der Höhepunkt der Kurve auf ungefähr 37^0, bei dieser Neigung ist der Hebelarm 0,42 m und somit das aufrichtende Moment $= D \cdot 0,42 = 10794 \cdot 0,42$

$$= 4533,5 \text{ Metertonnen.}$$

Beim leeren Schiff dagegen ist nicht nur der Umfang der Stabilität erheblich kleiner als beim beladenen ($48,6^0$ gegen 70^0), sondern auch das aufrichtende Moment. Die Kurve b hat ihren Höhepunkt mit 0,475 m ungefähr bei einer Neigung von 25^0, das aufrichtende Moment ist hier also

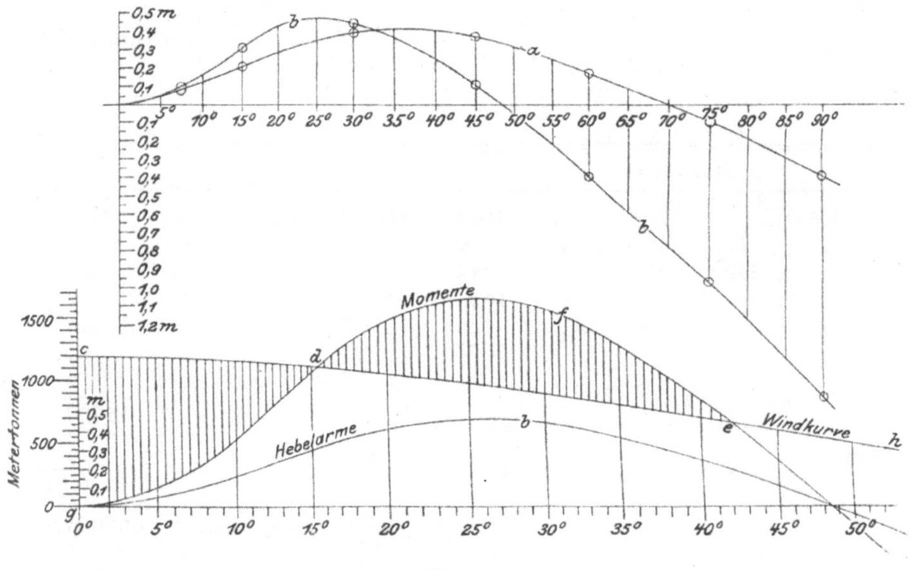

Fig. 23.

$= D \cdot 0,475 = 3432 \cdot 0,475 = 1630$ Metertonnen. Abgesehen von dem größeren Umfange der Stabilität ist also das größte aufrichtende Moment beim beladenen Schiff 2,8 mal so groß als beim leeren.

Um nun zu ermitteln, welche Windstärken bei einer Bö das Schiff in leerem Zustande noch aushalten kann, ohne zu kentern, ist zunächst die Kurve der aufrichtenden Momente darzustellen, d. h. es sind die Ordinaten der Kurve b mit dem Deplacement 3432 t zu multiplizieren und nach diesen Werten eine Kurve aufzutragen, wie dies in Fig. 23 unten in etwas vergrößertem Längenmaßstabe geschehen ist. Sodann ist diejenige Windkurve (Winddruckkurve) zu konstruieren, die die Kurve der Momente dergestalt schneidet, daß die vertikal schraffierten Flächen gcd und def gleich groß werden. Es ist dies die Windkurve $cdeh$, welche bei 0 Grad ein Moment von nahezu 1200 Metertonnen $= 1200000$ Meterkilogr. aufweist.

Bezeichnet nun A_0 die Fläche des über Wasser befindlichen Schiffsrumpfes $+$ Fläche der Bemastung und Takelung bei festgemachten Segeln,

h_0 den Abstand des gemeinschaftlichen Schwerpunktes dieser Flächen über dem Schwerpunkt des Längenplans und p die Windstärke in kg pro qm Fläche, dann ist, da

$$A_0 = 2100 \text{ qm und } h_0 = 15,3 \text{ m}$$

$$p \cdot A_0 \cdot h_0 = p \cdot 2100 \cdot 15,3 = 1\,200\,000$$

somit

$$p = \frac{1\,200\,000}{32\,130} = 37,4 \text{ kg,}$$

d. h. durch eine plötzlich einsetzende Bö von No. 6 bis 7 der Beaufort'schen Skala kann das Schiff sich bis zum Kentern überneigen.

Durch eine einfache Stabilitätsrechnung läßt sich nun leicht ermitteln, wie viel Ballast erforderlich ist, damit das leere Schiff mit festgemachten Segeln bei einem bestimmten Winddruck nicht kentert.

Wasserballast. Schon bei Bestimmung des Eigengewichts ist angedeutet, daß das Schiff mit Einrichtung für Wasserballast versehen werden soll.

Nehmen wir zunächst 0,61 t für jede Brutto-Registerton als Ballast, so sind $0,61 \cdot 5160 = 3150$ t Wasserballast erforderlich. Hiervon sollen 2750 t unter, 400 t über dem in Höhe der Raumbalken liegenden Orlopdeck und außerdem 100 t Frischwasser und Proviant in einer Höhe von 3,3 m über Oberkante Kiel verstaut werden. Der Gesamtschwerpunkt ermittelt sich dann wie folgt:

	Gewicht t	$\odot$ über Oberkante Kiel m	Momente
Schiffskörper	3432	8,118	27860,97
Wasserballast unter dem Orlopdeck . . .	2750	2,616	7194,00
„ über „ „ . . .	400	6,367	2546,80
Frischwasser und Proviant	100	3,300	330,00
Deplacement:	6682		37931,77

$$\frac{37931,77}{6682} = 5,677 \text{ m} = \text{System } \odot \text{ über Oberkante Kiel.}$$

Bei dem vorstehenden Deplacement beträgt der mittlere Tiefgang ohne Kiel 5,144 m, also Tiefgang mit Kiel $= 5,45$ m $= 0,688 \times$ Maximal-Tiefgang. Der Deplacementschwerpunkt berechnet sich nun wie folgt:

	cbm	Koeff.	
Deplacement bis WL I	6520	$^1/_2$	3260
„ „ „ II	4485	2	8970
„ „ „ III	2630	1	2630
„ „ „ IV	1000	2	2000
„ „ Kiel	0	$^1/_2$	0
			16860

$$\delta = 1,286, \quad \frac{2}{3}\delta = 0,857$$

$$14449,0$$

$$\frac{14449}{6520} = 2{,}216 \text{ m} = \text{Depl.} \odot \text{ unter WL I,}$$

$$5{,}144 \text{ m} = \text{Tiefgang ohne Kiel,}$$

$$a_1 = 2{,}928 \text{ m} = \text{Depl.} \odot \text{ über Oberk. Kiel, siehe Fig. 20.}$$

Metazentrum.

Span-ten	¹/₂ Breite der WL m	(¹/₂ Breite)³	Koeff.	Koeff. × (¹/₂ Breite)³
0	0,00	0,000	¹/₂	0,000
1	3,74	52,314	2	104,628
2	6,54	279,726	1	279,726
3	7,75	465,484	2	930,968
4	8,10	531,441	1	531,441
5	8,20	551,368	2	1102,736
6	8,20	551,368	1	551,368
7	8,19	549,353	2	1098,706
8	8,05	521,660	1	521,660
9	7,46	415,161	2	830,322
10	5,78	193,101	1	193,101
11	2,79	21,718	2	43,436
12	0,00	0,000	¹/₂	0,000
				6188,092

$$\delta = 10, \quad \frac{4}{9}\delta = 4{,}4444$$

$$\frac{2}{3}\int y^3 dx = 27502{,}356$$

$$\frac{2}{3}\int \frac{y^3 dx}{D} = \frac{27502{,}356}{6520} = 4{,}219 \text{ m,}$$

$$4{,}219 \text{ m} = \text{Metazentrum über dem Depl.} \cdot \odot,$$

$$2{,}928 \text{ m} = \text{Depl.} \cdot \odot \text{ über Oberkante Kiel,}$$

$$b_1 = 7{,}147 \text{ m} = \text{Metazentrum über Oberkante Kiel,}$$

$$= b_1 \text{ in Fig. 20.}$$

$$5{,}677 \text{ m} = \text{System } \odot \text{ über Oberkante Kiel,}$$

$$1{,}470 \text{ m} = \text{Metazentrum über System } \odot.$$

In Fig. 20 sind durch die Kreuzungspunkte der Wasserlinien für die verschiedenen Tiefgänge punktiert vertikale Linien gezogen, und an diesen die Werte von a, a_1, a_2 und b, b_1, b_2 abgesetzt. Zieht man durch die Endpunkte dieser und weiterer Hülfsordinaten Kurven, so entsteht aus den Ordinaten von a die Deplacementschwerpunktskurve und aus den Ordinaten b die Metazenter-Kurve. Diese Kurven gestatten dann für jeden beliebigen Tiefgang die Auffindung der Höhe des Deplacementschwerpunktes und des Metazentrums.

Bei einem Tiefgange von 7,92 m beim vollbeladenen Schiff ist die Höhe des Segelschwerpunktes über der Wasserlinie = 26,427 m, mithin liegt der Segelschwerpunkt $26{,}427 + 7{,}92 = 34{,}347$ m über Unterkante Kiel. Das

Schiff in Ballast hat einen Tiefgang von 5,45 m bis Unterkante Kiel. Der Schwerpunkt des Längenplans liegt 2,735 m über Unterkante Kiel, somit ist

$$h_2 = 34{,}347 - 2{,}735 = 31{,}612 \text{ m}$$

die Höhe des Segelschwerpunktes über dem Schwerpunkt des Längenplans und

$$\frac{A \cdot h_2}{D \cdot MG} = \frac{4663{,}5 \cdot 31{,}612}{6682 \cdot 1{,}47} = 15.$$

2. Fünfmast-Bark.

Diese Art Takelung ist in neuerer Zeit dreimal zur Ausführung gelangt und zwar bei den Schiffen: „France", „Maria Rickmers" und „Potosi": Für dieses Beispiel soll ein Schiff von folgenden Hauptabmessungen gewählt werden (siehe Fig. 24 und 25):

$$L = 109{,}4 \text{ m}, \quad B = 14{,}84 \text{ m}, \quad H = 8{,}5 \text{ m}.$$

Die angenommene Schiffsform ist durch die Spantlinien dargestellt und darnach die Berechnung ausgeführt.

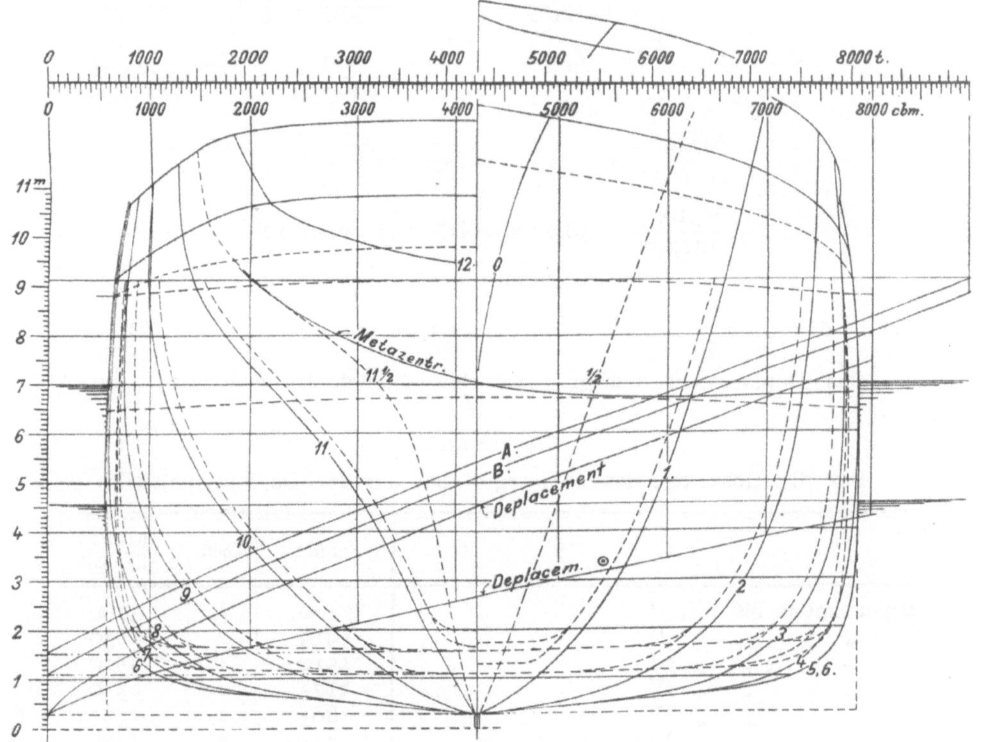

Fig. 25.

Der Freibord, nach Abzug der Dicke des Decks, beträgt 1,8 m und demnach der Tiefgang ohne Kiel mittschiffs 6,7 m, die Kielhöhe ist 0,3 m, somit der Tiefgang mit Kiel mittschiffs 7 m.

Deplacement und $\odot$ des D.

a. $\odot$ horizontal.

Spanten	Areal der Spanten qm	Koeff.	Areal $\times$ Koeffizient	Koeff.	Momente bezogen auf Spant 0	Koeff.	Momente bezogen auf Spant 12
0	0,00	$\tfrac{1}{2}$	0,00	0	0,00	12	0,00
1	37,02	2	74,04	1	74,04	11	814,44
2	67,14	1	67,14	2	134,28	10	671,40
3	84,08	2	168,16	3	504,48	9	1513,44
4	92,03	1	92,03	4	368,12	8	736,24
5	94,18	2	188,36	5	941,80	7	1318,52
6	94,18	1	94,18	6	565,08	6	565,08
7	92,50	2	185,00	7	1295,00	5	925,00
8	87,45	1	87,45	8	699,60	4	349,80
9	76,17	2	152,34	9	1371,06	3	457,02
10	55,31	1	55,31	10	553,10	2	110,62
11	26,87	2	53,74	11	591,14	1	53,74
12	0,00	$\tfrac{1}{2}$	0,00	12	0,00	0	0,00
			1217,75		7097,70		7515,30

$$\delta = 9,117; \quad \frac{2}{3}\delta = \frac{6,078}{D = 7401,48}; \qquad \delta = \frac{9,117}{64709,73}; \qquad \delta = \frac{9,117}{68516,99}$$

$$\frac{64729,73}{1217,75} = 53,13 \text{ m} = D\odot \text{ von Spant } 0,$$

$$\frac{68516,99}{1217,75} = 56,27 \text{ m} = D\odot \text{ von Spant } 12,$$

$$\overline{109,4 \ \text{ m}} = L.$$

Der $\odot$ des D. liegt also $\frac{1}{2}L - 53,13 = 1,57$ m vor der Mitte der WL.

Das Deplacement beträgt 7400 cbm, folglich ist $D = 1,025 \cdot 7400 = 7585$ t.

b) vertikal.

Für die Höhenlage des $D\odot$ ergibt sich aus der Deplacementskala:

	cbm	Koeff.	Koeff. $\times$ Inhalt
Deplacement bis WL I	7400	$\tfrac{1}{2}$	3700
" " " II	5915	2	11830
" " " III	4510	1	4510
" " " IV	3175	2	6350
" " " V	1865	1	1865
" " " VI	714	2	1428
" " " Kiel	0	$\tfrac{1}{2}$	0
			29683

$$\text{Entfernung der WL} = \frac{6,7}{6} = 1,11666 = \delta; \quad \frac{2}{3}\delta = \frac{0,7444}{22096,025}$$

$$\frac{22096{,}025}{7400} = 2{,}986 = D\odot \text{ unter der WL,}$$

$$Tg - 2{,}986 = 3{,}714 = D\odot \text{ über Oberk. Kiel.}$$

Quer-Metazentrum.

Spant	¹/₂ Breite der WL m	(¹/₂ Breite)³	Koeff.	Koeff. × (¹/₂ Breite)³
0	0,00	0,000	¹/₂	0,000
1	4,12	69,934	2	139,868
2	6,34	254,840	1	254,840
3	7,11	359,425	2	718,850
4	7,40	405,224	1	405,224
5	7,41	406,869	2	813,738
6	7,41	406,869	1	406,869
7	7,40	405,224	2	810,448
8	7,35	397,065	1	397,065
9	7,07	353,393	2	706,786
10	6,26	245,314	1	245,314
11	4,08	67,917	2	135,834
12	0,00	0,000	¹/₂	0,000
				5034,836

$$\delta = 9{,}117 \text{ m,} \qquad \frac{4}{9}\,\delta = \quad 4{,}052$$

$$\frac{2}{3}\int y^3\,dx = 20401{,}155$$

$$\frac{20401{,}155}{7400} = 2{,}757 \text{ m} = \text{Metazentrum über } D\odot,$$

$$\underline{3{,}714 \text{ m} = D\odot \text{ über Oberkante Kiel,}}$$

$$6{,}471 \text{ m} = \text{Metazentrum über Oberkante Kiel.}$$

Gewicht und Schwerpunkt des kompletten Schiffes.

Es ist zunächst $0{,}75 \cdot L \cdot B \cdot H = 10350$ cbm = ca. 3650 Registertons.

Wird das Schiff aus Stahl gebaut und mit Einrichtung für Wasserballast versehen, dann ergeben sich nach Tafel I folgende Gewichte für das Schiff:

Stahl- und Eisenteile inkl. Einrichtung für Wasserballast   1555 t
Holzteile (Zwischendeck aus Stahl) . . . .   220 t
Ausrüstung . . . .   108 t
Takelung . . . .   206 t
Zementierung und Anstrich . . . .   111 t

Eigengewicht = 2200 t.

Der $\odot$ des leeren, aber komplett ausgerüsteten Schiffes liegt $0{,}82 \cdot H = 6{,}97$ m über Oberkante Kiel.

Gewicht und Schwerpunkt der Ladung.

Das Gewicht der Ladung beträgt D — Eigengewicht des Schiffes = $7585 - 2200 = 5385$ t.

Es sollen nun die beiden Fälle: Wasserballasteinrichtung mit und ohne Doppelboden besonders berücksichtigt werden, weil der $\odot$ der Ladung, und somit auch der Systemschwerpunkt, in dem ersteren Fall höher zu liegen kommt als im letzteren.

a. Schiff mit Doppelboden für Wasserballast.

Der Inhalt des Laderaumes bis zur Deckebene (Ebene parallel zur Wasserlinie) beträgt hier 7190 cbm. Es ist demnach:

	Inhalt cbm	Koeff.	Koeff. $\times$ Inhalt
Laderaum bis Deckebene I	7190	$^1/_2$	3595
„ „ Ebene II	5890	2	11780
„ „ „ III	4575	1	4575
„ „ „ IV	3285	2	6570
„ „ „ V	2065	1	2065
„ „ „ VI	935	2	1870
„ „ Oberk. Wegerung	0	$^1/_2$	0
			30455

$$\delta = 1{,}266; \qquad \frac{2}{3}\delta = 0{,}844$$

$$25704{,}02$$

$$\frac{25704{,}02}{7190} = 3{,}575 = \odot \text{ der Ladung unter der Deckebene,}$$

$$\underline{8{,}820} = \text{Deckebene über Oberk. Kiel,}$$
$$5{,}245 = \odot \text{ der Ladung über Oberkante Kiel.}$$

Systemschwerpunkt.

$$\text{Schiffskörper} \ldots \ldots \quad 2200\ t \cdot 6{,}970 = 15334{,}000$$
$$\text{Ladung} \ldots \ldots \quad \underline{5385}\ t \cdot 5{,}245 = \underline{28244{,}325}$$
$$D = \quad 7585\ t \qquad 43578{,}325$$

$$\frac{43578{,}325}{7585} = 5{,}746\ m = \text{System} \odot \text{ über Oberk. Kiel,}$$

$$\underline{6{,}471}\ m = \text{Metazentrum über Oberk. Kiel,}$$
$$MG = 0{,}725\ m = \text{Metazentrum über System} \odot.$$

b. Schiff ohne Doppelboden, aber mit hohen Tanks für Wasserballast.

In diesem Falle kann man das Eigengewicht des Schiffes ebenso wie bei a annehmen; da aber der Doppelboden nicht vorhanden ist und die Wegerung, wie gewöhnlich, direkt auf den Bodenwrangen liegt, so wird der Inhalt des Laderaums größer als bei a. Derselbe beträgt hier 9385 cbm, der $\odot$ des Laderaums berechnet sich danach wie folgt:

	Inhalt cbm	Koeff.	Koeff. $\times$ Inhalt
Laderaum bis Deckebene I	9385	$^1/_2$	4692,5
„ 　 „ 　 Ebene 　 II	7625	2	15250,0
„ 　 „ 　 „ 　 III	5913	1	5913,0
„ 　 „ 　 „ 　 IV	4240	2	8480,0
„ 　 „ 　 „ 　 V	2652	1	2652,0
„ 　 „ 　 „ 　 VI	1184	2	2368,0
„ 　 „ 　 Oberk. Wegerung	0	$^1/_2$	0,0
			39355,5

$$\delta = 1,34; \qquad \frac{2}{3}\delta = \quad 0,8933$$

$$35156,267$$

$$\frac{35156,267}{9385} = 3,747 \text{ m} = \odot \text{ der Ladung unter der Deckebene,}$$

$$8,820 \text{ m} = \text{Deckebene über Oberk. Kiel,}$$

$$5,073 \text{ m} = \odot \text{ der Ladung über Oberkante Kiel.}$$

Systemschwerpunkt.

$$\text{Schiffskörper} . . . . \quad 2200 \text{ t} \cdot 6,970 = 15334,000$$
$$\text{Ladung} . . . . \quad 5385 \text{ t} \cdot 5,073 = 27318,105$$
$$D = \quad 7585 \text{ t} \qquad 42652,105$$

$$\frac{42652,105}{7585} = 5,624 \text{ m} = \text{System} \odot \text{ über Oberk. Kiel,}$$

$$6,471 \text{ m} = \text{Metazentrum über Oberk. Kiel,}$$

$$MG = 0,847 \text{ m} = \text{Metazentrum über System} \odot.$$

Takelung.

Die Takelung für dieses Schiff soll so bemessen werden, daß sich dasselbe, wenn mit Doppelboden (siehe Fall a) versehen, noch gut für die nordatlantische Fahrt eignet. Es muß deshalb

$$\frac{A \cdot h}{D \cdot MG} \text{ innerhalb der Grenzen von } 20\text{—}24$$

liegen. Nimmt man die untere Grenze dieser Zahlen, so ist:

$$\frac{A \cdot h}{D\,MG} = \sim 20$$

zu nehmen, also

$$A \cdot h = \sim 20 \cdot 7585 \cdot 0,725$$

$$A \cdot h = \sim 109982,5.$$

Für Fünfmast-Barkschiffe ist $a = 0,2124 \cdot A$, also

$$a \cdot h = 0,2124 \cdot 109982,5,$$

$$a \cdot h = 23360.$$

Zieht man nun in dem Diagramm Tafel II an derjenigen Stelle, an
welcher $a \cdot h = 23360$ ist, die betreffende Ordinate $\gamma - \delta$, so kann man auf
derselben die ungefähren Längen für den Großmast sowie für die Stengen

7*

und Raaen abmessen, mit Hilfe der unter B dieses Abschnitts gegebenen Anleitung leicht die Segelzeichnung anfertigen und nötigenfalls durch einige Korrekturen es dahin bringen, daß das Segelmoment in den angegebenen Grenzen bleibt.

Die Berechnung des Segelmoments gestaltet sich dann wie folgt: Fig. 24.

Areal und Schwerpunkt der sämtlichen Segel.

Benennung der Segel	Areal in qm	Über der Wasserlinie		Vor der Mitte der WL	
		Abstand des $\odot$s m	Momente	Abstand des $\odot$s m	Momente
Besahn	147,4	13,95	2056,23	— 49,70	— 7325,78
Gaffeltoppsegel	88,5	27,35	2420,48	— 47,40	— 4194,90
Hauptsegel	300,0	10,82	3246,00	— 23,50	— 7050,00
Haupt-Untermarssegel . .	123,4	20,66	2549,44	— 24,50	— 3023,30
„ -Obermarssegel . .	169,4	27,80	4709,32	— 25,20	— 4268,88
„ -Unterbramsegel . .	93,6	34,85	3261,96	— 25,90	— 2424,24
„ -Oberbramsegel . .	88,0	40,00	3520,00	— 26,40	— 2323,20
„ -Roil	93,4	46,50	4343,10	— 27,00	— 2521,80
Mittelsegel	260,0	12,20	3172,00	— 1,50	— 390,00
Mittel-Untermarssegel . .	123,4	21,25	2622,25	— 2,30	— 283,82
„ -Obermarssegel . .	169,4	28,40	4810,96	— 3,00	— 508,20
„ -Unterbramsegel . .	93,6	35,55	3327,48	— 3,60	— 336,96
„ -Oberbramsegel . .	88,0	40,70	3581,60	— 4,00	— 352,00
„ -Roil	93,4	47,20	4408,48	— 4,60	— 429,64
Großsegel	305,0	11,40	3477,00	20,55	6267,75
Groß-Untermarssegel . . .	123,4	21,25	2622,25	19,75	2437,15
„ -Obermarssegel . . .	169,4	28,40	4810,96	19,25	3260,95
„ -Unterbramsegel . . .	93,6	35,55	3327,48	18,70	1750,32
„ -Oberbramsegel . . .	88,0	40,70	3581,60	18,30	1610,40
„ -Roil	93,4	47,20	4408,48	17,77	1659,72
Fock	257,0	11,80	3032,60	42,20	10845,40
Vor-Untermarssegel . . .	123,4	20,65	2548,21	41,65	5139,61
„ -Obermarssegel	169,4	27,85	4717,79	41,20	6979,28
„ -Unterbramsegel . . .	93,6	34,85	3261,96	40,75	3814,20
„ -Oberbramsegel	88,0	40,65	3577,20	40,40	3555,20
„ -Roil	93,4	47,15	4403,81	39,90	3726,66
„ -Stengestagsegel . . .	54,7	14,25	779,48	50,00	2735,00
Binnenklüver	63,5	16,20	1028,70	56,75	3603,62
Großer Klüver	62,5	18,20	1137,50	60,85	3803,12
Außenklüver	72,7	22,70	1650,29	59,35	4314,75
$A =$	3882,5		96394,61		+ 65503,13
					— 35432,72
3 Skeisegel	152,7				
4 Stengestagsegel	414,0				+ 30070,41
4 Bramstagsegel	294,8				
3 Roilstagsegel	158,0				
4 Sturmsegel	470,0				
Gesamt-Segelareal =	5372,0 qm				

$$\frac{96394,61}{3882,5} = 24{,}83\,\text{m} = \text{Segel}\,\odot\ \text{über d. WL}$$

$$3{,}50\,\text{m} = \text{Längenplan}\,\odot\ \text{unter der WL}$$

$$h = 28{,}33\,\text{m} = \text{Segel}\,\odot\ \text{über dem}\ \odot\ \text{des Längenplans.}$$

Also ist: I.) $\dfrac{A \cdot h}{D \cdot MG} = \dfrac{3882{,}5 \cdot 28{,}33}{7585 \cdot 0{,}725} = 20{,}0.$

Der Segelschwerpunkt liegt in horizontaler Richtung wie folgt:

$$\frac{30070{,}41}{3882{,}5} = 7{,}745 \text{ m} = \text{Segel} \odot \text{ vor der Mitte der WL}$$

$$\underline{0{,}350 \text{ m} = \odot \text{ des Längenplans hinter der Mitte}}$$
$$8{,}095 \text{ m} = \text{Segel} \odot \text{ vor dem } \odot \text{ des Längenplans}$$
$$= 0{,}074 \cdot L.$$

Hat das Schiff keinen Doppelboden, dann ist $MG = 0{,}847$, mithin

$$2.) \qquad \frac{A \cdot h}{D \cdot MG} = \frac{3882{,}5 \cdot 28{,}33}{7585 \cdot 0{,}847} = 17{,}12.$$

In diesem Falle könnte also das Segelmoment noch erheblich größer genommen werden.

Für die unteren (schweren) Segel gestaltet sich das Segelmoment wie folgt:

Areal und Schwerpunkt der unteren Segel.

Benennung der Segel	Areal in qm	Über der Wasserlinie		Vor der Mitte der WL	
		Abstand des $\odot$s m	Momente	Abstand des $\odot$s m	Momente
Besahn	147,4	13,95	2056,23	— 49,70	— 7325,78
Hauptsegel.	300,0	10,82	3246,00	— 23,50	— 7050,00
Haupt-Untermarssegel . .	123,4	20,66	2549,44	— 24,50	— 3023,30
„ -Obermarssegel . .	169,4	27,80	4709,32	— 25,20	— 4268,88
Mittelsegel	260,0	12,20	3172,00	— 1,50	— 390,00
Mittel-Untermarssegel . .	123,4	21,25	2622,25	— 2,30	— 283,82
„ -Obermarssegel . .	169,4	28,40	4810,96	— 3,00	— 508,20
Großsegel	305,0	11,40	3477,00	20,55	6267,75
Groß-Untermarssegel . . .	123,4	21,25	2622,25	19,75	2437,15
„ -Obermarssegel . . .	169,4	28,40	4810,96	19,25	3260,95
Fock	257,0	11,80	3032,60	42,20	10845,40
Vor-Untermarssegel . . .	123,4	20,65	2548,21	41,65	5139,61
„ -Obermarssegel	169,4	27,85	4717,79	41,20	6979,28
„ -Stengestagsegel . . .	54,7	14,25	779,48	50,00	2735,00
Klüver	63,5	16,20	1028,70	56,75	3603,62
$A_1 =$	2558,8 qm		46183,19		+ 41268,76
					— 22849,98
					+ 18418,78

$$\frac{46183{,}19}{2558{,}8} = 18{,}049 \text{ m} = \text{Segel} \odot \text{ über der WL}$$

$$\underline{3{,}500 \text{ m} = \text{Längenplan} \odot \text{ unter der WL}}$$
$$h = 21{,}549 \text{ m} = \text{Segel} \odot \text{ über dem Längenplan} \odot.$$

Es ist demnach:

$$\frac{A_1 \cdot h_1}{D \cdot MG} = \frac{2558{,}8 \cdot 21{,}549}{7585 \cdot 0{,}725} = 10{,}027.$$

Ferner ist:

$$\frac{18418,78}{2558,8} = 7{,}20\,\text{m} = \text{Segel}\odot \text{ vor der Mitte der WL}$$

$$\underline{0{,}35\,\text{m} = \text{Längenplan}\odot \text{ hinter der Mitte}}$$
$$7{,}55\,\text{m} = \text{Segel}\odot \text{ vor der Mitte der WL}$$
$$= 0{,}06901\cdot L.$$

Wasserballast.

Der Brutto-Raumgehalt des Schiffes ist ~ 3650 Registertons. Der Inhalt des Doppelbodens beträgt $710\,\text{cbm} = 728\,\text{t}$ und derjenige der tiefen Tanks über dem Doppelboden $1276\,\text{cbm} = 1308\,\text{t}$, so daß das Gesamtgewicht an Wasserballast $= 728 + 1308 = 2036\,\text{t} = 0{,}56\,\text{t}$ für jede Brutto-Registerton ist.

Der $\odot$ des Ballastes im Doppelboden liegt $0{,}8\,\text{m}$ und der des Ballastes in den tiefen Tanks $3{,}9\,\text{m}$ über Oberkante Kiel. Rechnet man zu dem obigen Ballast noch $100\,\text{t}$ Trinkwasser und Proviant in einer Höhe von $4{,}97\,\text{m}$ über Oberkante Kiel, dann ergibt sich die Höhenlage des Systemschwerpunktes aus nachstehender Rechnung:

	Gewicht t	$\odot$ über Oberkante Kiel m	Momente
Schiffskörper komplett	2200	6,97	15334,0
Frischwasser und Proviant	100	4,97	497,0
Wasserballast in den tiefen Tanks . . .	1308	3,90	5101,2
„ im Doppelboden	728	0,80	582,4
$D_1 =$	4336		21514,6

$$\frac{21514,6}{4336} = 4{,}962\,\text{m} = \text{System}\odot \text{ über Oberkante Kiel.}$$

Bei einem Deplacement von $4336\,\text{t} = 4230\,\text{cbm}$ ergibt sich für den $\odot$ desselben in vertikaler Richtung aus der Deplacementskala:

	cbm	Koeff.	Inhalt $\times$ Koeff.
Deplacement bis WL I (Ballast-WL) . . .	4230	$\frac{1}{2}$	2115
„ „ „ II	2960	2	5920
„ „ „ III	1760	1	1760
„ „ „ IV	660	2	1320
„ „ Oberkante Kiel	0	$\frac{1}{2}$	0
			11115

Der Tiefgang ohne Kiel ist $4{,}26\,\text{m}$, derjenige mit Kiel $= 4{,}56\,\text{m}$ $= 0{,}65 \times$ Maximaltiefgang, die Entfernung der WL also

$$= \frac{4{,}26}{4} = 1{,}065; \qquad \frac{2}{3}\delta = \frac{0{,}71}{7891{,}65}$$

$$\frac{7891,65}{4230} = 1,866 \text{ m} = \text{Depl.} \odot \text{ unter WL I}$$

$$4,260 \text{ m} = \text{Tiefgang ohne Kiel}$$

$$2,394 \text{ m} = \text{Depl.} \odot \text{ über Oberkante Kiel.}$$

Quer-Metazentrum

für den Tiefgang $= 4{,}26$ m ohne oder $4{,}56$ m mit Kiel:

Span-ten	$\frac{1}{2}$ Breite der WL m	$(\frac{1}{2}$ Breite$)^3$	Koeff.	Koeff. $\times$ $(\frac{1}{2}$ Breite$)^3$
0	0,00	0,000	$\frac{1}{2}$	0,000
1	3,37	38,273	2	76,546
2	5,88	203,297	1	203,297
3	7,03	347,429	2	694,858
4	7,35	397,065	1	397,065
5	7,42	408,518	2	817,036
6	7,42	408,518	1	408,518
7	7,40	405,224	2	810,448
8	7,30	389,017	1	389,017
9	6,70	300,763	2	601,526
10	5,10	132,651	1	132,651
11	2,35	12,978	2	25,956
12	0,00	0,000	$\frac{1}{2}$	0,000
				4556,918

$$\delta = 9,117; \qquad \frac{4}{9}\delta = 4,052$$

$$\frac{\dfrac{2}{3}\displaystyle\int y^3\,dx}{D} = \frac{18464,632}{4230} = 4,365 \text{ m}$$

$= $ Metazentrum über dem $\odot$ des Deplacements.

Der $\odot$ des Deplacements liegt $2{,}394$ m über Oberkante Kiel, also liegt das Metazentrum $4{,}365 + 2{,}394 = 6{,}759$ m über Oberkante Kiel. Da nun der System$\odot = 4{,}962$ m über Oberkante Kiel liegt, so ist

$$MG = 6{,}759 - 4{,}962 = 1{,}797 \text{ m} = \text{Metazentrum über dem System} \odot.$$

Der gemeinschaftliche $\odot$ der sämtlichen Segel liegt $24{,}83$ m über der WL, also $24{,}83 + 7 = 31{,}83$ m über Unterkante Kiel. Der $\odot$ des Längenplans für $4{,}56$ m Tiefgang liegt $2{,}28$ m über Unterkante Kiel, also $h_2 = 31{,}83 - 2{,}28 = 29{,}55$ m $=$ Höhe des Segelschwerpunktes über dem $\odot$ des Längenplans. Somit ist:

$$\frac{A \cdot h_2}{D\,MG} = \frac{3882,5 \cdot 29,55}{4336 \cdot 1,797} = 14,72.$$

Die Stabilität ist sonach reichlich groß.

3. Viermast-Vollschiff.

Die Hauptabmessungen des hier als Beispiel gewählten Schiffes (s. Fig. 26 und 27) sind folgende:

$$L = 95 \text{ m}, \quad B = 13{,}87 \text{ m}, \quad H = 8{,}35 \text{ m}.$$

Der Freibord beträgt nach den Tabellen $1{,}73$ m, demnach ist der

$$\text{Tiefgang} \begin{cases} \text{ohne Kiel} & 6{,}72 \text{ m} \\ \text{mit } \quad \text{„} & 7{,}02 \text{ „} \end{cases}$$

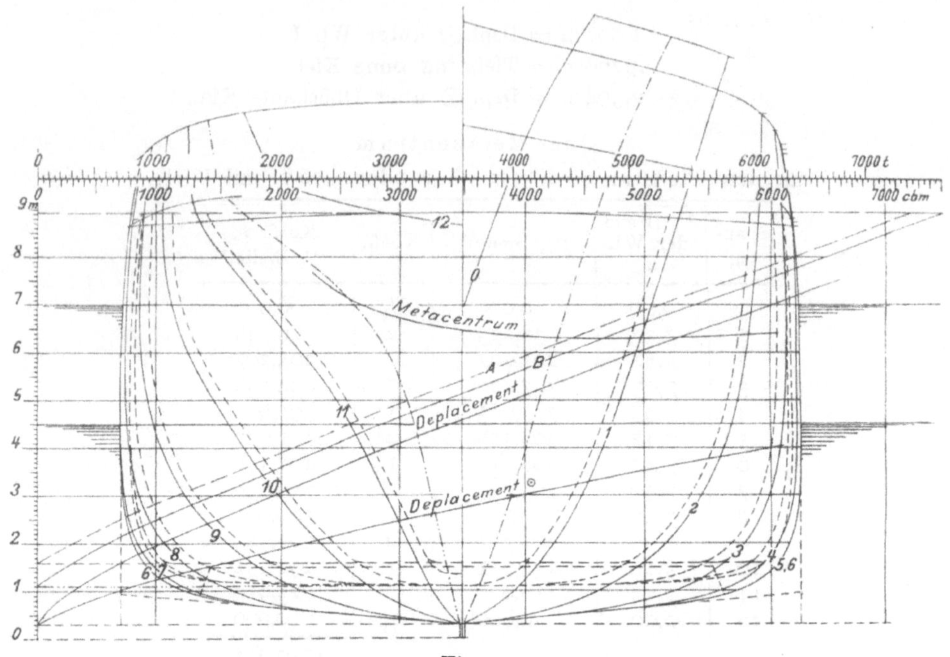

Fig. 27.

Deplacement und Schwerpunkt des D. (siehe Fig. 27).
a) ⊙ horizontal.

Spanten	Areal der Spanten qm	Koeff.	Areal × Koeff.	Koeff.	Momente bezogen auf Spant o
0	0,0	$^1/_2$	0,0	0	0,0
1	34,7	2	69,4	1	69,4
2	63,3	1	63,3	2	126,6
3	79,4	2	158,8	3	476,4
4	84,9	1	84,9	4	339,6
5	86,7	2	173,4	5	867,0
6	86,7	1	86,7	6	520,2
7	86,2	2	172,4	7	1206,8
8	82,9	1	82,9	8	663,2
9	72,4	2	144,8	9	1303,2
10	52,8	1	52,8	10	528,0
11	26,1	2	52,2	11	574,2
12	0,0	$^1/_2$	0,0	12	0,0
			1141,6		6674,6

$$\delta = 7,9166; \quad \frac{2}{3}\,\delta = 5,278 \qquad \delta = 7,9166$$

$$D = 6025,36 \qquad 52840,14$$

$$\frac{52840,14}{1141,6} = 46,3 \text{ m} = \odot \text{ des } D \text{ hinter Spant o,}$$

$$47,5 \; „ = {}^1/_2 \, L,$$

$$1,2 \text{ m} = \odot \text{ des } D \text{ vor der Mitte der Wasserlinie.}$$

$$D = 6025 \text{ cbm.} \quad D = 6176 \, t.$$

b) ⊙ vertikal.

	Inhalt cbm	Koeff.	Inhalt × Koeff.
Deplacement bis WL I	6025	$^1/_2$	3012,5
" " " II	4832	2	9664,0
" " " III	3664	1	3664,0
" " " IV	2572	2	5144,0
" " " V	1520	1	1520,0
" " " VI	590	2	1180,0
" " Oberkante Kiel	0	$^1/_2$	0,0
			24184,5

$$\delta = \frac{6,72}{6} = 1,12; \qquad \frac{2}{3}\,\delta = \frac{0,74666}{18057,74}$$

$$\frac{18057,74}{6025} = 2,998 \text{ m} = \odot \text{ des } D \text{ unter der WL,}$$

$$6,720 \text{ m} = \text{WL über Oberkante Kiel,}$$

$$3,722 \text{ m} = \odot \text{ des } D \text{ über Oberkante Kiel.}$$

Quer-Metazentrum.

Span-ten	$^1/_2$ Breite der WL m	$(^1/_2$ Breite$)^3$	Koeff.	Koeff. × $(^1/_2$ Breite$)^3$
0	0,00	0,000	$^1/_2$	0,000
1	3,95	61,630	2	123,260
2	5,91	206,425	1	206,425
3	6,62	290,118	2	580,236
4	6,83	318,612	1	318,612
5	6,90	328,509	2	657,018
6	6,90	328,509	1	328,509
7	6,88	325,661	2	651,322
8	6,80	314,432	1	314,432
9	6,54	279,726	2	559,452
10	5,91	206,425	1	206,425
11	4,11	69,427	2	138,854
12	0,00	0,000	$^1/_2$	0,000
				4084,545

$$\delta = 7,9166 \text{ m}; \qquad \frac{4}{9}\,\delta = 3,518$$

$$\frac{2}{3}\int y^3\,dx = 14369,429$$

$$\frac{14369,429}{6025} = 2,385 \text{ m} = \text{Metazentrum über } \odot \text{ des } D,$$

$$3,722 \text{ m} = \odot \text{ des } D \text{ über Oberkante Kiel,}$$

$$6,107 \text{ m} = \text{Metazentrum über Oberkante Kiel.}$$

Gewicht und Schwerpunkt des Schiffes.

Das Eigengewicht des komplett ausgerüsteten Schiffes beträgt nach der Gewichtsdarstellung, Tafel I, da $0,75 \cdot L \cdot B \cdot H = 8252$ cbm, also ca. 2913 Registertons und das Schiff aus Stahl gebaut sein soll:

$$
\begin{aligned}
&\text{Schiffskörper, Stahl- und Eisenteile . .} \quad 1125 \text{ t}\\
&\text{Holzteile inkl. Zwischendeck . . . .} \quad 234 \text{ „}\\
&\text{Ausrüstung . . . .} \quad 92 \text{ „}\\
&\text{Takelung . . . .} \quad 165 \text{ „}\\
&\text{Zementierung und Anstrich . . .} \quad 94 \text{ „}\\
&\qquad\text{Eigengewicht des Schiffes} = \quad 1710 \text{ t}\\
&\qquad\qquad\qquad\qquad D = \quad 6176 \text{ „}\\
&\qquad\text{Gewicht der Ladung} = \quad 4466 \text{ t}
\end{aligned}
$$

Der $\odot$ des fertigen leeren Schiffes liegt $0{,}82 \cdot H = 6{,}847$ m über Oberkante Kiel.

Der $\odot$ der Ladung ergibt sich aus nachstehender Rechnung:

	Inhalt cbm	Koeff.	Inhalt $\times$ Koeff.
Laderaum bis Deckebene I	7500	$^1/_2$	3750
„ „ Ebene II	6100	2	12200
„ „ „ III	4700	1	4700
„ „ „ IV	3366	2	6732
„ „ „ V	2113	1	2113
„ „ „ VI	938	2	1876
„ „ Oberkante Wegerung . . .	0	$^1/_2$	0
			31371

$$
\delta = 1{,}31 \text{ m}; \qquad \frac{2}{3}\delta = \frac{0{,}8733}{27396{,}294}
$$

$$
\frac{27396{,}294}{7500} = 3{,}653 \text{ m} = \odot \text{ der Ladung unter der Deckebene}
$$

$$
8{,}660 \text{ m} = \text{Deckebene über Oberkante Kiel,}
$$

$$
5{,}007 \text{ m} = \odot \text{ der Ladung über Oberkante Kiel.}
$$

Systemschwerpunkt.

	Gewicht t	$\odot$ über Oberk. Kiel m	Momente über Oberk. Kiel
Schiffskörper	1710	6,847	11708,37
Ladung	4466	5,007	22361,26
$D =$	6176		34069,63

$$
\frac{34069{,}63}{6176} = 5{,}516 \text{ m} = \text{System} \odot \text{ über Oberkante Kiel,}
$$

$$
6{,}107 \text{ m} = \text{Metazentrum über Oberkante Kiel,}
$$

$$
MG = 0{,}591 \text{ m} = \text{Metazentrum über dem System} \odot.
$$

Takelung.

Das Schiff soll vorzugsweise in der atlantischen Fahrt Verwendung finden und darf deshalb nicht zu schwer getakelt werden. Es muß mithin:

$$
\frac{A \cdot h}{D \cdot MG}
$$

zwischen 20 und 23 liegen und somit $A \cdot h = \sim 21{,}5 \; D \cdot MG$ sein.

Für Viermast-Vollschiffe ist $a = 0{,}263 \cdot A$, also

$$a \cdot h = \sim 21{,}5 \cdot 0{,}263 \cdot D \cdot MG \qquad a \cdot h = \sim 20640.$$

Auf der Ordinate $\varepsilon - \zeta$ Tafel II hat $a \cdot h$ das obige Maß und es können auf dieser Linie die ungefähren Maße für die Masten, Stengen und Raaen abgemessen werden, wonach dann die Segelzeichnung auszuführen und nachstehende Berechnung des Segelareals sowie des Segelmomentes aufzustellen ist (s. Fig. 26).

Areal und Schwerpunkt der sämtlichen Segel.

Benennung der Segel	Areal in qm	Über der Wasserlinie		Von der Mitte der WL	
		Abstand des ⊙s m	Momente	Abstand des ⊙s m	Momente
Besahn	100,2	10,83	1085,17	— 39,70	— 3977,94
Unter-Kreuzsegel	87,9	16,62	1460,90	— 33,20	— 2918,28
Ober- „	111,4	22,57	2514,30	— 33,90	— 3776,46
Kreuz-Bramsegel	93,3	29,65	2766,35	— 34,78	— 3244,97
„ -Roil	50,0	35,52	1776,00	— 35,50	— 1775,00
Hauptsegel	230,0	10,62	2442,60	— 11,82	— 2718,60
Haupt-Untermarssegel . .	138,5	19,08	2642,58	— 12,82	— 1775,57
„ -Obermarssegel . . .	150,0	25,80	3870,00	— 13,62	— 2043,00
„ -Unterbramsegel . .	84,0	32,33	2715,72	— 14,42	— 1211,28
„ -Oberbramsegel . .	99,2	37,68	3737,86	— 15,10	— 1497,92
„ -Roil	69,4	43,76	3036,94	— 15,80	— 1096,52
Großsegel	230,0	11,62	2672,60	11,00	2530,00
Groß-Untermarssegel . . .	138,5	20,08	2781,08	10,12	1401,62
„ -Obermarssegel . . .	150,0	26,80	4020,00	9,40	1410,00
„ -Unterbramsegel . . .	84,0	33,33	2799,72	8,72	732,48
„ -Oberbramsegel . . .	99,2	38,68	3837,06	8,15	808,48
„ -Roil	69,4	44,76	3106,34	7,50	520,50
Fock	230,0	11,20	2576,00	34,00	7820,00
Vor-Untermarssegel	138,5	19,65	2721,53	33,16	4592,66
„ -Obermarssegel	150,0	26,37	3955,50	32,52	4878,00
„ -Unterbramsegel . . .	84,0	32,90	2763,60	31,86	2676,24
„ -Oberbramsegel	99,2	38,25	3794,40	31,38	3112,89
„ -Roil	69,4	44,33	3076,50	30,80	2137,52
„ -Stengestagsegel	41,1	12,10	497,31	46,58	1914,44
Klüver	68,0	14,75	1003,00	48,86	3322,48
Außenklüver	66,8	16,80	1122,24	53,65	3583,82
Areal $A =$	2932,0		68775,30		+ 41441,13
					— 26035,54
Bagiensegel	150,0				+ 15405,59
Groß- und ⎰ Stenge- ⎱ Haupt- ⎱Stagsegel⎰ . .	198,0				
Kreuz- „ . . .	63,0				
Groß- und ⎰ Bram- ⎱ Haupt- ⎱Stagsegel⎰ . .	154,0				
Kreuz- „ . . .	55,0				
Groß- und ⎰ Roil- ⎱ Haupt- ⎱Stagsegel⎰ . .	102,0				
Kreuz- „ . . .	53,0				
3 Sturmsegel	231,0				
Gesamt-Segelareal $=$	3938,0 qm				

$$\frac{68775{,}3}{2932} = 23{,}455 \text{ m} = \text{Segel} \odot \text{ über d. WL}$$

$$3{,}510 \text{ m} = \text{Längenplan} \odot \text{ unter der WL}$$

$$h = 26{,}965 \text{ m} = \text{Segel} \odot \text{ über dem } \odot \text{ des Längenplans.}$$

Es ist also

$$\frac{A \cdot h}{D \cdot MG} = \frac{2932 \cdot 26{,}965}{6176 \cdot 0{,}591} = 21{,}66.$$

Ferner ist

$$\frac{15405{,}59}{2932} = 5{,}254 \text{ m} = \text{Segel} \odot \text{ vor der Mitte der WL}$$

$$0{,}420 \text{ m} = \odot \text{ des Längenplans hinter der Mitte der WL}$$

$$\overline{5{,}674 \text{ m}} = \text{Segel} \odot \text{ vor dem } \odot \text{ des Längenplans}$$

$$= 0{,}0597 \cdot L.$$

Areal und Schwerpunkt der unteren Segel.

Benennung der Segel	Areal in qm	Über der Wasserlinie		Vor der Mitte der WL	
		Abstand des $\odot$s m	Momente	Abstand des $\odot$s m	Momente
Besahn	100,2	10,83	1085,17	— 39,70	— 3977,94
Unter-Kreuzsegel	87,9	16,62	1460,90	— 33,20	— 2918,28
Ober- „	111,4	22,57	2514,30	— 33,90	— 3776,46
Hauptsegel	230,0	10,62	2442,60	— 11,82	— 2718,60
Haupt-Untermarssegel . .	138,5	19,08	2642,58	— 12,82	— 1775,57
„ -Obermarssegel . . .	150,0	25,80	3870,00	— 13,62	— 2043,00
Großsegel	230,0	11,62	2672,60	11,00	2530,00
Groß-Untermarssegel . . .	138,5	20,08	2781,08	10,12	1401,62
„ -Obermarssegel . . .	150,0	26,80	4020,00	9,40	1410,00
Fock	230,0	11,20	2576,00	34,00	7820,00
Vor-Untermarssegel. . . .	138,5	19,65	2721,53	33,16	4592,66
„ -Obermarssegel	150,0	26,37	3955,50	32,52	4878,00
„ -Stengestagsegel. . . .	41,1	12,10	497,31	46,58	1914,44
Klüver	68,0	14,75	1003,00	48,86	3322,48
$A_1 =$	1964,1 qm		34242,57		+27869,20
					—17209,85
					+10659,35

$$\frac{34242{,}57}{1964{,}1} = 17{,}434 \text{ m} = \text{Segel} \odot \text{ über der WL}$$

$$3{,}510 \text{ m} = \odot \text{ des Längenplans unter der WL}$$

$$h_1 = \overline{20{,}944 \text{ m}} = \text{Segel} \odot \text{ über dem } \odot \text{ des Längenplans.}$$

Es ist also

$$\frac{A_1 \cdot h_1}{D \cdot MG} = \frac{1964{,}1 \cdot 20{,}944}{6176 \cdot 0{,}591} = 11{,}27$$

für die unteren Segel.

Ferner ist

$$\frac{10659{,}35}{1964{,}1} = 5{,}427 \text{ m} = \text{Segel} \odot \text{ vor der Mitte der WL}$$

$$0{,}420 \text{ m} = \odot \text{ des Längenplans hinter der Mitte der WL}$$

$$\overline{5{,}847 \text{ m}} = 0{,}0615 \cdot L = \text{dem Segel} \odot \text{ vor dem } \odot \text{ des Längenplans.}$$

Wasserballast.

a) Doppelboden und tiefe Mittschiffstanks.

Bei der vorstehenden Berechnung ist angenommen, daß das Schiff keinerlei Einrichtung für Wasserballast hat. Soll eine solche vorgesehen werden, so erhöht sich zunächst das Eigengewicht des Schiffskörpers — siehe Gewichtsdarstellung, Tafel I — um 95 t. Mit Hilfe der tiefen Mittschiffstanks kann man für die Ballastlage des Schiffes immer gute Stabilitätsverhältnisse erzielen, für das vollbeladene Schiff ändert sich aber die Stabilität ganz erheblich, weil durch den Doppelboden die Ladung höher zu liegen kommt als bei der gewöhnlichen Bauart ohne Doppelboden.

Nach der punktierten Kurve A — siehe Spantenplan — liegt der Schwerpunkt der Ladung wie folgt:

	Inhalt cbm	Koeff.	Inhalt $\times$ Koeff.
Laderaum bis Deckebene I	7215	$^1/_2$	3607,5
„ „ Ebene II	5870	2	11740,0
„ „ „ III	4585	1	4585,0
„ „ „ IV	3340	2	6680,0
„ „ „ V	2118	1	2118,0
„ „ „ VI	980	2	1960,0
„ „ Oberkante Doppelboden . .	0	$^1/_2$	0,0
			30690,5

$$\delta = 1,225; \qquad \frac{2}{3}\delta = \frac{0,817}{25074,138}$$

$$\frac{25074,138}{7215} = 3,475 \text{ m} = \odot \text{ der Ladung unter der Deckebene}$$

$$8,660 \text{ m} = \text{Deckebene über Oberkante Kiel}$$
$$\overline{5,185 \text{ m}} = \odot \text{ der Ladung über Oberkante Kiel.}$$

Es ist demnach:

	Gewicht t	$\odot$ über Oberk. Kiel m	Momente über Oberk. Kiel
Schiffskörper	1805	6,847	12358,835
Ladung	4371	5,185	22663,635
$D =$	6176		35022,470

$$\frac{35022,47}{6176} = 5,670 \text{ m} = \text{System} \odot \text{ über Oberkante Kiel}$$

$$6,107 \text{ m} = \text{Metazentrum über Oberkante Kiel}$$
$$MG = \overline{0,437 \text{ m}} = \text{Metazentrum über System} \odot,$$

mithin, nach der ersten Annahme:

$$A \cdot h_2 = 22 \cdot D \cdot MG = 22 \cdot 6176 \cdot 0,437$$
$$= 59376 = \text{dem Segelmoment.}$$

Dies würde für $h_2 = 25,8$ m ein Segelareal A von nur 2300 qm — gegen 2932 qm für das Schiff ohne Doppelboden — ergeben, woraus schon zur Genüge die Unzweckmäßigkeit des Doppelbodens hervorgeht.

b) Tiefe Mittschiffstanks ohne Doppelboden.

Wird das Schiff, welches annähernd 2913 Brutto-Registertons groß ist, für Wasserballast eingerichtet, so ist auf 0,53 bis 0,61 t Ballast für jede Brutto-Registerton, also auf ungefähr 1600 t Ballast, zu rechnen. Soll dieser Ballast in tiefen Mittschiffstanks unter dem Zwischendeck untergebracht werden, so ist dazu ein Raum von annähernd 27 m Länge, aus etwa 6 Abteilungen bestehend, erforderlich. Der $\odot$ dieser Abteilungen, also auch der des Wasserballastes, liegt 2,375 m über Oberkante Kiel. Rechnet man außer diesem Ballast noch 75 t für Frischwasser und Proviant in einer Höhe von 4,535 m über Oberkante Kiel, dann ergibt sich für die Höhe des Systemschwerpunktes folgende Rechnung:

	Gewicht t	$\odot$ über Oberk. Kiel m	Momente über Oberk. Kiel
Schiffskörper komplett	1805	6,847	12358,835
Wasserballast.	1600	2,375	3800,000
Frischwasser und Proviant	75	4,535	340,125
$D =$	3480		16498,960

$$D = 3400 \text{ cbm}$$

$$\frac{16498,96}{3480} = 4,74 \text{ m} = \text{System} \odot \text{ über Oberkante Kiel.}$$

Bei dem obigen Deplacement beträgt der Tiefgang ohne Kiel 4,20 m und mit Kiel 4,5 m $= 0,641 \times$ Maximal-Tiefgang. Der $\odot$ des Deplacements liegt 2,39 m und das Metazentrum 6,21 m über Oberkante Kiel. Folglich liegt das Metazentrum über dem System $\odot$

$$MG = 6,21 - 4,74 = 1,47 \text{ m.}$$

Bei einem Segelareal $A = 2932$ qm liegt der Segel $\odot$ 23,455 m über der WL oder $23,455 + 7,02 = 30,475$ m über Unterkante Kiel. Wenn das Schiff in Ballast fährt, liegt bei obigem Tiefgange von 4,5 m der $\odot$ des Längenplans 2,25 m über Unterkante Kiel, deshalb ist $h_2 = 30,475 - 2,25 = 28,225$ m die Höhe des Segel $\odot$s über dem $\odot$ des Längenplans. Demnach ist

$$\frac{A \cdot h_2}{D \cdot MG} = \frac{2932 \cdot 28,225}{3480 \cdot 1,47} = 16,17.$$

4. Viermast-Bark.

Da dieser Schiffstyp sehr beliebt und vielfach zur Ausführung gelangt ist, so sollen hier zwei Beispiele durchgerechnet werden und zwar

α. Viermast-Bark von denselben Abmessungen, welche im Vorhergehenden für den Schiffskörper des Viermast-Vollschiffes gewählt worden sind, nämlich:

$$L = 95 \text{ m,} \quad B = 13,87 \text{ m,} \quad H = 8,35 \text{ m,}$$

$$\text{Tiefgang} \begin{cases} \text{ohne Kiel } 6,72 \text{ m,} \\ \text{mit } \quad\text{ „ } \quad 7,02 \text{ m,} \end{cases}$$

$$\text{Deplacement} = 6025 \text{ cbm} = 6176 \text{ t,}$$

$$MG = 0,591.$$

Takelung.

Das Schiff soll für dieselbe Fahrt wie das Viermast-Vollschiff geeignet sein und deshalb ist

$$A \cdot h = \sim 22 \cdot D \cdot MG$$
$$\text{ „ } = \sim 22 \cdot 6176 \cdot 0,591$$
$$\text{ „ } = \sim 80300.$$

Für eine Viermast-Bark ist a im Mittel $= 0{,}28 \cdot A$, also

$$a \cdot h = \sim 0{,}28 \cdot 80300$$
$$\text{„} \ = 22484.$$

Auf dem Diagramm Tafel II liegt die zugehörige Ordinate viel weiter nach links als die Ordinate $\varepsilon - \zeta$ für das gleich große Viermast-Vollschiff, woraus ersichtlich, daß hier die Abmessungen der drei vollgetakelten Masten sowie die der Raaen und Stengen größer werden als für ein Viermast-Vollschiff. Mit Hilfe der auf der betreffenden Ordinate abzunehmenden Maße kann die Segelzeichnung angefertigt und nachstehende Berechnung ausgeführt werden:

Areal und Schwerpunkt sämtlicher Segel.

Benennung der Segel	Areal in qm	Über der Wasserlinie		Vor der Mitte der WL	
		Abstand des $\odot$s m	Momente	Abstand des $\odot$s m	Momente
Besahn	130,6	12,95	1691,27	— 42,65	— 5570,09
Gaffeltoppsegel	66,8	26,25	1753,50	— 40,75	— 2722,10
Hauptsegel	257,0	10,75	2762,75	— 17,25	— 4433,25
Haupt-Untermarssegel	155,5	19,55	3040,03	— 18,20	— 2830,10
„ -Obermarssegel	164,4	26,50	4356,60	— 19,00	— 3123,60
„ -Unterbramsegel	93,0	33,25	3092,25	— 19,72	— 1833,96
„ -Oberbramsegel	109,0	38,80	4229,20	— 20,35	— 2218,15
„ -Roil	75,0	45,20	3390,00	— 21,05	— 1578,75
Großsegel	249,0	11,85	2950,65	7,05	1755,45
Groß-Untermarssegel	155,5	20,60	3203,30	6,20	964,10
„ -Obermarssegel	164,4	27,55	4529,22	5,52	907,40
„ -Unterbramsegel	93,0	34,30	3189,90	4,82	448,26
„ -Oberbramsegel	109,0	39,85	4343,65	4,30	468,70
„ -Roil	75,0	46,25	3468,75	3,70	277,50
Fock	252,0	11,35	2860,20	31,55	7950,60
Vor-Untermarssegel	155,5	20,00	3110,00	30,80	4789,40
„ -Obermarssegel	164,4	27,05	4447,02	30,20	4964,88
„ -Unterbramsegel	93,0	33,80	3143,40	29,60	2752,80
„ -Oberbramsegel	109,0	39,35	4289,15	29,10	3171,90
„ -Roil	75,0	45,75	3431,25	28,50	2137,50
„ -Stengestagsegel	47,6	12,40	590,24	44,85	2134,86
Klüver	70,0	14,85	1039,50	46,90	3283,00
Außenklüver	68,3	16,60	1133,78	51,70	3531,11
Areal $A =$	2932,0		70045,61		+ 39537,55
					— 24310,00
					+ 15227,55
Besahnstagsegel	60,0				
Groß- und Haupt-Stenge- stagsegel	210,0				
Besahn-Stengestagsegel	62,0				
Groß- und Haupt-Bram- stagsegel	166,0				
Besahn-Bramstagsegel	55,0				
Groß- und Haupt-Roilstag- segel	110,0				
3 Sturmsegel	231,0				
Total $=$	3826,0 qm				

$$\frac{70045{,}61}{2932} = 23{,}89\,\text{m} = \text{Segel} \odot \text{ über d. WL}$$
$$3{,}51\,\text{m} = \odot \text{ des Längenplans unter d. WL}$$
$$h = 27{,}40\,\text{m} = \text{Segel} \odot \text{ über dem } \odot \text{ des Längenplans.}$$

Es ist also

$$\frac{A \cdot h}{D \cdot MG} = \frac{2932 \cdot 27,4}{6176 \cdot 0,591} = 22,01.$$

Ferner ist:

$$\frac{15227,55}{2932} = 5,193 \text{ m} = \text{Segel} \odot \text{ vor der Mitte der WL}$$

$$0,420 \text{ m} = \text{Längenplan} \odot \text{ hinter der Mitte der WL}$$

$$5,613 \text{ m} = 0,059 \cdot L = \odot \text{ der Segel vor dem } \odot \text{ des Längenplans.}$$

Für die unteren Segel ergibt sich nachstehende Rechnung:

Areal und Schwerpunkt der unteren Segel.

Benennung der Segel	Areal in qm	Über der Wasserlinie		Vor der Mitte der WL	
		Abstand des $\odot$s m	Momente	Abstand des $\odot$s m	Momente
Besahn	130,6	12,95	1691,27	— 42,65	— 5570,09
Hauptsegel	257,0	10,75	2762,75	— 17,25	— 4433,25
Haupt-Untermarssegel . .	155,5	19,55	3040,03	— 18,20	— 2830,10
„ -Obermarssegel . .	164,4	26,50	4356,60	— 19,00	— 3123,60
Großsegel	249,0	11,85	2950,65	7,05	1755,45
Groß-Untermarssegel . . .	155,5	20,60	3203,30	6,20	964,10
„ -Obermarssegel . . .	164,4	27,55	4529,22	5,52	907,49
Fock	252,0	11,35	2860,20	31,55	7950,60
Vor-Untermarssegel . . .	155,5	20,00	3110,00	30,80	4789,40
„ -Obermarssegel	164,4	27,05	4447,02	30,20	4964,88
„ -Stengestagsegel . . .	47,6	12,40	590,24	44,85	2134,86
Klüver	70,0	14,85	1039,50	46,90	3283,00
Areal $A_1 =$	1965,9 qm		34580,78		+ 26749,78
					— 15957,04
					+ 10792,74

$$\frac{34580,78}{1965,9} = 17,590 \text{ m} = \text{Segel} \odot \text{ über der WL}$$

$$3,510 \text{ m} = \text{Längenplan} \odot \text{ unter der WL}$$

$$h_1 = 21,100 \text{ m} = \text{Segel} \odot \text{ über dem } \odot \text{ des Längenplans.}$$

Es ist also

$$\frac{A_1 \cdot h_1}{D \cdot MG} = \frac{1965,9 \cdot 21,100}{6176 \cdot 0,591} = 11,36.$$

Ferner ist:

$$\frac{10792,74}{1965,9} = 5,490 \text{ m} = \text{Segel} \odot \text{ vor der Mitte der WL}$$

$$0,420 \text{ m} = \text{Längenplan} \odot \text{ hinter der Mitte der WL}$$

$$5,910 \text{ m} = 0,0622 \cdot L = \text{Segel} \odot \text{ vor dem } \odot \text{ des Längenplans.}$$

β. **Viermast-Bark** von nachstehenden Hauptabmessungen (s. Fig. 28 und 29 I, II, III, IV);

$$L = 85,0 \text{ m}, \quad B = 13,0 \text{ m}, \quad H = 8,0 \text{ m}.$$

Der Freibord des Schiffes beträgt 1,65 m und demnach der

$$\text{Tiefgang} \begin{cases} \text{ohne Kiel } 6{,}45 \text{ m} \\ \text{mit } \quad \text{\textquotedbl} \quad 6{,}70 \text{ m}. \end{cases}$$

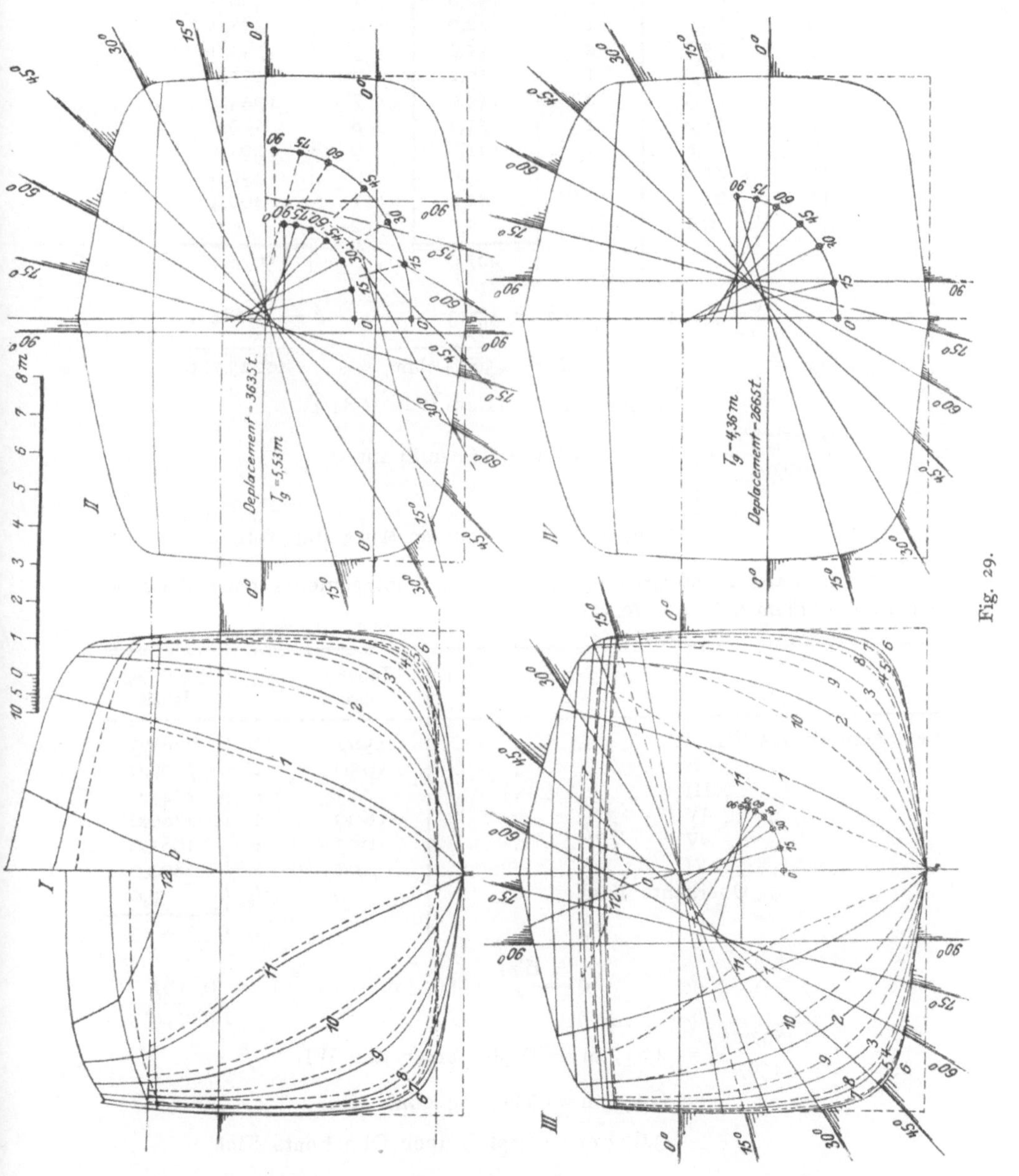

Deplacement und ⊙ des Deplacements.

Spanten	Areal der Spanten qm	Koeff.	Areal × Koeff.	Koeff.	Momente bezogen auf Spant o
0	0,0	$^{1}/_{2}$	0,0	0	0,0
1	27,2	2	54,4	1	54,4
2	52,2	1	52,2	2	104,4
3	66,0	2	132,0	3	396,0
4	72,0	1	72,0	4	288,0
5	75,5	2	151,0	5	755,0
6	76,2	1	76,2	6	457,2
7	74,5	2	149,0	7	1043,0
8	71,2	1	71,2	8	569,6
9	60,8	2	121,6	9	1094,4
10	45,0	1	45,0	10	450,0
11	21,2	2	42,4	11	466,4
12	0,0	$^{1}/_{2}$	0,0	12	0,0
			967,0		5678,4

$$\delta = 7{,}084; \qquad \frac{2}{3}\,\delta = 4{,}723 \qquad\qquad \delta = 7{,}084$$

$$D = 4567{,}1 \text{ cbm} \qquad\qquad 40225{,}786$$

$$\text{mithin} \quad \mathcal{D} = 1{,}025 \cdot D = 4681 \text{ t}$$

$$\frac{40225{,}786}{967} = 41{,}60 \text{ m} = \text{Depl.} \odot \text{ hinter Spant o}$$

$$42{,}50 \text{ m} = \frac{1}{2}\,L$$

$$0{,}90 \text{ m} = \text{Depl.} \odot \text{ vor'der Mitte der WL.}$$

In vertikaler Richtung liegt der ⊙ des Deplacements nach Maßgabe der Deplacementskala wie folgt:

	Inhalt cbm	Koeff.	Koeff. × Inhalt
Deplacement bis WL I.	4567	$^{1}/_{2}$	2283,5
„ „ „ II.	3630	2	7260,0
„ „ „ III.	2745	1	2745,0
„ „ „ IV.	1890	2	3780,0
„ „ „ V.	1085	1	1085,0
„ „ „ VI.	400	2	800,0
„ „ Oberkante Kiel	0	$^{1}/_{2}$	0,0
			17953,5

$$\delta = \frac{6{,}45}{6} = 1{,}075 \text{ m}; \qquad \frac{2}{3}\,\delta = \frac{0{,}7167}{12867{,}273}$$

$$\frac{12867{,}273}{4567} = 2{,}817 \text{ m} = \text{Depl} \odot \text{ unter der WL}$$

$$6{,}450 \text{ m} = \text{Tiefgang ohne Kiel}$$

$$3{,}633 \text{ m} = \text{Depl.} \odot \text{ über Oberkante Kiel.}$$

Quer-Metazentrum.

Span-ten	½ Breite der WL m	(½ Breite)³	Koeff.	Koeff. × (½ Breite)³
0	0,00	0,000	$\frac{1}{2}$	0,000
1	3,58	45,883	2	91,766
2	5,51	167,284	1	167,284
3	6,20	238,328	2	476,656
4	6,40	262,144	1	262,144
5	6,48	272,098	2	544,196
6	6,48	272,098	1	272,098
7	6,45	268,336	2	536,672
8	6,32	252,436	1	252,436
9	6,06	222,545	2	445,090
10	5,40	157,464	1	157,464
11	3,71	51,065	2	102,130
12	0,00	0,000	$\frac{1}{2}$	0,000
				3307,936

$$\delta = 7,084; \qquad \frac{4}{9}\delta = 3,1485$$

$$\frac{2}{3}\int y^3\,dx = 10415,036$$

$$\frac{10415,036}{6457} = 2,280 \text{ m} = \text{Metazentrum über dem Depl.} \odot$$

$$3,633 \text{ m} = \text{Depl.} \odot \text{ über Oberkante Kiel}$$

$$\overline{5,913 \text{ m}} = \text{Metazentrum über Oberkante Kiel.}$$

Gewicht und Schwerpunkt des kompletten Schiffskörpers.

Das Schiff soll aus Stahl mit Einrichtung für Wasserballast gebaut werden. Es ist $0,75 \cdot L \cdot B \cdot H = 6630$ (ca. 2341 Registertons), mithin das Eigengewicht des kompletten Schiffes nach der Gewichtsdarstellung Tafel I:

Stahl- und Eisenteile inkl. Einrichtung für Wasser-ballast, Schiffskörper	960 t
Sämtliche Holzteile	186 t
Ausrüstung	79 t
Takelung	134 t
Zement und Anstrich	81 t
Gesamtgewicht des Schiffes =	1440 t.

Der Schwerpunkt des leeren Schiffes liegt $0,82\,H = 6,56$ m über Oberkante Kiel.

Gewicht und Schwerpunkt der Ladung.

Das Gewicht der Ladung beträgt:

$$D - \text{Gewicht des Schiffes} = 4681 - 1440 = 3241 \text{ t.}$$

Der $\odot$ der Ladung liegt im $\odot$ des Laderaumes und ergibt sich aus der Kurve für den Laderaum wie folgt:

	Inhalt cbm	Koeff.	Inhalt × Koeff.
Laderaum bis Deckebene I	5869	$\frac{1}{2}$	2934,5
„ „ Ebene II	4733	2	9466,0
„ „ „ III	3652	1	3652,0
„ „ „ IV	2577	2	5154,0
„ „ „ V	1584	1	1584,0
„ „ „ VI	704	2	1408,0
„ „ Oberkante Wegerung . . .	0	$\frac{1}{2}$	0,0
			24198,5

$$\delta = 1{,}284, \qquad \frac{2}{3}\,\delta = \underline{60{,}85}$$
$$20713{,}916$$

$$\frac{20713{,}916}{5869} = 3{,}530 \, \text{m} = \odot \text{ der Ladung unter der Deckebene}$$

$$\underline{8{,}300 \, \text{m}} = \text{Deckebene über Oberkante Kiel}$$

$$4{,}770 \, \text{m} = \odot \text{ der Ladung über Oberkante Kiel.}$$

<h3 style="text-align:center">Systemschwerpunkt.</h3>

	Gewicht t	$\odot$ über Oberkante Kiel m	Momente
Schiffskörper	1440	6,56	9446,4
Ladung	3241	4,77	15454,8
Depl. =	4681 ·		24901,2

$$\frac{24901{,}2}{4681} = 5{,}322 \, \text{m} = \text{System} \odot \text{ über Oberkante Kiel}$$

$$5{,}913 \, \text{m} = \text{Metazentrum über Oberkante Kiel}$$

$$MG = 0{,}591 \, \text{m} = \text{Metazentrum über System} \odot.$$

<h3 style="text-align:center">Takelung.</h3>

Das Schiff soll für große Fahrt, aber nicht zu schwer getakelt werden. Es muß also

$$\frac{A \cdot h}{D \cdot MG} = \sim 23 \text{ bis } 26 \text{ sein.}$$

Nehmen wir $\dfrac{A \cdot h}{D \cdot MG} = \sim 24$ an, so entsteht:

$$A \cdot h = D \cdot MG \cdot 24 \sim 4681 \cdot 0{,}591 \cdot 24 = \sim 66395.$$

Für eine Viermast-Bark ist nun im Mittel $a = 0{,}28 \cdot A$, also ist

$$a \cdot h = 0{,}28 \cdot 66395 = 18590.$$

In dem Diagramm Tafel II ergibt sich für obigen Wert die Ordinate $\eta - \vartheta$, wonach sich die Segelzeichnung leicht anfertigen läßt. Die Berechnung der Segel ergibt dann (s. Fig. 28):

Areal und Schwerpunkt der sämtlichen Segel.

Benennung der Segel	Areal in qm	Über der Wasserlinie		Vor der Mitte der WL	
		Abstand des ⊙s m	Momente	Abstand des ⊙s m	Momente
Besahn	134,2	12,85	1724,47	— 38,45	— 5159,99
Gaffeltoppsegel	72,7	25,30	1839,31	— 36,15	— 2628,05
Hauptsegel	252,3	9,77	2464,97	— 14,47	— 3650,78
Haupt-Untermarssegel . .	134,0	19,10	2559,40	— 15,35	— 2056,90
„ -Obermarssegel . .	140,4	25,80	3622,32	— 15,97	— 2242,19
„ -Unterbramsegel . .	93,3	32,45	3027,59	— 16,55	— 1544,12
„ -Oberbramsegel . .	68,0	37,60	2556,80	— 17,00	— 1156,00
„ -Roil	68,0	42,70	2903,60	— 17,45	— 1186,60
Großsegel	268,0	9,65	2586,20	7,75	2077,00
Groß-Untermarssegel . . .	134,0	19,15	2566,10	6,95	931,30
„ -Obermarssegel . . .	140,4	25,85	3629,34	6,45	905,58
„ -Unterbramsegel . .	93,3	32,50	3032,25	5,90	550,47
„ -Oberbramsegel . . .	68,0	37,65	2560,20	5,50	374,00
„ -Roil	76,0	43,00	3268,00	5,15	391,40
Fock	228,5	10,35	2364,97	29,95	6843,58
Vor-Untermarssegel . . .	134,0	19,27	2582,18	29,32	3928,88
„ -Obermarssegel	140,4	25,97	3646,19	28,85	4050,54
„ -Unterbramsegel . . .	93,3	32,62	3043,45	28,37	2646,92
„ -Oberbramsegel. . . .	68,0	37,77	2568,36	28,01	1904,68
„ -Roil	68,0	42,87	2915,16	27,65	1880,20
„ -Stengestagsegel . . .	51,6	12,90	665,64	40,00	2064,00
Klüver	73,0	15,35	1120,55	42,85	3128,05
Außenklüver	65,8	16,85	1108,73	47,05	3095,89
Areal $A =$	2665,2 qm		58355,78		+ 34772,49
					— 19624,63
					+ 15147,76

$$\frac{58355,78}{2665,2} = 21,9 \text{ m} = \text{Segel} \odot \text{ über der WL}$$

$$3,35 \text{ m} = \odot \text{ des Längenplans unter der WL}$$

$$h = 25,25 \text{ m} = \text{Segel} \odot \text{ über dem } \odot \text{ des Längenplans.}$$

Es ist also $\dfrac{A \cdot h}{D \cdot MG} = \dfrac{2665,2 \cdot 25,25}{4681 \cdot 0,591} = 24,331.$

Ferner ist:

$$\frac{15147,76}{2665,2} = 5,68 \text{ m} = \text{Segel} \odot \text{ vor der Mitte der WL}$$

$$0,43 \text{ m} = \odot \text{ des Längenplans hinter der Mitte der WL}$$

$$6,11 \text{ m} = 0,0719 \cdot L = \odot \text{ der Segel vor dem } \odot \text{ des Längenplans.}$$

Für die unteren Segel ergibt sich:

Areal und Schwerpunkt der unteren Segel.

Benennung der Segel	Areal in qm	Über der Wasserlinie		Vor der Mitte der WL	
		Abstand des $\odot$s m	Momente	Abstand des $\odot$s m	Momente
Besahn	134,2	12,85	1724,47	— 38,45	— 5159,99
Hauptsegel.	252,3	9,77	2464,97	— 14,47	— 3650,78
Haupt-Untermarssegel . .	134,0	19,10	2559,40	— 15,35	— 2056,90
„ -Obermarssegel. . .	140,4	25,80	3622,32	— 15,97	— 2242,19
Großsegel	268,0	9,65	2586,20	7,75	2077,00
Groß-Untermarssegel . . .	134,0	19,15	2566,10	6,95	931,30
„ -Obermarssegel . . .	140,4	25,85	3629,34	6,45	905,58
Fock	228,5	10,35	2364,97	29,95	6843,58
Vor-Untermarssegel . . .	134,0	19,27	2582,18	29,32	3928,88
„ -Obermarssegel	140,4	25,97	3646,19	28,85	4050,54
„ -Stengestagsegel . . .	51,6	12,90	665,64	40,00	2064,00
Klüver	73,0	15,35	1120,55	42,85	3128,05
Areal A_1 =	1830,8 qm		29532,33		+ 23928,93
					— 13109,86
					+ 10819,07

$$\frac{29532,33}{1830,8} = 16,13 \text{ m} = \text{Segel} \odot \text{ über der WL}$$

$$ 3,35 \text{ m} = \odot \text{ des Längenplans unter der WL}$$
$$h_1 = 19,48 \text{ m} = \text{Segel} \odot \text{ über dem } \odot \text{ des Längenplans.}$$

Mithin ist $\qquad \dfrac{A_1 \cdot h_1}{D \cdot MG} = \dfrac{1830,8 \cdot 19,48}{4681 \cdot 0,591} = 12,9.$

Endlich ist:

$$\frac{10819,07}{1830,8} = 5,91 \text{ m} = \text{Segel} \odot \text{ vor der Mitte der WL}$$

$$0,43 \text{ m} = \odot \text{ des Längenplans hinter der Mitte der WL}$$
$$6,34 \text{ m} = 0,0746 \cdot L = \text{Segel} \odot \text{ vor dem } \odot \text{ des Längen-}$$
$$\text{plans.}$$

Wasserballast.

Das Schiff hat eine Größe von annähernd 2341 Brutto-Registertons. Das Gewicht an Wasserballast ist daher mindestens auf $0,53 \cdot 2341 = 1241$ t oder besser auf 1245 t zu bemessen. Hierzu ist noch annähernd ein Gewicht von 75 t für Proviant und Frischwasser hinzuzufügen, wonach sich folgende Aufstellung ergibt:

	Gewicht t	$\odot$ über Oberk. Kiel m	Momente
Schiffskörper	1440	6,56	9446,40
Wasserballast	1245	2,11	2626,95
Frischwasser und Proviant	75	3,80	285,00
D =	2760		12358,35

$$D = \frac{D}{1,025} = 2692 \text{ cbm}$$

$$\frac{12358,35}{2760} = 4,477 \text{ m} = \text{System} \odot \text{ über Oberkante Kiel.}$$

Bei diesem Deplacement beträgt der

$$\text{Tiefgang} \begin{cases} \text{ohne Kiel } 4,22 \text{ m} \\ \text{mit Kiel } \quad 4,47 \text{ m} = 0,667 \times \text{Maximaltiefgang.} \end{cases}$$

Bei diesem Tiefgange ist

$\odot$ des Depl. über Oberkante Kiel . . . . 2,45 m

Metazentrum über $\odot$ des Depl. . . . . 3,40 m

also: Metazentrum über Oberkante Kiel . . . . . . 5,85 m

System$\odot$ über Oberkante Kiel ist $=$ . . . . 4,477 m

mithin: Metazentrum über System$\odot = MG = $ . . . . 1,373 m.

Der $\odot$ der sämtlichen Segel liegt 28,6 m über Unterkante Kiel, der $\odot$ des Längenplanes bei einem Tiefgange von 4,47 mit Kiel liegt 2,235 m über Unterkante Kiel, folglich ist $h_2 = 28,6 - 2,235 = 26,365$ m und demnach

$$\frac{A \cdot h_2}{D \cdot MG} = \frac{2665,2 \cdot 26,365}{2760 \cdot 1,373} = 18,54$$

für das Schiff mit Wasserballast.

Will man bei diesem Schiffe die Stabilitätsverhältnisse näher untersuchen, so sind zunächst für die verschiedenen Tiefgänge und Neigungswinkel die zugehörigen Deplacementschwerpunkte zu ermitteln, wie dies in Fig. 29 für die Tiefgänge 2,84 m, 4,36 m, 5,53 m und 6,7 m, sowie für die Neigungswinkel 15⁰, 30⁰, 45⁰, 60⁰, 75⁰ und 90⁰ geschehen ist. Errichtet man von jedem dieser Deplacementschwerpunkte eine Normale zu der zugehörigen Wasserlinie, so erhält man in den Durchschnittspunkten dieser Normalen mit der Mittelebene des Schiffes die Metazentren für die betreffenden Tiefgänge und Neigungswinkel.

Werden die hieraus sich ergebenden Höhenlagen der Metazentren an den verschiedenen Tiefgangstellen in die Deplacementskala eingetragen und die Punkte der gleichen Neigungswinkel durch Kurven (Metazenterkurven) miteinander verbunden, so entstehen die in Fig 30 mit 0⁰, 15⁰, 30⁰, 45⁰, 60⁰, 75⁰ und 90⁰ bezeichneten Linien. Reichen diese Kurven von dem Tiefgang des leeren bis zu dem des voll beladenen Schiffes, so ist man in der Lage, für jeden dazwischen liegenden Tiefgang und für jeden der oben bezeichneten Neigungswinkel die Stabilität zu ermitteln, sobald die jeweilige Höhenlage des Systemschwerpunktes G bekannt ist.

Für das leere Schiff, für das Schiff mit Wasserballast und für das mit einer homogenen Ladung belastete Schiff, ist die Höhenlage des Systemschwerpunktes bereits bekannt, für einen zwischen der Ballast- und der Tiefladelinie liegenden mittleren Tiefgang von 5,53 m ist eine solche Ladung angenommen, daß die Höhe des Systemschwerpunktes G auf 0,8 m unter dem Metazentrum für die aufrechte Lage des Schiffes zu liegen kommt.

Werden nun in Fig. 30 an denjenigen Stellen, an welchen die betreffenden horizontalen Tiefgangslinien die Deplacementskurve schneiden, vertikale Linien gezogen und durch die Durchschnittspunkte dieser Vertikalen mit den

cbm
Meterton.
2000
1000
Meter
Inhalt des Laderaums
Deplacement
Schwerpunkt des Deplacements
Oberkante Kiel
Unterkante Kiel
Tg = 2,84m
Tg = 4,36m
Tg = 4,47m
Tg = 5,53m
Tg = 6,7m
Tg = 4,47m
Tg = 5,53m
Tg = 6,7m
Tg = 2,84m

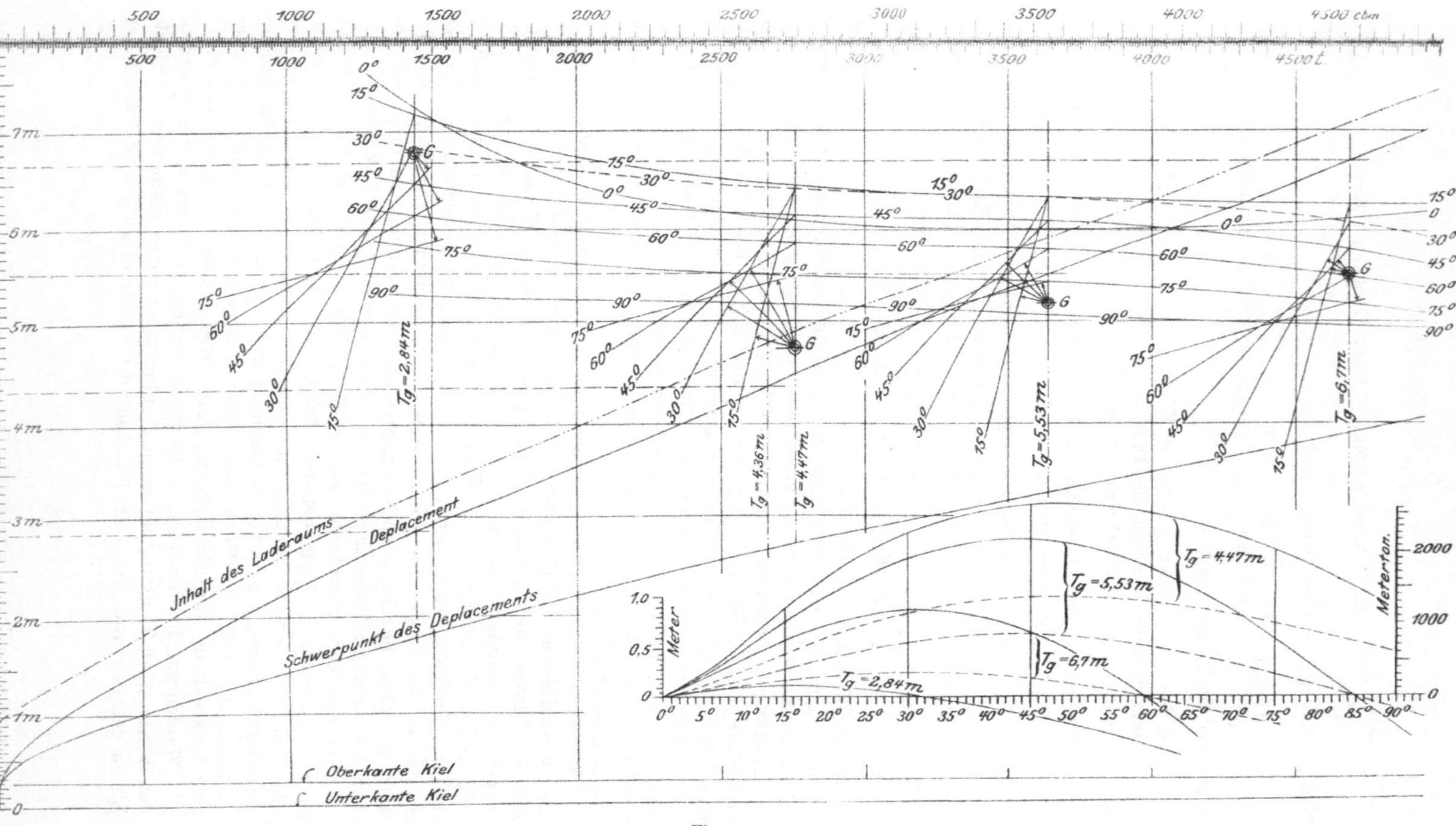

Fig. 30.

Metazenterkurven für die Neigungswinkel 15^0, 30^0, 45^0... die zugehörigen Normalen zu den Wasserlinien gezogen, wird ferner auf jeder dieser Vertikalen, die mit Tg 2,84 m, 4,47 m, 5,53 m und 6,7 m bezeichnet sind, der zugehörige Systemschwerpunkt G in richtiger Höhe über Oberkante Kiel abgesetzt, dann erhält man in dem Abstand des Punktes G von den Normalen, die überall mit den betreffenden Neigungswinkeln bezeichnet sind, für die zugehörigen Neigungen die wirkliche Länge des Hebelarms $=$

$$MG \cdot \sin \varphi.$$

Hat man also für irgend einen beliebigen Tiefgang den Systemschwerpunkt ermittelt, so ist man mit Hülfe der Metazenterkurven in der Lage, das Maß $MG \cdot \sin \varphi$ für jeden der angegebenen Neigungswinkel zu ermitteln.

Werden diese Hebelarme der Reihe nach auf ein Koordinatensystem als Ordinaten aufgetragen, deren Abscissen die Neigungswinkel darstellen und durch die korrespondierenden Punkte Linien gezogen, so entstehen die rechts unten in Fig. 30 dargestellten punktierten Kurven der Hebelarme $MG \cdot \sin \varphi$. Werden diese Hebelarme multipliziert mit dem Deplacement, so ergibt sich daraus das aufrichtende Moment

$$D \cdot MG \sin \varphi.$$

Die Kurven für das aufrichtende Moment sind in dem unter Fig. 30 dargestellten Koordinatensystem als ausgezogene Linien dargestellt, wobei das Depl. des leeren Schiffes (1440 t) $=$ I gesetzt ist. Für den Tiefgang des leeren Schiffes $=$ 2,84 m fällt demnach die Kurve der aufrichtenden Momente mit der Kurve der Hebelarme zusammen, während für die 3 anderen Tiefgänge die Kurven der Momente und Hebelarme verschiedene sind und sich in der Abscissenachse schneiden.

Aus den Kurven der Momente geht nun zunächst für die hier behandelten Tiefgänge der Umfang der Stabilität hervor. Dieser ist für das leere Schiff am kleinsten und reicht nur bis zu einer Neigung von 32^0. Für das leere Schiff ist ferner das aufrichtende Moment bei einer Neigung von 15^0 am größten und es beträgt hier der Hebelarm $MG \cdot \sin \varphi = 0{,}11$ m, das aufrichtende Moment ist demnach:

$$D \cdot MG \sin \varphi = 1440 \cdot 0{,}11 = 158{,}4 \text{ mt oder } 158400 \text{ mkg.}$$

Die Fläche, welche der Schiffsrumpf dem Winde darbietet, ist bei dem geringsten Tiefgange $= 2{,}84$ m am größten und beträgt bei 15^0 Neigung an der Luvseite ca. 760 qm. Der $\odot$ dieser Fläche liegt 4,21 m über dem $\odot$ des Längenplans. Die Bemastung und das gesamte Takelwerk bei festgemachten Segeln bieten eine Fläche von ca. 400 qm, dessen $\odot$ 25 m über dem $\odot$ des Längenplans gelegen ist. Das Moment dieser Flächen, welches man für das leere Schiff als Segelmoment ansehen kann, ist also, wenn A_0 und h_0 dasselbe wie auf Seite 92 und 93 bedeuten:

$$\begin{aligned} \text{Schiffsrumpf } 760 \cdot 4{,}21 &= 3200 \\ \text{Takelung } \quad 400 \cdot 25{,}0 &= 10000 \\ \hline A_0 \cdot h_0 = \text{Moment} &= 13200 \text{ qm} \cdot \text{m,} \end{aligned}$$

bezogen auf den $\odot$ des Längenplans.

Ist nun p der Druck des Windes in kg pro qm, dann ist, wenn der Winddruck querschiffs unter 90^0 gegen das Schiff wirkt,

$$A_0 \cdot h_0 \cdot p \cdot \cos^2 \varphi = D \cdot MG \sin \varphi.$$

Für 15° Neigung ist nun $MG \cdot \sin\varphi = 0{,}11 =$ dem Hebelarm vom System $\odot$ aus gemessen, mithin

$$p = \frac{D \cdot MG \cdot \sin\varphi}{A_0 \cdot h_0 \cdot \cos^2\varphi} = \frac{158400}{13200 \cdot 0{,}934} = 12{,}8 \text{ kg,}$$

d. h. der Wind kann allmählich bis zu einer Stärke von 12,8 kg pro qm anwachsen, das Schiff wird sich dann bis zu einem Winkel von 15° neigen und in dieser Lage unter gleichbleibendem Druck verharren. Eine Zunahme der Brise kann, da die Stabilität bei 15° Neigung aufhört zu wachsen und anfängt abzunehmen — wie aus der Momentenkurve ersichtlich — ein Kentern des Schiffes herbeiführen. Würde jedoch vor Eintritt einer Neigung von 32° — bei welchem Winkel die Stabilität = Null wird — der Winddruck wieder abnehmen, so würde sich das Schiff noch wieder aufrichten und beim gänzlichen Aufhören des Druckes wieder in die aufrechte Lage zurückkehren.

Wird das Schiff aus seiner aufrechten Lage plötzlich durch einen querschiffs wirkenden Windstoß auf die Seite geneigt, so ist bei der Bestimmung des zulässigen Druckes oder der zulässigen Neigung die lebendige Kraft der bewegten Masse zu berücksichtigen. In Fig. 31 stellt der Inhalt der Momentenkurve $obdef$ die mechanische Arbeit dar, welche zu verrichten ist, um das Schiff von 0° bis 32° überzukrängen, d. h. um es zum Kentern zu bringen. Dabei stellen in der Kürve die Ordinaten den Wert $D \cdot MG \sin\varphi$ und die Abscissen die Weglängen dar. Wird nun andererseits der Wert $p \cdot A_0 \cdot h_0 \cdot \cos^2\varphi$ unter Beibehaltung der gleichen Weglängen dargestellt durch eine Kurve — der sogen. Windkurve — so läßt sich aus den beiden Kurven leicht ersehen, wann der Moment des Kenterns eintreten muß.

Die Ordinaten der Momentenkurve erhält man, wenn man für jeden Winkel den Hebelarm mit dem Depl., hier 1440 t = 1440000 kg, multipliziert; die Ordinaten der Windkurve dagegen, wenn man den Winddruck p mit dem Moment $A_0 \cdot h_0$ und dieses mit dem Quadrat des Cosinus von dem betreffenden Winkel multipliziert. Es ist also bei dieser Kurve für

$$\varphi = 0 \text{ die Ordinate} = p \cdot A_0 \cdot h_0 = p \cdot 13200, \text{ für}$$
$$\varphi = 10° \quad„ \qquad „ \quad = p \cdot A_0 \cdot h_0 \cdot 0{,}970225$$
$$\varphi = 20° \quad„ \qquad „ \quad = p \cdot A^0 \cdot h_0 \cdot 0{,}883600 \text{ u. s. w.}$$

Wenn das Schiff durch eine Bö von 0 bis c, siehe Fig. 31, also bis zu ca. 8 Grad geneigt wird, so tritt der Fall ein, daß das Moment des Winddrucks = dem aufrichtenden Moment des Schiffes, d. h. das

$$p \cdot A_0 \cdot h_0 \cdot \cos^2\varphi = D \cdot MG \sin\varphi$$

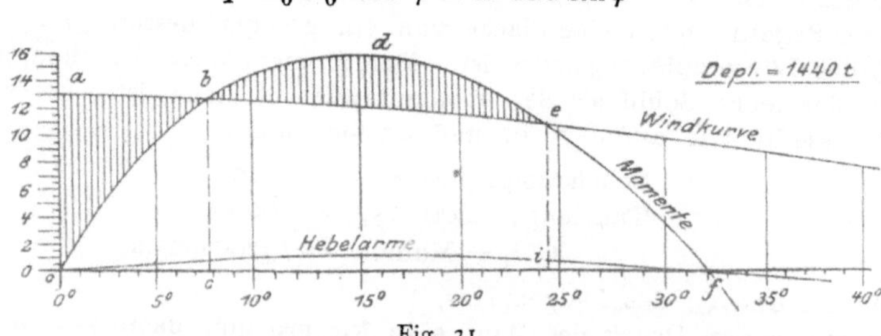

Fig. 31.

wird. Zum Überkrängen des Schiffes ist nun eine mechanische Arbeit geleistet, die dargestellt wird durch die Fläche obc, während die vom Winde verrichtete mechanische Arbeit durch die Fläche $oabc$ dargestellt wird. Die in Fig. 31 schraffierte Fläche oab ist noch als lebendige Kraft in der bewegten Masse des Schiffes aufgespeichert und bewirkt, daß sich das Schiff über die Neigung von 8^0 — wo bei langsamem Krängen Gleichgewicht eintreten würde — hinaus weiter bewegt. Dieses Weiterneigen wird so lange fortgehen, bis das Schiff sich bis zu dem Punkte i (ca. $24^1/_2$ Grad) geneigt hat, denn dann ist die zum Aufrichten verwandte mechanische Arbeit, dargestellt durch die schraffierte Fläche bde, gleich dem Überschuß der im Anfang durch den Winddruck verrichteten Mehrarbeit oab.

Diejenige Windkurve, welche die Momentenkurve derartig schneidet, daß die schraffierten Flächen oab und bde gleich groß werden, gibt in der Ordinatenachse als Anfangsordinate das kleinste Moment an, welches bei plötzlichem Stoß im stande ist, das Schiff zum Kentern zu bringen. Im vorliegenden Falle ist $p \cdot A_0 \cdot h_0 = 130000$ kgm, siehe Fig. 31. Da nun $A_0 \cdot h_0 = 13200$ kgm und $\varphi = 0$ ist, so ist: $p = 9{,}9$ kg pro qm.

Wird der Punkt i, also eine Neigung von $24^1/_2{}^0$, überschritten, so wird das Moment des Winddrucks größer als das aufrichtende Moment und das Kentern tritt ein.

Hieraus geht also hervor, daß das Schiff zwar in leerem Zustande steht, aber schon durch einen geringen Winddruck zum Kentern gebracht werden kann.

Aus den übrigen Momentenkurven für $4{,}47$ m, $5{,}53$ m und $6{,}7$ m Tiefgang kann man durch Vergleichung mit anderen Schiffen leicht Schlüsse auf die Stabilitätsverhältnisse und auf das Verhalten des Schiffes in See ziehen.

5. Vollschiff.

Für diesen Schiffstyp soll ein Schiffskörper von folgenden Hauptdimensionen gewählt werden, siehe Fig. 32 und 33:

$$L = 80 \text{ m}, \quad B = 12{,}25 \text{ m}, \quad H = 7{,}5 \text{ m}.$$

Bei dem zulässigen Freibord beträgt der größte

$$\text{Tiefgang} \begin{cases} \text{ohne Kiel } 6{,}05 \text{ m} \\ \text{mit Kiel } 6{,}30. \end{cases}$$

Deplacement und Schwerpunkt desselben.

a. $\odot$ horizontal.

Spant	Areal der Spanten qm	Koeff.	Areal $\times$ Koeffizient	Koeff.	Momente bezogen auf Spant o
0	0,0	$^1/_2$	0,0	0	0,0
1	38,1	2	76,2	1	76,2
2	59,6	1	59,6	2	119,2
3	66,9	2	133,8	3	401,4
4	68,4	1	68,4	4	273,6
5	68,4	2	136,8	5	684,0
6	67,0	1	67,0	6	402,0
7	63,5	2	127,0	7	889,0
8	52,1	1	52,1	8	416,8
9	28,4	2	56,8	9	511,2
10	0,0	$^1/_2$	0,0	10	0,0
			777,7		3773,4

$$\delta = 8 \text{ m}; \qquad \frac{2}{3}\delta = \quad 5{,}333 \text{ m} \qquad \delta = \quad 8{,}0$$

$$\overline{4147{,}47 \text{ cbm}} \qquad \overline{30187{,}2}$$

$$D = 4147 \text{ cbm}$$

$$D = 4250 \text{ t}$$

$$\frac{30187{,}2}{777{,}7} = 38{,}81 \text{ m} = \odot \text{ des Depl. hinter Spant o (Vorsteven)}$$

$$^1/_2 L - 38{,}81 = 1{,}19 \text{ m} = \text{Depl.} \odot \text{ vor der Mitte der Wasserlinie.}$$

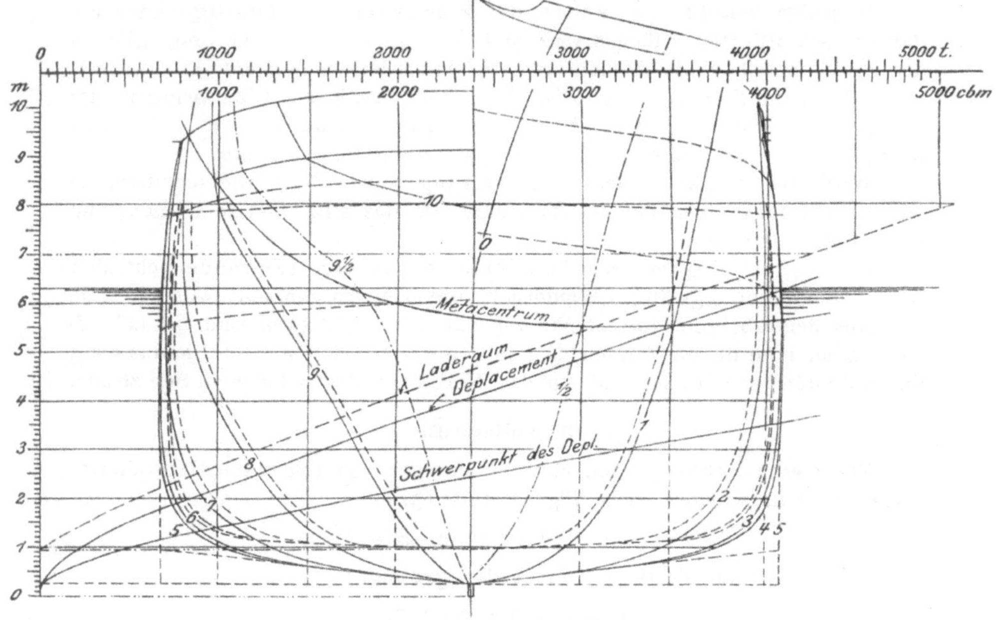

Fig. 33.

b. vertikal.

Für die Lage des $D\odot$ der Höhe nach ergibt sich aus der Deplacementskala:

	Inhalt cbm	Koeff.	Koeff. × Inhalt
Depl. bis Wasserlinie I	4147	$^1/_2$	2073,5
„ „ „ II	3351	2	6702,0
„ „ „ III	2590	1	2590,0
„ „ „ IV	1800	2	3600,0
„ „ „ V	1030	1	1030,0
„ „ „ VI	376	2	752,0
„ „ Oberkante Kiel	o	$^1/_2$	0,0
			16747,5

$$\delta = \frac{6{,}05}{6} = 1{,}0083; \qquad \frac{2}{3}\delta = \quad 0{,}6722$$

$$\overline{11257{,}67}$$

$$\frac{11257{,}67}{4147} = 2{,}714 \text{ m} = \odot \text{ des } D \text{ unter der WL,}$$

$$6{,}050 \text{ m} = \text{Tiefgang,}$$

$$3{,}336 \text{ m} = \odot \text{ des } D \text{ über Oberkante Kiel.}$$

Quer-Metazentrum.

Spant	$^1/_2$ Breite der WL m	$(^1/_2 \text{ Breite})^3$	Koeff.	Koeff. $\asymp$ $(^1/_2 \text{ Breite})^3$
0	0,00	0,000	$^1/_2$	0,000
1	4,20	74,088	2	148,176
2	5,75	190,109	1	190,109
3	6,05	221,445	2	442,890
4	6,09	225,866	1	225,866
5	6,10	226,981	2	453,962
6	6,07	223,649	1	223,649
7	6,00	216,000	2	432,000
8	5,65	180,362	1	180,362
9	4,20	74,088	2	148,176
10	0,00	0,000	$^1/_2$	0,000
				2445,190

$$\delta = 8 \text{ m}; \quad \frac{4}{9}\delta = \quad 3{,}5555$$

$$\frac{2}{3}\int y^3 \, dx = \quad 8693{,}873$$

$$\frac{8693{,}873}{4147} = 2{,}096 \text{ m} = \text{Metazentrum über Depl.}\odot,$$

$$3{,}336 \text{ m} = \text{Depl.}\odot \text{ über Oberkante Kiel,}$$

$$5{,}432 \text{ m} = \text{Metazentrum über Oberkante Kiel.}$$

Gewicht und $\odot$ des kompletten Schiffes.

Das vorliegende Schiff soll aus Stahl gebaut, aber nicht mit Einrichtung für Wasserballast versehen werden; das Eigengewicht beträgt deshalb nach der Gewichtsdarstellung, Tafel I, da $0{,}75 \cdot L \cdot B \cdot H = 5513 \sim 1946$ Registertons ist:

Stahl- und Eisenteile . . . . 735 t
Holzteile . . . . 156 t
Ausrüstung . . . . 68 t
Takelung . . . . 111 t
Zementierung und Anstrich . . . . 70 t
Eigengewicht des Schiffes = 1140 t.

Der $\odot$ des komplett ausgerüsteten Schiffes liegt $0{,}82 \cdot H = 6{,}15$ m über Oberkante Kiel.

Gewicht und $\odot$ der Ladung.

Das Gewicht der Ladung beträgt D — Eigengewicht $= 4250 - 1140 = 3110$ t.

Für die Höhenlage des $\odot$s der Ladung ergibt sich nach der Skala des Laderauminhalts:

	Inhalt cbm	Koeff.	Koeff. $\times$ Inhalt
Laderaum bis Deckebene I	5200	$^1/_2$	2600
„ „ Ebene II	4220	2	8440
„ „ „ III	3265	1	3265
„ „ „ IV	2350	2	4700
„ „ „ V	1465	1	1465
„ „ „ VI	660	2	1320
„ „ Wegerung	0	$^1/_2$	0
			21790

$$\delta = 1{,}1713\ \text{m}; \qquad \frac{2}{3}\delta = \qquad 0{,}7809$$

$$17015{,}81$$

$$\frac{17015{,}81}{5200} = 3{,}272\ \text{m} = \odot \text{ unter der Deckebene,}$$

$$7{,}740\ \text{m} = \text{Deckebene über Oberkante Kiel,}$$

$$4{,}468\ \text{m} = \odot \text{ der Ladung über Oberkante Kiel.}$$

Systemschwerpunkt.

	Gewicht t	$\odot$ über Oberk. Kiel m	Momente
Schiffskörper und Zubehör	1140	6,150	7011,00
Ladung	3110	4,468	13895,48
Depl. =	4250		20906,48

$$\frac{20906{,}48}{4250} = 4{,}919\ \text{m} = \text{System } \odot \text{ über Oberk. Kiel,}$$

$$5{,}432\ \text{m} = \text{Metazentrum über Oberk. Kiel,}$$

$$MG = 0{,}513\ \text{m} = \text{Metazentrum über dem Systemschwerpunkt.}$$

Takelung.

Das Schiff soll so getakelt werden, daß es sich gut für atlantische Fahrten eignet. Es muß daher

$$\frac{A \cdot h}{D \cdot MG} \text{ zwischen 21 und 24}$$

liegen. Nimmt man für dieses Verhältnis 22 an, so entsteht

$$A \cdot h = \sim 22 \cdot D \cdot MG = \sim 22 \cdot 4250 \cdot 0{,}513 = \sim 4796.$$

Für Vollschiffe ist $a = 0{,}3424 \cdot A$, also ist

$$a \cdot h = 0{,}3424 \cdot 4796 = \sim 16422.$$

Auf der Ordinate $\varkappa - \lambda$, Tafel II, hat die Linie ah das obige Maß, so daß auf dieser Ordinate die Abmessungen für die Bemastung zu finden sind, wonach die Segelzeichnung zu entwerfen ist. Es ergibt sich aus dieser, siehe Fig. 32:

Areal und Schwerpunkt der sämtlichen Segel.

Benennung der Segel	Areal in qm	Über der Wasserlinie		Vor der Mitte der WL	
		Abstand des $\odot$s m	Momente	Abstand des $\odot$s m	Momente
Besahn	104,0	10,15	1055,6	— 30,70	— 3192,8
Unteres Kreuzsegel . . .	86,0	16,15	1388,9	— 26,20	— 2253,2
Oberes „ . . .	89,0	21,45	1909,1	— 26,70	— 2376,3
Kreuz-Unterbramsegel . .	50,7	26,65	1351,2	— 27,20	— 1379,0
„ -Oberbramsegel . .	47,7	30,45	1452,5	— 27,53	— 1313,2
„ -Roil	43,8	34,88	1527,7	— 27,95	— 1224,2
Großsegel	240,0	9,00	2160,0	— 1,50	— 360,0
Groß-Untermarssegel . . .	121,1	17,75	2149,5	— 2,03	— 245,8
„ -Obermarssegel . . .	141,0	24,10	3398,1	— 2,46	— 346,9
„ -Unterbramsegel . .	78,3	30,42	2381,9	— 2,85	— 223,2
„ -Oberbramsegel . . .	75,5	34,97	2640,2	— 3,15	— 237,8
„ -Roil	78,6	40,50	3183,3	— 3,53	— 277,5
Fock	188,0	9,35	1757,8	24,40	4587,2
Vor-Untermarssegel . . .	121,1	17,05	2064,8	24,00	2906,4
„ -Obermarssegel	141,0	23,40	3299,4	23,65	3334,7
„ -Unterbramsegel . . .	78,3	29,72	2327,1	23,32	1826,0
„ -Oberbramsegel. . . .	75,5	34,27	2587,4	23,08	1742,5
„ -Roil	78,6	39,80	3128,3	22,72	1785,8
„ -Stengestagsegel . . .	33,0	11,20	369,6	38,20	1260,6
Binnenklüver	49,4	13,25	654,6	39,87	1969,6
Großer Klüver	45,3	14,40	652,3	42,30	1916,2
Außenklüver	41,1	16,60	682,3	44,10	1812,5
Areal $A =$	2007,0		42121,6		23141,5
					—13429,9
					9711,6
Bagiensegel	140,4				
Kreuz-Stengestagsegel . .	69,3				
„ -Bramstagsegel . . .	83,6				
„ -Roilstagsegel . . .	70,0				
Groß-Sturmsegel	52,2				
„ -Stengestagsegel. . .	87,0				
„ -Bramstagsegel . . .	76,0				
„ -Roilstagsegel	66,3				
	2651,8 qm				

$$\frac{42121,6}{2007,0} = 20,988 = \odot \text{ über der WL}$$

$$= 3,150 = \odot \text{ des Längenplans über Unterk. Kiel}$$

$$h = 24,138 = \odot \text{ der Segel üb. dem } \odot \text{ des Längenplans.}$$

Es ist also:

$$\frac{A \cdot h}{D \cdot MG} = \frac{2007 \cdot 24,138}{4250 \cdot 0,513} = 22,22.$$

Ferner ist:

$$\frac{9711,6}{2007} = 4,838 \text{ m} = \text{Segel} \odot \text{ vor der Mitte,}$$

$$0,480 \text{ m} = \odot \text{ des Längenplans hinter der Mitte,}$$

$$5,318 \text{ m} = \text{Segel} \odot \text{ vor dem } \odot \text{ des Längenplans}$$
$$= 0,0665 \cdot L.$$

Areal und Schwerpunkt der unteren Segel.

Benennung der Segel	Areal in qm	Über der Wasserlinie		Vor der Mitte der WL	
		Abstand des $\odot$s m	Momente	Abstand des $\odot$s m	Momente
Besahn	104,0	10,15	1055,6	— 30,70	— 3192,8
Unteres Kreuzsegel . . .	86,0	16,15	1388,9	— 26,20	— 2253,2
Oberes „ . . .	89,0	21,45	1909,1	— 26,70	— 2376,3
Großsegel	240,0	9,00	2160,0	— 1,50	— 360,0
Groß-Untermarssegel . . .	121,1	17,75	2149,5	— 2,03	— 245,8
„ -Obermarssegel . . .	141,0	24,10	3398,1	— 2,46	— 346,9
Fock	188,0	9,35	1757,8	24,40	4587,2
Vor-Untermarssegel . . .	121,1	17,05	2064,8	24,00	2906,4
„ -Obermarssegel	141,0	23,40	3299,4	23,55	3334,7
„ -Stengestagsegel . . .	33,0	11,20	369,6	38,20	1260,6
Klüver	49,4	13,25	654,6	39,87	1969,6
Areal $A_1 =$	1313,6		20207,4		14058,5
					— 8775,0
					+ 5283,5

$$\frac{20207,4}{1313,6} = 15,383 \text{ m} = \odot \text{ über der WL,}$$

$$3,150 \text{ m} = \odot \text{ des Längenplans unter der WL,}$$

$$h_1 = 18,533 \text{ m} = \odot \text{ der Segel über dem } \odot \text{ des Längenplans.}$$

Somit:

$$\frac{A_1 \cdot h_1}{D \cdot MG} = \frac{1313,6 \cdot 18,533}{4250 \cdot 0,513} = 11,166;$$

Dann ist:

$$\frac{5283,5}{1313,6} = 4,022 \text{ m} = \text{Segel}\odot \text{ vor der Mitte,}$$

$$0,480 \text{ m} = \odot \text{ des Längenplans hinter der Mitte,}$$

$$4,502 \text{ m} = 0,056 \cdot L = \odot \text{ der Segel vor dem } \odot \text{ des Längenplans.}$$

Fester Ballast.

Man rechnet 0,4—0,55 t festen Ballast für jede Brutto-Registerton des Schiffes. Danach wären, da das Schiff 1946 Brutto-Registertons groß ist, $0,4 \cdot 1946 = \sim 780$ t Ballast nötig, das Depl. würde $1140 + 780 = 1920$ t betragen, so daß nach Zuziehung von ca. 60 t Frischwasser und Proviant ein Deplacement von 1980 t $= 1930$ cbm entsteht, welches einem Tiefgange von 3,5 m mit Kiel entspricht. Zum Segeln in **Ballast** ist aber ein Tiefgang von mindestens $0,6 \times$ Tiefgang des vollbeladenen Schiffes, d. h. $0,6 \cdot 6,3 = 3,78$ m erwünscht, so daß ein Deplacement von 2120 cbm $= 2170$ t erforderlich ist. Dies würde, unter Berücksichtigung von 60 t Trinkwasser und Proviant, ein Ballastgewicht von $2170 — (1140 + 60) = 970$ t $= 0,5$ t für jede Brutto-Registerton ergeben.

Vernachlässigt man in der Rechnung das Trinkwasser und den Proviant und nimmt man 1000 t Ballast an, dann ist der Tiefgang mit Kiel 3,74 m. Der $\odot$ des Ballastes liegt 2,2 m über Oberkante Kiel, mithin ist:

	Gewicht t	$\odot$ über Oberk. Kiel m	Momente
Schiffskörper	1140	6,150	7011,0
Ballast	1000	2,200	2200,0
$D =$	2140		9211,0

$$\frac{9211}{2140} = 4,304\ \mathrm{m} = \mathrm{System}\odot \text{ über Oberkante Kiel,}$$
$$5,620\ \mathrm{m} = \mathrm{Metazentrum} \text{ über Oberkante Kiel,}$$
$$MG = 1,316\ \mathrm{m} = \mathrm{Metazentrum} \text{ über System}\odot.$$

Das Areal der sämtlichen Segel beträgt 2007 qm, der $\odot$ dieser Segel liegt $20,988 + 6,3 = 27,288$ m über Unterkante Kiel; bei einem **Tiefgange** von $3,74$ m ist also $h_2 = 27,288 - \frac{1}{2}Tg = 27,288 - 1,87 = 25,418$ m, mithin ist:

$$\frac{A \cdot h_2}{D \cdot MG} = \frac{2007 \cdot 25,418}{2140 \cdot 1,316} = 18,1.$$

Wasserballast.

Schiffe von der Größe des vorliegenden sind gegenwärtig wohl die kleinsten, welche noch mit Einrichtung für Wasserballast versehen werden. Bei noch kleineren Schiffen ist diese Einrichtung im allgemeinen nicht mehr rentabel, abgesehen natürlich von solchen Schiffen, die für bestimmte Zwecke benutzt werden.

Soll das Schiff für Wasserballast eingerichtet werden, so ist zunächst für die Einrichtung das Schiffsgewicht um 60 t (siehe Gewichtsdarstellung, Tafel I), zu erhöhen. An Wasserballast ist mindestens 0,53 t für jede Brutto-Registerton, also $0,53 \cdot 1946 = \sim 1030$ t erforderlich. Rechnet man auch hier für Frischwasser und Proviant ein Gewicht von 60 t, dessen $\odot$ im $\odot$ des Schiffes angenommen werden soll, so beträgt das Deplacement $= 1140 + 60 + 1030 + 60 = 2290$ t $= 2230$ cbm. Der Tiefgang mit Kiel ist $= 3,93$ m. Das Metazentrum liegt 5,5 m, der $\odot$ des Wasserballastes 2 m über Oberkante Kiel.

Die Höhenlage des Systemschwerpunktes ergibt sich demnach aus nachstehender Rechnung:

	Gewicht t	$\odot$ über Oberk. Kiel m	Momente
Schiffskörper	1200	6,15	7749
Frischwasser und Proviant	60		
Wasserballast	1030	2,00	2060
$D =$	2290		9809

$$\frac{9809}{2290} = 4,283\ \mathrm{m} = \mathrm{System}\odot \text{ über Oberkante Kiel,}$$
$$5,500\ \mathrm{m} = \mathrm{Metazentrum} \text{ über Oberkante Kiel,}$$
$$MG = 1,217\ \mathrm{m} = \mathrm{Metazentrum} \text{ über dem System}\odot.$$

Die Höhe des Segelschwerpunktes über dem $\odot$ des Längenplans beträgt $27,288 - \frac{1}{2}Tg = 27,288 - 1,965 = 25,323$ m $= h_2$, also ist:

$$\frac{A \cdot h_2}{D \cdot MG} = \frac{2007 \cdot 25,323}{2290 \cdot 1,217} = 18,24.$$

6. Bark.

Diese allgemein beliebte und am meisten verbreitete Takelung soll im Nachstehenden an drei Beispielen erläutert werden, um die wesentlichsten Abweichungen zu zeigen, die hierbei vorkommen.

Zunächst soll berechnet werden eine Bark ohne Roils und Mittelklüver, eine Takelungsart, die vielfach in Frankreich zur Anwendung kommt und für solche Fahrten sehr praktisch ist, auf welchen kein häufiges Wechseln der Segel vorkommt. Die kleinsten Raasegel sind hier ungefähr $2^1/_2$ mal so groß wie bei einem Vollschiff und ungefähr $1^1/_2$ mal so groß wie bei einer Bark mit Roils. Um diese Takelung mit derjenigen eines Vollschiffes vergleichen zu können, sind für diese Bark die Abmessungen des vorstehenden Vollschiffes gewählt. Segelareal und Stabilität sind in beiden Fällen annähernd gleich.

Als zweites Beispiel soll eine Bark von mittleren Abmessungen mit moderner Takelung und als letztes Beispiel eine für unsere heutigen Begriffe kleine Bark mit einer älteren Takelung gewählt werden.

α. Bark ohne Roils und ohne Mittelklüver.

Für dieses Schiff, s. Fig. 34, sollen dieselben Abmessungen gewählt werden wie für das vorstehende Vollschiff. Es ist also

$$L = 80\ \text{m}, \quad B = 12{,}25\ \text{m}, \quad H = 7{,}5\ \text{m},$$
$$Tg \text{ ohne Kiel } 6{,}05\ \text{m, mit Kiel } 6{,}30\ \text{m}$$
$$D = 4147\ \text{cbm}, \quad D = 4250\ \text{t}, \quad MG = 0{,}513\ \text{m}.$$

Für diese Takelung kann die übliche Methode zur Bestimmung der Abmessungen der einzelnen Teile der Bemastung keine Anwendung finden, weil Tafel II für Schiffe mit Roils berechnet ist.

Um bei den langen oberen Raaen der Takelung doch ein schlankes Aussehen zu geben, werden auch hier die Bemastungen mit zwei Absätzen versehen, so daß es aussieht, als ob die Roilraaen abgenommen wären.

Areal und Schwerpunkt der sämtlichen Segel.

Benennung der Segel	Areal in qm	Über der Wasserlinie		Vor der Mitte der WL	
		Abstand des $\odot$s m	Momente	Abstand des $\odot$s m	Momente
Besahn	186,0	12,85	2390,10	— 34,50	— 6417,00
Gaffeltoppsegel	84,8	25,05	2124,24	— 31,33	— 2656,78
Großsegel	270,2	9,00	2431,80	— 4,25	— 1148,35
Groß-Untermarssegel . . .	138,0	17,90	2470,20	— 4,90	— 676,20
„ -Obermarssegel . . .	156,0	24,50	3822,00	— 5,40	— 842,40
„ -Unterbramsegel . . .	116,3	31,65	3680,89	— 5,95	— 691,98
„ -Oberbramsegel . . .	118,0	37,90	4472,20	— 6,40	— 755,20
Fock	228,1	9,65	2201,17	23,18	5287,36
Vor-Untermarssegel	138,0	17,80	2456,40	22,60	3118,80
„ -Obermarssegel	156,0	24,40	3806,40	22,16	3456,96
„ -Unterbramsegel . . .	116,3	31,55	3669,26	21,68	2521,38
„ -Oberbramsegel	118,0	37,80	4460,40	21,25	2507,50
„ -Stengestagsegel . . .	46,4	11,60	538,24	36,20	1679,68
Klüver	70,5	13,35	941,18	38,75	2731,88
Außenklüver	64,4	15,65	1007,86	44,00	2833,60
Areal =	2007,0		40472,34		+ 24137,16
					— 13187,91
					+ 10949,25

Das Gesamt-Segelareal beträgt: $A = 2007{,}0$ qm

Besahnstagsegel	50,0	„
Besahn-Mittelstagsegel	67,2	„
„ -Stengestagsegel	50,3	„
Groß-Stagsegel	89,2	„
„ -Mittelstagsegel	57,0	„
„ -Bramstagsegel	75,3	„
„ -Roilstagsegel	62,2	„

$$\text{Gesamt-Segelareal} = 2458{,}2 \text{ qm}$$

$$\frac{40472{,}34}{2007} = 20{,}165 \text{ m} = \text{Segel} \odot \text{ über der WL}$$

$$3{,}150 \text{ m} = \text{Längenplan} \odot \text{ unter der WL}$$

$$h = 23{,}315 \text{ m} = \text{Segel} \odot \text{ über dem } \odot \text{ des Längenplans.}$$

Es ist also
$$\frac{A \cdot h}{D \cdot MG} = \frac{2007 \cdot 23{,}315}{4250 \cdot 0{,}513} = 21{,}46.$$

$$\frac{10949{,}25}{2007} = 5{,}455 \text{ m} = \text{Segel} \odot \text{ vor der Mitte der WL}$$

$$0{,}480 \text{ m} = \odot \text{ des Längenplans hinter der Mitte der WL}$$

$$5{,}935 \text{ m} = 0{,}0742 \cdot L = \odot \text{ der Segel vor dem } \odot \text{ des}$$
Längenplans.

Areal und Schwerpunkt der unteren Segel.

Benennung der Segel	Areal in qm	Über der Wasserlinie		Vor der Mitte der WL	
		Abstand des $\odot$s m	Momente	Abstand des $\odot$s m	Momente
Besahn	186,0	12,85	2390,10	— 34,50	— 6417,00
Großsegel.	270,2	9,00	2431,80	— 4,25	— 1148,35
Groß-Untermarssegel . . .	138,0	17,90	2470,20	— 4,90	— 676,20
„ -Obermarssegel . . .	156,0	24,50	3822,00	— 5,40	— 842,40
Fock	228,1	9,65	2201,17	23,18	5287,36
Vor-Untermarssegel	138,0	17,80	2456,40	22,60	3118,80
„ -Obermarssegel	156,0	24,40	3806,40	22,16	3456,96
„ -Stengestagsegel	46,4	11,60	538,24	36,20	1679,68
Klüver	70,5	13,35	941,18	38,75	2731,88
Areal $A_1 =$	1389,2 qm		21057,49		+ 16274,68
					— 9083,95
					+ 7190,73

$$\frac{21057{,}49}{1389{,}2} = 15{,}158 \text{ m} = \odot \text{ der Segel über der WL}$$

$$3{,}150 \text{ m} = \odot \text{ des Längenplans unter der WL}$$

$$h_1 = 18{,}308 \text{ m} = \odot \text{ der Segel über dem } \odot \text{ des Längenplans.}$$

Es ist somit
$$\frac{A_1 \cdot h_1}{D \cdot MG} = \frac{1389{,}2 \cdot 18{,}308}{4250 \cdot 0{,}513} = 11{,}66.$$

$$\frac{7190{,}73}{1389{,}2} = 5{,}176 \text{ m} = \odot \text{ der Segel vor der Mitte der WL}$$

$$0\,480 \text{ m} = \odot \text{ des Längenplans hinter der Mitte der WL}$$

$$5{,}656 \text{ m} = 0{,}0707 \cdot L = \odot \text{ der Segel vor dem } \odot \text{ des}$$
Längenplans.

9*

β. Bark von nachstehenden Hauptabmessungen.

(Siehe Fig. 35 und 36.)

$$L = 70{,}0\,\text{m}, \quad B = 11{,}6\,\text{m}, \quad H = 7{,}1\,\text{m}.$$

Tiefgang $\begin{cases} \text{ohne Kiel } 5{,}77\,\text{m} \\ \text{mit Kiel } 6{,}00\,\text{m} \end{cases}$

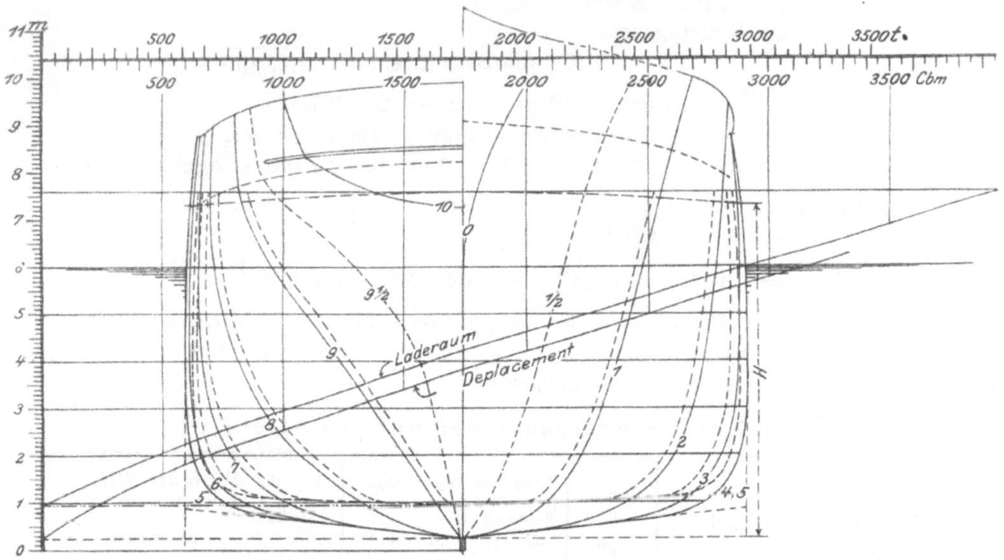

Fig. 35.

Deplacement und Schwerpunkt desselben.

a. Rechnung in horizontaler Richtung.

Spanten	Areal der Spanten qm	Koeff.	Areal × Koeff.	Koeff.	Momente bezogen auf Spant o
0	0,00	$^1/_2$	0,00	0	0,00
1	30,00	2	60,00	1	60,00
2	49,80	1	49,80	2	99,60
3	59,24	2	118,48	3	355,44
4	62,00	1	62,00	4	248,00
5	62,00	2	124,00	5	620,00
6	60,04	1	60,04	6	360,24
7	55,49	2	110,98	7	776,86
8	44,44	1	44,44	8	355,52
9	23,33	2	46,66	9	419,94
10	0,00	$^1/_2$	0,00	10	0,00
			676,40		3295,60

$$\delta = 7; \qquad \tfrac{2}{3}\,\delta = 4{,}6667 \qquad \delta = 7{,}0$$

$$D = 3156{,}5\ \text{cbm} \qquad 23069{,}20$$

$$D = 3235\ \text{t}$$

$$\frac{23069,2}{676,4} = 34,105 \text{ m} = \odot \text{ des Depl. hinter Spant o}$$

$$35,000 \text{ m} = {}^1\!/_2 \text{ Schiffslänge}$$

$$\overline{0,895 \text{ m}} = \odot \text{ des Depl. vor der Mitte der WL.}$$

b. Rechnung in vertikaler Richtung.

Aus der Deplacementskala ergibt sich:

	Inhalt cbm	Koeff.	Koeff. $\times$ Inhalt
Deplacement bis WL I.	3156,5	${}^1\!/_2$	1578,2
„ „ „ II.	2545,0	2	5090,0
„ „ „ III.	1922,0	1	1922,0
„ „ „ IV.	1345,0	2	2690,0
„ „ „ V.	785,0	1	785,0
„ „ „ VI.	310,0	2	620,0
„ „ Oberkante Kiel	0,0	${}^1\!/_2$	0,0
			12685,2

$$\delta = \frac{5,77}{6} = 0,9616; \qquad \frac{2}{3}\delta = \frac{0,6411}{\overline{8132,482}}$$

$$\frac{8132,482}{3156,5} = 2,576 \text{ m} = D\odot \text{ unter der WL}$$

$$5,770 \text{ m} = \text{Tiefgang ohne Kiel}$$

$$\overline{3,194 \text{ m}} = \odot \text{ des } D \text{ über Oberkante Kiel.}$$

Quer-Metazentrum.

Span-ten	${}^1\!/_2$ Breite der WL m	$({}^1\!/_2$ Breite$)^3$	Koeff.	Koeff. $\times$ $({}^1\!/_2$ Breite$)^3$
0	0,00	0,000	${}^1\!/_2$	0,000
1	3,63	47,832	2	95,664
2	5,20	140,608	1	140,608
3	5,64	179,406	2	358,812
4	5,77	192,100	1	192,100
5	5,77	192,100	2	384,200
6	5,68	183,250	1	183,250
7	5,48	164,567	2	329,134
8	5,18	138,992	1	138,992
9	3,98	63,045	2	126,090
10	0,00	0,000	${}^1\!/_2$	0,000
				1948,850

$$\delta = 7; \qquad \frac{4}{9}\delta = 3,1111$$

$$\frac{2}{3}\int y^3 dx = 6063,067$$

$$\frac{6063,067}{3156,5} = 1,921 \text{ m} = \text{Metazentrum über } D\odot$$

$$3,194 \text{ m} = D\odot \text{ über Oberkante Kiel}$$

$$\overline{5,115 \text{ m}} = \text{Metazentrum über Oberkante Kiel.}$$

Gewicht und Schwerpunkt des Schiffes.

Das Eigengewicht des aus Stahl zu erbauenden Schiffes, welches keine besonderen Einrichtungen für Wasserballast erhalten soll, ermittelt sich aus der Gewichtsdarstellung, Tafel I, wie folgt:

Es ist $0{,}75 \cdot L \cdot B \cdot H = 4324$, annähernd 1526 Brutto-Registertons, somit

Stahl und Eisenteile	568 t
Holzteile, mit festem Zwischendeck . . .	122 t
Ausrüstung	56 t
Takelung	86 t
Zementierung und Anstrich	58 t
Gesamtgewicht des Schiffes =	890 t

Der $\odot$ des leeren Schiffes liegt $0{,}82 \cdot H = 5{,}822\,\mathrm{m}$ über Oberkante Kiel.

Gewicht und Schwerpunkt der Ladung.

Das Gewicht der Ladung beträgt

$$D - 890 = 2345 \text{ t}.$$

Der $\odot$ der Ladung liegt im Schwerpunkt des Laderaumes. Nach der Inhaltskurve des Laderaumes ist:

	Inhalt cbm	Koeff.	Inhalt $\times$ Koeff.
Laderaum bis Deckebene I	3960	$^1/_2$	1980
„ „ Ebene II	3190	2	6380
„ „ „ III	2475	1	2475
„ „ „ IV	1760	2	3520
„ „ „ V	1125	1	1125
„ „ „ VI	495	2	990
„ „ Oberkante Wegerung . . .	0	$^1/_2$	0
			16470

$$\delta = 1{,}11\ldots; \qquad \frac{2}{3}\delta = \frac{0{,}741}{12204{,}27}$$

$$\frac{12204{,}27}{3960} = 3{,}082\,\mathrm{m} = \odot \text{ der Ladung unter der Deckebene}$$

$$7{,}350\,\mathrm{m} = \text{Deckebene über Oberkante Kiel}$$
$$4{,}268\,\mathrm{m} = \odot \text{ der Ladung über Oberkante Kiel.}$$

Systemschwerpunkt.

	Gewicht t	$\odot$ über Oberkante Kiel m	Momente über Oberkante Kiel
Schiffskörper	890	5,822	5181,58
Ladung	2345	4,268	10008,46
$D =$	3235		15190,04

$$\frac{15190{,}04}{3235} = 4{,}696\,\mathrm{m} = \text{System}\odot \text{ über Oberkante Kiel}$$

$$5{,}115\,\mathrm{m} = \text{Metazentrum über Oberkante Kiel}$$
$$MG = 0{,}419\,\mathrm{m} = \text{Metazentrum über dem System}\odot.$$

Takelung.

Das Schiff soll vorzugsweise für die lange Fahrt dienen und muß deshalb eine große Takelung erhalten, so daß $\dfrac{A \cdot h}{D \cdot MG}$ ungefähr 26 werden muß.

Setzt man

$$A \cdot h = \sim 26 \cdot D \cdot MG$$
$$A \cdot h = \sim 26 \cdot 3235 \cdot 0{,}419$$
$$A \cdot h = \sim 35242$$

so ist, da für eine Bark $a = \sim 0{,}3826 \cdot A$:

$$a \cdot h = \sim 0{,}3826 \cdot 35242$$
$$a \cdot h = \sim 13483.$$

Zieht man nun in dem Diagramm, Tafel II, an derjenigen Stelle, an welcher $a \cdot h$ den obigen Wert hat, die Ordinate $\mu — \nu$, dann können auf dieser die Längen des Großmastes, der Mars- und Bramstengen, sowie die der Raaen abgemessen werden, so daß die Ausführung der Segelzeichnung leicht zu bewirken ist. Für das Segelmoment erhält man dann nachstehenden Wert:

Areal und Schwerpunkt der sämtlichen Segel.

Benennung der Segel	Areal in qm	Über der Wasserlinie Abstand des ⊙s m	Momente	Vor der Mitte der WL Abstand des ⊙s m	Momente
Besahn	127,5	11,58	1476,4	— 30,30	— 3863,2
Gaffeltoppsegel	59,4	22,85	1357,3	— 28,12	— 1670,3
Großsegel	240,1	9,12	2189,7	— 3,70	— 888,4
Groß-Untermarssegel	114,0	18,00	2052,0	— 4,60	— 524,4
„ -Obermarssegel	116,0	23,88	2770,1	— 5,20	— 603,2
„ -Unterbramsegel	62,0	29,80	1847,6	— 5,76	— 357,1
„ -Oberbramsegel	61,5	33,85	2081,8	— 6,22	— 382,5
„ -Roil	53,0	38,40	2035,2	— 6,76	— 358,3
Fock	204,4	9,45	1931,6	21,00	4292,4
Vor-Untermarssegel	114,0	17,60	2006,4	20,28	2311,9
„ -Obermarssegel	116,0	23,48	2723,7	19,72	2287,5
„ -Unterbramsegel	62,0	29,40	1822,8	19,25	1193,5
„ -Oberbramsegel	61,5	33,45	2057,2	18,88	1161,1
„ -Roil	53,0	38,00	2014,0	18,45	977,8
„ -Stengestagsegel	32,8	10,70	351,0	32,05	1051,2
Klüver	55,4	12,58	696,9	33,90	1878,1
Außenklüver	48,4	13,85	670,3	36,42	1762,7
Areal A =	1581,0		30084,0		+ 16916,2
					— 8647,4
Besahnstagsegel	73,1				+ 8268,8
Besahn-Stengestagsegel	69,6				
„ -Bramstagsegel	72,0				
Groß-Stengestagsegel	105,0				
„ -Bramstagsegel	75,0				
„ -Roilstagsegel	64,3				
Sturmsegel	52,5				
Gesamt-Areal =	2092,5 qm				

$$\frac{30084{,}0}{1581} = 19{,}028 \text{ m} = \text{Segel} \odot \text{ über d. WL}$$

$$3{,}000 \text{ m} = \text{Längenplan} \odot \text{ unter der WL}$$

$$h = \overline{22{,}028 \text{ m}} = \text{Segel} \odot \text{ über dem} \odot \text{ d. Längenplans}$$

Es ist also:
$$\frac{A \cdot h}{D \cdot MG} = \frac{1581 \cdot 22{,}028}{3235 \cdot 0{,}419} = 25{,}7.$$

Ferner ist:

$$\frac{8268{,}8}{1581} = 5{,}230\,\text{m} = \text{Segel} \odot \text{ vor der Mitte der WL}$$

$$0{,}300\,\text{m} = \odot \text{ des Längenplans hinter der Mitte der WL}$$

$$5{,}530\,\text{m} = 0{,}079 \cdot L = \odot \text{ der Segel vor dem } \odot \text{ des}$$
Längenplans.

Für die unteren Segel ergibt sich folgende Rechnung:

Areal und Schwerpunkt der unteren Segel.

Benennung der Segel	Areal in qm	Über der Wasserlinie		Vor der Mitte der WL	
		Abstand des $\odot$s m	Momente	Abstand des $\odot$s m	Momente
Besahn	127,5	11,58	1476,4	— 30,30	— 3863,2
Großsegel	240,1	9,12	2189,7	— 3,70	— 888,4
Groß-Untermarssegel. . .	114,0	18,00	2052,0	— 4,60	— 524,4
„ -Obermarssegel . . .	116,0	23,88	2770,1	— 5,20	— 603,2
Fock	204,4	9,45	1931,6	21,00	4292,4
Vor-Untermarssegel . . .	114,0	17,60	2006,4	20,28	2311,9
„ -Obermarssegel	116,0	23,48	2723,7	19,72	2287,5
„ -Stengestagsegel . . .	32,8	10,70	351,0	32,05	1051,2
Klüver	55,4	12,58	696,9	33,90	1878,1
$A_1 =$	1120,2 qm		16197,8		+ 11821,1
					— 5879,2
					+ 5941,9

$$\frac{16197{,}8}{1120{,}2} = 14{,}46\,\text{m} = \text{Segel} \odot \text{ über der WL}$$

$$3{,}00\,\text{m} = \odot \text{ des Längenplans unter der WL}$$

$$h_1 = 17{,}46\,\text{m} = \text{Segel} \odot \text{ über dem } \odot \text{ des Längenplans.}$$

Für die unteren Segel ist demnach:

$$\frac{A_1 \cdot h_1}{D \cdot MG} = \frac{1120{,}2 \cdot 17{,}46}{3235 \cdot 0{,}419} = 14{,}43.$$

Ferner ist:

$$\frac{5941{,}9}{1120{,}2} = 5{,}30\,\text{m} = \text{Segel} \odot \text{ vor der Mitte der WL}$$

$$0{,}30\,\text{m} = \odot \text{ des Längenplans hinter der Mitte der WL}$$

$$5{,}60\,\text{m} = 0{,}08 \cdot L = \odot \text{ der unteren Segel vor dem } \odot \text{ des}$$
Längenplans.

γ. Bark „Fürst Bismarck".

Um auch ein Beispiel für Segelschiffe mit großem Vordergeschirr — d. h. mit Bugspriet und langem Klüverbaum, wie solche früher ganz allgemein gebaut wurden und gegenwärtig noch vielfach existieren — zu haben, soll im Nachstehenden die vom Verfasser konstruierte, im Jahre 1877 auf der Werft der Akt.-Ges. „Weser" in Bremen erbaute eiserne Bark „Fürst Bismarck" berechnet werden.   Dieses Schiff hat im ersten Jahre nach seiner Erbauung (1878) die Reise vom Kanal (Lizard) nach Bassein in 86 Tagen zurückgelegt; nach den „Annalen für Hydrographie und maritime Meteorologie" ist dies die schnellste Indienreise, welche, soweit bekannt, bis dahin von einem Segler der deutschen Handelsflotte ausgeführt worden ist.

Die Hauptabmessungen der Bark „Fürst Bismarck" sind folgende, siehe Fig. 37 und Fig. 38:

$$L = 58,3 \text{ m}; \quad B = 10,21 \text{ m}; \quad H = 6,52 \text{ m}.$$

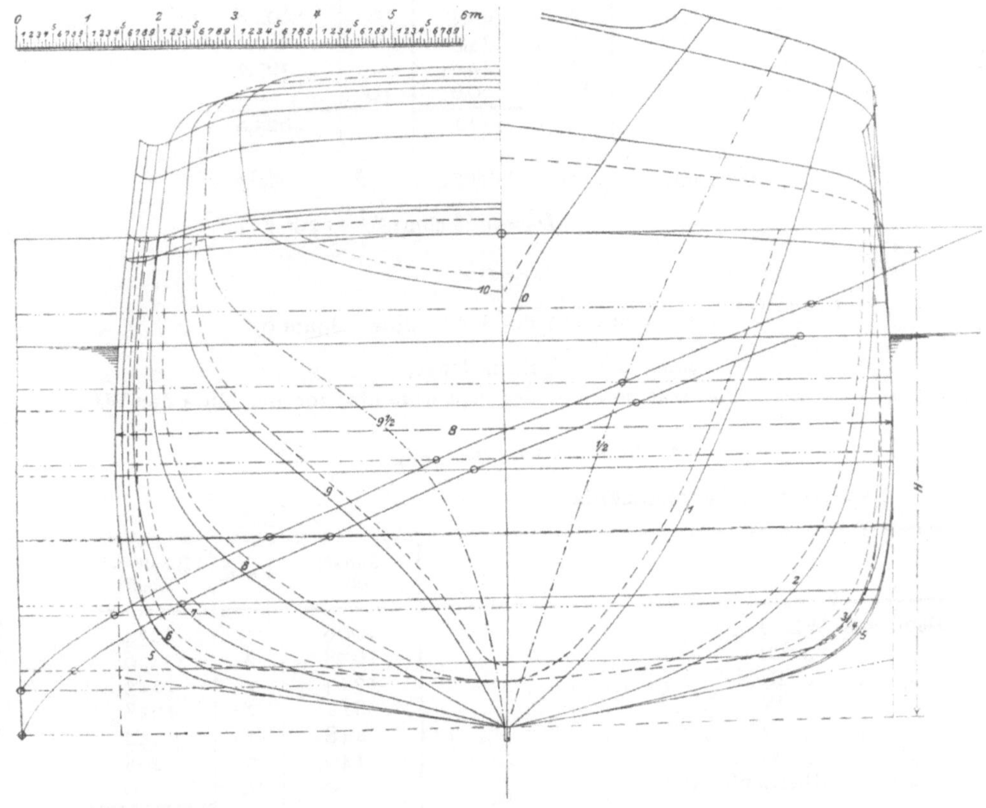

Fig. 38.

Nach den Freibordtabellen muß dieses Schiff einen Freibord von 1,295 m haben, demnach beträgt der

$$\text{Tiefgang} \begin{cases} \text{ohne Kiel} & \ldots \ldots \ldots \ldots \quad 5,32 \text{ m} \\ \text{mit Kiel} & \ldots \ldots \ldots \ldots \quad 5,50 \text{ m}. \end{cases}$$

Deplacement und $\odot$ desselben.

a. Horizontale Richtung.

Span-ten	Areal qm	Koeff.	Areal $\times$ Koeffizient	Koeff.	Momente bezogen auf Spant o
o	0,0	$^1/_2$	0,0	o	0,0
1	21,4	2	42,8	1	42,8
2	40,0	1	40,0	2	80,0
3	46,5	2	93,0	3	279,0
4	48,6	1	48,6	4	194,4
5	49,0	2	98,0	5	490,0
6	47,2	1	47,2	6	283,2
7	43,2	2	86,4	7	604,8
8	35,3	1	35,3	8	282,4
9	20,4	2	40,8	9	367,2
10	0,0	$^1/_2$	0,0	10	0,0
			532,1		2623,8

$$\delta = 5,83; \qquad \frac{2}{3}\delta = 3,8867; \qquad \delta = 5,83$$

$$D = 2068 \text{ cbm}; \qquad 15296,754$$

also:

$$D = 2120 \text{ t}$$

$$\frac{15296,754}{532,1} = 28,75 \text{ m} = \odot \text{ des Depl. hinter Spant o,}$$

$$\underline{29,15} \quad = {}^1/_2 \text{ Schiffslänge,}$$
$$0,40 \text{ m} = \odot \text{ des Deplacements vor der Mitte der WL.}$$

b. Vertikale Richtung.

Nach der Deplacementskala ist:

	Inhalt cbm	Koeff.	Inhalt $\times$ Koeff.
Depl. bis WL I	2068	$^1/_2$	1034
„ „ „ II	1628	2	3256
„ „ „ III	1213	1	1213
„ „ „ IV	814	2	1628
„ „ „ V	448	1	448
„ „ „ VI	149	2	298
„ „ Oberkante Kiel	o	$^1/_2$	o
			7877

$$\delta = \frac{5,32}{6} = 0,887; \qquad \frac{2}{3}\delta = 0,5913$$

$$4657,67$$

$$\frac{4657,67}{2068} = 2,252 \text{ m} = D\odot \text{ unter der WL,}$$

$$\underline{5,320} \text{ m} = \textbf{Tiefgang ohne Kiel,}$$
$$3,068 \text{ m} = D\odot \text{ über Oberkante Kiel.}$$

Quer-Metazentrum.

Span-ten	½ Breite der WL m	(½ Breite)³	Koeff.	Koeff. × (½ Breite)³
0	0,00	0,000	½	0,000
1	3,34	37,260	2	74,520
2	4,82	111,980	1	111,980
3	5,06	129,554	2	259,108
4	5,07	130,324	1	130,324
5	5,07	130,324	2	260,648
6	4,95	121,287	1	121,287
7	4,81	111,285	2	222,570
8	4,58	96,072	1	96,072
9	4,00	64,000	2	128,000
10	0,00	0,000	½	0,000
				1404,509

$$\delta = 5,83 \text{ m}; \qquad \frac{4}{9}\delta = \quad 2,591$$

$$\frac{2}{3}\int y^3 dx = 3639,083$$

$$\frac{3639,083}{2068} = 1,760 \text{ m} = \textbf{Metazentrum über } D\odot,$$

$$3,068 \text{ m} = D\odot \textbf{ über Oberkante Kiel,}$$

$$4,828 \text{ m} = \textbf{Metazentrum über Oberkante Kiel.}$$

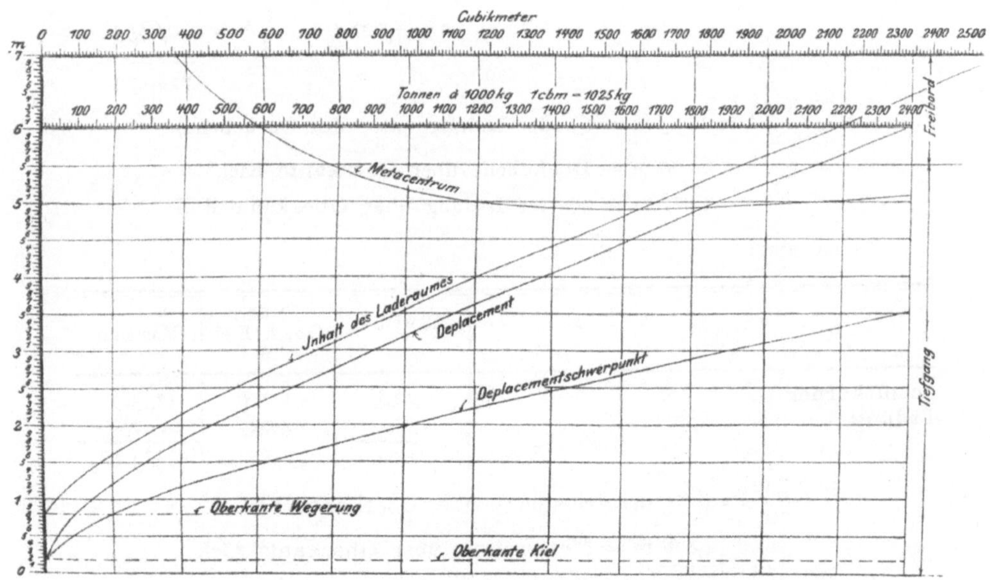

Fig. 39.

Systemschwerpunkt.

Das Eigengewicht des aus Eisen besserer Qualität erbauten Schiffes setzt sich, da $0{,}75 \cdot L \cdot B \cdot H = 2910$ ist, nach der Gewichtsdarstellung, Tafel I, wie folgt zusammen:

$$
\begin{array}{lr}
\text{Eisenteile besserer Qualität} & 400\,\text{t} \\
\text{Holzteile, festes Zwischendeck} & 78\,\text{t} \\
\text{Ausrüstung} & 42\,\text{t} \\
\text{Takelung} & 56\,\text{t} \\
\text{Zementierung und Anstrich} & 44\,\text{t} \\
\hline
\text{Gesamtgewicht des Schiffes} = & 620\,\text{t}
\end{array}
$$

Der $\odot$ des aus Eisen gebauten Schiffes liegt $5{,}216$ m über Oberkante Kiel.

Die Tragfähigkeit des Schiffes beträgt $D - 620 = 1500$ t, der $\odot$ der Ladung in vertikaler Richtung liegt wie folgt:

	Inhalt cbm	Koeff.	Inhalt $\times$ Koeffizient
Laderaum bis Deckebene I	2592	$1/2$	1296
„ „ Ebene II	2100	2	4200
„ „ „ III	1595	1	1595
„ „ „ IV	1104	2	2208
„ „ „ V	660	1	660
„ „ „ VI	264	2	528
„ „ Oberkante Wegerung	0	$1/2$	0
			10487

$$
\delta = 1{,}028; \qquad \frac{2}{3}\delta = 0{,}6853
$$

$$
7186{,}74
$$

$$
\frac{7186{,}74}{2592} = 2{,}773 \text{ m} = \odot \text{ der Ladung unter der Deckebene,}
$$

$$
6{,}800 \text{ m} = \text{Deckebene über Oberkante Kiel,}
$$

$$
4{,}027 \text{ m} = \odot \text{ der Ladung über Oberkante Kiel.}
$$

Es ist also:

	Gewicht t	$\odot$ über Oberk. Kiel m	Momente
Schiffskörper	620	5,216	3233,92
Ladung	1500	4,027	6040,50
$D =$	2120		9274,42

$$
\frac{9274{,}42}{2120} = 4{,}375 \text{ m} = \text{System}\odot \text{ über Oberkante Kiel,}
$$

$$
4{,}828 \text{ m} = \text{Metazentrum über Oberkante Kiel,}
$$

$$
MG = 0{,}453 \text{ m} = \text{Metazentrum über System}\odot.
$$

Takelung. (Siehe Fig. 37.)

Areal und Schwerpunkt der sämtlichen Segel.

Benennung der Segel	Areal in qm	Über der Wasserlinie		Vor der Mitte der WL	
		Abstand des $\odot$s m	Momente	Abstand des $\odot$s m	Momente
Besahn	122,0	10,58	1290,76	— 26,25	— 3202,50
Gaffeltoppsegel	62,6	20,30	1270,78	— 23,95	— 1499,27
Großsegel	163,0	8,40	1369,20	— 3,80	— 619,40
Groß-Untermarssegel . . .	92,0	15,60	1435,20	— 4,55	— 418,60
„ -Obermarssegel . . .	94,7	21,15	2002,91	— 5,13	— 485,81
„ -Bramsegel	87,6	27,90	2444,04	— 5,80	— 508,08
„ -Roil	38,4	33,50	1286,40	— 6,45	— 247,68
Fock	140,4	8,32	1168,13	17,03	2391,01
Vor-Untermarssegel . . .	92,0	15,10	1389,20	16,50	1518,00
„ -Obermarssegel	94,7	20,65	1955,55	16,02	1517,09
„ -Bramsegel	87,6	27,40	2400,24	15,40	1349,04
„ -Roil	38,4	33,05	1269,12	14,92	572,93
„ -Stengestagsegel . . .	33,1	10,48	346,89	29,50	976,45
Klüver	36,0	11,82	425,52	31,25	1125,00
Mittelklüver	33,1	13,10	433,61	33,50	1108,85
Außenklüver	39,0	13,95	544,05	36,80	1435,20
Areal $A =$	1254,6		21031,60		+ 11993,57
					— 6981,34
Besahn-Stagsegel	45,6				+ 5012,23
„ -Stengestagsegel .	52,9				
„ -Bramstagsegel . .	42,0				
Groß-Stengestagsegel . .	77,2				
„ -Bramstagsegel . . .	81,8				
„ -Roilstagsegel	46,5				
Gesamt-Areal =	1600,6				

außer den Leesegeln.

$$\frac{21031,6}{1254,6} = 16{,}764 \text{ m} = \text{Segel} \odot \text{ über d. WL,}$$

$$2{,}750 \text{ m} = \text{Längenplan} \odot \text{ unter der WL,}$$

$$h = \overline{19{,}514} \text{ m} = \text{Segel} \odot \text{ über dem } \odot \text{ des Längenplans.}$$

Es ist sonach:

$$\frac{A \cdot h}{D \cdot MG} = \frac{1254{,}6 \cdot 19{,}514}{2120 \cdot 0{,}453} = 25{,}5.$$

Ferner ist:

$$\frac{5012{,}23}{1254{,}6} = 3{,}995 \text{ m} = \text{Segel} \odot \text{ vor der Mitte der WL,}$$

$$0{,}480 \text{ m} = \odot \text{ des Längenplans hinter der Mitte der WL,}$$

$$\overline{4{,}475} \text{ m} = 0{,}0768 \cdot L = \text{Entfernung des Segel} \odot \text{s vor dem } \odot \text{ des Längenplans.}$$

Es ist hier $a = 453{,}1$ und $h = 19{,}514$, also $a \cdot h = 8842$, mithin ist es die Ordinate $\xi - \pi$ auf Tafel II, auf welcher die Abmessungen der Bemastung für dieses Schiff gefunden werden können.

Areal und Schwerpunkt der unteren Segel.

Benennung der Segel	Areal in qm	Über der Wasserlinie		Vor der Mitte der WL	
		Abstand des ⊙s m	Momente	Abstand des ⊙s m	Momente
Besahn	122,0	10,58	1290,76	— 26,25	— 3202,50
Großsegel	163,0	8,40	1369,20	— 3,80	— 619,40
Groß-Untermarssegel . . .	92,0	15,60	1435,20	— 4,55	— 418,60
„ -Obermarssegel . . .	94,7	21,15	2002,91	— 5,13	— 485,81
Fock	140,4	8,32	1168,13	17,03	2391,01
Vor-Untermarssegel . . .	92,0	15,10	1389,20	16,50	1518,00
„ -Obermarssegel	94,7	20,65	1955,55	16,02	1517,09
„ -Stengestagsegel . . .	33,1	10,48	346,89	29,50	976,45
Klüver	36,0	11,82	425,52	31,25	1125,00
$A_1 =$	867,9		11383,36		$+ 7527,55$ $- 4726,31$
					$+ 2801,24$

$$\frac{11383,36}{867,9} = 13,116 \text{ m} = \text{Segel} \odot \text{ über der WL,}$$

$$2,750 \text{ m} = \odot \text{ des Längenplans unter der WL,}$$

$$h_1 = 15,866 \text{ m} = \text{Segel} \odot \text{ über dem } \odot \text{ des Längenplans.}$$

Es ist also:

$$\frac{A_1 \cdot h_1}{D \cdot MG} = \frac{867,9 \cdot 15,866}{2120 \cdot 0,453} = 14,34.$$

Ferner ist:

$$\frac{2801,24}{867,7} = 3,228 \text{ m} = \text{Segel} \odot \text{ vor der Mitte der WL,}$$

$$0,480 \text{ m} = \text{Längenplan} \odot \text{ hinter der Mitte der WL,}$$

$$3,708 \text{ m} = 0,0636 \cdot L = \text{Segel} \odot \text{ vor dem } \odot \text{ des Längen-}$$
plans.

7. Schonerbark.

Das Schiff soll ungefähr 450 t Ladung nehmen können, für die Küstenfahrt geeignet sein und folgende Hauptabmessungen erhalten (s. Fig. 40
und 41):

$$L = 40,59 \text{ m}, \quad B = 8,3 \text{ m}, \quad H = 4,02 \text{ m,}$$

$$\text{Tiefgang} \begin{cases} \text{ohne Kiel} & 3,25 \text{ m} \\ \text{mit Kiel} & 3,42 \text{ m} \end{cases}$$

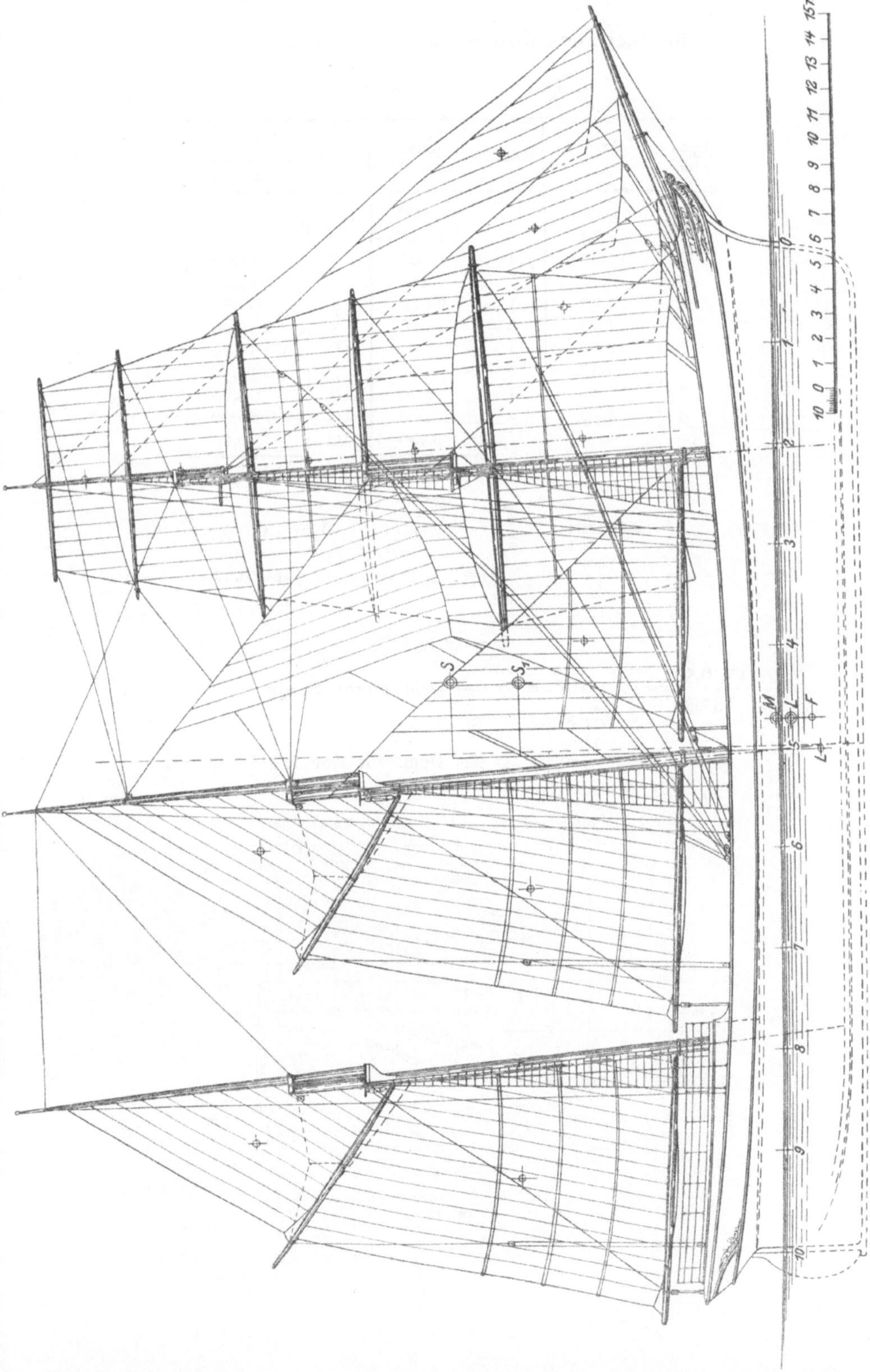

Fig. 10.

Deplacement und Schwerpunkt desselben.

a. In horizontaler Richtung.

Span-ten	Areal qm	Koeff.	Areal × Koeff.	Koeff.	Momente bezogen auf Spant 0
0	0,00	$^1/_2$	0,00	0	0,00
1	9,24	2	18,48	1	18,48
2	17,82	1	17,82	2	35,64
3	22,40	2	44,80	3	134,40
4	24,20	1	24,20	4	96,80
5	24,58	2	49,16	5	245,80
6	22,50	1	22,50	6	135,00
7	19,97	2	39,94	7	279,58
8	12,60	1	12,60	8	100,80
9	4,50	2	9,00	9	81,00
10	0,00	$^1/_2$	0,00	10	0,00
			238,50		1127,50

$$\delta = 4{,}059 \, \text{m}; \qquad \frac{2}{3}\delta = 2{,}706 \qquad \delta = 4{,}059$$

$$D = 645{,}38 \, \text{cbm} \qquad 4576{,}52$$

$$D = \overset{1{,}025}{661{,}5 \, \text{t},}$$

$$\frac{4576{,}52}{238{,}5} = 19{,}190 \, \text{m} = \odot \text{ des Depl. hinter Spant 0}$$

$$20{,}295 \, \text{m} = {}^1/_2 \text{ Schiffslänge}$$

$$1{,}105 \, \text{m} = \odot \text{ des Depl. vor der Mitte der WL.}$$

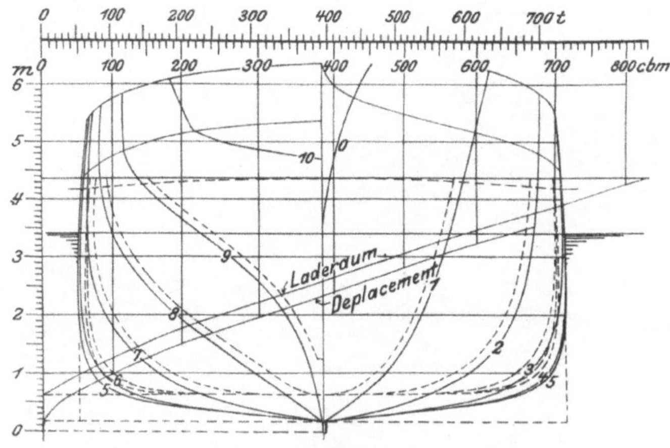

Fig. 41.

b. In vertikaler Richtung.

Nach der Deplacementskala (s. Spantenplan) ist:

	Inhalt cbm	Koeff.	Inhalt $\times$ Koeff.
Depl. bis WL I	645,4	$^1/_2$	322,7
„ „ „ II	510,1	2	1020,2
„ „ „ III	381,0	1	381,0
„ „ „ IV	258,1	2	516,2
„ „ „ V	147,5	1	147,5
„ „ „ VI	50,9	2	101,8
„ „ Oberkante Kiel	0,0	$^1/_2$	0,0
			2489,4

$$\text{Entfernung der Wasserlinien} = \delta = 0,5417; \qquad \frac{2}{3}\,\delta = \frac{0,36113}{898,997}$$

$$\frac{998,997}{645,4} = 1,393\,\text{m} = \odot \text{ des Depl. unter der WL}$$

$$3,250\,\text{m} = \text{WL über Oberkante Kiel} = Tg$$

$$1,857\,\text{m} = \odot \text{ des Depl. über Oberkante Kiel.}$$

Quer-Metazentrum.

Span-ten	$^1/_2$ Breite der WL m	$(^1/_2$ Breite$)^3$	Koeff.	Koeff. $\times$ $(^1/_2$ Breite$)^3$
0	0,00	0,000	$^1/_2$	0,000
1	2,27	11,697	2	23,394
2	3,64	48,229	1	48,229
3	4,08	67,917	2	135,834
4	4,13	70,445	1	70,445
5	4,14	70,958	2	141,916
6	4,11	69,427	1	69,427
7	3,98	63,045	2	126,090
8	3,53	43,987	1	43,987
9	1,97	7,645	2	15,290
10	0,00	0,000	$^1/_2$	0,000
				674,612

$$\delta = 4,059; \qquad \frac{4}{9}\,\delta = 1,804$$

$$\frac{2}{3}\int y^3 dx = 1217,0$$

$$\frac{1217}{645,4} = 1,885\,\text{m} = \text{Metazentrum über Depl.}\odot$$

$$1,857\,\text{m} = \text{Depl.}\odot \text{ über Oberkante Kiel}$$

$$3,742\,\text{m} = \text{Metazentrum über Oberkante Kiel.}$$

Gewicht und Schwerpunkt des Schiffskörpers mit Zubehör.

Es ist: $0{,}75 \cdot L \cdot B \cdot H = 1016 = \sim 360$ Brutto-Registertons und somit ist nach der Gewichtsdarstellung auf Tafel I das Eigengewicht des aus Stahl gebauten Schiffes ohne Zwischendeck

Stahl und Eisenteile	131 t
Holzteile	22 t
Ausrüstung.	17 t
Takelung	20 t
Zementierung und Anstrich	18,3 t
Gesamtgewicht des Schiffes =	208,3 t

Es ist also das Gewicht der Ladung

$$= D - 208{,}3 = 661{,}5 - 208{,}3 = 453{,}2 \text{ t.}$$

Der $\odot$ des Schiffskörpers liegt $0{,}82 \cdot H = 3{,}296$ m über Oberkante Kiel, der $\odot$ der Ladung im $\odot$ des Laderaumes wie folgt:

	Inhalt cbm	Koeff.	Inhalt × Koeff.
Laderaum bis Deckebene I	830,7	$^1/_2$	415,35
„ „ Ebene II	583,8	2	1167,60
„ „ „ III	361,5	1	361,5
„ „ „ IV	157,2	2	314,40
„ „ Oberkante Kiel	0,0	$^1/_2$	0,00
			2258,85

$$\delta = 0{,}9325; \qquad \frac{2}{3}\delta = \underline{0{,}6217}$$
$$1404{,}327$$

$$\frac{1404{,}327}{830{,}7} = 1{,}69 \text{ m} = \odot \text{ der Ladung unter der Deckebene}$$

$$\underline{4{,}20 \text{ m}} = \text{Deckebene über Oberkante Kiel}$$
$$2{,}51 \text{ m} = \odot \text{ der Ladung über Oberkante Kiel.}$$

Es ist also:

	Gewicht t	$\odot$ über Oberk. Kiel m	Momente über Oberk. Kiel
Schiffskörper	208,3	3,296	686,56
Ladung	453,2	2,510	1137,53
$D = $	661,5 t		1824,09

$$\frac{1824{,}09}{661{,}5} = 2{,}757 \text{ m} = \text{System} \odot \text{ über Oberkante Kiel}$$

$$3{,}742 \text{ m} = \text{Metazentrum über Oberkante Kiel}$$
$$MG = 0{,}985 \text{ m} = \qquad \text{„} \qquad \text{„} \qquad \text{System} \odot .$$

Takelung.

Die Takelung soll, wie bemerkt, für die Küstenfahrt (Nord- und Ostsee) bemessen und deshalb $\dfrac{A \cdot h}{D \cdot MG} = \sim 15$ genommen werden.

Das Segelmoment ist demnach:

$$A \cdot h = \sim 15 \cdot D \cdot MG = \sim 15 \cdot 661,5 \cdot 0,985 = \sim 9774.$$

Für Schonerbarks ist $a = 0,37 \cdot A$,

$$\text{also} \quad a \cdot h = \sim 0,37 \cdot 9774 = \sim 3616.$$

In dem Diagramm, Tafel II, liegt diese Größe von $a \cdot h$ auf der Ordinate $\varrho - \sigma$, auf welcher man die Maße für Fockmast, für Mars- und Bramstenge, sowie die Längen der einzelnen Raaen abmessen kann. Nach den unter „Anfertigung der Segelzeichnung" gegebenen Angaben hat dann die Bestimmung der Größe der Segel keine Schwierigkeit. Die Berechnung der Segel ergibt folgende Segelmomente (s. Fig. 40):

Areal und Schwerpunkt der sämtlichen Segel.

Benennung der Segel	Areal in qm	Über der Wasserlinie		Vor der Mitte der WL	
		Abstand des $\odot$s m	Momente	Abstand des $\odot$s m	Momente
Besahn	104,3	10,40	1084,72	— 17,00	— 1773,10
Besahn-Gaffeltoppsegel . .	38,7	20,65	799,15	— 15,35	— 594,04
Großsegel	105,0	9,90	1039,50	— 5,50	— 577,50
Groß-Gaffeltoppsegel . . .	43,2	20,25	874,80	— 3,70	— 159,84
Großstagsegel	58,1	7,50	435,75	4,40	255,64
Fock	94,3	7,35	693,11	12,48	1176,86
Untermarssegel	51,4	13,62	700,07	12,10	621,94
Obermarssegel	48,0	17,90	859,20	11,80	566,40
Bramsegel	39,7	22,22	882,13	11,52	457,34
Roil	21,6	26,62	575,00	11,30	244,08
Vorstengestagsegel	31,2	8,00	249,60	17,74	553,49
Klüver	28,9	9,12	263,57	20,90	604,01
Außenklüver	24,8	10,30	255,44	23,95	593,96
Areal $A =$	689,2		8712,04		+ 5073,72
Flieger	43,4				— 3104,48
Gesamt-Segelareal =	732,6 qm				+ 1969,24

$$\frac{8712,04}{689,2} = 12,641 \text{ m} = \text{Segel} \odot \text{ über der WL}$$

$$1,710 \text{ m} = \odot \text{ des Längenplans unter der WL}$$

$$h = 14,351 \text{ m} = \text{Segel} \odot \text{ über dem } \odot \text{ des Längenplans.}$$

Es ist demnach: $\dfrac{A \cdot h}{D \cdot MG} = \dfrac{689,2 \cdot 14,351}{661,5 \cdot 0,985} = 15,18.$

Ferner ist:

$$\frac{1969,24}{689,2} = 2,857 \text{ m} = \odot \text{ der Segel vor der Mitte der WL}$$

$$0,150 \text{ m} = \odot \text{ des Längenplans hinter der Mitte der WL}$$

$$3,007 \text{ m} = 0,0741 \cdot L = \text{Segel} \odot \text{ vor dem } \odot \text{ des Längen-}$$
plans.

Für die unteren Segel stellen sich die Verhältnisse wie folgt:

Areal und Schwerpunkt der unteren Segel.

Benennung der Segel	Areal in qm	Über der Wasserlinie		Vor der Mitte der WL	
		Abstand des $\odot$s m	Momente	Abstand des $\odot$s m	Momente
Besahn	104,3	10,40	1084,72	— 17,00	— 1773,10
Großsegel	105,0	9,90	1039,50	— 5,50	— 577,50
Großstagsegel	58,1	7,50	435,75	4,40	255,64
Fock	94,3	7,35	693,11	12,48	1176,86
Untermarssegel	51,4	13,62	700,07	12,10	621,94
Obermarssegel	48,0	17,90	859,20	11,80	566,40
Vorstengestagsegel	31,2	8,00	249,60	17,74	553,49
Klüver	28,9	9,12	263,57	20,90	604,01
$A_1 =$	521,2 qm		5325,52		+ 3778,34
					— 2350,60
					+ 1427,74

$$\frac{5325,52}{521,2} = 10,217 \text{ m} = \text{Segel}\odot \text{ über der WL}$$

$$1,710 \text{ m} = \odot \text{ des Längenplanes unter der WL}$$

$$h_1 = 11,927 \text{ m} = \text{Segel}\odot \text{ über dem } \odot \text{ des Längenplans,}$$

$$\text{somit } \frac{A_1 \cdot h_1}{D \cdot MG} = \frac{521,2 \cdot 11,927}{661,5 \cdot 0,985} = 9,54.$$

Dann ist:

$$\frac{1427,74}{521,2} = 2,74 \text{ m} = \odot \text{ der Segel vor der Mitte der WL}$$

$$0,15 \text{ m} = \odot \text{ des Längenplans hinter der Mitte der WL}$$

$$2,89 \text{ m} = 0,0712 \cdot L = \odot \text{ der Segel vor dem } \odot \text{ des}$$
$$\text{Längenplans.}$$

8. Brigg.

Schiffe mit Briggtakelung kommen gegenwärtig nur noch selten zur Ausführung. Der Vollständigkeit halber soll aber dieser Schiffstyp hier doch behandelt werden und zwar für ein scharf und steuerlastig gebautes Schiff von nachstehenden Hauptabmessungen, s. Fig. 42 u. 43:

$$L = 36,8 \text{ m}, \quad B = 7,45 \text{ m}, \quad H = 4 \text{ m}.$$

Der Freibord beträgt 0,710 m, somit der

$$\text{Tiefgang mittschiffs ohne Kiel} = 3,375 \text{ m}$$

$$\text{Tiefgang mit Kiel} \begin{cases} \text{vorne . . . . } 3,140 \text{ m} \\ \text{mittschiffs . } 3,540 \text{ m} \\ \text{hinten . . . . } 3,940 \text{ m} \end{cases}$$

Deplacement bei obigem Tiefgange: $D = 541$ cbm
$$D = 554 \text{ t}$$

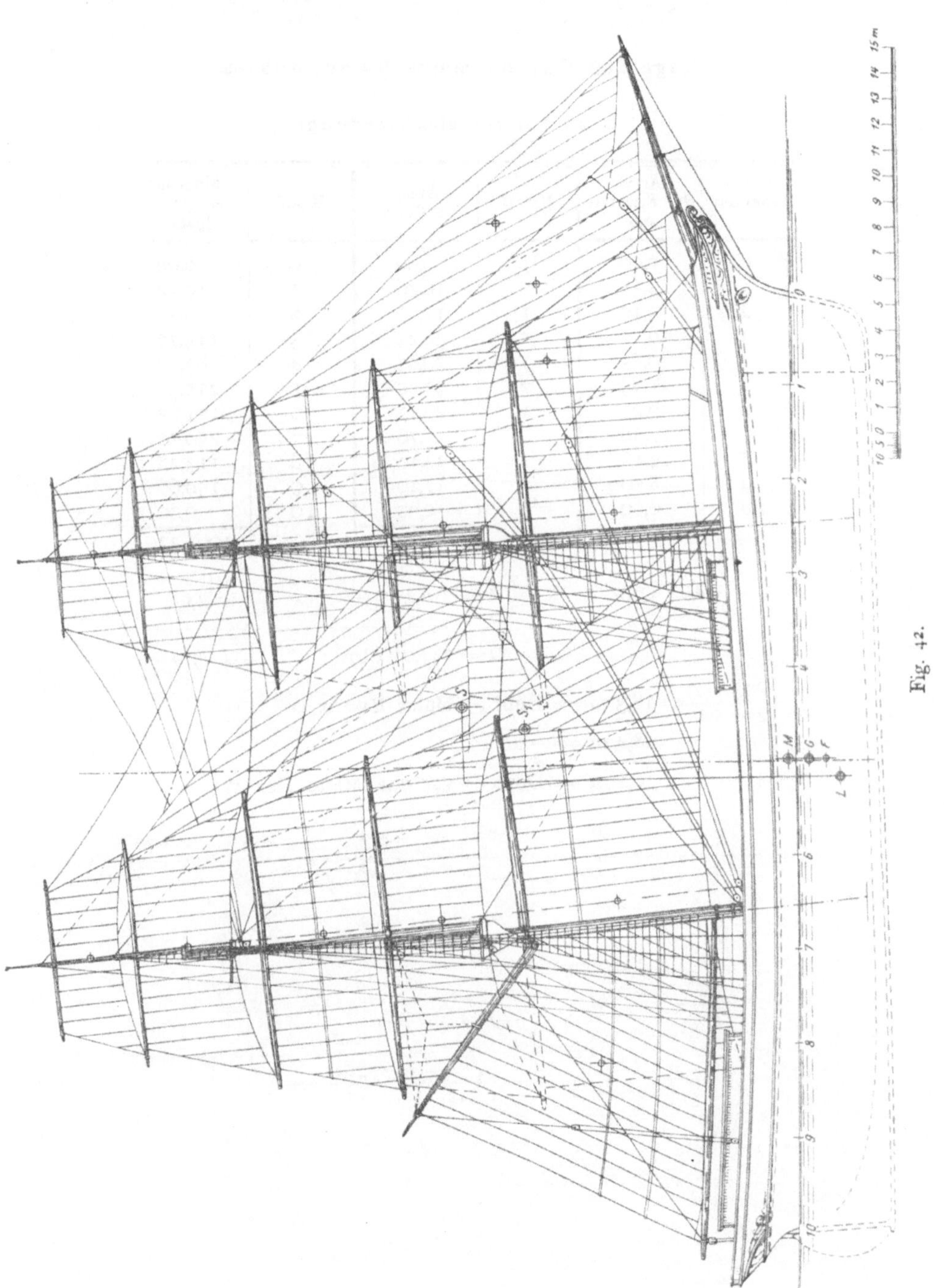

Fig. 42.

Lage des Deplacementschwerpunktes.

a. In horizontaler Richtung:

Spanten	Areal der Spanten qm	Koeff.	Areal × Koeff.	Koeff.	Momente bezogen auf Spant o
0	0,00	$^1/_2$	0,00	0	0,00
1	8,38	2	16,76	1	16,76
2	15,10	1	15,10	2	30,20
3	19,12	2	38,24	3	114,72
4	20,83	1	20,83	4	83,32
5	21,15	2	42,30	5	211,50
6	20,27	1	20,27	6	121,62
7	17,88	2	35,76	7	250,32
8	14,16	1	14,16	8	113,28
9	8,70	2	17,40	9	156,60
10	0,00	$^1/_2$	0,00	10	0,00
			220,82		1098,32

$$\delta = 3,68; \qquad \frac{2}{3}\delta = 2,45 \qquad\qquad \delta = 3,68$$

$$D = 541,01 \text{ cbm} \qquad 4041,817$$

$$\frac{4041,817}{220,82} = 18,3 \text{ m} = \text{Depl.} \odot \text{ hinter Spant o}$$

$$18,4 \text{ m} = \frac{1}{2} L$$

$$0,1 \text{ m} = \text{Depl.} \odot \text{ vor der Mitte der WL.}$$

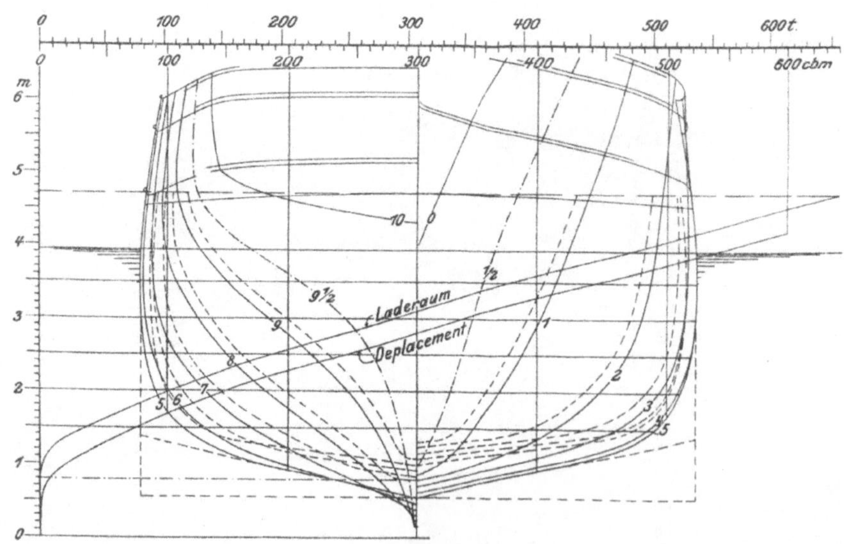

Fig. 43.

b. In vertikaler Richtung:

	Inhalt cbm	Koeff.	Koeff. $\times$ Inhalt
Deplacement bis WL I.	541	$^1/_2$	270,5
„ „ „ II.	404	2	808,0
„ „ „ III.	275	1	275,0
„ „ „ IV.	159	2	318,0
„ „ „ V.	65	1	65,0
„ „ „ VI.	7	2	14,0
„ „ Oberkante Kiel	0	$^1/_2$	0,0
			1750,5

$$\delta = 0,5625 \text{ m}, \qquad \frac{2}{3}\delta = 0,375$$

Inhalt der Skala $= 656,44$

$$\frac{656,44}{541} = 1,213 \text{ m} = \text{Depl.} \odot \text{ unter der WL.}$$

$$3,375 \text{ m} = \text{Tiefgang mittschiffs ohne Kiel}$$
$$\overline{2,162 \text{ m}} = \text{Depl.} \odot \text{ über Oberkante Kiel.}$$

Quer-Metazentrum.

Span-ten	$^1/_2$ Breite der WL m	$(^1/_2$ Breite$)^3$	Koeff.	Koeff. $\times$ $(^1/_2$ Breite$)^3$
0	0,00	0,000	$^1/_2$	0,000
1	2,06	8,742	2	17,484
2	3,17	31,855	1	31,855
3	3,62	47,438	2	94,876
4	3,71	51,065	1	51,065
5	3,71	51,065	2	102,130
6	3,66	49,028	1	49,028
7	3,55	44,739	2	89,478
8	3,34	37,260	1	37,260
9	2,87	23,640	2	47,280
10	0,00	0,000	$^1/_2$	0,000
				520,456

$$\delta = 3,68; \qquad \frac{4}{9}\delta = 1,636$$

$$\frac{2}{3}\int y^3\,dx = 851,466$$

$$\frac{851,466}{541} = 1,574 \text{ m} = \text{Metazentrum über Depl.} \odot$$

$$2,162 \text{ m} = \text{Depl.} \odot \text{ über Oberkante Kiel}$$
$$\overline{3,736 \text{ m}} = \text{Metazentrum über Oberkante Kiel.}$$

Gewicht und Schwerpunkt des Schiffskörpers.

Nach der Gewichtsdarstellung, Tafel I, beträgt das Eigengewicht des Schiffes, da $0,75 \cdot L \cdot B \cdot H = 822$ (ca. 290 Registertons) ist:

$$
\begin{array}{lr}
\text{Stahl- und Eisenteile} & 105 \text{ t} \\
\text{Holzteile ohne Zwischendeck} & 19 \text{ t} \\
\text{Ausrüstung} & 14 \text{ t} \\
\text{Takelung} & 17 \text{ t} \\
\text{Zement und Anstrich} & \underline{15 \text{ t}} \\
\end{array}
$$

Gesamtgewicht des Schiffes = 170 t

Der Schwerpunkt des leeren, aber komplett ausgerüsteten Schiffes liegt $0{,}82 \cdot H = 3{,}28$ m über Oberkante Kiel mittschiffs.

Gewicht und Schwerpunkt der Ladung.

Das Gewicht der Ladung beträgt D — Eigengewicht des Schiffes; es ist also das Gewicht der Ladung $= 554 - 170 = 384$ t.

Die Höhe des Schwerpunktes der Ladung ermittelt sich wie folgt:

	Inhalt cbm	Koeff.	Inhalt × Koeff.
Laderaum bis Deckebene I	640	$\frac{1}{2}$	320
„ „ Ebene II	499	2	998
„ „ „ III	361	1	361
„ „ „ IV	234	2	468
„ „ „ V	120	1	120
„ „ „ VI	30	2	60
„ „ Oberkante Wegerung	0	$\frac{1}{2}$	0
			2327

$$
\delta = 0{,}653; \qquad \frac{2}{3}\delta = \frac{0{,}4353}{1012{,}94}
$$

$$
\frac{1012{,}94}{640} = 1{,}583 \text{ m} = \odot \text{ der Ladung unter der Deckebene}
$$

$$
\underline{4{,}150 \text{ m}} = \text{Deckebene über Oberkante Kiel}
$$

$$
2{,}567 \text{ m} = \odot \text{ der Ladung über Oberkante Kiel.}
$$

Systemschwerpunkt.

Aus dem Gewicht und der Schwerpunktslage von Schiff und Ladung entsteht nun folgende Momentenrechnung:

	Gewicht t	$\odot$ über Oberk. Kiel m	Momente
Schiffskörper	170	3,280	557,600
Ladung	384	2,567	985,728
$D =$	554		1543,328

$$
\frac{1543{,}328}{554{,}0} = 2{,}786 \text{ m} = \text{System} \odot \text{ über Oberkante Kiel}
$$

$$
\underline{3{,}736 \text{ m}} = \text{Metazentrum über Oberkante Kiel}
$$

$$
MG = 0{,}950 \text{ m} = \text{Metazentrum über dem System} \odot.
$$

Takelung.

Schiffe dieser Art und Größe kommen gegenwärtig nur noch für die Küstenfahrt in Betracht, wobei $\dfrac{A \cdot h}{D \cdot MG} = 17$ zu nehmen ist.   Früher dagegen wurden Briggs vielfach für die atlantische und lange Fahrt verwandt und deshalb soll hier für unser Beispiel

$$\frac{A \cdot h}{D \cdot MG} = \sim 18$$

angenommen werden.   Das Segelmoment ist dann

$$A \cdot h = \sim 18 \cdot D \cdot MG = \sim 18 \cdot 554 \cdot 0{,}95$$
$$= \sim 9473.$$

Für Briggs ist $a = 0{,}35 \cdot A$, mithin

$$a \cdot h = \sim 0{,}35 \cdot 9473 = \sim 3315$$

zieht man nun auf Tafel II die der obigen Zahl entsprechende Ordinate $\tau - \varphi$, so können auf derselben die annähernden Maße für den Großmast sowie für die Stengen und Raaen abgemessen werden, wonach dann die Segelzeichnung leicht anzufertigen ist (s. Fig. 42).

Areal und Schwerpunkt der sämtlichen Segel.

Benennung der Segel	Areal in qm	Über der Wasserlinie		Vor der Mitte der WL	
		Abstand des ⊙s m	Momente	Abstand des ⊙s m	Momente
Briggsegel	87,7	7,30	640,21	— 11,50	— 1008,55
Großsegel	100,0	6,70	670,00	— 5,30	— 530,00
Groß-Untermarssegel . . .	50,0	13,10	655,00	— 5,90	— 295,00
„ -Obermarssegel . . .	48,5	17,60	853,60	— 6,35	— 307,98
„ -Bramsegel	34,0	22,45	763,30	— 6,73	— 228,82
„ -Roil	18,0	26,30	473,40	— 7,10	— 127,80
Fock	90,0	6,42	577,80	+ 9,70	873,00
Vor-Untermarssegel . . .	50,0	12,62	631,00	9,35	467,50
„ -Obermarssegel	48,5	17,20	834,20	9,02	437,47
„ -Bramsegel	34,0	22,00	748,00	8,70	295,80
„ -Roil	18,0	25,80	464,40	8,42	151,56
„ -Stengestagsegel . . .	40,0	8,90	356,00	15,60	624,00
Klüver	34,2	9,20	314,64	18,60	636,12
Außenklüver	30,1	10,60	319,06	20,90	629,09
$A =$	683,0		8300,61		4114,54
					— 2498,15
Groß-Stengestagsegel . .	40,5				+ 1616,39
„ -Bramstagsegel . . .	40,8				
„ -Roilstagsegel	18,8				
Total $=$	783,1				

$$\frac{1616{,}39}{683} = 2{,}369\,\text{m} = \odot \text{ vor der Mitte}$$

$$0{,}575\,\text{m} = \odot \text{ des Längenplans hinter der Mitte}$$

$$\overline{2{,}944\,\text{m} = 0{,}08 \cdot L = \text{Segel} \odot \text{ vor dem } \odot \text{ des Längenplans.}}$$

$$\frac{8300{,}61}{683} = 12{,}153 \text{ m} = \text{Segel} \odot \text{ über der WL}$$

$$1{,}770 \text{ m} = \text{Längenplan} \odot \text{ unter der WL}$$

$$h = 13{,}923 \text{ m} = \text{Segel} \odot \text{ über dem } \odot \text{ des Längenplans.}$$

Es ist also

$$\frac{A \cdot h}{D \cdot MG} = \frac{683 \cdot 13{,}923}{554 \cdot 0{,}950} = 18{,}07.$$

Da das Großsegel zur Hälfte von dem Briggsegel verdeckt wird, so kann man bei der Berechnung des Segel$\odot$s hinsichtlich des Abstandes vor dem $\odot$ des Längenplans auch nur die Hälfte dieser Fläche, also statt 100 nur 50 qm einführen, dann erhält man als Segelareal $A = 633$ qm und als Horizontalmoment 1351,39. Es ist demnach

$$\frac{1351{,}39}{633} = 2{,}135 \text{ m} = \text{Entfernung des Segel} \odot \text{s vor der Mitte}$$

$$0{,}575 \text{ m} = \text{Längenplan} \odot \text{ hinter der Mitte}$$

$$2{,}710 \text{ m} = 0{,}0737 \cdot L = \odot \text{ der Segel vor dem } \odot \text{ des Längenplans,}$$

welcher Wert noch innerhalb der zulässigen Grenzen liegt.

Areal und Schwerpunkt der unteren Segel.

Benennung der Segel	Areal in qm	Über der Wasserlinie		Vor der Mitte der WL	
		Abstand des $\odot$s m	Momente	Abstand des $\odot$s m	Momente
Briggsegel	87,7	7,30	640,21	— 11,50	— 1008,55
Großsegel	100,0	6,70	670,00	— 5,30	— 530,00
Groß-Untermarssegel . . .	50,0	13,10	655,00	— 5,90	— 295,00
„ -Obermarssegel . . .	48,5	17,60	853,60	— 6,35	— 307,98
Fock	90,0	6,42	577,80	9,70	873,00
Vor-Untermarssegel . . .	50,0	12,62	631,00	9,35	467,50
„ -Obermarssegel	48,5	17,20	834,20	9,02	437,47
„ -Stengestagsegel . . .	40,0	8,90	356,00	15,60	624,00
Klüver	34,2	9,20	314,64	18,60	636,12
Areal $A_1 =$	548,9		5532,45		+ 3038,09
					— 2141,53
					+ 896,56

$$\frac{5532{,}45}{548{,}9} = 10{,}079 \text{ m} = \odot \text{ der Segel über der WL}$$

$$1{,}770 \text{ m} = \odot \text{ des Längenplans unter der WL}$$

$$h_1 = 11{,}849 \text{ m} = \odot \text{ der Segel über dem } \odot \text{ des Längenplans}$$

$$\frac{896{,}56}{548{,}9} = 1{,}633 \text{ m} = \odot \text{ der Segel vor der Mitte}$$

$$0{,}575 \text{ m} = \odot \text{ des Längenplans hinter der Mitte}$$

$$2{,}208 \text{ m} = \text{Segel} \odot \text{ vor dem } \odot \text{ des Längenplans}$$

$$= 0{,}06 \cdot L.$$

Also ist:

$$\frac{A_1 \cdot h_1}{D \cdot MG} = \frac{548{,}9 \cdot 11{,}849}{554 \cdot 0{,}95} = 12{,}4.$$

9. Schonerbrigg.

Als Beispiel hierfür soll ein kleines, für europäische und atlantische Fahrt brauchbares, etwas steuerlastig gebautes Fahrzeug genommen werden. Die Hauptabmessungen sind, siehe Fig. 44 und 45:

$$L = 32 \text{ m}, \quad B = 7{,}7 \text{ m}, \quad H = 4{,}28 \text{ m}.$$

Fig. 44.

$$\text{Freibord} = \begin{cases} 0{,}60 \text{ m bis Oberkante Deck,} \\ 0{,}53 \text{ m bis Unterkante Deck.} \end{cases}$$

$$\text{Tiefgang ohne Kiel} \begin{cases} \text{vorne} & \ldots \ldots & 3{,}66 \text{ m} \\ \text{mittschiffs} & \ldots & 3{,}75 \text{ m} \\ \text{hinten} & \ldots \ldots & 3{,}84 \text{ m} \end{cases}$$

$$\text{„} \quad \text{mit} \quad \text{„} \quad \text{mittschiffs} \ldots \ldots 3{,}91 \text{ m.}$$

Deplacement bei obigem Tiefgange $= 526 \text{ cbm} = 539 \text{ t}$

Lage des Deplacementschwerpunktes.

a. In horizontaler Richtung.

Span-ten	Areal der Spanten	Koeff.	Areal × Koeffizient	Koeff.	Momente bezogen auf Spant o
0	0,0	$\frac{1}{2}$	0,0	0	0,0
1	9,0	2	18,0	1	18,0
2	17,6	1	17,6	2	35,2
3	21,7	2	43,4	3	130,2
4	24,1	1	24,1	4	96,4
5	24,4	2	48,8	5	244,0
6	23,3	1	23,3	6	139,8
7	20,3	2	40,6	7	284,2
8	15,1	1	15,1	8	120,8
9	7,9	2	15,8	9	142,2
10	0,0	$\frac{1}{2}$	0,0	10	0,0
			246,7		1210,8

$$\delta = 3,2 \text{ m}; \qquad \frac{2}{3}\delta = 2,1333; \qquad \delta = 3,2$$

$$D = 526,28 \text{ cbm}; \qquad 3874,56$$

$$\frac{3874,56}{246,7} = 15,71 \text{ m} = \odot \text{ des Depl. hinter Spant o,}$$

$$16,00 \text{ m} = \tfrac{1}{2} L,$$

$$0,29 \text{ m} = \odot \text{ des Depl. vor der Mitte der WL.}$$

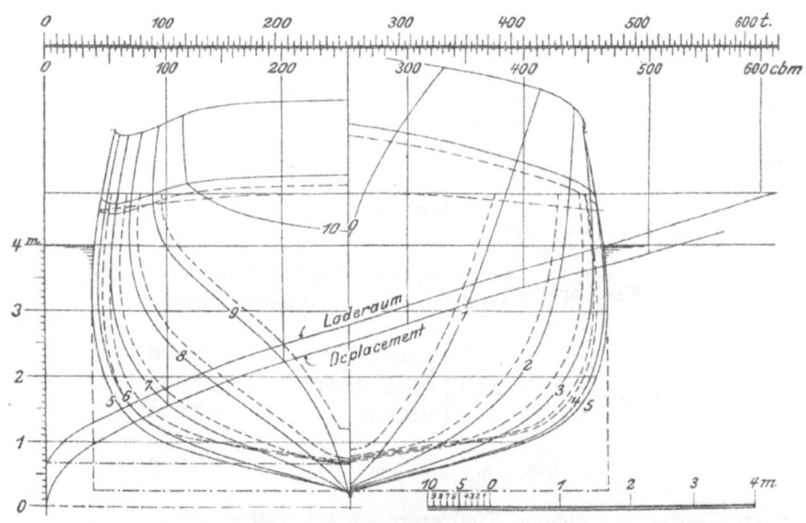

Fig. 45.

b. in vertikaler Richtung.

	Inhalt cbm	Koeff.	Koeff. $\times$ Inhalt
Depl. bis WL I	526	$^1/_2$	263
„ „ „ II	346	2	692
„ „ „ III	186	1	186
„ „ „ IV	59	2	118
„ „ Oberkante Kiel	0	$^1/_2$	0
			1259

$$\text{Entf. der WL} = \delta = 0{,}9375; \qquad \frac{2}{3}\delta = 0{,}625$$

$$786{,}875$$

$$\frac{786{,}875}{526} = 1{,}496 \text{ m} = \odot \text{ des Depl. unter der WL,}$$

$$3{,}750 \text{ m} = \text{Tiefgang,}$$

$$\overline{2{,}254 \text{ m}} = \odot \text{ des Depl. über Oberkante Kiel.}$$

Quer-Metazentrum.

Span-ten	$^1/_2$ Breite der WL m	($^1/_2$ Breite)^3	Koeff.	Koeff. $\times$ ($^1/_2$ Breite)^3
0	0,00	0,000	$^1/_2$	0,000
1	2,22	10,941	2	21,882
2	3,29	35,611	1	35,611
3	3,70	50,653	2	101,306
4	3,85	57,067	1	57,067
5	3,85	57,067	2	114,134
6	3,76	53,157	1	53,157
7	3,61	47,046	2	94,092
8	3,32	36,594	1	36,594
9	2,74	20,571	2	41,142
10	0,00	0,000	$^1/_2$	0,000
				554,985

$$\delta = 3{,}2 \text{ m}; \qquad \frac{4}{9}\delta = 1{,}4222$$

$$\frac{2}{3}\int y^3 dx = 789{,}300$$

$$\text{Metazentrum über Depl.} \odot = \frac{789{,}3}{526} = 1{,}501 \text{ m.}$$

Der $\odot$ des Depl. liegt 2,254 m über Oberkante Kiel, folglich ist
1,501 + 2,254 = 3,755 m die Höhe des Metazentrums über Oberkante Kiel.

Gewicht und Schwerpunkt des Schiffskörpers mit Zubehör:

Es ist $0{,}75 \cdot L \cdot B \cdot H = 791$. Das Schiff soll aus Stahl gebaut werden
und deshalb ist nach der Gewichtsdarstellung, Tafel I, das Eigengewicht
des Schiffes:

Stahl- und Eisenteile	102 t
Holzteile	19 t
Ausrüstung	13 t
Takelung	15 t
Zement und Anstrich	14 t
Gesamtgewicht des Schiffes =	163 t

Das Gewicht der Ladung beträgt demnach $539 - 163 = 376$ t.

Der $\odot$ des Schiffskörpers mit kompletter Ausrüstung liegt $0{,}82 \cdot H = 3{,}51$ m über Oberkante Kiel, der $\odot$ der Ladung liegt in dem $\odot$ des Laderaums.

Es ist

	cbm	Koeff.	Momente
Laderaum bis Deckebene I	613	$^1/_2$	306,5
„ „ Ebene II	423	2	846,0
„ „ „ III	239	1	239,0
„ „ „ IV	84,5	2	169,0
„ „ Wegerung	0	$^1/_2$	0,0
			1560,5

$$\delta = 1{,}03 \text{ m}; \quad \frac{2}{3}\delta = 0{,}68666$$

$$1071{,}533$$

$$\frac{1071{,}533}{613} = 1{,}748 \text{ m} = \odot \text{ der Ladung unter der Deckebene,}$$

$$4{,}560 \text{ m} = \text{Deckebene über Oberkante Kiel,}$$

$$2{,}812 \text{ m} = \odot \text{ der Ladung über Oberkante Kiel.}$$

Es ist somit:

	Gewicht t	$\odot$ über Oberk. Kiel m	Momente über Oberk. Kiel
Schiffskörper	163	3,510	572,13
Ladung	376	2,812	1057,31
$D =$	539		1629,44

$$\frac{1629{,}44}{539} = 3{,}023 \text{ m} = \odot \text{ des Systems über Oberk. Kiel.}$$

Das Metazentrum liegt $3{,}755$ m über Oberkante Kiel, mithin liegt das Metazentrum über dem System $\odot = 3{,}755 - 3{,}023$, also ist:

$$MG = 0{,}732 \text{ m.}$$

Takelung.

Gegenwärtig werden Schiffe dieser Größe vorzugsweise für die Küstenfahrt verwandt und möglichst leicht bemannt. Es ist in diesem Falle $\frac{A \cdot h}{D \cdot MG} = 17$ zu nehmen. Aber ebenso wie bei dem vorhergehenden Beispiel würden diese Fahrzeuge früher auch vielfach für die lange und atlantische Fahrt benutzt und dann war $\dfrac{A \cdot h}{D \cdot MG} = \sim 19$, was hier auch angenommen werden soll. Also $A \cdot h = \sim 19 \cdot 539 \cdot 0{,}732 = \sim 7496$. Für Schonerbriggs ist $a = 0{,}472 \cdot A$, also

$$a \cdot h = \sim 7496 \cdot 0{,}472 = \sim 3538.$$

Zieht man nun in dem Diagramm, Tafel II, an der Stelle, wo $a \cdot h = \sim 3538$ ist, die Linie $x - \psi$, so kann man auf derselben die ungefähren Maße für Fockmast, Vorstengen und Raaen abmessen, siehe Fig. 44.

Areal und Schwerpunkt der sämtlichen Segel.

Benennung der Segel.	Areal in qm	Über der Wasserlinie		Vor der Mitte der WL	
		Abstand des $\odot$s m	Momente	Abstand des $\odot$s m	Momente
Großsegel	145,0	9,50	1377,50	— 10,30	— 1493,50
Gaffeltoppsegel	43,5	21,30	926,55	— 7,80	— 339,30
Fock	93,0	6,90	641,70	7,38	686,34
Untermarssegel	48,1	13,38	643,58	6,88	330,93
Obermarssegel	47,7	17,88	852,87	6,60	314,82
Bramsegel	36,1	23,00	830,30	6,30	227,43
Roil	17,4	27,15	472,41	6,00	104,40
Vorstengestagsegel	26,0	8,10	210,60	14,00	364,00
Klüver	28,3	8,90	251,87	16,28	460,72
Außenklüver	27,9	9,90	276,21	19,40	541,26
$A =$	513,0		6483,59		+ 3029,90
					— 1832,80
Großstagsegel	52,0				+ 1197,10
Mittelstagsegel	27,3				
Großstengestagsegel . . .	27,6				
Gesamt-Areal $=$	619,9				

$\dfrac{6483{,}59}{513} = 12{,}639$ m $=$ Segel$\odot$ über der WL,

$ 1{,}875$ m $= \odot$ des Längenplans unter der WL,

$h = 14{,}514$ m $=$ Segel$\odot$ über dem $\odot$ des Längenplans.

$$\frac{A \cdot h}{D \cdot MG} = \frac{513{,}0 \cdot 14{,}514}{539 \cdot 0{,}732} = 18{,}87.$$

$\dfrac{1197{,}1}{513} = 2{,}333$ m $=$ Segel$\odot$ vor der Mitte,

$ 0{,}220$ m $= \odot$ des Längenplans hinter der Mitte,

$ 2{,}553$ m $=$ Segel$\odot$ vor dem $\odot$ des Längenplans $= 0{,}0798 \cdot L$, welcher Wert noch innerhalb der zulässigen Grenzen liegt.

Für die unteren Segel ergeben sich nachstehende Verhältnisse:

Areal und Schwerpunkt der unteren Segel.

Benennung der Segel	Areal in qm	Über der Wasserlinie		Vor der Mitte der WL	
		Abstand des $\odot$s m	Momente	Abstand des $\odot$s m	Momente
Großsegel	145,0	9,50	1377,50	— 10,30	— 1493,50
Fock	93,0	6,90	641,70	7,38	686,34
Untermarssegel	48,1	13,38	643,58	6,88	330,93
Obermarssegel	47,7	17,88	852,87	6,60	314,82
Vorstengestagsegel	26,0	8,10	210,60	14,00	364,00
Klüver	28,3	8,90	251,87	16,28	460,72
$A_1 =$	388,1		3978,12		+ 2156,81
					— 1493,50
					+ 663,31

$$\frac{3978,12}{388,1} = 10,25 \text{ m} = \text{Segel} \odot \text{ über der WL,}$$

$$1,875 \text{ m} = \odot \text{ des Längenplans unter der WL,}$$

$$h_1 = 12,125 \text{ m} = \text{Segel} \odot \text{ über dem } \odot \text{ des Längenplans.}$$

Es ist also:

$$\frac{A_1 \cdot h_1}{D \cdot MG} = \frac{388,1 \cdot 12,125}{539 \cdot 0,732} = 11,93.$$

$$\frac{663,31}{388,1} = 1,709 \text{ m} = \text{Segel} \odot \text{ vor der Mitte,}$$

$$0,220 \text{ m} = \odot \text{ des Längenplans hinter der Mitte,}$$

$$1,929 \text{ m} = \text{Segel} \odot \text{ vor dem Schwerpunkt des Längenplans}$$
$$= 0,0603 \cdot L.$$

Ballast.

Nach der Gewichtsdarstellung, Tafel I, ist der Brutto-Raumgehalt des Schiffes annähernd 280 Registertons. An Ballast ist für jede Brutto-Registerton 0,4—0,55 t nötig, also würden für den vorliegenden Fall 112 bis 154 t Ballast erforderlich sein. Rechnet man dafür 137 t, dann beträgt das Deplacement = 137 t + Eigengewicht des Schiffes (163 t) = 300 t oder 293 cbm.

Bei diesem Deplacement beträgt der

Tiefgang mittschiffs ohne Kiel . . . . 2,54 m

„   „   mit   „ . . . . 2,70 m

Der $\odot$ des Depl. liegt 1,457 m über Oberkante Kiel und das Metazentrum wie folgt:

Span-ten	$\frac{1}{2}$ Breite der WL m	$(\frac{1}{2}$ Breite$)^3$	Koeff.	Koeff. $\times$ $(\frac{1}{2}$ Breite$)^3$
0	0,00	0,000	$\frac{1}{2}$	0,000
1	1,72	5,088	2	10,176
2	3,02	27,544	1	27,544
3	3,58	45,883	2	91,766
4	3,80	54,872	1	54,872
5	3,85	57,067	2	114,134
6	3,76	53,157	1	53,157
7	3,52	43,614	2	87,228
8	2,95	25,672	1	25,672
9	1,46	3,112	2	6,224
10	0,00	0,000	$\frac{1}{2}$	0,000
				470,773

$$\delta = 3,2 \text{ m}; \quad \frac{4}{9}\delta = 1,422$$

$$\text{Metazentrum über Depl.} \odot = \frac{\frac{2}{3}\int y^3\,dx}{D} = \frac{669,439}{293} = 2,285.$$

Der $\odot$ des Depl. liegt 1,457 m über Oberkante Kiel, folglich liegt das Metazentrum $2,285 + 1,457 = 3,742$ m über Oberkante Kiel.

Die Höhe des Systemschwerpunktes ergibt sich aus folgender Rechnung:

	Gewicht t	$\odot$ über Oberk. Kiel m	Momente
Schiffskörper	163	3,51	572,13
Ballast.	137	1,08	147,96
$D =$	300		720,09

$$\frac{720,09}{300} = 2,4003 \text{ m} = \text{System} \odot \text{ über Oberkante Kiel}$$

$$3,7420 \text{ m} = \text{Metazentrum über } \quad \text{„} \quad \quad \text{„}$$

$$MG = 1,3417 \text{ m} = \quad \text{„} \quad \quad \text{„} \quad \text{System} \odot.$$

Für die sämtlichen Segel beträgt das Areal 513,0 qm. Der Segel$\odot$ liegt 12,639 m über der WL oder $12,639 + 3,91 = 16,549$ m über Unterkante Kiel. Wenn das Schiff mit Ballast fährt, beträgt der Tiefgang mittschiffs mit Kiel 2,7 m, der $\odot$ des Längenplans liegt 1,35 m über Unterkante Kiel, demnach ist die Höhe des Segel$\odot$s über dem $\odot$ des Längenplans $h_2 = 16,549 - 1,35 = 15,199$ m, mithin

$$\frac{A \cdot h_2}{D \cdot MG} = \frac{513,0 \cdot 15,199}{300 \cdot 1,3417} = 19,37$$

gegen 18,87 bei beladenem Schiffe. Da die Zahl 19,37 reichlich groß ist, so empfiehlt es sich, für längere Reisen die Stabilität bei dem Schiffe in Ballast — also das Gewicht des Ballastes — größer zu nehmen.

b. Schoner und Schiffe mit Gaffelsegeln.

Die Schoner bilden gleichsam den Übergang von den Raaschiffen zu den Schiffen mit Gaffelsegeln. Während bei den Raaschiffen die Raasegel die größere Hälfte der Segelfläche ausmachen, dominieren bei den Schonern schon die Gaffel- und Stagsegel; die Fläche der letzteren ist hier größer als die Hälfte des ganzen Segelareals. Man unterscheidet namentlich: Dreimasttoppsegelschoner, Dreimastschoner und Schoner, doch kommen bei jedem einzelnen Typ viele Variationen vor. So wird z. B. in neuerer Zeit bei Schonern und Dreimastschonern der Fockmast kürzer und die Vorstenge

Fig. 46.

länger gemacht als dies früher bei derartigen Takelagen üblich war. Die Fockraa kommt dadurch tiefer zu hängen, die Breitfock wird kleiner, die oberen Raasegel — die Toppsegel und das Bramsegel — werden größer, das Schonersegel kommt in Wegfall und statt dessen wird ein Großstagsegel geführt. Der Breitfock fällt hier die Rolle der Fock und dem unteren Toppsegel die Rolle des Untermarssegels bei Raaschiffen zu. Die Breitfock kann, weil sie kleiner ist, bei dieser Anordnung länger stehen bleiben, und das untere Toppsegel eignet sich hier besser zum Sturmsegel, weil es niedriger als bei einer gewöhnlichen Schonertakelung am Mast angebracht ist und somit das Schiff durch den Winddruck nicht so weit überkrängt.

Eine solche Takelung verleiht einem Schoner (s. Fig. 50) oder einem Dreimastschoner annähernd das Aussehen einer Schonerbrigg resp. einer Schonerbark, sie eignet sich besonders für Schiffe, die für eine gewöhnliche Schonertakelung reichlich groß und für Raaschiffstakelung noch zu klein sind.

Es würde hier aber zu weit führen, diese und ähnliche Verschiedenheiten bei den Schonerarten durch Beispiele zu erläutern, und deshalb sollen im Nachstehenden nur die gewöhnlichen Schonertakelungen berücksichtigt werden.

1. Dreimast-Toppsegelschoner.

Obgleich diese Takelungsart, scherzweise auch Polkabark genannt, nur noch sehr selten zur Ausführung gelangt, so soll sie hier doch, der Vollständigkeit wegen, behandelt werden, und zwar für ein Schiff von nachstehenden Hauptabmessungen (s. Fig. 46 und 47):

$$L = 36{,}6\,\text{m}, \quad B = 8{,}1\,\text{m}, \quad H = 4{,}6\,\text{m},$$

$$\text{Tiefgang} \begin{cases} \text{vorne} & 3{,}8\,\text{m} \ \text{ohne Kiel} \\ \text{mittschiffs} & 4{,}0\,\text{m} \quad \text{„} \quad \text{„} \\ \text{hinten} & 4{,}2\,\text{m} \quad \text{„} \quad \text{„} \end{cases}$$

$$\text{„} \qquad \text{mittschiffs} \ 4{,}165\,\text{m} \ \text{mit} \quad \text{„}$$

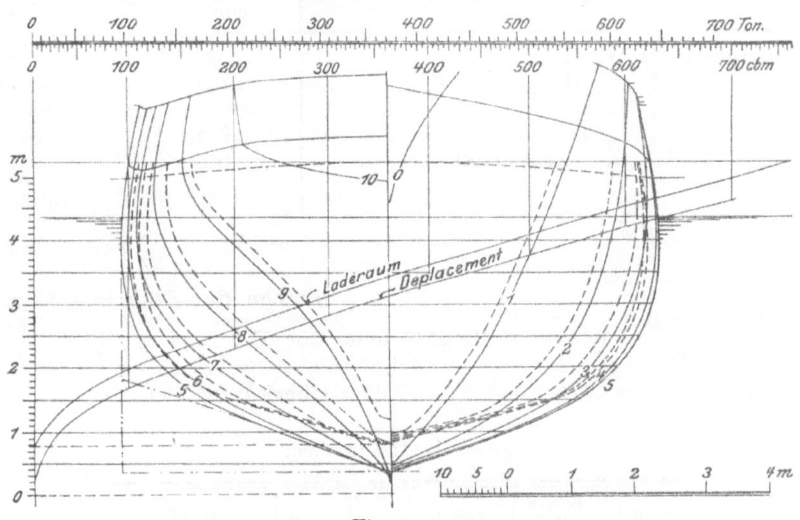

Fig. 47.

Deplacement und Schwerpunkt desselben.
a. Horizontal.

Span-ten	Areal der Spanten qm	Koeff.	Areal × Koeff.	Koeff.	Momente
0	0,0	$\frac{1}{2}$	0,0	0	0,0
1	10,2	2	20,4	1	20,4
2	18,8	1	18,8	2	37,6
3	22,9	2	45,8	3	137,4
4	24,8	1	24,8	4	99,2
5	25,3	2	50,6	5	253,0
6	24,2	1	24,2	6	145,2
7	21,4	2	42,8	7	299,6
8	16,3	1	16,3	8	130,4
9	9,3	2	18,6	9	167,4
10	0,0	$\frac{1}{2}$	0,0	10	0,0
			262,3		1290,2

$$\delta = 3{,}66 \text{ m}; \qquad \frac{2}{3}\,\delta = 2{,}44 \qquad\qquad \delta = \frac{3{,}66}{4722{,}13}$$

$$\text{Depl.} = 640{,}01 \text{ cbm}$$
$$\text{,,} \quad = 656 \text{ t}$$

$$\frac{4722{,}13}{262{,}3} = 18{,}0 \text{ m} = \odot \text{ des Depl. hinter Spant o}$$

$$18{,}3 \text{ m} = {}^{1}/_{2} \text{ Schiffslänge}$$

$$0{,}3 \text{ m} = \odot \text{ des Depl. vor der Mitte der WL.}$$

b. Vertikal.

Nach der Deplacementskala ist:

	Inhalt cbm	Koeff.	Inhalt $\times$ Koeff.
Deplacement bis WL I	640,0	$^{1}/_{2}$	320,0
,, ,, ,, II	411,0	2	822,0
,, ,, ,, III	209,5	1	209,5
,, ,, ,, IV	58.0	2	116,0
,, ,, Oberkante Kiel	0,0	$^{1}/_{2}$	0,0
			1467,5

$$\delta = 1 \text{ m}; \qquad \frac{2}{3}\,\delta = 0{,}6666$$

$$\text{Fläche der Skala} = 978{,}236$$

$$\frac{978{,}236}{640} = 1{,}528 \text{ m} = \text{Depl.} \odot \text{ unter der WL}$$

$$4 - 1{,}528 = 2{,}472 \text{ m} = \quad \text{,,} \quad \odot \text{ über Oberkante Kiel.}$$

Quer-Metazentrum.

Span-ten	$^{1}/_{2}$ Breite der WL m	$(^{1}/_{2}$ Breite$)^{3}$	Koeff.	Koeff. $\times$ $(^{1}/_{2}$ Breite$)^{3}$
0	0,00	0,000	$^{1}/_{2}$	0,000
1	2,32	12,487	2	24,974
2	3,43	40,354	1	40,354
3	3,88	58,411	2	116,822
4	4,00	64,000	1	64,000
5	4,03	65,451	2	130,902
6	3,92	60,236	1	60,236
7	3,80	54,872	2	109,744
8	3,54	44,362	1	44,362
9	2,85	23,149	2	46,298
10	0,00	0,000	$^{1}/_{2}$	0,000
				637,692

$$\delta = 3{,}66; \qquad \frac{4}{9}\,\delta = 1{,}627$$

$$\frac{2}{3} \int y^{3}\,dx = 1037{,}525$$

$$\frac{\frac{2}{3}\int y^3\,dx}{D} = \frac{1037{,}525}{640} = 1{,}621\ \text{m} = \text{Metazentrum über dem} \odot \text{des Depl.}$$

$$2{,}472\ \text{m} = \odot \text{des Depl. über Oberkante Kiel}$$

$$\overline{4{,}093\ \text{m} = \text{Metazentrum ,,} \qquad\qquad ,, \qquad ,,}$$

Gewicht und Schwerpunkt des Schiffes.

Nach der Gewichtsdarstellung, Tafel I, beträgt das Gewicht des aus Stahl gebauten Schiffes, da $0{,}75\cdot L\cdot B\cdot H = 1023 = \sim 360$ Brutto-Registertons ist:

Stahl- und Eisenteile . . . . 132 t
Holzteile . . . . 23 t
Ausrüstung . . . . 17 t
Takelung . . . . 21 t
Zementierung und Anstrich . . . . . 18 t
Gewicht des Schiffes = 211 t

Der $\odot$ des Schiffes mit kompletter Ausrüstung liegt annähernd $0{,}82\cdot H = 3{,}772$ m über Oberkante Kiel.

Gewicht und Schwerpunkt der Ladung.

Das Gewicht der Ladung ist $= D - 211\ \text{t} = 656 - 211 = 445\ \text{t}$. Die Höhenlage des Schwerpunktes einer homogenen Ladung ergibt sich aus folgender Rechnung: Aus der Kurve des Rauminhalts (siehe Deplacement-skala) geht hervor, daß der ganze Inhalt des Laderaumes bis zur Deckebene 761,5 cbm und der Inhalt bis zu den einzelnen unteren Ebenen 508, 274,5 und 87 cbm ist, somit ist:

	Inhalt cbm	Koeff.	Inhalt $\times$ Koeff.
Laderaum bis Deckebene I	761,5	$^1/_2$	380,75
,, ,, Ebene II	508,0	2	1016,00
,, ,, ,, III	274,5	1	274,50
,, ,, ,, IV	87,0	2	174,00
,, ,, Wegerung	0,0	$^1/_2$	0,00
			1845,25

$$\delta = 1{,}112; \qquad \frac{2}{3}\delta = 0{,}7413$$

$$\text{Inhalt der Skala} = 1367{,}884$$

$$\frac{1367{,}884}{761{,}5} = 1{,}796\ \text{m} = \odot \text{der Ladung unter der Deckebene}$$

$$4{,}880\ \text{m} = \text{Höhe der Deckebene über Oberkante Kiel}$$

$$\overline{3{,}084\ \text{m} = \odot \text{der Ladung über Oberkante Kiel.}}$$

Systemschwerpunkt.

Aus dem Vorstehenden berechnet sich der System$\odot$ wie folgt:

	Gewicht t	$\odot$ über Oberk. Kiel m	Momente
Schiffskörper	211	3,772	795,892
Ladung	445	3,084	1372,380
	656		2168,272

$$\frac{2168,272}{656} = 3{,}305 \text{ m} = \text{System}\odot \text{ über Oberkante Kiel}$$

$$4{,}093 \text{ m} = \text{Metazentrum über} \qquad „ \qquad „$$

$$MG = 0{,}788 \text{ m} = \qquad „ \qquad „ \quad \text{dem System}\odot.$$

Segelsystem.

Die Bemastung soll so groß gewählt werden, daß das Schiff für die lange und atlantische Fahrt geeignet ist. Es ist deshalb $\dfrac{A \cdot h}{D \cdot MG}$ ungefähr 20 bis 22 zu nehmen und danach die Segelzeichnung einzurichten (s. Tafel II und Fig. 46):

Areal und Schwerpunkt der sämtlichen Segel.

Benennung der Segel	Areal in qm	Über der Wasserlinie		Vor der Mitte der WL	
		Abstand des ⊙s m	Momente	Abstand des ⊙s m	Momente
Besahn	88,8	9,65	856,92	— 16,36	— 1452,77
Gaffeltoppsegel	32,4	19,40	628,56	— 15,35	— 497,34
Großsegel	94,6	9,35	884,51	— 6,22	— 588,41
Groß-Untertoppsegel . . .	50,1	16,70	836,67	— 1,80	— 90,18
„ -Obertoppsegel. . . .	48,6	21,15	1027,89	— 2,18	— 105,95
„ -Bramsegel	45,0	25,85	1163,25	— 2,60	— 117,00
„ -Stagsegel	57,3	7,05	403,96	3,40	194,82
Vor-Untertoppsegel	50,1	15,65	784,06	10,75	538,57
„ -Obertoppsegel . . .	48,6	20,00	972,00	10,50	510,30
„ -Bramsegel	45,0	24,70	1111,50	10,10	454,50
Stagfock	42,2	7,10	299,62	14,50	611,90
Klüver	44,3	9,05	400,91	18,60	823,98
Außenklüver	44,0	10,20	448,80	22,10	972,40
Areal $A =$	691,0		9818,65		4106,47
Flieger	60,7				— 2851,65
Breitfock	126,0				1254,82
Total $=$	877,7 qm				

$$\frac{9818,65}{691} = 14{,}209 \text{ m} = \odot \text{ der Segel über der WL}$$

$$2{,}082 \text{ m} = \odot \text{ des Längenplans unter der WL}$$

$$h = 16{,}291 \text{ m} = \odot \text{ der Segel über dem } \odot \text{ des Längenplans.}$$

$$\frac{1254,82}{691} = 1{,}82 \text{ m} = \odot \text{ der Segel vor der Mitte der WL}$$

$$0{,}18 \text{ m} = \odot \text{ des Längenplans hinter der Mitte der WL}$$

$$2{,}00 \text{ m} = 0{,}05464 \cdot L = \odot \text{ der Segel vor dem } \odot \text{ des Längenplans.}$$

Ferner ist: $\dfrac{A \cdot h}{D \cdot MG} = \dfrac{691 \cdot 16,29}{656 \cdot 0,788} = 21{,}78.$

Areal und Schwerpunkt der unteren Segel.

Benennung der Segel	Areal in qm	Über der Wasserlinie		Vor der Mitte der WL	
		Abstand des $\odot$s m	Momente	Abstand des $\odot$s m	Momente
Besahn	88,8	9,65	856,92	— 16,36	— 1452,77
Großsegel	94,6	9,35	884,51	— 6,22	— 588,41
Groß-Untertoppsegel . . .	50,1	16,70	836,67	— 1,80	— 90,18
„ -Obertoppsegel . . .	48,6	21,15	1027,89	— 2,18	— 105,95
„ -Stagsegel	57,3	7,05	403,96	3,40	194,82
Vor-Untertoppsegel	50,1	15,65	784,06	10,75	538,57
„ -Obertoppsegel	48,6	20,00	972,00	10,50	510,30
Stagfock	42,2	7,10	299,62	14,50	611,90
Klüver	44,3	9,05	400,91	18,60	823,98
Außenklüver	44,0	10,20	448,80	22,10	972,40
Areal $A_1 =$	568,6 qm		6915,34		3651,97
					— 2237,31
					1414,66

$$\frac{6915,34}{568,6} = 12,162 \text{ m} = \odot \text{ über der WL}$$

$$2,082 \text{ m} = \odot \text{ des Längenplans unter der WL}$$

$$h_1 = 14,244 \text{ m} = \odot \text{ der Segel über dem } \odot \text{ des Längenplans.}$$

$$\frac{1414,66}{568,6} = 2,488 \text{ m} = \odot \text{ der Segel vor der Mitte der WL}$$

$$0,180 \text{ m} = \odot \text{ des Längenplans hinter der Mitte der WL}$$

$$2,668 \text{ m} = 0,0729 \cdot L = \odot \text{ der unteren Segel vor dem } \odot \text{ des Längenplans.}$$

Ferner ist für die unteren Segel:

$$\frac{A_1 \cdot h_1}{D \cdot MG} = \frac{568,6 \cdot 14,244}{656 \cdot 0,788} = 15,67.$$

2. Dreimastschoner.

Für diese Schiffsgattung soll ein Schiff von nachstehenden Abmessungen gewählt werden (s. Fig. 48 und 49):

$$L = 33,3 \text{ m}, \quad B = 7,4 \text{ m}, \quad H = 3,61 \text{ m},$$

$$\text{Tiefgang ohne Kiel } 2,92 \text{ m}$$
$$\text{„ mit „ } 3,08 \text{ m}$$

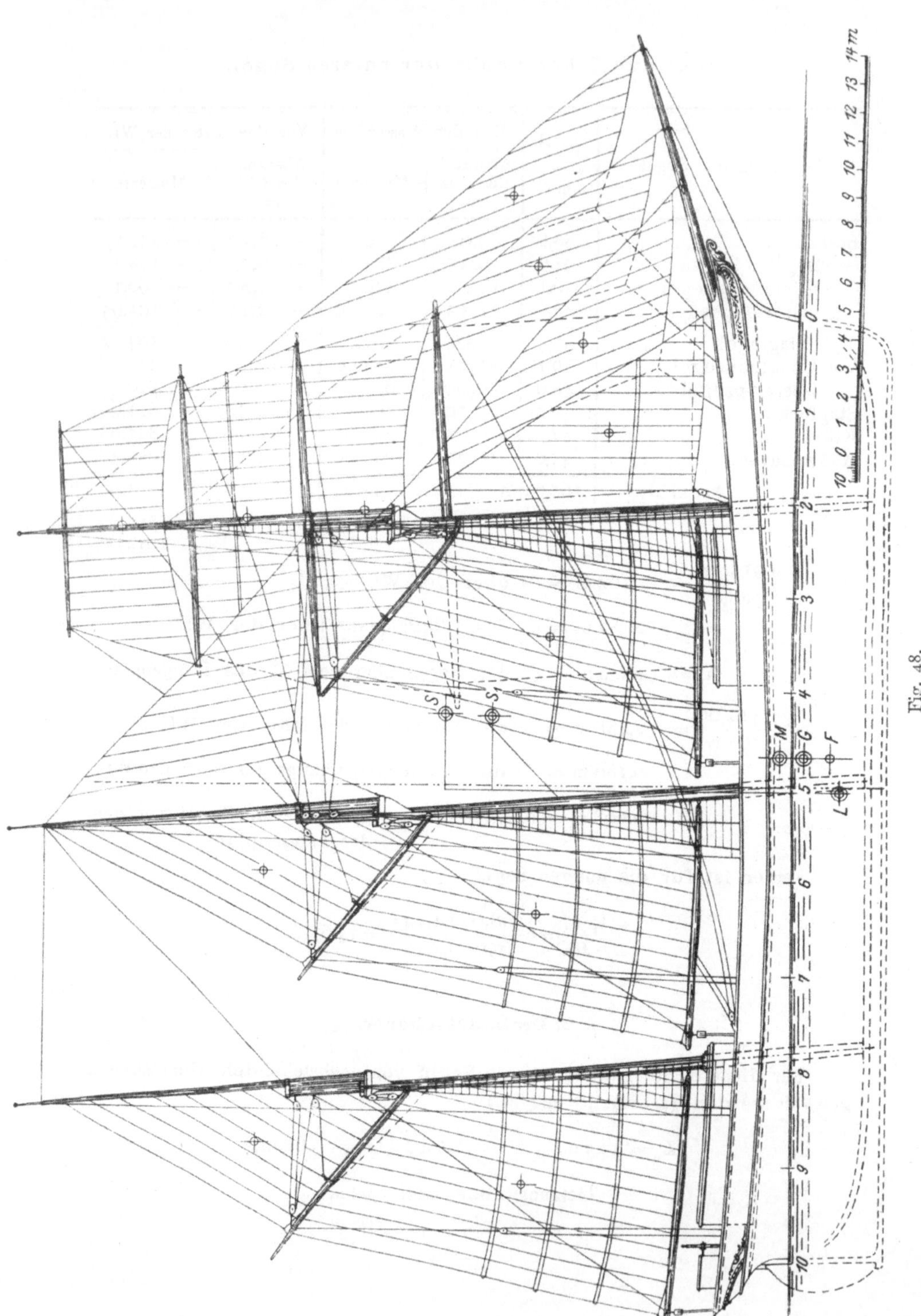

Fig. 48.

Deplacement und Schwerpunkt desselben.

a. Horizontal.

Spanten	Areal der Spanten qm	Koeff.	Areal $\times$ Koeff.	Koeff.	Momente bezogen auf Spant 0
0	0,00	$\frac{1}{2}$	0,00	0	0,00
1	7,50	2	15,00	1	15,00
2	14,12	1	14,12	2	28,24
3	18,61	2	37,22	3	111,66
4	19,52	1	19,52	4.	78,08
5	19,52	2	39,04	5	195,20
6	19,00	1	19,00	6	114,00
7	16,28	2	32,56	7	227,92
8	10,41	1	10,41	8	83,28
9	4,44	2	8,88	9	79,92
10	0,00	$\frac{1}{2}$	0,00	10	0,00
			195,75		933,30

$$\delta = 3,33; \qquad \frac{2}{3}\delta = 2,22 \qquad \delta = 3,33$$

$$D = 434,5 \text{ cbm} \qquad 3107,89$$

$$D = 445 \text{ t}$$

$$\frac{3107,89}{195,75} = 15,88 \text{ m} = \odot \text{ des Depl. hinter Spant 0}$$

$$16,65 \text{ m} = \tfrac{1}{2} \text{ Schiffslänge}$$

$$0,77 \text{ m} = \odot \text{ des Depl. vor der Mitte der WL.}$$

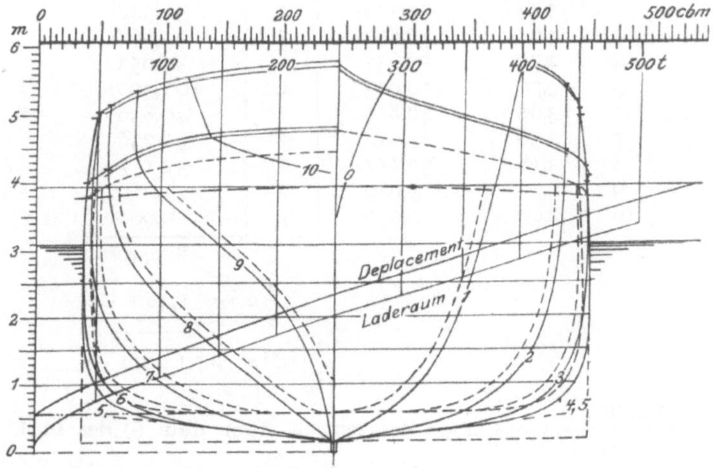

Fig. 49.

b. Vertikal.

Aus der Deplacementskala ergibt sich nachstehende Tabelle:

	Inhalt cbm	Koeff.	Koeff. $\times$ Inhalt
Deplacement bis WL I	434,5	$\frac{1}{2}$	217,3
„ „ „ II	343,7	2	687,4
„ „ „ III	255,0	1	255,0
„ „ „ IV	177,1	2	354,2
„ „ „ V	98,7	1	98,7
„ „ „ VI	34,0	2	68,0
„ „ Oberkante Kiel	0,0	$\frac{1}{2}$	0,0
			1680,6

$$\delta = 0{,}487; \qquad \frac{2}{3}\delta = 0{,}3247$$

$$545{,}69$$

$$\frac{545{,}69}{434{,}5} = 1{,}256 \text{ m} = \odot \text{ des Depl. unter der WL}$$

$$2{,}920 \text{ m} = \text{Tiefgang ohne Kiel}$$

$$1{,}664 \text{ m} = \odot \text{ des Depl. über Oberkante Kiel.}$$

Quer-Metazentrum.

Span-ten	$\frac{1}{2}$ Breite der WL m	$(\frac{1}{2}$ Breite$)^3$	Koeff.	Koeff. $\times$ $(\frac{1}{2}$ Breite$)^3$
0	0,00	0,000	$\frac{1}{2}$	0,000
1	2,04	8,490	2	16,980
2	3,25	34,328	1	34,328
3	3,63	47,832	2	95,664
4	3,70	50,653	1	50,653
5	3,70	50,653	2	101,306
6	3,68	49,836	1	49,836
7	3,56	45,118	2	90,236
8	3,18	32,157	1	32,157
9	1,78	5,640	2	11,280
10	0,00	0,000	$\frac{1}{2}$	0,000
				482,440

$$\delta = 3{,}33; \qquad \frac{4}{9}\delta = 1{,}480$$

$$\frac{2}{3}\int y^3 dx = 714{,}011$$

$$\frac{714{,}011}{434{,}5} = 1{,}643 \text{ m} = \text{Metazentrum über dem } \odot \text{ des Depl.}$$

$$1{,}664 \text{ m} = \odot \text{ des Depl. über Oberkante Kiel}$$

$$3{,}307 \text{ m} = \text{Metazentrum über Oberkante Kiel.}$$

Gewicht und Schwerpunkt des Schiffes.

Nach der Gewichtsdarstellung, Tafel I, beträgt, da $0{,}75 \cdot L \cdot B \cdot H = 667$ (~ 236 Registertons) ist, das Gewicht des Schiffes, wenn Stahl als Baumaterial angenommen wird:

Stahl und Eisenteile	86 t
Holzteile	15 t
Ausrüstung	11 t
Takelung	14 t
Zementierung und Anstrich	12 t
Gewicht des Schiffes $=$	138 t

Der $\odot$ des Schiffskörpers mit kompletter Ausrüstung liegt $0{,}82 \cdot H = 2{,}96$ m über Oberkante Kiel.

Gewicht und Schwerpunkt der Ladung.

Das Gewicht der Ladung beträgt $D -$ Eigengewicht des Schiffes $= 445 - 138 = 307$ t. Die Höhenlage des Schwerpunktes der Ladung ermittelt sich aus dem Inhalt des Laderaums (siehe Kurve des Inhalts vom Laderaum) wie folgt:

	Inhalt cbm	Koeff.	Inhalt $\times$ Koeff.
Laderaum bis Deckebene I	531,0	$^1/_2$	265,5
„ „ Ebene II	427,5	2	855,0
„ „ „ III	323,0	1	323,0
„ „ „ IV	225,0	2	450,0
„ „ „ V	136,0	1	136,0
„ „ „ VI	57,0	2	114,0
„ „ Oberkante Wegerung . . .	0,0	$^1/_2$	0,0
			2143,5

$$\delta = 0{,}562; \qquad \frac{2}{3}\,\delta = \frac{0{,}375}{803{,}8125}$$

$$\frac{803{,}8125}{531} = 1{,}513\,\text{m} = \odot \text{ der Ladung unter der Deckebene}$$

$$\underline{3{,}760\,\text{m}} = \text{Deckebene über Oberkante Kiel}$$

$$2{,}247\,\text{m} = \odot \text{ der Ladung über Oberkante Kiel.}$$

Systemschwerpunkt.

Der Systemschwerpunkt berechnet sich wie folgt:

	Gewicht t	$\odot$ über Oberkante Kiel m	Momente
Schiffskörper	138	2,960	408,480
Ladung	307	2,247	689,829
$D =$	445		1098,309

$$\frac{1098,309}{445} = 2,470 \text{ m} = \text{System} \odot \text{ über Oberkante Kiel}$$

$$3,307 \text{ m} = \text{Metazentrum über Oberkante Kiel}$$

$$MG = 0,837 \text{ m} = \text{Metazentrum über dem System} \odot$$

Segelsystem.

Das Schiff soll vorzugsweise für die große Küstenfahrt und europäische Fahrt benutzt werden, es ist daher die Bemastung so zu bemessen, daß

$$\frac{A \cdot h}{D \cdot MG} = \sim 19,$$

also $A \cdot h$ annähernd $19 \cdot D \cdot MG$ wird. Nach dem 2. Teil I. Abschnitt, B. a (s. Seite 64) muß die Segelfläche so verteilt werden, daß von dem gesamten Areal 0,1943 auf die Vorsegel, 0,2184 auf den Fockmast, 0,383 auf den Großmast und 0,2043 auf den Besahnmast kommt. Mit Hilfe dieser Angaben und derjenigen über die Stellung und Neigung der Masten ist die Segelzeichnung anzufertigen und folgende Berechnung anzustellen (s. Fig. 48):

Areal und Schwerpunkt der sämtlichen Segel.

Benennung der Segel	Areal in qm	Über der Wasserlinie		Vor der Mitte der WL	
		Abstand des $\odot$s m	Momente	Abstand des $\odot$s m	Momente
Besahn	76,7	9,10	697,97	— 13,95	— 1069,96
„ -Gaffeltoppsegel . .	28,5	18,30	521,55	— 12,60	— 359,10
Großsegel	78,0	8,75	682,50	— 4,50	— 351,00
Groß-Gaffeltoppsegel . . .	34,5	18,12	625,14	— 3,05	— 105,23
Schonersegel	78,6	8,35	656,31	5,25	412,65
Unteres Toppsegel	46,6	14,80	689,68	9,41	438,51
Oberes „	41,3	18,85	778,51	9,32	384,92
Bramsegel	30,7	23,02	706,71	9,02	276,91
Stagfock	28,0	8,50	238,00	12,43	348,04
Binnenklüver	24,3	7,38	179,33	15,58	378,59
Klüver	23,5	8,94	210,09	18,26	429,11
Außenklüver	24,3	9,90	240,57	20,77	504,71
Areal $A =$	515,0		6226,36		3173,44
Breefock	107,0				— 1885,29
Flieger	28,0				+ 1288,15
Total =	650,0				

$$\frac{6226,36}{515} = 12,09 \text{ m} = \text{Segel} \odot \text{ über der WL}$$

$$1,54 \text{ m} = {}^{1}/_{2} \text{ Tiefgang}$$

$$h = 13,63 \text{ m} = \odot \text{ der Segel über dem } \odot \text{ des Längenplans}$$

$$\frac{1288,15}{515} = 2,501 \text{ m} = \odot \text{ der Segel vor der Mitte der WL}$$

$$0,160 \text{ m} = \odot \text{ des Längenplans hinter der Mitte der WL}$$

$$2,661 \text{ m} = 0,08 \cdot L = \odot \text{ der Segel vor dem } \odot \text{ des Längen-}$$
plans.

Ferner ist:

$$\frac{A \cdot h}{D \cdot MG} = \frac{515 \cdot 13,63}{445 \cdot 0,837} = 18,85.$$

Für die unteren Segel ergibt sich nachstehende Rechnung:

Areal und Schwerpunkt der unteren Segel.

Benennung der Segel	Areal in qm	Über der Wasserlinie		Vor der Mitte der WL	
		Abstand des $\odot$s qm	Momente	Abstand des $\odot$s qm	Momente
Besahn	76,7	9,10	697,97	— 13,95	— 1069,96
Großsegel	78,0	8,75	682,50	— 4,50	— 351,00
Schonersegel	78,6	8,35	656,31	5,25	412,65
Unteres Toppsegel	46,6	14,80	689,68	9,41	438,51
Oberes „	41,3	18,85	778,51	9,32	384,92
Stagfock	28,0	8,50	238,00	12,43	348,04
Binnenklüver	24,3	7,38	179,33	15,58	378,59
Klüver	23,5	8,94	210,09	18,26	429,11
Areal A_1 =	397,0		4132,39		2391,82
					— 1420,96
					+ 970,86

$$\frac{4132,39}{397} = 10,403 \,\text{m} = \text{Segel} \odot \text{ über der WL}$$

$$1,540 \,\text{m} = \odot \text{ des Längenplans unter der WL}$$

$$h_1 = 11,943 \,\text{m} = \odot \text{ der Segel über dem } \odot \text{ des Längenplans}$$

$$\frac{970,86}{397} = 2,445 \,\text{m} = \odot \text{ der Segel vor der Mitte der WL}$$

$$0,160 \,\text{m} = \odot \text{ des Längenplans hinter der Mitte der WL}$$

$$2,605 \,\text{m} = 0,0782 \cdot L = \odot \text{ der Segel vor dem } \odot \text{ des Längen-}$$
plans.

Endlich ist noch:

$$\frac{A_1 \cdot h_1}{D \cdot MG} = \frac{397 \cdot 11,949}{445 \cdot 0,837} = 12,73.$$

3. Schoner.

Bei Schonern gibt es drei verschiedene Takelungsarten. Große Schoner erhalten einen verhältnismäßig kurzen Fockmast und ein geteiltes Topp- segel, so daß ähnliche Verhältnisse in der Größe der Segel entstehen wie bei der Schonerbrigg. Kleine Schoner werden mit annähernd gleich hohen Untermasten und einfachem Toppsegel und Bramsegel versehen, und Schoner mittlerer Größe erhalten ein sogenanntes festes Bramsegel, d. h. die Stenge erhält zwei Absätze und die Bramraa fährt zwischen dem ersten und zweiten Absatz. Der Klüverleiter fährt hier nicht am Mast, sondern am ersten Ab- satz der Stenge. Da die Schoner allmählich von den Gaffelschonern ver- drängt werden, so sollen hier nur die beiden extremen Fälle dargestellt werden.

α. Schoner mit geteiltem Toppsegel.

Diesem Beispiel sollen folgende Hauptabmessungen zu Grunde gelegt werden (s. Fig. 50 und 51):

$$L = 27\,\text{m}, \qquad B = 6{,}57\,\text{m}, \qquad H = 3{,}2\,\text{m},$$

$$\text{Tiefgang ohne Kiel} \quad 2{,}81\,\text{m}$$
$$\text{\textquotedbl} \qquad \text{mit} \quad \text{\textquotedbl} \quad 2{,}96\,\text{m}.$$

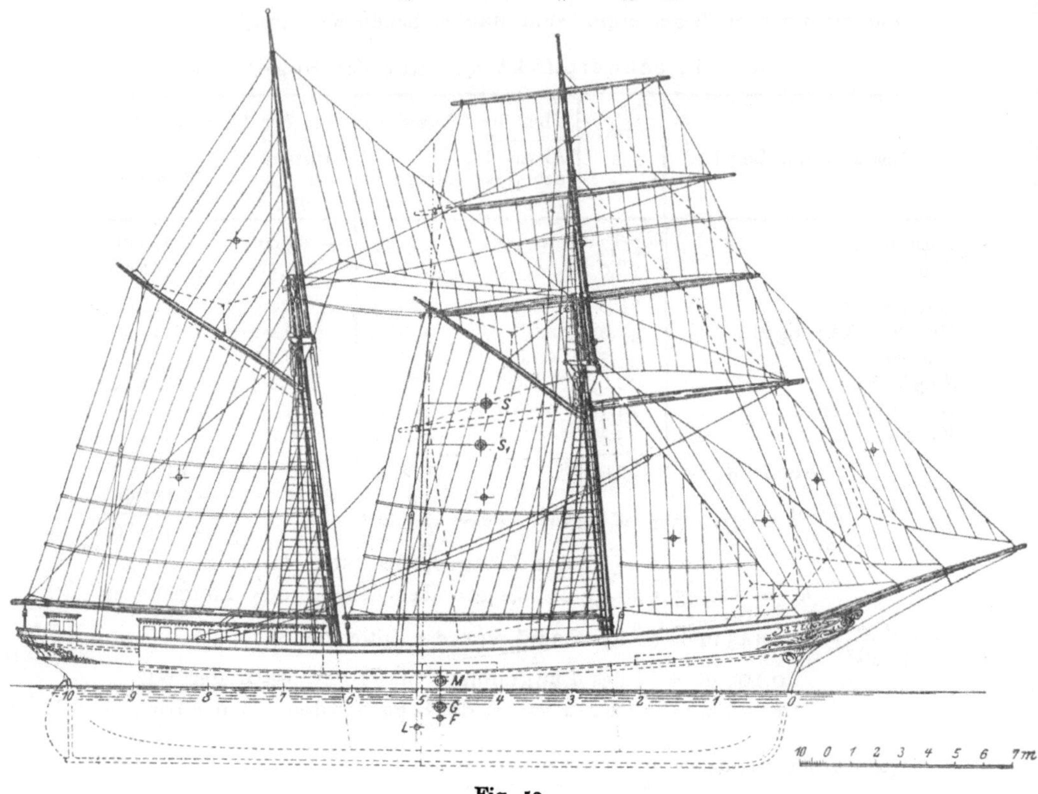

Fig. 50.

Deplacement und Schwerpunkt desselben.

a. Horizontal.

Spanten	Areal der Spanten qm	Koeff.	Areal × Koeff.	Koeff.	Momente bezogen auf Spant o
0	0,00	$^1/_2$	0,00	0	0,00
1	8,45	2	16,90	1	16,90
2	13,72	1	13,72	2	27,44
3	15,94	2	31,88	3	95,64
4	16,41	1	16,41	4	65,64
5	16,41	2	32,82	5	164,10
6	15,82	1	15,82	6	94,92
7	14,28	2	28,56	7	199,92
8	10,82	1	10,82	8	86,56
9	5,51	2	11,02	9	99,18
10	0,00	$^1/_2$	0,00	10	0,00
			177,95		850,30

$$\delta = 2,7 \, ; \qquad \frac{2}{3}\delta = \underline{1,8} \qquad\qquad \delta = \underline{2,7}$$

$$D = 320 \, \text{cbm} \qquad 2295,81$$

$$D = 328 \, \text{t.}$$

$$\frac{2295,81}{177,95} = 12,9 \, \text{m} = \text{Depl.} \odot \text{ hinter Spant } 0$$

$$13,5 \, \text{m} = \underline{\,^1/_2 \, L}$$

$$0,6 \, \text{m} = \odot \text{ des Depl. vor der Mitte der } \textbf{WL.}$$

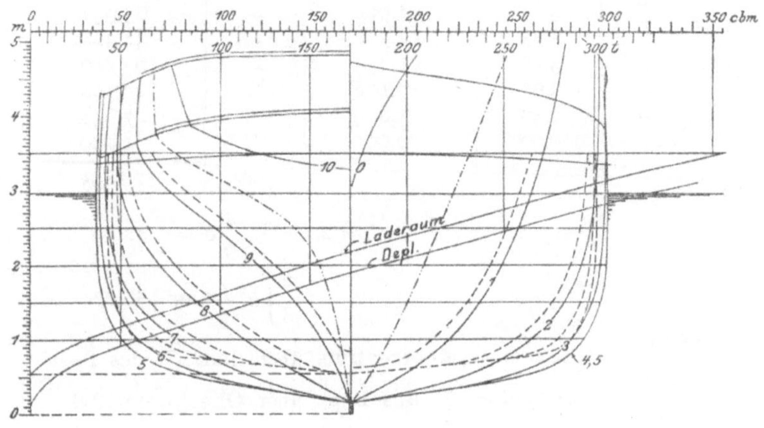

Fig. 51.

b. Vertikal.

	Inhalt cbm	Koeff.	Koeff. $\times$ Inhalt
Deplacement bis WL I	320,0	$^1/_2$	160,0
„ „ „ II	251,0	2	502,0
„ „ „ III	184,5	1	184,5
„ „ „ IV	123,0	2	246,0
„ „ „ V	67,0	1	67,0
„ „ „ VI	22,5	2	45,0
„ „ Oberkante Kiel	0,0	$^1/_2$	0,0
			1204,5

$$\delta = 0,468 \, ; \qquad \frac{2}{3}\delta = \underline{0,312}$$

$$\text{Areal der Skala} = 375,80$$

$$\frac{375,8}{320} = 1,175 \, \text{m} = \odot \text{ des Depl. unter der WL}$$

$$2,810 \, \text{m} = \underline{\text{Tiefgang ohne Kiel}}$$

$$1,635 \, \text{m} = \odot \text{ des Depl. über Oberkante Kiel.}$$

Quer-Metazentrum.

Spanten	$\frac{1}{2}$ Breite der WL m	$(\frac{1}{2}$ Breite$)^3$	Koeff.	Koeff. $\times (\frac{1}{2}$ Breite$)^3$
0	0,00	0,000	$\frac{1}{2}$	0,000
1	2,26	11,543	2	23,086
2	3,12	30,371	1	30,371
3	3,25	34,328	2	68,656
4	3,27	34,966	1	34,966
5	3,27	34,966	2	69,932
6	3,25	34,328	1	34,328
7	3,17	31,855	2	63,710
8	2,97	26,198	1	26,198
9	2,40	13,824	2	27,648
10	0,00	0,000	$\frac{1}{2}$	0,000
				378,895

$$\delta = 2.7; \qquad \frac{4}{9}\delta = 1,200$$

$$\frac{2}{3}\int y^3\,dx = 454,674$$

$$\frac{454,674}{320} = 1,421\,\text{m} = \textbf{Metazentrum über dem } \odot \textbf{ des Depl.}$$

$$1,635\,\text{m} = \odot \textbf{ des Depl. über Oberkante Kiel}$$

$$3,056\,\text{m} = \textbf{Metazentrum} \quad „ \qquad „ \qquad „$$

Gewicht und Schwerpunkt des Schiffes.

Nach der Gewichtsdarstellung, Tafel I, ist, da $0,75 \cdot L \cdot B \cdot H = 426$ und sonach die Größe des Schiffes ca. 150 Brutto-Registertons beträgt, das Gewicht des aus Stahl gebauten Schiffes wie folgt:

$$
\begin{array}{lr}
\text{Stahl- und Eisenteile} \dots\dots\dots\dots & 55,0 \text{ t} \\
\text{Holzteile} \dots\dots\dots\dots\dots & 10,0 \text{ t} \\
\text{Ausrüstung} \dots\dots\dots\dots\dots & 8,5 \text{ t} \\
\text{Takelung} \dots\dots\dots\dots\dots & 9,5 \text{ t} \\
\text{Zementierung und Anstrich} \dots\dots & 9,0 \text{ t} \\
\hline
\text{Gewicht des Schiffes} = & 92,0 \text{ t}
\end{array}
$$

Der $\odot$ des kompletten Schiffskörpers liegt $0,82 \cdot H = 2,624$ m über Oberkante Kiel.

Gewicht und Schwerpunkt der Ladung.

Das Gewicht der Ladung beträgt: $D - 92 = 328 - 92 = 236$ t.

Für die Ermittelung der Höhenlage des Schwerpunktes der Ladung ist unter Zuhilfenahme der Kurve für den Inhalt des Laderaumes nachfolgende Rechnung anzustellen:

	Inhalt cbm	Koeff.	Koeff. $\times$ Inhalt
Laderaum bis Deckebene I	355,5	$^1/_2$	177,75
„ „ Ebene II	248,0	2	496,00
„ „ „ III	148,6	1	148,60
„ „ „ IV	60,0	2	120,00
„ „ Oberkante Wegerung . . .	0,0	$^1/_2$	0,00
			942,35

$$\delta = 0{,}74; \quad \frac{2}{3}\delta = \frac{0{,}493}{464{,}578}$$

$$\frac{464{,}578}{355{,}5} = 1{,}307\,\text{m} = \odot \text{ der Ladung unter der Deckebene}$$

$$3{,}340\,\text{m} = \text{Deckebene über Oberkante Kiel}$$

$$2{,}033\,\text{m} = \odot \text{ der Ladung über Oberkante Kiel.}$$

Systemschwerpunkt.

Nach dem Vorstehenden ergibt sich folgende Aufstellung:

	Gewicht t	$\odot$ über Oberk. Kiel m	Momente
Schiffskörper	92	2,624	241,408
Ladung	236	2,033	479,788
$D =$	328		721,196

$$\frac{721{,}196}{328} = 2{,}199\,\text{m} = \text{System}\odot \text{ über Oberkante Kiel}$$

$$3{,}056\,\text{m} = \text{Metazentrum über Oberkante Kiel}$$

$$MG = 0{,}857\,\text{m} = \quad „ \qquad „ \quad \text{dem System}\odot.$$

Segelsystem.

Schiffe von dieser Größe werden vorzugsweise für die große Küstenfahrt benutzt, es muß deshalb $\dfrac{A \cdot h}{D \cdot MG}$ innerhalb der Grenzen von 17 bis 19 gehalten werden.

Nach den unter „Anfertigung der Segelzeichnung" (2. Teil, I. Abschn., B, s. Seite 64) angegebenen Verhältniszahlen muß das ganze Segelareal A wie folgt verteilt werden:

$$0{,}227 \cdot A \text{ auf die Vorsegel}$$

$$0{,}451 \cdot A \quad „ \quad „ \text{ Segel am Fockmast}$$

$$\text{und}\quad 0{,}322 \cdot A \quad „ \quad „ \quad „ \quad „ \text{ Großmast.}$$

Unter Berücksichtigung dieser Angaben läßt sich nun die Segelzeichnung entwerfen und nachfolgende Berechnung des Segelmomentes anstellen (s. Fig. 50):

Areal und Schwerpunkt der sämtlichen Segel.

Benennung der Segel	Areal in qm	Über der Wasserlinie		Vor der Mitte der WL	
		Abstand des ⊙s m	Momente	Abstand des ⊙s m	Momente
Großsegel	96,7	8,02	775,53	— 9,30	— 899,31
Gaffeltoppsegel	36,8	17,10	629,28	— 7,50	— 276,00
Schonersegel	74,2	7,40	549,08	1,90	140,98
Unteres Toppsegel	43,3	13,28	575,02	5,81	251,57
Oberes „	38,7	17,10	661,77	5,50	212,85
Bramsegel	30,7	21,00	644,70	4,94	151,66
Stagfock	25,7	5,85	150,35	9,20	236,44
Binnenklüver	21,7	6,55	142,13	12,36	268,21
Klüver	25,0	8,17	204,25	14,34	358,50
Außenklüver	21,8	9,30	202,74	16,55	360,79
Areal $A =$	414,6		4534,85		1981,00
Breitfock	100,0				— 1175,31
Flieger	28,0				+ 805,69
Total $=$	542,6				

$$\frac{4534,85}{414,6} = 10,938\,\mathrm{m} = \text{Segel} \odot \text{ über der } \mathbf{WL}$$

$$1,480\,\mathrm{m} = \odot \text{ des Längenplans unter der WL}$$

$$h = 12,418\,\mathrm{m} = \odot \text{ der Segel über dem } \odot \text{ des Längenplans.}$$

$$\frac{805,69}{414,6} = 1,943\,\mathrm{m} = \odot \text{ der Segel vor der Mitte der WL}$$

$$0,150\,\mathrm{m} = \odot \text{ des Längenplans hinter der Mitte der WL}$$

$$2,093\,\mathrm{m} = 0,0776 \cdot L = \odot \text{ der Segel vor dem } \odot \text{ des Längenplans.}$$

Ferner ist: $\quad \dfrac{A \cdot h}{D \cdot MG} = \dfrac{414,6 \cdot 12,418}{328 \cdot 0,857} = 18,32.$

Für die unteren Segel berechnet sich das Stabilitätsverhältnis wie folgt:

Areal und Schwerpunkt der unteren Segel.

Benennung der Segel	Areal in qm	Über der Wasserlinie		Vor der Mitte der WL	
		Abstand des ⊙s m	Momente	Abstand des ⊙s m	Momente
Großsegel	96,7	8,02	775,53	— 9,30	— 899,31
Schonersegel	74,2	7,40	549,08	1,90	140,98
Unteres Toppsegel	43,3	13,28	575,02	5,81	251,57
Oberes „	38,7	17,10	661,77	5,50	212,85
Stagfock	25,7	5,85	150,35	9,20	236,44
Binnenklüver	21,7	6,55	142,13	12,36	268,21
Klüver	25,0	8,17	204,25	14,34	358,50
Areal $A_1 =$	325,3		3058,13		+ 1468,55
					— 899,31
					+ 569,24

$$\frac{3058,13}{325,3} = 9,401\,\text{m} = \odot \text{ der Segel über der WL}$$

$$1,480\,\text{m} = \odot \text{ des Längenplans unter der WL}$$

$$h_1 = 10,881\,\text{m} = \odot \text{ der Segel über dem } \odot \text{ des Längenplans.}$$

$$\frac{569,24}{325,3} = 1,750\,\text{m} = \odot \text{ der Segel vor der Mitte der WL}$$

$$0,150\,\text{m} = \odot \text{ des Längenplans hinter der Mitte der WL}$$

$$1,900\,\text{m} = 0,07 \cdot L = \odot \text{ der Segel vor dem } \odot \text{ des Längenplans.}$$

Ferner ist: $\quad \dfrac{A_1 \cdot h_1}{D \cdot MG} = \dfrac{325,3 \cdot 10,881}{328 \cdot 0,857} = 12,6.$

β. Schoner mit einfachem Toppsegel und Bramsegel.

Diese Takelungsart (Fig. 52) kam früher vielfach bei kleineren Schonern sowie bei Schonerkuffen und Schonergalioten zur Anwendung.

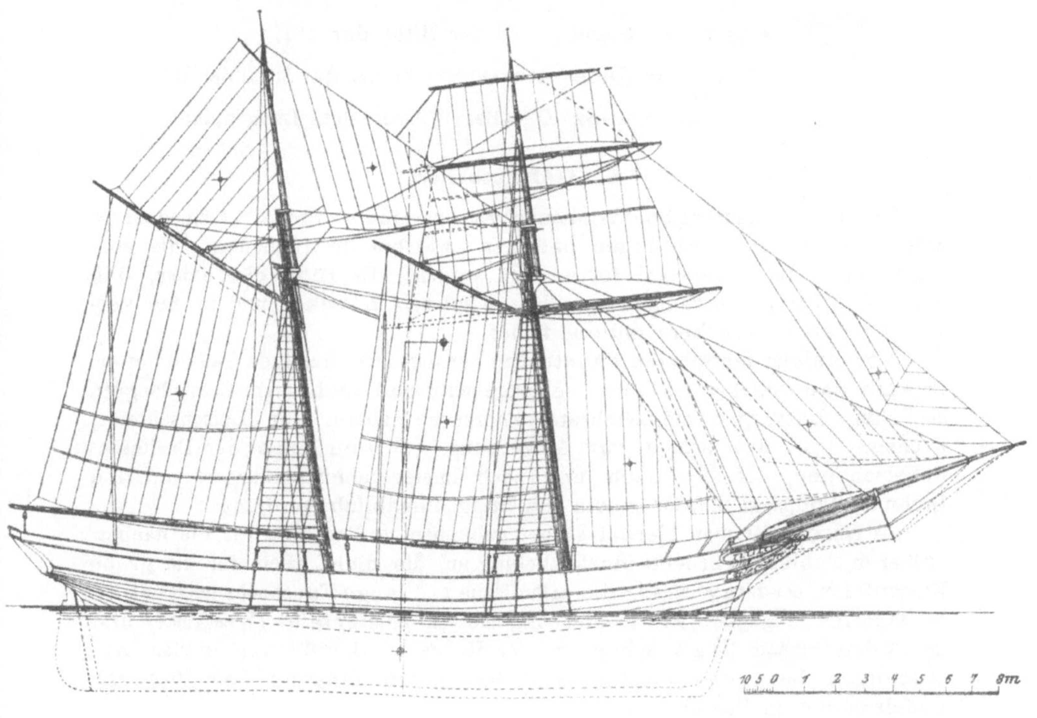

Fig. 52.

Die Abmessungen des Schiffes sind:

$$L = 23,4\,\text{m}, \quad B = 5,85\,\text{m}, \quad H = 2,92\,\text{m}.$$

Areal und Schwerpunkt der sämtlichen Segel.

Benennung der Segel	Areal in qm	Über der Wasserlinie		Vor der Mitte der WL	
		Abstand des $\odot$s m	Momente	Abstand des $\odot$s m	Momente
Großsegel	80,3	7,55	606,27	— 8,10	— 650,43
Gaffeltoppsegel	30,7	15,15	465,10	— 6,70	— 205,69
Flieger	21,0	15,50	325,50	— 1,40	— 29,40
Schonersegel	59,6	6,72	400,51	1,50	89,40
Toppsegel	38,4	13,52	519,17	4,50	172,80
Bramsegel	15,5	17,55	272,03	4,00	62,00
Stagfock	24,0	5.20	124,80	7,68	184,32
Binnenklüver	22,6	6,05	136,73	10,70	241,82
Klüver	20,5	6,65	136,32	13,92	285,36
Außenklüver	17,8	8,46	150,59	16,25	289,25
Areal $A =$	330,4		3137,02		+ 1324,95 — 885,52

$$\frac{3137,02}{330,4} = 9{,}495\ \text{m} = \text{Segel}\odot\ \text{über der WL} \qquad +\ 439{,}43$$

$$\frac{439,43}{330,4} = 1{,}330\ \text{m} = \text{Segel}\odot\ \text{vor der Mitte der WL}$$

$$0{,}120\ \text{m} = \odot\ \text{des Längenplans hinter der Mitte der WL}$$

$$1{,}450\ \text{m} = 0{,}062 \cdot L = \text{Segel}\odot\ \text{vor dem Längenplan}\odot.$$

4. Gaffelschoner.

Bei keiner anderen Schiffsgattung tritt uns eine so große Verschiedenheit unter den einzelnen Individuen entgegen, wie bei den Schonern, die vorzugsweise durch Gaffelsegel fortbewegt werden. Es rührt dies daher, daß dieser Schiffstyp neuerdings zu allen möglichen Zwecken und in den verschiedensten Größen Verwendung findet.

Vor einigen Jahrzehnten kannte man nur den zweimastigen Gaffelschoner. Er kam namentlich für kleine, scharfgebaute und mehr zum Schnellsegeln als zum Lasttragen eingerichtete Fahrzeuge sowie für Lotsenschoner, Kreuzer- und Rennjachten zur Anwendung. Diesem folgte der Dreimast-Gaffelschoner, der sich nach und nach immer mehr einbürgert und den Dreimast-Toppsegelschoner sowie die Brigg allmählich verdrängt.

In Europa ist man hierbei stehen geblieben und wendet für die nächstgrößeren Schiffe die beliebte Barktakelung an, die nicht allein für die große Küstenfahrt, sondern auch für die atlantische und lange Fahrt sehr geeignet ist. In Amerika dagegen, wo in der allgemeinen Küstenfahrt (Westküste) und im stillen Ozean längst schon in der Holzfa rt Schiffe von großen Abmessungen beschäftigt werden, sind bereits seit längerer Zeit Viermast-Gaffelschoner in Betrieb.

Ende des vorigen Jahrhunderts fing man in Amerika an, Fünfmast-Gaffelschoner zu bauen, von denen — nach der Marine Review Sept. 6. 1900 — der „William C. Carnegie" eine Länge von 88,1 m, eine Breite von 14,1 m, eine Tiefe von 6,8 m und einen Tonnengehalt von 2663 Brutto-Registertons bei einer Tragfähigkeit von 4500 t hatte.

Darauf wurde ein Sechsmast-Gaffelschoner von ca. 105 m Länge, 14,63 m Breite, 7,61 m Raumtiefe und einer Tragfähigkeit von 5 500 t bei 7,3 m Tiefgang gebaut. Schließlich ging man zu dem Bau eines riesenhaften Siebenmast-Gaffelschoners über, der von M. Crownishield in Boston, dem Konstrukteur vieler erfolgreicher Jachten, entworfen worden ist. Dieses Fahrzeug soll wegen seines eigenartigen Aussehens im Nachstehenden, soweit dies nach den spärlichen Veröffentlichungen möglich ist, beschrieben und berechnet werden. Ebenso soll dies für einen großen Viermast-Gaffelschoner geschehen.

Aus dem folgenden Diagramm, Fig. 53, ist zu entnehmen, wie viel Masten einem Schiff von einem bestimmten Brutto-Raumgehalt zu geben sind.

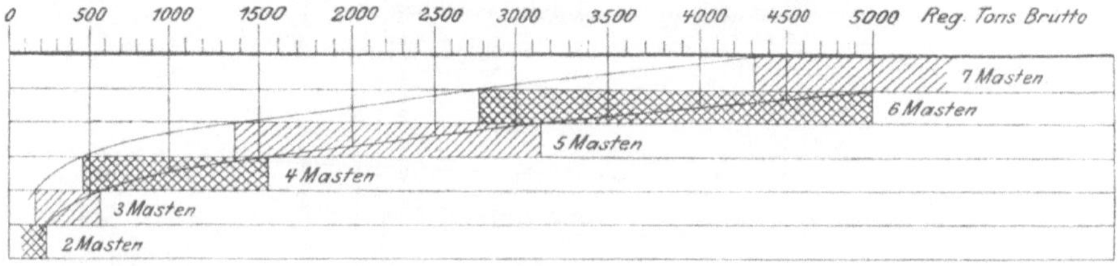

Fig. 53.

Ferner ist bei der Bemastung zu berücksichtigen, daß die Schiffe meistens mit Decklast fahren. Für Schiffe in gewöhnlicher Fahrt kann die Bemastung größer genommen werden, man kommt dann aber zu dem Resultat, daß das Segelareal bei Schonern von großen Abmessungen ohne übertrieben hohe Masten nicht so groß werden kann, wie bei Raaschiffen von gleichen Abmessungen und Stabilitätsverhältnissen.

Bei den großen Gaffelschonern bis hinab zu den dreimastigen werden die sämtlichen Masten sowie die Stengen, die Bäume und die Gaffeln in der Regel gleich groß und stark genommen, höchstens wird der Großbaum (Baum am letzten Mast) etwas länger und stärker genommen als die übrigen Bäume, deren Länge durch die Entfernung der Masten beschränkt ist. Durch diese Gleichförmigkeit erhält die Takelung ein etwas einförmiges Aussehen, man hat aber den Vorteil, daß die sämtlichen Gaffel- und Gaffeltoppsegel ausgewechselt werden können und daß weniger Reservesegel erforderlich sind.

a. Siebenmast-Gaffelschoner.

Das Schiff, s. Fig. 54, ist aus Stahl gebaut, es hat eine Länge von ca. 112 m, eine Breite von 15,24 m und eine Tiefe (Seitenhöhe) von 10,5 m. Bei einem Tiefgange von 8,575 m beträgt das Deplacement 10 000 t und die Tragfähigkeit 7 500 t. Das Schiff hat einen Balkenkiel von 305 mm Höhe, einen Doppelboden mit durchlaufender Mittelkielplatte und drei vollständige Decks aus Stahl, von denen das Oberdeck mit Holz beplankt ist. Vorn ist ein Kollisionsschott eingebaut. Über dem Hauptdeck ist vorn eine lange Back und hinten eine lange Poop angeordnet.

Die sämtlichen Masten sind gleich, aus Stahl hergestellt und im Innern der ganzen Länge nach durch Winkelstahle verstärkt. Die Länge der Masten von der Spur bis zum Eselshaupt beträgt 41,15 m, ihr größter Durch-

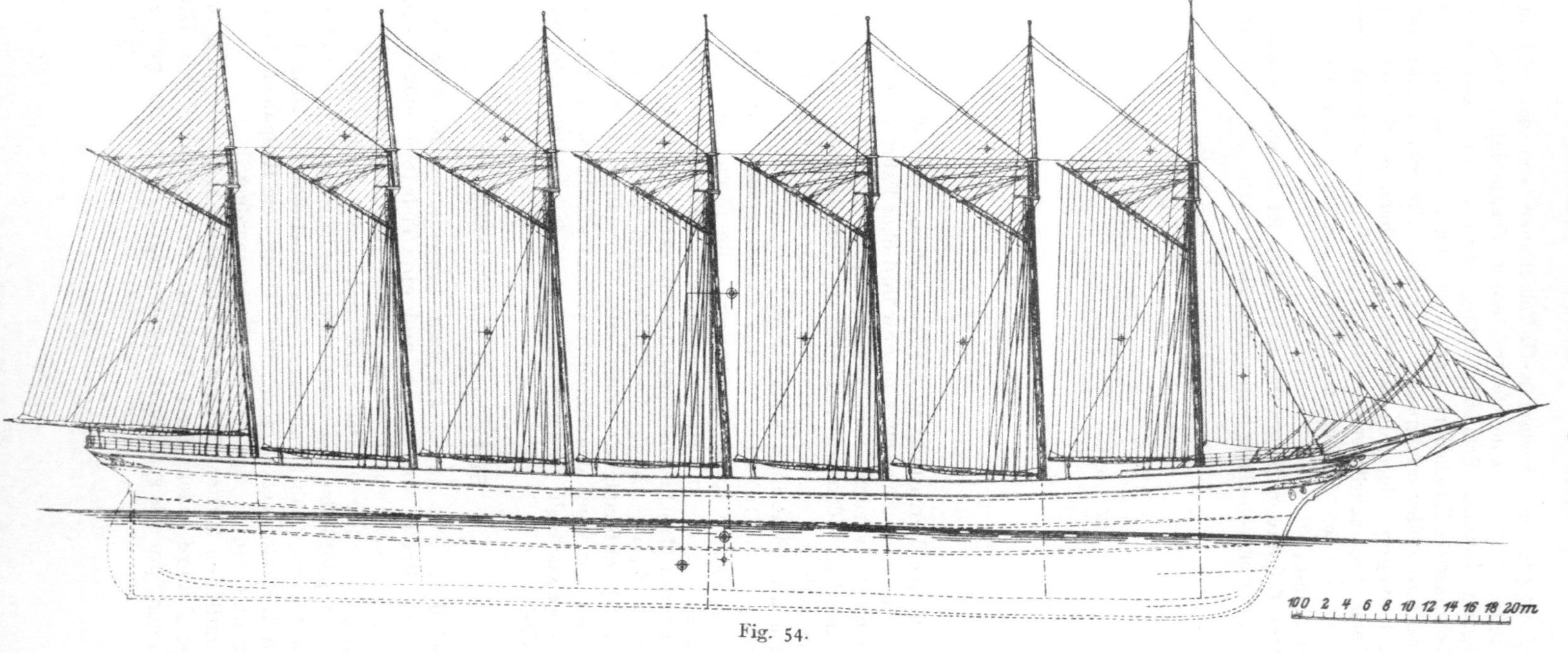

Fig. 54.

messer (im Deck) 813 mm. Die Vorstenge ist 19,51 m lang bei 508 mm Durchmesser, die übrigen Stengen sind je 17,68 m lang und haben einen Durchmesser von 457 mm. Die Bäume für die sechs ersten Masten sind je 13,72 m lang bei 356 mm Durchmesser, der Großbaum ist 22,86 m lang bei 457 mm Durchmesser. Das Gesamt-Segelareal beträgt 3770 qm.

Mit Hülfe dieser Angaben war es möglich, das in Fig. 54 dargestellte Bild dieses Gaffelschoners zu entwerfen.

Es beträgt das $D = \sim 10000$ t also $D = 9757$ cbm, der Tiefgang ohne Kiel $= 8,27$ m. Eine ähnliche Schiffsform wie diejenige, welche bei dem Fünfmastvollschiff angenommen ist, auch hier vorausgesetzt, würde ergeben:

$$\text{Abstand des Depl}\odot\text{s vor der Mitte} = 1,44 \text{ m,}$$
$$\text{\quad\quad\quad\quad\quad\quad\quad über Oberk. Kiel} = 4,60 \text{ „}$$

$$\frac{2}{3}\int y^3\,dx = 21709,30,$$

mithin $\dfrac{21709,30}{D} = 2,225$ m $=$ Metazentrum über Depl$\odot$,

$$\underline{4,600 \text{„}} = \text{Depl}\odot \text{ über Oberkante Kiel,}$$
$$6,825 \text{ „} = \text{Metazentrum über Oberkante Kiel.}$$

Der $\odot$ des Längenplans liegt 4,25 m unter der Wasserlinie und 2,5 m hinter der Mitte. Bei der Benennung der Segel soll der vorderste Mast der Fockmast, der hinterste der Großmast heißen und die dazwischen liegenden Masten der Reihe nach mit 2., 3., 4., 5. und 6. Mast, von vorn gezählt, benannt werden. Eine Berechnung des Segelsystems gibt dann nachstehende Resultate:

Areal und Schwerpunkt der Segel.

Benennung der Segel	Areal in qm	Über der Wasserlinie		Vor der Mitte der WL	
		Abstand des $\odot$s m	Momente	Abstand des $\odot$s m	Momente
Großsegel	403	18,2	7334,6	— 53,5	— 21560,5
„ -Gaffeltoppsegel . . .	120	36,0	4320,0	— 51,2	— 6144,0
6. Gaffelsegel	340	17,8	6052,0	— 37,1	— 12614,0
6. Gaffeltoppsegel	120	36,0	4320,0	— 35,7	— 4284,0
5. Gaffelsegel	340	17,8	6052,0	— 21,8	— 7412,0
5. Gaffeltoppsegel	120	36,0	4320,0	— 20,4	— 2448,0
4. Gaffelsegel	340	17,8	6052,0	— 6,4	— 2176,0
4. Gaffeltoppsegel	120	36,0	4320,0	— 5,0	— 600,0
3. Gaffelsegel	340	17,8	6052,0	+ 9,0	+ 3060,0
3. Gaffeltoppsegel	120	36,0	4320,0	10,7	1284,0
2. Gaffelsegel	340	17,8	6052,0	24,2	8228,0
2. Gaffeltoppsegel	120	36,0	4320,0	26,2	3144,0
Schonersegel	317	18,2	5769,4	39,2	12426,4
Vor-Gaffeltoppsegel . . .	120	36,0	4320,0	41,8	5016,0
Stagfock	116	15,0	1740,0	53,2	6171,2
Stengestagsegel	100	17,2	1720,0	56,2	5620,0
Binnenklüver	94	19,1	1795,4	60,5	5687,0
Mittelklüver	104	22,8	2371,2	63,0	6552,0
Außenklüver	96	24,9	2390,4	65,5	6288,0
Areal =	3770		83621,0		+ 63476,6
					— 57238,5
					+ 6238,1

$$\frac{83621}{3770} = 22,18\ \text{m} = \text{Segel}\odot \text{ über der \textbf{WL}.}$$

$$4,25\ \text{„} = \odot \text{ des Längenplans unter der WL.}$$

$$h = 26,43\ \text{m} = \text{Segel}\odot \text{ über dem } \odot \text{ des Längenplans,}$$

$$\frac{6238,1}{3770} = 1,655\ \text{m} = \text{Segel}\odot \text{ vor der Schiffsmitte,}$$

$$2,500\ \text{„} = \odot \text{ des Längenplans hinter der Mitte,}$$

$$4,155\ \text{m} = \odot \text{ der Segel vor dem } \odot \text{ des Längenplans}$$

$$= 0,0374 \cdot L.$$

Wegen des Doppelbodens und der großen Tiefe des Schiffes sind die Stabilitätsverhältnisse trotz der geringen Segelfläche ziemlich ungünstig. Es wird aber ohne Zweifel Wert auf gutes Segeln in Ballastlage gelegt sein, selbst auf die Gefahr hin, bei homogener Ladung nicht die Tragfähigkeit voll ausnutzen zu können und etwas Wasserballast im Doppelboden fahren zu müssen.

In den Aufbauten vorn und hinten ist je ein Dampfkessel aufgestellt. Diese beiden Kessel dienen zum Betriebe von fünf Dampfwinden, der Dampfpumpen für den Wasserballast, der Maschinen zum Lichten der Anker und Setzen der Segel, so daß mit einer möglichst kleinen Besatzung auszukommen ist.

Ähnlich wie der Siebenmast-Gaffelschoner sind auch die sechs-, fünf- und viermastigen getakelt, so daß ein näheres Eingehen auf die letzteren überflüssig erscheint.

Es soll deshalb im Nachstehenden nur noch ein Viermast-Gaffelschoner beschrieben und dann zu den drei- und zweimastigen Gaffelschonern übergegangen werden.

β. Viermast-Gaffelschoner.

Fig. 55 stellt den auf der Werft von Robert Duncan & Co. in Port Glasgow erbauten und am 4. März 1896 vom Stapel gelassenen Viermast-Gaffelschoner „Honolulu", der Firma John Ena in Honolulu gehörig, dar. Es ist dies der größte Gaffelschoner, der bis dahin in England gebaut worden ist. Die Hauptdimensionen sind folgende:

Ganze Länge 68,5 m,
Breite . . 12,8 „
Raumtiefe . 5,65 „

ca. 1000 Registertons groß.

Die vier Stahlmasten haben je eine Länge von ca. 43 m, deren Durchmesser im Deck 0,7 m beträgt. Wie bei Gaffelschonern üblich, sind alle Masten oben durch Knickstage miteinander verbunden, es fährt nur das Fockstag an Deck, so daß die ganze Takelung über Bord geht, wenn der Fockmast fällt. Bei Gaffelsegeln läßt sich aber schwerlich eine andere Anordnung treffen, wenn man nicht große Unbequemlichkeiten mit in den Kauf nehmen will.

Das Schiff ist besonders für den Transport von schweren Holzladungen gebaut, es ist mit einem von vorn bis hinten durchlaufenden Stahldeck und mit hohen und starken Verschanzungen versehen, um große Decklast fahren zu können.

Für das Einbringen langer Hölzer in den Raum sind ferner außergewöhnlich große Deckluken und hinten zwei große Pforten vorgesehen. Das Heck ist ähnlich wie bei vielen Holzschiffen platt konstruiert, der Boden des Schiffes steigt ca. 1,8 m an, die Schiffsform ist ziemlich scharf gehalten.

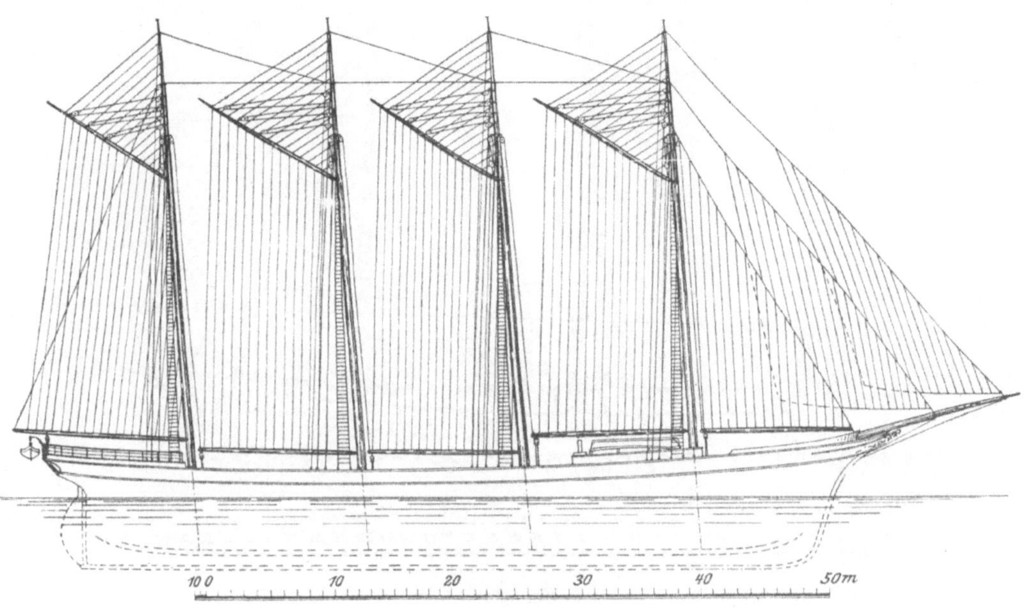

Fig. 55.

Für das Bearbeiten der mächtigen Segel, des Ankergeschirrs, der Pumpen, sowie zum Zweck des Löschens und Ladens schwerer Hölzer ist Dampfkraft vorgesehen.

γ. Dreimast-Gaffelschoner.

Nach den in Fig. 56 u. 57 dargestellten Zeichnungen sind die bewährten Schiffe „Else" und „Johanna' der Reederei W. Bruns in Leer gebaut. Die Hauptabmessungen sind:

$$L = 33{,}22 \text{ m über Steven,} \qquad B = 7{,}47 \text{ m,} \qquad H = 3{,}125 \text{ m,}$$

$$\text{Tiefgang } 2{,}7 \text{ m ohne Kiel}$$
$$\text{„} \quad 2{,}85 \text{ m mit} \quad \text{„}$$

$$D = 431{,}3 \text{ cbm,} \qquad D = 442 \text{ t.}$$

$$\text{Depl.} \odot = 1{,}15 \text{ m unter der WL}$$
$$\text{„} \quad \odot = 1{,}55 \text{ m über Oberkante Kiel}$$
$$\text{„} \quad \odot = 0{,}35 \text{ m vor der Mitte der WL.}$$

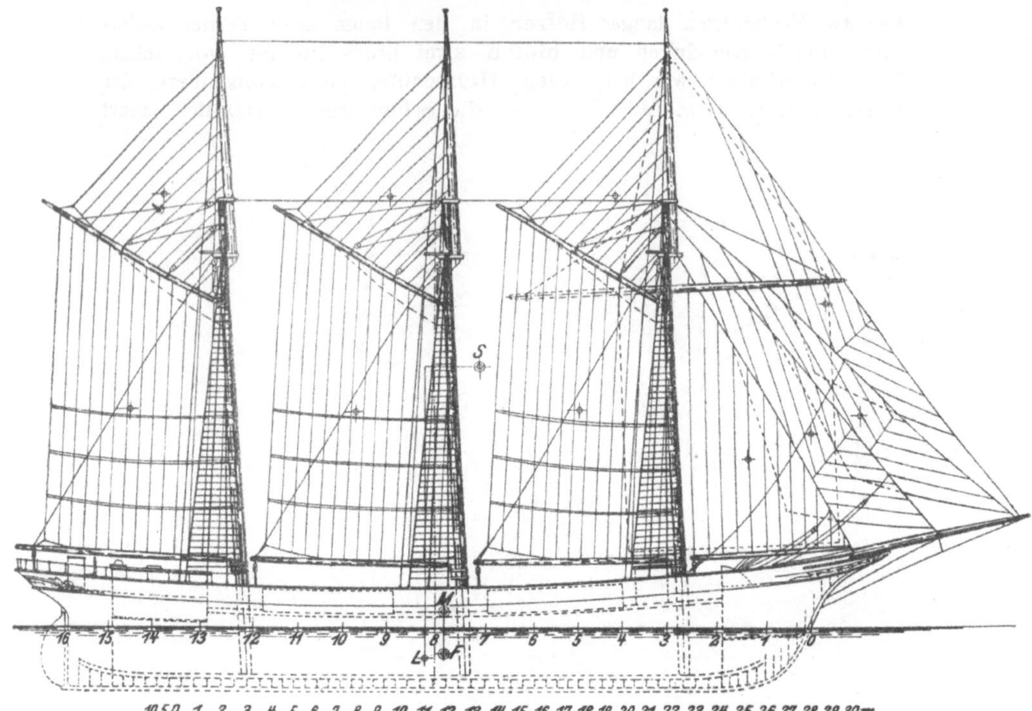

Fig. 56.

Metazentrum.

Spanten	½ Breite der WL m	(½ Breite)³	Koeff.	Koeff. × (½ Breite)³
0	0,00	0,000	½	0,000
1	1,52	3,512	2	7,024
2	2,65	18,610	1	18,610
3	3,22	33,386	2	66,772
4	3,52	43,614	1	43,614
5	3,68	49,836	2	99,672
6	3,76	53,157	1	53,157
7	3,785	54,225	2	108,450
8	3,785	54,225	1	54,225
9	3,78	54,010	2	108,020
10	3,72	51,479	1	51,479
11	3,68	49,836	2	99,672
12	3,57	45,499	1	45,499
13	3,38	38,614	2	77,228
14	2,91	24,642	1	24,642
15	1,76	5,452	2	10,904
16	0,00	0,000	½	0,000
				868,968

$$\delta = \frac{33,22}{16} = 2,076\,\text{m}: \qquad \frac{4}{9}\,\delta = \underline{0,9227}$$

$$\frac{2}{3}\int y^3\,dx = 801,797$$

$$\frac{801,797}{431,3} = 1,859\,\text{m} = \text{Metazentrum über Depl.} \odot$$

$$1,500\,\text{m} = \text{Depl.} \odot \text{ über Oberkante Kiel}$$

$$\overline{3,359\,\text{m} = \text{Metazentrum über Oberkante Kiel.}}$$

Gewicht und Schwerpunkt des Schiffes.

Nach der Gewichtsdarstellung, Tafel I, beträgt das Gewicht des aus Stahl gebauten Schiffes, da $0{,}75 \cdot L \cdot B \cdot H = 581{,}6$ ist, annähernd:

Stahlteile	77,0 t
Holzteile	15,0 t
Ausrüstung	10,5 t
Takelung	14,0 t
Zementierung etc.	11,5 t
im ganzen	128,0 t.

Der Schwerpunkt des Schiffskörpers liegt $0{,}82\,H = 2{,}56$ m über Oberkante Kiel.

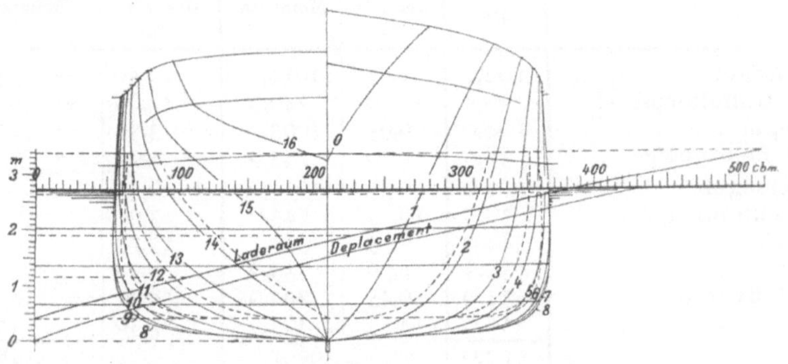

Fig. 57.

Das Schiff kann also $442 - 128 = 314$ t Ladung, einschl. Proviant etc. nehmen (siehe Fig. 57, punktierte Linien).

Der Schwerpunkt der Ladung ermittelt sich wie folgt:

	Inhalt cbm	Koeff.	Inhalt × Koeff.
Laderaum bis Deckebene I	518,54	$^1/_2$	259,27
„ „ Ebene II	369,00	2	738,00
„ „ „ III	227,70	1	227,70
„ „ „ IV	100,53	2	201,06
„ „ Wegerung	0,00	$^1/_2$	0,00
			1426,03

$$\delta = 0{,}745\,\text{m}, \qquad \frac{2}{3}\,\delta = 0{,}497$$

$$708{,}737$$

$$\frac{708,737}{518,54} = 1,367\,m = \odot \text{ des Laderaums unter der Deckebene}$$

$$3,397\,m = \text{Deckebene über Oberkante Kiel}$$

$$2,030\,m = \odot \text{ der Ladung über Oberkante Kiel.}$$

	Gewicht t	$\odot$ über Oberk. Kiel m	Momente
Schiffskörper	128	2,56	327,68
Ladung und Proviant	314	2,03	637,42
$D =$	442		965,10

$$\frac{965,1}{442} = 2,184\,m = \text{System}\odot \text{ über Oberkante Kiel}$$

$$3,359\,m = \text{Metazentrum über Oberkante Kiel}$$

$$MG = 1,175\,m = \text{Metazentrum über System } \odot.$$

Areal und Schwerpunkt der sämtlichen Segel.

Benennung der Segel	Areal in qm	Über der Wasserlinie		Vor der Mitte der WL	
		Abstand des $\odot$s m	Momente	Abstand des $\odot$s m	Momente
Besahnsegel	104,0	9,80	1019,2	— 13,50	— 1404,0
„ -Gaffeltoppsegel . .	38,5	19,40	746,9	— 12,00	— 462,0
Großsegel	104,0	9,65	1003,6	— 3,53	— 367,1
„ -Gaffeltoppsegel . . .	38,5	19,30	743,0	— 1,90	— 73,2
Schonersegel	104,0	9,75	1014,0	+ 6,35	660,4
Vorgaffeltoppsegel	38,5	19,35	745,0	7,90	304,2
Stagfock	44,0	7,55	332,2	13,77	605,9
Klüver	38,5	8,70	335,0	16,58	638,3
Außenklüver	31,0	9,45	292,9	18,90	585,9
Jager	32,0	14,55	465,6	17,30	553,6
	573,0		6697,4		+ 3348,3
					— 2306,3
					1042,0

$$\frac{6697,4}{573} = 11,69\,m = \text{Segel}\odot \text{ über der WL}$$

$$1,38\,m = \odot \text{ des Längenplans unter der WL}$$

$$h = 13,07\,m = \text{Segel}\odot \text{ über dem } \odot \text{ des Längenplans.}$$

$$\frac{1042,0}{573} = 1,82\,m = \text{Segel}\odot \text{ vor der Mitte der WL}$$

$$0,40\,m = \odot \text{ des Längenplans hinter der Mitte der WL}$$

$$2,22\,m = \text{Segel}\odot \text{ vor dem } \odot \text{ des Längenplans} = 0,0668 \cdot L.$$

Ferner ist:

$$\frac{A \cdot h}{D \cdot MG} = \frac{573 \cdot 13,07}{442 \cdot 1,175} = 14,4.$$

Bei Schiffen dieser Art geht man mit dem Segelmoment in der Regel nur bis an diese untere Grenze, weil es oft vorkommt, daß hier Decklast genommen wird. Nimmt man eine Decklast von 70 t (etwa bis Relinghöhe), dann verbleiben noch 244 t Ladung unter Deck. Der Schwerpunkt der Decklast liegt ungefähr 3,8 m über Oberkante Kiel, demnach ist:

	Gewicht t	$\odot$ über Oberk. Kiel m	Momente
Schiffskörper	128	2,56	327,68
Ladung unter Deck	244	2,03	495,32
„ über „	70	3,80	266,00
	442		1089,00

$$\frac{1089}{442} = 2{,}441 \text{ m} = \text{System } \odot \text{ über Oberkante Kiel}$$

$$3{,}359 \text{ m} = \text{Metazentrum über Oberkante Kiel}$$

$$MG = 0{,}918 \text{ m} = \text{Metazentrum über dem System} \odot.$$

Es ist demnach

$$\frac{A \cdot h}{D \cdot MG} = \frac{573 \cdot 13{,}07}{442 \cdot 0{,}918} = 18.$$

Es erreicht die Takelung also bei 70 t Decklast schon die obere Grenze für Gaffelschoner.

Neuerdings gibt man diesen Schiffen, wenn sie in der atlantischen Fahrt beschäftigt werden, am Fockmast ein kleines Topp- und Bramsegel, damit sie besser vor dem Winde lenzen können.

δ. Zweimast-Gaffelschon r mit Mittelschwert und Kimmkielen.

Hauptabmessungen.

$$L = 33{,}22 \text{ m}, \qquad B = 8{,}00 \text{ m}, \qquad H = 3{,}125,$$

$$Tg = 2{,}7 \text{ m ohne Schwert. Siehe Fig. 58 und 59.}$$

$$D = 457 \text{ cbm}, \qquad D = 468{,}4 \text{ t},$$

$$\text{Depl.} \odot = 1{,}188 \text{ m unter der WL,}$$

$$\text{„ „} = 1{,}512 \text{ m über Kiellinie,}$$

$$\text{„ „} = 0{,}350 \text{ m vor der Mitte der WL.}$$

Metazentrum.

Spanten	($\frac{1}{2}$ Breite) der WL m	($\frac{1}{2}$ Breite)^3	Koeff.	Koeff. $\times$ ($\frac{1}{2}$ Breite)^3
0 (16)	0,00	0,000	$\frac{1}{2}$	0,000
1 (14)	2,70	19,683	2	39,366
2 (12)	3,70	50,653	1	50,653
3 (10)	3,92	60,236	2	120,472
4 (8)	4,00	64,000	1	64,000
5 (6)	3,95	61,630	2	123,260
6 (4)	3,75	52,734	1	52,734
7 (2)	3,00	27,000	2	54,000
8 (0)	0,00	0,000	$\frac{1}{2}$	0,000
				504,485

$$\delta = \frac{33{,}22}{8} = 4{,}153 \text{ m}; \qquad \frac{4}{9}\delta = 1{,}845$$

$$\frac{2}{3}\int y^3 dx = 930{,}775$$

$$\frac{\frac{2}{3}\int y^3\,dx}{D} = \frac{930{,}775}{457} = 2{,}036 \text{ m} = \text{Metazentr. über Depl.} \odot.$$

$$1{,}512 \text{ m} = \text{Depl.} \odot \text{ über Kiellinie}$$
$$3{,}548 \text{ m} = \text{Metazentrum über Kiellinie.}$$

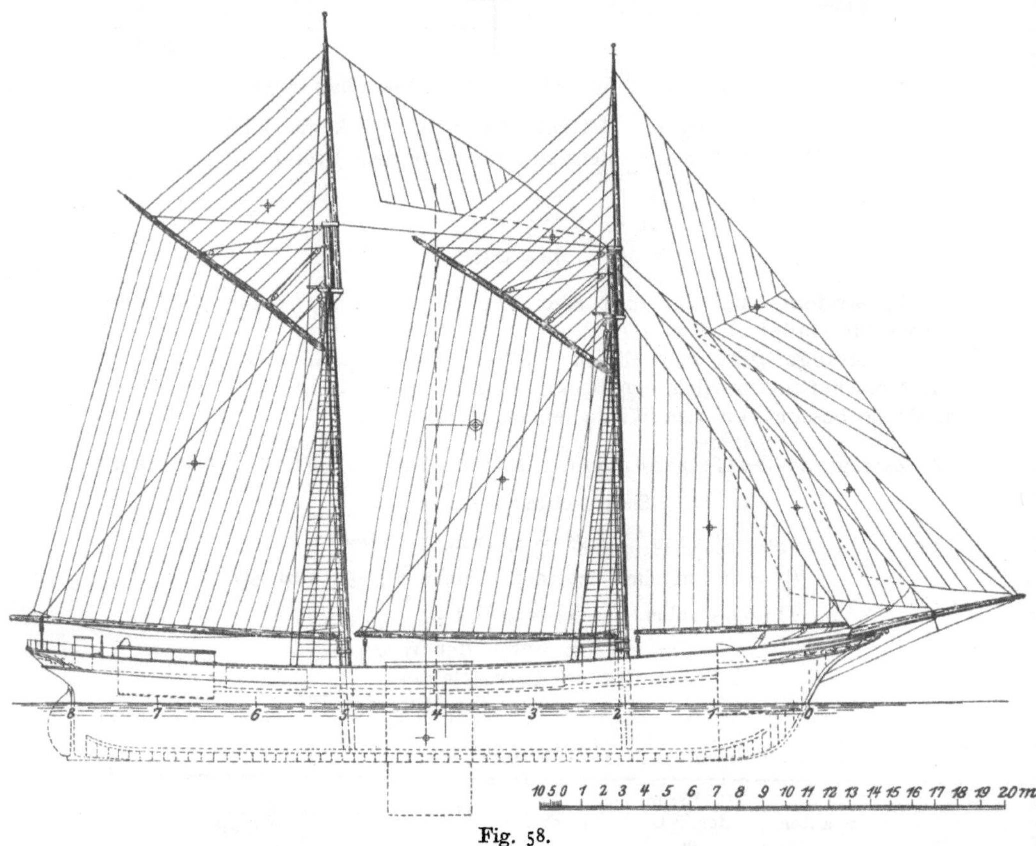

Fig. 58.

Gewicht und Schwerpunkt des Schiffskörpers.

Das Eigengewicht des Schiffes beträgt 137 t, der $\odot$ liegt $0{,}82 \cdot H = 2{,}56$ m über der Kiellinie.

Gewicht und Schwerpunkt der Ladung.

Das Gewicht der Ladung ist $D - 137 = 331{,}4$ t.

	cbm	Koeff.	Produkte
Inhalt des Laderaums bis Deckebene I . .	530,3	$^1/_2$	265,6
„ „ „ „ Ebene II . .	377,6	2	755,2
„ „ „ „ „ III . .	232,0	I	232,0
„ „ „ „ „ IV . .	101,0	2	202,0
„ „ „ „ Wegerung . . .	0,0	$^1/_2$	0,0
			1454,8

$$\delta = 0{,}74 \text{ m}; \quad \frac{2}{3}\delta = 0{,}4933$$

$$\frac{717{,}65}{530{,}3} = 1{,}353 \text{ m} = \odot \text{ der Ladung unter der Deckebene,}$$

$$3{,}355 \text{ m} = \text{Tiefe von Kiellinie bis Deckebene mittschiffs,}$$

$$2{,}002 \text{ m} = \odot \text{ der Ladung über Kiellinie.}$$

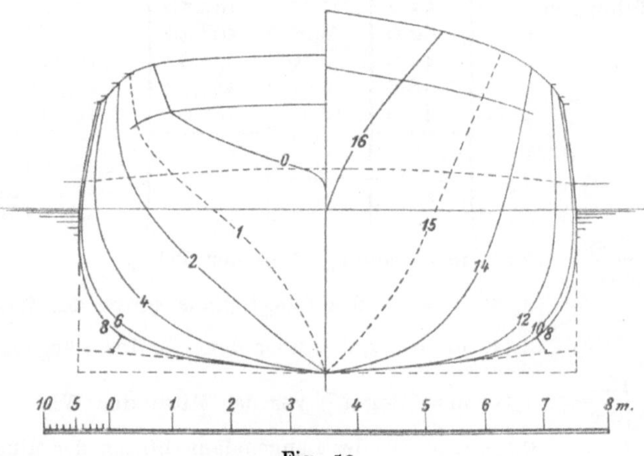

Fig. 59.

Es ist demnach:

	Gewicht t	$\odot$ über Kiellinie m	Momente
Schiffskörper	137,0	2,563	351,131
Ladung	331,4	2,002	663,463
	468,4		1014,594

$$\frac{1014{,}594}{468{,}4} = 2{,}166 \text{ m} = \text{System} \odot \text{ über Kiellinie,}$$

$$3{,}548 \text{ m} = \text{Metazentrum über Kiellinie,}$$

$$MG = 1{,}382 \text{ m} = \text{Metazentrum über dem System} \odot.$$

Bei niedergelassenem Schwert liegt der Schwerpunkt des Längenplans

1,587 m unter der Wasserlinie und

0,455 m hinter der Mitte derselben.

Areal und Schwerpunkt der sämtlichen Segel.

Benennung der Segel	Areal in qm	Über der Wasserlinie		Vor der Mitte der WL	
		Abstand des ⊙s m	Momente	Abstand des ⊙s m	Momente
Großsegel	187,5	11,10	2081,25	— 10,8	— 2025,00
Großgaffeltoppsegel . . .	56,0	23,10	1293,60	— 7,70	— 431,20
Schonersegel	155,4	10,35	1608,39	+ 2,70	419,58
Schonergaffeltoppsegel . .	55,2	21,55	1189,56	5,10	281,52
Stagfock	62,0	8,20	508,40	12,30	762,60
Klüver	41,2	9,10	374,92	16,00	659,20
Außenklüver	38,8	9,90	384,12	18,40	713,92
Jager	43,0	18,35	789,05	14,20	610,60
Areal =	639,1		8229,29		+ 3447,42
					— 2456,20
					+ 991,22

$$\frac{8229,29}{639,1} = 12,87 \text{ m} = \text{Segel}\odot \text{ über der WL,}$$

$$\underline{1,587 \text{ m}} = \odot \text{ des Längenplans unter der WL,}$$

$$h = 14,457 \text{ m} = \text{Segel}\odot \text{ über dem } \odot \text{ des Längenplans.}$$

$$\frac{991,22}{639,1} = 1,551 \text{ m} = \text{Segel}\odot \text{ vor der Mitte der WL,}$$

$$\underline{0,455 \text{ m}} = \odot \text{ des Längenplans hinter der Mitte der WL,}$$

$$2,006 \text{ m} = \text{Segel}\odot \text{ vor dem } \odot \text{ des Längenplans}$$
$$= 0,0604 \cdot L.$$

Ferner ist:

$$\frac{A \cdot h}{D \cdot MG} = \frac{639,1 \cdot 14,457}{468,4 \cdot 1,382} = 14,3.$$

ε. Zweimast-Gaffelschoner mit Seitenschwertern.

Dieser Schiffstyp ist in neuerer Zeit für flachgebaute Schiffe von großen Abmessungen zur Ausführung gelangt. Diese Schiffe erhalten entweder einen niedrigen Mittelkiel oder Kimmkiele (Seitenkiele) und Seitenschwerter. Bei dem geringen Tiefgange können sie den Rhein hinauf bis Köln fahren und sind dabei immer noch einigermaßen seetüchtig.

Hauptabmessungen. (Siehe Fig. 60.)

$$L = 34 \text{ m,} \qquad B = 6,2 \text{ m,} \qquad H = 2,65 \text{ m.}$$

$$\text{Tiefgang ohne Kiel} \quad 2,2 \text{ m}$$
$$\text{,,} \qquad \text{mit} \quad \text{,,} \qquad 2,35 \text{ m.}$$

Deplacement bei diesem Tiefgange 290 cbm = 297 t. Der Schwerpunkt des Depl. liegt 0,22 m vor der Mitte der WL und 1,27 m über Oberkante Kiel.

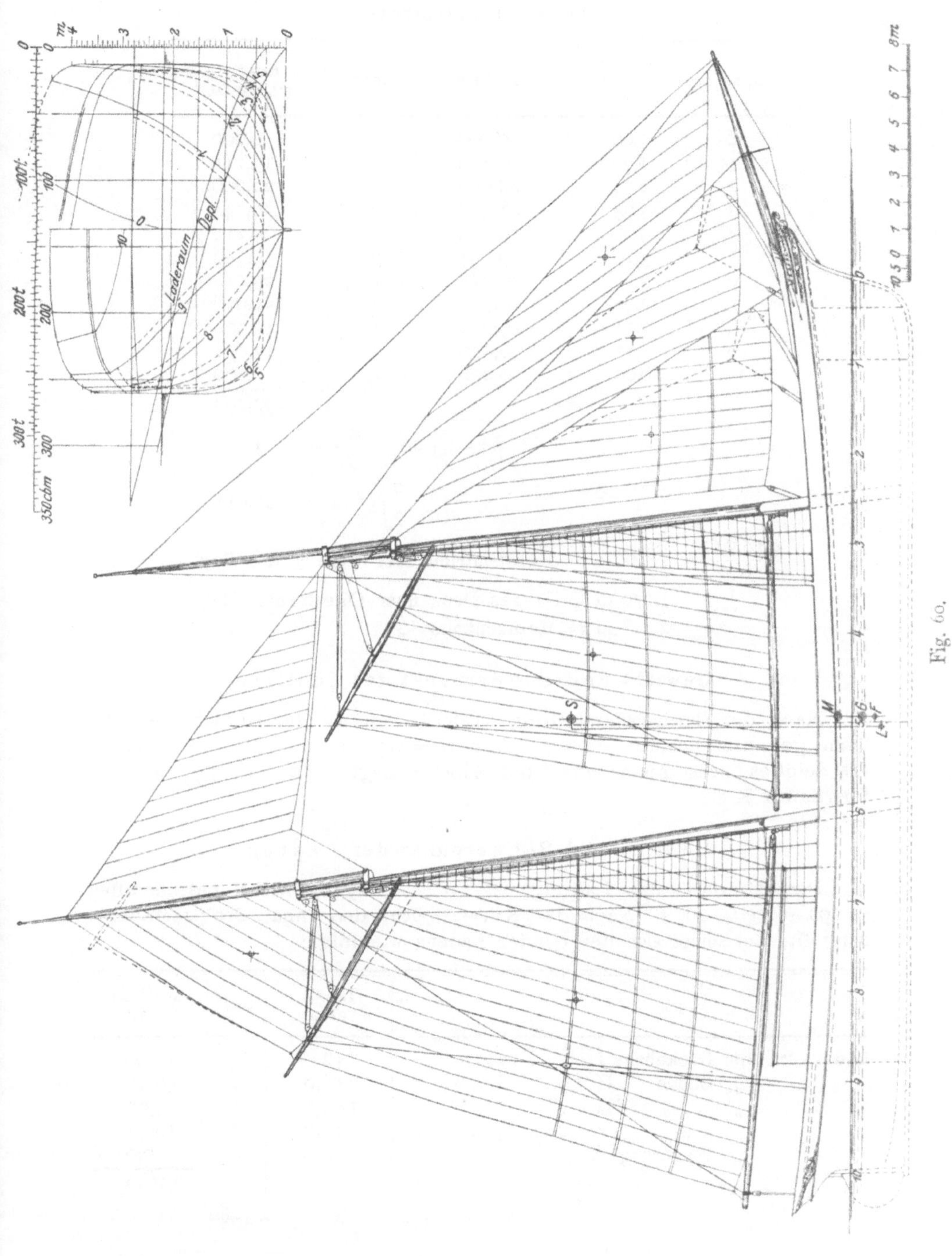

Laderaum Depl.
Fig. 60.

Quer-Metazentrum.

Spanten	$\frac{1}{2}$ Breite der WL m	$(\frac{1}{2}$ Breite$)^3$	Koeff.	Koeff. $\times$ $(\frac{1}{2}$ Breite$)^3$
0	0,00	0,000	$\frac{1}{2}$	0,000
1	1,90	6,859	2	13,718
2	2,84	22,906	1	22,906
3	3,05	28,372	2	56,744
4	3,08	29,218	1	29,218
5	3,10	29,791	2	59,582
6	3,08	29,218	1	29,218
7	2,98	26,463	2	52,926
8	2,71	19,902	1	19,902
9	1,87	6,539	2	13,078
10	0,00	0,000	$\frac{1}{2}$	0,000
				297,292

$$\delta = 3,4 \text{ m}; \qquad \frac{4}{9}\delta = 1,51$$

$$\frac{2}{3}\int y^3\,dx = 448,911$$

$$\frac{448,911}{290} = 1,548 \text{ m} = \text{Metazentrum über dem } \odot \text{ des Depl.,}$$

$$\underline{1,270 \text{ m}} = \odot \text{ des Depl. über Oberkante Kiel,}$$

$$2,818 \text{ m} = \text{Metazentrum } \quad \text{\textquotedbl} \qquad \text{\textquotedbl} \qquad \text{\textquotedbl}$$

Gewicht und Schwerpunkt des Schiffes.

Nach der Gewichtsdarstellung, Tafel I, beträgt das Gewicht des aus Stahl gebauten Schiffes, da $0,75 \cdot L \cdot B \cdot H = 419$ ist, ungefähr 90 t, der $\odot$ des Schiffes nebst Ausrüstung und Zubehör liegt $0,82 \cdot H = 2,173$ m über Oberkante Kiel.

Gewicht und Schwerpunkt der Ladung.

Das Gewicht der Ladung ist $= D -$ Eigengewicht des Schiffes $= 297 - 90 = 207$ t. Nach der Kurve, welche den Inhalt des Laderaumes darstellt, berechnet sich der $\odot$ der Ladung wie folgt:

	Inhalt cbm	Koeff.	Koeff. $\times$ Inhalt
Laderaum bis Deckebene I	342,0	$\frac{1}{2}$	171,0
„ „ Ebene II	241,6	2	483,2
„ „ „ III	143,3	1	143,3
„ „ „ IV	54,7	2	109,4
„ „ Wegerung	0,0	$\frac{1}{2}$	0,0
			906,9

$$\delta = 0,6125; \qquad \frac{2}{3}\delta = 0,4083$$

$$370,287$$

$$\frac{370,287}{342} = 1,082 \text{ m} = \odot \text{ der Ladung unter der Deckebene,}$$

$$2,800 \text{ m} = \text{Deckebene über Oberkante Kiel,}$$

$$\overline{1,718 \text{ m}} = \odot \text{ der Ladung über Oberkante Kiel.}$$

Systemschwerpunkt.

	Gewicht t	$\odot$ über Oberk. Kiel m	Momente
Schiffskörper	90	2,173	195,570
Ladung	207	1,718	355,626
$D =$	297		551,196

$$\frac{551,196}{297} = 1,856 \text{ m} = \text{Systemschwerpunkt über Oberkante Kiel,}$$

$$2,818 \text{ m} = \text{Metazentrum über Oberkante Kiel,}$$

$$MG = \overline{0,962 \text{ m}} = \text{Metazentrum über System} \odot.$$

Segelsystem.

Da das Schiff für die Küstenfahrt bestimmt ist, so muß $\dfrac{A \cdot h}{D \cdot MG}$ zwischen 17 und 19 liegen, und es sind die Segel danach abzustimmen.

Areal und Schwerpunkt der sämtlichen Segel.

Benennung der Segel	Areal in qm	Über der Wasserlinie		Vor der Mitte der WL	
		Abstand des $\odot$s m	Momente	Abstand des $\odot$s m	Momente
Großsegel	158	10,20	1611,60	— 10,42	— 1646,36
Gaffeltoppsegel	38	22,00	836,00	— 8,60	— 326,80
Schonersegel	124	9,55	1184,20	2,65	328,60
Stagfock	45	7,40	333,00	11,00	495,00
Klüver	42	8,10	340,20	14,70	617,40
Außenklüver	35	9,15	320,25	17,75	621,25
Areal $A =$	442		4625,25		2062,25
Flieger	32				— 1973,16
Total . .	474				+ 89,09

$$\frac{4625,25}{442} = 10,465 \text{ m} = \odot \text{ der Segel über der WL,}$$

$$1,175 \text{ m} = \odot \text{ des Längenplans unter der WL,}$$

$$h = \overline{11,640 \text{ m}} = \odot \text{ der Segel über dem } \odot \text{ des Längenplans,}$$

$$\frac{89,09}{442} = 0,202 \text{ m} = \odot \text{ der Segel vor der Mitte der WL,}$$

$$0,190 \text{ m} = \odot \text{ des Längenplans hinter der Mitte der WL,}$$

$$\overline{0,392 \text{ m}} = 0,0116 \cdot L = \odot \text{ der Segel vor dem } \odot \text{ des}$$
$$\text{Längenplans.}$$

Ferner ist:

$$\frac{A \cdot h}{D \cdot MG} = \frac{442 \cdot 11,640}{297 \cdot 0,962} = 18.$$

ζ. Scharfgebauter Gaffelschoner.

Hauptabmessungen (s. Fig. 61 u. 62): $L = 23{,}1$ m, $B = 5{,}6$ m, $H = 3{,}38$ m,
Tiefgang mittschiffs 2,90 m ohne Kiel
„   „   3,03 m mit   „
Deplacement $= 195$ cbm $= 200$ t.

Der ⊙ des Depl. liegt 1,875 m über Oberkante Kiel und 0,43 m vor
der Mitte der WL.

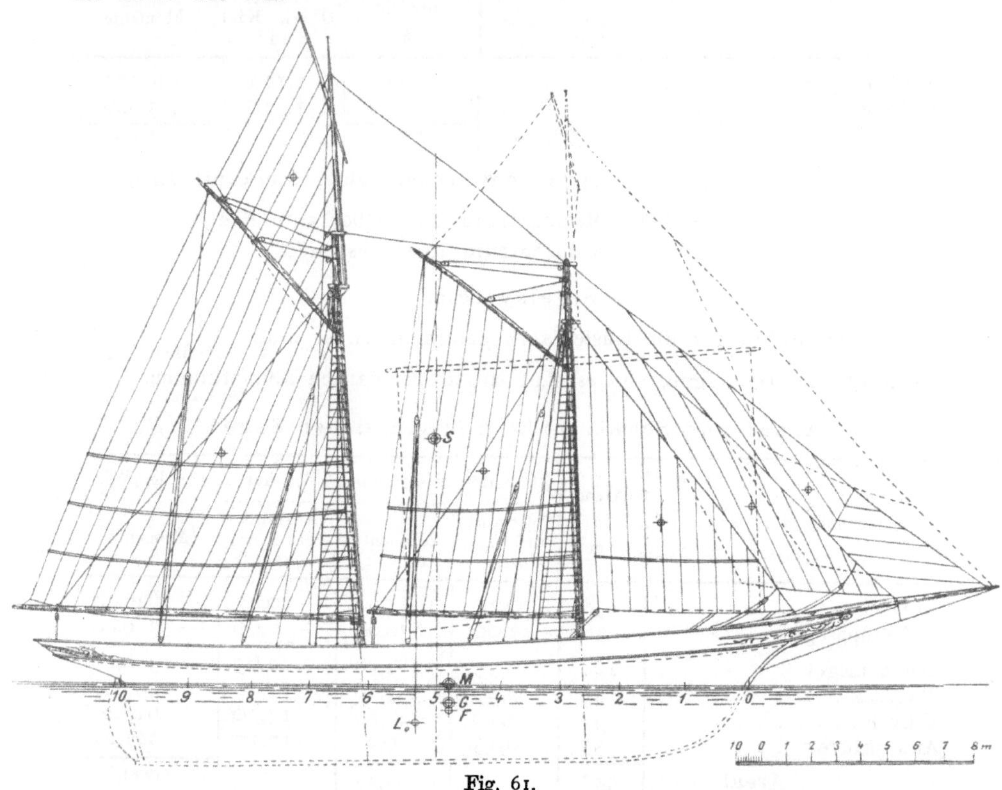

Fig. 61.

Quer-Metazentrum.

Spanten	$^1/_2$ Breite der WL m	$(^1/_2$ Breite$)^3$	Koeff.	Koeff. $\times (^1/_2$ Breite$)^3$
0	0,00	0,000	$^1/_2$	0,000
1	1,97	7,645	2	15,290
2	2,60	17,576	1	17,576
3	2,76	21,025	2	42,050
4	2,80	21,952	1	21,952
5	2,80	21,952	2	43,904
6	2,73	20,346	1	20,346
7	2,62	17,985	2	35,970
8	2,46	14.887	1	14,887
9	2,05	8,615	2	17,230
10	0,00	0,000	$^1/_2$	0,000
				229,205

$$\delta = 2{,}31\ \text{m}; \quad \frac{4}{9}\,\delta = 1{,}027$$

$$\frac{2}{3}\int y^3\,dx = 235{,}394$$

$$\frac{235{,}394}{195} = 1{,}207\ \text{m} = \text{Metazentrum über dem} \odot \text{des Depl.}$$

$$1{,}875\ \text{m} = \odot \text{ des Depl. über Oberkante Kiel}$$

$$3{,}082\ \text{m} = \text{Metazentrum} \qquad \text{„} \qquad \text{„} \qquad \text{„}$$

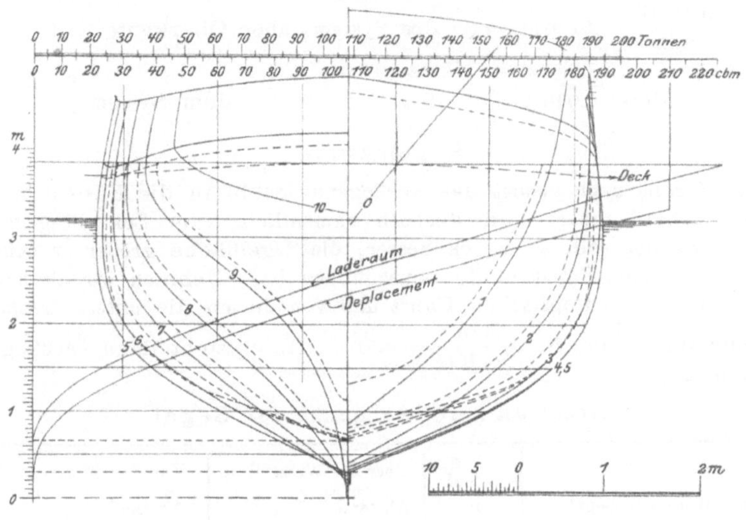

Fig. 62.

Gewicht und Schwerpunkt des Schiffes.

Nach der Gewichtsdarstellung, Tafel I, beträgt das Eigengewicht des Schiffes, wenn aus Stahl gebaut, ungefähr 68 t, denn $0{,}75 \cdot L \cdot B \cdot H$ ist $= 328$. Der $\odot$ des Schiffskörpers liegt annähernd $0{,}82 \cdot H = 2{,}77$ m über Oberkante Kiel.

Gewicht und Schwerpunkt von festem Ballast und Ladung.

Das Schiff hat, um möglichst viel Segel führen zu können, 32 t festen Ballast, dessen $\odot$ $0{,}26$ m über Oberkante Kiel liegt. Das Gewicht der Ladung beträgt demnach

$$D - (\text{Eigengewicht} + \text{Ballast}) = 200 - (68 + 32) = 100\ \text{t}.$$

Der $\odot$ der Ladung liegt $1{,}245$ m unter der Deckebene oder $2{,}305$ m über Oberkante Kiel.

Systemschwerpunkt.

Aus den obigen Zahlen ergibt sich:

	Gewicht t	$\odot$ über Oberk. Kiel m	Momente
Schiffskörper	68	2,770	188,36
Fester Ballast	32	0,260	8,32
Ladung	100	2,305	230,50
$D =$	200		427,18

$$\frac{427,18}{200} = 2,136\,\text{m} = \odot \text{ des Systems über Oberkante Kiel}$$

$$3,082\,\text{m} = \text{Metazentrum} \qquad \text{,,} \qquad \text{,,} \qquad \text{,,}$$
$$MG = 0,946\,\text{m} = \qquad \text{,,} \qquad \text{,,} \quad \text{dem System} \odot.$$

Segelsystem.

Der Größe nach gehört das vorliegende Schiff in die Küstenfahrt; da
es aber scharf gebaut und deshalb namentlich zum Schnellsegeln eingerichtet werden soll, so ist es besser, die Segelfläche größer zu nehmen,
als für so kleine Frachtschiffe sonst üblich ist. Nehmen wir als nächste
Stufe Schiffe der europäischen Fahrt und von diesen die untere Grenze für
die Bemastung, dann ist $\dfrac{A \cdot h}{D \cdot MG} = \sim 19$. Es entsteht dann nachfolgende
Berechnung:

Areal und Schwerpunkt der Segel.

Benennung der Segel	Areal in qm	Über der Wasserlinie		Vor der Mitte der WL	
		Abstand des $\odot$s m	Momente	Abstand des $\odot$s m	Momente
Großsegel	124,0	8,88	1101,1	— 8,10	— 1004,4
Gaffeltoppsegel	38,5	19,4	746,9	— 5,20	— 200,2
Schonersegel	76,0	8,2	623,2	1,65	125,4
Stagfock	37,0	6,3	233,1	8,40	310,8
Klüver	28,3	6,9	195,3	11,65	329,7
Außenklüver	27,4	7,5	205,5	14,00	383,6
Areal =	331,2		3105,1		+ 1149,5
					— 1204,6
					— 55,1

$$\frac{3105,1}{331,2} = 9,375\,\text{m} = \odot \text{ der Segel über der WL}$$

$$1,500\,\text{m} = \odot \text{ des Längenplans unter der WL}$$
$$h = 10,875\,\text{m} = \odot \text{ der Segel über dem } \odot \text{ des Längenplans}$$

$$\frac{— 55,1}{331,2} = 0,166\,\text{m} = \odot \text{ der Segel hinter der Mitte der WL}$$

$$0,700\,\text{m} = \odot \text{ des Längenplans hinter der Mitte der WL}$$
$$0,534\,\text{m} = 0,0231 \cdot L = \odot \text{ der Segel vor dem } \odot \text{ des}$$
$$\text{Längenplans.}$$

Ferner ist: $\qquad \dfrac{A \cdot h}{D \cdot MG} = \dfrac{331,2 \cdot 10,875}{200 \cdot 0,946} = 19.$

Oft erhalten diese Schoner am Fockmast auch eine Stenge, so daß ein Vorgaffeltoppsegel und am Stengestag ein Jager geführt werden kann. Auch findet man gelegentlich eine Breitfock (Breefock) bei diesen Schiffen, die den Übergang zu den als Gaffelschoner getakelten Jachten bilden.

c. Schiffe mit einem Grofsmast vorne und einem kleinen Mast hinten (Anderthalbmaster).

In dem Abschnitt „Benennung der Schiffsarten" sind diese Schiffe schon kurz beschrieben worden; sie bilden den Übergang von den Schiffen, die den Großmast mit dem Großsegel hinten fahren, und den

Fig. 63.

Einmastern und kommen da zur Anwendung, wo das Großsegel beim Einmaster zu groß und unhandlich wird. Die Takelung dieser Schiffe wird gewöhnlich so eingerichtet, daß der gemeinschaftliche Schwerpunkt vom Großsegel und der Stagfock annähernd senkrecht über den Gesamtschwerpunkt der sämtlichen Segel zu liegen kommt. Dadurch wird erreicht, daß die Schiffe unter Großsegel und Stagfock noch vollkommen manövrierfähig bleiben und bei schwerem Wetter noch rundhalsen können, wenn der Besahns- bezw. Treibermast und das Bugspriet ausgeschaltet sind, was bei einem Schoner nicht möglich ist. Hierin liegt der große Vorzug dieser Takelung.

Die wichtigsten Typen dieser Anderthalbmaster sollen im Nachstehenden kurz behandelt werden.

1. Galiot.

Die Galioten waren um die Mitte des vorigen Jahrhunderts sehr beliebt, weil sie an Tragfähigkeit den Kuffen wenig nachgaben und besser segelten als diese (s. Fig. 63). Nach und nach werden die Galioten durch Gaffelschoner verdrängt.

Fig. 64.

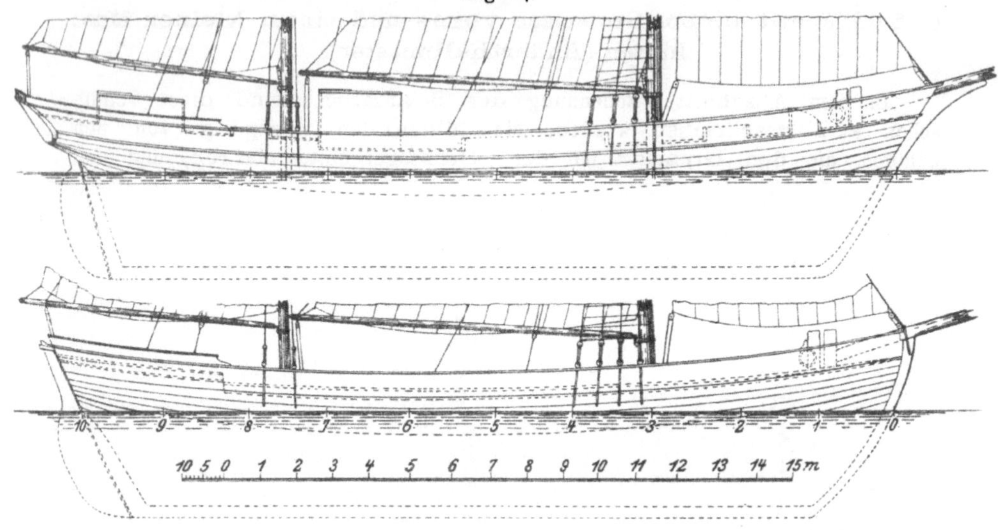

Fig. 65.

Fig. 66.

2. Galeafs.

Die Galeaß ist ähnlich getakelt wie die Galiot, nur hat das Schiff ein Heck, wie große Seeschiffe (s. Fig. 64). Ist kein Heck, sondern ein Spiegel vorhanden, wie bei den Jachten, dann heißt das Schiff:

3. Jachtgaleafs.

(S. Fig. 65.) Die Spantlinien zu diesem Schiffstyp sind in Fig. 66 dargestellt.

4. Ewerkahn und Fischer-Ewer[1].

Die Ewerkähne oder Besahnewer (s. Fig. 67), wie solche früher auf der Unterweser vielfach vorkamen, waren im Vorschiff sehr völlig gehalten und vorne stark aufgeholt, wie dies aus den Spantlinien (Fig. 68) ersichtlich.

Die Schiffsform der Ewer der Unterelbe unterscheidet sich in vielen Punkten wesentlich von derjenigen der Ewer der Unterweser. Es würde aber zu weit führen, alle diese Verschiedenheiten hier anzuführen.

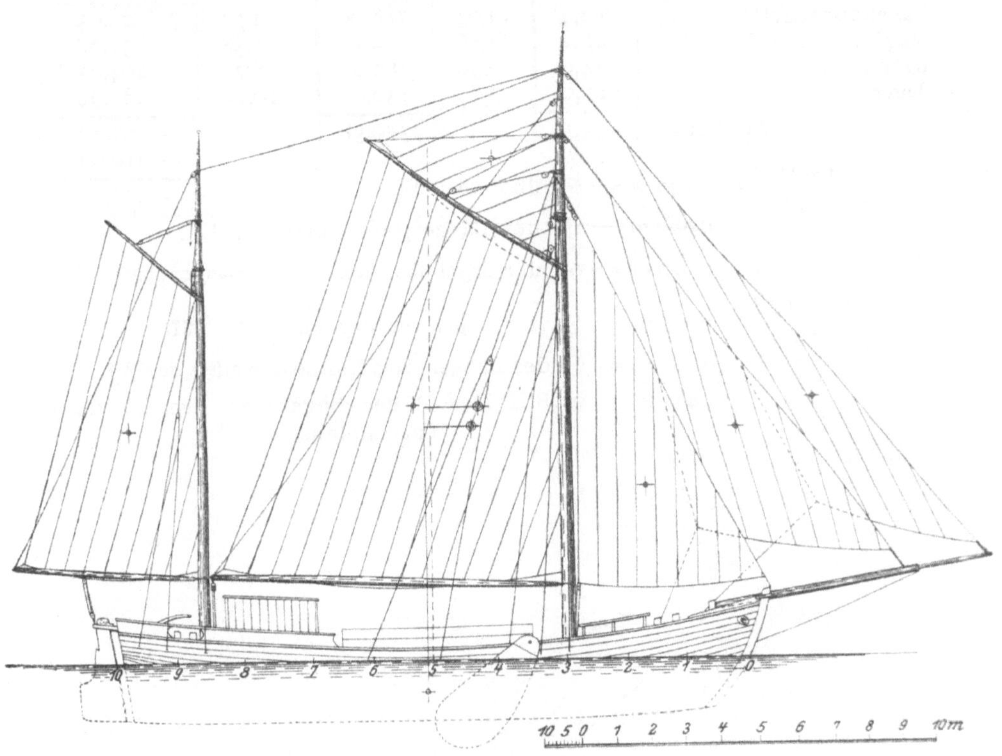

Fig. 67.

Die Größe und Verteilung des Segelareals geht aus nachstehender Berechnung hervor.

Als Beispiel hierfür soll ein Ewerkahn von folgenden Hauptabmessungen gewählt werden:

$$L = 17,2\,\text{m},\quad B = 5,3\,\text{m},\quad H = 2\,\text{m},\quad Tg = 1,7\,\text{m}.$$

Siehe Segelzeichnung Fig. 67, Spantlinien Fig. 68.

---

[1] Über Fischer-Ewer und den aus dem Ewer entstandenen Fischkuttertyp finden sich Zeichnungen von C. Stockhusen in den Abhandlungen des deutschen Seefischerei-Vereins 1897, Band I, Seite 31—33. Berlin, Verlag von O. Salle.

Areal und Schwerpunkt der sämtlichen Segel.

Benennung der Segel	Areal in qm	Über der Wasserlinie		Vor der Mitte der WL	
		Abstand des ⊙s m	Momente	Abstand des ⊙s m	Momente
Besahn	33,3	6,50	216,45	— 8,23	— 274,06
Großsegel	76,8	7,18	551,42	— 0,48	— 36,86
Gaffeltoppsegel	13,4	14,03	188,00	1,72	23,05
Stagfock	27,2	4,86	132,19	5,58	151,78
Klüver	24,9	6,50	161,85	8,23	204,93
Jager	17,9	7,30	130,67	10,22	182,94
Areal $A =$	193,5		1380,58		+ 562,70
					— 310,92
					+ 251,78

$$\frac{1380,58}{193,5} = 7,130 \text{ m} = \odot \text{ über der WL}$$

$$0,880 \text{ m} = \odot \text{ des Längenplans unter der WL}$$

$$h = 8,010 \text{ m} = \odot \text{ der Segel über dem } \odot \text{ des Längenplans}$$

$$\frac{251,78}{193,5} = 1,301 \text{ m} = \odot \text{ der Segel vor der Mitte der WL}$$

$$0,180 \text{ m} = \odot \text{ des Längenplans hinter der Mitte der WL}$$

$$1,481 \text{ m} = 0,0861 \cdot L = \odot \text{ der Segel vor dem } \odot \text{ des}$$
Längenplans.

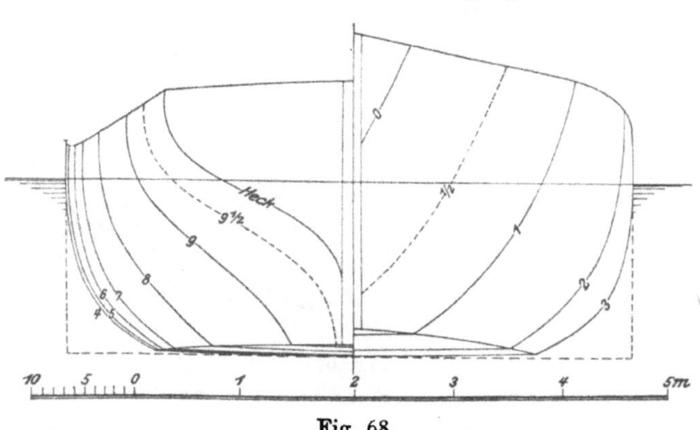

Fig. 68.

Areal und Schwerpunkt von Großsegel und Stagfock.

Benennung der Segel	Areal in qm	Über der Wasserlinie		Vor der Mitte der WL	
		Abstand des ⊙s m	Momente	Abstand des ⊙s m	Momente
Großsegel	76,8	7,18	551,42	— 0,48	— 36,86
Stagfock	27,2	4,86	132,19	+ 5,58	151,78
$A_1 =$	104,0		683,61		114,92

$$\frac{683,61}{104,0} = 6,573\,\text{m} = \text{Segel}\odot \text{ über der WL}$$

$$0,880\,\text{m} = \odot \text{ des Längenplans unter der WL}$$

$$h_1 = 7,453\,\text{m} = \text{Segel}\odot \text{ über dem } \odot \text{ des Längenplans.}$$

$$\frac{114,92}{104,0} = 1,105\,\text{m} = \text{Segel}\odot \text{ vor der Mitte der WL}$$

$$0,180\,\text{m} = \odot \text{ des Längenplans hinter der Mitte der WL}$$

$$1,285\,\text{m} = 0,0747 \cdot L = \odot \text{ der beiden Segel vor dem } \odot \text{ des Längenplans.}$$

5. Logger.

Als Beispiel für einen Logger, wie solche vielfach für Fischereizwecke in Benutzung sind, soll ein Fahrzeug von nachstehenden Abmessungen berechnet werden (s. Fig. 69).

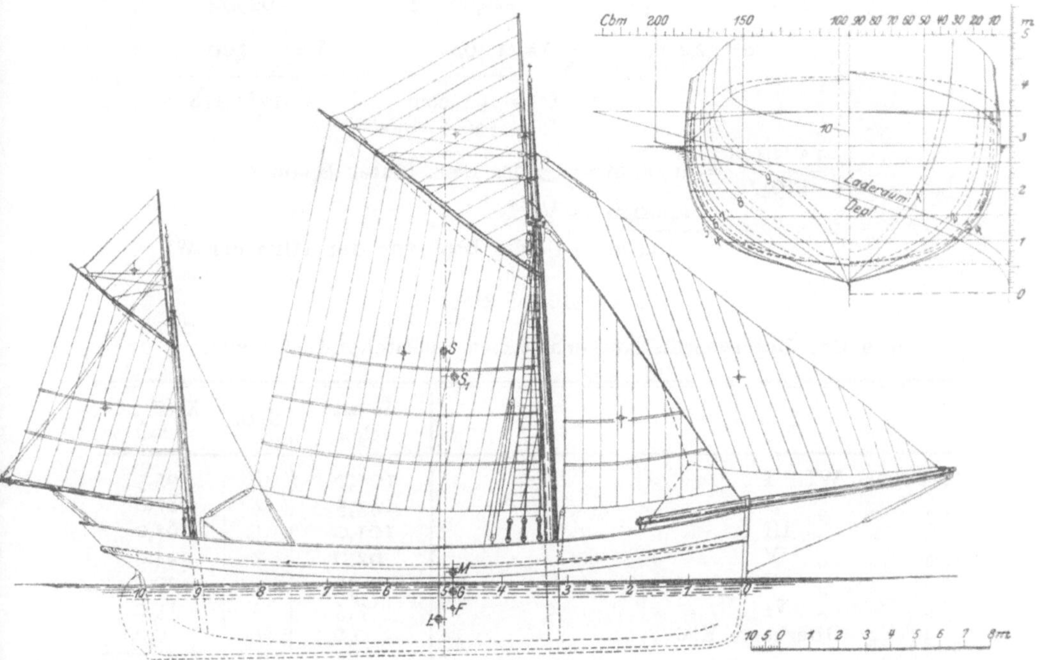

Fig. 69.

$$L = 22\,\text{m}, \qquad B = 5,95\,\text{m}, \qquad H = 3,15\,\text{m},$$

Tiefgang vorne . . . 2,56 m ohne Kiel

„ mittschiffs 2,63 m „ „ 2,78 m mit Kiel

„ hinten . . 2,70 m „ „

Deplacement und Schwerpunkt desselben.

In horizontaler Richtung.

Spanten	Areal der Spanten	Koeff.	Areal $\times$ Koeffizient	Koeff.	Momente bezogen auf Spant o
o	0,00	$^1/_2$	0,00	o	0,00
1	5,37	2	10,74	1	10,74
2	9,92	1	9,92	2	19,84
3	11,83	2	23,66	3	70,98
4	12,28	1	12,28	4	49,12
5	12,10	2	24,20	5	121,00
6	11,67	1	11,67	6	70,02
7	10,36	2	20,72	7	145,04
8	7,93	1	7,93	8	63,44
9	4,42	2	8,84	9	79,56
10	0,00	$^1/_2$	0,00	10	0,00
			129,96		629,74

$$\delta = 2,2 \text{ m}, \qquad \frac{2}{3}\delta = 1,467 \qquad\qquad \delta = 2,20$$

$$D = 191 \text{ cbm} \qquad\qquad 1385,428$$
$$D = 196 \text{ t}$$

$$\frac{1385,428}{129,96} = 10,66 \text{ m} = \odot \text{ des Depl. hinter Spant o}$$

$$11,00 \text{ m} = {}^1/_2\, L$$

$$0,34 \text{ m} = \odot \text{ des Depl. vor der Mitte der WL.}$$

In vertikaler Richtung.

Aus der Deplacementskala erhält man nachstehende Tabelle:

	Inhalt cbm	Koeff.	Koeff. $\times$ Inhalt
Depl. bis WL I	191,0	$^1/_2$	95,5
„ „ „ II	143,5	2	287,0
„ „ „ III	101,0	1	101,0
„ „ „ IV	62,0	2	124,0
„ „ „ V	29,5	1	29,5
„ „ „ VI	7,5	2	15,0
„ „ Oberkante Kiel	0,0	$^1/_2$	0,0
			652,0

$$\delta = 0,4388 \text{ m}, \qquad \frac{2}{3}\delta = 0,29253$$

$$190,73$$

$$\frac{190,73}{191} = 1,00 \text{ m} = \odot \text{ des Depl. unter der WL}$$

$$2,63 \text{ m} = \text{Tiefgang}$$

$$1,63 \text{ m} = \odot \text{ des Depl. über Oberkante Kiel.}$$

Quer-Metazentrum.

Spanten	$^1/_2$ Breite der WL m	$(^1/_2$ Breite$)^3$	Koeff.	Koeff. $\times$ $(^1/_2$ Breite$)^3$
0	0,00	0,000	$^1/_2$	0,000
1	1,80	5,832	2	11,664
2	2,64	18,400	1	18,400
3	2,91	24,642	2	49,284
4	2,97	26,198	1	26,198
5	2,95	25,672	2	51,344
6	2,91	24,642	1	24,642
7	2,78	21,485	2	42,970
8	2,56	16,777	1	16,777
9	2,13	9,664	2	19,328
10	0,00	0,000	$^1/_2$	0,000
				260,607

$$\delta = 2,2 \text{ m}; \qquad \frac{4}{9}\delta = 0,9778$$

$$\frac{2}{3}\int y^3 dx = 254,82$$

$$\frac{254,82}{191} = 1,334 \text{ m} = \text{Metazentrum über dem } \odot \text{ des Depl.}$$

$$1,630 \text{ m} = \odot \text{ des Depl. über Oberkante Kiel}$$

$$2,964 \text{ m} = \text{Metazentrum über Oberkante Kiel.}$$

Gewicht und Schwerpunkt des Schiffes.

Schiffe dieser Art werden vorzugsweise für die Hochseefischerei benutzt und dementsprechend mit besonderen Einrichtungen versehen, welche das Eigengewicht nicht unerheblich vergrößern. Um aber auf Grund der hier niedergelegten Grundsätze das Segelsystem festlegen zu können, soll das Schiff lediglich als ein gewöhnliches, aus Eisen gebautes Frachtschiff behandelt werden.

Da $0,75 \cdot L \cdot B \cdot H = 309$ ist, so ist nach der Gewichtsdarstellung, Tafel I, das Eigengewicht des Schiffes ungefähr 73 t. Der Schwerpunkt desselben liegt $0,82 \cdot H = 2,583$ m über Oberkante Kiel.

Gewicht und Schwerpunkt der Ladung.

Das Gewicht der Ladung ist $= D -$ Eigengewicht $= 196 - 73 = 123$ t. Der Schwerpunkt der Ladung ermittelt sich nach der Kurve für den Inhalt des Laderaumes wie folgt:

	Inhalt cbm	Koeff.	Inhalt $\times$ Koeff.
Laderaum bis Deckebene I	234,0	$^1/_2$	117,0
„ „ Ebene II	158,0	2	316,0
„ „ „ III	88,5	1	88,5
„ „ „ IV	30,5	2	61,0
„ „ Wegerung	0,0	$^1/_2$	0,0
			582,5

$$\delta = 0{,}74\,\text{m}; \qquad \frac{2}{3}\,\delta = \underline{0{,}4933}$$

$$287{,}347$$

$$\frac{287{,}347}{234} = 1{,}228\,\text{m} = \odot \text{ der Ladung unter der Deckebene}$$

$$3{,}282\,\text{m} = \text{Deckebene über Oberkante Kiel}$$

$$\underline{2{,}054\,\text{m}} = \odot \text{ der Ladung über Oberkante Kiel.}$$

Systemschwerpunkt.

Nach dem Vorstehenden berechnet sich der Systemschwerpunkt wie folgt:

	Gewicht t	$\odot$ über Oberk. Kiel m	Momente
Schiffskörper	73	2,583	188,559
Ladung	123	2,054	252,642
$D =$	196		441,201

$$\frac{441{,}2}{196} = 2{,}250\,\text{m} = \text{System } \odot \text{ über Oberkante Kiel}$$

$$2{,}964\,\text{m} = \text{Metazentrum über Oberkante Kiel}$$

$$MG = 0{,}714\,\text{m} = \text{Metazentrum über System} \odot.$$

Areal und Schwerpunkt der sämtlichen Segel.

Benennung der Segel	Areal in qm	Über der Wasserlinie		Vor der Mitte der WL	
		Abstand des $\odot$s m	Momente	Abstand des $\odot$s m	Momente
Treiber	36,7	6,60	242,22	— 12,32	— 452,14
„ Gaffeltoppsegel .	9,2	11,78	108,38	— 11,24	— 103,41
Großsegel	106,4	8,60	915,04	— 1,63	— 173,43
Groß-Gaffeltoppsegel . . .	21,9	16,87	369,45	0,41	8,98
Stagfock	30,8	6,20	190,96	6,20	190,96
Klüver	48,1	7,68	369,41	10,62	510,82
Areal $A =$	253,1		2195,46		710,76
					— 728,98
					— 18,22

$$\frac{2195{,}46}{253{,}1} = 8{,}675\,\text{m} = \text{Segel} \odot \text{ über der WL}$$

$$1{,}389\,\text{m} = \odot \text{ des Längenplans unter der WL}$$

$$h = 10{,}064\,\text{m} = \odot \text{ der Segel über dem } \odot \text{ des Längenplans.}$$

$$\frac{- 18{,}22}{253{,}1} = 0{,}072\,\text{m} = \text{Segel} \odot \text{ hinter der Mitte der WL}$$

$$0{,}202\,\text{m} = \odot \text{ des Längenplans hinter der Mitte der WL}$$

$$0{,}130\,\text{m} = 0{,}006 \cdot L = \odot \text{ der Segel vor dem } \odot \text{ des Längen-}$$
plans.

Ferner ist:

$$\frac{A \cdot h}{D \cdot MG} = \frac{253{,}1 \cdot 10{,}064}{196 \cdot 0{,}714} = 18{,}2.$$

Es geht hieraus hervor, daß das Verhältnis $\dfrac{A \cdot h}{D \cdot MG}$ sehr gut für die Bemastung von Schiffen für große Küstenfahrt stimmt.

Unter Weglassung der beiden Gaffeltoppsegel ergibt sich folgende Tabelle:

Benennung der Segel	Areal in qm	Über der Wasserlinie		Vor der Mitte der WL	
		Abstand des ⊙s m	Momente	Abstand des ⊙s m	Momente
Treiber	36,7	6,60	242,22	— 12,32	— 452,14
Großsegel	106,4	8,60	915,04	— 1,63	— 173,43
Stagfock	30,8	6,20	190,96	6,20	190,96
Klüver	48,1	7,68	369,41	10,62	510,82
Areal A_1 =	222,0		1717,63		701,78
					— 625,57
					76,21

$$\frac{1717,63}{222} = 7,737 \text{ m} = \odot \text{ der Segel über der WL}$$

$$1,389 \text{ m} = \odot \text{ des Längenplans unter der WL}$$

$$h_1 = 9,126 \text{ m} = \odot \text{ der Segel über dem } \odot \text{ des Längenplans.}$$

$$\frac{76,21}{222} = 0,343 \text{ m} = \odot \text{ der Segel vor der Mitte der WL}$$

$$0,202 \text{ m} = \odot \text{ des Längenplans hinter der Mitte der WL}$$

$$0,545 \text{ m} = 0,0248 \cdot L = \odot \text{ der Segel vor dem } \odot \text{ des Längen-}$$
plans.

Ferner ist:

$$\frac{A_1 \cdot h_1}{D \cdot MG} = \frac{222 \cdot 9,126}{196 \cdot 0,714} = 14,47.$$

Für Großsegel und Stagfock ergibt sich nachstehende Tabelle:

Benennung der Segel	Areal in qm	Über der Wasserlinie		Vor der Mitte der WL	
		Abstand des ⊙s m	Momente	Abstand des ⊙s m	Momente
Großsegel	106,4	8,60	915,04	— 1,63	— 173,43
Stagfock	30,8	6,20	190,96	+ 6,20	+ 190,96
Areal =	137,2		1106,00		+ 17,53

$$\frac{17,53}{137,2} = 0,128 \text{ m} = \odot \text{ der Segel vor der Mitte der WL}$$

$$0,202 \text{ m} = \odot \text{ des Längenplans hinter der Mitte der WL}$$

$$0,330 \text{ m} = 0,015 \cdot L = \odot \text{ der Segel vor dem } \odot \text{ des Längen-}$$
plans.

Unter Großsegel und Stagfock ist also das Schiff noch manövrierfähig.

6. Kuff.

Aus der Zeichnung Fig. 70 geht die Bauart der Kuff ziemlich klar hervor. Früher wurden die Kuffen, namentlich in Holland, in allen Größen gebaut

und dann, je nach ihrer Größe, als Bark, Brigg oder Schoner getakelt und
dann Kuffbark, Kuffbrigg oder Schonerkuff genannt. Gegenwärtig kommt
nur noch die gewöhnliche Kuff, wie in Fig. 70 dargestellt, d. h. als Fahrzeug
mit zwei Pfahlmasten, vereinzelt vor.

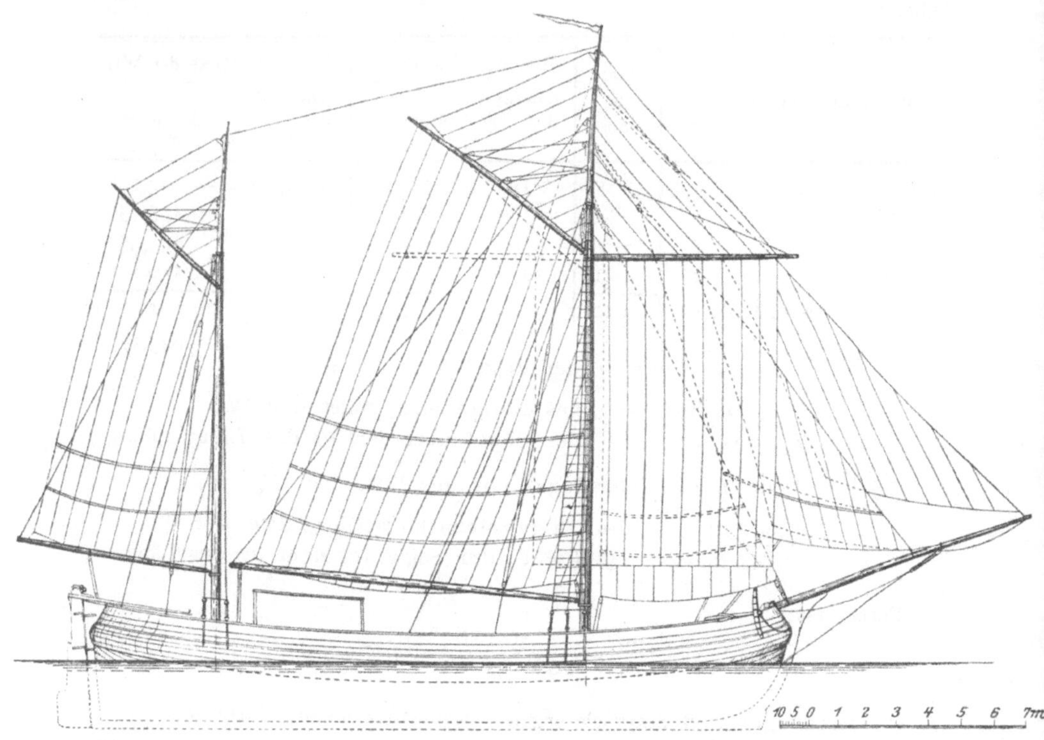

Fig. 70.

7. Kufftjalk.

Unter Kufftjalk (s. Fig. 71 und 72) versteht man eine Tjalk mit Kufftakelung. Die Größe der Tjalken schwankt, soweit sie als Seeschiffe in Betracht kommen, zwischen Länge = 15 und 26 m, Breite = 4 bis 5,5 m und
Höhe = 1,4 bis 2,4 m. Bei den Tjalken und Kufftjalken hat sich der Übergang vom Holz zum Eisen oder Stahl als Baumaterial ebenso wie bei den
großen Segelschiffen bereits vollständig vollzogen, während man aber bei
allen Schiffen die Bauart derselben dem Material anpaßt, hat man die alt-
bewährte Form der hölzernen Tjalken mit peinlichster Sorgfalt auf die
eisernen und stählernen Tjalken übertragen. So werden z. B. die Steven
kastenförmig aus Blech und Winkeln gebaut, so daß sie die Dicke der
früheren hölzernen Steven erhalten, das Bergholz wird durch eine Doppe-
lungsplatte markiert u. s. w. und deshalb gehört schon ein sehr geübtes
Auge dazu, um aus einiger Entfernung eine eiserne Tjalk oder Kufftjalk
von einer hölzernen zu unterscheiden.

Die überaus große Völligkeit dieser Fahrzeuge beeinträchtigt zwar ihre
Geschwindigkeit, aber sie verleiht ihnen auch eine große Manövrierfähig-

keit und bei kleinen Abmessungen noch eine große Tragfähigkeit. Der platte Boden macht sie besonders geeignet für die Wattfahrt, und der geringe Tiefgang kommt ihnen in der Kanalfahrt gut zu statten. Bei ihrem hohen Sprung kommen sie mit einem sehr geringen Freibord aus, sie können daher ihre Tragfähigkeit bis zum äußersten ausnutzen, ohne daß die Seefähigkeit so sehr darunter leidet wie bei anderen Schiffsgattungen. Alle diese Vorzüge haben dazu beigetragen und berechtigen dazu, daß die althergebrachten Formen sich bis auf den heutigen Tag erhalten haben.

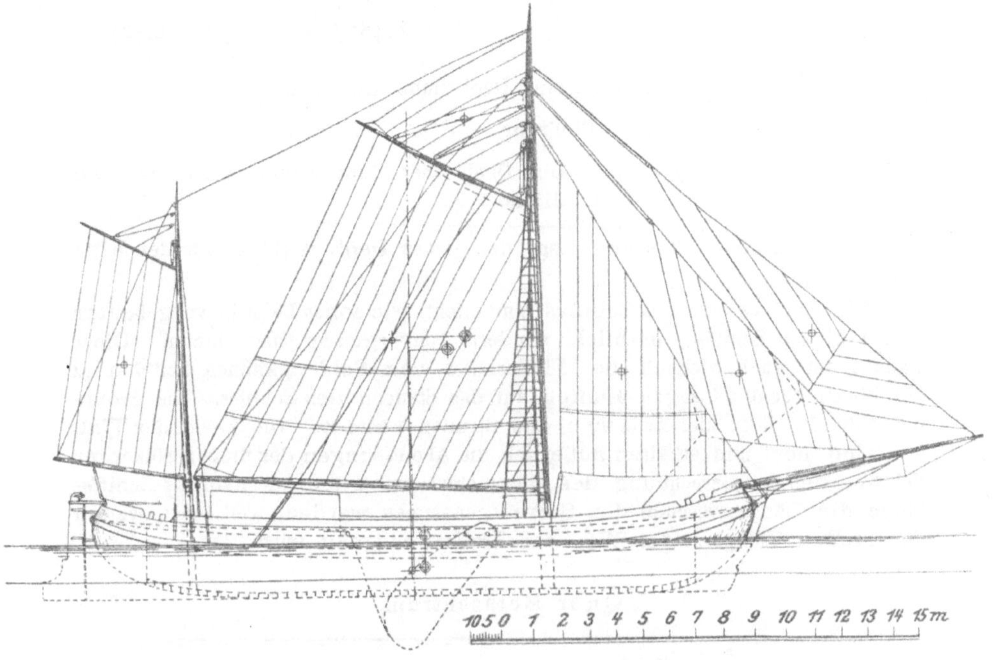

Fig. 71.

Als Beispiel für die Berechnung einer Kufftjalk soll ein Schiff von nachstehenden Hauptabmessungen gewählt werden:

$L = 23{,}25$ m in der WL zwischen Steven
$\quad = 23{,}90$ m „ „ „ über „
$B = 4{,}95$ m
$H = 2{,}12$ m

Tiefgang leer 0,6 m
„ beladen 1,95

Deplacement bei leerem Schiff $= 39$ cbm $= 40$ t
„ „ beladenem Schiff $= 184$ cbm $= 188{,}6$ t.

Beladenes Schiff. Die Höhenlage des Deplacementschwerpunktes beim beladenen Schiff ermittelt sich wie folgt:

	Inhalt cbm	Koeff.	Koeff. $\times$ Inhalt
Deplacement bis WL I	184	$^1/_2$	92
„ „ „ II	133	2	266
„ „ „ III	80	1	80
„ „ „ IV	31	2	62
„ „ Boden	0	$^1/_2$	0
			500

$$\delta = 0{,}4875 \text{ m}; \qquad \frac{2}{3}\delta = \frac{0{,}325}{162{,}5}$$

$$\frac{162{,}5}{184} = 0{,}883 \text{ m} = \odot \text{ des Depl. unter der WL}$$

$$\underline{1{,}950 \text{ m}} = \text{Tiefgang}$$

$$1{,}067 \text{ m} = \odot \text{ des Depl. über dem Schiffsboden oder der Kiellinie.}$$

In horizontaler Richtung liegt der $\odot$ des Depl. 0,477 m vor der Mitte der WL.

Die Seitenwände des Schiffes sind nicht, wie sonst bei sehr vollgebauten plattbodigen Schiffen, parallel, sondern konvergieren nach hinten. Diese Bauart ist auch vielfach bei Flußschiffen und Schleppkähnen üblich und hat einen recht günstigen Einfluß auf das Steuern des Schiffes. Die größte Schiffsbreite liegt hier zwischen den Spanten 3 und 4. Die Steven der Tjalken sind hohl und erhalten äußerlich die Abmessungen der Steven hölzerner Schiffe; bei der Berechnung des Quermetazentrums muß deshalb als Schiffslänge die Länge zwischen den Steven genommen werden, weil sonst, wegen der großen Völligkeit der WL, das Resultat ungenau wird.

Quer-Metazentrum.

Spanten	$^1/_2$ Breite der WL m	$(^1/_2$ Breite$)^3$	Koeff.	Koeff. $\times$ $(^1/_2$ Breite$)^3$
0	0,000	0,000	$^1/_2$	0,000
1	2,380	13,481	2	26,962
2	2,460	14,887	1	14,887
3	2,475	15,161	2	30,322
4	2,475	15,161	1	15,161
5	2,470	15,069	2	30,138
6	2,460	14,887	1	14,887
7	2,420	14,172	2	28,344
8	2,350	12,978	1	12,978
9	2,240	11,239	2	22,478
10	0,000	0,000	$^1/_2$	0,000
				196,157

$$\delta = 2{,}325; \qquad \frac{4}{9}\delta = 1{,}033$$

$$\frac{2}{3}\int y^3\,dx = 202{,}630$$

$$\frac{202{,}63}{184} = 1{,}101 \text{ m} = \text{Metazentrum über dem } \odot \text{ des Depl.}$$

$$1{,}067 \text{ m} = \odot \text{ des Depl. über der Bodenlinie}$$

$$2{,}168 \text{ m} = \text{Metazentrum } \qquad \text{,,} \qquad \text{,,} \qquad \text{,,}$$

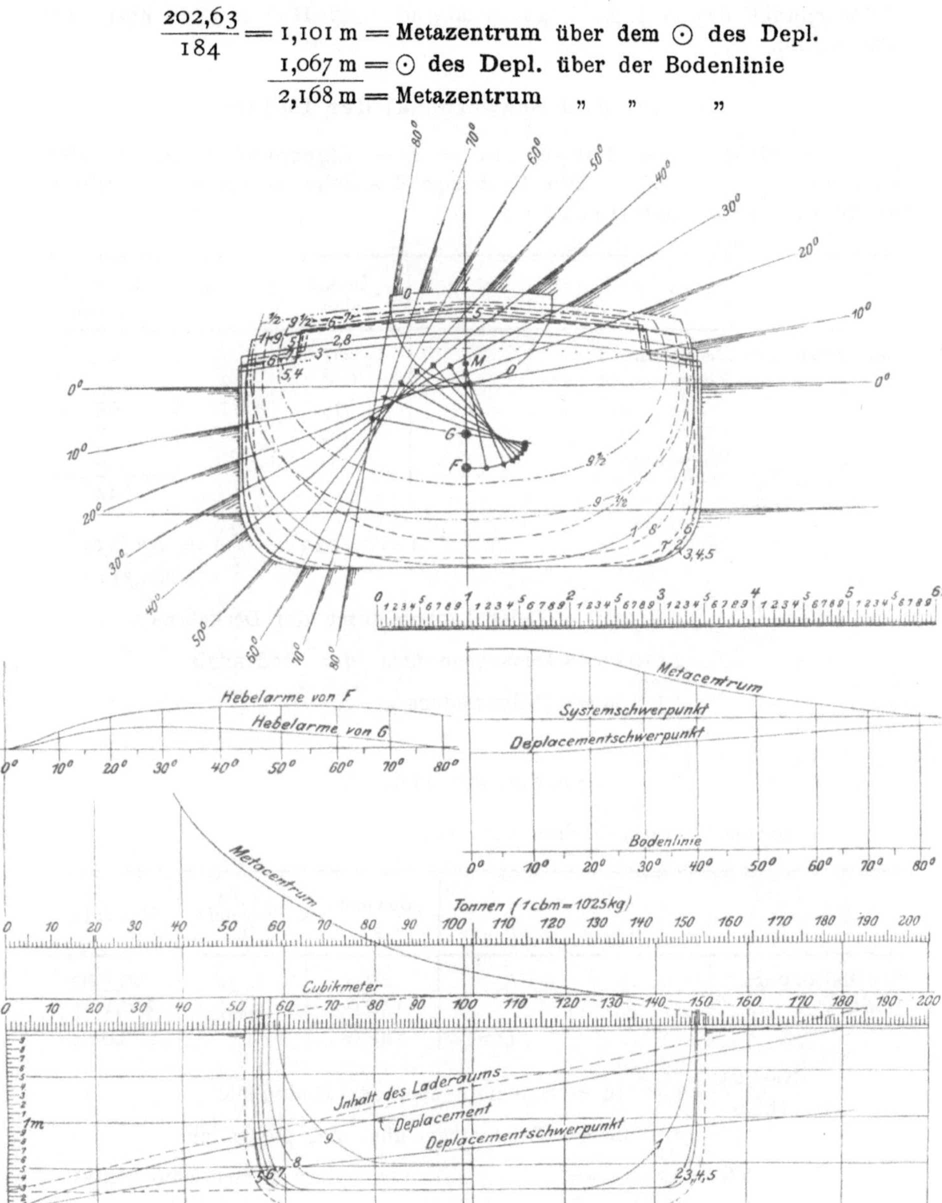

Fig. 72.

Eigengewicht und Schwerpunkt des Schiffes.

Das Gewicht des aus Stahl gebauten Schiffes beträgt nach der Gewichtsdarstellung, Tafel I, da $0{,}75 \cdot L \cdot B \cdot H = 188$ ist, ungefähr 40 t.[1] Der

---

[1] In neuester Zeit schreibt der Germ. Lloyd für Tjalken größere Materialstärken vor als für andere Seeschiffe gleicher Größe, weil erstere sehr häufig auf den Watten festsitzen. Für solche Tjalken ist das Eigengewicht entsprechend größer anzunehmen.

Schwerpunkt des Schiffes liegt annähernd $0{,}82 \cdot H = 1{,}738$ m über der Bodenlinie.

Gewicht und Schwerpunkt der Ladung.

Das Gewicht der Ladung ist $= D$ — Eigengewicht des Schiffes $= 188{,}6 - 40 = 148{,}6$ t. Die Höhenlage des Schwerpunktes der Ladung ergibt die nachstehende Rechnung:

	Inhalt cbm	Koeff.	Koeff. $\times$ Inhalt
Laderaum bis Deckebene I	202	$^1/_2$	101
„ „ Ebene II	149	2	298
„ „ „ III	95	1	95
„ „ „ IV	44	2	88
„ „ Wegerung	0	$^1/_2$	0
			582

$$\delta = 0{,}5225; \qquad \frac{2}{3}\delta = \underline{0{,}3483}$$
$$202{,}711$$

$$\frac{202{,}711}{202} = 1{,}003 \text{ m} = \odot \text{ der Ladung unter der Deckebene}$$
$$2{,}350 \text{ m} = \text{Deckebene über der Bodenlinie}$$
$$\overline{1{,}347 \text{ m}} = \odot \text{ der Ladung „ „ „}$$

Systemschwerpunkt.

Der System$\odot$ ermittelt sich wie folgt:

	Gewicht t	$\odot$ über Bodenlinie m	Momente
Schiffskörper	40,0	1,738	69,520
Ladung	148,6	1,347	200,164
$D =$	188,6		269,684

$$\frac{269{,}684}{188{,}6} = 1{,}43 \text{ m} = \text{System}\odot \text{ über der Bodenlinie}$$
$$2{,}168 \text{ m} = \text{Metazentrum über der Bodenlinie}$$
$$MG = 0{,}738 \text{ m} = \text{ „ „ dem Systemschwerpunkt.}$$

Segelsystem.

In Fig. 71 und 72 ist eine Kufftjalk von vorstehenden Hauptabmessungen mit Kufftakelung dargestellt. Aus der Segelzeichnung ergibt sich nun nachstehende Berechnung:

Areal und Schwerpunkt der sämtlichen Segel.

Benennung der Segel	Areal in qm	Über der Wasserlinie		Vor der Mitte der WL	
		Abstand des $\odot$s m	Momente	Abstand des $\odot$s m	Momente
Besahn	33,0	6,50	214,50	— 10,30	— 339,90
Großsegel	105,0	7,33	769,65	— 0,70	— 73,50
Gaffeltoppsegel	16,7	15,25	254,68	+ 2,10	+ 35,07
Stagfock	38,0	6,05	229,90	7,30	277,40
Klüver	21,6	5,98	129,17	11,56	249,70
Jager	23,4	7,67	179,48	14,05	328,77
Areal $=$	237,7		1777,38		+ 890,94
					— 413,40
					+ 477,54

$$\frac{477,54}{237,7} = 2,012\ \mathrm{m} = \text{Segel}\odot \text{ vor der Mitte der WL}$$

$$0,050\ \mathrm{m} = \odot \text{ des Längenplans hinter der Mitte der WL}$$
$$\overline{2,062\ \mathrm{m} = 0,0863 \cdot L = \odot \text{ der Segel vor dem } \odot \text{ des Längen-}}$$
plans.

$$\frac{1777,38}{237,7} = 7,481\ \mathrm{m} = \odot \text{ der Segel über der WL}$$

$$1,034\ \mathrm{m} = \odot \text{ des Längenplans unter der WL}$$
$$h = \overline{8,515\ \mathrm{m} = \odot \text{ der Segel über dem } \odot \text{ des Längenplans.}}$$

Demnach:
$$\frac{A \cdot h}{D \cdot MG} = \frac{237,7 \cdot 8,515}{188,6 \cdot 0,738} = 14,54.$$

Hieraus ist zu ersehen, daß die Tjalken eine im Vergleich zu ihrer Anfangsstabilität nur kleine Besegelung haben. Da aber diese Schiffe oft mit einem sehr geringen Freibord über See fahren, so kommt schon bei einer Neigung von 4 bis 5^0 das Deck mittschiffs unter Wasser und bei 8 bis 10^0 Neigung steht das Wasser bei ruhigem Wetter an dem Luksüll. Hierdurch verkleinert sich die Stabilität bei einer weiteren Neigung viel schneller als bei Schiffen mit größerem Freibord, weshalb hier das kleine Segelmoment geboten erscheint.

Sehr interessant ist es, bei einem solchen Schiffe die Stabilität weiter bis zu den größten Neigungen zu verfolgen. Hierüber gibt der obere Teil der Fig. 72 für Neigungen von 0 bis 80^0 Aufschluß. Unter dem Spanten· plan sind ferner rechts die Höhen des Metazentrums sowie des System- und Deplacementschwerpunktes und links die Kurven der Hebelarme von F und G für Neigungen von 0 bis 80^0 aufgetragen. Aus der Kurve der Hebelarme von G ist zu ersehen, daß die Stabilität bei 24^0 Neigung am größten ist, dann allmählich abnimmt, aber erst bei einer Neigung von 78^0 verschwindet, d. h. gleich Null wird. Die Gefahr des Kenterns ist also bei den Tjalken nicht groß.

Unten in der Figur 72 ist ferner die Deplacementskala mit den Kurven für den Depl.$\odot$ und das Metazentrum — für die aufrechte Lage des Schiffes — dargestellt. In diese Figur ist auch, der Raumersparnis wegen, der Spantenplan für die innere Begrenzung des Laderaumes eingezeichnet.

Eine weitere Eigentümlichkeit der Tjalken ist noch die so sehr weit nach vorne gerückte Lage des Segelschwerpunktes. Der Grund hierfür ist wohl dadurch zu erklären, daß durch die völlige und kugelförmige Bugform die Schiffe in geneigter Lage eine größere Neigung zur Luvgierigkeit zeigen, als Schiffe mit schärferen Linien.

Für Großsegel und Stagfock ermittelt sich der $\odot$ der Segel wie folgt:

Benennung der Segel	Areal qm	Momente	
		über der WL	vor der Mitte der WL
Großsegel	105,0	769,65	− 73,50
Stagfock	38,0	229,90	+ 277,40
$A_1 =$ Areal $=$	143,0	999,55	+ 203,90

$$\frac{999,55}{143} = 6,990\,\text{m} = \odot \text{ der Segel über der WL}$$

$$\frac{203,90}{143} = 1,426\,\text{m} = \odot \text{ der Segel vor der Mitte der WL}$$

$$0,050\,\text{m} = \odot \text{ des Längenplans hinter der Mitte der WL}$$
$$\overline{1,476\,\text{m}} = \odot \text{ der Segel vor dem } \odot \text{ des Längenplans.}$$

Es ist:

$\odot$ der Segel über der WL . . . . $= 6,990\,\text{m}$

$\odot$ des Längenplans unter der WL . . . . . . $= 1,034\,\text{m}$

mithin $\odot$ der Segel über dem $\odot$ des Längenplans $= h_1 = \overline{8,024\,\text{m}}$

also
$$\frac{A_1 \cdot h_1}{D \cdot MG} = \frac{143 \cdot 8,024}{188,6 \cdot 0,738} = 8,35.$$

Leeres Schiff.

Untersuchen wir das leer fahrende Schiff, so finden wir folgendes:

Tiefgang 0,6 m;   Depl. $= 39$ cbm $= 40$ t.

Der $\odot$ des Depl. liegt 0,345 m über der Bodenlinie.

Quer-Metazentrum für 0,6 m Tg.

Spanten	$\frac{1}{2}$ Breite der WL m	$(\frac{1}{2}$ Breite$)^3$	Koeff.	Koeff. $\times$ $(\frac{1}{2}$ Breite$)^3$
0	0,00	0,000	$\frac{1}{2}$	0,000
1	1,96	7,530	2	15,060
2	2,40	13,824	1	13,824
3	2,46	14,887	2	29,774
4	2,46	14,887	1	14,887
5	2,45	14,706	2	29,412
6	2,42	14,172	1	14,172
7	2,33	12,649	2	25,298
8	2,15	9,938	1	9,938
9	1,46	3,112	2	6,224
10	0,00	0,000	$\frac{1}{2}$	0,000
				158,589

$$\delta = 2,325; \quad \frac{4}{9}\delta = 1,033$$

$$\frac{2}{3}\int y^3\,dx = \overline{163,822}$$

$$\frac{163,822}{39} = 4,2 \quad \text{m} = \text{Metazentrum über dem} \odot \text{ des Depl.,}$$

$$0,345 \text{ m} = \odot \text{ des Depl. über der Bodenlinie,}$$

$$\overline{4,545 \text{ m}} = \text{Metazentrum über der Bodenlinie.}$$

Der $\odot$ des leeren Schiffes liegt 1,738 m über der Bodenlinie; es ist demnach

$$MG = 4,545 - 1,738 = 2,807 \text{ m}$$

$=$ Metazentrum über dem System $\odot$.

Aus der Berechnung der Segel (Großsegel und Stagfock) geht hervor, daß bei 1,95 m Tiefgang der $\odot$ der Segel 6,99 m über der WL, mithin

$$6,99 + 1,95 = 8,94 \text{ m}$$

über der Bodenlinie liegt. Bei einem Tiefgange von 0,6 m und herabgelassenem Schwert liegt der $\odot$ des Längenplans 0,13 m hinter der Mitte der WL und 0,277 m über der Bodenlinie, folglich liegt der $\odot$ der Segel

$$8,94 - 0,277 = 8,663 \text{ m}$$

$= h_0$ über dem $\odot$ des Längenplans.

Es ist demnach für das leere Schiff:

$$\frac{A_1 \, h_0}{D \cdot MG} = \frac{143 \cdot 8,663}{40 \cdot 2,807} = 11.$$

Obgleich hiernach die Stabilität für Großsegel und Stagfock noch ausreicht, und auch die Tjalken durch Benutzung der Seitenschwerter keine zu große Abtrift haben, so stellt sich doch in der Praxis heraus, daß auch diese Schiffe nicht gut leer über See gehen können, sondern der Fahrt und Jahreszeit entsprechend Ballast nehmen müssen.

d. Schiffe mit einem Mast (Einmaster).

1. Tjalk.

Als Beispiel soll hier derselbe Schiffskörper gewählt werden, der unter c. 7, Fig. 71 und 72 als Kufftjalk behandelt worden ist. Die Berechnung der Segel stellt sich dann wie folgt:

Areal und Schwerpunkt der sämtlichen Segel.

Benennung der Segel	Areal in qm	Über der Wasserlinie		Vor der Mitte der WL	
		Abstand des $\odot$s m	Momente	Abstand des $\odot$s m	Momente
Großsegel	118,1	7,20	850,32	— 0,75	— 88,57
Gaffeltoppsegel	15,1	14,70	221,97	2,45	36,99
Stagfock	39,0	6,45	251,55	7,65	298,35
Klüver	24,6	6,35	156,21	11,15	274,29
Jager	18,0	6,20	111,60	13,80	248,40
Areal $A =$	214,8		1591,65		858,03
					— 88,57
					769,46

$$\frac{1591,65}{214,8} = 7,41 \text{ m} = \odot \text{ der Segel über der WL.}$$

Der $\odot$ des Längenplans, mit Berücksichtigung des Schwertes, liegt 1,034 m unter der WL, es ist demnach $h = 7,41 + 1,034 = 8,444$ m $= \odot$ der Segel über dem $\odot$ des Längenplans.

Dann ist:

$$\frac{769,46}{214,8} = 3,58 \text{ m} = \odot \text{ der Segel vor der Mitte,}$$

$$0,05 \text{ m} = \odot \text{ des Längenplans hinter der Mitte,}$$

$$3,63 \text{ m} = 0,152 \cdot L = \odot \text{ der Segel vor dem } \odot \text{ des Längen-}$$
plans.

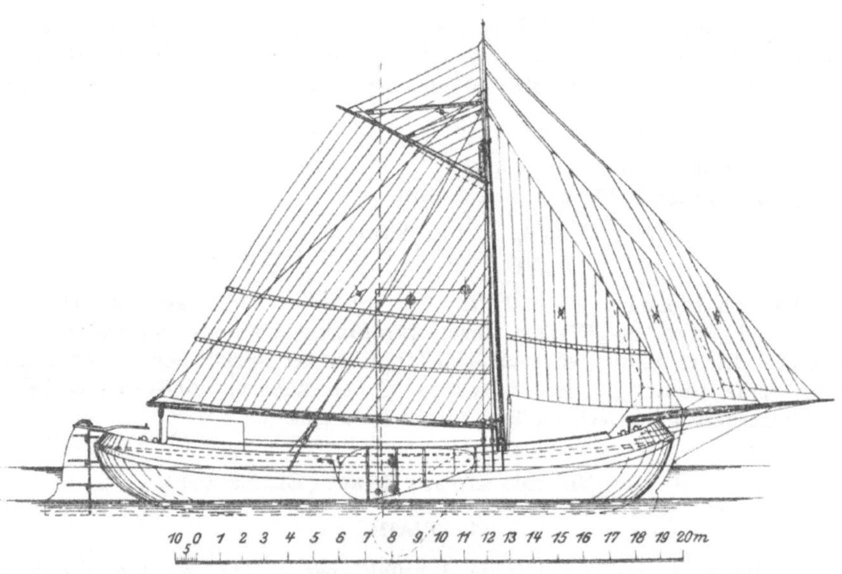

Fig. 73.

Für das Stabilitätsverhältnis ergibt sich:

$$\frac{A \cdot h}{D \cdot MG} = \frac{214,8 \cdot 8,444}{188,6 \cdot 0,738} = 13,03.$$

Hieraus ergibt sich, daß die Tjalken eine noch kleinere Besegelung haben als die Kufftjalken. Der $\odot$ der Segel liegt bei den ersteren noch weiter vor dem $\odot$ des Längenplans als bei den Kufftjalken. Daß die Tjalken auch sehr gut unter Großsegel und Stagfock manövrieren können, geht aus nachfolgender Berechnung hervor:

Benennung der Segel	Areal in qm	Momente	
		über der WL	vor der Mitte der WL
Großsegel	118,1	850,32	− 88,57
Stagfock	39,0	251,55	+ 298,35
$A_1 = $ Areal $=$	157,1	1101,87	209,78

$$\frac{1101,87}{157,1} = 7,014 \text{ m} = \odot \text{ der Segel über der WL,}$$

$$\underline{1,034} \text{ m} = \odot \text{ des Längenplans unter der WL,}$$

$$h_1 = 8,048 \text{ m} = \odot \text{ der Segel über dem } \odot \text{ des Längenplans.}$$

$$\frac{209,78}{157,1} = 1,335 \text{ m} = \odot \text{ der Segel vor der Mitte der WL,}$$

$$\underline{0,050} \text{ m} = \odot \text{ des Längenplans hinter der Mitte der WL,}$$

$$1,385 \text{ m} = 0,0632 \cdot L = \odot \text{ der Segel vor dem } \odot \text{ des Längenplans.}$$

Ferner ist:

$$\frac{A_1 \cdot h_1}{D \cdot MG} = \frac{157,1 \cdot 8,048}{188,6 \cdot 0,738} = 9,084.$$

Der System$\odot$ des leeren Schiffes liegt 1,738 m über der Bodenlinie, es ist demnach

$$MG = 4,545 - 1,738 = 2,807 \text{ m}$$

= Metazentrum über dem System$\odot$.

Aus der Berechnung der Segel (Großsegel und Stagfock) geht hervor, daß bei 1,95 m Tiefgang der $\odot$ der Segel 7,014 m über der WL, mithin

$$7,014 + 1,95 = 8,964 \text{ m}$$

über der Bodenlinie liegt.

Bei 0,6 m Tiefgang und herabgelassenem Schwert liegt der $\odot$ des Längenplans 0,13 m hinter der Mitte der WL und 0,277 m über der Bodenlinie, folglich liegt der $\odot$ 8,964 — 0,277 = 8,687 m = h_0 über dem $\odot$ des Längenplans.

Es ist also für das leere Schiff:

$$\frac{A_1 \cdot h_0}{D \cdot MG} = \frac{157,1 \cdot 8,687}{40 \cdot 2,807} = 12,15.$$

Im übrigen gilt auch hier das bei den Kufftjalken Gesagte.

2. Kutter.

Diese Schiffsgattung findet zu allen möglichen Zwecken Verwendung. Man findet Frachtschiffe, Fischerei- und Lotsenfahrzeuge, Yachten u. s. w. als Kutter getakelt. Die Größe der Bemastung ist sehr verschieden und richtet sich nach dem Zweck und den Anforderungen, die gestellt werden. Will man ein leicht regierbares bequemes Schiff haben, so darf die Segelfläche nicht zu groß genommen werden, steht dagegen eine große Besatzung zur Verfügung, so kann auch der Wert von $\frac{A \cdot h}{D \cdot MG}$ groß sein.

Im Nachstehenden soll ein Kutter von folgenden Hauptdimensionen berechnet werden, siehe Fig. 74:

$$L = 18,5 \text{ m}, \qquad B = 5,8 \text{ m}, \qquad H = 3,1 \text{ m}$$

Tiefgang vorne 2,00 m mit Kiel,
„ mittschiffs 2,35 m „ „ 2,2 m ohne Kiel
„ hinten 2,66 m „ „

Deplacement $= 93$ cbm $= 95$ t

$\odot$ des Depl. 0,25 m hinter der Mitte,

„ „   „ 0,815 m unter der WL,

„ „   „ 1,385 m über Oberkante Kiel.

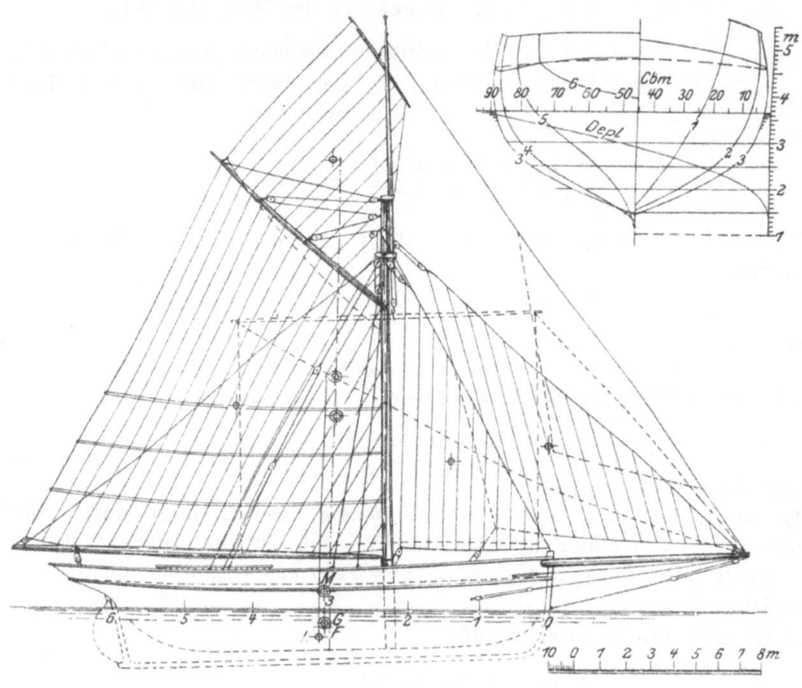

Fig. 74.

Quer-Metazentrum.

Spanten	¹/₂ Breite der WL m	(¹/₂ Breite)³	Koeff.	Koeff. × (¹/₂ Breite)³
0	0,00	0,000	¹/₂	0,000
1	1,40	2,744	2	5,488
2	2,56	16,777	1	16,777
3	2,90	24,389	2	48,778
4	2,65	18,610	1	18,610
5	2,05	8,615	2	17,230
6	0,00	0,000	¹/₂	0,000
				106,883

$$\delta = 3{,}0834; \qquad \frac{4}{9}\,\delta = 1{,}3704$$

$$\frac{2}{3}\int y^3\,dx = 146{,}472$$

$$\frac{146,472}{93} = 1,575 \text{ m} = \text{Metazentrum über dem Depl.} \odot,$$

$$1,385 \text{ m} = \text{Depl.} \odot \text{ über Oberkante Kiel,}$$

$$2,960 \text{ m} = \text{Metazentrum über Oberkante Kiel.}$$

Gewicht und Schwerpunkt des Schiffes.

Nach der Gewichtsdarstellung, Tafel I, beträgt das Eigengewicht des Schiffes, da $0,75 \cdot L \cdot B \cdot H = 249$ ist, ungefähr 50 t. Der $\odot$ dieses Gewichts liegt $0,82 \cdot H = 2,542$ m über Oberkante Kiel.

Gewicht und Schwerpunkt der Ladung und des Ballastes.

Das Gewicht des festen Ballastes und der etwaigen Ladung $= D - 50\,\mathrm{t} = 45\,\mathrm{t}$, der gemeinschaftliche $\odot$ dieses Gewichts liegt 0,45 m über Oberkante Kiel.

Systemschwerpunkt.

Aus dem Vorstehenden ergibt sich für die Lage des System $\odot$s folgende Rechnung:

	Gewicht t	$\odot$ über Oberk. Kiel	Momente
Schiffskörper	50	2,542	127,10
Ladung und Ballast	45	0,450	20,25
$D =$	95		147,35

$$\frac{147,35}{95} = 1,551 \text{ m} = \text{System} \odot \text{ über Oberkante Kiel,}$$

$$2,960 \text{ m} = \text{Metazentrum über Oberkante Kiel,}$$

$$MG = 1,409 \text{ m} = \text{Metazentrum über dem System} \odot.$$

Areal und Schwerpunkt der sämtlichen Segel.

Benennung der Segel	Areal in qm	Über der Wasserlinie		Vor der Mitte der WL	
		Abstand des $\odot$s m	Momente	Abstand des $\odot$s m	Momente
Großsegel	160,0	8,80	1408,00	— 4,20	— 672,00
Gaffeltoppsegel	44,3	19,35	857,20	— 0,28	— 12,40
Stagfock	37,0	6,40	236,80	4,88	180,56
Klüver	54,7	6,95	380,16	9,10	497.77
Areal $A =$	296,0		2882,16		678,33
Jager	27,0				— 684,40
Breitfock	123,0				— 6,07
Total $=$	446,0				

$$\frac{2882,16}{296} = 9,737 \text{ m} = \text{Segel} \odot \text{ über der WL,}$$

$$1,175 \text{ m} = \odot \text{ des Längenplans unter der WL,}$$

$$h = 10,912 \text{ m} = \odot \text{ der Segel über dem } \odot \text{ des Längenplans}$$

$$\frac{-6,07}{296} = 0,02 \text{ m} = \odot \text{ der Segel hinter der Mitte der WL,}$$

$$\overline{0{,}415\ \mathrm{m}} = \odot\ \text{des Längenplans hinter der Mitte der WL,}$$
$$\overline{0{,}395\ \mathrm{m}} = 0{,}0214 \cdot L = \odot\ \text{der Segel vor dem}\ \odot\ \text{des}$$
Längenplans.

Ferner ist:

$$\frac{A \cdot h}{D \cdot MG} = \frac{296 \cdot 10{,}912}{95 \cdot 1{,}409} = 24{,}13.$$

Unter Weglassung des **Gaffeltoppsegels** ist das Areal $A_1 = 251{,}7$ qm, das Moment der Segel bezogen auf die Wasserlinie $= 2024{,}96$, somit

$$\frac{2024{,}96}{251{,}7} = 8{,}045\ \mathrm{m} = \odot\ \text{der Segel über der WL,}$$
$$1{,}175\ \mathrm{m} = \odot\ \text{des Längenplans unter der WL,}$$
$$h_1 = 9{,}220\ \mathrm{m} = \odot\ \text{der Segel über dem}\ \odot\ \text{des Längenplans.}$$

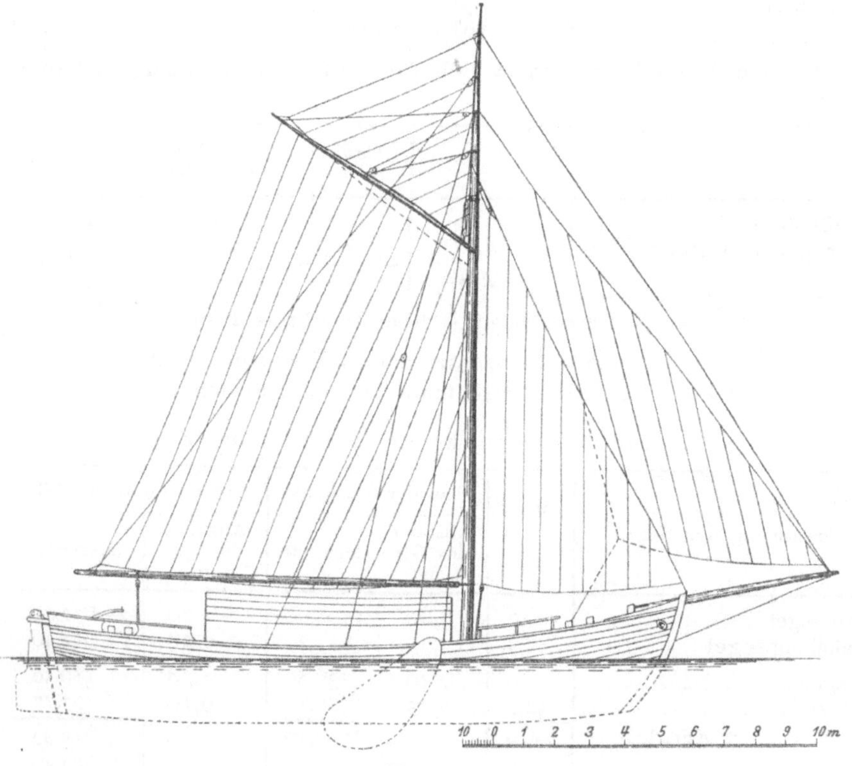

Fig. 75.

Das Moment der Segel bezogen auf die Mitte der Wasserlinie ist $+6{,}33$, mithin

$$\frac{6{,}33}{251{,}7} = 0{,}025\ \mathrm{m} = \odot\ \text{der Segel vor der Mitte der WL,}$$
$$0{,}415\ \mathrm{m} = \odot\ \text{des Längenplans hinter der Mitte der WL,}$$
$$0{,}44\ \ \mathrm{m} = 0{,}023 \cdot L = \odot\ \text{der Segel vor dem}\ \odot\ \text{des Längen-}$$
plans.

Ferner ist:

$$\frac{A_1 \cdot h_1}{D \cdot MG} = \frac{251{,}7 \cdot 9{,}22}{95 \cdot 1{,}409} = 17{,}33,$$

ein Verhältnis, welches für die Küstenfahrt noch als gut bezeichnet werden kann.

3. Kahn.

Fahrzeuge dieser Art (s. Fig. 75) wurden früher vielfach von der Unterweser aus für die kleine und große Küstenfahrt benutzt, werden aber jetzt nicht mehr gebaut, weil Seeleichter an ihre Stelle treten.

Außerdem kommen als Einmaster noch vor: Yachten (Schiffsform derselben siehe c. 3, Fig. 65 und 66), Schaluppen, Ewer u. s. w.

e. Yachten (Vergnügungsfahrzeuge).

Große Yachten für atlantische Fahrten werden im allgemeinen wie Handelsschiffe mit großem Freibord gebaut. Kleinere Yachten dagegen, die nur in der Küstenfahrt Verwendung finden sollen, werden erheblich leichter als Frachtschiffe konstruiert. Diese Yachten werden noch vielfach aus Holz, oder nach dem Kompositsystem gebaut und erhalten in der Regel einen stark ausladenden Vorsteven und ein weit überhängendes Heck. Da die Yachten keine Ladung nehmen, sondern lediglich zum Schnellsegeln dienen, so kommt es bei der Konstruktion dieser Fahrzeuge darauf an, bei einem möglichst kleinen Deplacement eine scharfe Schiffsform und ein großes Segelareal zu erzielen. Für letzteres ist eine große Stabilität Vorbedingung. Der Schiffskörper ist deshalb so leicht, aber auch so fest wie möglich herzustellen, damit er mit einem schweren Ballastkiel oder mit festem Ballast versehen werden kann.

Man unterscheidet Rennyachten und Kreuzeryachten. Die ersteren haben den Zweck, in erster Linie eine hohe Geschwindigkeit zu erzielen, um beim Wettsegeln zuerst das Ziel zu erreichen. Sie werden außerordentlich leicht gebaut, da die Lebensdauer hier keine Rolle spielt. Von den Kreuzeryachten dagegen verlangt man zwar auch eine gute Geschwindigkeit, daneben aber eine bequeme wohnliche Einrichtung, so daß mit ihnen kurze oder längere Seereisen unternommen werden können.

Bei der Konstruktion der Yachten kommt zunächst der zulässige Tiefgang in Betracht. Ist dieser beschränkt, so gelangt unter Umständen ein Mittelschwert zur Verringerung der Abtrift zur Anwendung. Darauf sind die der geforderten Größe des Schiffes entsprechenden Hauptabmessungen festzulegen. Hierfür sowie für die Bestimmung des Eigengewichtes von Yachten können wegen der großen Verschiedenheit dieser Fahrzeuge gegenüber den Frachtschiffen nicht die in Tafel I gegebenen Kurven benutzt werden, es sind diese Daten immer von Fall zu Fall besonders zu berechnen und daraus das Stabilitätsmoment und das Segelmoment zu ermitteln.

Da die seegehenden Yachten in der Regel vollständig gedeckt oder mit einem wasserdichten Kockpit versehen sind, da sie ferner keine Ladung fahren, die bei großen Neigungen übergehen kann, und die Yachten mit ihrem tiefliegenden Ballast unkenterbar sind, so kann das Verhältnis $\dfrac{A \cdot h}{D \cdot MG}$ hier erheblich größer genommen werden als bei Frachtschiffen.

Außerdem ist bei Yachten immer eine ausreichend große Besatzung vorhanden, die bei einer plötzlich einfallenden Bö schnell die Segel reffen oder bergen kann. Bei Regatten, wo auch die leichteste Brise ausgenutzt werden muß, kommen vielfach noch besonders leichte große Segel, ein Ballonklüver, Spinnaker u. s. w. zur Anwendung.

Über die Konstruktion der Yachten liegt eine sehr reichhaltige Litteratur[1]) vor, und deshalb können wir uns darauf beschränken, nur die hauptsächlich in Frage kommenden Yachttypen hier zu behandeln.

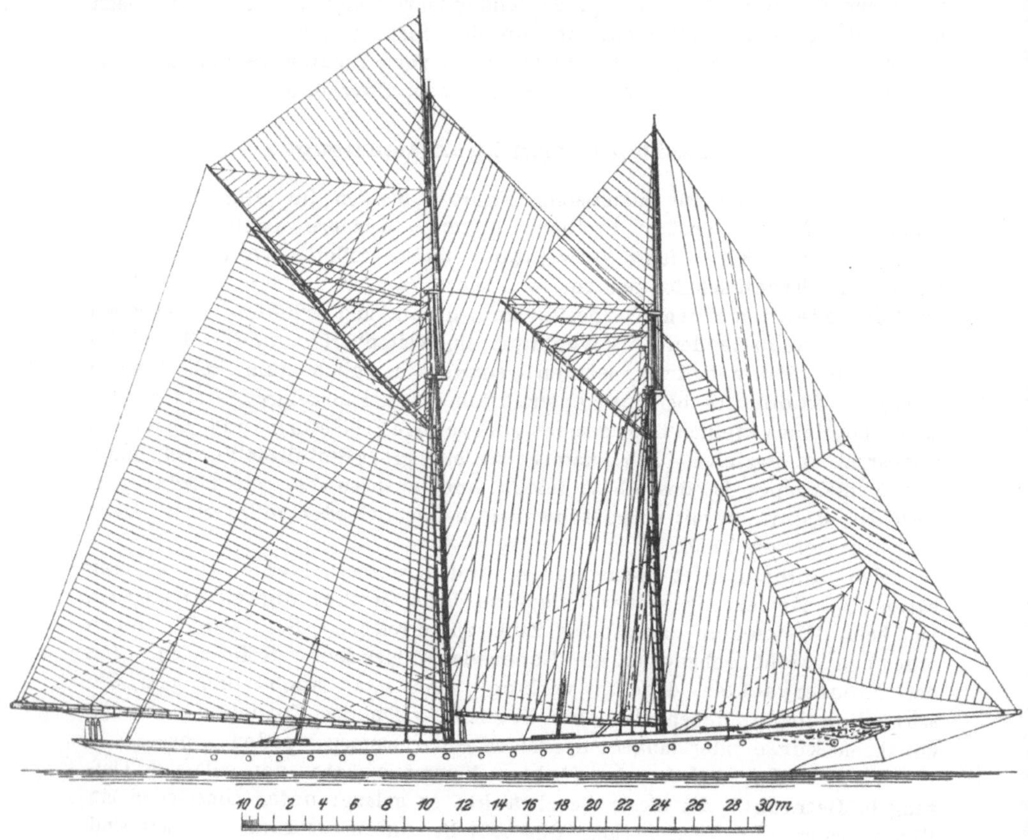

Fig. 76.

1. Schoner.

Die Schoneryachten sind in der Regel als Gaffelschoner ähnlich den Handelsschiffen dieser Gattung getakelt, also Schiffe mit Fock und Großmast. Die Masten sind entweder mit oder ohne Stenge ausgeführt, mitunter hat nur der Großmast eine Stenge. Das Bugspriet mit oder ohne Klüver-

---

[1]) Dixon Kemp, Yacht Architecture, C. M. Chevreux, Traité de la Construction des Yachts à voiles, Max Oertz, Über Segelyachten und ihre moderne Ausführung, Jahrbuch der Schiffbautechn. Gesellschaft 1902, Wassersport, Le Yacht u. s. w.

baum. Das Großsegel wird am Großmast (Hintermast) gefahren. Am Fockmast fährt öfters eine Breitfock.

Fig. 76 stellt die Segelzeichnung S. M. Yacht „Meteor III" dar, nach
einer in der Marine Review, Vol. XXV, No. 8, pag. 17 unter „Emperor
William's Yacht" veröffentlichten Zeichnung und Beschreibung. Danach

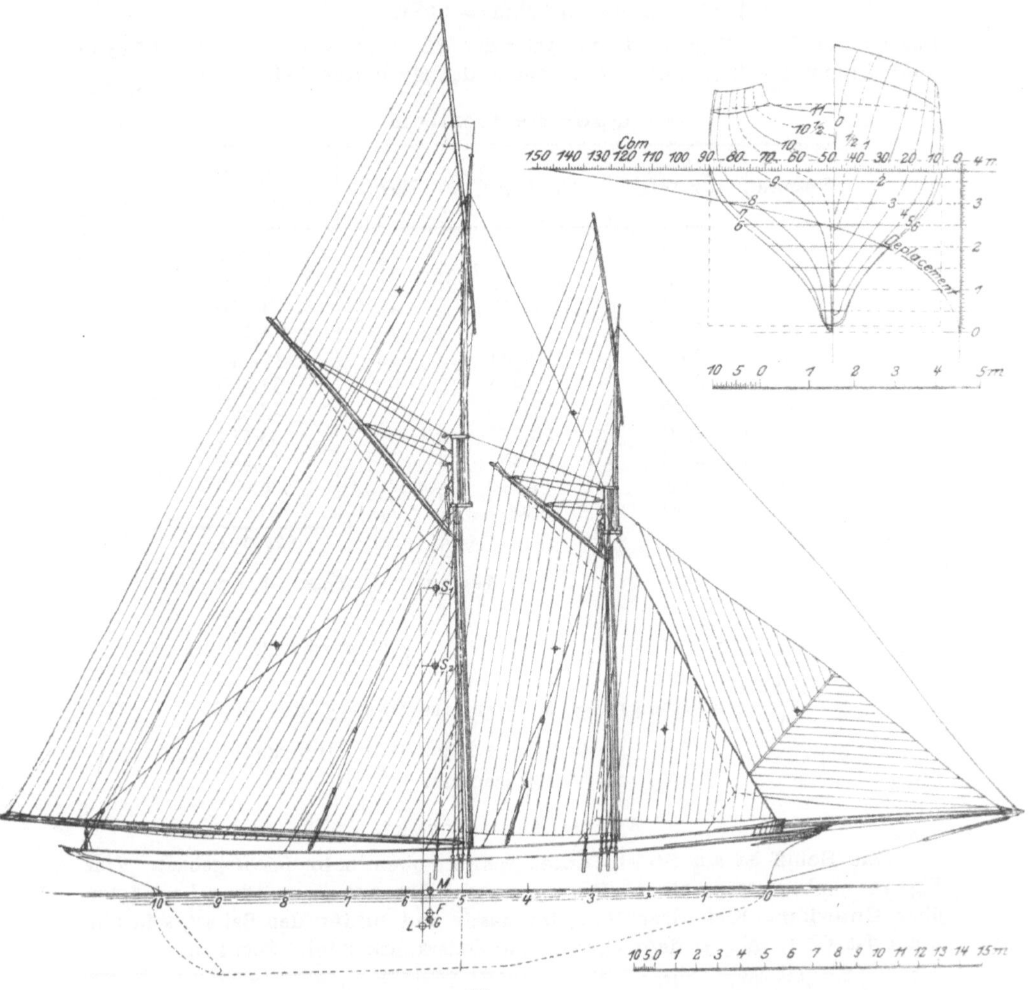

Fig. 77.

beträgt die Länge über Deck 49,07 m, die Länge in der WL 36,57 m, die
Breite 8,23 m, die Tiefe 5,64 m und der Tiefgang 4,57 m. Das Gesamt-
Segelareal beträgt 1079 qm. Die Yacht wurde konstruiert von A. Cary Smith
und ausgeführt von Townsend & Downey Ship Building & Repair Co.,
Shooters Island N. Y.

Eine zweite, ebenfalls als Gaffelschoner getakelte ältere Yacht ist in
Fig. 77 dargestellt. Das Eigenartige bei dieser Yacht ist die geringe Entfernung zwischen den beiden Masten, wodurch das Großsegel im Vergleich

zu den Vorsegeln nahezu eine so bedeutende Größe erhält, wie bei einem Kutter. Die Hauptabmessungen dieser Yacht sind:

$$L = 27\,\text{m}, \qquad B = 5,2\,\text{m}, \qquad H = 4,95\,\text{m}$$

Tiefgang hinten 3,76
„ mittschiffs 3,60 mit Kiel
Deplacement 147 cbm = 150 t.

Der ⊙ des Depl. liegt 1,047 m unter der WL, also $3,60 - 1,047 = 2,553$ m über Oberkante Kiel und 1,5 m hinter der Mitte der WL.

Quer-Metazentrum.

Spanten	$^1/_2$ Breite der WL m	$(^1/_2$ Breite$)^3$	Koeff.	Koeff. $\times$ $(^1/_2$ Breite$)^3$
0	0,00	0,000	$^1/_2$	0,000
1	0,57	0,185	2	0,370
2	1,22	1,816	1	1,816
3	1,78	5,640	2	11,280
4	2,22	10,941	1	10,941
5	2,50	15,625	2	31,250
6	2,60	17,576	1	17,576
7	2,56	16,777	2	33,554
8	2,32	12,487	1	12,487
9	1,63	4,330	2	8,660
10	0,00	0,000	$^1/_2$	0,000
				127,934

$$\delta = 2,7; \qquad \frac{4}{9}\,\delta = 1,200$$

$$\frac{2}{3}\int y^3\,dx = 153,521$$

$$\frac{153,521}{147} = 1,044\ \text{m} = \text{Metazentrum über ⊙ des Depl.}$$

$$\underline{2,553\ \text{m}} = \text{⊙ des Depl. über Unterkante Kiel}$$

$$3,597\ \text{m} = \text{Metazentrum} \quad „ \quad „ \quad „$$

Systemschwerpunkt.

Das Schiff ist aus Stahl, unten schwer, oben sehr leicht gebaut. Das Eigengewicht beträgt 90 t. Der ⊙ des Schiffes mit Ausrüstung liegt 3,7 m über Unterkante Kiel. Der Kiel ist massiv und bildet den Ballast, sein Gewicht ist 60 t, sein ⊙ liegt 0,3 m über Unterkante Kiel. Somit ist:

	Gewicht t	⊙ über Unterk. Kiel m	Momente
Schiffskörper	90	3,7	333,0
Ballast	60	0,3	18,0
$D =$	150		351,0

$$\frac{351}{150} = 2,340\ \text{m} = \text{System⊙ über Unterkante Kiel}$$

$$\underline{3,597\ \text{m}} = \text{Metazentrum über} \quad „ \qquad „$$

$$MG = 1,257\ \text{m} = \quad „ \qquad „ \quad \text{System⊙.}$$

Areal und Schwerpunkt der sämtlichen Segel.

Benennung der Segel	Areal in qm	Über der Wasserlinie		Vor der Mitte der WL	
		Abstand des ⊙s m	Momente	Abstand des ⊙s m	Momente
Großsegel	296,4	11,42	3384,89	— 8,40	— 2489,76
Großgaffeltoppsegel . . .	110,8	27,70	3069,16	— 2,90	— 321,32
Schonersegel	91,2	11,14	1015,97	3,85	351,12
Gaffeltoppsegel	42,4	22,02	933,65	4,68	198,43
Stagfock	51,8	7,32	379,18	8,82	456,88
Klüver	74,5	8,13	605,68	14,62	1089,19
Areal $A =$	667,1		9388,53		2095,62
					— 2811,08
					— 715,46

$$\frac{9388,53}{667,1} = 14,073\,\text{m} = \text{Segel} \odot \text{ über der WL}$$

$$1,615\,\text{m} = \odot \text{ des Längenplans unter der WL}$$

$$h = \overline{15,688\,\text{m}} = \odot \text{ der Segel über dem } \odot \text{ des Längenplans}$$

$$\frac{-715,46}{667,1} = 1,072\,\text{m} = \odot \text{ der Segel hinter der Mitte der WL}$$

$$1,820\,\text{m} = \odot \text{ des Längenplans hinter der Mitte der WL}$$

$$\overline{0,748\,\text{m} = 0,0277 \cdot L} = \odot \text{ der Segel vor dem } \odot \text{ des Längenplans.}$$

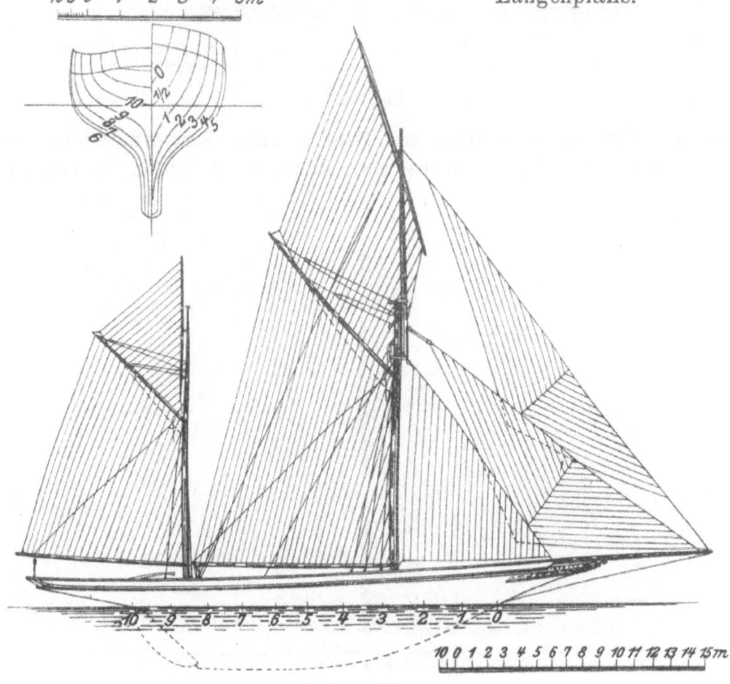

Fig. 78.

2. Ketsch.

Eine Ketsch ist ein Fahrzeug mit Schlup- oder Kuttertakelung, welches hinten vor dem Ruder noch einen Besahnmast hat, der mit einem Gaffel-

und eventuell noch mit einem Gaffeltoppsegel, oder statt dessen mit einem
Spriet- oder einem Houari-Segel versehen ist (s. Fig. 78).

3. Yawl.

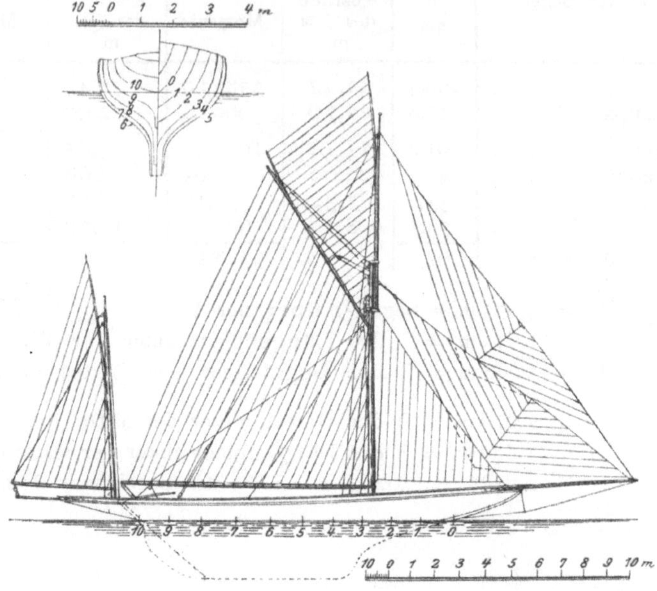

Fig. 79.

Eine Yawl ist ein Fahrzeug mit Schlup- oder Kuttertakelung, welches
hinten am Heck, neben oder hinter dem Ruder noch einen Treibermast hat,

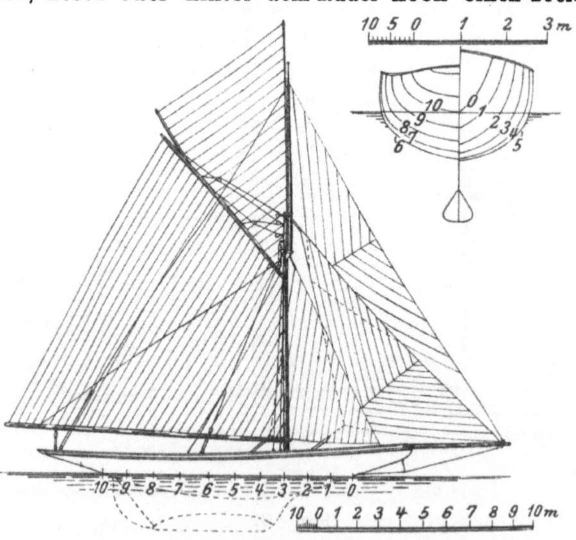

Fig. 80.

an dem ein Gaffel-, Lugger-, Spriet-, Houari- oder ein spitzes dreieckiges
Segel, der Treiber, fährt. Der Unterschied zwischen Ketsch und Yawl be-

steht namentlich darin, daß im Verhältnis zum Großsegel bei der Ketsch das Besahnsegel erheblich größer ist als bei der Yawl der Treiber (s. Fig. 79).

Die Yawl „Navahoe" des Herrn Wätjen in Bremen hat bei einer Länge über alles von 37,2 m, einer Länge in der $WL = 25,6$ m, einer Breite von 7,01 m, einer Tiefe von 4,88 m und einem Tiefgange von ca. 4 m, ein Segelareal von 703 qm.

4. Kutter.

Ein Kutter ist ein Fahrzeug mit einem Mast mit oder ohne Stenge, einem Großsegel, eventuell mit Gaffeltoppsegel, einer Stagfock, die am festen Stag vom Steven ab fährt, ferner mit einem Klüver und bei Fahrzeugen, die am Mast eine Stenge haben, einem Flieger. Klüver und Flieger fahren am Bugspriet, der Klüver fährt aber in der Regel nicht an einem festen Stag. Statt des Gaffelsegels wird zuweilen ein Spriet- oder ein Houarisegel gefahren (s. Fig. 80).

5. Schlup.

Eine Schlup ist ein Fahrzeug mit einem Mast mit oder ohne Stenge, einem Großsegel und im allgemeinen mit nur einem Vorsegel. Das Groß-

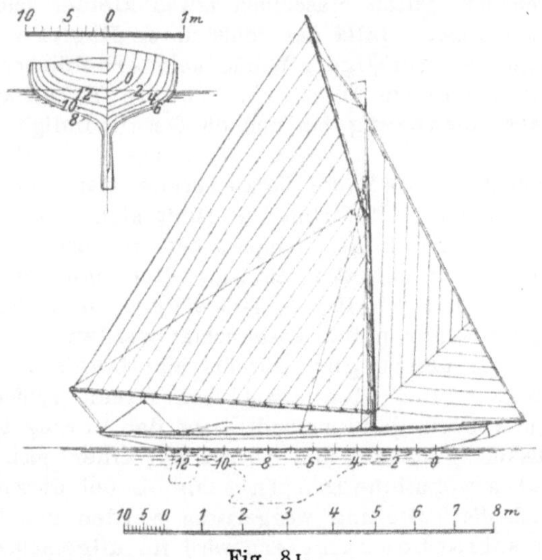

Fig. 81.

segel kann ein Gaffelsegel, eventuell mit Gaffeltoppsegel, oder ein Lugger-(Raasegel), Spriet-, Houari- oder Sliding-gunter-Segel sein. Das Vorsegel wird am Bugspriet oder, wenn bei stark überhängendem Vorsteven kein Bugspriet vorhanden ist, am Steven gefahren. Hat eine Schlup mehr als ein Vorsegel, dann ist das Charakteristische für die Schlup, zum Unterschiede vom Kutter, daß die Vorsegel alle am Bugspriet fahren (s. Fig. 81).

II. Abschnitt.

Bemastung und Takelung der Dampfschiffe.

A. Art der Takelung.

Zur Zeit der Einführung des Dampfes zum Zweck der Fortbewegung der Schiffe wurde zunächst noch die volle Takelung beibehalten, so daß das Dampfschiff im Fall einer Havarie an seiner Maschinerie noch mit Hilfe der Segel seine Reise wie ein gewöhnliches Segelschiff fortsetzen konnte. Nach und nach erkannte man aber, daß die Bemastung ohne große Gefahr bei Dampfschiffen mit guten Maschinen etwas kleiner sein konnte als bei Segelschiffen, zumal sich, falls das Schiff unter Dampf war, aus der Mitwirkung der Segel bei günstigem Winde kein erheblicher Vorteil erzielen ließ, dagegen bei konträrem Winde eine schwere Takelung großen Widerstand gegen die Fortbewegung bot und die Geschwindigkeit erheblich verringerte.

Es ist einleuchtend, daß die Verkleinerung der Takelung nur bis zu einer gewissen Grenze gerechtfertigt ist, damit sich das Schiff im Fall der Not noch auf See unter Segel einigermaßen regieren und steuern läßt. Statt dessen trifft man in neuester Zeit nicht selten Dampfer, deren Takelung ganz verkrüppelt ist und mit der — falls die Maschine einmal ihren Dienst versagt — so gut wie gar nichts ausgerichtet werden kann. Als man vor mehreren Jahren die ursprünglich für die amerikanischen Binnenseen gebauten „Whalebacks“ über den atlantischen Ozean schickte, wurde bei diesen Schiffen u. a. noch ganz besonders auf den Vorzug hingewiesen, daß sie gar keine Takelung hätten und deshalb mit einer geringeren Besatzung fahren könnten als gewöhnliche Dampfer — als ob bei diesen mit demselben Rechte nicht auch die Takelung weggelassen werden könnte.

Bei Doppelschraubendampfern wird im allgemeinen angenommen, daß sie, falls die eine Schraube außer Betrieb gesetzt werden muß, in der anderen immer noch einen Reserve-Fortbewegungsapparat besitzen und daß bei diesen Schiffen die Takelung ganz fehlen oder doch so weit eingeschränkt werden kann, als zum Stützen des Schiffes bei heftigem Rollen erwünscht ist. Dies ist auch zulässig, und bei diesen Schiffen sind dann auch vielfach — ähnlich wie bei Kriegsschiffen — die Masten zu Kransäulen oder Flaggen- bezw. Signalmasten herabgesunken. Ihr Standort im Schiff wird ganz beliebig gewählt und nicht durch die Lage des Segelschwerpunktes festgelegt. Bei der Bestimmung des Aufstellungsortes und des Falls der Masten hat sich der Schiffbauer zwar in erster Linie von der Zweckmäßigkeit leiten zu lassen, er kann aber in den meisten Fällen ein gefälliges

Aussehen des ganzen Schiffes damit verbinden und es wäre sehr zu wünschen, wenn hier etwas mehr Rücksicht auf die Ästhetik genommen würde, als gewöhnlich geschieht. Das Aussehen eines jeden Dampfers gewinnt immer, wenn die Masten so im Schiff plaziert werden, daß es den Anschein hat, als ob dieselben lediglich zum Zweck der Fortbewegung des Schiffes durch Wind vorhanden wären. Dies läßt sich in den meisten Fällen auch sehr gut erreichen, auch wenn auf einen oder mehrere dominierende Schornsteine Rücksicht zu nehmen ist. Gewöhnlich steht der Schornstein in der Mitte, oder, wenn deren mehrere vorhanden sind, gruppieren sie sich um den mittleren Teil des Schiffes herum. Aus diesem Grunde lassen sich in den meisten Fällen drei Masten nicht so vorteilhaft anordnen als zwei oder vier. Eine Bark- oder Dreimastschonertakelung ist daher nur dann vorteilhaft, wenn der oder die Schornsteine entweder vor der Mitte des Schiffes, also zwischen Fock- und Großmast, oder sehr weit nach hinten, zwischen Groß- und Besahnmast stehen. Nur in vereinzelten Fällen dürften Schornsteine so weit voneinander entfernt stehen, daß es angebracht ist, zwischen ihnen einen Mast zu errichten. In allen Fällen, in welchen der oder die Schornsteine in der Mitte des Schiffes stehen, erzielt man mit vier oder zwei Masten ein besseres Aussehen als mit einer dreimastigen Takelung. S. Fig. 82.

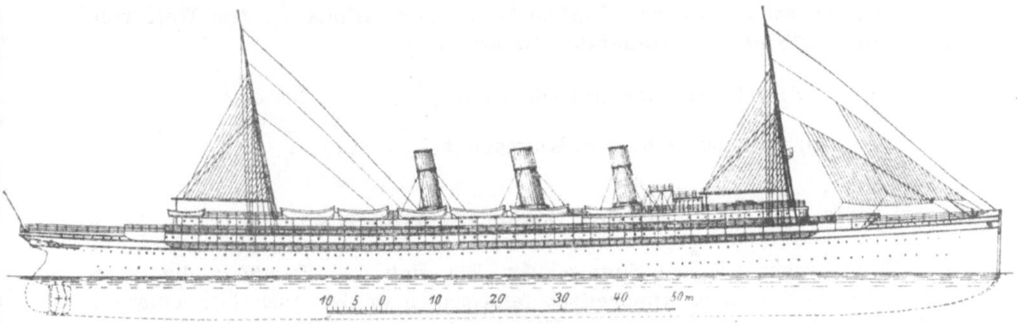

Fig. 82.

Da bei Doppelschraubenschiffen eine selbständige Fortbewegung unter Segel kaum in Frage kommt, so ist es nicht nötig, hier weiter auf die Größe und Art der Takelung einzugehen.

Dampfer mit einer Schraube sind hinsichtlich ihres Fortbewegungsapparates weniger zuverlässig als Doppelschraubendampfer, denn Schrauben- und Wellenbrüche kommen, trotz sorgfältigster Ausführung und Instandhaltung, immer noch recht häufig vor, und dann ist es von größter Wichtigkeit, eine Takelung zu haben, mit der das Schiff bei schlechtem Wetter noch einigermaßen in der See zu halten ist. Hierzu ist eine gewisse Größe und eine gute Verteilung des Segelareals erforderlich.

B. Anfertigung der Segelzeichnung.

a. Größe des Segelareals.

Ebenso wie Segelschiffe müssen auch Dampfer für lange oder indische Fahrt eine größere Takelung haben als solche für atlantische und Küstenfahrt. Es empfiehlt sich, großen Passagierdampfern eine für lange Fahrt ausreichende Takelung zu geben und, falls sie vorzugsweise in der atlantischen Fahrt beschäftigt werden, die oberen Raasegel für diese Fahrt wegzulassen.

Bei Dampfschiffen ist es nicht tunlich, das Segelmoment nach der Größe des aufrichtenden Moments vom Schiff, wie dies im Vorhergehenden bei Segelschiffen geschehen ist, zu bestimmen, weil das Moment der Stabilität bei Dampfern schon durch den Kohlenverbrauch während der Reise und durch Ein- und Auslassen von Wasserballast veränderlich ist. Es genügt vollkommen, hierbei von der vom Wasser berührten Oberfläche des beladenen Schiffes, welche für kleine Geschwindigkeiten — wie sie bei einem unter Segel fahrenden Dampfer vorkommen — als Maßstab für den Schiffswiderstand angesehen werden kann, auszugehen.

Die benetzte Oberfläche kann dargestellt werden durch den Ausdruck $K \times L \cdot U$, wobei U der Umfang des Hauptspants bis zur Wasserlinie und K ein Koeffizient ist. Den letzteren kann man, ohne einen großen Fehler zu begehen, für den vorliegenden Zweck für alle Fracht- und Passagierdampfer gleich groß annehmen, d. h. einfach den Wert $L \cdot U$ als Maßstab für die Bestimmung der Größe des Segelareals annehmen.

Aus der Berechnung der Takelung einer Anzahl bewährter Dampfer hat sich ergeben, daß das Verhältnis des Segelareals zu dem Wert von $L \cdot U$ innerhalb der nachstehenden Grenzen liegt:

α) für lange oder indische Fahrt $\dfrac{A}{L \cdot U} = 0{,}4$ bis $0{,}35$.

β) für atlantische und Küstenfahrt „ $= 0{,}37$ „ $0{,}35$.

b. Lage des Segelschwerpunktes.

Ebensowenig wie bei Segelschiffen läßt sich bei Dampfern die Lage des Segelschwerpunktes theoretisch festlegen, man ist auch hier lediglich auf die Erfahrung angewiesen. Es zeigt sich in der Regel, daß Dampfer unter Segel sehr luvgierig sind, deshalb ist es, um alle Segel gebotenen Falls gut ausnutzen zu können, vorteilhaft, den Segelschwerpunkt hier weiter nach vorne zu legen, als dies bei Segelschiffen geschieht. Als passende Grenzen für die Entfernung des Segelschwerpunktes vor der Mitte der Wasserlinie kann das Maß

$$0{,}11 \text{ bis } 0{,}19 \cdot L$$

angenommen werden.

In vertikaler Richtung ist die Lage des Segelschwerpunktes durch die Größe des Segelareals und die übliche Form der Segel festgelegt.

c. Verteilung der Segel.

Wenn bei einem Segelschiff das Segelareal ermittelt ist, dann ist damit auch die Größe der einzelnen Segel und die Verteilung derselben auf die Masten ziemlich festgelegt. Bei Dampfern dagegen hat man hinsichtlich der Anordnung der Segel einen großen Spielraum. Hier hat die Takelung sich nach der Lage der Maschinerie im Schiff, nach der Raumeinteilung, den Aufbauten u. s. w. zu richten. Die Masten bilden in der Regel auch die Stützpunkte für die Ladebäume, und deshalb ist gleichzeitig bei der Plazierung der Masten die Anordnung der Luken zu berücksichtigen. Diese müssen genügend weit von den Masten entfernt sein, damit die Ladebäume eine so große Länge erhalten, daß die Güter bequem von außenbords übergenommen oder über Bord abgesetzt werden können. Bei der Bestimmung der Länge der Ladebäume, die auch in der Regel als Bäume für die Schräg- oder Gaffelsegel dienen, kommt daher auch die Schiffsbreite in Betracht. Das Lösch- und Ladegeschirr muß auf einem Dampfer allen Anforderungen entsprechen, und es ist von der größten Wichtigkeit, daß von vornherein auf diese Einrichtungen die gebührende Rücksicht genommen wird. Es würde aber zu weit führen, hier näher auf alle Einzelheiten einzugehen, nur einige Punkte, welche direkt mit der Bemastung in Verbindung stehen, mögen hier erörtert werden.

Zunächst ist es der Fall der Masten, der sehr oft das gute Funktionieren des Lösch- und Ladegeschirrs beeinträchtigt. Wenn nämlich die Ladebäume in der gewöhnlichen Art und Weise, d. h. unten mit einem Drehpunkt am Mast und oben mit der Kranleine an der Saling befestigt, eingerichtet werden, dann tritt durch das Überhängen der Masten der Übelstand ein, daß die nach hinten gerichteten Ladebäume schwer über Bord und die nach vorn gerichteten schwer nach mittschiffs über die Luken zu holen sind.

Man gibt deshalb den Masten oft nur wenig oder gar keinen Fall, wodurch aber das Aussehen des Schiffes sehr beeinträchtigt wird. Um dies zu vermeiden und doch den genannten Übelstand zu beseitigen, wird durch Anbringung eines Ausbaues unten am Mast der Drehpunkt des Baumes annähernd lotrecht unter den oben am Mast befindlichen Aufhängungspunkt gebracht und dadurch ein bequemes Aus- und Einschwingen des Ladebaumes erzielt. Für größere Dampfer kommen gewöhnlich für jede Luke zwei bis vier Ladebäume zur Anwendung, damit gleichzeitig nach beiden Bordseiten hin die Ladung übergenommen oder abgesetzt werden kann.

Ferner ist zu berücksichtigen, daß oft bei Dampfern wegen der gelegentlich sehr großen mit dem Ladegeschirr zu hebenden Lasten die Masten und Bäume sowie die Wanten und Stagen stärker ausgeführt werden müssen, als dies nach der Größe der Bemastung für den Segeldruck erforderlich ist. Es ist deshalb von Fall zu Fall die Beanspruchung nach der zu hebenden größten Last zu ermitteln und für die einzelnen Teile dementsprechend zu bemessen.

Die Baumsegel der Dampfer erhalten oft nur kleine oder gar keine Gaffeln, sie werden dann oben spitz zulaufend — nach Art der Sturmsegel oder der „Sliding-gunter" geschnitten und „Schafschenkel" — von den englischen Seeleuten „Leg-of-mutton sail" — genannt.

Im übrigen wählt man bei Dampfern dieselben Segeleinrichtungen wie bei Segelschiffen, es kommen auch hier doppelte Mars- oder Toppsegel zur Anwendung, dagegen findet man doppelte Bramsegel, Roils und Skeisegel nicht auf Dampfern. Bei Dampfern der langen Fahrt wird hin und wieder noch das Raasegel-Patent Colling and Pinkney zum selbsttätigen Reffen angetroffen.

d. Beispiele für die Anfertigung der Segelzeichnung.

1. Dampfer mit vier Masten.

Als Beispiel hierfür soll ein Dampfer von folgenden Hauptabmessungen gewählt werden (s. Fig. 83):

$$L = 140 \text{ m}, \quad B = 15 \text{ m}, \quad Tg = 7,3 \text{ m}, \quad U = 26,2 \text{ m}.$$

Es ist demnach $\qquad L \cdot U = 3668$ qm

und demnach muß $\qquad \dfrac{A}{L \cdot U} = 0,35$ bis $0,4$,

im Mittel also das Segelareal $A = 0,375 \cdot L \cdot U = 1375,5$ qm sein.

Nach der Segelzeichnung ergibt sich folgende Rechnung:

Areal und Schwerpunkt der sämtlichen Segel.

Benennung der Segel	Areal in qm	Über der Wasserlinie		Vor der Mitte der WL	
		Abstand des $\odot$s m	Momente	Abstand des $\odot$s m	Momente
Besahn (Jigger)	64,0	13,55	867,20	— 55,40	— 3545,60
Hauptsegel	164,0	17,95	2943,80	— 27,10	— 4444,40
Großsegel	134,0	17,65	2365,10	12,05	1614,70
Großtoppsegel	176,5	29,50	5206,75	15,55	2744,58
Schonersegel	122,3	15,42	1885,87	40,75	4983,72
Fock	250,2	16,25	4065,75	47,35	11846,97
Vor-Untertoppsegel	176,5	28,65	5056,72	45,37	8007,81
„ Obertoppsegel	73,7	37,67	2776,28	43,90	3235,43
Stagfock	91,0	14,12	1284,92	53,50	4868,50
Klüver	108,0	15,75	1701,00	57,85	6247,80
Areal $A =$	1360,2		28153,39		$+43549,51$
					$-\ 7990,00$
					$+35559,51$

$$\frac{28153,39}{1360,2} = 20,698 \text{ m} = \text{Segel} \odot \text{ über der WL.}$$

$$\frac{35559,51}{1360,2} = 26,143 \text{ m} = \text{Segel} \odot \text{ vor der Mitte der WL.}$$

$$= 0,187 \cdot L.$$

Ferner ist: $\qquad \dfrac{A}{L \cdot U} = \dfrac{1360,2}{3668} = 0,3708.$

2. Dampfer mit drei Masten.

Hauptabmessungen des Schiffes (s. Fig. 84):

$$L = 122 \text{ m}, \quad B = 14,35 \text{ m}, \quad Tg = 7,1 \text{ m}, \quad U = 26 \text{ m},$$

mithin: $\qquad L \cdot U = 3172$ qm.

Das Schiff ist für die atlantische Fahrt bestimmt und deshalb

$$\frac{A}{L \cdot U} = 0,35,$$

mithin für $A = 0,35 \cdot L \cdot U = 1110$ qm zu nehmen.

Aus der Segelzeichnung ergibt sich:

Areal und Schwerpunkt der sämtlichen Segel.

Benennung der Segel	Areal in qm	Über der Wasserlinie		Vor der Mitte der WL	
		Abstand des $\odot$s m	Momente	Abstand des $\odot$s m	Momente
Besahn	87,0	12,65	1100,55	— 46,75	— 4067,25
Großsegel	149,2	14,55	2170,86	— 15,62	— 2330,50
Schonersegel	149,2	14,12	2106,70	27,95	4170,14
Fock	248,0	14,70	3645,60	34,66	8595,68
Unteres Toppsegel	178,2	26,38	4700,92	33,27	5928,71
Oberes „	96,1	34,80	3344,28	31,15	2993,51
Stagfock	95,6	12,70	1214,12	41,65	3981,74
Klüver	106,7	15,23	1625,04	47,90	5110,93
Areal $A =$	1110,0		19908,07		+ 30780,71
					— 6397,75
					+ 24382,96

$$\frac{19908,07}{1110} = 17,936 \text{ m} = \text{Segel} \odot \text{ über der WL.}$$

$$\frac{24382,96}{1110} = 21,966 \text{ m} = \text{Segel} \odot \text{ vor der Mitte der WL.}$$
$$= 0,18 \cdot L.$$

Ferner ist: $\quad \dfrac{A}{L \cdot U} = \dfrac{1110}{3172} = 0,35.$

3. Dampfer mit Schonertakelung.

a. Dampfer von nachstehenden Hauptabmessungen (s. Fig. 85):

$$L = 113,5 \text{ m}, \qquad B = 13,56 \text{ m}, \qquad Tg = 6,9 \text{ m}, \qquad U = 24,5 \text{ m}.$$

Es ist also: $\qquad L \cdot U = 2780,75 \text{ qm.}$

Das Schiff soll ausschließlich nordatlantische Reisen machen und deshalb braucht das Segelareal A nur

$$0,35 \cdot L \cdot U = 973 \text{ qm}$$

groß genommen zu werden.

Nach der Segelzeichnung ergibt sich:

Areal und Schwerpunkt der sämtlichen Segel.

Benennung der Segel	Areal in qm	Über der Wasserlinie		Vor der Mitte der WL	
		Abstand des $\odot$s m	Momente	Abstand des $\odot$s m	Momente
Großsegel	146,0	13,68	1997,28	— 31,05	— 4533,30
Großstagsegel	89,0	13,00	1157,00	— 16,22	— 1443,58
Schonersegel	97,4	12,18	1186,33	22,82	2222,67
Fock	210,0	13,38	2809,80	28,10	5901,00
Unteres Toppsegel	102,5	21,90	2244,75	26,60	2726,50
Oberes „	98,7	27,68	2732,02	25,55	2521,78
Bramsegel	70,0	33,60	2352,00	24,50	1715,00
Stagfock	72,0	12,40	892,80	35,32	2543,04
Klüver	92,0	14,22	1308,24	43,72	4022,24
Areal $A =$	977,6		16680,22		+ 21652,23
					— 5976,88
					+ 15675,35

$$\frac{16680,22}{977,6} = 17,061 \text{ m} = \text{Segel}\odot \text{ über der } \mathbf{WL.}$$

$$\frac{15675,35}{977,6} = 16,035 \text{ m} = 0,1413 \cdot L = \text{Segel}\odot \text{ vor der Mitte der WL.}$$

Außerdem ist:
$$\frac{A}{L \cdot U} = \frac{977,6}{2780,75} = 0,3516.$$

β. **Dampfer von nachstehenden Hauptabmessungen** (s. Fig. 86):

$$L = 95 \text{ m}, \quad B = 11,6 \text{ m}, \quad Tg = 6,2 \text{ m}, \quad U = 21.6 \text{ m.}$$

Es ist demnach: $\qquad L \cdot U = 2052$ qm.

Das Schiff soll vorzugsweise für die ostindische Fahrt dienen und ist deshalb das Segelareal

$$A = 0,37 \text{ bis } 0,4 \cdot L \cdot U$$

zu nehmen. Als Mittelwert ergibt sich:

$$A = 0,385 \cdot L \cdot U = 790 \text{ qm.}$$

Die Berechnung nach der Segelzeichnung ergibt folgendes Resultat:

Areal und Schwerpunkt der sämtlichen Segel.

Benennung der Segel	Areal in qm	Über der Wasserlinie		Vor der Mitte der WL	
		Abstand des $\odot$s m	Momente	Abstand des $\odot$s m	Momente
Großsegel	123,1	10,30	1267,93	— 27,00	— 3323,70
Großstagsegel	42,0	9,20	386,40	— 14,80	— 621,60
Großstengestagsegel . . .	53,3	10,88	579,90	— 10,18	— 542,59
Schonersegel	125,0	10,61	1326,25	17,90	2237,50
Fock	147,2	10,52	1548,54	24,81	3652,03
Vor-Untermarssegel . . .	68,6	17,71	1214,91	23,68	1624,45
„ -Obermarssegel	67,0	22,40	1500,80	22,88	1532,96
„ -Bramsegel	61,0	27,66	1687,26	22,00	1342,00
Stagfock	49,3	9,14	450,60	30,06	1481,96
Klüver	64,2	11,50	738,30	37,64	2416,49
Areal $A =$	800,7		10700,89		+ 14287,39
					— 4487,89
					+ 9799,50

$$\frac{10700,89}{800,7} = 13,364 \text{ m} = \text{Segel}\odot \text{ über der } \mathbf{WL.}$$

$$\frac{9799,50}{800,7} = 12,239 \text{ m} = 0,1288 \cdot L = \text{Segel}\odot \text{ vor der Mitte der WL.}$$

Ferner ist:
$$\frac{A}{L \cdot U} = \frac{800,7}{2052} = 0,3902.$$

γ. **Dampfer von nachstehenden Hauptabmessungen** (s. Fig. 87):

$$L = 70 \text{ m}, \quad B = 10 \text{ m}, \quad Tg = 5,5 \text{ m}, \quad U = 19,4 \text{ m,}$$

mithin ist $\qquad L \cdot U = 1358$ qm.

10 0 1 2 3 4 5 6 7 8 9 10 11 12 13 14 15 16 17 18 19 20 21 22 23 24 25 26 27 28 29 30 m

Fig. 86.

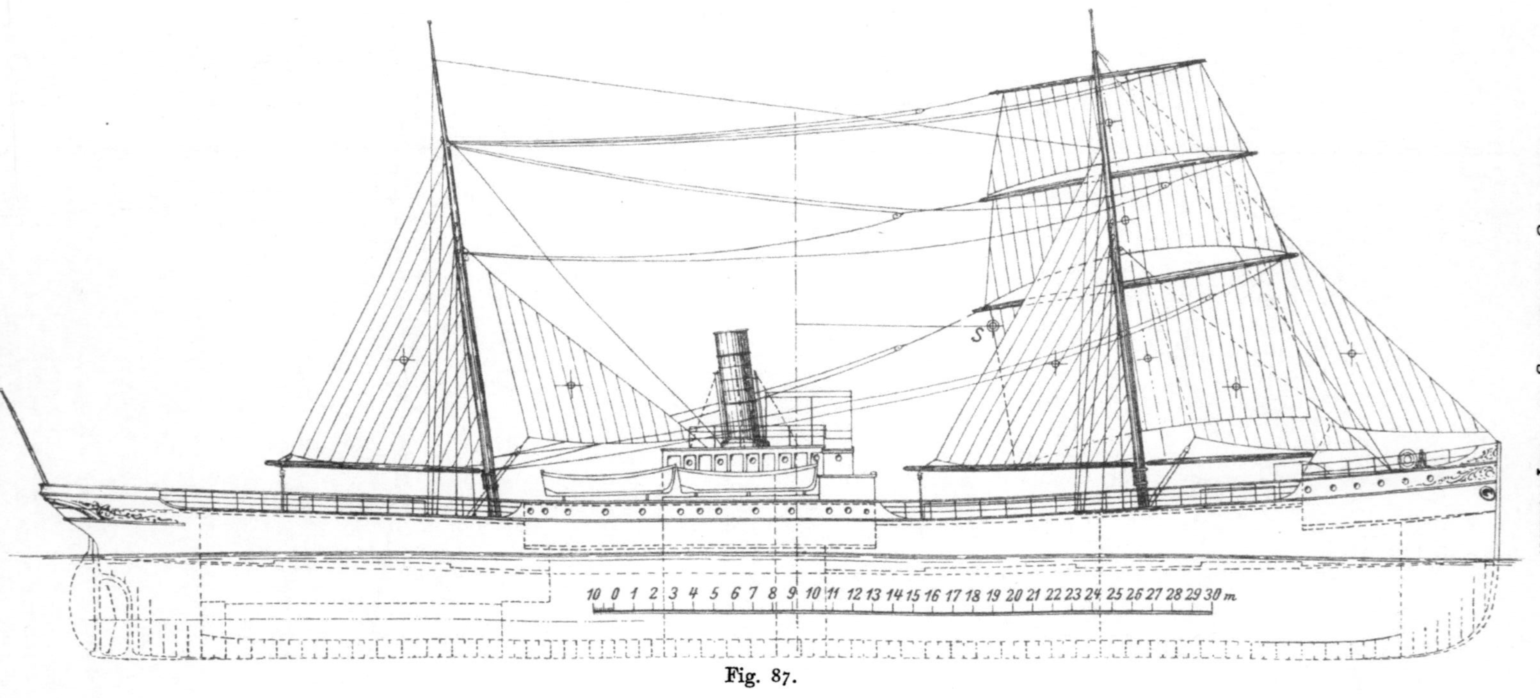

Fig. 87.

Das Schiff soll für die Mittelmeerfahrt dienen und mit versenktem Brückenhause gebaut werden. Es ist demnach

$$A = 0,35 \text{ bis } 0,37, \text{ im Mittel } 0,36 \ L \cdot U \text{ zu nehmen.}$$

Aus der Segelzeichnung geht nun nachstehende Rechnung hervor:

Areal und Schwerpunkt der sämtlichen Segel.

Benennung der Segel	Areal in qm	Über der Wasserlinie		Vor der Mitte der WL	
		Abstand des ⊙s m	Momente	Abstand des ⊙s m	Momente
Großsegel	78,7	9,13	718,53	— 19,60	— 1542,52
Großstagsegel	35,7	7,90	282,03	— 11,21	— 400,20
Schonersegel	78,7	9,10	716,17	12,98	1021,52
Fock	115,4	9,32	1075,53	17,58	2028,73
Unteres Toppsegel	56,6	15,96	903,37	16,50	933,90
Oberes „	54,1	20,76	1123,12	15,70	849,37
Stagfock	36,2	7,88	285,26	22,02	797,12
Klüver	45,1	9,70	437,47	27,81	1254,23
Areal $A =$	500,5		5541,48		+ 6884,87
					— 1942,72
					+ 4942,15

$$\frac{5541,48}{500,5} = 11,072 \text{ m} = \text{Segel} \odot \text{ über der WL.}$$

$$\frac{4942,15}{500,5} = 9,874 \text{ m} = 0,141 \cdot L = \text{Segel} \odot \text{ vor der Mitte der WL.}$$

Ferner ist: $\qquad \dfrac{A}{L \cdot U} = \dfrac{500,5}{1358} = 0,3685.$

$\delta.$ Dampfer mit nachstehenden Hauptabmessungen (s. Fig. 88):

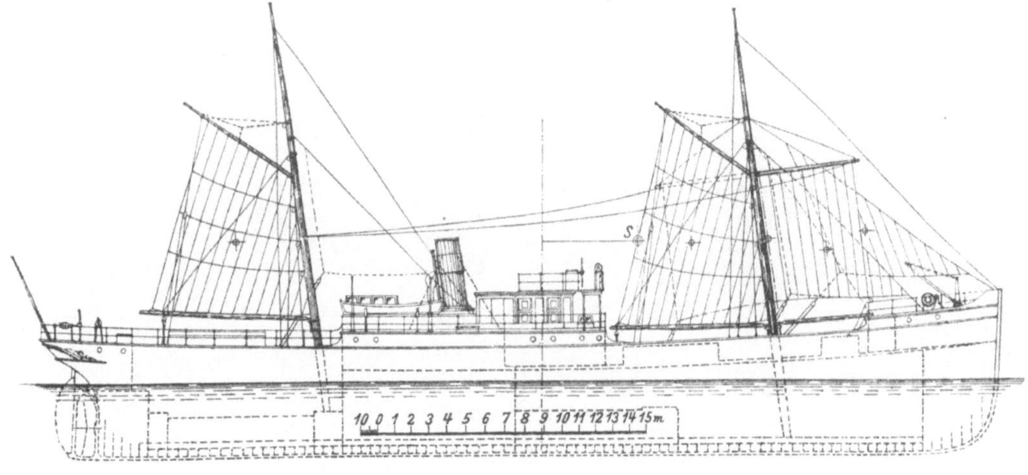

Fig. 88.

$$L = 52 \text{ m}, \quad B = 8 \text{ m}, \quad Tg = 4 \text{ m ohne Kiel}, \quad U = 14,5 \text{ m},$$

mithin ist $\qquad\qquad\qquad L \cdot U = 754 \text{ qm.}$

Das Schiff soll mit erhöhtem Quarterdeck gebaut werden und für die Nord- und Ostseefahrt dienen; das Segelareal ist daher

$$A = 0{,}35 \cdot L \cdot U = 264 \text{ qm}$$

zu nehmen.

Nach der Segelzeichnung ergibt sich:

Areal und Schwerpunkt der sämtlichen Segel.

Benennung der Segel	Areal in qm	Über der Wasserlinie		Vor der Mitte der WL	
		Abstand des $\odot$s m	Momente	Abstand des $\odot$s m	Momente
Großsegel	61,8	8,20	506,76	— 16,77	— 1036,69
Schonersegel	68,8	8,00	550,40	8,77	603,38
Breitfock	77,4	8,20	634,68	12,80	990,72
Stagfock	27,6	7,50	207,00	16,00	441,60
Klüver	28,3	8,65	244,79	18,32	518,46
Areal $A =$	263,9		2143,63		+ 2554,16
Großstagsegel	21,0				— 1036,39
Total =	284,9				+ 1517,77

$$\frac{2143{,}63}{263{,}9} = 8{,}123 \text{ m} = \text{Segel}\odot \text{ über der } \mathbf{WL}.$$

$$\frac{1517{,}77}{263{,}9} = 5{,}75 \text{ m} = 0{,}1106 \cdot L = \text{Segel}\odot \text{ vor der Mitte der } \mathbf{WL}.$$

Ferner ist: $\quad \dfrac{A}{L \cdot U} = \dfrac{263{,}9}{754} = 0{,}35.$

———

Dritter Teil.

Ausführung der einzelnen Teile der Bemastung und der Takelung.

———

I. Abschnitt.

Ausführung und Abmessungen der Bemastung.[1]

A. Beanspruchung der einzelnen Teile der Bemastung.

Allgemeines.

Mehr noch als für den Schiffskörper gilt es für die Takelung, alle einzelnen Teile derselben so leicht und dabei so fest wie irgend möglich herzustellen. Es ist deshalb von der größten Wichtigkeit, daß für jeden einzelnen Teil der Bemastung das beste und geeignetste Material gewählt, alles überflüssige Gewicht vermieden und auf sorgfältige und sachgemäße Ausführung gesehen wird.

Um dies aber zu können, muß man sich zunächst Klarheit darüber verschaffen, wie die einzelnen Glieder der Bemastung in Anspruch genommen werden.

Bereits im ersten Teil, I. Abschnitt A. Fig. 11, Seite 35 ist angegeben, in welcher Weise der Wind auf die Takelung wirkt und die seitliche Neigung, sowie die Fortbewegung des Schiffes erzeugt. Es soll jetzt untersucht werden, welche Beanspruchung durch den Winddruck die Bemastung und das stehende Gut erleidet.

a. Beanspruchung der Masten, Stengen und Bugspriets.

Bezeichnet in Fig. 89 die Linie W die Richtung und ab die Größe des Winddrucks, h die Höhe des Segelschwerpunktes über dem $\odot$ des Längenplans, dann ist das Moment $W \cdot h =$ dem aufrichtenden Moment der Kräfte, die vertikal durch die Punkte G und F gehen.

Bezeichnet ferner φ den Winkel, um welchen sich das Schiff überneigt, dann ist der in der Pfeilrichtung auf die Takelung wirkende Normaldruck

$$ac = ab \ \cos \varphi.$$

Ist ferner α der Winkel, den die Wanten mit der Mittellinie des Mastes bilden, dann zerlegt sich der Normaldruck ac durch das Parallelogramm $adce$ in die Komponenten ad und ae. Von diesen beiden Kräften ist

---

[1] Im Nachstehenden sind die Abmessungen aller Teile der Bemastung sowie der Beschläge u. s. w. in verschiedenen Tabellen zusammengestellt. Sollten sich beim Konstruieren irgend eines Gegenstandes kleine Unregelmäßigkeiten zeigen, so sind diese zweckmäßig zu berichtigen.

$$a\,d = \frac{a\,c}{\sin \alpha} = \sqrt{a\,e^2 + a\,c^2},$$

die in der Richtung der Wanten nach oben gerichtete Kraft, welche in den
Wanten eine Zugspannung erzeugt, und

$$a\,e = a\,c \cdot \operatorname{cotg} \alpha$$

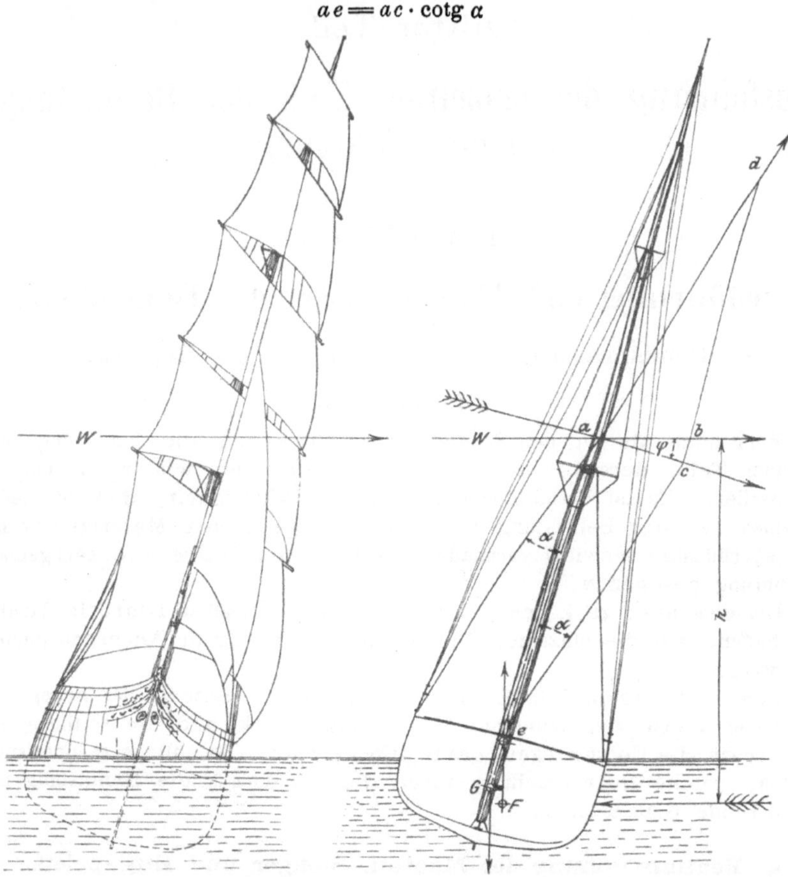

Fig. 89.

die Kraft, welche in der Achse des Mastes nach unten wirkt und in diesem
eine Druckspannung hervorbringt.

Der Winkel, den die Wanten mit dem Mast bilden, beträgt ungefähr
18^0 und derjenige, den die Pardunen mit dem Mast oder der Stenge bilden,
etwa 10^0, es ist daher α im Mittel ungefähr 14^0. Setzt man diesen Wert
für α ein und für $a\,c = 1$, dann ist

$$a\,d = 3{,}50 = \text{der Zugspannung in den Wanten,}$$
$$a\,e = 3{,}40 = \text{der Druckspannung im Mast.}$$

Hieraus ist ersichtlich, daß die Größe der beiden entgegengesetzten
Spannungen nicht viel voneinander verschieden ist. Da das Tauwerk
nur Zugspannung aufnehmen kann, so kommen die Wanten und Pardunen
an der Leeseite hier nicht in Betracht, dieselben sind stets in Lee mehr

oder weniger schlaff und dementsprechend neigt
sich der Mast mehr oder weniger aus seiner geraden Position bogenförmig nach Lee hinüber,
wodurch außer der Druckspannung noch eine
leichte Biegung in dem Mast erzeugt wird, deren
größtes Moment im Hauptdeck, d. h. an der Stelle
liegt, wo der Mast verkeilt ist. Diese Biegungsspannung erfährt der Mast vorzugsweise in der
Richtung querschiffs. Durch die Anbringung der
Stenge an der Vorderseite des Mastes, s. Fig. 90,
erleidet der Mast eine weitere Biegungsspannung,
deren Richtung in der Längsachse des Schiffes
und deren größtes Moment = Vertikaldruck in
der Stenge $\times$ Hebelarm ab unter der Saling
(wenn Mast und Stenge aus einem Stück hergestellt unter der Bramsaling) liegt.

Ferner sind die Unterraa und die Untermarsraa (Ru und UMr s. Fig. 90) gewöhnlich an der
Vorkante des Mastes, und zwar die Unterraa am
Rackband R, die Untermarsraa am Eselshaupt E
angebracht und erzeugen in angebraßtem Zustande in dem Mast eine Torsion, deren Drehmoment abhängig ist von dem Segeldruck und
den Hebelarmen cd und ef des Racks der betreffenden Raa. Da der Mast nur unten am Fuß
gegen eine Drehung gesichert ist, so erstreckt
sich die Torsion durch den ganzen Mast von unten
bis nach oben.

Durch das Eigengewicht der Stengen und
Raaen, durch Schlingern des Schiffes, durch
scharfes Anbrassen der Raaen u. s. w. werden
die einzelnen Spannungen noch vergrößert.

Es geht hieraus hervor, daß die Inanspruch-
nahme eines Mastes eine sehr komplizierte ist
und aus Druck, Biegung und Torsion besteht.
Zur Aufnahme dieser zusammengesetzten Spannungen ist die kreisrunde Querschnittsform die
geeignetste, und diese gelangt auch allgemein für
alle Teile der Bemastung zur Anwendung.

Die Marsstenge wird in gleicher Weise wie
der Mast beansprucht, dagegen tritt bei dem Bugspriet und der Bramstenge in der Regel nur
eine Druck- und eine Biegungsspannung auf.
Oft werden Mast und Marsstenge zu einem Stück
zusammengebaut. Man erzielt dadurch eine
sehr solide Verbindung des Mastes mit der Stenge
und eine geringere Biegungsspannung im Mast,
dagegen ist es bei einer solchen Anordnung
schwierig, im Fall eines Stengenbruchs eine
Reservestenge aufzubringen.

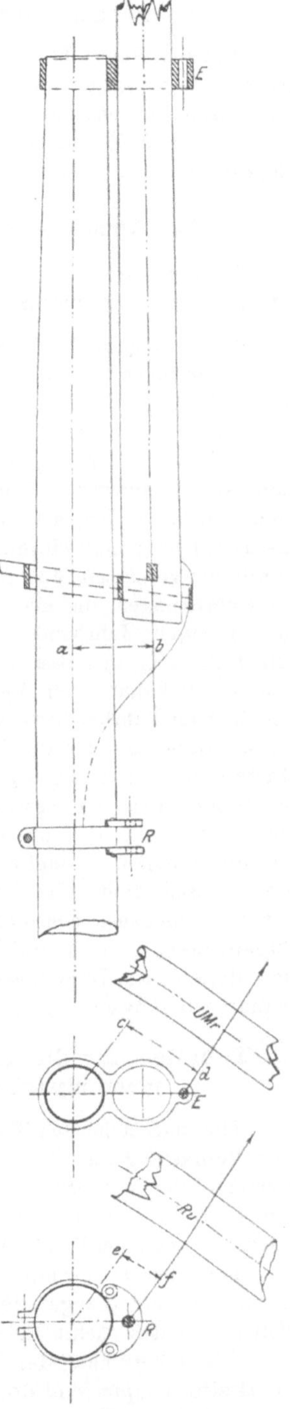

Fig. 90.

b. Beanspruchung der Raaen, Bäume und Gaffeln.

Bei den Raaen, Bäumen und Gaffeln treten im allgemeinen nur Druck- und Biegungsspannungen auf, von denen die letzteren bei den Raaen und Gaffeln am bedeutendsten sind. Die Bäume werden vorzugsweise auf Druck in Anspruch genommen und müssen, da sie in ihrer horizontalen Lage wegen ihres Eigengewichts durchhängen, gegen Zerknicken stark genug ausgeführt werden.

B. Abmessungen der einzelnen Teile der Bemastung.

a. Bestimmung der Durchmesser und Materialstärken von eisernen und stählernen Masten, Bugsprieten, Stengen und Raaen.

Wenn auch im Vorhergehenden die Art der Beanspruchung der einzelnen Teile der Bemastung klargelegt ist, so ist es doch ungemein schwierig, auf dem Wege der Rechnung die Abmessungen zu bestimmen, welche für die Ausführung erforderlich sind. Es liegt dies daran, daß es nicht möglich ist, die Größe der Kräfte, die unter Umständen auf die einzelnen Teile der Bemastung einwirken können, theoretisch zu ermitteln. Man ist deshalb auch hier, wie bei fast allen übrigen Bauteilen eines Schiffes, lediglich auf die Erfahrung angewiesen. Obgleich schon um die Mitte des vorigen Jahrhunderts vereinzelt Masten aus Eisen zur Anwendung kamen, wurden doch die Erfahrungen, die man mit ihnen machte, erst zu Anfang der 70er Jahre des vorigen Jahrhunderts, als die Klassifikationsgesellschaften mit Vorschriften über den Bau von eisernen Masten und Raaen hervortraten, allgemein bekannt. Der Verfasser hatte schon im Anfang der 60er Jahre des letzten Jahrhunderts vielfach Gelegenheit, eiserne Masten auszuführen. Es wurden dann für diese die gleichen Durchmesser gewählt, die sich für Masten aus Holz als ausreichend erwiesen hatten und die Blechdicken so bemessen, daß die Festigkeit der eisernen Masten ungefähr ebenso groß wurde wie die der hölzernen. Gegenwärtig sind derartige Festigkeitsberechnungen nicht mehr nötig, es liegen ausreichende Erfahrungen vor, die in den unter sich nur wenig voneinander abweichenden Vorschriften der verschiedenen Klassifikationsgesellschaften über den Bau von Masten, Bugsprieten, Stengen und Raaen aus Eisen und Stahl niedergelegt sind und bei denen die Durchmesser und Blechdicken nicht wesentlich von den früher zur Anwendung gelangten abweichen.

b. Tabellen für die Abmessungen und Materialstärken der Bemastungsteile von Segel- und Dampfschiffen.

Die nachstehenden Tabellen geben die Abmessungen und Materialstärken der Bemastung aus Stahl, wie sie der Germanische Lloyd vorschreibt. Bei Verwendung von Schweißeisen erster Qualität sind die Dicken der Bleche um $12^1/_2\ ^0/_0$ und die der Winkel um $10\ ^0/_0$, bei Schweißeisen zweiter Qualität die Dicken der Bleche um $25\ ^0/_0$ und die der Winkel um $20\ ^0/_0$ zu erhöhen.

Die gesuchten Abmessungen sind stets derjenigen Reihe zu entnehmen, deren Leitzahl (Länge) der gegebenen am nächsten kommt, event. ist das Mittel aus der nächst höheren und niedrigeren Reihe zu wählen.

Die Längsnähte der Masten und Bugspriete für Segelschiffe und vollgetakelte Dampfer sind doppelt, die Stöße dreifach zu nieten. Für Dampfer, deren Takelung nur zur Aushilfe dient, gilt Tab. II. Hier können alle

Quernähte doppelt, alle Längsnähte einfach genietet werden. Wenn diese Masten keine Raaen führen, so kann der Durchmesser um $^1/_{10}$ kleiner und die Plattendicke dementsprechend dünner genommen werden.

Wenn Masten bis 25,5 m Länge auch noch durch einen auf die Mitte jeder Platte genieteten Verstärkungswinkel (s. Tab. I) versteift werden, so dürfen die Längsnähte einfach genietet werden.

In den Fischungen und Bettungen sind Mast- und Bugsprietplatten zu verdoppeln oder anderweitig zu verstärken, ebenso sind die Fuß- und Spurenden zweckmäßig abzusteifen.

Die Mastbacken sind durch doppelte Nietung mit den Masten zu verbinden, oben durch Winkel und an ihrer vorderen Seite durch Winkel-, Halbrund- oder Wulstschienen, oder in einer anderen wirksamen Weise zu versteifen. Bei Masten, welche Raaen führen, müssen die Mastbacken bis auf das Rackband hinabreichen, bei anderen Masten genügt es, wenn dieselben mindestens $2^1/_2$ Mastdurchmesser lang sind.

Masten, von 25,5 m Länge und darüber und alle Bugspriete müssen in ihrer ganzen Länge auf der Mitte einer jeden Plattenreihe durch einen durchlaufenden Winkel verstärkt werden. Bugspriete über 710 mm Durchmesser sind außerdem von der Bettung bis außerhalb der Steven- oder Gallionlagerung durch eine vertikale Platte, welche an ihrer Ober- und Unterkante durch einfache Winkel mit der Außenplatte verbunden werden muß, zu verstärken.

Die Entfernung von der Lagerung des Bugspriets am Steven oder Gallion bis zur Lagerung am Fuß muß mindestens $4 \times$ Durchmesser des Bugspriets betragen.

Wenn Bugspriet und Klüverbaum aus einem Stück bestehen, so gelten die unten in Tab. V besonders dafür angegebenen Abmessungen.

Die Stengen sind im Eselshaupt, beim Schloß und bei den Scheibegatten, die Raaen in der Mitte bis über die Rackbügelbänder hinaus, durch Doppelungsplatten, eiserne Bänder oder Winkel zu versteifen. Überhaupt sind alle besonders in Anspruch genommenen Stellen in zweckentsprechender Weise zu verstärken.

Diejenigen Masten, welche keine Raaen führen, wie Besahnmast bei Barkschiffen, Groß- und Besahnmast bei Dreimastschonern, Großmast bei Schonern, beide Masten bei Gaffelschonern u. s. w. können im Durchmesser bei Segelschiffen um $^1/_7$, bei Dampfschiffen um $^1/_5$ verringert und die Plattendicke dem verringerten Durchmesser entsprechend genommen werden. Bei Masten für Toppsegelschoner, an welchen nur Topp- und Bramsegel fahren, kann der Durchmesser um $^1/_{12}$ und dementsprechend auch die Plattendicke verringert werden.

Steht der Mast auf einem unteren Deck oder Tunnel, so ist für die Bestimmung des Durchmessers die Mastlänge um so viel zu vergrößern, wie die Entfernung vom Kielschwein bis zum Mastfuß beträgt. Bei Pfahlmasten ist für die Bestimmung des Durchmessers die Länge vom Fuß bis zu derjenigen Stelle des Mastes zu nehmen, an welcher bei gewöhnlichen Masten das Eselshaupt sitzt. Wenn Pfahlmasten an der über dem Topp befindlichen Mastspitze noch Raaen fahren, so muß an den Stellen, an welchen die Raaen in geheißter Lage hängen, der Durchmesser und die Plattendicke des Mastes mindestens ebenso groß sein, wie der größte Durchmesser und die größte Plattendicke der betreffenden Raa.

Die zwei- und dreifach genieteten Stoßbleche der Masten sind $^1/_4$ dicker zu nehmen als die Platten.

Tabelle I.
Abmessungen und Materialstärken von Masten und Stengen aus Stahl für Segelschiffe und vollgetakelte Dampfschiffe.

Masten.

Ganze Länge	In der Fischung		Am Fuß		An der Unterkante der Längssaling		Am Topp		Versteifungswinkel	Backen	
	Durchmesser	Dicke	Durchmesser	Dicke	Durchmesser	Dicke	Durchmesser	Dicke		Dicke	Winkel
m	mm	mm	mm	mm	mm	mm	mm	mm	mm	mm	mm
14	390	7,0	300	5,5	310	5,5	260	5,0		9,5	85 · 65 · 8,0
15	420	7,5	320	6,0	330	6,0	280	5,5		10,0	85 · 65 · 8,5
16	440	7,5	340	6,5	350	6,5	300	6,0		10,0	90 · 75 · 8,5
17	470	8,0	360	6,5	380	6,5	310	6,5		10,5	90 · 75 · 9,0
18	500	8,0	380	7,0	400	7,0	330	7,0		11,0	100 · 75 · 9,5
19	530	8,5	400	7,5	420	7,5	350	7,0		11,0	100 · 75 · 9,5
20	560	9,0	420	8,0	440	8,0	360	7,5		11,5	100 · 75 · 10,0
21	580	9,5	440	8,5	470	8,5	380	8,0		11,5	110 · 75 · 10,0
22	610	10,5	460	9,0	490	9,0	400	8,0		12,0	110 · 75 · 10,5
23	640	11,0	490	9,5	510	9,5	420	8,5		12,5	120 · 75 · 11,0
24	670	11,5	510	10,0	530	10,0	430	8,5		13,0	130 · 75 · 11,5
25	700	10,5	530	9,0	560	9,0	450	8,5	75 · 75 · 9,0	13,0	130 · 90 · 11,5
26	720	11,0	550	9,5	580	9,5	470	9,0	90 · 75 · 9,5	13,5	140 · 90 · 12,0
27	750	11,5	570	9,5	600	9,5	490	9,0	100 · 75 · 10,5	14,0	140 · 90 · 12,5
28	780	12,0	590	10,0	620	10,0	500	9,0	110 · 75 · 10,5	14,5	150 · 100 · 13,0
29	810	12,5	610	10,0	650	10,5	520	9,0	120 · 75 · 11,5	15,0	150 · 100 · 13,5
30	830	13,0	630	10,5	670	10,5	540	9,5	130 · 75 · 12,0	15,5	150 · 100 · 14,0
31	850	13,5	650	10,5	690	11,0	560	9,5	130 · 75 · 12,0	16,0	170 · 100 · 14,0
32	880	14,0	670	11,0	720	11,0	580	10,0	140 · 75 · 12,0	16,5	170 · 100 · 14,0
33	900	14,5	690	11,5	740	11,5	600	10,0	140 · 75 · 13,0	17,0	170 · 115 · 14,0
34	920	15,0	710	11,5	760	11,5	610	10,5	150 · 75 · 13,0	17,5	170 · 115 · 15,0
1	2	3	4	5	6	7	8	9	10	11	12

(Die Zeilen 14–23 gehören zu **2 Plattenreihen**, die Zeilen 24–34 zu **3 Plattenreihen**.)

Marsstengen ohne Versteifungswinkel.[1]

Ganze Länge	Am Fuß		Am Unterende des Topps		Am Eselshaupt		Ganze Länge	Am Fuß		Am Unterende des Topps		Am Eselshaupt	
	Durchmesser	Dicke	Durchmesser	Dicke	Durchmesser	Dicke		Durchmesser	Dicke	Durchmesser	Dicke	Durchmesser	Dicke
m	mm	mm	mm	mm	mm	mm	m	mm	mm	mm	mm	mm	mm
9,5	290	6,0	250	6,0	220	4,0	15,5	460	8,5	410	7,5	340	7,0
10,0	300	6,0	260	6,0	230	4,0	16,0	470	8,5	430	7,5	350	7,0
10,5	320	6,0	280	6,0	240	4,5	16,5	490	8,5	440	8,0	360	7,5
11,0	330	6,5	290	6,0	250	5,0	17,0	500	9,0	460	8,0	370	7,5
11,5	350	6,5	300	6,0	260	5,0	17,5	520	9,0	470	8,0	380	7,5
12,0	360	7,0	320	6,5	270	5,5	18,0	530	9,0	480	8,5	390	8,0
12,5	370	7,0	330	6,5	280	5,5	18,5	550	9,0	500	8,5	400	8,0
13,0	390	7,5	350	6,5	290	6,0	19,0	560	9,5	510	8,5	410	8,0
13,5	400	7,5	360	7,0	300	6,5	19,5	570	9,5	520	9,0	420	8,5
14,0	420	7,5	370	7,0	310	6,5	20,0	590	9,5	540	9,0	430	8,5
14,5	430	8,0	390	7,0	320	6,5	20,5	600	10,0	550	9,0	440	8,5
15,0	450	8,0	400	7,5	330	7,0	21,0	620	10,0	570	9,5	450	9,0
1	2	3	4	5	6	7	1	2	3	4	5	6	7

Bram- und Roilstengen ohne Versteifungswinkel.

Durchmesser und Dicke der Platten richten sich nach den Bram- bezw. Roilraaen. Die Längsnähte werden überlappt und einfach, die Quernähte

---

[1]) Falls der Durchmesser der oberen Marsraa größer sein sollte als der Durchmesser der Marsstenge an der Bramsaling, richten sich Durchmesser und Plattendicke der Marsstenge nach derjenigen der oberen Marsraa in der Mitte.

gelascht und dreifach genietet. Die Laschen der letzteren sind $1,3 \times$ Dicke der Platten zu nehmen.

Tabelle II.

Abmessungen und Materialstärken von Masten aus Stahl für Dampfschiffe.

Ganze Länge	In der Fischung		Am Fuß		An der Unterkante der Längssaling		Am Topp		Versteifungswinkel	Backen	
	Durchmesser	Dicke	Durchmesser	Dicke	Durchmesser	Dicke	Durchmesser	Dicke		Dicke	Winkel
m	mm	mm	mm	mm	mm	mm	mm	mm	mm	mm	mm
14	340	6,5	265	5,0	270	5,0	230	5,0			
15	365	7,0	280	5,5	290	5,5	245	5,0			
16	390	7,0	300	5,5	310	5,5	260	5,0		9,5	85· 65· 8,0
17	415	7,5	315	6,0	330	6,0	275	5,5		10,0	85· 65· 8,5
18	440	7,5	335	6,5	350	6,5	290	6,0		10,0	90· 75· 9,5
19	465	8,0	350	6,5	370	6,5	305	6,5		10,5	90· 75· 9,5
20	490	8,5	370	7,0	390	7,0	320	7,0		11,0	100· 75· 9,5
21	515	8,5	390	7,0	410	7,5	335	7,0		11,0	100· 75· 9,5
22	540	9,0	410	7,5	430	8,0	350	7,5		11,5	100· 75·10,0
23	565	9,5	430	8,0	450	8,0	365	8,0		12,0	110· 75·10,5
24	590	10,0	450	8,5	470	8,5	380	8,0		12,0	110· 75·10,5
25	615	11,0	470	9,0	490	9,0	395	8,0		12,5	110· 75·11,0
26	640	11,5	485	10,0	510	10,0	410	8,5		12,5	120· 75·11,0
27	660	10,5	500	9,0	530	9,0	425	8,5	75·65· 8,0	13,0	130· 75·11,5
28	685	11,0	515	9,0	550	9,0	440	8,5	75·75· 9,0	13,0	130· 90·11,5
29	710	11,0	535	9,5	570	9,5	455	9,0	90·75· 9,5	13,5	140· 90·12,0
30	730	11,5	550	9,5	590	9,5	475	9,0	100·75·10,5	14,0	140· 90·12,5
31	755	11,5	570	10,0	610	10,0	490	9,0	110·75·10,5	14,5	150·100·13,0
32	780	12,0	590	10,0	630	10,0	505	9,5	120·75·11,5	15,0	150·100·13,5
33	800	12,5	610	10,5	650	10,5	520	9,5	130·75·12,0	15,5	150·100·14,0
34	825	12,5	630	10,5	670	10,5	535	10,0	140·75·12,0	16,0	170·100·14,0
35	850	13,0	650	11,0	690	11,0	550	10,0	140·75·13,0	16,5	170·115·14,0
36	875	13,0	665	11,5	710	11,0	570	10,5	150·75·13,0	17,0	170·115·15,0
1	2	3	4	5	6	7	8	9	10	11	12

(Rows 14–23: 2 Plattenreihen; Rows 24–36: 3 Plattenreihen.)

Tabelle III.

Abmessungen und Materialstärken der Bäume für Gaffelsegel ohne Versteifungswinkel.[1]

Länge des Baumes	Auf $^1/_3$ der Länge vom äußeren Ende		Auf $^1/_3$ der Länge vom Mast		Am äußeren Ende des Baumes		Am Mastende	
	Durchmesser	Dicke	Durchmesser	Dicke	Durchmesser	Dicke	Durchmesser	Dicke
m	mm	mm	mm	mm	mm	mm	mm	mm
10	210	4,5	185	4,5	160	4,0	150	4,0
11	230	5,0	200	5,0	180	4,5	160	4,0
12	250	5,5	220	5,0	195	4,5	175	4,5
13	270	5,5	240	5,5	210	5,0	190	4,5
14	290	6,0	260	5,5	225	5,0	205	5,0
15	310	6,5	280	6,0	240	5,5	220	5,0
16	330	6,5	300	6,0	260	5,5	235	5,5
17	350	7,0	315	6,5	275	6,0	250	5,5
18	370	7,0	335	6,5	290	6,0	265	6,0
19	390	7,5	350	7,0	310	6,5	280	6,0
20	410	7,5	370	7,0	320	6,5	295	6,5
1	2	3	4	5	6	7	8	9

[1] Die Längsnähte der Bäume werden einfach, die Quernähte dreifach genietet.

Tabelle IV.
Abmessungen und Materialstärken von Raaen ohne Versteifungswinkel.[1]

Ganze Länge	In der Mitte		Bei dem 1. Viertel		Bei dem 2. Viertel		Bei dem 3. Viertel		An den Nocken	
	Durchmesser	Dicke	Durchmesser	Dicke	Durchmesser	Dicke	Durchmesser	Dicke	Durchmesser	Dicke
m	mm	mm	mm	mm	mm	mm	mm	mm	mm	mm
10	200	4,5	195	4,5	180	4,5	150	4,5	100	3,0
11	220	4,5	215	4,5	200	4,5	165	4,5	110	3,0
12	240	4,5	235	4,5	215	4,5	180	4,5	120	3,0
13	260	5,0	255	5,0	235	4,5	195	4,5	130	3,0
14	280	5,5	275	5,0	250	5,0	210	4,5	140	3,0
15	300	5,5	295	5,5	270	5,0	225	5,0	150	3,0
16	320	6,0	310	6,0	290	5,5	240	5,0	160	3,5
17	340	6,0	330	6,0	305	6,0	255	5,0	170	3,5
18	360	6,5	350	6,5	325	6,0	270	5,0	180	3,5
19	380	7,0	370	6,5	340	6,5	285	5,5	190	4,0
20	400	7,0	390	7,0	360	6,5	300	5,5	200	4,0
21	420	7,5	410	7,0	380	7,0	315	5,5	210	4,5
22	440	8,0	430	7,5	395	7,0	330	5,5	220	4,5
23	460	8,0	450	7,5	415	7,5	345	6,5	230	5,0
24	480	8,5	470	8,0	430	7,5	360	6,5	240	5,0
25	500	9,0	490	8,5	450	8,0	375	7,0	250	5,5
26	520	9,5	510	8,5	470	8,0	390	7,0	260	5,5
27	540	9,5	530	9,0	490	8,5	405	7,5	270	6,0
28	560	10,0	545	9,0	505	8,5	420	7,5	280	6,5
29	580	10,5	565	9,5	525	9,0	435	8,0	290	6,5
30	600	11,0	585	10,0	540	9,0	450	8,0	300	7,0
31	620	11,5	605	10,5	560	9,5	465	8,0	310	7,0
32	640	12,0	624	11,0	575	10,0	480	8,5	320	7,5
1	2	3	4	5	6	7	8	9	10	11

[1]) Die Längsnähte der Raaen werden einfach, die Quernähte dreifach genietet.

Tabelle V.
Abmessungen und Materialstärken von Bugsprieten aus Stahl für Segelschiffe und vollgetakelte Dampfschiffe.

α. Kurze Bugspriete.[1])

Länge außerhalb der Bettung	In der Bettung		Am Fuß		Am Eselshaupt		Versteifungswinkel
	Durchmesser	Dicke	Durchmesser	Dicke	Durchmesser	Dicke	
m	mm	mm	mm	mm	mm	mm	mm
2 Plattenreihen { 4,0	400	6,5	320	6,5	280	5,5	55· 55· 6,0
4,5	450	7,5	360	7,5	310	6,5	60· 60· 7,0
5,0	500	8,0	400	8,0	340	7,5	65· 65· 8,0
5,5	550	9,0	450	8,5	380	8,0	70· 70· 8,5
6,0	600	9,5	490	9,0	410	8,5	75· 75· 9,0
3 Plattenreihen { 6,5	650	10,0	530	9,0	440	8,5	80· 80·10,0
7,0	700	10,5	570	9,5	470	9,0	90· 90·10,0
7,5	750	11,0	610	10,0	500	9,0	100·100·10,5
8,0	800	11,5	660	10,5	530	9,0	100·100·11,0
8,5	850	12,0	700	10,5	570	9,0	110·110·11,5
9,0	900	12,0	740	11,0	600	9,0	110·110·12,5
1	2	3	4	5	6	7	8

[1]) Für die Vernietung der Bugspriete gelten die Vorschriften für Masten.

β. Hornbugspriete (Bugspriet und Klüverbaum aus einem Stück).[1]

Länge außerhalb der Bettung	In der Bettung		Am Fuß		In halber Länge zwischen Bettung und Nock		An der Nock		Versteifungs- winkel
	Durch- messer	Dicke	Durch- messer	Dicke	Durch- messer[2]	Dicke	Durch- messer	Dicke	
m	mm	mm	mm	mm	mm	mm	mm	mm	mm
2 Plattenreihen									
8	400	6,5	320	6,5	350	6,0	160	3,5	55 · 55 · 6,0
9	450	7,5	360	7,5	400	7,0	180	4,0	60 · 60 · 7,0
10	500	8,0	400	8,0	440	7,5	200	4,5	65 · 65 · 8,0
11	550	9,0	450	8,5	490	8,0	220	5,0	70 · 70 · 8,5
3 Plattenreihen									
12	600	9,5	490	9,0	530	8,5	240	5,5	75 · 75 · 9,0
13	650	10,0	530	9,0	570	9,0	260	6,0	80 · 80 · 10,0
14	700	10,5	570	9,5	620	9,5	280	6,5	90 · 90 · 10,0
15	750	11,0	610	10,0	660	10,0	300	7,0	100 · 100 · 10,5
16	800	11,5	660	10,5	700	10,5	320	7,5	100 · 100 · 11,0
17	850	12,0	700	10,5	750	11,0	340	8,0	110 · 110 · 11,5
18	900	12,5	740	11,0	800	11,5	360	8,5	110 · 110 · 12,0

[1] Für die Vernietung der Bugspriete gelten die Vorschriften für Masten.
[2] Annähernd.

Die Vernietung ist nach Maßgabe der nachstehenden Tabelle auszuführen. Zickzacknietung ist überall zulässig.

Durchmesser der Niete für Platten, Winkel etc. aus Stahl. Breite der Überlappungen, Breite und Dicke der Stoßbleche und Breite der Stoßüberlappung für Stahl.

Dicke der Platten	Durchmesser der Niete	Breite der Überlappungen			Breite und Dicke der Stoßbleche						Breite der Stoßüberlappung		
		für ein- fache Nietung	für doppelte		für doppelte Ketten- Nietung		für dreifache Ketten- Nietung		für vierfache Zickzack- Nietung		für dop- pelte Ketten- Nietung	für drei- fache Ketten- Nietung	für vier- fache Ketten- Nietung
			Zick- zack- Nietung	Ketten- Nietung	Breite	Dicke	Breite	Dicke	Breite	Dicke			
mm	mm	mm	mm	mm	mm	mm	mm	mm	mm	mm	mm	mm	mm
3,0	10,0	35	60	65	140	3,5	190	4,0			70		
3,5	10,0	35	60	65	140	4,0	190	4,5			70		
4,0	10,0	35	60	65	140	4,5	190	5,0			70		
4,5	12,0	45	70	75	160	5,0	230	6,0			80		
5,0	12,0	45	70	75	160	6,0	230	7,0			80		
6,0	14,0	50	80	85	180	7,0	270	8,0			90	140	
7,0	16,0	55	90	95	205	8,0	305	9,0	350	9,0	110	160	210
8,0	16,0	55	90	95	205	9,0	305	10,0	350	10,0	110	160	210
9,0	18,0	60	100	105	230	10,0	340	11,0	390	11,0	120	180	240
10,0	18,0	60	100	105	230	11,0	340	12,0	390	12,0	120	180	240
11,0	20,0	70	110	120	260	12,0	380	13,0	430	13,0	130	200	260
12,0	20,0	70	110	120	260	13,0	380	14,0	430	14,0	130	200	260
13,0	22,0	80	120	130	285	14,5	420	15,5	470	15,5	150	220	290
14,0	22,0	80	120	130	285	15,5	420	16,5	470	16,5	150	220	290
15,0	22,0	80	120	130	285	16,5	420	17,5	470	17,5	150	220	290

c. Rundhölzer.

1. Material für die Rundhölzer.

Bei kleinen Schiffen besteht die ganze Bemastung aus Holz, bei mittelgroßen besteht sie, mit Ausnahme der Untermasten und des Bugspriets, ebenfalls aus Holz; dagegen werden bei großen Schiffen nur noch die Bramstengen, die oberen Raaen, sowie die Gaffeln und Bäume aus Holz gefertigt, wenn nicht bei diesen Teilen auch Stahl vorgezogen wird.

Zu Rundhölzern eignet sich am besten ein gerade gewachsenes, festes und dauerhaftes und dabei leichtes Holz. Als fest und dauerhaft ist das pitch-pine und das Kiefern-(Föhren-)holz zu bezeichnen, es hat aber ein ziemlich großes spezifisches Gewicht und kommt deshalb vorzugsweise für die wichtigsten Rundhölzer, d. h. für Masten, Bugspriete, Stengen, Bäume, sowie für die Unter- und Marsraaen zur Anwendung, während das leichtere aber weniger dauerhafte Tannen- und Fichtenholz nicht selten für die oberen Raaen, die sich leicht erneuern lassen, Verwendung findet, wenn nicht für diese Teile eine bessere Holzart vorgezogen wird.

Die Rundhölzer müssen stets aus gesundem, möglichst schierem, splint- und astfreiem Holz hergestellt werden. Gewunden gewachsene Hölzer sind nicht zu gebrauchen, weil dieselben sich nach der Bearbeitung leicht verdrehen und verziehen, so daß die genaue Längsschiffsrichtung der Salinge, Eselshäupter u. s. w. nicht gesichert ist.

2. Form der Rundhölzer.

Während bei den aus Stahl und Eisen hergestellten Teilen der Bemastung überall — der leichteren Herstellung wegen — die kreisrunde Querschnittsform üblich ist, kann bei Rundhölzern an Stellen, wo es wünschenswert ist, ohne Vergrößerung der Herstellungskosten ein achteckiger oder quadratischer Querschnitt gewählt werden. Es werden deshalb gewöhnlich die Masten in und unter der Saling, die Marsstengen in der Saling und am Fuß, und die übrigen Stengen am Fuß vierkantig gemacht, um Drehungen zu verhindern. Das unterste Ende der Masten, die Toppen der Masten und Stengen, sowie der im Schiff liegende Teil des Bugspriets erhalten nicht selten einen achteckigen Querschnitt. Aus mehreren Stücken hergestellte, sogenannte gebaute hölzerne Masten kommen jetzt nicht mehr zur Ausführung.

3. Abmessungen der Rundhölzer.

Der Durchmesser der hölzernen Masten, Bugspriete, Marsstengen und Raaen richtet sich nach den unter B. b. angegebenen Tabellen I, II, IV und V. Werden Untermasten, die keine Raaen führen, aus pitch-pine-Holz hergestellt, so kann ihr Durchmesser um $^1/_{10}$ kleiner sein als nach den Vorschriften für stählerne Masten.

Für die Durchmesser der übrigen Rundhölzer gelten die am Schluß dieses Kapitels angegebenen Werte. Für Marsstengen, Bäume und Gaffeln gilt in der Tabelle die ganze Länge, für den Klüverbaum nur die Länge außerhalb des Bugsprieteselshauptes und bei den Bramstengen der Schiffe (Vollschiffe), Barks u. s. w. sowie bei allen übrigen Stengen (außer den Marsstengen) die Länge der Stenge vom Fuß bis zum obersten Absatz (ganze Länge der Stenge ohne Flaggentopp). Die letzteren Stengen haben oft nur einen Absatz (Hummer, Steit), es kommen bei ihnen aber auch zwei und drei Absätze vor. Da aber die Höhe dieser Absätze oder die Entfernung derselben vom Fuß der Stenge oder von einem Absatz zum andern sehr verschieden ist und beliebig gewählt werden kann, so ist es nicht möglich, den Durchmesser bei den einzelnen Absätzen nach Maßgabe der Stengenlänge anzugeben. Es ist hier deshalb wie folgt verfahren: Die Länge der Stenge vom Fuß bis zum obersten Absatz ist in vier gleiche Teile geteilt und auf jedem Viertel der Länge der Durchmesser angegeben. Ist nur ein Absatz vorhanden, dann ist damit die Form der Stenge festgelegt, liegen unter dem obersten Absatz noch ein oder zwei Absätze, so erhält die Stenge an diesen Stellen eine Verdickung, die sich nach dem an dem Absatz ermittelten Durchmesser richtet, und zwar ist zu nehmen:

Bei einem Durchmesser   unter 150 mm ein Ansatz von 12 mm,

  „   „   „ .   von 150—200 „ „ „ „ 14 „

  „   „   „   „ 200—300 „ „ „ „ 16 „

  „   „   „   „ über 300 „ „ „ „ 18 „

so daß also bei jedem Absatz eine Vergrößerung des Stengendurchmessers um bezw. 24, 28, 32 und 36 mm eintritt. Vom Fuß bis zu dem ersten, vom ersten bis zum zweiten, vom zweiten bis zum dritten Absatz kann dann die Stenge gerade Seiten erhalten. Zu bemerken ist hier noch, daß bei allen Stengen, welche Raaen führen, der Durchmesser der Stenge an der Stelle, an welcher die Raa im geheißten Zustande hängt, nicht kleiner sein darf als der größte Durchmesser der betreffenden Raa. Diese Bestimmung kommt namentlich bei einer niedrigen aber verhältnismäßig breiten Takelung in Betracht, weil alle Durchmesser auf die Längen der einzelnen Teile bezogen sind. Ferner ist für einen guten Verlauf der einzelnen Glieder der Stenge zu sorgen und nötigenfalls der Durchmesser an der einen oder andern Stelle etwas zu verändern bezw. zu vergrößern. Für die Besahnstengen von Dreimastschonern und für die Bramstengen von Schiffen, welche außer den Bram- und Rollraaen noch eine Skeisegelraa fahren, also drei Absätze erhalten, gelten andere Maße als für Stengen mit einem und zwei Absätzen. (S. Tabelle.)

Für die hölzernen Raaen sind, ebenso wie für die Raaen aus Stahl, auf jedem Viertel, von der Mitte aus gerechnet, die Durchmesser angegeben.

Für alle Masten ist der größte Durchmesser im Deck sowie der Durchmesser am Fuß und in der Saling angegeben. Unter der Saling ist eine Verdickung wie bei den Stengen anzubringen. Für das Bugspriet, den Klüverbaum sowie für die Bäume und Gaffeln sind ebenfalls an drei Stellen die Durchmesser angegeben. Alle diese Rundhölzer erhalten eine Leibung, d. h. es müssen die Seiten in einer Kurve allmählich von dem größten in den kleinsten Durchmesser übergehen.

Kommt ein Hornbugspriet zur Anwendung, so können die in diesem Abschnitt unter B. b. Tab. V für Stahl angegebenen Durchmesser auch für Holz genommen werden.

Länge des Klüverbaumes
außerhalb des Eselshauptes
×

Klüverbaum . . . . {Durchmesser im Eselshaupt . 0,034
                      „   innen 0,026
                      „   außen 0,014

		Stengenlänge (ohne Flaggentopp) $\times$
Besahnstenge für Barks, Vor- und Großstenge für Schoner, Großstenge für Schonerbarks und Dreimastschoner und alle Bramstengen mit zwei Absätzen für Schiffe, Barks, Schonerbarks und Briggs[1])	Dicke am Fuß □	0,0224
	Durchmesser beim 1. Viertel	0,0217
	„ „ 2. „	0,0202
	„ „ 3. „	0,0180
	„ „ oberst. Absatz	0,0154
	„ am Flaggentopp unten	0,0130
	„ „ „ oben	0,0065

		Stengenlänge (ohne Flaggentopp) $\times$
Bramstengen mit ein, zwei und drei Absätzen für Schiffe und Barks, Besahnstengen für Schonerbarks und Dreimastschoner[1])	Dicke am Fuß □	0,0200
	Durchmesser beim 1. Viertel	0,0194
	„ „ 2. „	0,0180
	„ „ 3. „	0,0158
	„ „ oberst. Absatz	0,0130
	„ am Flaggentopp unten	0,0110
	„ „ „ oben	0,0052

Der Durchmesser von Stengen, welche Raaen fahren, ist an der Stelle, an welcher eine Raa in geheißter Lage hängt, mindestens ebenso groß zu nehmen, wie der Durchmesser der betreffenden Raa.

		Baumlänge $\times$
Für Bäume	Durchmesser auf $^2/_8$ vom Mast	0,022
	„ am Mast	0,015
	„ am Außenende	0,018

		Gaffellänge $\times$
Für Gaffeln	Durchmesser auf $^1/_8$ vom Mast	0,022
	„ an der Klaue	0,015
	„ am Außenende	0,006

Kommt ein Hornbugspriet (Bugspriet und Klüverbaum aus einem Stück) zur Anwendung, dann können die unter B. b. Tab. V angegebenen Durchmesser genommen werden. Bei kleinen Yachten kommt oft ein breites und flaches Bugspriet vor.

4. Reserve-Rundhölzer.

Alle Schiffe müssen mit den für die Fahrt, zu welcher sie bestimmt sind, hinreichenden Reserve-Spieren ausgerüstet sein. Jedes in großer und atlantischer Fahrt beschäftigte Segelschiff muß eine Stenge oder eine Raa sowie einen Klüverbaum oder eine Marsraa und, wenn in der großen Küstenfahrt beschäftigt, eines dieser Rundhölzer in Reserve an Bord haben. Es wird vom Germ. Lloyd empfohlen, folgende Reservestücke von Rundhölzern auf Segelschiffen zu führen:

---

[1]) Die Absätze der Stengen werden durch Vergrößerung des Durchmessers gebildet wie folgt: Bei einem Stengendurchmesser

von weniger als 150 mm	24 mm Vergrößerung,
„ 150—200 mm	28 mm „
„ 200—300 mm	32 mm „
„ über 300 mm	36 mm „

α. **Für Schiffe der großen Fahrt:**

2 Spieren zur Unterraa event. Großstenge,
1 Spiere zum Klüverbaum event. zur Marsraa,
1 Spiere zur Bramstenge event. Gaffel.

β. **Für Schiffe der atlantischen Fahrt und der großen Küstenfahrt:**

1 Spiere zur Unterraa event. Großstenge,
1 Spiere zur Marsraa event. zum Klüverbaum,
1 Spiere zur Bramstenge event. Gaffel.

γ. **Kleinere Schiffe mit Brigg- oder Schonertakelung** können eine Reservespiere weniger führen.

δ. **Schiffe für kleine Küstenfahrt** sollten wenigstens eine Reservespiere haben.

C. Bauart und Ausführung der einzelnen Teile der Bemastung.

a. Bauart der Masten, Bugspriete, Stengen, Raaen u. s. w.

1. Genietete Masten, Stengen, Raaen u. s. w.

Die Art der Zusammensetzung der Platten und Winkel bei den Masten und Bugsprieten sowie der Platten bei den Stengen und Raaen ist auf Fig. 91 dargestellt. Die Dicke der Platten und das Profil der Winkel geht aus B. b. Tabelle I bis IV und die Art der Vernietung ebendaselbst aus Tabelle V hervor. In der Anordnung der Längsnähte besteht im allgemeinen keine nennenswerte Verschiedenheit, wohl aber findet man vielfach Abweichungen in der Verbindung der Stöße der einzelnen Platten, namentlich bei den Masten. In diesem Abschnitt ist unter A, Beanspruchung der Masten, nachgewiesen, daß dieselben vorzugsweise auf Druck in Anspruch genommen werden. Es ist deshalb auf eine solide Verbindung der Stöße besonders Rücksicht zu nehmen. Die beste Art der Stoßverbindung ist daher diejenige, bei welcher die Platten stumpf zusammenstoßen und mittels Laschen verbunden werden. Da aber die meisten Schlüsse der Masten eine konische Form haben, die Endflächen der Platten daher im abgewickelten Zustande nicht gerade, sondern kreisförmig gebogen sind, so lassen sich dieselben mit den gewöhnlichen Hilfsmitteln nicht bearbeiten, außer vielleicht auf der Drehbank nach dem Biegen, was aber umständlich und kostspielig ist. Die Bearbeitung der Plattenenden geschieht daher gewöhnlich von Hand und hat zur Folge, daß die Flächen selten überall gut zum Anliegen kommen und der Druck größtenteils von den Nieten übertragen werden muß. Wird hierbei für einen ausreichenden Nietquerschnitt Sorge getragen, so genügt eine solche Stoßverbindung auch, ist dann aber nicht viel besser als eine Stoßverbindung mittels Überlappung, bei der eine sorgfältige Bearbeitung der Plattenenden gar nicht nötig ist und die aus diesem Grunde, und wegen der geringen Anzahl der Nieten in der Stoßverbindung (die Hälfte), die billigste ist.

Wenn daher nicht ganz besonders Wert auf gutes Aussehen gelegt wird, werden die Stöße der Platten der Masten, Bugspriete und Raaen durch Überlappung verbunden, wie solches auch auf Fig. 91 angegeben. Die Stöße der Stengen müssen dagegen immer stumpf gestoßen und mit innenliegenden

Laschen verbunden werden, damit außen eine glatte Oberfläche entsteht und die Racken der Raaen beim Auf- und Niedergehen nicht festhaken. Bei Stengen, welche keine Raaen fahren, oder bei welchen die Raaen an einer Gleitschiene auf- und niedergehen, wie oft bei Dampfern und in neuester Zeit auch bei Segelschiffen, können die Stöße mit Überlappung genietet werden. Selbstverständlich müssen die Nietlöcher gut passen und die Nietungen auf das sorgfältigste ausgeführt werden.

Bei den Doppelungen genügt im allgemeinen eine Nietteilung bis zum achtfachen Nietdurchmesser. Nur bei den Doppelungsplatten auf den Masten in Höhe des Decks ist eine engere Nietteilung erforderlich, damit eine gute Dichtung erzielt wird. Um dabei eine zu große Schwächung des Mastes zu verhüten, wird auf einigen Werften die Doppelung zickzackartig ausgeschnitten, ähnlich wie die Stoßbleche des Kesselmantels bei großen Kesseln (siehe Fig. 91 obere Skizze).

Die oberen Enden der Masten und Stengen werden durch einen Blechdeckel, die Enden der Raaen und die Nock des Bugspriets durch eingesetzte Holzpfropfen geschlossen. Bei den Masten von Schiffen, welche besonders für die Reisfahrt gebaut werden, wird der Deckel zum Zweck der Ventilation nicht dicht schließend, sondern etwas vom Mast abstehend angeordnet, die Masten erhalten dann unter Deck Ventilationslöcher.

Es empfiehlt sich, die Raaen, bevor ihre Enden geschlossen werden, aufrecht oder genügend schräg zu stellen, damit alle Unreinlichkeiten herausfallen. Geschieht dies nicht, so verbleiben oft unbenutzte Niete, Eisenstücke oder gar Werkzeuge in den Raaen und machen sich beim Überstaggehen des Schiffes durch Hinüberrollen von dem einen Ende der Raa zum andern nicht selten unangenehm bemerkbar.

2. Geschweißte Masten, Stengen, Raaen u. s. w.

In neuerer Zeit werden auch die Nähte der Masten, Bugspriete, Stengen, Raaen, Bäume und Gaffeln zusammengeschweißt, so daß die betreffenden Teile je aus einem Stück bestehen. Für solche Schweißungen kommt gewöhnlich ein weiches Stahlmaterial von 36 bis 38 kg pro qmm Festigkeit zur Verwendung. Da für die Schweißnähte keine erheblich größere Festigkeit als für genietete Nähte gerechnet werden kann, so ist in solchen Fällen die Dicke der Bleche um 5 $^0/_0$ größer zu nehmen als bei gewöhnlichem Stahlmaterial von 41 bis 49 kg pro qmm Festigkeit und, falls die in den Tabellen vorgeschriebenen Verstärkungswinkel weggelassen werden — was zulässig ist — der Querschnitt des Bleches an den betreffenden Stellen, soweit Winkel verlangt werden, um den Querschnitt der Winkel zu erhöhen. Die vorgeschriebenen Doppelungen am Fuß, in Höhe der Decks, an der Saling u. s. w. sind ebenfalls vorzusehen.

3. Nahtlose Masten, Stengen, Raaen u. s. w.

Unter nahtlosen Masten, Stengen, Raaen u. s. w. sind solche zu verstehen, welche je aus einem einzigen Stahlblock hergestellt werden. Bei diesen kommt in der Regel ein härteres Material zur Verwendung, so daß von einer Erhöhung der Blechdicken, abgesehen von dem Zuschlag für etwa fehlende Verstärkungswinkel, abgesehen werden kann. Die üblichen Doppelungen sind aber auch hier vorzusehen.

b. Zubehör zu den Masten, Bugsprieten und Stengen.

1. Fuſs der Masten, Bugspriete und Stengen, Lagerung der Masten im Deck und des Bugspriets.

α. Fuß der Masten, Bugspriete und Stengen.

Jeder Mast, jedes Bugspriet und jede Stenge muß am Fuß gegen eine Drehung um die eigene Achse und gegen eine Verschiebung in der Richtung

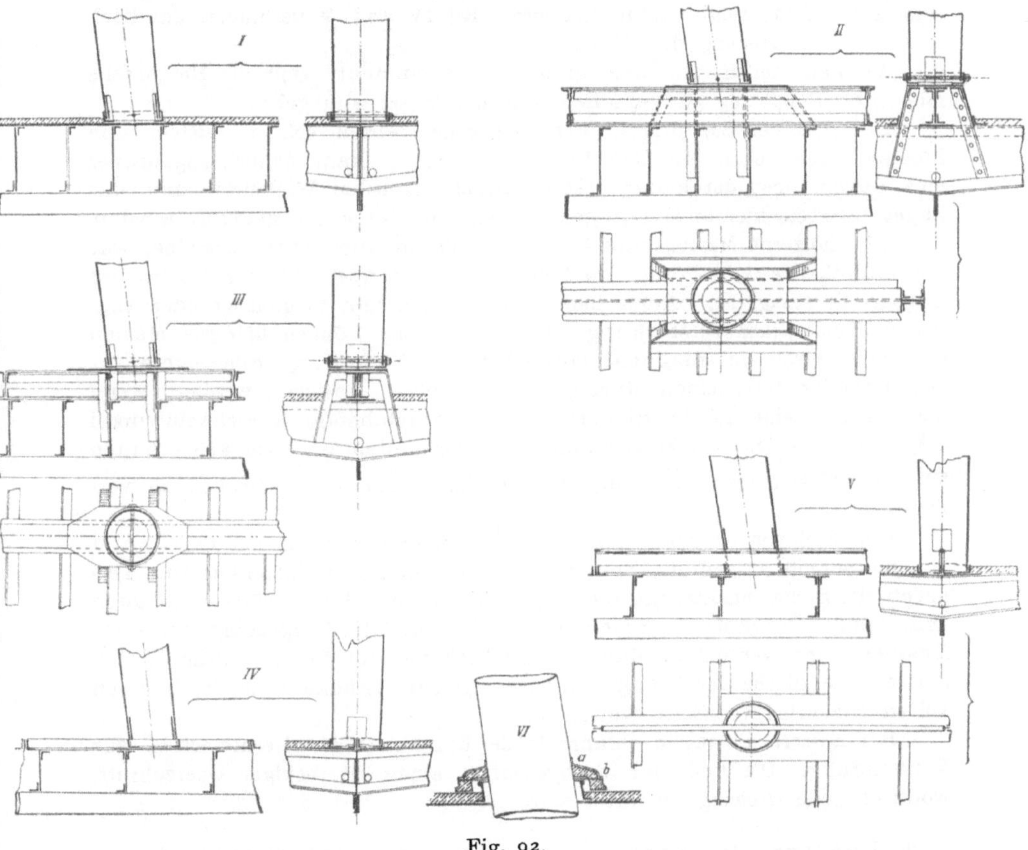

Fig. 92.

der Achse ausreichend gesichert werden. Die letztere Bewegung ist bei den Masten und Stengen nach unten, bei den Bugsprieten nach innen gerichtet. Nur bei kleinen Schiffen ist es zulässig, die Masten direkt auf das Kielschwein zu stellen, bei größeren ist immer eine besondere Verstärkung im Schiff erforderlich, etwa in der Weise, wie dies in Fig. 92 angegeben, und zwar:

Fig. 92 I　für Segelschiffe mit Doppelboden: Bodenwrangen unter den Masten an jedem Spant.

Fig. 92 II für große Segelschiffe ohne Doppelboden: das Kielschwein ist
zu beiden Seiten durch Längs- und Querbleche abgestützt.

„   „ III für mittelgroße Schiffe ohne Doppelboden: das Kielschwein
ist zu beiden Seiten durch Querbleche und Winkel abgestützt.

„   „ IV für kleine Schiffe mit intercostalem Kielschwein.

„   „ V für kleine Schiffe mit Kielschwein auf den Bodenwrangen.

Bei diesen Anordnungen ist angenommen, daß der Mast auf einem
Winkelring steht, dessen horizontaler Schenkel nach innen gelegt ist. Bei
I, II und III wird ein Schraubbolzen durch den Ring, der am Schiff
festgenietet ist, und durch den Mast gezogen, wodurch die Drehung des
Mastes um seine Achse verhindert wird. Bei IV und V verhindert das Kiel-
schwein eine Drehung des Mastes.

An den Stellen, wo der größte Druck entsteht, sind die Mastbleche
mit einer Doppelung zu versehen, wie in Fig. 92 angegeben.

Der Fuß des Bugspriets, der sich gegen einen soliden feststehenden
Pfosten oder gegen ein Deckknie stützen muß, kann ähnlich angeordnet
und durch einen durch den fest am Schiff sitzenden Winkelring und das
Bugspriet gesteckten Bolzen gegen Drehung um die Achse gesichert werden.

Für hölzerne Masten und Bugspriete gilt im allgemeinen dasselbe, was
hinsichtlich der Befestigung am Fuße für eiserne und stählerne Masten und
Bugspriete gesagt ist. Auch bedarf das Kielschwein in gleicher oder ähnlicher Weise einer Verstärkung. Gegen Drehung können hölzerne Masten
entweder durch eine diagonal längsschiffs im Winkelring festgenietete ⊥-
Schiene oder durch einen durchgesteckten Bolzen gesichert werden, wenn
nicht schon eine solche Sicherung durch vorstehende Kielschweinwinkel
⊥⊥, über welche der Mast hinüberfaßt, vorhanden ist. Am Fuß erhalten
hölzerne Masten ein warm aufgezogenes Band, um ein Aufspalten zu verhüten.

Der Fuß von eisernen und stählernen Stengen wird in der Regel rund
im Querschnitt ausgeführt, weil so die Herstellung am einfachsten ist. Das
durch die Stenge hindurchgesteckte „Schloß" nimmt den abwärts gerichteten
Druck auf. Das Schloß legt sich zwischen zwei auf die Längssalinge genietete
Knaggen und verhindert dadurch die Drehung der Stenge. Beim Schloß
müssen die Bleche der Stenge durch aufgelegte Stücke oder durch einen
vollen Blechring verstärkt werden.

Bei hölzernen Stengen gelangt in der Regel auch ein eisernes Schloß zur
Verwendung. Der Fuß der Stenge erhält einen viereckigen Querschnitt,
wodurch jede Drehung verhütet wird.

β. Lagerung der Masten im Deck und des Bugspriets in der Bettung.

Zur Erzielung einer größeren Beweglichkeit der ganzen Bemastung und
Takelung wird es bisweilen noch vorgezogen, die Masten bei großen Schiffen
im Zwischendeck festzukeilen und sie lose durch das Hauptdeck hindurch
zu führen, aber wegen der großen Schwierigkeit, welche die Dichtung der
Durchgangsöffnung im Hauptdeck mit sich bringt, werden doch die Masten
gewöhnlich im Hauptdeck festgekeilt. Auf die Deckbeplattung wird ein
Ring, aus Blech, Halbrundeisen und Winkel oder aus einem Wulstwinkel
bestehend, der einen um 40 bis 70 mm größeren lichten Durchmesser hat

als der äußere Mastdurchmesser, festgenietet. Nach dem Einsetzen des Mastes wird der Zwischenraum zwischen Mast und Winkel durch ein- getriebene Keile aus pitch-pine-Holz, die oben mit Nasen zur Verhütung des Durchfallens versehen werden, ausgefüllt. Diese Keile werden ge- wöhnlich 60 bis 100 mm breit und 20 bis 35 mm dick ausgeführt, je nach dem Durchmesser des Mastes.

Oben werden die Köpfe der Keile abgerundet und darüber doppelte Mastkragen aus starkem Segeltuch gezogen.

Ganz in derselben Weise, wie die Masten im Deck, sollte auch das Bugspriet in der Bettung gelagert werden. Wenn auch beim Bugspriet nicht immer eine absolute Dichtigkeit erforderlich ist, so empfiehlt es sich doch, auch hier doppelte Segeltuchkragen anzubringen, um das Feuchtwerden der Keile und das dadurch entstehende Wegrosten des Bugspriets zu verhüten.

Liegt über dem Hauptdeck noch ein Aufbau (Poop, Deckshaus, Brücken- haus oder Sturmdeck), so ist der Mast, wenn er in einem solchen Aufbau steht, nicht in dem Aufbaudeck festzukeilen, sondern so durch dasselbe hindurchzuführen, daß er sich frei bewegen kann. Geschieht dies nicht, so können leicht durch die Bewegungen des Mastes Undichtigkeiten in dem betreffenden Aufbau entstehen. Der wasserdichte Abschluß des Mastloches wird in diesem Falle durch einen sogenannten Spielkragen, s. Fig. 92 VI, bewirkt. Der hölzerne Kragenrand schließt sich dicht an den Mast an und kann sich auf dem Deck bewegen. Der Segeltuchkragen reicht von a bis b.

Für hölzerne Masten werden die Mastkragen in derselben Weise aus- geführt wie eiserne und stählerne Masten.

Bei Tjalken und anderen kleinen Seeschiffen, die weit landeinwärts fahren, kommt es oft vor, daß die Masten zum Niederlegen eingerichtet werden müssen. Es handelt sich hier gewöhnlich um hölzerne Masten, die dann am unteren Teil vierkantig gestaltet werden und in einen Mastkoker zu stehen kommen. Ein solcher Koker besteht entweder aus zwei hölzernen oder eisernen] [-Stützen, die unten auf dem Schiffsboden oder den Boden- wrangen ruhen, wasserdicht durch das Deck hindurch geführt werden und oben die Lager für die am Mast befindliche Drehachse tragen, oder aus einem auf Deck stehenden eisernen Gerüst. Im letzteren Falle ist das Deck natürlich gut abzustützen.

<h3 style="text-align:center">2. Die Saling.</h3>

Die Saling ist der wichtigste Bestandteil eines Mastes oder einer Mars- stenge, denn sie bildet nicht allein die Lagerung für die Wanten bezw. Pardunen, welche dem Mast oder der Stenge den Halt geben, sondern sie muß auch den vertikalen und seitlichen Druck, den die Stenge auf den Mast bezw. die Bramstenge auf die Marsstenge ausübt, übertragen. Eine Saling ist daher ganz besonders zur Aufnahme eines großen Vertikaldrucks einzurichten und gegen jede Drehung zu sichern.

Die Bauart der eisernen und stählernen Salinge ist sehr verschieden, es können deshalb hier nur einige der gebräuchlichsten Konstruktionen an- gegeben werden. Dieselben sind in Fig. 93 bis 97 dargestellt.

Bei Masten, die vor der Schiffsmitte stehen, legt man die Salinge pa- rallel zum Deck, bei den hinteren Masten parallel zur Wasserlinie. — Für die Bezeichnung der einzelnen Teile sind hier dieselben Ausdrücke gewählt, die früher bei hölzernen Salingen üblich waren.

α. Die Marssaling.

Es sind zu unterscheiden:

Salinge für eiserne und stählerne Masten und stählerne Marsstenge,
„   „   „   „   „   „   „   hölzerne   „
„   „   hölzerne   „   „   „   „ .

Längs- und Quersalinge, Backen.

Bei eisernen und stählernen Masten werden die Backen und deren
Winkel (Längssalinge) stets fest mit den Masten vernietet und deshalb sind

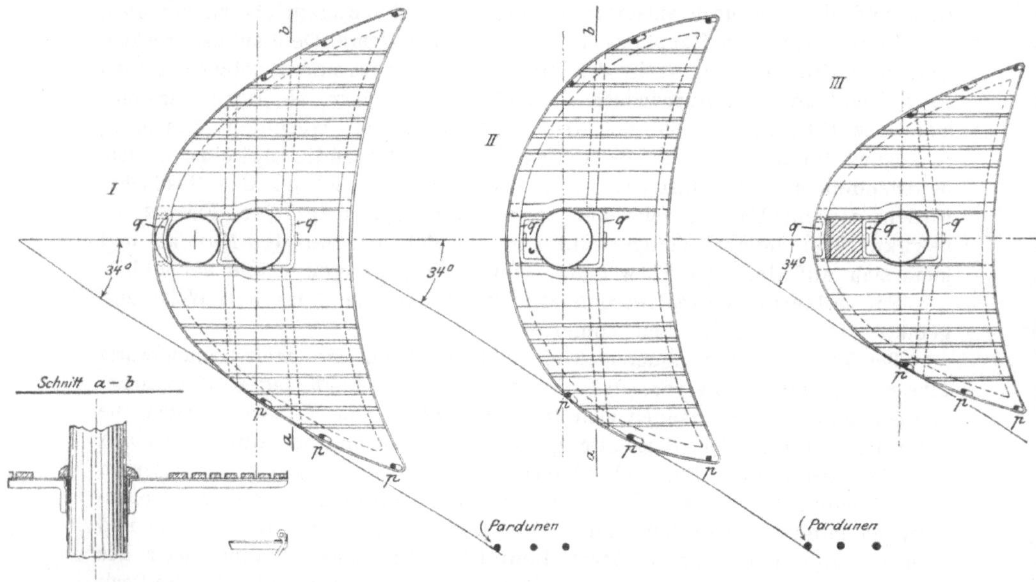

Fig. 93.

die Abmessungen dieser Teile als Zubehör der Masten gleich unter B. b.
Tabelle I, neben den Abmessungen der Masten angegeben. Es bleibt daher
hier nur noch übrig, die Abmessungen der sonstigen Bestandteile der Salinge festzustellen. Zu diesen Bestandteilen gehören namentlich die in
Fig. 93 bis 95 mit q bezeichneten Quersalinge (Dwarssalinge) und der Marsrand. Die Abmessungen dieser Teile gehen aus nachstehender Tabelle (VI)
hervor. Bei Masten, welche keine Raaen führen, wie der Besahnmast von
Barks, Groß- und Besahnmast von Schonern u. s. w., können, wie aus der
Tabelle hervorgeht, die Quersalinge etwas dünner genommen werden als
bei vollgetakelten Masten.

Die Quersaling vor dem Mast kann zur Befestigung der Hangerkette
der Unterraa und die hinter dem Mast zur Befestigung des Mars- und Klaufalls (letzteres beim Kreuzmast) benutzt werden. Es müssen dann für diese
Befestigungen geeignete Augen an den Quersalingen vorgesehen werden,
wie dies in Fig. 94 und Fig. 95 II, III und IV angegeben ist.

Tabelle VI.

Abmessungen der Quersalinge, des Marsrandes und der Püttings.

Mast-durchmesser in der Saling mm	Quersalinge			Marsrand (Winkelstahl) mm mm mm	Durchmesser der Püttingstange mm
	Höhe mm	Dicke für Masten			
		mit Raaen mm	ohne Raaen mm		
190	80		10		12
200	90		10		13
210	100	13	11		14
220	110	14	12	60·40· 4	15
240	120	15	12	60·40· 5	16
260	130	16	13	65·45· 5	16
280	140	17	14	65·45· 6	17
300	150	18	14	75·50· 6	18
320	160	19	15	80·55· 7	19
340	170	20	16	85·55· 7	19
360	180	21	17	85·55· 8	20
380	190	22	18	90·65· 8	21
400	200	23	19	100·65· 8	22
420	210	24	20	100·65· 9	22
450	220	25	21	100·75· 9	23
480	230	26	22	110·75·10	24
510	240	27		110·75·11	25
540	250	28		120·75·11	25
570	260	29		120·90·11	26
600	270	30		120·90·12	27

Die vordere Quersaling muß so weit nach vorn gelegt werden, daß die Stenge bequem auf- und niedergebracht werden kann. Bei hölzernen Stengen wird in der Regel an der Hinterkante derselben unten am Fuß ein Ausschnitt gemacht, damit die Wanten zwischen Mast und Stenge genügend Platz finden und die Stenge — des guten Aussehens wegen — möglichst dicht am Mast liegt. Es kann auf diese Weise, wenn Wert darauf gelegt wird, ein Zwischenraum zwischen Mast und Stenge in der ganzen Höhe des Topps vermieden werden, wenn nur der Ausschnitt in der Stenge groß genug gemacht wird. Beim Auf- und Abbringen der Stenge muß dieselbe so weit nach vorn geschoben werden können, daß die volle Dicke über dem Schloß, s. Fig. 94 und 95, durch die Öffnung in der Saling hindurchgeht, was durch Entfernung des Keiles vor der Stenge erreicht wird.

Bei eisernen oder stählernen Stengen dagegen bleibt die Hinterkante derselben gewöhnlich gerade, weil ein Einbeulen nicht gut ausführbar ist. Hier kommt dann die Stenge in der ganzen Höhe des Topps so weit vom Mast entfernt zu stehen, wie es für die Wanten, die um den Mast herum gelegt werden, erforderlich ist.

Für den Fall, daß die Länge der Stenge größer ist als die Höhe der Saling über Deck (was oft beim Kreuz- und Besahnmast, sowie bei allen Masten, die in einer Poop oder in einem sonstigen Aufbau stehen, vorkommt), muß die vordere Quersaling zum Losschrauben oder Aufklappen mittels Scharnier eingerichtet werden, weil sonst die Stenge sich nicht in die Saling hineinbringen läßt.

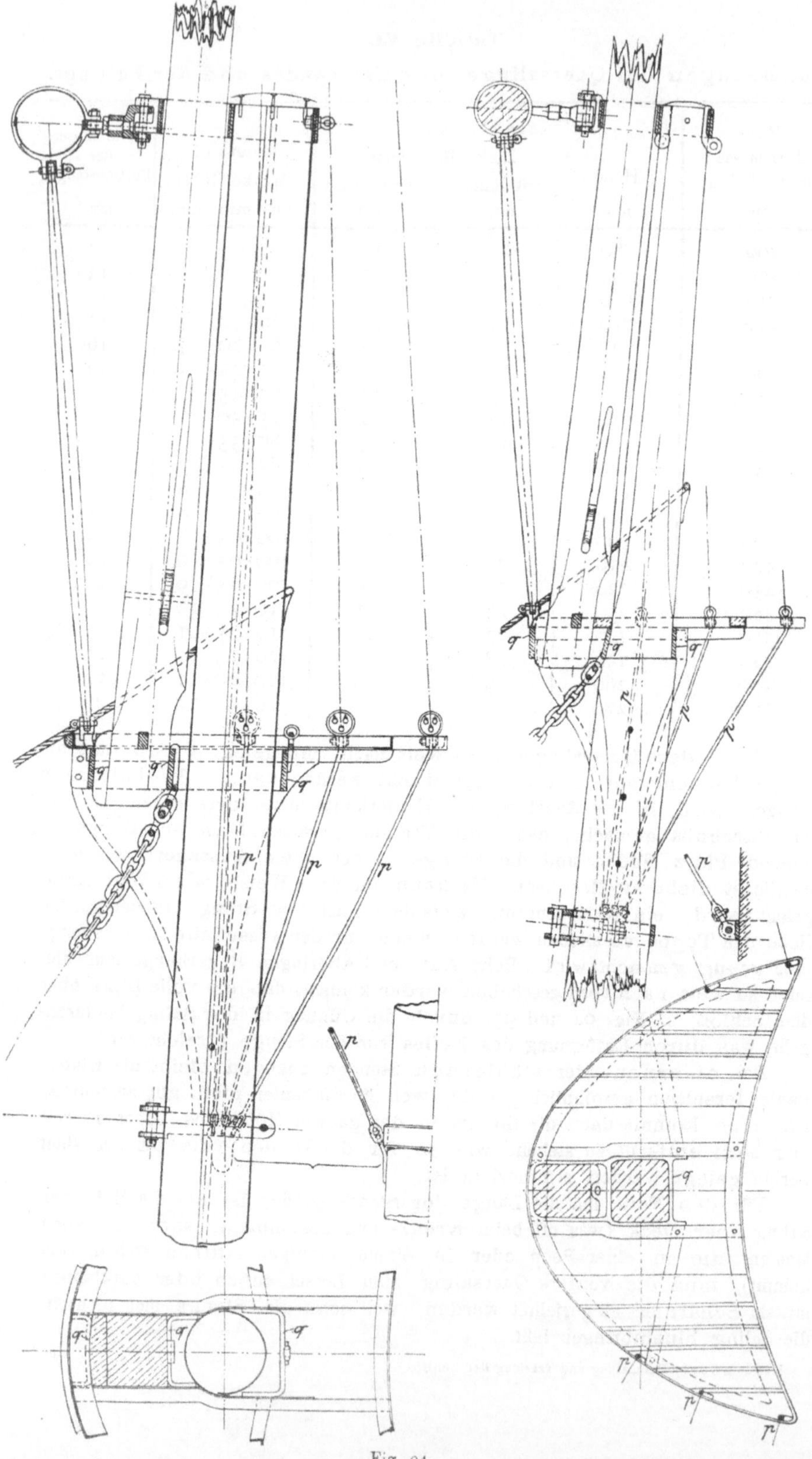

Fig. 94.

Der Marsrand. Der Marsrand bildet die äußere Umrahmung der Saling. Der vordere Teil des Marsrandes darf bei Masten mit Stenge nicht als Kreisbogen geformt werden, weil dann die vorderen Stengewanten zu weit nach außen zu stehen kommen und beim Anbrassen der Marsraaen nach innen an die Stenge gedrückt werden. Wenn auch die Stengewanten längst ihre frühere Bedeutung hinsichtlich des Stützens der Stenge verloren haben und fast zu gewöhnlichen Jakobsleitern herabgesunken sind, so ist es doch nicht gut, wenn diese Taue nach dem ersten Anbrassen der Marsraaen schlaff werden und in der Takelung hin- und herschlagen können. Um dies zu verhüten, muß der Marsrand so geformt werden, daß die Stengewanten nicht zu weit nach außen kommen. Man kann im allgemeinen annehmen, daß ein Raaschiff noch auf sechs Strich beim Winde liegt und die Raaen dann auf drei Strich (= einem Winkel von ca. 34^0 mit der Mittellinie des Schiffes) angebraßt werden müssen. Man kann ferner annehmen, daß die Stengepardunen in der gewöhnlichen Anordnung und bei den üblichen Racks der Marsraaen ein so scharfes Anbrassen der letzteren zulassen. Ordnet man nun den Marsrand so an, daß die Püttings p, p, p Fig. 93 nicht über eine Linie vorstehen, die von der vordersten Stengepardune unter einem Winkel von 34^0 zur Mittellinie des Schiffes nach vorn gezogen ist, dann ist noch bei einer guten Rackkonstruktion ein Anbrassen der Marsraaen möglich, ohne daß die Stengewanten von den Raaen zu sehr nach innen gedrückt werden.

In Fig. 93 sind zwei verschiedene Formen des Marsrandes dargestellt, von denen I und III (I für große, III für kleinere Schiffe) für Masten mit Stenge, d. h. für die gewöhnliche Anordnung, und II für Masten und Marsstenge aus einem Stück bestehend, die Form des Marsrandes darstellen. Es ist daraus ersichtlich, daß für den Fall II nahezu ein Kreisbogen für den Marsrand gewählt werden kann, während bei I und III die Form einer Parabel zweckmäßiger ist.

Der Marsrand wird meistens aus einem gebogenen Winkel gebildet, dessen großer Schenkel flach auf die Längssalinge gelegt wird. Die Abmessungen für diesen Winkel sind in der Tabelle VI angegeben. Der Marsrand wird noch durch ein oder zwei Querwinkel in der Verlängerung der Quersalinge unterstützt und zwar bei großen Schiffen durch zwei, bei kleineren durch einen solchen Winkel, der dieselben Abmessungen wie der Marsrand erhält und dessen großer Schenkel der größeren Tragkraft wegen vertikal zu stehen kommt. An den Backen werden diese Winkel heruntergebogen und mit diesen und der Quersaling vernietet, wie in Fig. 93, Schnitt a—b angegeben. Diese Querwinkel, sowie der Marsrand tragen die aus Holz oder Eisen bestehenden Stäbe oder Grätings, welche die eigentliche Plattform der Mars bilden, s. Fig. 93, Schnitt a—b. Die innere Latte dient als Wegweiser für das nach oben fahrende, laufende Gut und wird deshalb aus hartem Holz und breiter ausgeführt als die übrigen Stäbe oder Latten. Ferner wird der vordere Schenkel des Marsrandwinkels mit einer Halbrundleiste aus hartem Holz garniert, damit die Segel und das Tauwerk nicht an dem scharfkantigen Winkel schamfielen, s. Fig. 95 I.

In den Marsrand werden längliche Löcher eingeschnitten, welche groß genug sein müssen, um die Augen für die Püttingstangen, deren Durchmesser in Tabelle VI angegeben sind, hindurchstecken zu können, s. Fig. 93 I, II und III bei p und in der Skizze unten links. Unten werden die Püttingstangen entweder direkt am Mast mittels eines angenieteten Lappens, siehe Fig. 94, oder am Rackband, s. Fig. 95, befestigt. Am wenigsten zuverlässig ist die Befestigung der Püttingstangen mittels in das Rackband geschraubter Stiftschrauben, weil letztere auf Biegung beansprucht werden und leicht im Gewinde abbrechen. Diese Befestigungsart ist daher nur bei kleinen Schiffen zulässig.

Der vordere Teil des Marsrandes erhält außerdem (s. Fig. 96) noch verschiedene Löcher zur Aufnahme der Augbolzen für die Blöcke der Bauch- und Nockgordings. Bei sehr breiten Untersegeln wird zwischen der äußeren Bauch- und der Nockgording oft noch eine weitere Gording gefahren, welche in Fig. 96 punktiert angegeben ist.

Die Saling des Besahnmastes bei Barks erhält in der Regel dieselbe Form und ist von derselben Bauart wie die Salinge der vollgetakelten Masten. Bei kleinen Barks begnügt man sich indes oft mit zwei Stengewanten.

Bei Schonermasten, welche Raaen führen, ordnet man die Saling so an, daß nur zwei Stengewanten, also auch nur zwei Püttingstangen, zur Anwendung gelangen. Der Marsrand reicht dann nur bis zur vorderen Quersaling, s. Fig. 95 unten.

Salinge für hölzerne Masten können vorteilhaft aus Stahlguß hergestellt werden, wenn die Dicke der Quersalinge etwa 15 mm und darüber beträgt, s. Fig. 95 III. Die Längssalinge bilden dann mit den Quersalingen einen zusammenhängenden

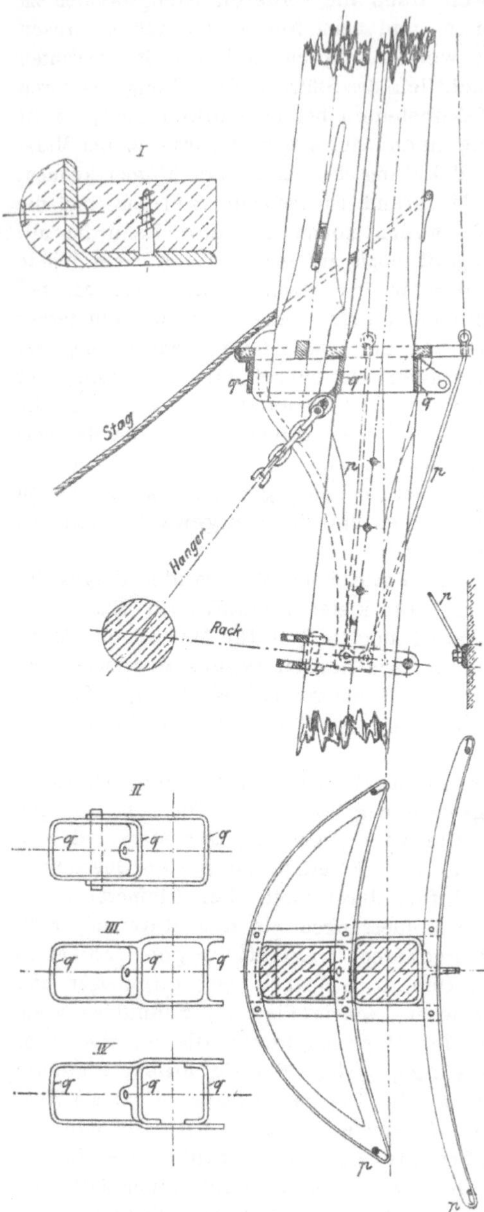

Fig. 95.

den Rahmen, und erstere erhalten dieselben Abmessungen, die in der Tabelle unter *a*, Längs- und Quersalinge, für die letzteren angegeben sind. Die Längssalinge erhalten einen angegossenen oder angenieteten Winkel.

Ist die Dicke der Quersaling wesentlich kleiner als 15 mm, dann läßt sich der Rahmen nicht mehr zuverlässig aus Stahlguß herstellen. Derselbe wird in solchem Falle entweder zu einem Ganzen zusammengeschmiedet oder aus mehreren Stücken zusammengenietet. S. Fig. 95 II und IV.

Bei Groß- und Besahnmasten von Schonern und Dreimastschonern und bei den Masten von Kuttern kann die Saling als Rahmen aus einem Stück, entweder aus Schmiedeeisen oder aus Stahlguß hergestellt werden, s. Fig. 97 IV. Das eine Stengewant fährt dann durch ein Loch, welches außen in

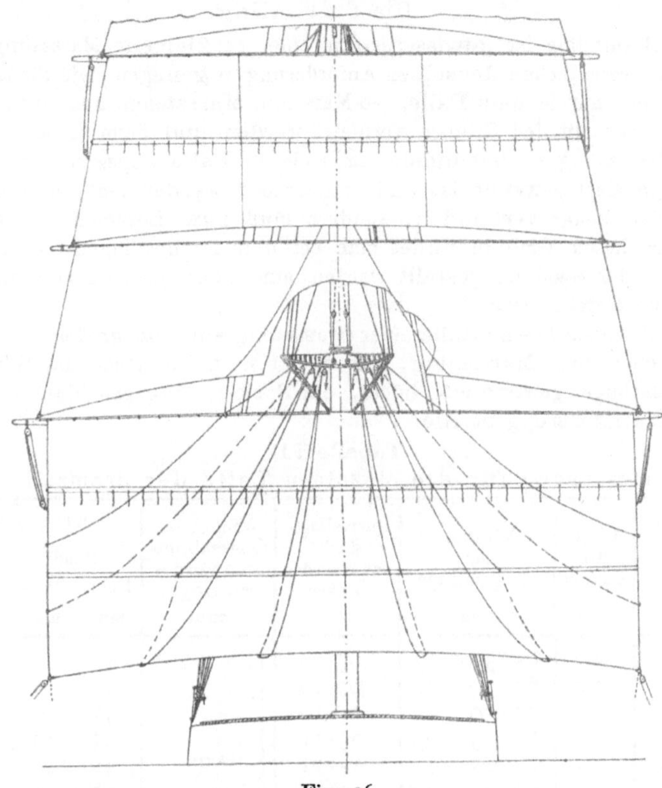

Fig. 96.

der vorderen, aus Holz gefertigten Quersaling vorgesehen ist, nach unten an Deck. Die hintere Quersaling wird hier nach beiden Seiten hin nur so lang gemacht, daß man einen Fuß darauf stellen kann, s. Fig. 97 IV. Führt der betreffende Mast ein Gaffelsegel, so müssen noch die für die Baumdirken und für das Klaufall erforderlichen Augen an der Saling vorgesehen werden.

Die Kalben (Polster, Kissen). Im Bereich des Mastes liegen auf den Längssalingswinkeln die sogenannten Kalben, Holzstücke, welche einen viertelkreisförmigen Querschnitt haben und als Auflager oder Kissen für die Wanten dienen. In Fig. 93 (Schnitt a—b) und in Fig. 97 IV sind diese Kalben im Querschnitt angedeutet.

Masten ohne Saling. Bei Dampfern mit großer Maschinenkraft, welche ihre Raasegel nur im Notfalle gebrauchen oder gar keine führen,

kann die Saling ganz fehlen. Jedes Want wird dann mittels eines am
Mast angenieteten, mit Augen versehenen Lappens für sich befestigt und
zwar so, daß die einzelnen Befestigungspunkte übereinander liegen.
Das vorderste Want wird am untersten, das hinterste am obersten Auge
und die übrigen der Reihe nach an den dazwischen liegenden Augen festgemacht, s. Zeichnungen der Dampfer. Bei kleinen aus Holz gefertigten
Masten, die keine Saling erhalten, kann ein Band mit angeschweißten Augen
für die Befestigung der Wanten genommen werden.

β. Die Bramsaling.

Die Bramsaling ist gewissermaßen eine verkleinerte Marssaling, denn
sie muß im wesentlichen denselben Anforderungen genügen, wie die letzteren;
sie darf aber nur in dem Falle, wo Mast und Marsstenge aus einem Ganzen
bestehen, fest mit der Stenge vernietet werden und dann ist sie genau so
wie die Marssaling zu behandeln; im anderen Falle dagegen, wo die Marsstenge vom Mast getrennt ist und aufgebracht werden muß, darf sie nicht
fest mit der Stenge verbunden, sondern muß zum Losnehmen eingerichtet
sein. Aus diesem Grunde findet man bei den Bramsalingen, wenn solche
aus Eisen oder Stahl hergestellt werden, eine noch größere Verschiedenheit
als bei den Marssalingen.

Die einzelnen Bestandteile einer Bramsaling sind im großen und ganzen
ähnlich denen einer Marssaling, nur nimmt man bei jenen die Winkel für
die Längssalinge gewöhnlich höher, die Backen dagegen dünner als bei
diesen. Nachstehend gibt die

Tabelle VII
Abmessungen für die einzelnen Teile der Bramsaling.

Durchmesser der Marsstenge in der Saling mm	Dicke der Backen mm	Winkel für Längssalinge mm	Quersalingsstücke zwischen den Backen mm	Winkel für Quersalinge und vorderen Bogen mm	Püttingband Band Höhe mm	Püttingband Band Dicke mm	Püttingband Durchmesser des Bolzens mm
180	3,0	65·50· 5,0	65· 9	Aus Holz	40	8	19,1
190	3,0	65·50· 5,5	65·10		40	9	19,1
200	3,5	75·50· 5,5	75·10		43	9	22,2
210	4,0	85·55· 6,0	85·11		45	10	22,2
220	4,5	85·65· 6,0	85·12		48	10	25,4
240	5,0	90·65· 6,5	90·12		52	11	25,4
260	5,5	100·65· 7,0	100·13		56	12	28,6
280	6,0	100·65· 7,5	100·14		60	13	28,6
300	6,5	110·75· 8,0	110·14		65	14	31,5
320	7,0	110·75· 8,5	110·15		68	15	31,5
340	7,5	120·75· 8,5	120·15	75·50·5,5	73	16	34,9
360	8,0	120·75· 9,0	120·16	75·50·5,5	78	16	34,9
380	8,5	130·75· 9,0	130·16	75·50·6,0	82	17	38,1
400	9,0	130·75· 9,5	130·17	75·55·6,0	86	18	38,1
420	9,5	140·75· 9,5	140·17	75·55·6,5	90	19	41,3
440	10,0	140·75·10,0	140·18	80·55·6,5	95	20	44,5
460	10,5	150·75·10,0	150·18	85·55·7,0	100	21	44,5
480	11,0	150·75·10,5	150·19	85·65·7,0	104	22	47,6
500	11,5	160·75·11,0	160·19	90·75·7,5	108	23	47,6
520	12,0	160·80·11,5	160·20	90·75·8,0	112	24	50,8
550	12,5	160·90·11,5	160·21	90·75·8,5	118	25	50,8

Wie schon erwähnt, darf die Bramsaling nicht fest mit der Stenge verbunden sein, sondern sie muß zum Aufsetzen und Abnehmen eingerichtet werden.   Das Aufsetzen der Bramsaling auf die Marsstenge geschieht gewöhnlich dann, wenn die letztere so weit aufgebracht ist, daß sie mit ihrem Topp aus dem Eselshaupt des Mastes hervortritt.   Es richtet sich im übrigen nach der Bauart der Saling.   In Fig. 97 sind in I, II und III drei verschiedene Bauarten von Bramsalingen angegeben, die sich sofort aus der Art und Weise des Aufbringens auf die Marsstenge erklären.   Beim Aufbringen einer Saling nach Bauart I schiebt man die Saling von hinten über die Stenge, nachdem diese bis zu der Stelle, wo das Püttingband zu sitzen kommt, über dem Masteselshaupt hervorragt.   Die beiden Backen bestehen hier aus einem Stück Blech, welches — von oben gesehen — hufeisenförmig die Stenge umfaßt.   Die Befestigung der Saling an der Stenge geschieht durch den Nagel für die Marsdrehreepscheibe, durch 2—6 Schraubbolzen, die oberhalb und unterhalb des Nagels durch Stenge und Backen gehen, und durch das zweiteilige Püttingband, welches unten das Backenblech umfaßt.   Zur Verstärkung der Längssalinge sind zu beiden Seiten an das Backenblech noch Blechstücke genietet, die aber bei kleinen Abmessungen der Stenge fehlen können.   Ist die Saling mit der Marsstenge in der angegebenen Weise verbunden, so wird vorn noch ein Querstück zur Stütze der Bramstenge zwischen die Backen und Längssalinge geschraubt und dann der Bogen auf den Längssalingen festgemacht.

Bei II kann die ganze Bramsaling mit Quersalingen und Bogen fertig zusammengesetzt auf die Stenge gebracht werden, und zwar mit Hilfe einer am Mast festgezurrten, den Masttopp überragenden Spiere, an welcher die Saling hochgezogen und über das Masteselshaupt gehängt wird.   Beim Aufwinden der Stenge schiebt sich dieselbe dann in die Saling hinein.   Die Befestigung der Saling mit der Stenge geschieht auch hier durch den Nagel für die Marsdrehreepscheibe, nötigenfalls noch durch einen oder zwei weitere Bolzen und durch das die beiden Backenbleche umklammernde Püttingband. Abmessungen desselben s. Tabelle VII.   Hölzerne Marsstengen sind bis zur Unterkante der Saling im Querschnitt kreisförmig, damit sie durch das Eselshaupt des Mastes hindurchgehen; in der Saling macht man sie gewöhnlich vierkantig, so daß sich die Saling auf den Absatz legt und den durch die Pardunen und Stengewanten sowie durch die Bramstenge entstehenden Vertikaldruck aufnehmen kann.   Um das Einkneifen der Längs- und Quersalingstücke und das dadurch entstehende Sacken der Saling zu verhüten, ist es sehr zu empfehlen, einen konischen Ring unter die Saling zu legen, wie in Fig. 97 II angegeben.   Wird diese Bauart der Bramsaling für eiserne oder stählerne Stengen gewählt, so wird ein breites Band um die Stenge gelegt und mit dieser fest vernietet.   Die Saling legt sich dann auf das Band und wird so am Niedergehen gehindert.

Bei Bauart III der Fig. 97 kommen keine Backen zur Anwendung und hierbei kann die Bramsaling auf das Masteselshaupt gelegt werden, so daß die Stenge sich beim Aufwinden von selbst in die Saling hineinschiebt.   Bei dieser Anordnung hat die Saling nur eine horizontale Drehung der Bramstenge zu verhindern, was durch den durch Stenge und Längssalinge gehenden Bolzen bewirkt wird.   Die Stenge erhält hierbei seitlich aufgenietete Blechstücke, auf welche sich die Längssalinge legen und welche gleichzeitig die Kompensation für die durch das Scheibegat entstehende

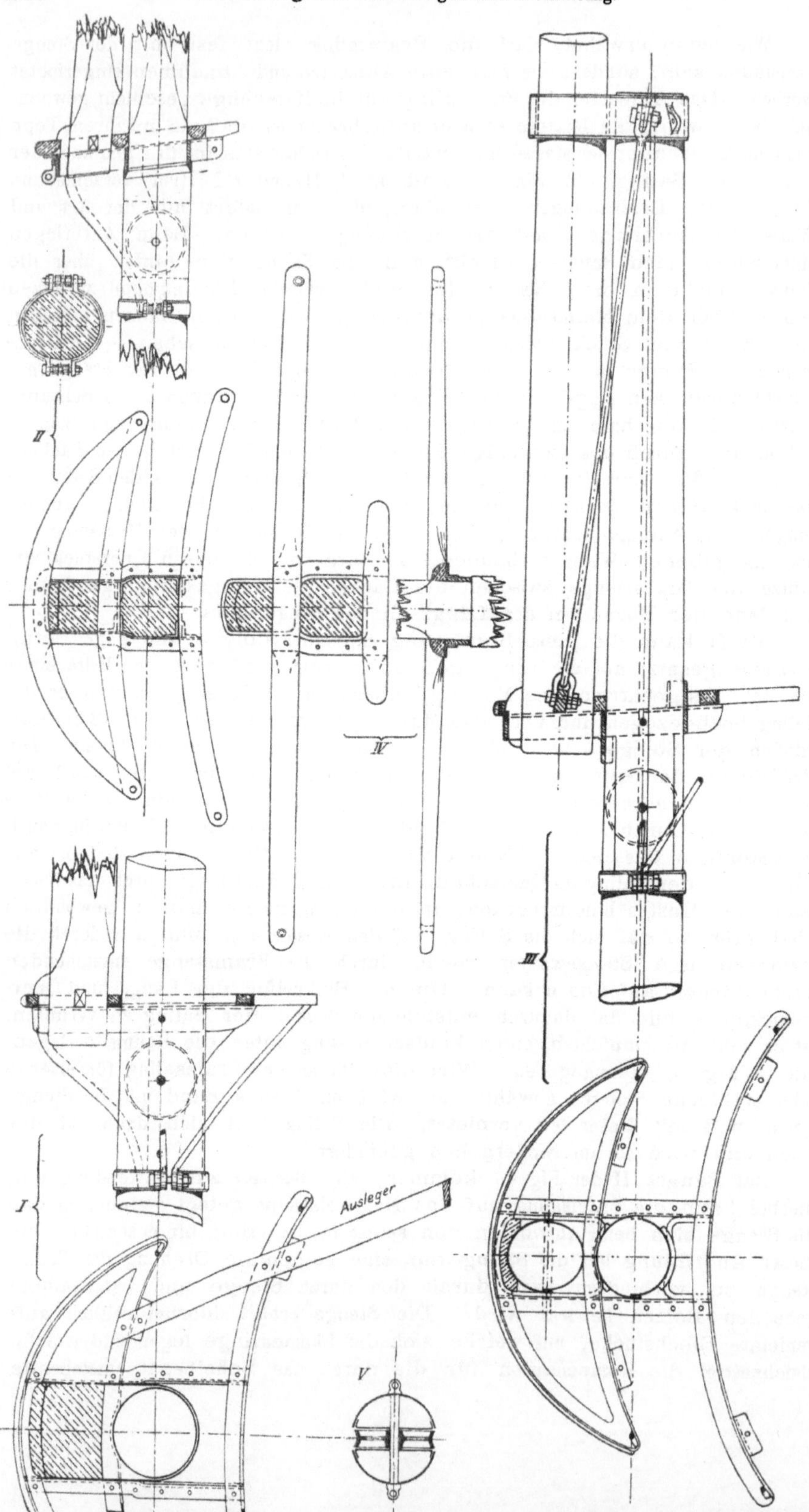
Ausleger

Schwächung der Stenge bilden. Die Bramstenge übt hier keinen Druck auf die Saling aus, denn das Schloß der Stenge ist zu beiden Seiten mit Hängestangen verbunden, welche am Brameselshaupt ihre festen Aufhängepunkte haben, s. Fig. 97 III 2, γ.

Hinsichtlich der Größe und Form der Quersalinge ist zu bemerken, daß für diese auch das unter 2, a für die Form des Marsrandes Gesagte gilt, d. h. es kommt auch hier darauf an, die Bramstengewanten möglichst weit nach hinten zu bringen, damit sie bei angebraßten Bramraaen von diesen nicht zu stark nach innen gedrückt werden. Man erzielt dies durch eine nach hinten gerichtete gebogene Form der Quersalinge, wie in Fig. 97 angegeben. Abmessungen der Quersalinge, s. Tabelle VII. Die Püttingstangen für die Bramstengewanten gehen auch hier durch längliche, außen in den Quersalingen angebrachte Löcher hindurch und werden mit ihren unteren Enden am Püttingband befestigt, gewöhnlich in der Weise, daß man die Bolzen für das Band durch die Augen der Püttingstangen gehen läßt, siehe Fig. 97, I und III. Bei kleinen Bramsalingen verfertigt man die Quersalinge und den vorderen Bogen in der Regel aus Eichenholz (s. Fig. 97 II). Die Bramstengewanten können dann einfach durch die außen in den Quersalingen angebrachten Löcher fahren und unten über kleine Rollen, die auf den Bolzen des Püttingbandes sitzen, auf Tamp gesetzt werden. Püttingstangen sind dann natürlich überflüssig, s. Fig. 97 II.

Die Kalben für die Stengewanten und Stengepardunen werden auch bei den Bramsalingen aus hartem Holz gefertigt und — wie bei den Marssalingen — auf den Längssalingen befestigt.

In Fig. 97 V ist ein Querschnitt durch die Marsstenge in Höhe der Marsdrehreepscheibe angegeben. Die äußeren Bleche erhalten Doppelungen und die Bleche an beiden Seiten der Scheibe gehen nach unten und oben über das Scheibegat hinweg und bilden so die Kompensation für die Schwächung der Stenge.

Für die Püttingstangen der Bramsalinge ist derselbe Durchmesser zu nehmen, der in Tabelle VI für Marssalinge angegeben ist.

γ. Salinge ohne Backen.

Wie schon bei der Beschreibung der Bramsalinge erwähnt, können Salinge auch ohne Backen hergestellt werden, wenn zu beiden Seiten der Stenge Hängestangen angebracht sind, die von dem Schloß oder der Längssaling nach dem Eselshaupt gehen. Diese Anordnung findet man, außer bei Bramsalingen, nicht selten bei den Salingen der Masten von kleinen Schiffen, Schonern u. s. w. und sie ist, wenn die Hängestangen genügend stark und oben sowie unten solide befestigt sind, vollkommen zuverlässig.

Zur Ermittelung des Durchmessers der Hängestangen ist zunächst der Vertikaldruck zu bestimmen, den die Stenge auf das Schloß bezw. auf die Längssaling ausübt.

Bezeichnet P den Vertikaldruck in der Achse der Stenge, D den Durchmesser der Stenge über dem Fuß, d den Durchmesser der Hängestangen, S_h die Druckspannung für Holz, S_t die Druckspannung für Stahl, a den Winkel, den die Zugstangen mit der Achse der Stenge bilden, dann ist zunächst zu berücksichtigen, daß bei einer Holzstenge — wegen der Schwächung, die durch die Scheibegaten für Stengewindreep und Bramdrehreep entstehen — nicht der volle Querschnitt der Stenge, sondern nur ca. 0,7 desselben in Rechnung zu bringen ist, so daß für Holzstengen der größte Vertikaldruck

$$1)\qquad P = 0,7\,\frac{D^2\pi}{4}\cdot S_h = 0,55\cdot D^2\cdot S_h \text{ beträgt.}$$

Für eiserne und stählerne Stengen wird an allen geschweißten Stellen durch aufgesetzte Stücke oder Doppelungen wieder der volle Querschnitt hergestellt, so daß bei diesen auch der volle Querschnitt in Rechnung gestellt werden kann. Nach Tabelle I beträgt die Blechdicke bei Stahlstengen von großem Durchmesser $0,016\cdot D$, bei solchen von kleinem Durchmesser $0,020\cdot D$, so daß im Mittel als Blechdicke $0,018\cdot D$ anzunehmen ist. Der Vertikaldruck bei einer Stenge aus Stahl ist demnach

$$P = D\cdot\pi\cdot 0,018\cdot D\cdot S_t,$$
$$P = 0,0565\cdot D^2\cdot S_t.$$

Nun ist S_t ungefähr $10\cdot S_h$, d. h. es kann Stahl pro Flächeneinheit ungefähr zehnmal so hoch beansprucht werden als Holz (pitch-pine), und deshalb kann die letzte Gleichung auch wie folgt geschrieben werden:

$$2)\qquad P = 0,565\cdot D^2 S_h.$$

Aus 1) und 2) ist zu ersehen, daß der Vertikaldruck für hölzerne und stählerne Stengen nahezu gleich ist, das Mittel ist annähernd

oder
$$P = 0,55\cdot D^2\cdot S_h$$
$$P = 0,055\cdot D^2\cdot S_t.$$

Für die Hängestangen muß demnach stattfinden:

$$2\,\frac{d^2\pi}{4}\cdot S_t = P\cdot\frac{1}{\cos\alpha} = \frac{0,055}{\cos\alpha}\cdot D^2\cdot S_t,$$

der Winkel α ist im Mittel 10 Grad, mithin ist:

$$3)\qquad d = 0,189\cdot D.$$

Hiernach ist der in Tabelle VIII angegebene Durchmesser der Hängestangen bestimmt. Nicht selten findet man, daß Hängeschienen und Backen gemeinschaftlich zur Befestigung der Längssalinge benutzt werden. In diesem Falle können, je nach der Stärke der Backen, die Hängestangen schwächer genommen werden.

δ. Das Schloß (Schloßeisen, Schloßholz).

Das Schloß hat die Stenge zu tragen und muß deshalb dem Vertikaldruck, den die Stenge auf die Längssaling ausübt, entsprechend stark konstruiert werden. Das Schloß wird in der Regel aus Eisen oder Stahl von rechteckigem oder quadratischem Querschnitt hergestellt und ist als Balken zu betrachten, der an beiden Enden auf den Längssalingen aufliegt und an den Außenseiten der Stenge den Vertikaldruck derselben aufzunehmen hat. Der Überstand von Außenseite der Stenge bis zur Mitte des Auflagers beträgt an jeder Seite ungefähr $^1/_{15}$ des Stengendurchmessers. Wählt man hier zur Berechnung des Schlosses wieder dieselben Bezeichnungen, die unter 28 für Stengendurchmesser, Vertikaldruck in der Stenge und Beanspruchung des Materials gewählt worden sind, bezeichnet man ferner mit h die Höhe und mit b die Dicke des Schlosses, dann ist:

$$\frac{1}{6}\, b \cdot h^2 \cdot S_t = \frac{P}{2} \cdot \frac{D}{15} = \frac{0{,}055 \cdot D^2}{2} \cdot \frac{D}{15} \cdot S_t,$$

also

$$1)\qquad b \cdot h^2 = 0{,}011 \cdot D^3.$$

Für eiserne und stählerne Stengen empfiehlt es sich, $b = \frac{3}{4} h$ zu neh-men, dann entsteht:

$$h = 0{,}2449 \cdot D.$$

Nach dieser Formel kann das Schloß nicht ohne weiteres berechnet werden, weil die Blechdicke dem Durchmesser der Stenge nicht immer genau proportional ist, Tabelle I (s. A. b dieses Abschnittes). Unter Berück-sichtigung der wirklich zur Anwendung kommenden Blechdicken ist in Tabelle VIII die Höhe und Dicke des Schlosses für Stahlstengen angegeben.

Tabelle VIII.

Abmessungen des Schlosses für Stengen und der Hängestangen für Salinge ohne Backen.

Durchmesser der Stenge am Fuß	Schloß aus Stahl für		Durchmesser der Hängestangen für Salinge ohne Backen
	Stengen aus Eisen oder Stahl	Stengen aus Holz	
mm	Höhe mm	Dicke mm	Höhe und Dicke mm	mm
100			22	19
110			24	21
120			27	23
130			29	25
140			31	26
160			36	30
180	46	34	40	34
200	52	38	44	38
220	57	42	49	42
240	62	46	53	45
260	67	50	58	49
280	72	53	62	53
300	76	56	67	57
320	80	60	71	60
340	85	63	76	64
360	89	67	80	68
380	94	70	85	72
400	98	73	90	75
420	102	76		
440	107	80		
460	110	83		
480	115	86		
500	119	89		
520	123	92		
540	127	95		
560	130	97		
580	132	98		
600	134	100		

Bei eisernen und stählernen Stengen kann durch Aufnieten von Verstärkungsstücken an dem Loch für das Schloß immer für eine genügend große Auflagefläche gesorgt werden, bei Holzstengen dagegen ist dies nicht möglich. Um nun bei den letzteren eine möglichst große Fläche des Holzes zum Tragen zu bringen, empfiehlt es sich, das Schloß im Querschnitt quadratisch zu machen. Bezeichnet s die Seite dieses Quadrats, dann ist nach 1)

$$2) \qquad s = \sqrt[3]{0,011 \cdot D} = 0,2224 \cdot D.$$

Hieraus ergibt sich die in Tabelle VIII für Holzstengen angegebene Höhe und Dicke des Schlosses.

3. Das Eselshaupt.

Nach der Saling ist das Eselshaupt der wichtigste Bestandteil des Mastes und der Marsstenge, weil das Eselshaupt des Mastes den oberen Stützpunkt für die Marsstenge und das Eselshaupt der Marsstenge den oberen Stützpunkt für die Bramstenge bildet. Jedes Eselshaupt muß daher die betreffende Stenge nach allen horizontalen Richtungen halten und deshalb namentlich gegen eine Drehung um die Achse des Mastes bezw. der Marsstenge gesichert werden.

Das Eselshaupt des Mastes kann mit diesem fest verbunden sein; ebenso das Eselshaupt der Marsstenge, wenn diese mit dem Mast ein Ganzes bildet. Ist dagegen die Marsstenge nicht fest mit dem Mast verbunden, so muß ihr Eselshaupt zum Losnehmen eingerichtet sein, weil sonst die Stenge nicht durch die Marssaling und durch das Eselshaupt des Mastes hindurch zu bringen ist.

Die Eselshäupter werden stets normal zu den Masten und Stengen (und nicht, wie die Salinge, parallel zum Deck oder zur Wasserlinie) angeordnet, weil dadurch die Ausführung wesentlich erleichtert wird. Sie werden entweder aus Schmiedeeisen oder aus Stahlguß hergestellt und erhalten die Gestalt einer Brille, von welcher das eine Augenloch genau die Form des Mast- oder Stengentopps, das andere die kreisrunde Gestalt der Stenge erhält. Die letztere Öffnung muß genügend groß gemacht werden, so daß das Eselshaupt hier noch mit Leder ausgefüttert werden kann, zur Verhütung des Schamfilens der Stenge im Eselshaupt.

a. Eselshaupt für den Mast und das Bugspriet.

Für große Masten wird das Eselshaupt gewöhnlich aus Stahlguß in der Weise angefertigt, wie es in Fig. 98 I dargestellt ist. Es bedeutet in der Figur D den Durchmesser des Loches für die Stenge, H die Höhe des Eselshauptes, A sind die Augen für das Rack der Untermarsraa (wenn diese an einem Rackkran hängt), B die Augen für die Toppnanten der Unterraa, C ist das Auge für das Piekfall oder für das Bramstag des nächsten Mastes, wenn ein solches Auge erforderlich ist, und E sind vier Augen für die Toppwanten, von denen bei kleineren Masten nur zwei erforderlich sind.

Für mittelgroße Masten wird das Eselshaupt nicht selten aus zusammengenieteten schmiedeeisernen Ringen hergestellt, wie in Fig. 98 II angegeben. Die einzelnen Augen werden dann für sich geschmiedet und angenietet oder, wie bei C, angeschraubt. Bei dieser Konstruktion des Eselshauptes sollte man die Untermarsraa nicht an einen Rackkran hängen, sondern auf einer

Stütze ruhen lassen, die auf der Saling ihren Fußpunkt hat. Es ist dann bei A nur ein Auge erforderlich.

In der nachstehenden Tabelle IX sind die Abmessungen der einzelnen Teile der Eselshäupter enthalten.

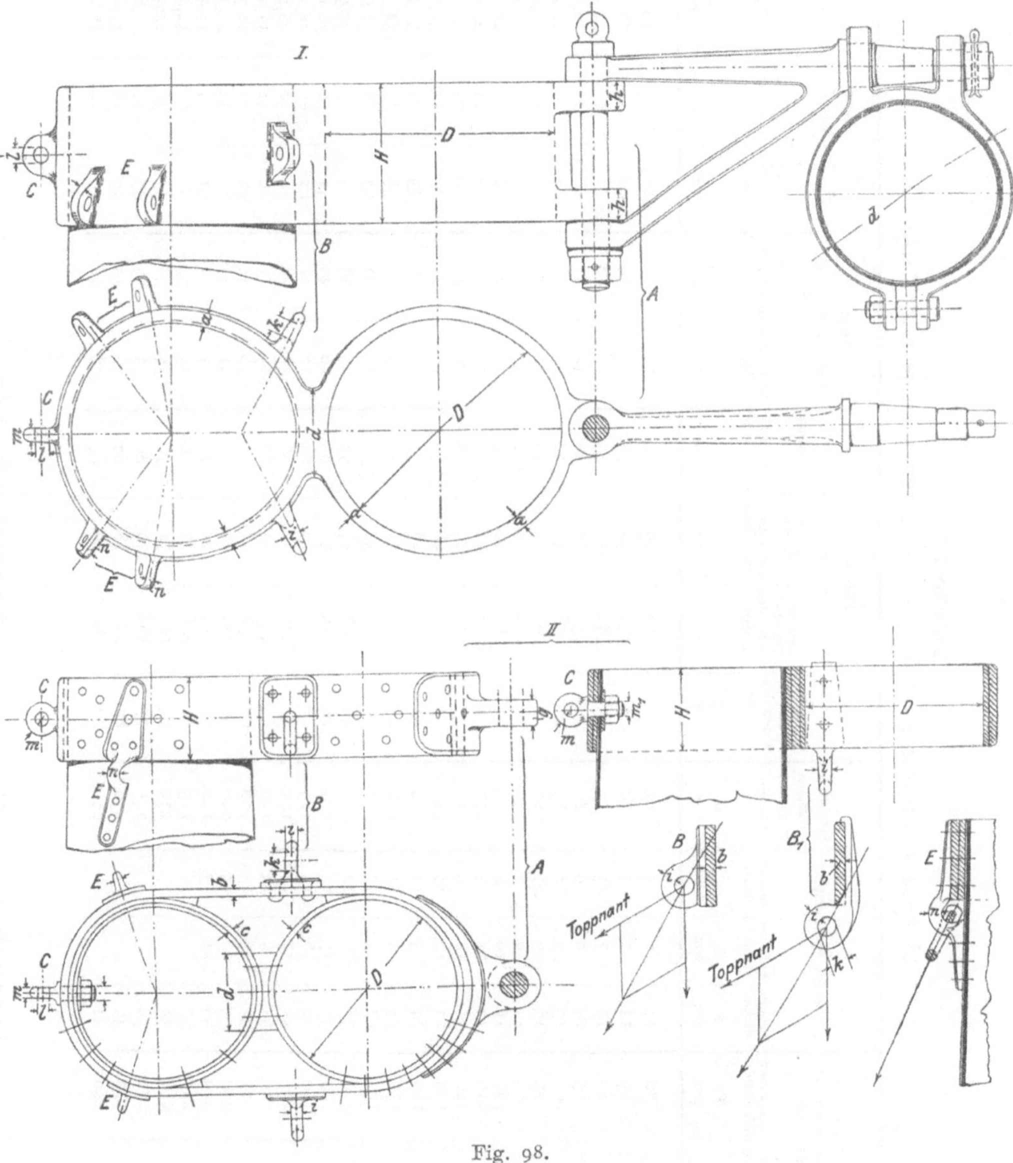

Fig. 98.

Bei einem aus mehreren Teilen zusammengebauten Eselshaupt können die anzunietenden Augen sehr verschiedenartig ausgeführt werden, wie dies z. B. für die Augen B und E rechts unter Fig. 98 II angedeutet ist. Bei den Toppnanten liegt die resultierende Kraft in der Diagonale des Kräfte-

Tabelle IX.

Abmessungen der Eselshäupter und ihrer einzelnen Teile.

Durchmesser des Auges für die Stenge	Höhe des Eselshauptes, wenn die Untermarsraa		Dicke des Eselshauptes			Stegbreite zwischen Mast und Stenge	Auge A für das Rack der Untermarsraa				Auge B für Toppnant der Unterraa		Auge C für Pickfall oder Bramstag			Auge E für Toppwanten
	am Rackkran hängt	auf einer Stütze ruht	Gesamtdicke	Äußeres Band	Innere Ringe		Durchmesser des Bolzens	Äußerer Durchmesser des Auges	Höhe des Auges, wenn die Untermarsraa am Rackkran hängt	auf einer Stütze ruht	Dicke des Auges	Durchmesser des Auges	Durchmesser des Auges	Dicke des Auges	Äußerer Durchmesser des Schafts im Gewinde	Dicke und Durchmesser
D	H	H	a	b	c	d	e	f	g	h	i	k	l	m	m_1	n und o
mm	mm	mm	mm	mm	mm	mm	mm	mm	mm	mm	mm	mm	mm	mm	mm	
150		70	11	6	5	65	23	50	29	31	12	18	19	13	19	
160		75	12	7	5	70	24	52	30	33	12	19	20	14	19	
170		80	13	7	5	75	25	54	31	35	13	20	21	15	22,2	
180		85	14	8	6	80	26	56	32	36	14	21	22	16	22,2	
190		90	15	9	6	83	27	58	33	38	15	21	23	17	22,2	
200		95	16	9	7	87	28	61	35	40	16	22	24	18	25,4	
210		100	17	10	7	90	30	64	38	42	17	22	25	19	25,4	
220		105	18	10	8	95	32	68	40	44	18	23	26	20	28,6	
240	195	110	19	11	8	105	34	73	42	46	19	24	28	21	28,6	
260	205	120	21	12	9	115	37	79	44	48	20	24	30	22	28,6	
280	215	130	22	12	10	122	39	85	46	50	21	25	31	23	31,7	
300	225	140	24	13	11	132	42	91	48	52	22	26	33	24	31,7	
320	230	150	25	14	11	140	44	97	51	54	23	27	35	25	34,9	
340	240	160	27	15	12	150	47	102	53	57	24	28	37	26	34,9	
360	250	170	28	16	12	160	50	108	55	59	25	29	39	27	34,9	
380	255	180	30	17	13	170	53	116	58	62	26	30	41	28	38,1	
400	260	190	31	18	13	175	55	120	60	64	27	31	42	29	38,1	
420	270	200	32	18	14	185	58	126	62	66	28	32	44	30	38,1	
440	280	210	33	19	14	190	61	132	64	68	29	33	46	31	41,3	
460	290	220	34	19	15	200	63	138	67	70	30	34	48	32	41,3	
480	300	230	35	20	15	210	66	144	69	72	31	35	50	33	41,3	
500	305	240	36	21	15	220	69	150	71	74	32	36	51	34	44,4	
520	315	250	37			225	72	156	72	76	33	37	53	35	44,4	
540	320	260	38			235	75	162	74	78	34	38	55	36	44,4	
560	325	270	39			245	77	168	76	80	35	39	57	37	47,6	
580	330	280	40			250	80	176	78	82	36	40	59	38	47,6	
600	340	290	41			260	82	180	80	84	37	41	60	39	47,6	

Durchmesser und Dicke des Auges gleich dem Durchmesser der Rüsteisen.

parallelogramms, wie für die Augen *B* angegeben. Die einzelnen Augen müssen im allgemeinen stärker konstruiert werden, als für die darauf wirkenden Kräfte erforderlich ist, d. h. es muß das daran fahrende Tauwerk bei übermäßiger Beanspruchung eher brechen als das Auge. Bei kleinen Masten kommen gewöhnlich die in Fig. 99 II und III angegebenen Konstruktionen aus Schmiedeeisen für die Eselshäupter zur Anwendung. Für Masten mit Raaen müssen selbstverständlich die Augen *A* und *B* vorgesehen werden.

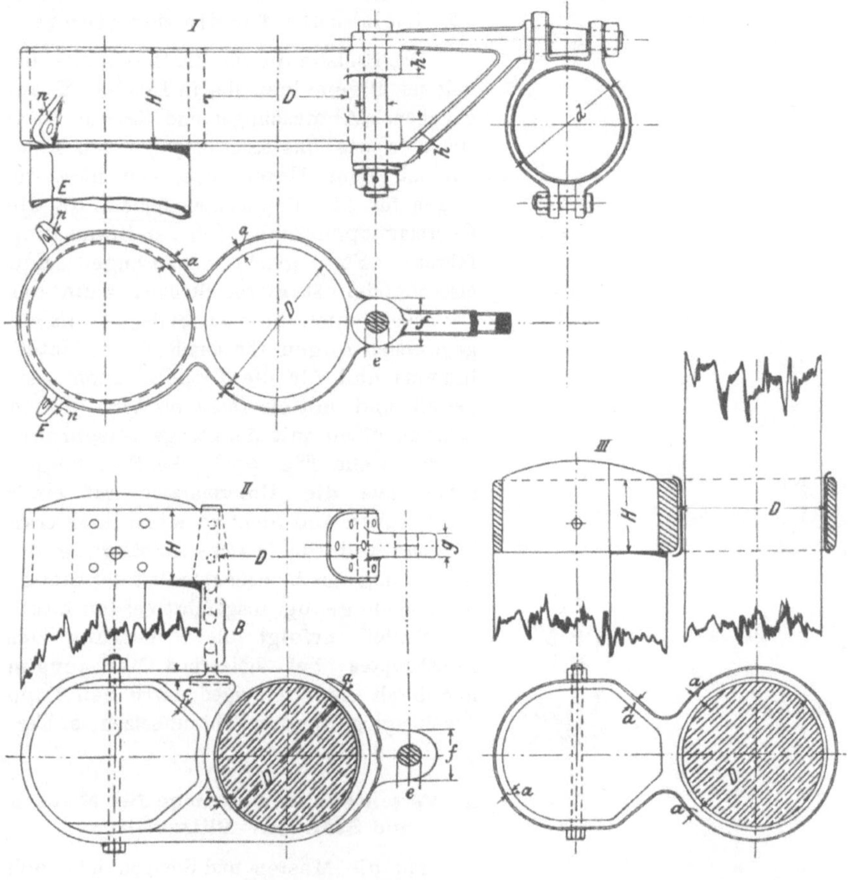

Fig. 99.

Wird auf dem Bugspriet ein Klüverbaum gefahren, so ist für ersteres auch ein Eselshaupt erforderlich. Es können für dieses dieselben Abmessungen, die in Tabelle IX angegeben sind, genommen werden, nur gilt *D* in diesem Fall als Durchmesser des Klüverbaums. Bei einem Eselshaupt für ein Bugspriet kommen folgende Augen in Frage:

1. Ein Auge querschiffs unter dem Bugspriet für den Stampfstock.

2. Ein Auge längsschiffs, hinter dem obigen, für das Wasserstag; das bei großen Schiffen erforderliche Auge für das zweite Wasserstag wird nicht am Eselshaupt, sondern weiter nach innen am Bugspriet angebracht.

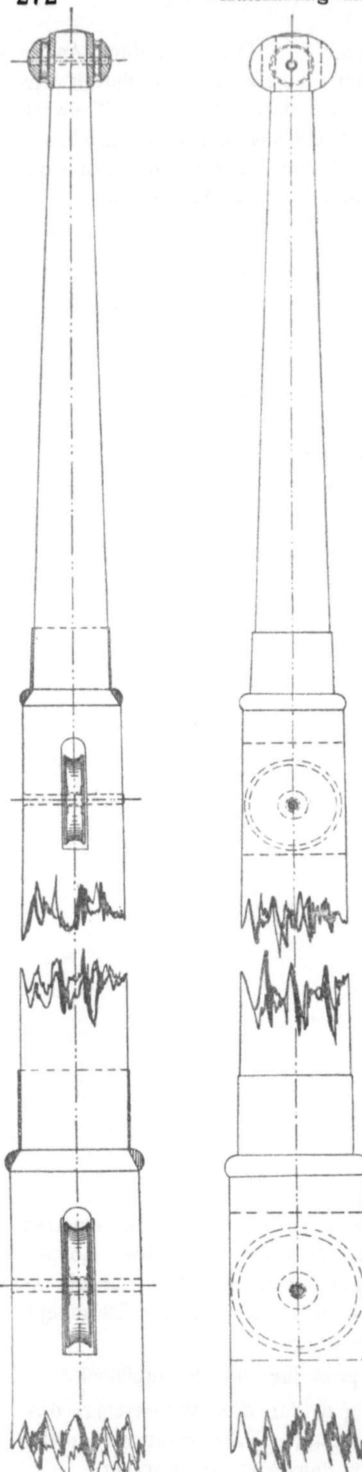

Fig. 100.

3. Augen für die Bugstagen, seitlich am Eselshaupt, der Richtung entsprechend.

4. Zwei Augen an der Oberkante des Eselshauptes für die Strecktaue des Netzes zur Aufnahme des Vorstengestagsegels.

Für kleine Bugspriete kommen die in Fig. 99 II und III angegebenen Eselshauptkonstruktionen in Betracht.

β. Eselshaupt für die Marsstenge.

Das Eselshaupt für die Marsstenge erhält im allgemeinen die in Tabelle IX angegebenen Abmessungen und dieselbe Konstruktion wie das Eselshaupt für den Mast, nur mit dem Unterschied, daß hier die Augen für die Toppnanten fehlen, da die Obermarstoppnanten nach der Bramsaling fahren. Für große Abmessungen und eiserne oder stählerne Stengen kann das Eselshaupt auch hier aus Stahlguß mit angegossenen Augen für das Rack der Unterbramraa und für die Topp-Pardunen hergestellt und mittels sechs bis acht kurzen Schraubbolzen mit der Stenge verschraubt werden, siehe Fig. 99 I. Bei Holzstengen sollte stets die Untermarsraa auf einer Stütze ruhen und nicht an einem Rackkran hängen, weil für letztere Aufhängung die Verbindung des Eselshauptes mit der Stenge nicht solide genug ausgeführt werden kann. Gewöhnlich erfolgt die Befestigung des Eselshauptes bei hölzernen Marsstengen nur durch einen einzigen durch den Topp der Stenge gehenden Schraubbolzen, s. Fig. 99 II und III.

4. Verschiedene Beschläge für Masten und Stengen. Blitzableiter.

Für die Masten und Stengen ist noch eine Reihe von weiteren Beschlägen erforderlich, dieselben hängen aber größtenteils mit den Raaen, Bäumen und Gaffeln zusammen und sollen als Zubehör zu diesen später behandelt werden.

Die Absätze von gewöhnlichen und von allen Bramstengen sollten stets mit einem aus Halbrundeisen gebildeten Ringe versehen werden, dessen Innenfläche konisch gestaltet ist und der verhindert, daß sich die auf dem Absatz liegenden Stengewanten, Stagen und Pardunen an einzelnen Stellen in die Stenge drücken und den betreffenden Absatz beschädigen. Um zu verhindern, daß sich das Gut in den über dem Absatz liegenden Teil der Stenge bezw. des Topps einkneift, empfiehlt es sich, die Stenge im Bereich des Guts mit einer Hülse von Kupfer oder Metall zu versehen, s. Fig. 100.

Blitzableiter. An den Spitzen der Masten hölzerner Schiffe oder solcher eiserner und stählerner Schiffe, deren Masten bis zur obersten Spitze aus Holz bestehen, müssen Blitzableiter angebracht werden, welche bis zum Wasserspiegel zu führen sind; bestehen die Masten der eisernen oder stäh-

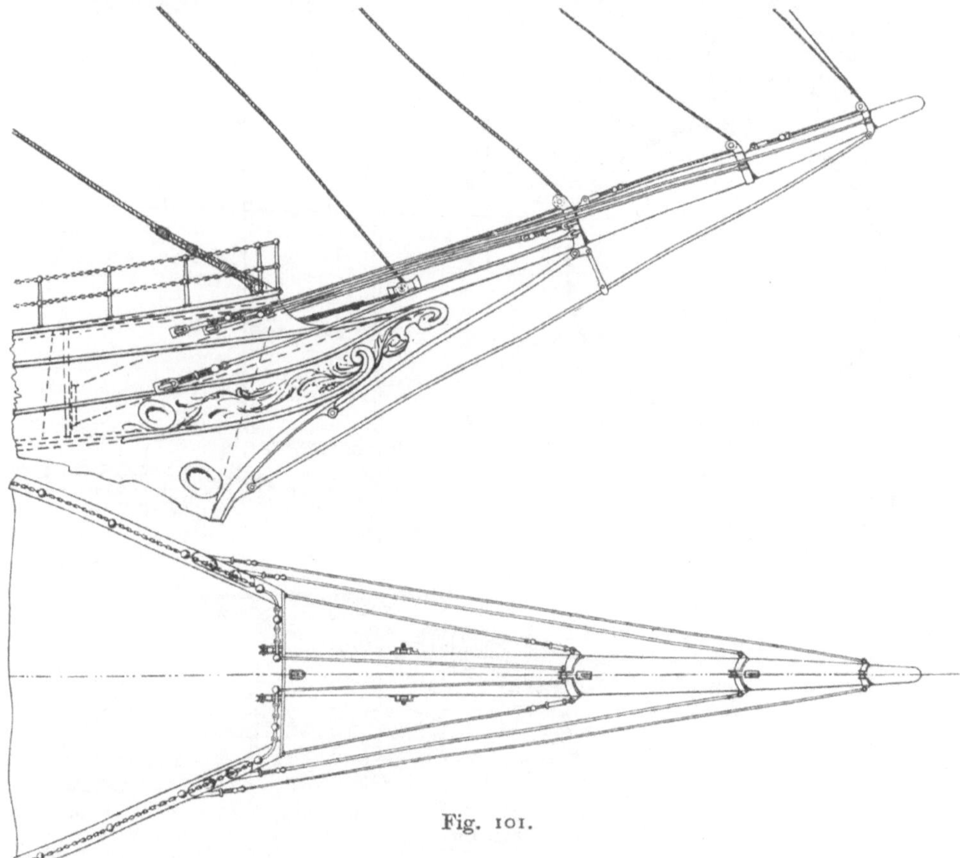

Fig. 101.

lernen Schiffe teilweise aus Holz und teilweise aus Eisen oder Stahl, so müssen die Blitzableiter eine leitende Verbindung zwischen den Spitzen und den unteren Metallteilen der Masten herbeiführen; bestehen die Masten eiserner oder stählerner Schiffe bis zur obersten Spitze aus Eisen oder Stahl, so können Blitzableiter fehlen.

Die Blitzableiter bestehen aus einer kupfernen Spitze und einer Leitung aus Kupferdrahttau. Letztere ist möglichst ohne scharfe Biegungen und Knicke nach den unteren Mastteilen oder an den Roil- oder Brampardunen entlang abwärts ins Wasser zu führen oder — bei eisernen und stählernen Schiffen — mit dem Schiffskörper in leitende Verbindung zu bringen.

5. Weiteres Zubehör zum Bugspriet.

Nach dem Bugspriet, s. Fig. 101, fahren die Stenge-, Bram- und Roilstagen des Fockmastes. Die Zugkräfte aller dieser Teile zerlegen sich in axiale, nach dem Schiff zu gerichtete und in nach oben gerichtete Kräfte. Außerdem üben die verschiedenen an den Stagen befindlichen Stagsegel noch seitlich gerichtete Kräfte auf das Bugspriet aus. Alle diese Kräfte

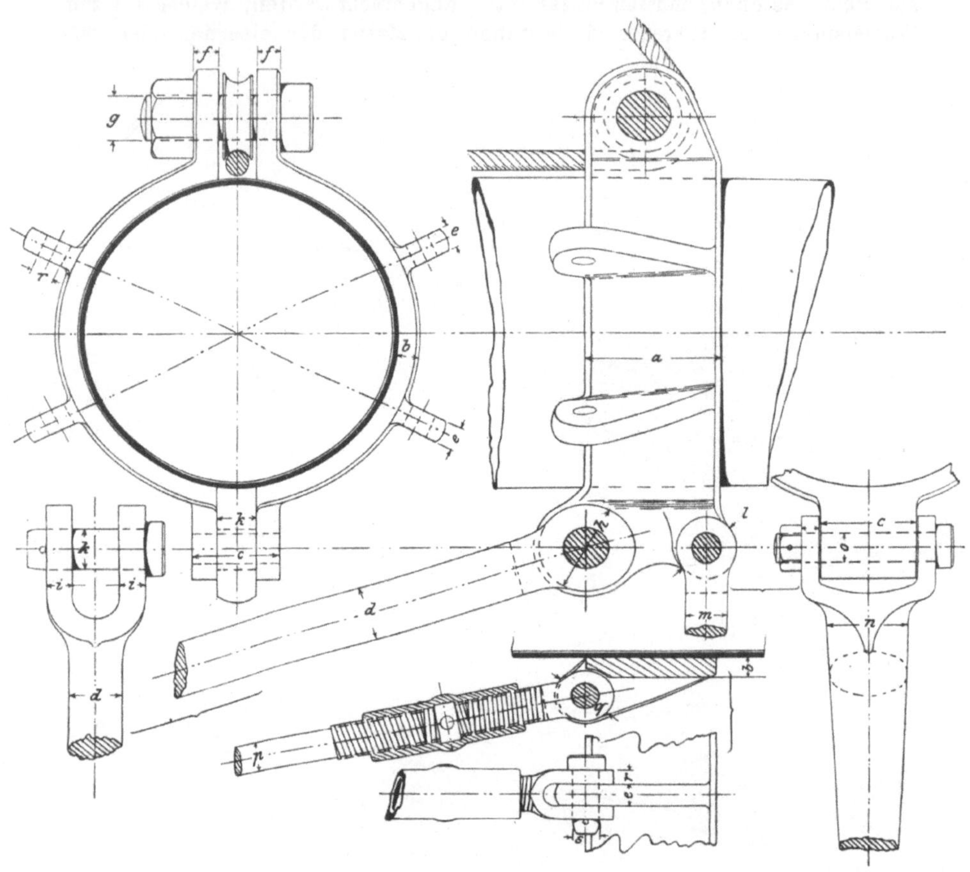

Fig. 102.

können nicht direkt vom Bugspriet aufgenommen werden und deshalb sind verschiedene Befestigungen vorzusehen.

Der Axialdruck wird allein von dem Pfosten am Fuß des Bugspriets aufgenommen und ist derselbe deshalb ausreichend kräftig zu konstruieren, so daß das Bugspriet nicht zurückweichen kann. Die nach oben gerichteten Zugkräfte werden namentlich durch das Wasser- und Stampfstag und die seitlich wirkenden Kräfte vorzugsweise durch die Bugstagen aufgenommen.

Die wichtigste Befestigung des Bugspriets bildet das Wasserstag. Dasselbe sollte einen möglichst großen Winkel zur Achse des Bugspriets bilden, damit es möglichst wirksam ist. Um aber eine Kollision mit den Ankerketten zu verhüten, kann das Wasserstag in der Regel nicht beliebig tief am Vorsteven angebracht werden.

Die allgemeine Anordnung der Bugsprietbefestigungen geht aus Fig. 101 hervor. Bei einigen Schiffen mit langem Gallion werden die Vorstengestagen wohl noch am Schiffskörper befestigt, sonst aber fahren dieselben über zwei einander gegenübersitzende kleine Scheiben am Bugspriet und von da nach der Back, wo sie entweder auf Tamp, Taljereeps oder Schrauben „gesetzt"

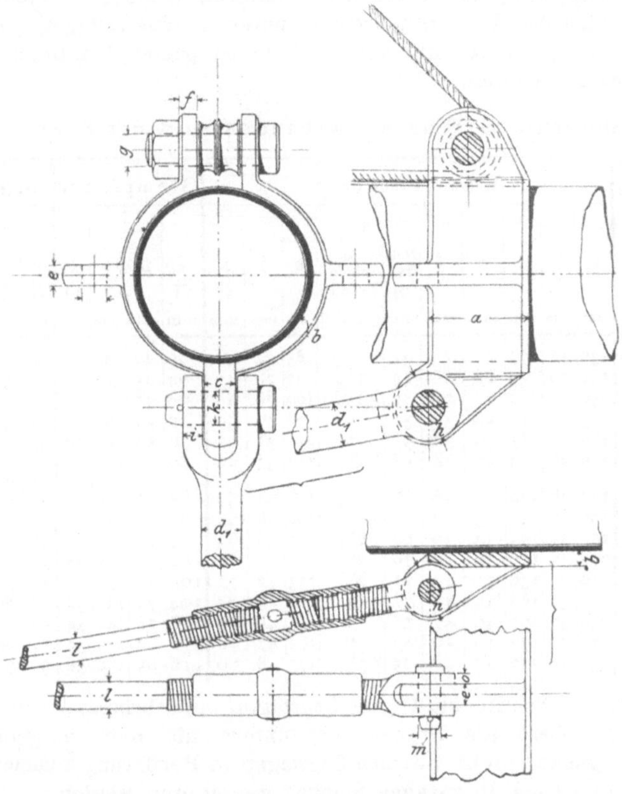

Fig. 103.

werden. Der Klüverleiter fährt gewöhnlich durch eine Rolle an der Oberkante des Wasserstagbandes und von dort auf der Oberkante des Bugspriets entlang nach der Back, dagegen werden die äußeren Stagen zwar auch über kleine Scheiben geführt, aber in der Regel auf der Oberkante des Bugspriets gesetzt, wie dies aus Fig. 101 ersichtlich. Am Klüverbaum und Bugspriet eines jeden Schiffes müssen starke Fuß- und Handpferde angebracht sein, auch sind durch Netze oder Quertaue (Reiter, Schwichtinge) Vorkehrungen gegen das Herabfallen der Mannschaft zu treffen. Schiffe über 700 Registertons mit einem festen Hornbugspriet sind verpflichtet, Netze unter demselben zu führen.

276   Ausführung und Abmessungen der Bemastung.

Beschläge für das Hornbugspriet.

α. Das Wasserstagband.

Die Abmessungen des Wasserstages und der Bugstagen sowie deren Bolzendurchmesser finden sich in der Tabelle über „Stehendes Gut" im II. Abschnitt unter A. *a.* Die Abmessungen des Wasserstagbandes und des Stampfstocks sowie der Bugstagen, s. Fig. 102, sind hier auf den Durchmesser des Wasserstages (als Stange) bezogen und in der folgenden Tabelle enthalten. Der Stampfstock erhält am unteren Ende eine Gabel oder ein Auge zur Aufnahme des Stampfstages (unteren Wasserstages); der Durchmesser des Stampfstockes am unteren Ende ist gleich dem Durchmesser des Stampfstages zu nehmen.

Abmessungen des Wasserstagbandes und des Stampfstocks.

Wasserstag	Wasserstagband										Stampfstock				Bugstagen				
Durchmesser des Wasserstages d	a	b	c	e	f	g Bolzen Ø	g Gewinde Ø	h	i	k Ø	l Ø	m	n	o Ø	p Ø	q Ø	r	s	
mm	mm	mm	mm	mm	mm	mm	engl.Zoll	mm	mm	mm	mm	mm	mm	mm	mm	mm	mm	mm	
45 u. unter 50	130	18	90	25	23	42	$1^5/_8$	85	24	40	60	42	80	30	30	50	14	24	
50 „ „ 55	140	20	95	26	26	45	$1^3/_4$	92	26	43	64	45	85	32	32	53	15	26	1 Bugstag
55 „ „ 60	150	21	100	27	28	47	$1^3/_4$	100	28	46	68	48	90	34	33	56	16	27	
60 „ „ 64	155	23	110	28	30	51	2	108	30	50	72	51	95	36	35	59	17	28	
64 „ „ 68	160	24	117	30	31	53	2	112	31	53	76	54	100	38	37	62	18	30	
68 „ „ 72	170	26	123	32	34	58	$2^1/_4$	116	33	56	80	57	105	40	39	65	19	32	
72 „ „ 76	180	28	130	31	36	60	$2^1/_4$	120	34	59	84	60	110	42	38	64	19	31	
76 „ „ 80	190	29	136	33	38	64	$2^1/_2$	130	36	62	88	63	115	44	40	67	20	33	2 Bugstagen
80 „ „ 84	200	30	143	34	39	68	$2^1/_2$	140	38	65	92	66	120	46	42	70	21	34	
84 „ „ 88	205	32	150	36	42	70	$2^3/_4$	146	40	68	96	69	125	48	44	73	22	36	
88 „ „ 92	210	33	156	37	43	72	$2^3/_4$	153	42	71	100	72	130	50	46	76	23	37	
92 „ „ 96	220	34	163	39	45	77	3	160	44	74	104	75	135	52	48	80	24	39	
96 „ „ 100	230	36	167	40	47	78	3	165	45	76	108	78	140	54	50	84	25	40	
100 „ „ 103	240	37	172	42	50	83	$3^1/_4$	170	47	78	112	82	145	56	52	88	26	42	
103 „ „ 105	250	38	176	45	52	85	$3^1/_4$	175	48	80	116	85	150	58	55	92	27	44	

Für größere Schiffe sind zwei Bugstagen anzubringen, von denen gewöhnlich das obere als Stange, das untere als Kette ausgeführt wird. Wenn die Buganker nicht mit den Bugstagen in Berührung kommen können, so können zu beiden Bugstagen Stangen genommen werden.

Das Wasserstag und das Stampfstag können genau nach Länge geschmiedet werden, dagegen ist es zu empfehlen, für die Bugstagen Verschraubungen anzuwenden, damit diese stets nachgezogen werden können.

β. Das Nockband (s. Fig. 103).

Analog dem Vorhergehenden sind die Abmessungen für das Nockband, bezogen auf den Durchmesser des Stampfstages d_1, in nachstehender Tabelle angegeben. Der Durchmesser des Stampfstages beträgt $6/_{10}$ vom Durchmesser des Wasserstages, d. h. es ist $d_1 = 0{,}6\,d$. Häufig fahren das Bram- und Roilstag nach dem Nockband, so daß zwei kleine Scheiben nebeneinander auf dem Bolzen sitzen müssen, s. Fig. 103. Statt der Stangen für die Geien (Bugstagen) werden hier auch Drahttaue von gleicher Festigkeit genommen.

Abmessungen des Nockbandes und Zubehör.

Stampfstag		Nockband									Außenklüvergeien			
Durchmesser des Stampfstages d_1							g							
	a	b	c	e	f	Bolzen Ø	Gewinde Ø	h	i	k Ø	l	m Ø	n	o
mm	mm	mm	mm	mm	mm	mm	engl.Zoll	mm	mm	mm	mm	mm	mm	mm
28 und unter 30	75	11	24	16	14	24	$^7/_8$	50	14	24	19	16	36	8
30 „ „ 32	80	12	25	16	15	26	1	53	15	25	20	17	38	9
32 „ „ 34	85	13	27	17	16	27	1	56	16	26	21	17	40	9
34 „ „ 36	90	13	28	18	16	29	$1^1/_8$	60	17	27	22	18	42	10
36 „ „ 38	95	14	29	18	17	30	$1^1/_8$	63	18	28	23	19	44	10
38 „ „ 40	100	14	31	19	18	32	$1^1/_4$	66	19	30	24	20	46	11
40 „ „ 42	105	15	32	20	19	33	$1^1/_4$	69	20	31	25	21	48	11
42 „ „ 44	110	16	34	21	20	35	$1^3/_8$	72	20	33	26	22	50	12
44 „ „ 46	115	16	35	22	20	37	$1^3/_8$	75	21	34	27	23	52	12
46 „ „ 48	120	17	37	23	21	39	$1^1/_2$	78	22	36	28	24	54	13
48 „ „ 50	125	17	39	24	22	40	$1^1/_2$	82	23	38	29	25	56	14
50 „ „ 52	130	18	40	25	23	42	$1^5/_8$	86	24	40	30	26	58	14
52 „ „ 54	135	19	42	26	25	44	$1^5/_8$	90	25	42	31	26	60	15
54 „ „ 56	140	20	44	27	26	46	$1^3/_4$	95	26	44	32	27	62	15
56 „ „ 58	145	21	46	28	27	48	$1^7/_8$	100	27	46	33	28	64	16
58 „ „ 60	150	22	48	28	29	50	$1^7/_8$	105	28	48	34	29	66	16
60 „ „ 62	155	23	50	29	30	52	2	110	29	50	35	30	68	17

γ. Band für den Klüverleiter.

Dieses Band sitzt zwischen dem Wasserstag- und Nockband, es ist insofern einfacher als diese letzteren, weil es in der Regel kein Wasserstag aufzunehmen hat. Für die Abmessungen dieses Bandes kann das Mittel aus denen für das Wasserstag- und Nockband gewählt werden. Bei Schiffen mittlerer Größe fallen hier auch die Klüvergeien fort, und wenn kein Mittelklüver gefahren wird, ist das ganze Band entbehrlich.

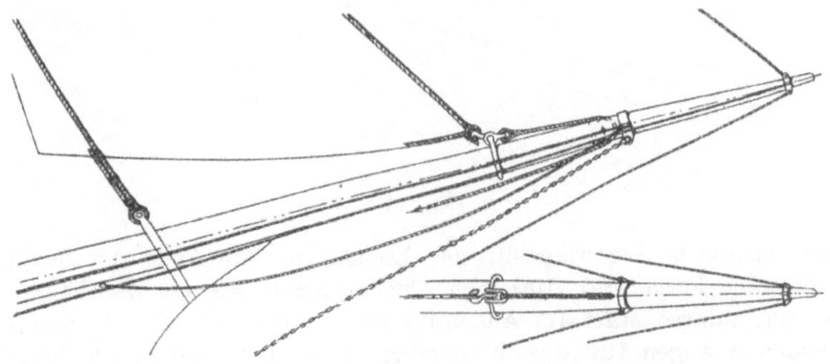

Fig. 104.

Bei kleinen Schiffen wird der Klüver oft an einem Ring, der das Bugspriet umfaßt und ausgeholt werden kann, gefahren. Eine solche Anordnung ist in Fig. 104 dargestellt.

δ. **Jackstagen für das Bugspriet**, s. C. c. 4. α.

Beschläge für das Bugspriet mit Klüverbaum, s. Fig. 105.

Diese Anordnung ist veraltet und kommt jetzt nur noch selten zur Ausführung. Da sich dieselbe aber gegenwärtig noch auf vielen alten Schiffen vorfindet, so soll sie hier kurz beschrieben werden.

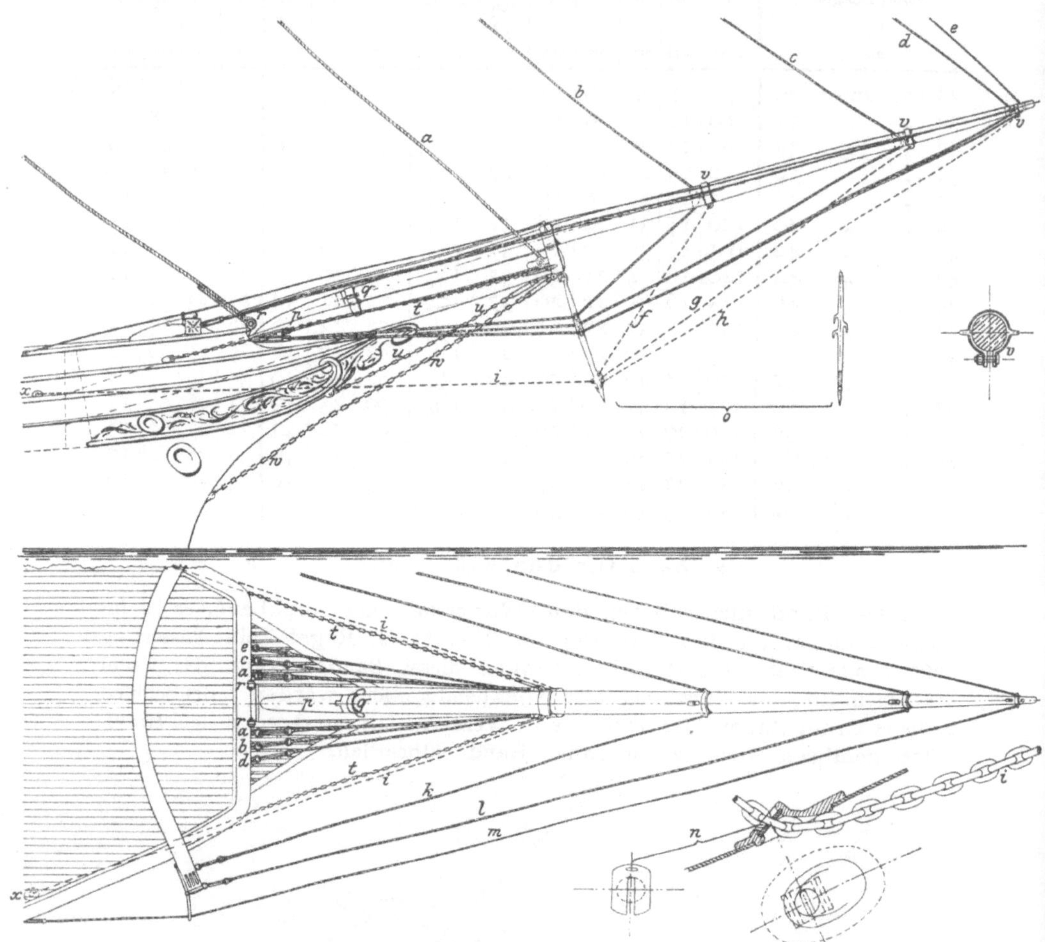

Fig. 105.

Der wichtigste Beschlagteil, das Eselshaupt am Ende des Bugspriets, erhält dieselbe Form und dieselben Abmessungen wie die Eselshäupter der Masten, nur müssen statt der Augen für die Toppnanten, Toppwanten u. s. w. entsprechende Augen für das Wasserstag, den Stampfstock, die Bugstagen u. s. w. vorgesehen werden.

In der Nähe der Bettung erhält das Bugspriet an seiner Oberkante eine Aufklotzung p, in welche der Klüverbaum mit einem Zapfen hinein-faßt und durch welche der nach Innen gerichtete Axialdruck aufgenommen wird. Dicht vor dieser Aufklotzung ist in der Regel am Bugspriet ein aufklappbarer Bügel q befestigt, in welchem der Klüverbaum gelagert ist. Dicht hinter dem Eselshaupt befinden sich zu beiden Seiten des Bugspriets die kleinen Scheiben für das Stengestag, welches von diesen Rollen am Bugspriet entlang nach der Back führt und dort bei aa gesetzt wird. Das Fockstag wird, wenn irgend angängig, an der Back bei r und nicht am Bugspriet befestigt, damit im Fall eines Verlustes des Bugspriets nicht auch der Fockmast mit über Bord geht. Außer dem Wasserstag w wird in der Regel noch ein sogenanntes Borgwasserstag u von gleicher Stärke angebracht und letzteres dicht hinter dem Eselshaupt befestigt. Beide Wasserstagen, wenn aus Ketten hergestellt, werden am Bugspriet mittels Drahttauzurrung gesetzt. Dasselbe geschieht mit den Bugstagen t. Der Klüverbaum erhält bei größeren Schiffen drei, bei kleineren Schiffen zwei Absätze. An jedem Absatz befindet sich ein Band v, welches unten mit einer Verschraubung und seitlich mit zwei Augen versehen ist. Der Bolzen für die Verschraubung nimmt die Stampfstagen f, g, h und die Augen nehmen die Geien k, l, m auf. Die Klüverleiter b, c, d und das Roilstag e fahren sämtlich über ganze oder halbe Scheiben oder durch Löcher durch den Klüverbaum. Von da gehen sie durch Gabeln am Stampfstock o und werden an der Vorkante der Back gesetzt, und zwar der Binnen- und der Außenklüverleiter bei b und d an Steuerbord, der Mittelklüverleiter und das Roilstag bei e und c an Backbord.

Die Binnen- und Mittelklüvergeien k und l fahren vielfach am Kranbalken auf Taljereep, dagegen fährt die Außenklüvergeie oft durch einen am Kranbalken befindlichen aufklappbaren Arm und wird an der Hinterkante der Back gesetzt. Es geschieht dies, um beim Übernehmen des Ankers die Geie leicht loswerfen zu können.

Die Stampfstockgeien i, welche bei x von der Schiffswand ausgehen, müssen ebenfalls leicht zum Losnehmen eingerichtet sein, schon um den Stampfstock beim Schleppen des Schiffes beiklappen zu können, so daß die Schlepptrosse sich frei bewegen kann. Die Stampfstagen und Geien bestehen in der Regel aus Ketten, die ersteren sind an beiden Enden, d. h. am Stampfstock und am Klüverbaum fest, die letzteren indes nur am Stampfstock. Das andere Ende fährt in einer Klüse durch die Schiffswand hindurch, wie dies in Fig. 105 — unten rechts — durch eine Skizze veranschaulicht ist. In der Klüse befindet sich ein Schieber n mit einem Schlitz. Wenn nun die Geie mittels einer Talje genügend steif geholt ist, wird der Schieber über das in der Klüse befindliche Kettenglied geschoben und so die Geie festgesetzt.

c. Zubehör der Raaen.

1. Anordnung und Aufhängung der Raaen.

Die Unterraaen werden durch die Hanger, Toppnanten und Racken mit den Untermasten, die Untermars- und Unterbramraaen durch die Racken mit den betreffenden Eselshäuptern und die übrigen Raaen durch ihre Racken, Drehreeps und Toppnanten mit den Stengen verbunden.

Bei den Unterraaen ist es erwünscht, daß sich dieselben bis zu einem Winkel von 34^0 anbrassen lassen, ohne mit den Unterwanten und -Stagen in Berührung zu kommen. Es läßt sich dies durch richtige Wahl der Entfernung der Raa vom Mast und durch eine geeignete Anordnung der Unter-

Stag
Hangerkette
Wanten
Rack
Raa
Hangerband
A
B
Raa
Hangerband
Rackband
Wanten
Schnitt
A - B
Rackband
34°
Stag
Wanten

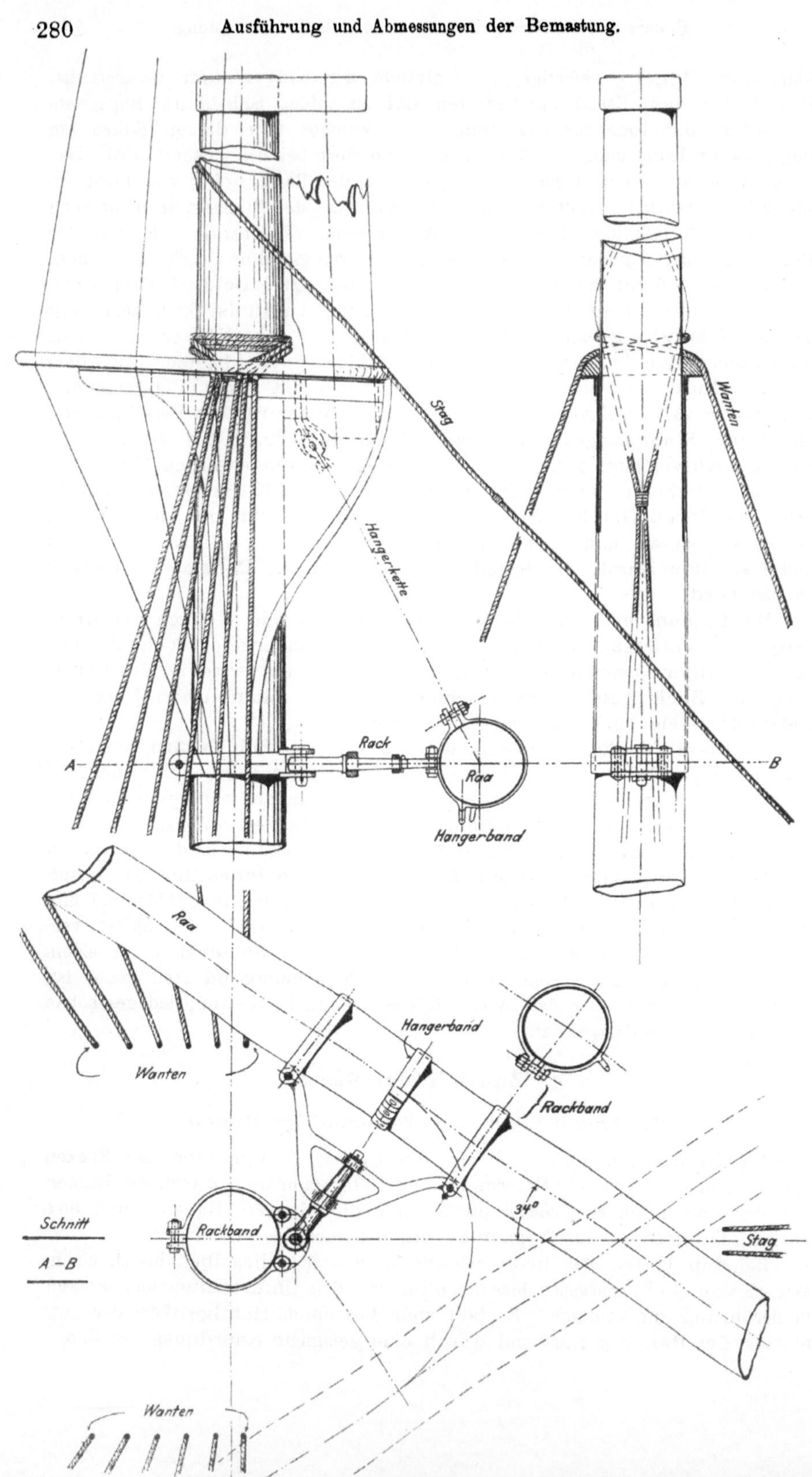

Fig. 106.

stagen leicht erreichen. In Fig. 106 ist die übliche Anordnung der Aufhängung der Unterraa eines Raaschiffes dargestellt; unten der Mast mit der Raa im angebraßten Zustande, oben die Anordnung der Wanten und Unterstagen. Aus der unteren Figur ist ersichtlich, daß die Raa, wenn hart angebraßt, einerseits dem Stag, andererseits dem vordersten Want sehr nahe kommt.

Fig. 107 stellt die Anordnung der Unterraa eines Dampfers dar. Auch hier ist zu erkennen, daß die Raa noch beim Anbrassen bis zu 34° von dem Stag und dem ersten Want frei fährt. Das Rack und die Hangerkette K sind hier so angeordnet, daß die Stenge gestrichen werden kann, ohne daß die Raa losgenommen zu werden braucht, was unter Umständen z. B. beim Passieren von niedrigen Brücken von Vorteil ist. Das Rack ist hier noch an einer kleinen Kette k aufgehängt, damit das Scharnier nicht durchhängt.

Innerhalb der vorstehend angegebenen Grenzen müssen sich die Raaen anbrassen lassen, d. h. um eine vertikale Achse von Bord zu Bord drehen können. Außerdem ist eine Drehung der Raaen um eine längsschiffs liegende horizontale Achse, das Toppen, bei allen Raaen erwünscht, nur bei den kleinen obersten Raaen kann allenfalls auf ein Toppen verzichtet werden.

Von diesen Gesichtspunkten aus sind die Racken zu konstruieren. Zur

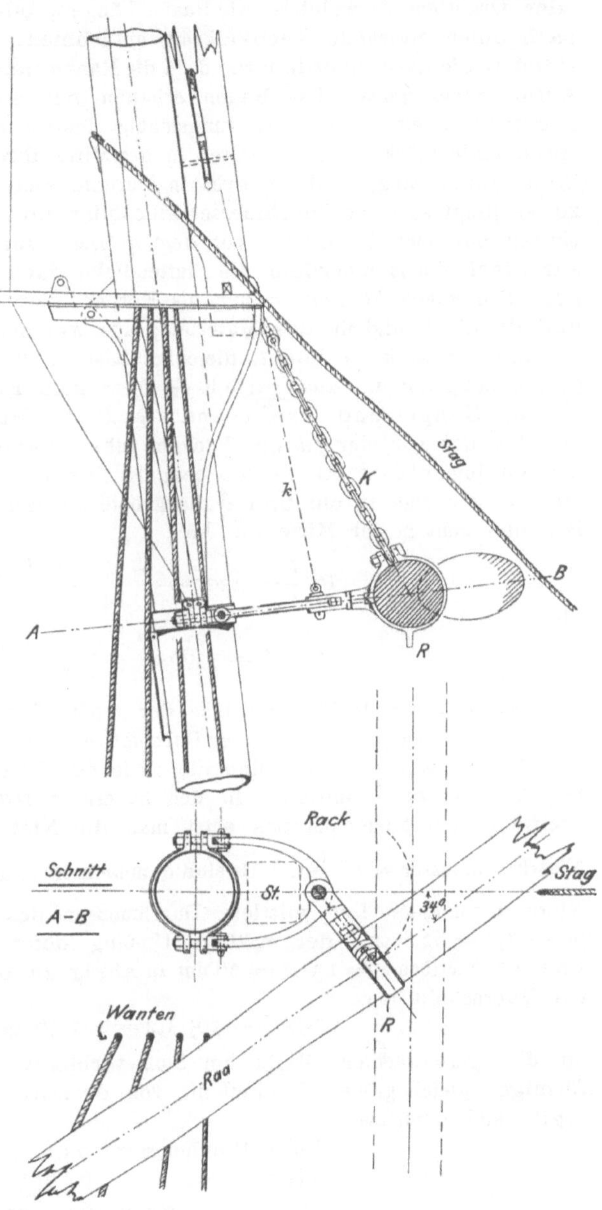

Fig. 107.

Bestimmung derjenigen Teile der Aufhängung, die den Vertikaldruck aufzunehmen haben, ist außer dem Eigengewicht der Raa auch die durch den
Winddruck auf die Segel hervorgerufene Kraft maßgebend. Die Ketten
oder Drahttaue, in welchen die Raaen hängen, oder die Stützen, welche die
nach unten gerichtete Vertikalkraft aufnehmen, müssen unter allen Umständen die Raaen überdauern, d. h. die Raaen müssen eher brechen als ihre
Aufhängungsorgane. Die Raaen erhalten bei einer gegebenen Länge im
allgemeinen eine den erfahrungsmäßig festgestellten Anforderungen entsprechende Stärke. Sie erhalten in der Mitte ihrer Länge — an der Stelle
ihrer Aufhängung — ihren größten Durchmesser. Nach den beiden Enden
zu verjüngt sich der Durchmesser allmählich und beträgt an den äußersten
Enden nur noch die Hälfte von dem größten Durchmesser. Bei den Raaen
aus Stahl nimmt außerdem die Plattendicke nach den Enden zu allmählich
ab. Die Raaen können daher als Körper von gleicher Festigkeit gelten
und da die Festigkeit des Materials, aus welchem sie hergestellt werden,
bekannt ist, so ist es leicht, diejenige Last zu berechnen, welche — wenn
gleichmäßig auf die Raa verteilt — diese zum Bruch bringt.

a. Hanger und Drehreeps. Ist P die Maximallast in kg, welche
auf der Raa von der Länge l in cm ruhen kann, ist die Bruchfestigkeit
des Stahlmaterials 4200 kg pro qcm, ist ferner d der größte äußere Durchmesser der Raa in cm und δ die größte Blechdicke in cm, dann ist das
Bruchmoment in der Mitte der Raa:

$$P \cdot \frac{l}{8} = 4200 \cdot \frac{d^4 - (d - 2\delta)^4}{d} \cdot \frac{\pi}{32},$$

also

$$1)\quad P = 3300 \cdot \frac{d^4 - (d - 2\delta)^4}{d \cdot l}.$$

Nehmen wir als Beispiel eine der größten jetzt vorkommenden Raaen
von 32 m Länge, deren größter Durchmesser 64 cm und deren Blechdicke
$\delta = 1,2$ cm beträgt, dann sind die Stöße der Bleche mit Nieten von 2 cm
Durchmesser zu verbinden. In der äußersten Nietreihe der Lasche eines
dreifach zu nietenden Stoßes setzt man die Niete in Abständen von $8 \times$
Nietdurchmesser $= 16$ cm. Es sind demnach im ganzen Umfange $\dfrac{64 \cdot \pi}{16} = 13$
Niete vorhanden. Der mittlere Durchmesser des Blechrohres ist $d - \delta =$
$64 - 1,2 = 62,8$ cm, der mittlere Umfang demnach 197,3 cm. Hiervon
sind 13 Nietlöcher $= 13 \cdot 2 = 26$ cm in Abzug zu bringen, so daß nur noch
ein Querschnitt von

$$(197,3 - 26) \cdot 1,2 = 205,56 \text{ qcm}$$

an der geschwächten Stelle am Stoß verbleibt. Für einen vollen ringförmigen gleich großen Querschnitt von demselben mittleren Durchmesser
ergibt sich dann als

äußerer Durchmesser 63,825 cm,
innerer   ,,   61 775   ,,
Mittel 62,8 cm.

Diese Werte in die obige Formel 1) eingesetzt, ergeben:

$$P = 3300 \cdot \frac{63,825^4 - 61\,775^4}{63,825 \cdot 3200},$$

$$P = 32818 \text{ kg} = 32,818 \text{ t}.$$

Auf diese Weise läßt sich ür jede beliebige Raa die Bruchbelastung ermitteln und in einem Diagramm als Kurve auftragen, wie dies in Fig. 108 unter der Bezeichnung „Bruchbelastung der Raaen" geschehen ist.

Bei dieser Belastung dürfen aber die Aufhängungsketten noch nicht brechen, und deshalb ist in Fig. 108 über der genannten Kurve noch eine zweite Kurve gezogen, welche mit „Bruchbelastung der Drehreeps" bezeichnet ist.

Die Hanger der Unterraaen laufen gewöhnlich — unter einem Winkel α zum Horizont geneigt — von der Raa zum Mast unterhalb der Saling. Es ist daher, um die Bruchbelastung der Hanger zu erhalten, diejenige der Drehreeps noch durch sin α zu dividieren. Wird für α ein mittlerer Wert (50 bis 60°) eingesetzt, und werden danach die einzelnen Werte der Bruchbelastung für Drehreeps vergrößert, dann entsteht eine dritte Kurve, die mit „Bruchbelastung der Hangerketten" bezeichnet ist, s. Fig. 108.

In Fig. 108 sind ferner noch Kurven für die Gewichte der Raaen aus Stahl und Holz, sowie für die Gewichte der Beschläge eingetragen.

Da die Hanger und Drehreeps gewöhnlich aus Ketten hergestellt werden, so kommt hierbei die Bruchprobe für Ketten ohne Steg in Betracht. Aus nachstehender Tabelle geht die Bruch- und Reckprobe, wie sie vom Germanischen Lloyd vorgeschrieben sind, hervor.

Glied-durch-messer mm	Ketten ohne Steg		Glied-durch-messer mm	Ketten ohne Steg	
	Bruchprobe Tonne à 1000 kg	Reckprobe Tonne à 1000 kg		Bruchprobe Tonne à 1000 kg	Reckprobe Tonne à 1000 kg
10	3,78	1,89	24	21,77	10,88
11	4,57	2,29	25	23,63	11,81
12	5,44	2,72	26	25,55	12,78
13	6,39	3,19	27	27,56	13,78
14	7,41	3,70	28	29,64	14,82
15	8,50	4,25	29	31,79	15,89
16	9,67	4,84	30	34,02	17,00
17	10,92	5,46	31	36,33	18,16
18	12,25	6,12	32	38,37	19,37
19	13,65	6,82	33	41,17	20,58
20	15,12	7,56	34	43,70	21,85
21	16,67	8,33	35	46,31	23,15
22	18,30	9,15	36	48,99	24,49
23	20,00	10,00			

Die Drehreeps haben in der Regel noch Ketten als Mantel. Der Querschnitt dieser Ketten muß reichlich die Hälfte von dem Querschnitt der Drehreeps betragen. Bei Drehreeps über 25 mm Durchmesser kommen gewöhnlich Winden zum Heben der Raa zur Anwendung.

In nachstehender Tabelle sind nun die aus den drei Kurven für die Bruchbelastung in Tonnen (t) sich ergebenden Werte zusammengestellt und die Durchmesser der Ketten für Drehreeps, deren Mantel und für Hanger nach Maßgabe der vorstehenden Tabelle angegeben.

Diese lediglich auf dem Wege der Rechnung entstandene Tabelle hat den Vorzug, daß sie für die betreffenden Ketten Werte ergibt, die mit den in der Praxis üblichen gut übereinstimmen.

Bruchbelastung in Tonnen à 1000 kg
40
39
38
37
36
35
34
33
32
31
30
29
28
27
26
25
24
23
22
21
20
19
18
17
16
15
14
13
12
11
10
9
8
7
6
5
4
3
2
1
0
Bruchbelastung der Hangerketten
Bruchbelastung der Drehreeps
Bruchbelastung der Raaen
Gewicht der Raaen in Kilogramm
6000
5000
4000
3000
2000
1000
0
Raaen aus Stahl
Raaen aus Holz
Beschläge
5 6 8 10 12 14 16 18 20 22 24 26 28 30 32 m
Länge der Raaen in m.

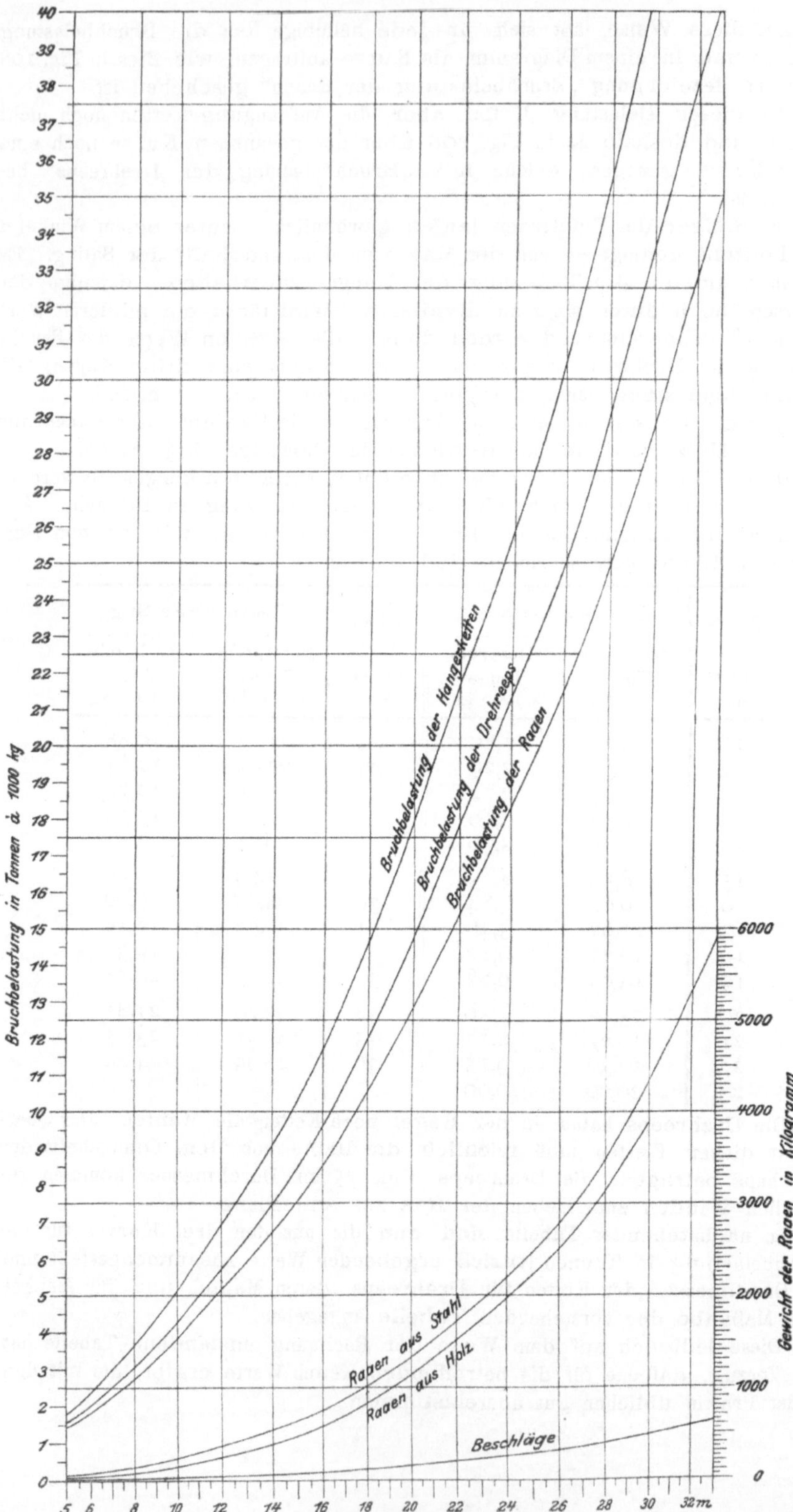

Fig. 108.

| Länge der Raaen | Bruch-belastung der Raaen | Bruchbe-lastung der Drehreeps | Durchmesser der Ketten für | | Bruch-belastung der Hanger | Durchm. d. Hanger-ketten |
| | | | Drehreeps | Mantel | | |
m	t	t	mm	mm	t	mm
10 und unter 11	3,80	4,56	11	8½	5,56	13
11 „ „ 12	4,45	5,34	12	9	6,51	14
12 „ „ 13	5,15	6,18	13	10	7,54	15
13 „ „ 14	5,80	6,96	14	11	8,49	16
14 „ „ 15	6,60	7,92	15	12	9,66	17
15 „ „ 16	7,60	9,12	16	13	11,13	18
16 „ „ 17	8,55	10,26	17	14	12,52	19
17 „ „ 18	9,55	11,46	18	14	13,98	20
18 „ „ 19	10,55	12,66	19	15	15,44	21
19 „ „ 20	11,70	14,04	20	16	17,13	22
20 „ „ 21	12,90	15,48	21	16	18,89	23
21 „ „ 22	14,20	17,04	22	17	20,79	24
22 „ „ 23	15,50	18,60	23	18	22,69	25
23 „ „ 24	16,85	20,22	24	19	24,67	26
24 „ „ 25	18,32	21,98	25	19	26,82	27
25 „ „ 26	19,90	23,88	26	20	29,13	28
26 „ „ 27	21,60	25,92	27	21	31,62	29
27 „ „ 28	23,20	27,84	28	22	33,96	30
28 „ „ 29	25,00	30,00	29	23	36,33	31
29 „ „ 30	27,00	32,40	30	24	39,50	33
30 „ „ 31	28,75	34,50	31	25	24,09	34
31 „ „ 32	30,75	36,90	32	25	45,02	35

Bei den Untermars- und Unterbramraaen kamen früher gelegentlich wohl auch kurze Hangerketten, die von der betreffenden Raa nach einem Bande führten, welches oberhalb des Eselshauptes an der Stenge saß, zur Anwendung. Diese Konstruktion ist nicht zu empfehlen, weil die darüber liegenden Raaen mit ihren Racken wegen des Bandes an der Stenge nicht tief genug herabgelassen werden können.

In den weitaus meisten Fällen werden die Racken der Untermars- und Unterbramraaen so angeordnet, daß sie die Raaen ohne jegliche Aufhängung oder Unterstützung tragen können. Kommt eine Stütze zum Tragen dieser Raaen zur Anwendung, dann ist diese nach der Bruchbelastung der Drehreeps, s. Fig. 108, ihrer Länge entsprechend auf Zerknicken zu berechnen.

Die besonderen Vorkehrungen zum Heben und Senken der Obermars- und Oberbramraaen, sowie der Roil- und Skeisegelraaen sollen unter „Laufendes Gut" näher erörtert werden.

β. Toppnanten. Die Toppnanten bilden die Aufhängung der Raaen an ihren Enden und dienen auch zum sogenannten Toppen der Raaen. Bei den Unterraaen fahren die Toppnanten in der Regel von den Raanocken durch Augen am Mast oder Stenge und erhalten unten zum Durchholen eine kleine Talje (Klappläufer), sie gehören deshalb zum laufenden Gut und sollen dort ausführlich behandelt werden. Die Toppnanten der oberen Raaen dagegen sind gewöhnlich an beiden Enden fest und die betreffende Raa hängt nur dann in ihnen, wenn sie sich unten befindet.

Diese letzteren Toppnanten werden aus Stahldraht hergestellt und erhalten nachstehende Abmessungen:

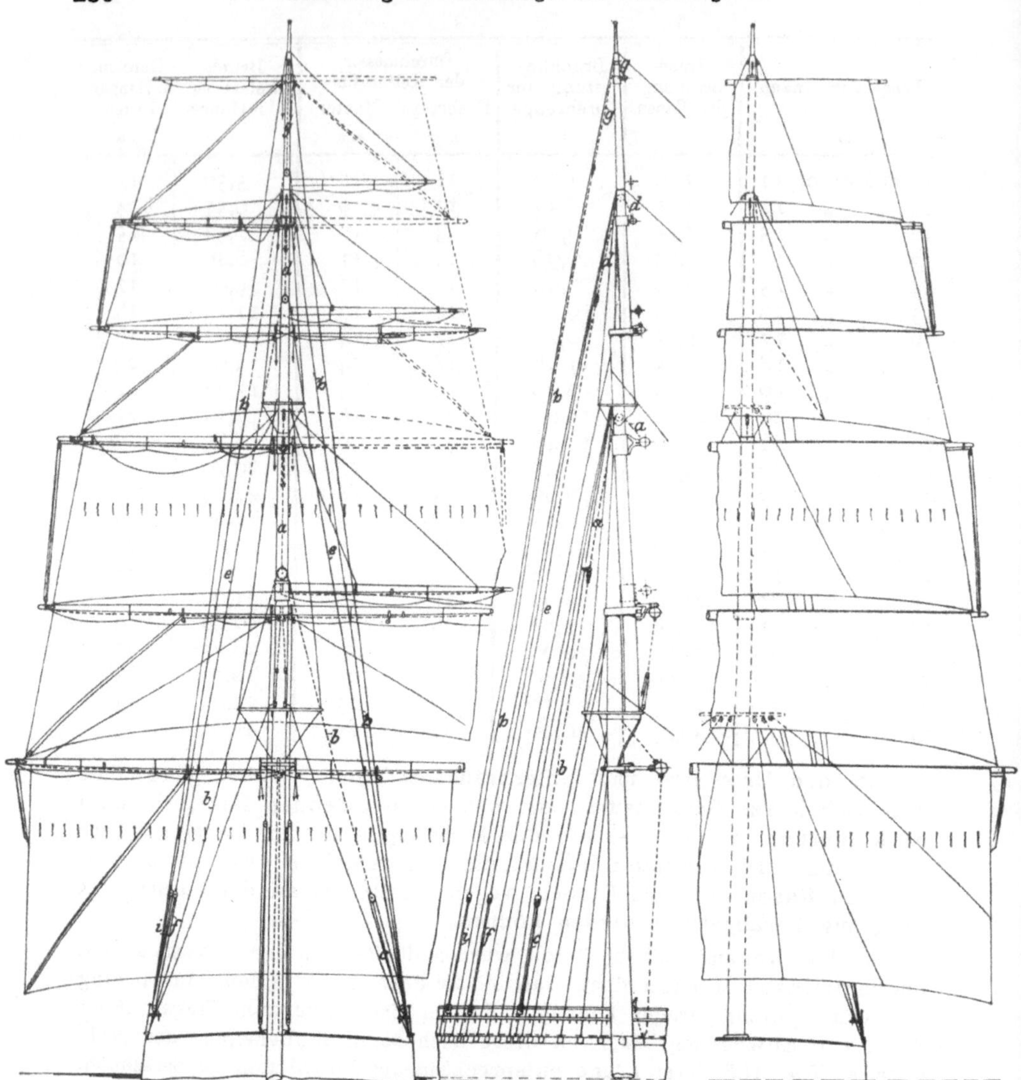

Fig. 109.

Länge der Raa			Umfang der Toppnanten	Länge der Raa			Umfang der Toppnanten
		m	mm			m	mm
8 und unter		9	42	18 und unter		19	62
9	„	„	10	44	19	„	„	20	64
10	„	„	11	46	20	„	„	21	66
11	„	„	12	48	21	„	„	22	68
12	„	„	13	50	22	„	„	23	70
13	„	„	14	52	23	„	„	24	72
14	„	„	15	54	24	„	„	25	74
15	„	„	16	56	25	„	„	26	76
16	„	„	17	58	26	„	„	27	78
17	„	„	18	60	27	„	„	28	80

Für die Obermars- und Oberbramraaen werden bisweilen auch an jeder Seite der Raa zwei Toppnanten vorgesehen, damit bei einem Bruch des Drehreeps die betreffende Raa in alle vier Toppnanten fällt, so daß sie nicht so leicht durchbricht, s. Fig. 109. Für Drehreeps werden in neuerer Zeit statt der Ketten oft Stahldrahttaue angewendet.

Statt der Aufhängung kommt zuweilen bei den Untermars- und Unterbramraaen eine Stütze zur Anwendung, s. Fig. 110. Die betreffende Raa wird in diesem Falle durch eine schmiedeeiserne Stange, die ihren Fußpunkt auf der Quersaling hat und unter der Raa mit dem Hangerband verbunden wird, abgestützt. Mitunter gibt man diesen Stützen eine leichte S-förmige Biegung, wahrscheinlich des besseren Aussehens wegen. Eine solche Biegung ist aber durchaus zu verwerfen, weil dadurch die Gefahr des Einknickens erheblich vergrößert wird.

Bei dieser Anordnung ist die Stütze auf Zerknicken zu berechnen, wobei die vorstehende Bruchbelastung P der Raa zu grunde zu legen ist. Ist l die Länge, δ der Durchmesser der Stütze, J das Trägheitsmoment und E der Elastizitätsmodul des Materials, aus welchem die Stütze hergestellt ist, dann ist:

$$P = \frac{\pi^2 \cdot E \cdot J}{l^2}$$

oder

$$P = \frac{\pi^2 \cdot E \cdot \dfrac{\delta^4}{64} \cdot \pi}{l^2},$$

folglich für Schmiedeeisen:

$$\delta = 0{,}032 \cdot \sqrt{l \cdot \sqrt{P}}.$$

Rechnet man der größeren Sicherheit wegen mit einem Koeffizienten 0,04 statt 0,032, dann entsteht folgende Tabelle:

Durchmesser der Raa d mm	Bruch-belastung der Raa t	Länge l der Stütze cm	Durchmesser der Stütze		
			in der Mitte δ mm	auf $^1/_4\, l$ vom Ende δ_1 mm	an den Enden δ_2 mm
200 und unter 220	3,80	200 und unter 260	47	42	24
220 „ „ 240	4,45	220 „ „ 270	51	46	26
240 „ „ 260	5,15	240 „ „ 290	55	50	28
260 „ „ 280	5,80	260 „ „ 300	59	53	30
280 „ „ 300	6,60	280 „ „ 320	63	57	32
300 „ „ 320	7,60	300 „ „ 330	67	60	34
320 „ „ 340	8,55	320 „ „ 350	71	64	36
340 „ „ 360	9,55	340 „ „ 360	75	68	38
360 „ „ 380	10,55	360 „ „ 380	79	71	40
380 „ „ 400	11,70	380 „ „ 390	83	75	42
400 „ „ 420	12,90	390 „ „ 410	87	78	44
420 „ „ 440	14,20	410 „ „ 420	90	81	45
440 „ „ 460	15,50	420 „ „ 440	94	85	47
460 „ „ 480	16,85	440 „ „ 450	97	88	49
480 „ „ 500	18,32	450 „ „ 470	101	91	51
500 „ „ 520	19,90	470 „ „ 480	105	95	53
520 „ „ 540	21,60	480 „ „ 500	109	98	55
540 „ „ 560	23,20	500 „ „ 510	112	101	56
560 „ „ 580	25,00	510 „ „ 530	116	105	58
580 „ „ 600	27,00	530 „ „ 540	120	108	60

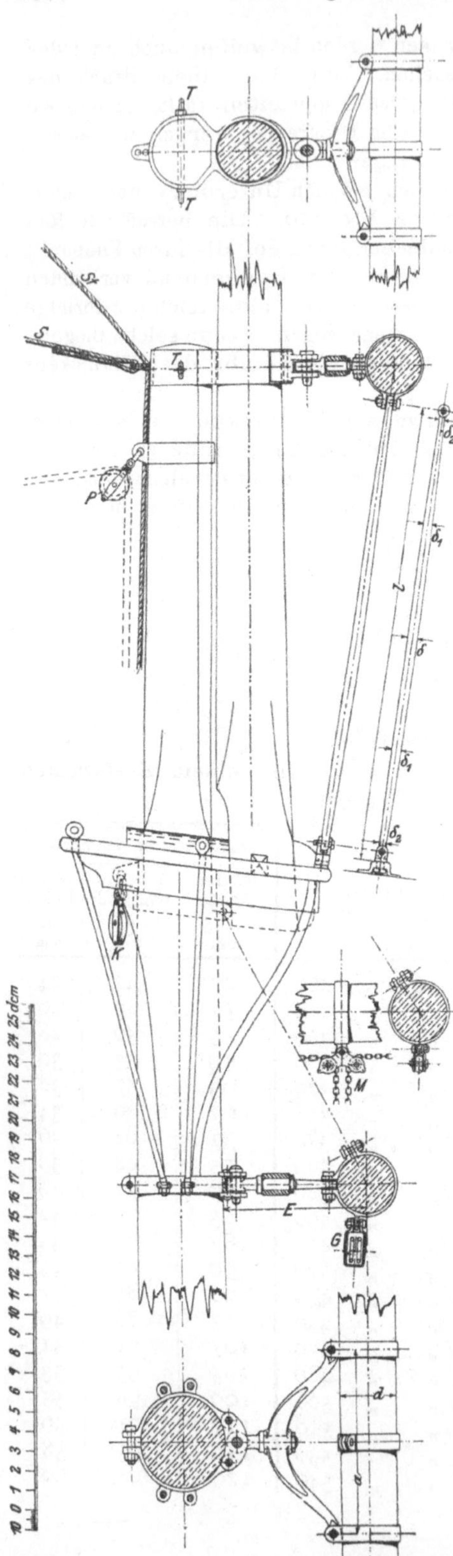

Nach den Enden zu kann die Stütze verjüngt werden, so daß sie oben und unten nur halb so dick wird wie in der Mitte. Hierdurch wird erheblich an Gewicht gespart.

Da die Stütze sich unten um ihren Fußpunkt dreht, so steht die **Raa** am höchsten, wenn sie querschiffs („vierkant") gebraßt ist. Beim Anbrassen beschreibt sie mit **ihrer** Mitte einen Kreisbogen, dessen Mittelpunkt in dem Drehpunkt der Stütze liegt, und senkt sich deshalb um so mehr, je schärfer sie angebraßt wird. Dies ist bei der Konstruktion des Racks zu berücksichtigen und für ausreichenden Spielraum im Bolzenloch zu sorgen.

Fig. 110 stellt den Topp des Fockmastes eines Toppsegelschoners dar (s. Fig. 50). Es bedeuten: T Augen für Toppnanten, St Großstengestag, S Knickstag, P Piekfallblock, K Klaufallblock, M Marsschotenblock, G Geitaublock.

2. Die Racken.

Der wichtigste Beschlagteil einer Raa ist das Rack. Bei der Konstruktion der Racken ist zunächst die Entfernung der Raamitte von der Vorkante des Mastes oder der Stenge nach den an Hand der Fig. 90, 93, 106 und 107 entwickelten Grundsätzen festzulegen. Ein großer Übelstand ist es, daß die Drehachsen der verschiedenen übereinander hängenden Raaen in der Regel nicht in einer Geraden liegen, wie dies in Fig. 111 I durch die Radien r_1 r_2 r_8 r_4 r_5 angedeutet ist. Von großem Vorteil beim Anbrassen ist es, daß die sämtlichen Drehachsen in einer und derselben Geraden liegen und die Radien r_1 r_2 ... allmählich nach oben hin kleiner werden. Dies ist annähernd erreichbar, wenn Mast und Marsstenge aus einem Ganzen bestehen, man also auf den Vorteil, bei einem Bruch der Stenge leichter eine Reservespiere aufbringen zu können, verzichtet, siehe Fig. 111 II. Wird nämlich hier für die Obermarsraa ein Rack mit Gleitschiene angewandt und das Rack der Unterbramraa so angeordnet, daß die Drehachse dieser Raa in die Achse der Bramstenge fällt, dann ist das Ziel nahezu erreicht. Dies wäre auch bei Fig. 111 I erreichbar, wenn die Drehachse der Unterraa so weit vor den Mast gelegt würde, daß dieselbe in die Linie der Drehachse der Untermarsraa zu liegen käme. Man verzichtet aber gewöhnlich hierauf, um eine möglichst solide Rackkonstruktion zu erhalten. Selbstverständlich wären dann auch die Racken für Obermarsraa und Unterbramraa wie bei Fig. 111 II anzuordnen. Für die Gleitschiene an der Marsstenge müssen ferner im Eselshaupt und in der Saling geeignete Aussparungen vorgesehen werden, damit die Stenge niedergelassen (gestrichen) werden kann.

Von größtem Vorteil ist immer eine möglichst geringe Entfernung der Raa von der Vorkante des Mastes oder der Stenge und ein möglichst großer Radius r_1 r_2 . . . Dies wird erzielt, wenn die Masten bis oben hinauf als Pfahlmasten gebaut und

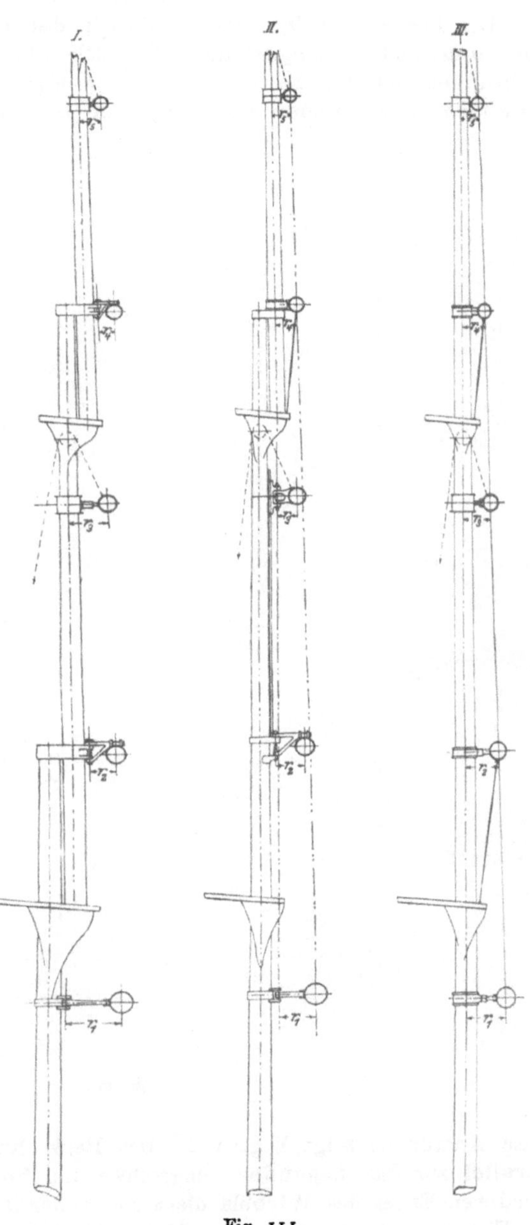

Fig. 111.

die Racken wie in Fig. 111 III angegeben, angeordnet werden, so daß die Drehachsen sämtlicher Raaen in die Achse des Mastes fallen. Liegen dann auch die Mitten der Raaen in einer Geraden übereinander, dann werden die Radien r_1 r_2 . . . allmählich nach oben hin proportional der Entfernung kleiner.

a. Racken für Unterraaen.

Die Racken der Unterraaen haben in der Regel eine bogenförmige Gestalt und sind so eingerichtet, daß sich die betreffende Raa nach allen Richtungen hin frei bewegen kann. In Fig. 112, 113 und 114 sind verschiedene Konstruktionen von Racken für Unterraaen dargestellt. Eine sehr

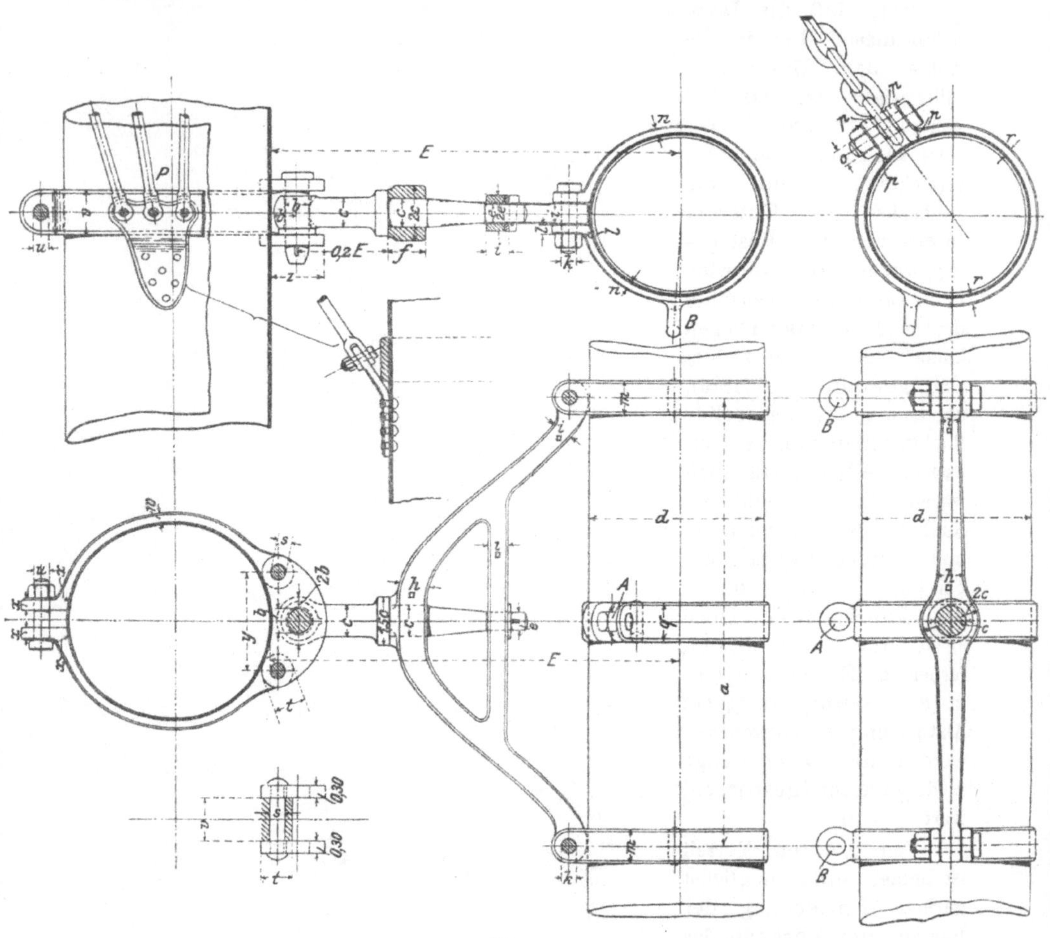

Fig. 112.

gute Anordnung zeigt Fig. 112. Das Rack hat hier in der Mitte einen parallel zur Raa liegenden eingeschweißten Steg, der zur Lagerung des vorderen Endes des Wirbels dient und außerdem das Rack noch verstärkt. In Fig. 113 ist ein von dieser Form abweichendes Rack dargestellt. Statt der vierkantigen Form sind hier die Arme des Racks rund, und der vordere Zapfen ist in einer am Hangerband sitzenden Spur gelagert. Eine dritte Bauart des Racks zeigt Fig. 114. Hierbei ist der Wirbel nur im Scheitel des Racks gelagert. Zur Vermeidung allzugroßer Abnutzung muß hier das

Auge, in dem der Wirbel gelagert ist, eine etwas größere Länge g haben, als bei den beiden vorhergehenden Konstruktionen.

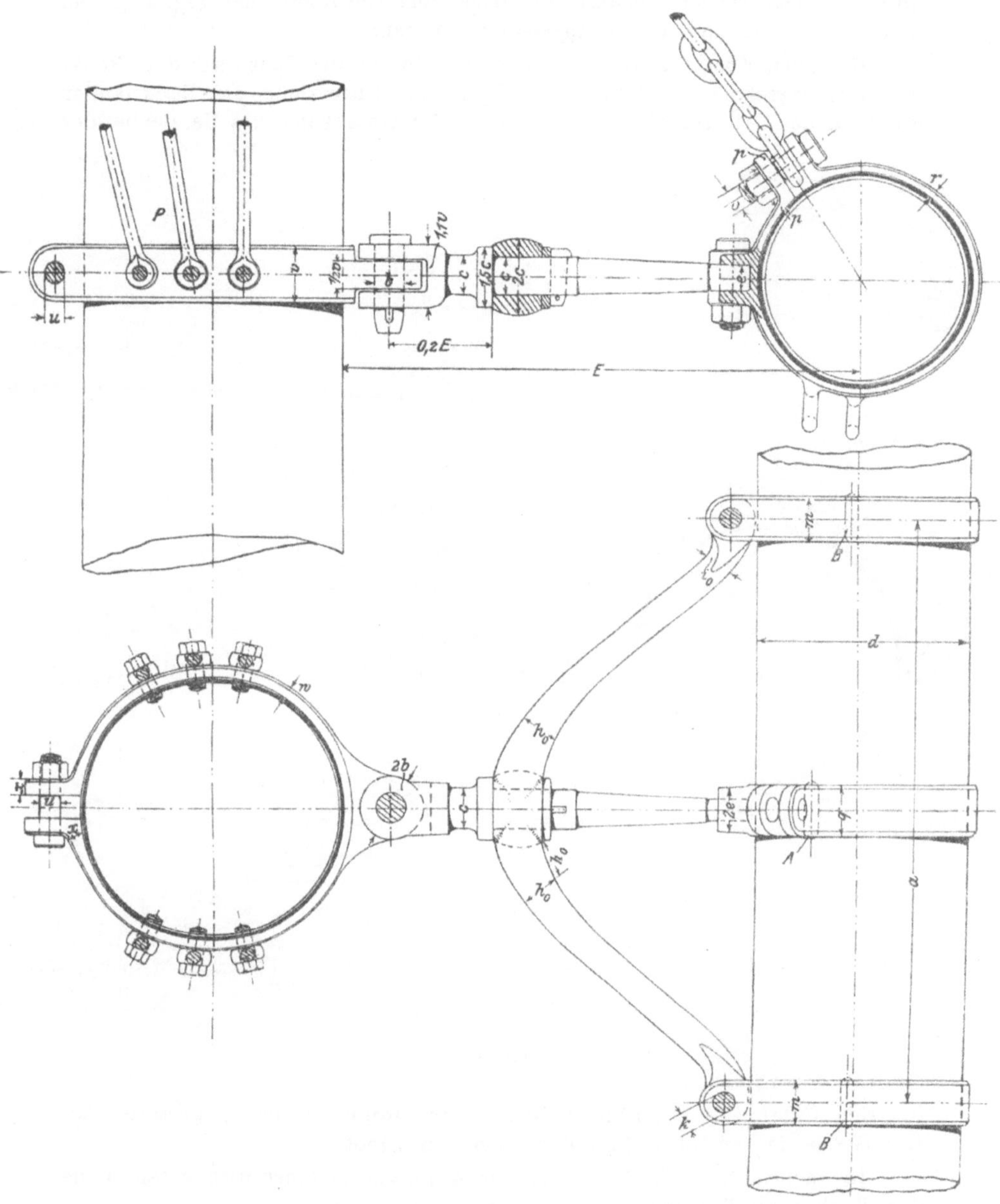

Fig. 113.

Der Wirbel dreht sich um einen Bolzen, der vor dem Mast parallel zur Mastachse im Püttingband gelagert ist. Entweder sind für die Lagerung des Bolzens zwei Platten oberhalb und unterhalb des Püttingbandes, siehe Fig. 112, vorhanden, oder es ist ein Auge im Püttingband vorgesehen, wie

19*

in Fig. 113 angedeutet. Im letzteren Falle erhält der Wirbel eine Gabel. Die Anordnung, Fig. 112, kann natürlich auch bei den Racken, Fig. 113 und 114, angewendet werden und umgekehrt die Anordnung, Fig. 113, bei den in Fig. 112 und 114 dargestellten Racken.

Bei allen Konstruktionen werden die Enden des Racks mit den Rackbändern verschraubt. Das Auge B an der Unterkante der Rackbänder dient für den Geitaublock, das Auge A an der Unterkante des Hangerbandes

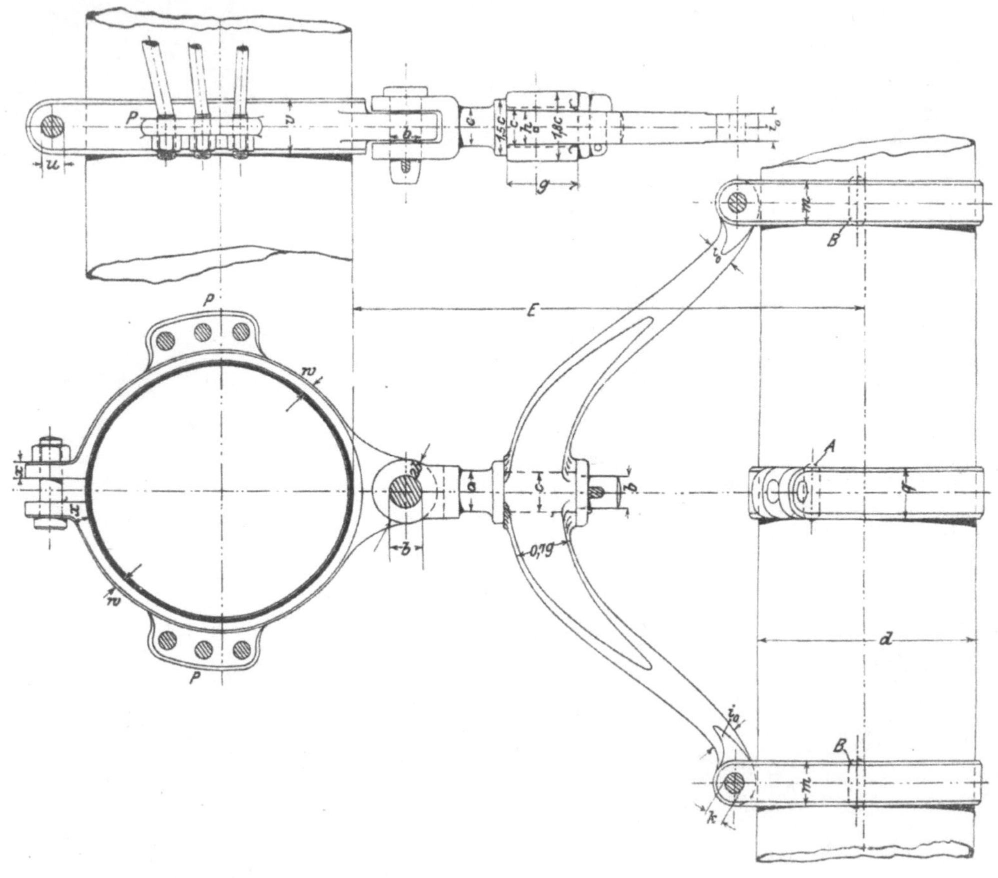

Fig. 114.

für den Untermarsschotenblock, der in der Regel herzförmig gestaltet ist. Die Größe der Augen richtet sich nach den Blöcken.

In nachstehender Tabelle sind die Abmessungen der wichtigsten Teile der Racken für Unterraaen nebst Zubehör angegeben.

Die Befestigung der Püttingstangen geschieht bei stählernen **Masten** am einfachsten ohne Berührung des Püttingbandes, indem unterhalb des letzteren an jeder Mastseite ein Lappen am Mast festgenietet wird. Dieser Lappen besteht aus Blech und erhält oben die Löcher für die Püttingstangen, die bei dieser Anordnung unten eine Gabel erhalten, s. Fig. 112.

Durchmesser der Raa	Wirbel				Rack							Rackbänder					Hangerband							Püttingband						
d	a	b Ø	c Ø	e Ø	f₁ ohne Steg	f mit Steg	g	h O	h □	i O	i □	k Bolzen Ø	k Gewinde Ø	l	m	n	o Bolzen Ø	o Gewinde Ø	p	q	r	s Ø	t Ø	u Bolzen Ø	u Gewinde Ø	v	w	x	y	z
mm	mm	mm	mm	mm	mm	mm	mm	mm	mm	mm	mm	mm	engl.Zoll	mm	mm	mm	mm	engl.Zoll	mm	mm	mm	mm	mm	mm	engl.Zoll	mm	mm	mm	mm	mm
240 und unter 260	850	45	60	36	70	65	105	58	50	45	42	24	7/8	15	63	11	26	I	16	70	12	24	56	26	I	75	14	17	190	100
260 „ „ 280	900	48	62	37	75	68	110	60	52	48	44	26	I	16	67	12	27	I	17	75	13	26	58	27	I	80	15	18	200	110
280 „ „ 300	950	51	65	39	78	71	115	63	55	50	46	27	I	17	71	13	29	1 1/8	18	80	14	28	60	29	1 1/8	85	16	19	210	115
300 „ „ 320	1000	54	68	40	82	75	120	66	58	52	48	29	1 1/8	18	74	14	30	1 1/8	19	85	15	30	62	30	1 1/8	90	17	20	220	120
320 „ „ 340	1050	56	70	41	86	78	125	68	60	54	50	30	1 1/8	19	78	15	32	1 1/4	20	90	16	32	65	32	1 1/4	95	18	22	230	126
340 „ „ 360	1100	58	72	42	90	81	130	71	63	56	51	32	1 1/4	20	82	16	34	1 3/8	22	94	17	34	70	34	1 3/8	98	20	24	240	132
360 „ „ 380	1150	60	74	44	94	84	135	74	66	58	53	34	1 1/4	21	85	17	36	1 3/8	23	98	18	36	75	36	1 3/8	103	21	25	250	137
380 „ „ 400	1200	62	77	46	98	87	140	78	69	60	54	36	1 3/8	22	89	18	38,5	1 1/2	24	102	19	38	80	38,5	1 1/2	107	22	26	260	143
400 „ „ 420	1240	64	80	47	102	90	145	81	72	61	56	38,5	1 1/2	23	92	19	41,5	1 1/2	26	106	20	40	84	41,5	1 1/2	111	23	28	270	148
420 „ „ 440	1280	66	83	49	106	94	150	84	74	63	58	41,5	1 1/2	24	96	20	44	1 5/8	27	110	21	42	88	44	1 5/8	116	24	29	280	153
440 „ „ 460	1330	68	86	50	110	98	155	87	77	65	59	43	1 5/8	25	100	21	46	1 3/4	28	114	22	44	92	46	1 3/4	120	26	31	290	158
460 „ „ 480	1370	70	88	52	114	101	160	91	80	67	61	44	1 5/8	26	103	22	48	1 7/8	29	118	23	46	97	48	1 7/8	124	27	32	300	163
480 „ „ 500	1420	72	91	54	118	104	165	94	83	69	63	46	1 3/4	27	107	23	50	1 7/8	30	122	24	48	102	50	1 7/8	128	28	34	310	168
500 „ „ 520	1460	75	94	56	121	107	170	97	86	71	64	48	1 7/8	28	111	24	52	2	31	126	25	50	105	52	2	132	29	35	320	174
520 „ „ 540	1500	77	97	58	125	111	175	100	89	72	66	50	1 7/8	29	115	25	54	2	32	130	26	52	110	54	2	136	30	36	325	179
540 „ „ 560	1550	80	100	60	129	114	180	102	91	74	67	52	2	30	118	26	56	2 1/8	33	134	27	54	115	56	2 1/8	140	32	38	330	184
560 „ „ 580	1600	83	103	62	133	117	185	106	94	76	69	54	2	31	122	27	58	2 1/4	34	138	28	56	120	58	2 1/4	144	33	40	340	190
580 „ „ 600	1640	86	107	64	137	120	190	110	97	78	71	55	2 1/8	32	125	28	60	2 1/4	35	142	29	58	123	60	2 1/4	148	34	41	350	195
600 „ „ 620	1680	89	110	66	140	124	195	113	100	80	73	56	2 1/8	33	129	29	62	2 3/8	36	144	30	60	127	62	2 3/8	152	36	42	360	200
620 „ „ 640	1730.	92	115	68	145	127	200	116	103	82	75	58	2 1/4	34	133	30	64	2 1/2	37	147	31	62	132	64	2 1/2	156	37	44	370	205

Bei stählernen Masten können die Püttingstangen auch mittels Stiftschrauben, die durch das Band und den Mast hindurchgehen, befestigt werden, wie dies in Fig. 113 angedeutet ist. In diesem Falle erhalten die Püttingstangen unten Augen. Besteht der Mast aus Holz, so ist bei dieser Anordnung das Püttingband an den Stellen, wo die Schraubenlöcher eingeschnitten werden, ebenso dick zu nehmen, wie der Durchmesser der Stiftschrauben.

Eine dritte Art der Befestigung der Püttingstangen ist in Fig. 114 dargestellt. Hier trägt das Band an jeder Mastseite entweder drei Augen oder es wird ein Lappen angeschmiedet, durch den alle drei Löcher für die Stangen hindurchgehen.

β. Racken für Untermars- und Unterbramraaen.

Hierbei kommen zwei wesentlich voneinander verschiedene Konstruktionen zur Anwendung, und zwar:

I. Die Raa ist an einer Hangerkette aufgehängt oder durch eine Stütze unterstützt. In diesem Falle kommt ein Rack zur Anwendung, ähnlich wie für Unterraaen, s. Fig. 112 bis 114. Ein solches Rack ist in Fig. 115 dargestellt. Für die Unterstützungsstrebe kommt ein Band mitten auf die Raa, s. Fig. 115 I und II, oder es wird ein halbes Band an der Unterseite der Raa festgenietet, s. Fig. 115 III.

Da, wie schon bei der Beschreibung der Unterstützungsstreben erwähnt, die Raa beim Anbrassen und Toppen sich senkt, so ist für ausreichenden Spielraum im Bolzen des Wirbels zu sorgen, auch ist die Gabel am Wirbel genügend weit zu machen, damit die Raa stets freien Spielraum hat und kein Klemmen eintreten kann. Es ist dies, wie in Fig. 115 oben am Eselshaupt angedeutet, am besten dadurch zu erzielen, daß das Rack für die Querschiffslage der Raa etwas nach oben ansteigend angeordnet wird. In den anderen Lagen neigt sich die Raa nach unten.

Die einzelnen Abmessungen für den Wirbel, das Rack und die Bänder sind aus nachstehender Tabelle zu entnehmen. Ähnlich wie bei den Racken der Unterraaen kann hier der Querschnitt des Bogens quadratisch, rund oder rechteckig gestaltet werden. Der Querschnitt ist in allen Fällen annähernd derselbe.

Der Bolzen A, der die obere Drehachse der Stütze bildet und durch das mittlere Band unterhalb der Raa hindurchgeht, kann nach hinten verlängert und zum Aufhängen des Blocks für die Obermarsschoten dienen. In dem hinteren Auge ist der Durchmesser des Bolzens dann $= p$ zu nehmen.

Die Augen BB in den Rackbändern dienen, wie bei den Unterraaen, für die Aufhängung der Geitaublöcke.

II. Die Raa ist am Rack aufgehängt. Bei dieser Anordnung hängt die Raa an einem Kran, Rackkran oder Galgen genannt, der um einen längeren vertikal am Eselshaupt oder Mast gelagerten Bolzen drehbar ist, s. Fig. 117. Hier bleibt die Raa beim Anbrassen oder Toppen stets in derselben Höhenlage, was der vorstehenden Konstruktion a gegenüber ein besonderer Vorzug ist. Das Rack wird hierbei nach zwei Richtungen beansprucht, und zwar in vertikaler Richtung durch die abwärts gerichtete Belastung P (Bruchbelastung der Raa, s. C. b. 3. a. dieses Abschnitts) Fig. 116 und in horizontaler Richtung durch das beim Anbrassen entstehende Drehmoment. Die erstere

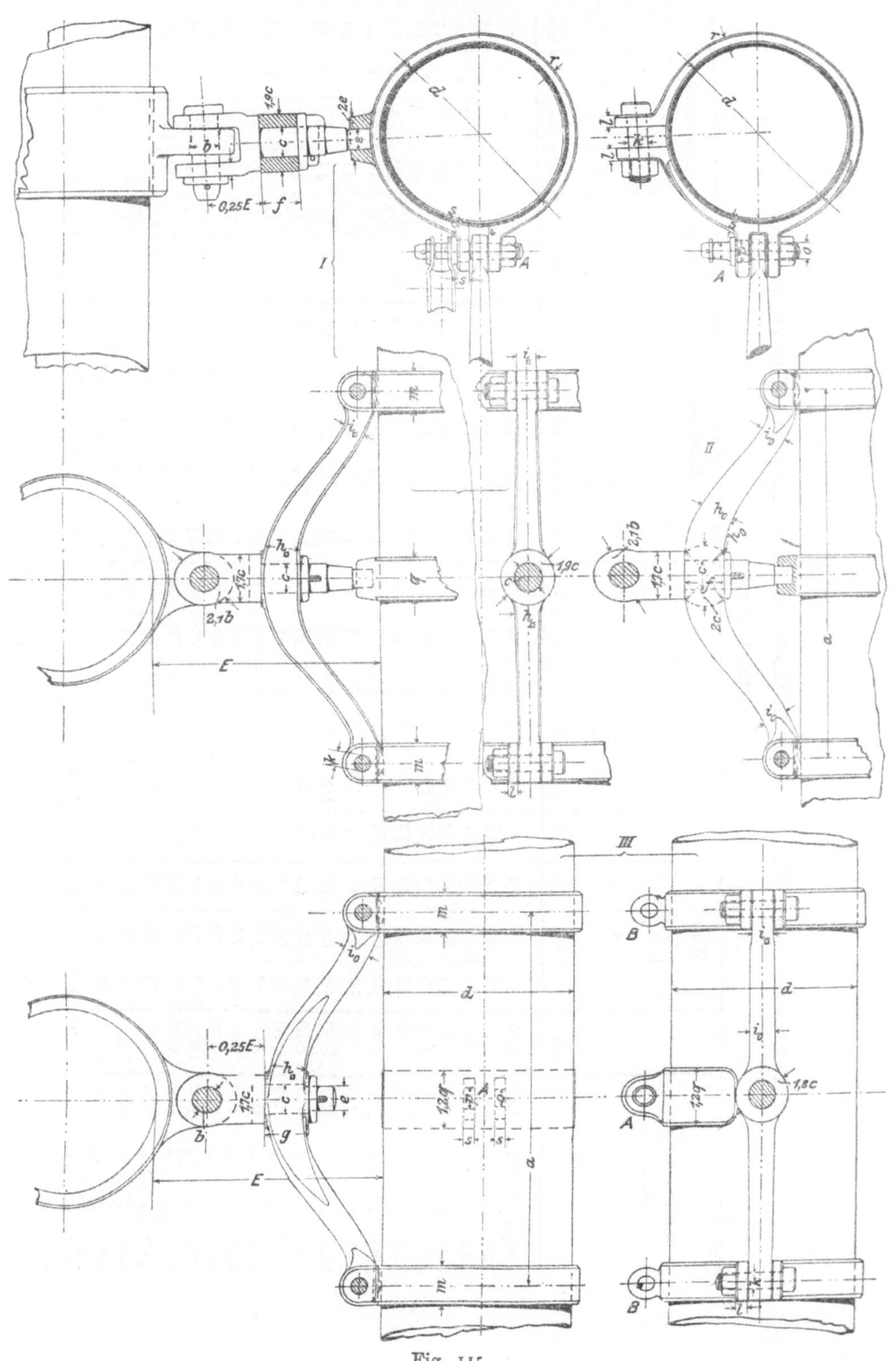

Fig. 115.

Abmessungen der Racken nebst Zubehör für Untermars- und Unterbramraaen:

(Bügelrack.)

Durchmesser der Raaen d (mm)	a (mm)	Wirbel b (mm)	Wirbel c (mm)	Wirbel e (mm)	Rack f (mm)	Rack g (mm)	Rack h O (mm)	Rack h □ (mm)	Rack i O (mm)	Rack i □ (mm)	Rackbänder k Bolzen Ø (mm)	Rackbänder k Gewinde Ø (engl. Zoll)	l (mm)	m (mm)	n (mm)	Hanger- o. Stützenb. o Bolzen Ø (mm)	Hanger- o. Stützenb. o Gewinde Ø (engl. Zoll)	p (mm)	q (mm)	r (mm)	s (mm)
200 und unter 220	620	38	48	33	55	68	54	48	39	35	20	$\frac{3}{4}$	13	50	9	20	$\frac{3}{4}$	24	54	10	14
220 " " 240	650	40	50	34	58	72	57	50	41	36	22	$\frac{3}{4}$	14	53	10	22	$\frac{3}{4}$	26	58	11	15
240 " " 260	680	42	52	35	61	76	60	53	43	38	23	$\frac{7}{8}$	15	56	11	24	$\frac{7}{8}$	29	62	12	16
260 " " 280	710	44	54	36	64	80	63	56	45	40	25	$\frac{7}{8}$	16	60	12	26	1	31	66	13	17
280 " " 300	740	46	56	37	67	84	66	58	47	42	27	1	17	64	13	28	1	34	70	14	18
300 " " 320	770	48	58	39	71	88	69	61	50	44	28	1	18	68	14	30	$1\frac{1}{8}$	36	74	15	19
320 " " 340	800	50	60	40	74	92	72	63	52	46	30	$1\frac{1}{8}$	19	72	15	32	$1\frac{1}{4}$	38	78	16	20
340 " " 360	830	52	62	41	77	96	75	66	54	48	32	$1\frac{1}{4}$	20	76	16	33	$1\frac{1}{4}$	41	82	17	21
360 " " 380	860	54	64	42	80	100	78	69	56	50	33	$1\frac{1}{4}$	21	80	17	35	$1\frac{3}{8}$	43	86	18	22
380 " " 400	890	57	67	44	84	104	81	72	59	52	35	$1\frac{3}{8}$	22	84	18	37	$1\frac{3}{8}$	46	90	19	23
400 " " 420	920	59	69	46	87	108	84	74	61	54	37	$1\frac{3}{8}$	23	88	19	39	$1\frac{1}{2}$	48	94	20	24
420 " " 440	950	62	72	47	90	112	87	77	63	56	39	$1\frac{1}{2}$	24	92	20	40	$1\frac{1}{2}$	50	98	21	25
440 " " 460	980	64	74	49	93	116	90	80	65	58	40	$1\frac{1}{2}$	25	96	21	42	$1\frac{5}{8}$	53	102	22	26
460 " " 480	1020	66	76	50	96	120	93	82	67	60	42	$1\frac{5}{8}$	26	100	22	44	$1\frac{5}{8}$	55	106	23	27
480 " " 500	1050	68	79	52	100	124	96	85	70	62	43	$1\frac{5}{8}$	27	104	23	46	$1\frac{3}{4}$	58	110	24	28
500 " " 520	1080	70	82	54	103	128	100	88	72	64	45	$1\frac{3}{4}$	28	108	24	47	$1\frac{3}{4}$	60	114	25	29
520 " " 540	1110	73	84	56	106	132	103	91	74	66	47	$1\frac{3}{4}$	29	112	25	49	$1\frac{7}{8}$	62	118	26	30
540 " " 560	1140	75	87	58	110	136	106	94	77	68	48	$1\frac{7}{8}$	30	116	26	50	$1\frac{7}{8}$	65	122	27	31
560 " " 580	1170	77	89	60	113	140	110	97	79	70	50	$1\frac{7}{8}$	31	120	27	52	2	67	126	28	32
580 " " 600	1200	80	92	62	116	144	113	100	81	72	52	2	32	124	28	54	$2\frac{1}{8}$	70	130	29	33

Beanspruchung ist im allgemeinen weitaus größer als die letztere, und es kann diese daher unberücksichtigt bleiben.

Die abwärts gerichtete Kraft P, s. Fig. 116, läßt sich zerlegen in die Kräfte Q und R. Die Komponente Q beansprucht den oberen horizontalen Steg auf Zug und die Komponente R die schrägstehende Strebe auf Druck. Es ist

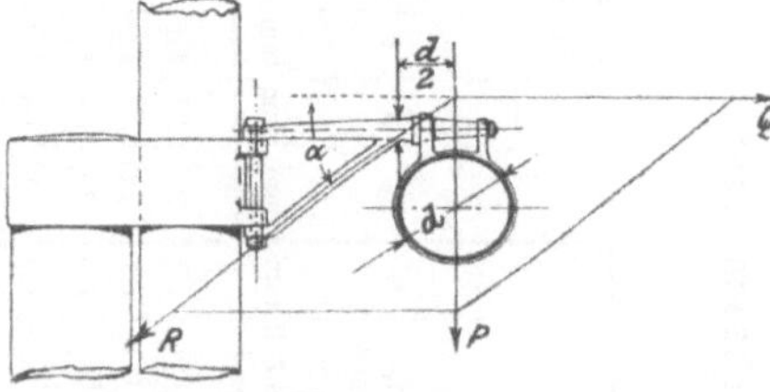

$$R = \frac{P}{\sin a}$$

und

$$Q = \frac{P}{\sin a} \cdot \cos a.$$

Fig. 116.

Die Maximal-Biegungsbeanspruchung erfährt der obere Steg an der Stelle, an welcher die schräge Strebe ansetzt und den Steg abstützt. Es ist dies ungefähr an der Hinterkante der Raa bei f, s. Fig. 117, die Kraft P greift somit an einem Hebelarm = dem halben Durchmesser der Raa an. Es ist also, wenn W das Widerstandsmoment und k die Beanspruchung des Materials ist:

$$P \cdot \frac{d}{2} = k \cdot W.$$

Für einen kreisförmigen Querschnitt ist $W = \dfrac{\pi f_0^{3}}{32}$, sonach wenn f_0 der Durchmesser

$$P \cdot \frac{d}{2} = k \cdot \frac{\pi f_0^3}{32}$$

Setzt man für Schmiedeeisen $k = 3000$, so daß die Raa eher brechen muß als das Rack, dann entsteht für einen kreisförmigen Querschnitt

$$P \cdot \frac{d}{2} = \frac{3000 \cdot 3,1416}{32} \cdot f_0^{3} = 295 \cdot f_0^{3}$$

$$f_0 = \sqrt[3]{\frac{P \cdot \dfrac{d}{2}}{295}}$$

Für einen quadratischen Querschnitt entsteht die Gleichung, wenn $f_\square$ die Höhe einer Seite des Quadrats ist:

$$P \cdot \frac{d}{2} = 3000 \cdot \frac{1}{6} f_\square^{3}$$

$$f_\square = \sqrt[3]{\frac{P \cdot \dfrac{d}{2}}{500}}.$$

Hiernach lassen sich die Werte für f_0 und $f_\square$, s. nachstehende Tabelle, berechnen.

Aus nachstehender Tabelle gehen die wichtigsten Abmessungen eines solchen Racks nebst Rackband und sonstigem Zubehör hervor.

Abmessungen der Racken nebst Zubehör für Untermars- und Unterbramraaen.

(Rackkräne.)

$$f_o = \sqrt[3]{\frac{P \cdot \frac{d}{2}}{300}} \qquad f_\square = \sqrt[3]{\frac{P \cdot \frac{d}{2}}{500}}$$

Durchmesser der Raaen	Bolzen		Rack										Rackband						Mastband					
d	a ⌀	a Gewinde	b	c	e ◯	e □	f_o	$f_\square$	g ⌀	h ⌀	i	k	l	m	n	o ⌀	o Gewinde	p	q	r	s	t ⌀	t Gewinde	u
mm	mm	engl.Zoll	mm	mm	mm	mm	mm	mm	mm	mm	mm	mm	mm	mm	mm	mm	engl.Zoll	mm	mm	mm	mm	mm	engl.Zoll	mm
200 und unter 220	39	$1\frac{1}{2}$	80	28	30	28	52	44	52	38	32	140	40	65	10	24	$\frac{7}{8}$	13	65	11	14	23	$\frac{7}{8}$	78
220 „ „ 240	41	$1\frac{1}{2}$	84	31	32	30	56	47	55	40	34	153	44	70	11	26	1	14	70	12	16	25	$\frac{7}{8}$	84
240 „ „ 260	43	$1\frac{5}{8}$	90	34	35	32	60	52	59	43	37	165	47	75	12	28	$1\frac{1}{8}$	16	75	13	17	27	1	90
260 „ „ 280	45	$1\frac{3}{4}$	94	38	37	34	64	55	63	46	39	178	51	80	14	30	$1\frac{1}{8}$	18	80	14	18	29	$1\frac{1}{8}$	106
280 „ „ 300	47	$1\frac{3}{4}$	99	41	40	36	69	59	67	50	41	190	54	85	15	32	$1\frac{1}{4}$	20	85	15	20	30	$1\frac{1}{8}$	112
300 „ „ 320	49	$1\frac{7}{8}$	104	44	42	38	74	63	72	54	44	202	58	90	16	34	$1\frac{1}{4}$	21	90	16	21	32	$1\frac{1}{4}$	118
320 „ „ 340	52	2	109	47	45	40	79	67	78	57	46	215	61	95	18	36	$1\frac{3}{8}$	23	95	17	22	34	$1\frac{1}{4}$	124
340 „ „ 360	54	2	113	50	48	43	83	70	81	60	48	228	65	100	19	38	$1\frac{3}{8}$	25	100	18	24	36	$1\frac{3}{8}$	130
360 „ „ 380	56	$2\frac{1}{8}$	118	52	50	46	88	74	86	64	50	240	68	105	20	39	$1\frac{1}{2}$	27	105	19	25	38	$1\frac{3}{8}$	136
380 „ „ 400	59	$2\frac{1}{4}$	124	54	53	48	92	78	90	67	52	253	71	110	22	41	$1\frac{1}{2}$	29	110	20	26	40	$1\frac{1}{2}$	142
400 „ „ 420	62	$2\frac{3}{8}$	130	56	55	50	97	82	95	71	55	265	75	115	23	43	$1\frac{5}{8}$	30	115	21	27	42	$1\frac{5}{8}$	148
420 „ „ 440	65	$2\frac{1}{2}$	137	58	58	52	101	86	99	74	57	278	78	120	24	45	$1\frac{3}{4}$	32	120	22	29	44	$1\frac{5}{8}$	154
440 „ „ 460	68	$2\frac{5}{8}$	143	60	60	54	106	90	104	78	60	290	82	125	26	47	$1\frac{3}{4}$	34	125	23	30	46	$1\frac{3}{4}$	160
460 „ „ 480	71	$2\frac{3}{4}$	149	62	63	56	110	94	108	83	62	302	86	130	27	49	$1\frac{7}{8}$	35	130	24	31	48	$1\frac{7}{8}$	164
480 „ „ 500	74	$2\frac{7}{8}$	155	64	65	58	115	97	113	85	65	315	89	135	28	50	$1\frac{7}{8}$	37	135	25	32	50	$1\frac{7}{8}$	172
500 „ „ 520	76	3	160	66	68	60	120	101	118	88	67	328	92	140	30	52	2	39	140	26	34	52	2	178
520 „ „ 540	79	3	168	68	70	62	125	106	123	92	70	340	96	145	31	54	2	41	145	27	35	54	2	184
540 „ „ 560	82	$3\frac{1}{8}$	172	70	73	65	129	110	127	96	72	352	100	150	32	56	$2\frac{1}{8}$	42	150	28	36	56	$2\frac{1}{8}$	190
460 „ „ 580	85	$3\frac{1}{4}$	178	72	75	67	134	114	132	99	75	365	103	155	33	58	$2\frac{1}{4}$	43	155	29	38	58	$2\frac{1}{4}$	196
580 „ „ 600	88	$3\frac{1}{4}$	184	74	78	70	139	119	137	102	77	378	107	160	34	59	$2\frac{1}{4}$	44	160	30	40	60	$2\frac{1}{4}$	212

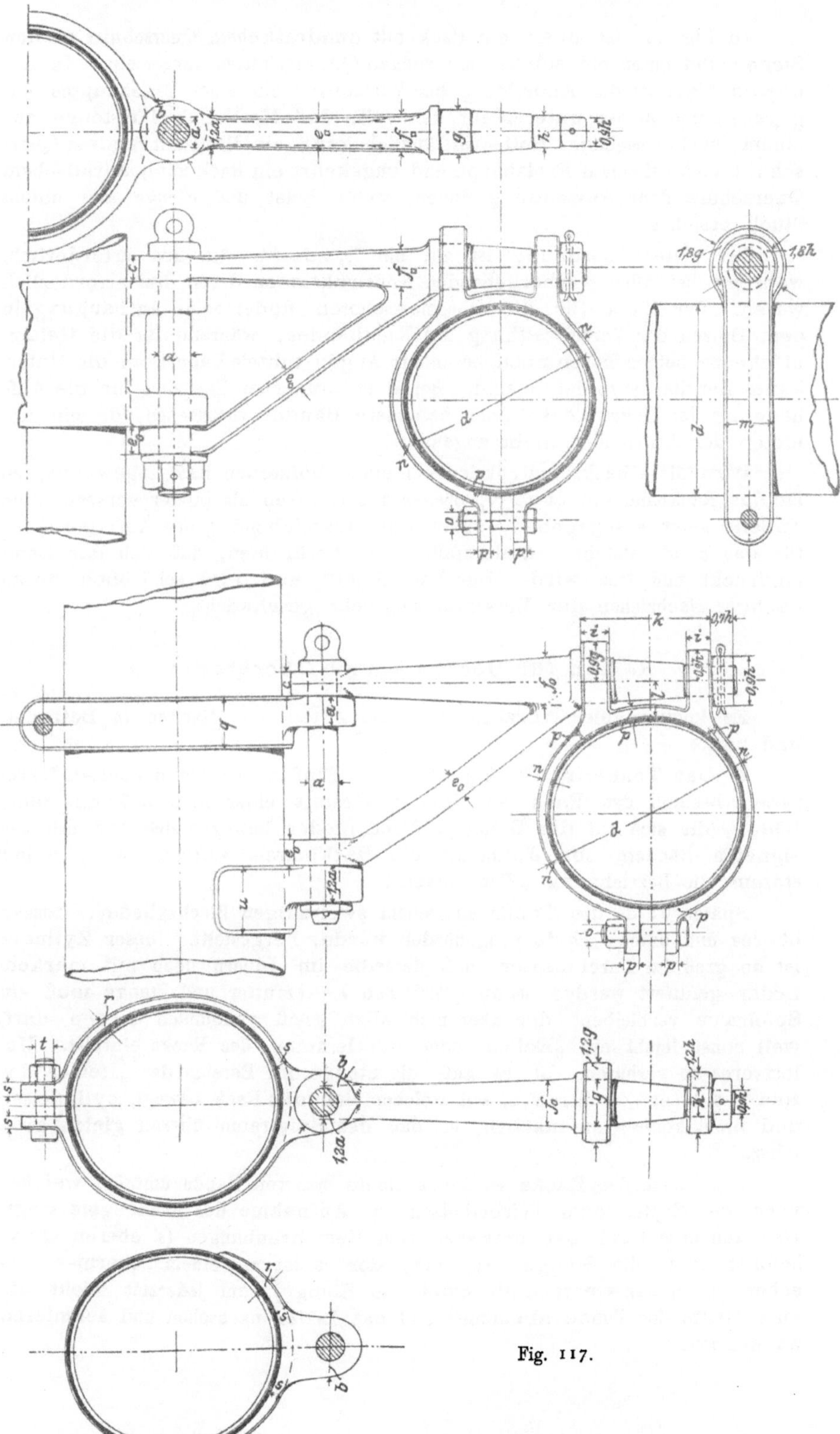

Fig. 117.

In Fig. 117 ist oben ein Rack mit quadratischem Querschnitt in den Stegen und unten ein solches mit runden Querschnitten dargestellt. In der oberen Figur ist die Anordnung bei Vorhandensein eines Eselshauptes angegeben und in der unteren für den Fall, daß Mast und Marsstenge aus einem Stück bestehen. Selbstverständlich kann ein Rack mit rundem Querschnitt auch bei einem Eselshaupt, und umgekehrt ein Rack mit quadratischem Querschnitt dann Anwendung finden, wenn Mast und Stenge aus einem Stück bestehen.

Bei dieser Anordnung ist nur ein Band für die Raa erforderlich, während bei allen vorhergehenden Konstruktionen deren drei erforderlich waren. Der Block für die Obermarsschoten findet seine Aufhängung in dem Bolzen der Verschraubung des Rackbandes, während für die Geitaublöcke zu beiden Seiten noch besondere Augen mittels Lappen an die Unterkante der Raa anzunieten sind. Bei einer hölzernen Raa sind für die Aufhängung der Geitaublöcke noch besondere Bänder vorzusehen, da ein Annieten der Augen hier nicht angängig.

Wird diese Rackkonstruktion bei einer hölzernen Raa angewandt, so ist das Rackband um etwa $^1/_4$ breiter auszuführen als in der vorstehenden Tabelle unter m angegeben, damit eine ausreichend große Auflagerfläche für das Band entsteht. Andernfalls ist zu befürchten, daß sich das Band eindrückt und lose wird. Die Raa „kaut" und wird schließlich durch häufiges Nachziehen der Verschraubung sehr geschwächt.

γ. Racken für Obermars- und Oberbramraaen.

Es kommen hier vorzugsweise zwei Arten von Racken in Betracht, und zwar:

1. Das Tonnenrack (Fig. 118). Bei Einführung der doppelten Marsraaen bestand das Rack aus Holz in Gestalt einer kleinen Tonne ohne Böden, die sich auf der Stenge auf und nieder bewegen ließ und mit geeigneten Bändern zur Aufnahme des Rackbügels versehen war, daher stammt die Bezeichnung „Tonnenrack".

Später wurde die Tonne aus einem zweiteiligen Blechzylinder, dessen oberes und unteres Ende umgebördelt wurde, hergestellt. Dieser Zylinder ist so groß im Durchmesser, daß derselbe im Innern noch mit starkem Leder gefüttert werden kann. Zwischen Lederfutter und Stenge muß ein Spielraum verbleiben, der aber nicht allzu groß genommen werden darf, weil sonst leicht ein „Ecken" oder Festklemmen des Racks eintritt. Um letzteres zu verhüten, ist es gut, die Stenge im Bereich des „Heißes der Raa", d. h. auf der Strecke, auf welcher sich das Rack bewegt, zylindrisch und nicht konisch zu machen, so daß der Spielraum überall gleich groß wird.

Die Tonne des Racks wird von einem starken Bande umfaßt, welches vorn den Zapfen oder Wirbelbolzen zur Aufnahme des Rackbügels trägt. Das genannte Band hat entweder zwei Verschraubungen (s. oberen Querschnitt durch die Stenge, Fig. 118) oder es ist mit einem Scharnier versehen (s. unteren Querschnitt durch die Stenge), um jederzeit leicht die eine Hälfte der Tonne abnehmen und das Leder nachsehen und schmieren zu können.

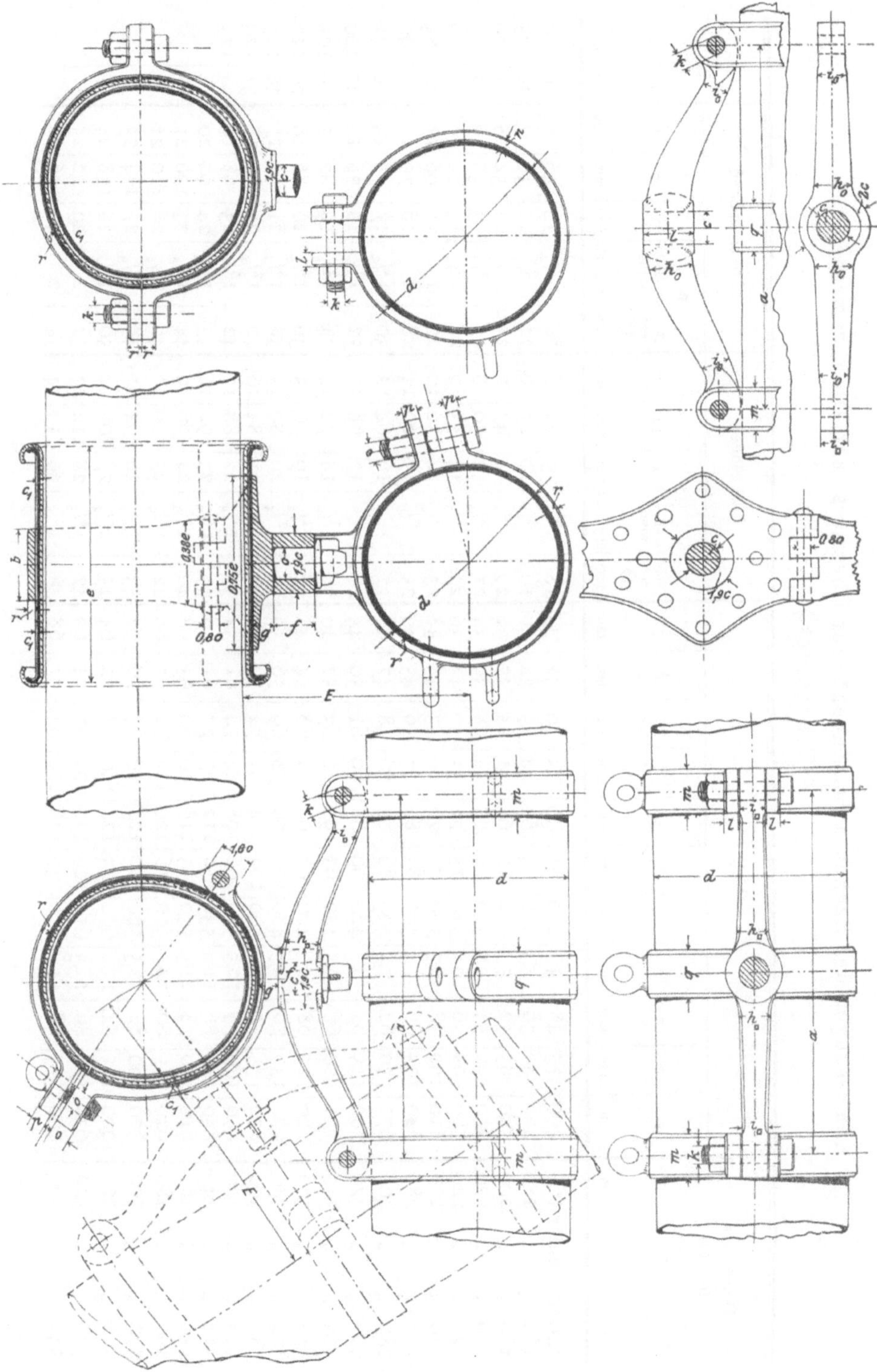

Fig. 118.

Abmessungen der Racken nebst Zubehör für Obermars- und Oberbramraaen.
(Tonnenrack.)

Durchmesser der Raa		Rack											Rackbänder					Drehreepband						
d		a	b	c	c₁	e	f	g	h ○	h □	i ○	i □	k Bolzen Ø	k Gewinde	l	m	n	o Bolzen Ø	o Gewinde	p	q	r	s	t
mm	mm	mm	mm	mm	mm	mm	mm	mm	mm	mm	mm	mm	mm	engl.Zoll	mm	mm	mm	mm	engl.Zoll	mm	mm	mm	mm	mm
140 und unter	160	460	75	48	4	260	61	56	45	40	32	28	18	5/8	9	43	6	20	3/4	10	46	6,5	19	60
160 „ „	180	490	80	50	4,5	280	64	60	48	43	34	30	19,1	3/4	10	45	6,5	21	3/4	11	50	7	20	65
180 „ „	200	520	85	52	5	300	67	64	51	45	37	32	20	3/4	11	47	7	22,2	7/8	12	54	8	21	70
200 „ „	220	550	90	54	5,5	320	70	68	54	48	39	34	21	3/4	12	50	8	23	7/7	13	58	9	22	75
220 „ „	240	580	95	56	6	340	75	72	57	50	41	36	22,2	7/8	13	53	9	24	7/8	14	62	10	23	80
240 „ „	260	610	100	58	6,5	360	80	76	60	53	43	38	23	7/8	14	56	10	26	1	15	66	11	24	85
260 „ „	280	640	105	60	7	380	83	80	63	56	45	40	25	7/8	15	60	11	28	1	16	70	12	25	90
280 „ „	300	670	110	62	7,5	400	86	84	66	58	47	42	27	1	16	64	12	30	1 1/8	17	74	13	26	95
300 „ „	320	700	115	64	8	420	90	88	69	61	50	44	28	1	17	68	13	32	1 1/4	18	78	14	27	100
320 „ „	340	730	120	66	8,5	440	93	92	72	63	52	46	30	1 1/8	18	72	14	34	1 1/4	19	82	15	28	105
340 „ „	360	760	125	68	9	460	96	96	75	66	54	48	32	1 1/4	19	76	15	36	1 3/8	20	86	16	29	110
360 „ „	380	790	130	70	9,5	480	100	100	78	69	56	50	33	1 1/4	20	80	15	38	1 3/8	21	90	17	30	115
380 „ „	400	820	135	72	10	500	103	104	81	72	59	52	35	1 3/8	21	84	16	40	1 1/2	22	94	18	31	120
400 „ „	420	850	140	74	10,5	510	106	108	84	74	61	54	37	1 3/8	22	88	17	42	1 5/8	23	98	19	32	125
420 „ „	440	880	145	76	11	530	110	112	87	77	63	56	39	1 1/2	23	92	18	43	1 5/8	24	102	20		
440 „ „	460	910	150	78	11,5	550	113	116	90	80	65	58	40	1 1/2	24	96	19	44	1 5/8	25	106	21		
460 „ „	480	940	155	80	12	570	116	120	93	82	67	60	42	1 5/8	25	100	20	46	1 3/4	26	110	22		
480 „ „	500	970	160	82	12,5	590	120	124	96	85	70	62	43	1 5/8	26	104	21	48	1 7/8	27	114	23		
500 „ „	520	1000	165	84	13	600	123	128	100	88	72	64	45	1 3/4	27	108	22	50	1 7/8	28	118	24		
520 „ „	540	1030	170	86	13,5	610	126	132	103	91	74	66	47	1 3/4	28	112	23	52	2	29	122	25		
540 „ „	560	1060	175	88	14	630	130	136	106	94	77	68	48	1 7/8	29	116	24	54	2	30	126	26		

Bei dieser Anordnung erhält die Raa, ähnlich wie bei den Unterraaen, drei Bänder, von denen die beiden äußeren für das Rack und das mittlere Band für das Drehreep bestimmt ist. Das letztere Band erhält unten ein Auge für den herzförmigen Schotenblock des Segels über der Raa, während die beiden äußeren Bänder je ein Auge für den Geitaublock des Segels unter der betreffenden Raa erhalten.

Die Abmessungen der einzelnen Teile des Racks, der Rackbänder und des Drehreepbandes sind in der vorstehenden Tabelle zusammengestellt.

II. Das Rack mit einer Gleitschiene. Fig. 119. Bei diesen Racken ist darauf zu achten, daß die Entfernung E von Mitte Stenge bis Mitte Raa in angebraßter Lage hier ebenso groß wird wie bei dem Tonnenrack, siehe Fig. 118. Wenn hier die Raa querschiffs steht, so ist sie erheblich weiter von der Stenge entfernt als beim Tonnenrack. Dies ist vielleicht hinsichtlich des Eckens des Gleitklotzes ungünstig, es hat aber auch den großen Vorteil, daß die vertikale Drehachse der Raa nahezu in die Verbindungslinie der Drehachsen der zunächst höher und der tiefer liegenden Raa fällt.

Die Abmessungen der einzelnen Teile dieses Racks gehen aus der vorstehenden Tabelle hervor. Für die Gleitschiene wird gewöhnlich ein passendes Profil aus dem Profilheft eines Hüttenwerks gewählt und der Gleitklotz danach konstruiert. Die Länge des Gleitklotzes sollte nicht unter d gewählt werden, um ein Festklemmen desselben zu verhindern.

δ. Racken für Roilraaen.

Die Racken für Roilraaen werden bei großen Schiffen ebenso konstruiert wie die Racken für Obermars- und Oberbramraaen. Gelegentlich fällt hier wohl das Band für das Drehreep (Hangerband) fort. Die beiden Rackbänder erhalten dann noch eine zweite Verschraubung, zwischen welche eine Traverse T eingeschaltet wird, die in der Mitte ein Loch für den Schenkel des Drehreeps erhält, s. Fig. 120. Die Traverse kann leicht nach der Bruchfestigkeit der betreffenden Raa berechnet werden. Ist P die in der Tabelle unter c I (Zubehör der Raaen) angegebene Bruchbelastung, a die Entfernung der Rackbänder voneinander, t die Höhe und s die Dicke der Traverse, s. Fig. 120, und k die Beanspruchung des Materials, dann ist:

$$\frac{P \cdot a}{4} = \frac{1}{6} \cdot s \cdot t^2 \cdot k,$$

oder

$$t = \sqrt{\frac{P \cdot a \cdot 6}{4 \cdot s \cdot k}}$$

für Schmiedeeisen ist hier $k = 3000$ kg pro qcm zu nehmen, also

$$t = \sqrt{\frac{P \cdot a \cdot 6}{s \cdot 4 \cdot 3000}},$$

$$t = 0{,}0224 \sqrt{\frac{P \cdot a}{s}}$$

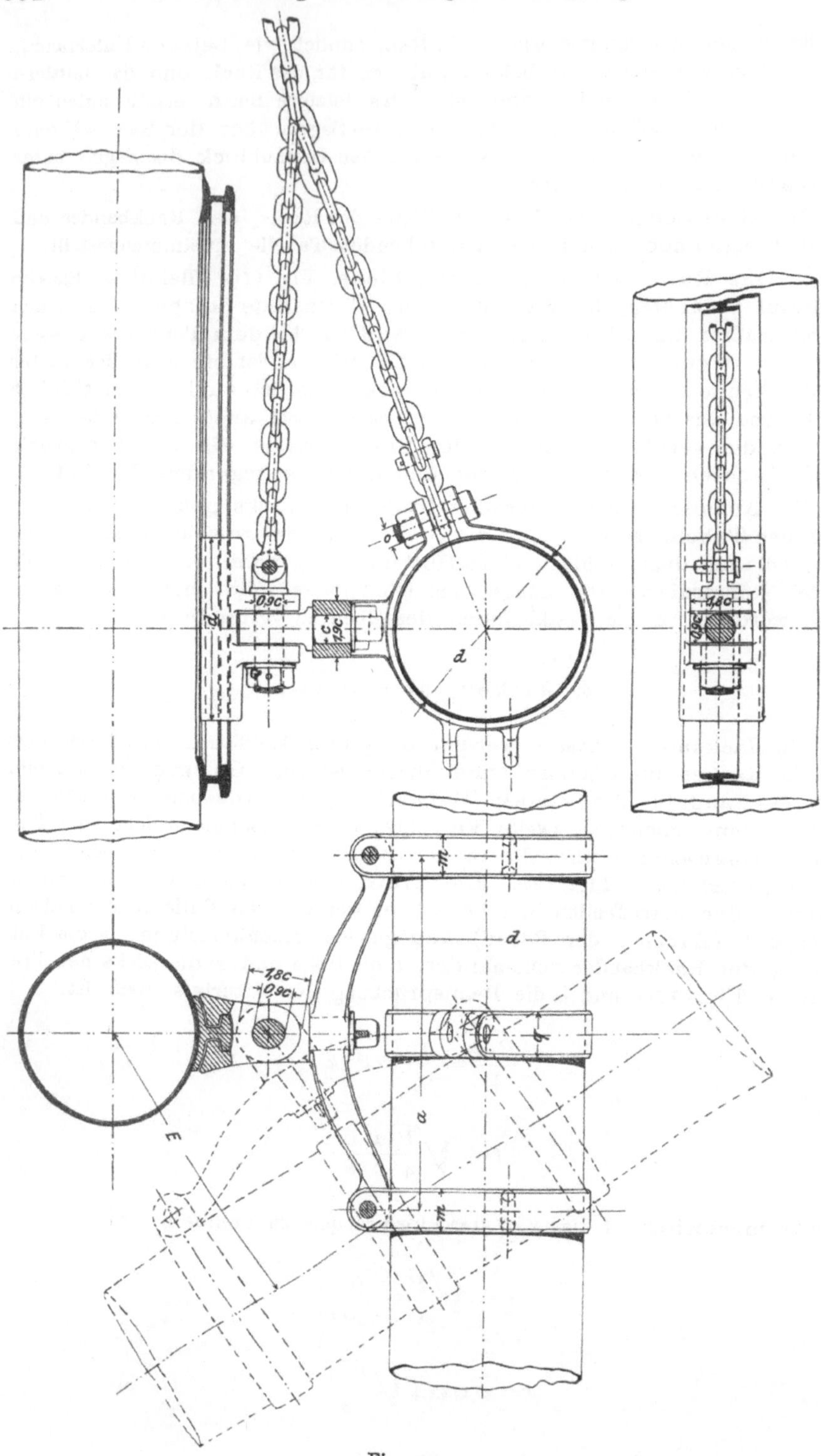

Fig. 119.

Für eine Raa von 16 m Länge und 320 mm Durchmesser ist nach der Tabelle unter c 1 die Bruchbelastung $P = 7,6\ t = 7600$ kg, nach der Tabelle unter 2 γ ist $a = 70$ cm. Nimmt man $s = 2,7$ cm, dann ist

$$t = 0,0224 \sqrt{\frac{7600 \cdot 70}{2,7}} = 9,95 \text{ cm.}$$

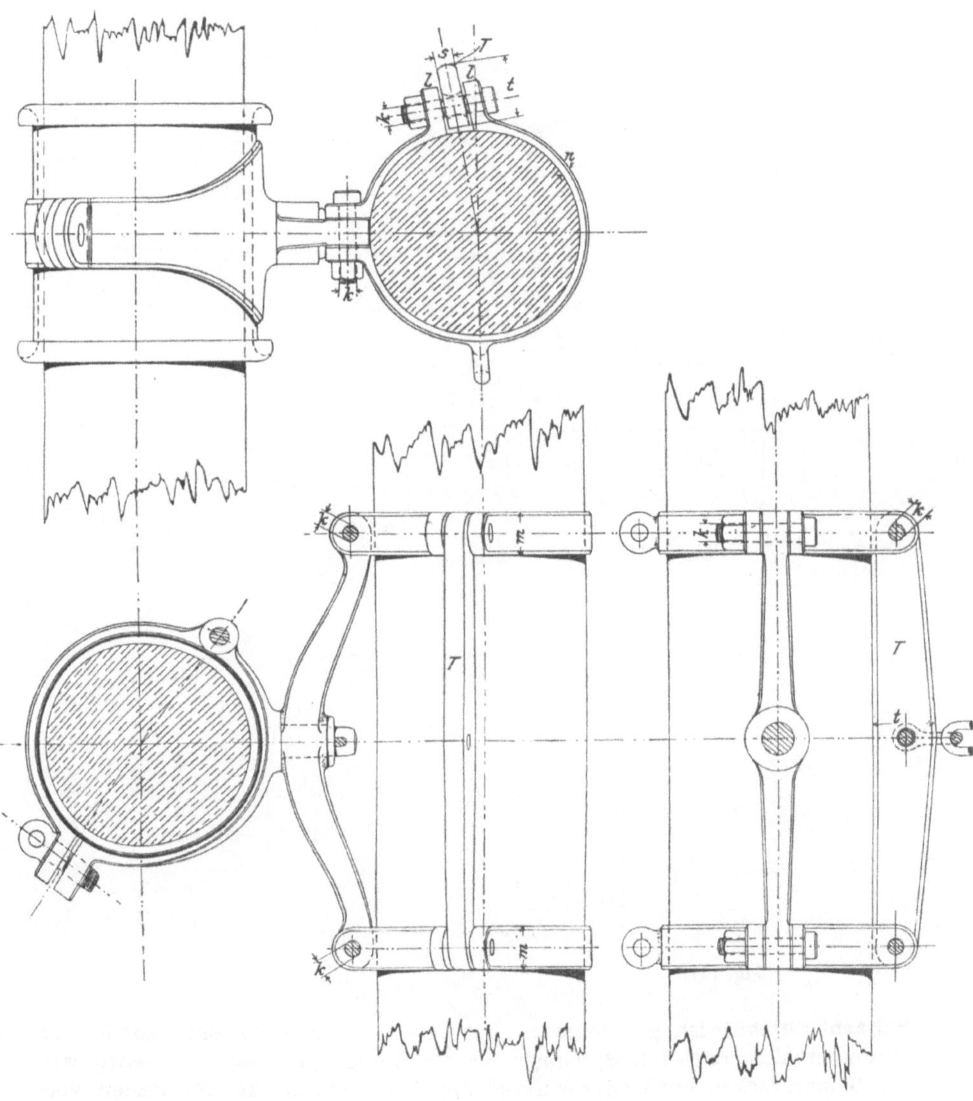

Fig. 120.

Die Werte für s und t sind unter γ am Schluß der Tabelle für Racken der Obermars- und Oberbramraaen angegeben.

ε. Racken für kleine hölzerne Raaen.

I. **Das Bügelrack.** Dieses Rack wird gebildet aus einer langen Klampe aus Eichenholz, die an der Hinterkante der Raa festgebolzt wird und mit einem halbkreisförmigen Ausschnitt für die Stenge versehen ist. Der Ausschnitt wird durch einen Bügel aus Schmiedeeisen, der in einem

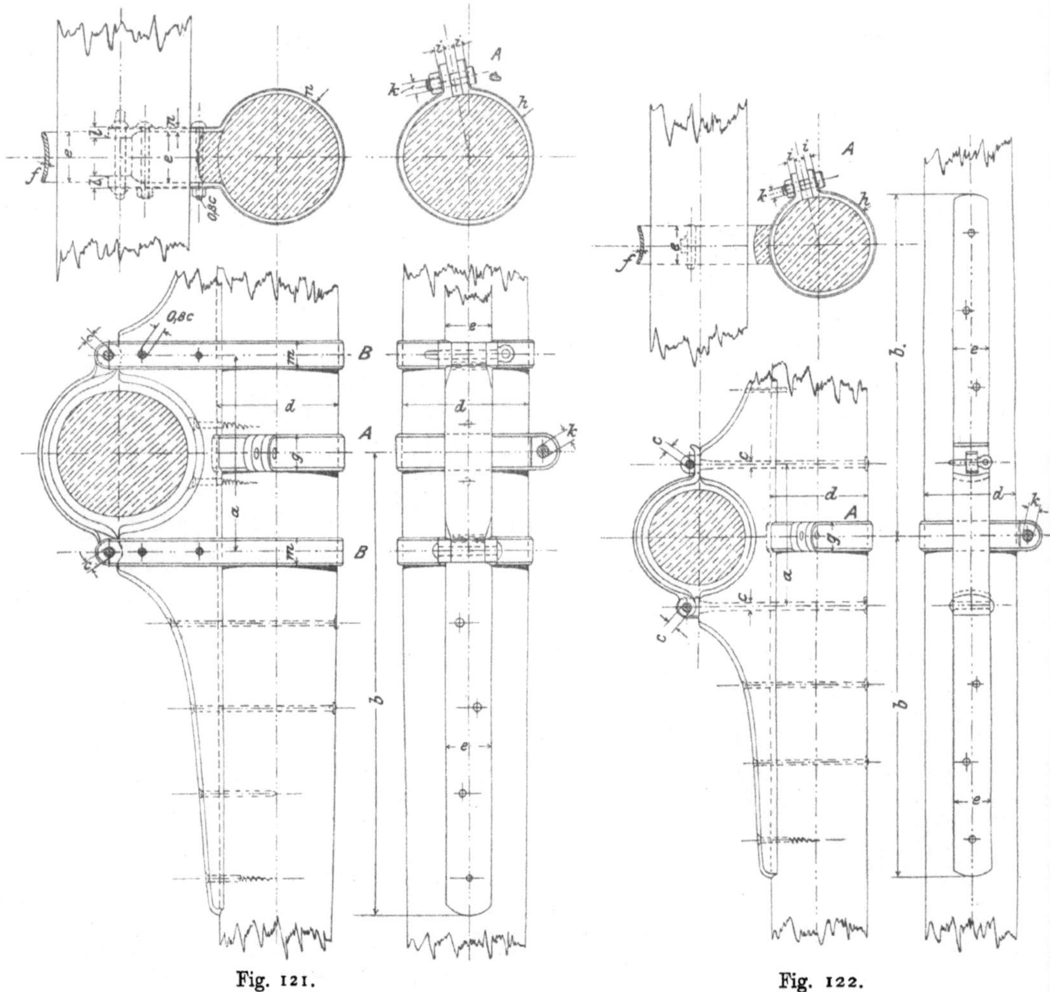

Fig. 121.   Fig. 122.

Scharnier drehbar ist, geschlossen. Der Ausschnitt in der Klampe sowie der Bügel erhalten reichlich Spielraum für die Stenge und werden ebenso wie die Tonnenracken mit Leder ausgekleidet. Die Bügelracken für Raaen von 200 bis 300 mm Durchmesser werden am besten nach Fig. 121 konstruiert. In der Mitte erhält die Raa ein Band A für das Drehreep oder Fall, ferner sind noch zwei Bänder B vorhanden, welche die Klampe gabelförmig umfassen und in Augen endigen, welche die Drehpunkte für den Rackbügel bilden. Der Rackbügel wird in vertikaler Richtung stark gekrümmt, um ein Festklemmen auf der Stenge zu verhüten. Der Bügel kann zum Zweck des Schmierens geöffnet und durch einen Vorsteckstift geschlossen werden. Die Abmessungen der einzelnen Teile dieses Racks sind in nachstehender Tabelle angegeben.

Abmessungen für große Bügelracken.

Durchmesser der Raa = d mm	a mm	b mm	c mm	e mm	f mm	g mm	h mm	i mm	k Bolzen Ø mm	k Gewinde Ø engl.Zoll	l mm	m mm	n mm
180 u. unter 190	270	665	15,5	76	9,5	57	10,5	14	21	$^3/_4$	14	40	9,5
190 „ „ 200	287	700	16	80	10	60	11	15	22	$^3/_4$	14,5	41	10
200 „ „ 210	304	735	16,5	84	10,5	63	11,5	15,5	22,5	$^7/_8$	15	43	10,5
210 „ „ 220	320	770	17	87	10,5	65	11,5	16	23	$^7/_8$	16	45	11
220 „ „ 230	337	810	18	90	11	68	12	16,5	24	$^7/_8$	17	46	11
230 „ „ 240	353	845	18,5	94	11,5	70	12	17	24	$^7/_8$	17,5	48	11,5
240 „ „ 250	370	880	19	97	12	72	12,5	17,5	25	$^7/_8$	18	49	12
250 „ „ 260	387	915	20	100	12	74	13	18	25,5	1	18,5	50	12,5
260 „ „ 270	403	950	21	104	12,5	76	13	18,5	26	1	19	52	13
270 „ „ 280	420	985	22	108	12,5	78	13,5	19	26	1	19,5	54	13,5
280 „ „ 290	437	1020	22,5	112	13	80	14	19,5	27	1	20	56	14
290 „ „ 300	453	1055	23	116	13	82	14	20	28,6	$1^1/_8$	20	58	14,5

Für kleinere Raaen, etwa bis zu 200 mm Durchmesser, können die Bänder *B* entbehrt werden und statt dessen Augbolzen durch die Klampen und die Raa geschlagen werden, wie dies in Fig. 122 angegeben ist. Das Auge des einen Bolzens bildet dann das Scharnier, dasjenige des anderen dient zur Aufnahme des Vorsteckstiftes. Die Abmessungen der einzelnen Teile dieser Art von Bügelracken sind in nachstehender Tabelle wiedergegeben.

Abmessungen für kleine Bügelracken.

Durchmesser der Raa = d mm	a mm	b mm	c mm	e mm	f mm	g mm	h mm	i mm	k Bolzen Ø mm	k Gewinde Ø engl.Zoll
110 und unter 120	210	420	11	52	5	36	7	9	15	$^1/_2$
120 „ „ 130	220	455	12	56	6	39	7,5	10	16	$^5/_8$
130 „ „ 140	230	490	13	60	6,5	42	8	11	16	$^5/_8$
140 „ „ 150	240	525	13,5	63	7	45	8,5	11,5	17	$^5/_8$
150 „ „ 160	250	560	14	67	8	48	9	12	18	$^5/_8$
160 „ „ 170	260	595	14,5	70	8,5	51	9,5	13	19,5	$^3/_4$
170 „ „ 180	270	630	15	73	9	54	10	13,5	20	$^3/_4$
180 „ „ 190	280	665	15,5	76	9,5	57	10,5	14	21	$^3/_4$
190 „ „ 200	290	700	16	80	10	60	11	14	22,5	$^7/_8$

II. **Das Stropprack.** Für untergeordnete Zwecke und bei Havarien kommt gelegentlich das in Fig. 123 dargestellte Stropprack zur Anwendung.

Die Klampe hat hier zu beiden Seiten des Ausschnitts für die Stenge noch einen Ausschnitt für den Stropp, der zweiteilig ist und mit einem Bändsel geschlossen und geöffnet werden kann, wodurch der Bügel ersetzt wird.

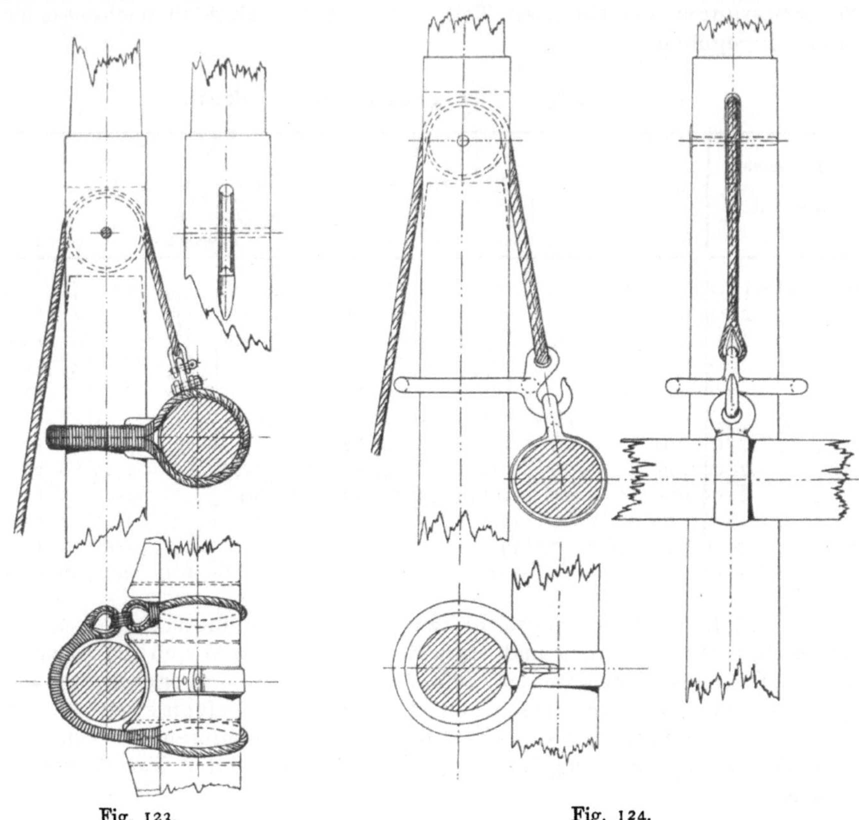

Fig. 123.   Fig. 124.

III. Das Rack für Bootsraaen, s. Fig. 124. Hier bildet ein geschlossener Ring das Rack. An der Vorkante hat der Ring ein Auge für das Fall und darunter einen Haken zum Einhängen der Raa.

3. Beschläge an den Enden der Raaen.

a. Die Nockbänder. (Fig. 125 und 126.)

Dieselben werden in dem entsprechenden Abstande (Nocklänge) von den Enden der Raa angebracht und dienen vorzugsweise zur Befestigung der Toppnanten, Brassen und Refftaljen, für welche Augen vorzusehen sind. Gelegentlich werden auch Augen für die Pferde angebracht. Sowohl für stählerne als auch für hölzerne Raaen kommen Nockbänder, wie in Fig. 125 dargestellt, zur Anwendung. Hierbei trägt das oben offene Band in der Verschraubung bei T ein Auge für den Toppnant. Das Auge B ist für den Brassenstander, R für die Refftalje und P für das Pferd.

Das Nockband wird auch oft als geschlossenes Band, d. h. ohne Verschraubung, hergestellt und dann warm auf die Raa gezogen, so daß es sich beim Erkalten festklemmt. Es läßt sich dann, falls es sich einmal „lose" arbeiten oder die Raa, wenn aus Holz, eintrocken sollte, oben nur durch Ankeilen wieder befestigen. Dies ist nicht so gut ausführbar als das Anziehen der Schraube.

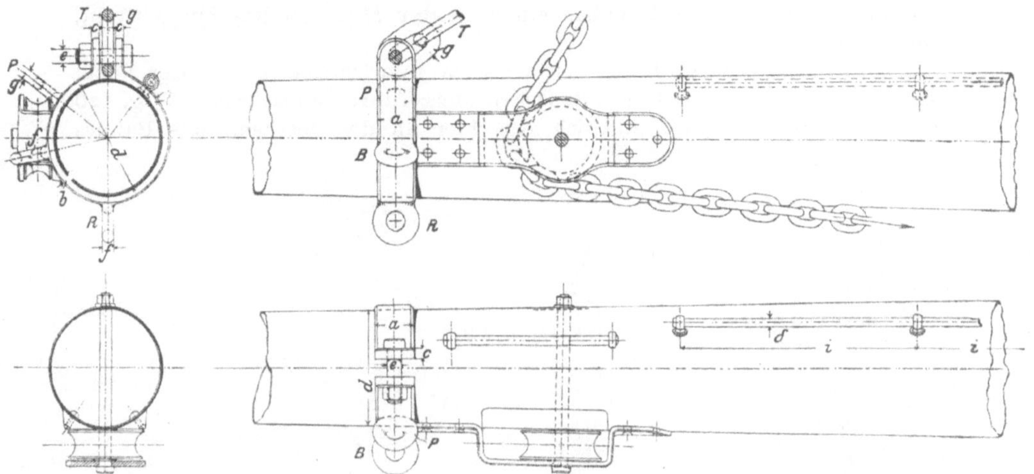

Fig. 125.

Abmessungen der Nockbänder.

d Innerer Durchmesser des Nockbandes mm	a mm	b mm	c mm	e		f. Ø mm	g Ø mm	h Ø mm
				Bolzen-Durch-messer mm	Gewinde Ø engl. Zoll			
90 und unter 100	40	8	12	16	$^5/_8$	16	13	21
100 „ „ 110	43	8,5	12,5	17	$^5/_8$	17	14	22
110 „ „ 120	45	9	13	18	$^5/_8$	18	15	23
120 „ „ 130	48	9,5	13,5	19,5	$^3/_4$	18,5	16	24
130 „ „ 140	50	10	14	20	$^3/_4$	19	17	25
140 „ „ 150	53	10,5	14,5	21	$^3/_4$	20	18	26
150 „ „ 160	55	11	15	22,5	$^7/_8$	21	19	27
160 „ „ 180	60	12	16	24	$^7/_8$	22	20	28
180 „ „ 200	65	13	17	26	1	23	21	
200 „ „ 220	70	14	18	28	1	24	22	
220 „ „ 240	75	15	19	29	$1^1/_8$	25	23	
240 „ „ 260	80	16	20	31	$1^1/_8$	26	24	
260 „ „ 280	85	17	21	32	$1^1/_4$	27	25	
280 „ „ 300	90	18	22	34	$1^1/_4$	28	26	
300 „ „ 320	95	19	23	35	$1^3/_8$	29	27	
320 „ „ 340	100	20	24	37	$1^3/_8$	30	28	

Bei einem geschlossenen Bande muß oben statt der Verschraubung ein Auge wie für die Brasse und Refftalje angeschweißt werden. Alle Augen sind in der Längenrichtung der Raa, nicht quer zu derselben, anzuordnen; das Auge für das Pferd möglichst in der Richtung desselben. Die Abmessungen der Nockbänder gehen aus vorstehender Tabelle hervor.

Der innere Durchmesser der Augen ist so groß zu nehmen, daß die Haken bezw. Schäkel der Refftaljen und Brassen sich frei darin bewegen können. Die Weiten der Augen müssen daher den betreffenden Teilen angepaßt werden.

Bei großen Schiffen werden gelegentlich besondere Bänder für die Toppnanten, etwas von den Nockbändern nach der Mitte der Raa hin entfernt, angebracht.

Für kleine hölzerne Raaen, etwa bis 180 mm Durchmesser an der Nock, kann das Nockband auch aus Rundeisen ausgeführt werden, wie in Fig. 126 dargestellt ist. Es empfiehlt sich auch hier an der Oberkante des Bandes

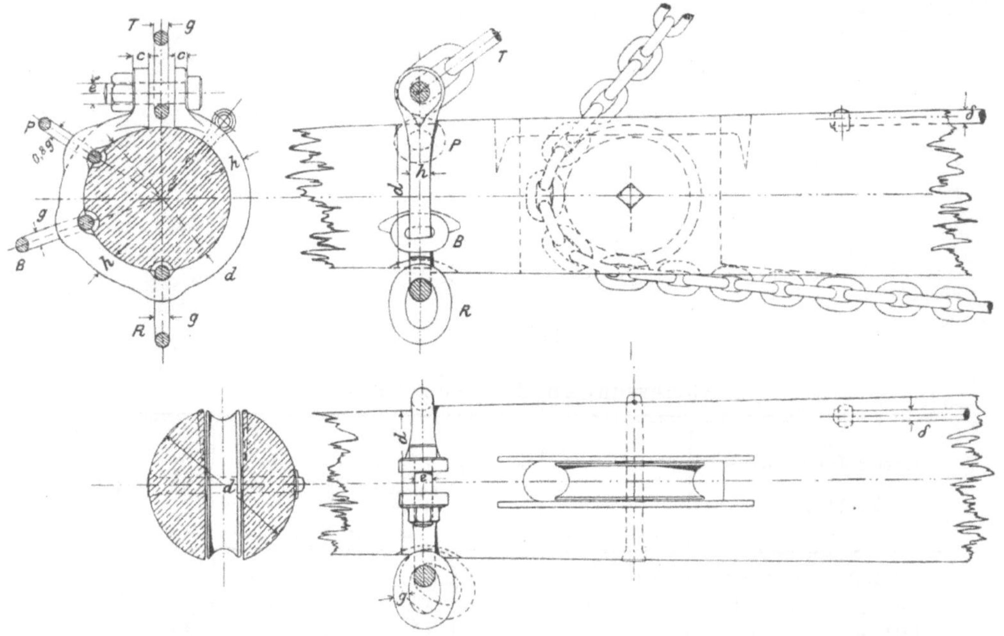

Fig. 126.

eine Verschraubung anzuordnen. Statt der Augen werden dann Kettenglieder für Brassen, Pferde und Refftaljen um das runde Band gelegt und dasselbe an den betreffenden Stellen leicht gebogen. Die Raa erhält an diesen Stellen Einkerbungen, damit sich die Kettenglieder nach allen Richtungen hin frei bewegen können.

Der Durchmesser h für das Band ist aus vorstehender Tabelle zu entnehmen.

β. Scheiben für die Schotenketten des oberhalb der Raa befindlichen Segels.

Bei stählernen Raaen wird die Scheibe für die Schotenkette hinter der Raa angebracht und mit einer Backe aus Blech umgeben, siehe Fig. 125. Bei hölzernen Raaen dagegen erhält die Raa ein Scheibegat und die Scheibe einen entsprechend größeren Durchmesser, siehe Fig. 126. Die oberen Kanten des Scheibegats müssen mit eisernen Klammern garniert werden, damit das Holz von den Ketten nicht abgerissen wird. Die Dicke der Scheiben und die Weite des Scheibegats richten sich nach den zugehörigen Ketten.

γ. Leesegelspierenbügel.

Die Leesegel gehören bereits der Vergangenheit an, da aber noch viele Schiffe existieren, die ursprünglich mit diesen Segeln ausgerüstet waren, so sollen dieselben, der Vollständigkeit halber, hier kurz beschrieben werden. Bei den zuletzt noch gebräuchlichen Leesegeln, siehe Fig. 127, erhielten nur die Unterraa und die Obermarsraa Leesegelspieren, so daß 1 Unterleesegel. 1 Oberleesegel in Höhe der beiden Marssegel und 1 Bramleesegel als Verbreiterung des Bramsegels gefahren werden konnten, wie aus Fig. 127 ersichtlich. Jedes Leesegel hat an seiner Oberkante eine leichte Raa, mittels welcher es unter die betr. Spiere bezw. unter die Bramraa geholt wird. Es bezeichnet in Fig. 127

Nr. 1. Das Unterleesegels-Außenfall.
  „ 2.   „   „   -Binnenfall.
  „ 3. Die   „   -Außenschot.
  „ 4.   „   „   -Binnenschot.
  „ 5. Das Oberleesegels-Fall.
  „ 6. Die   „   -Außenschot (Hals).
  „ 7.   „   „   -Binnenschot.
  „ 8. Das Bramleesegels-Fall.
  „ 9. Die   „   -Außenschot.
  „ 10.   „   „   -Binnenschot.

Bei der Unterraa wurde gewöhnlich die Leesegelspiere an der Unterkante der Raa, bei der Obermarsraa an der Oberkante oder etwas zur Seite geneigt, angebracht. Die letztere Raa erhielt in der Regel nur einen äußeren Spierenbügel, siehe Fig. 130, das innere Ende der Spiere wurde, wenn letztere ausgeschoben, durch einen Steg an der Raa befestigt. Die Unterraa dagegen erhielt einen äußeren und einen inneren Spierenbügel, siehe Fig. 128 und 129. Der Durchmesser der Leesegelspieren ist gleich dem Durchmesser der Raa am äußersten Ende. Die Abmessungen der einzelnen Teile der Spierenbügel gehen aus nachstehender Tabelle hervor:

Durchmesser der Spiere d	a	b	c	e	f		g	h	i	k
					Bolzen Ø	Gewinde Ø				
mm	mm	mm	mm	mm	mm	engl.Zoll	mm	mm	mm	mm
150 und unter 160	60	7,5	10	28	19,2	$^3/_4$	70	5	12	16
160 „ „ 170	61	8	10,5	29	20	$^3/_4$	72	5,5	12,5	16,5
170 „ „ 180	62	8,5	11	30	21	$^3/_4$	74	6	13	17
180 „ „ 190	63	9	11,5	31	22,5	$^7/_8$	76	6	13,5	17,5
190 „ „ 200	64	9,5	12	32	23	$^7/_8$	78	6,5	14	18
200 „ „ 210	65	10	13	33	24	$^7/_8$	80	7	14,5	18,5
210 „ „ 220	66	10,5	13,5	34	25,5	1	82	7,5	15	19
220 „ „ 230	67	11	14	35	26	1	84	8	15,5	19.5
230 „ „ 240	68	11,5	15	36	27	1	86	8,5	16	20
240 „ „ 250	69	12	16	37	28	1	88	9	16,5	20,5
250 „ „ 260	70	12,5	17	38	29	$1^1/_8$	90	9,5	17	21

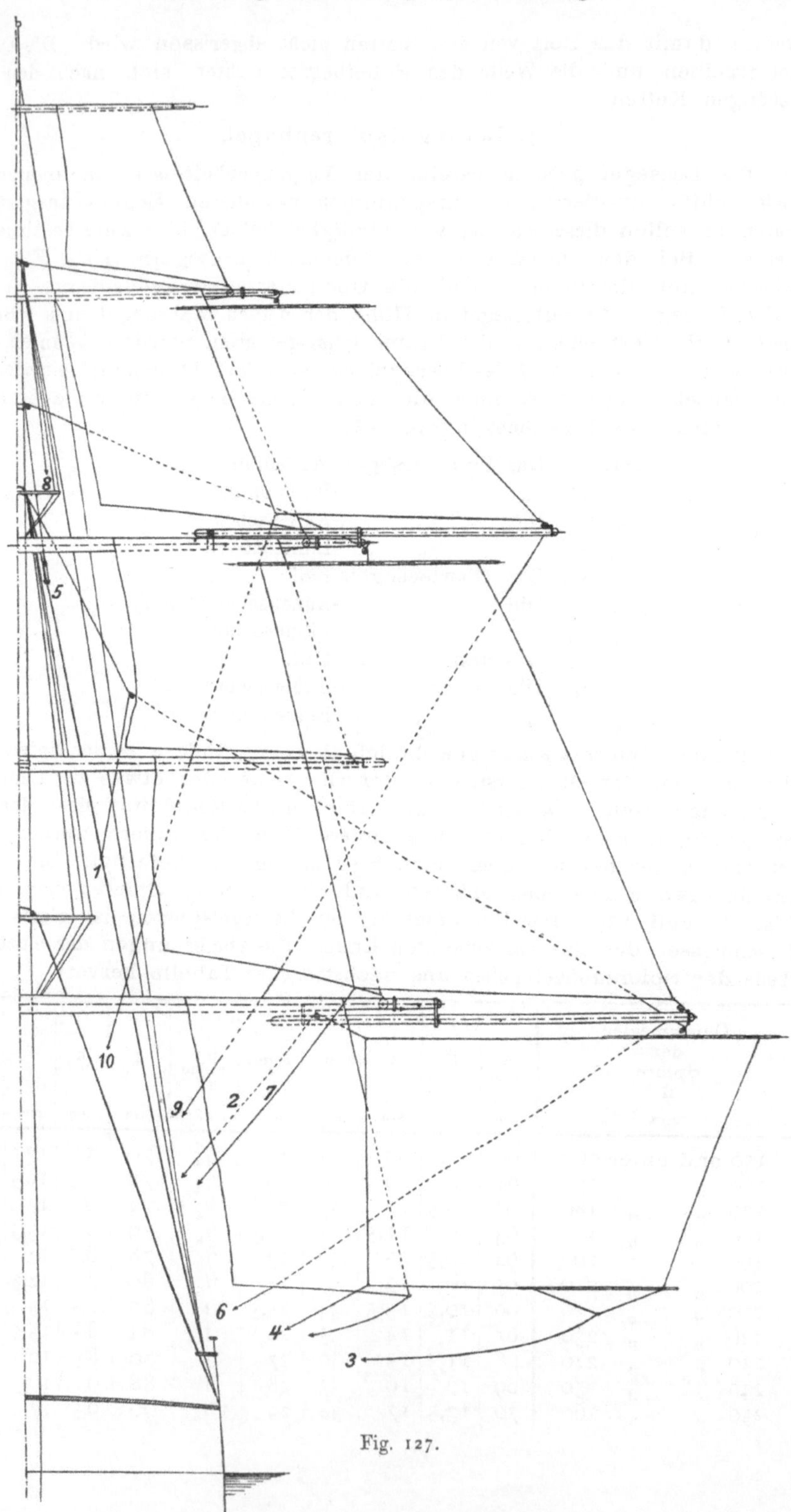

Fig. 127.

Die inneren **Spierenbügel** setzt man in einer angemessenen Entfernung von den Nocken. Bei den stählernen Raaen braucht das Band nur einen

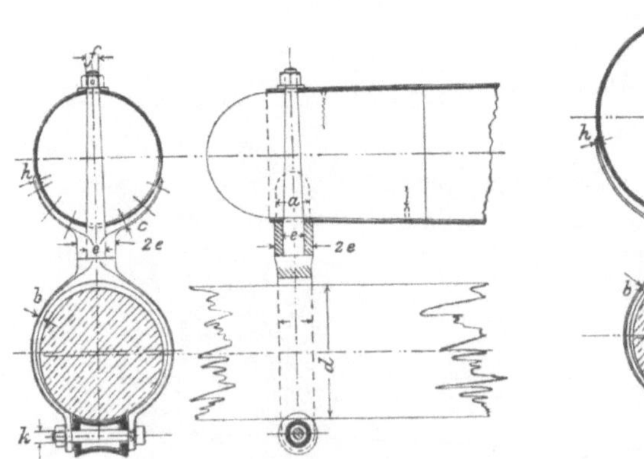

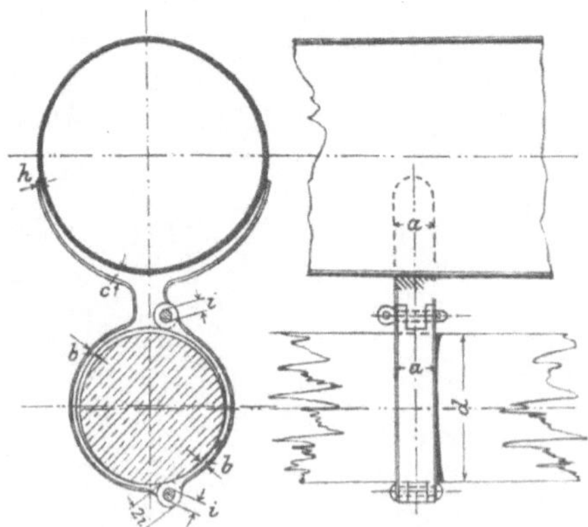

Fig. 128.   Fig. 129.

Teil der Raa zu umfassen, bei hölzernen Raaen dagegen ist ein volles Band erforderlich.

δ. Weitere Beschläge an den Enden der Raaen.

Als solche sind noch zu erwähnen, die Augbolzen für die Fallen der Leesegel und für die Nockpferde. Die ersteren werden in das äußerste Ende bezw. Endstück der Raa geschlagen, die letzteren ganz außen auf der Oberkante der Raa angebracht.

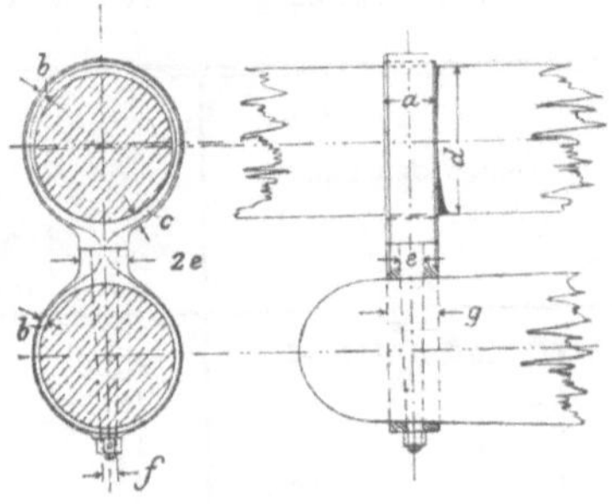

Fig. 130.

4. Sonstige Beschläge an den Raaen.

a. Jackstagen.

Sämtliche Raaen erhalten der Länge nach auf dem oberen vorderen Viertel ihres Umfanges Jackstagen zum Anschlagen der Segel. Diese Stagen bestehen aus Rundeisen, erstrecken sich von der einen Nock zur andern und werden mittels Augbolzen mit der Raa verbunden. Bei eisernen oder stählernen Raaen erhalten diese Augbolzen entweder gewöhnliche Muttern im Innern der Raa, oder es wird in das Blech der Raa Gewinde eingeschnitten, die Augbolzen werden hineingeschraubt und im Innern noch mit einer niedrigen Mutter versehen. Bei hölzernen Raaen erhalten die Augbolzen eine Spitze und werden in die Raa hineingeschlagen, siehe Fig. 131.

Zum Festmachen der Segel werden auch auf dem Bugspriet Jackstagen vorgesehen. Dieselben erhalten einen Durchmesser, der um $1/_8$ und für die inneren Klüver um $1/_4$ größer ist, als der Durchmesser der Jackstagen für die Unterraaen.

Die Abmessungen der Jackstagen, ihre Entfernung h von der Raa und die Entfernung i der Augbolzen ist in nachstehender Tabelle angegeben, siehe auch Fig. 125 und 126.

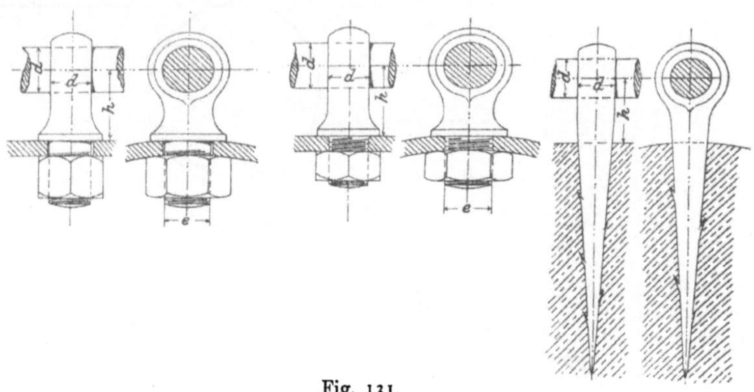

Fig. 131.

Abmessungen der Jackstagen und deren Augbolzen.

Länge der Raa	δ	e Ø Gewinde	e Ø des Bolzen	h	Entfernung der Augbolzen i
m	mm	engl. Zoll	mm	mm	mm
10 und unter 12	15	$^5/_8$	16	25	300 bis 320
12 „ „ 14	16	$^5/_8$	16	26	320 „ 340
14 „ „ 16	17	$^5/_8$	17	27	340 „ 360
16 „ „ 18	18	$^3/_4$	19,5	28	360 „ 380
18 „ „ 20	19	$^3/_4$	20	30	380 „ 400
20 „ „ 22	20	$^3/_4$	20	31	400 „ 420
22 „ „ 24	21	$^3/_4$	21	32	420 „ 440
24 „ „ 26	22	$^7/_8$	23	33	440 „ 360
26 „ „ 28	23	$^7/_8$	23	34	460 „ 480
28 „ „ 30	24	$^7/_8$	24	36	480 „ 500
30 „ „ 32	25	I	26	37	500
	26	I	26	38	„
	27	I	27	39	„
Bugspriet {	28	I $^1/_8$	29	40	„
	29	I $^1/_8$	29	42	„
	30	I $^1/_8$	30	43	„
	31	I $^1/_4$	32	44	„

β. Augen für die inneren Toppnanten.

Werden für die oberen Mars- und Bramraaen doppelte Toppnanten vorgesehen, so sind noch in $^1/_8$ Entfernung zwischen den Augen für die äußeren Toppnanten ebensolche Augen für die Befestigung der inneren Toppnanten anzubringen. Die Bänder für diese Toppnanten brauchen die Raa nur zur Hälfte zu umfassen.

γ. Führungsaugen für die Schoten.

Die Ketten oder Drahttaue für die Schoten laufen bei hölzernen Raaen ziemlich in der Achse der Raa unter der Raa entlang. Bei stählernen Raaen dagegen laufen sie — von außen gerechnet — von der Hinterkante der Raa annähernd bis mittschiffs zur Mitte der Raaunterkante. Bei langen Raaen ist es nun erforderlich, den Schotenketten auf $^1/_4$ der Raalänge noch eine Führung zu geben, damit sie nicht zu sehr durchhängen und deshalb schlecht zu überholen bezw. durchzuholen sind.

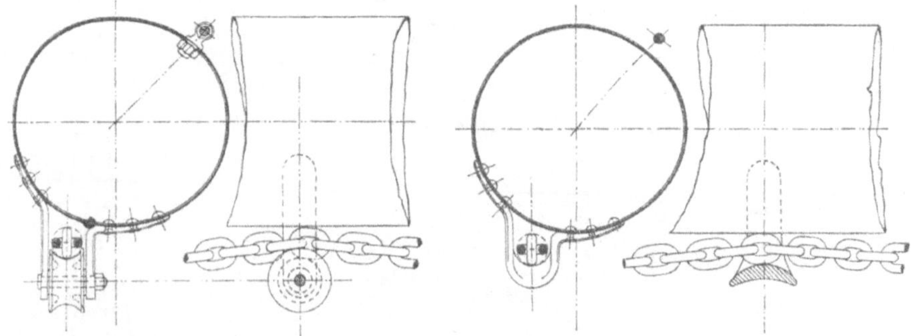

Fig. 132.

Diese Führungen müssen so angebracht sein, daß sie genau in der Fluchtlinie der Schoten sitzen. In Fig. 132 ist rechts eine feste Führung, links eine solche mit einer kleinen Rolle angegeben. Die Abmessungen richten sich nach der Stärke der Schotenketten.

5. Racken und Beschläge für Raaen zum selbsttätigen Reffen der Segel.

In den fünfziger und sechziger Jahren des vorigen Jahrhunderts kamen vielfach Einrichtungen zum selbsttätigen Reffen der Marssegel zur Anwendung. Diese Einrichtungen gehören zwar jetzt der Geschichte an, sie verdienen jedoch hier kurz behandelt zu werden, um zu zeigen, welch komplizierte Vorkehrungen zum Reffen der großen Marssegel getroffen worden sind, bevor zur vollständigen Teilung derselben in Unter- und Obermarssegel, d. h. zur allgemeinen Einführung der doppelten Marsraaen, Patent Howe, geschritten wurde. Es sind dies:

α. Das Patent Cunningham. (Fig. 133.)

Hierbei ist die Marsraa MR wie jede gewöhnliche Raa geformt, nur in der Mitte hat sie eine 8kantige Stelle, an welcher eine Kettenscheibe K fest aufgekeilt ist. Das Drehreep ist doppelt und läuft über diese Kettenscheibe, so daß die Raa in dem Drehreep hängt und durch Aufholen der einen oder Fieren der andern Part des Drehreeps nach Belieben eine Drehung der Raa bewirkt werden kann. Die Raa ist der Länge nach mit 4 Leisten L versehen, von denen die eine Aussparungen zum Anschlagen des Segels hat. Auf diesen Leisten wickelt sich dann bei einer Drehung der Raa das Segel auf oder ab, je nach der Drehrichtung. An der Stelle, wo die Drehreepskette auf die Raa läuft, erhält das Segel einen vertikalen Schlitz, der bis

zur tiefsten Lage der Raa hinabreichen muß, um ein ungehindertes Aufwickeln des Segels zu ermöglichen.

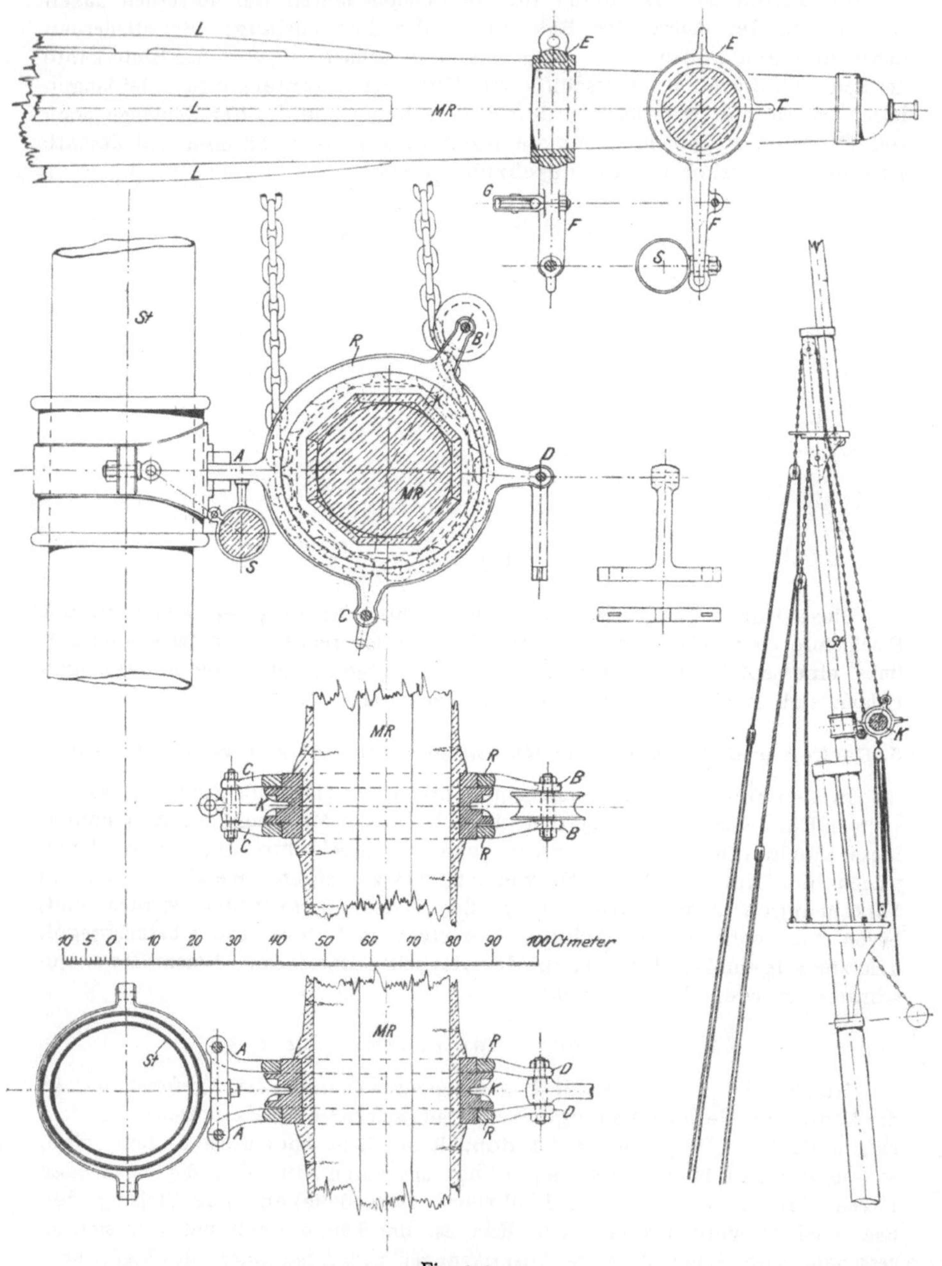

Fig. 133.

Die Kettenscheibe K trägt an jeder Seite einen drehbaren Ring R.
Diese Ringe haben je 4 Arme A, B, C und D, die mittels Stehbolzen mit-

einander verbunden werden, so daß die beiden Ringe zusammen ein Ganzes und die Lagerung für die Kettenscheibe bilden. Der Arm A dient zur Verbindung der Raa mit dem Rack auf der Stenge St. Die Stehbolzen der Arme B und C dienen zur Aufnahme der Leitrolle für das Drehreep bezw. für das Auge zur Aufnahme des Niederholerblocks. Der Stehbolzen am Arm D trägt ein $\top$-förmig gestaltetes Eisen, welches zur Befestigung einer Segeltuchbahn dient und welch letzteres den Zweck hat, den vertikalen Schlitz im Segel zu schließen.

An den Nocken ist die Raa ebenfalls drehbar, und zwar in dem Auge E gelagert. Sämtliche 3 Lagerstellen der Raa sind durch eine an der Hinterkante der Raa entlang geführte Spiere S, die sich nicht dreht, miteinander verbunden. Mit der Spiere S sind die Pferde und Nockpferde verbunden. An dem Auge E sitzt ein Arm F, der zur Verbindung des Auges mit der Spiere dient. An F ist ferner ein Block G für die Bramschote vorgesehen. Die Bramschoten laufen hier, ähnlich wie bei jeder gewöhnlichen Raa, unter der Spiere entlang und werden an der Stenge zum Deck hinabgeführt. T ist das Auge für den Toppnant.

Die einzelnen Teile sind nach dem beigefügten Maßstabe gezeichnet. Die Länge der Marsraa beträgt 15 m.

Der größte Übelstand dieser Konstruktion besteht in der Anwendung der Kettenscheibe. Selbst bei kalibrierten Ketten hat eine geringe Abnutzung oder das Strecken einzelner Kettenglieder bei starker Beanspruchung ein Überspringen der Glieder über die Knaggen der Kettenscheibe zur Folge. Trotzdem ist diese Konstruktion längere Zeit auf Segelschiffen und Dampfern in Gebrauch gewesen.

β. **Das Patent Colling and Pinkney.** (Siehe Fig. 134 und 135.)

Bei dieser Anordnung ist die Raa wie jede gewöhnliche Raa geformt und mit dem Rack verbunden. Vor der Raa ist eine drehbare Spiere angebracht, auf welcher sich das Marssegel auf- bezw. abwickelt, je nach der Drehrichtung. Diese Einrichtung hat sich auf Segelschiffen noch etwas länger gehalten als Cunninghams Patent, sie gelangte zuletzt noch vielfach auf großen Dampfern zur Anwendung und dürfte gegenwärtig schon von allen Schiffen verschwunden sein.

Aus Fig. 134 ist die Anordnung, wie sie vielfach auf Dampfern Anwendung gefunden, zu ersehen. Mast und Stengen bestehen hier aus einem Stück. Vor der Stenge sind Gleitschienen für die Racken der Mars- und Bramraa angebracht, ebenso ist an der Hinterkante des Mastes für das hohe Gaffelsegel eine Gleitschiene vorgesehen.

In Fig. 135 bedeutet St die Stenge, A das Rack, MR die Marsraa, die im allgemeinen wie jede andere Raa geformt und beschlagen ist, die aber an den Enden Nockbänder trägt, welche außer den Augen M für die Raatalje, O für die Brassen, und T für die Toppnanten, noch einen nach oben gerichteten Arm P, sowie einen nach vorn stehenden Arm Q tragen. In den äußeren Enden von Q ist die aus Kiefernholz bestehende zylindrische Rollspiere B drehbar gelagert. Auf dieser Spiere entlang sind 4 Leisten L aus Holz angebracht, um welche sich das Segel S wickelt. Eine dieser Leisten ist mit Löchern zum Anschlagen des Anschlaglieks vom Segel versehen.

Die gebogenen **Arme** P tragen an ihren äußeren Enden je einen **Block**
F, durch welche Ketten geschoren sind. Das eine Ende einer jeden Kette
fährt durch einen oben an der Stenge befestigten Block, während das andere
Ende mehrfach um das äußere mit Halbrundeisen beschlagene Ende der
Rollspiere B geschlungen ist. Beim Auf- und Niederlassen der **Raa** bewirken diese Ketten eine Drehung der Spiere und somit ein Ab- bezw. Aufwickeln des Segels. Außerdem kann durch Anholen oder Fieren der Ketten

Fig. 134.

am Mast nach Belieben eine Drehung der Rollspiere bewirkt werden, auch
wenn die Raa sich nicht auf- oder abwärts bewegt.

Zur Führung beim Aufwickeln und zum Tragen des Segels sind noch
in einer Entfernung von 2,2 m von der Mitte der Raa 2 Bänder C angebracht, die vorne gabelförmige Bügel tragen, welch letztere mit Pockholz-
rollen R versehen sind. Eine solche Rolle ist in Fig. 135 in größerem Maßstabe dargestellt.

Die 18,7 m lange Raa mit ihrer Rollspiere hängt in dem Drehreep D,
einer Kette von 20 mm Durchmesser, die kurze Rackhangerkette hat einen
Durchmesser von 13 mm. Ferner ist V das **Auge** für das Nockpferd, W das
Auge für den Bramschotenblock, X die **Scheibe** für die Bramschote, Y das

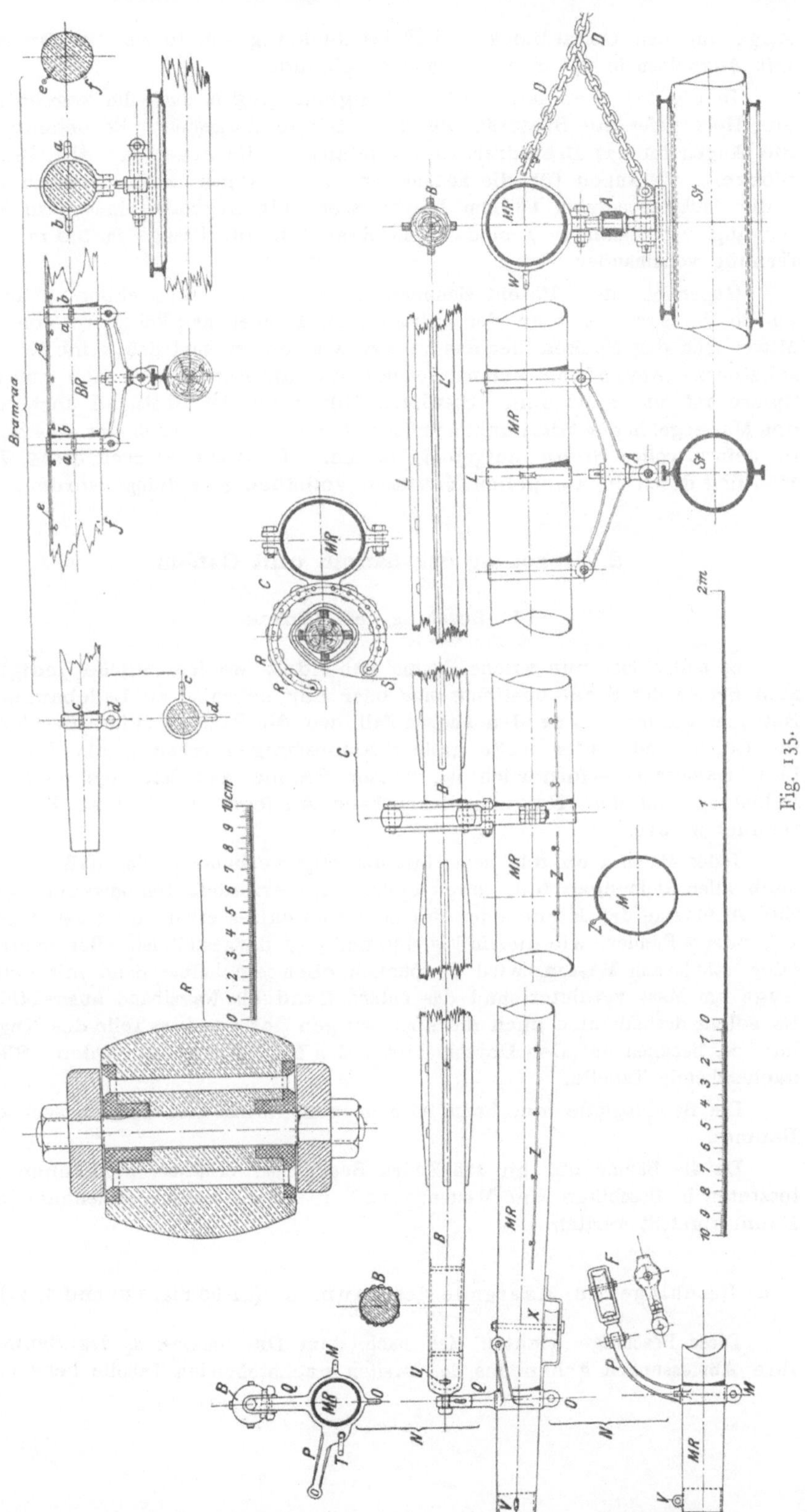

Fig. 135.

Auge für den Geitaublock und Z das Jackstag von 16 mm Durchmesser mit Augbolzen in 0,3 m Entfernung voneinander.

In Fig. 135 oben ist, der Vollständigkeit wegen, auch die zugehörige, aus Holz gefertigte Bramraa von 12 m Länge dargestellt. Es bedeuten a die Augen für das Bramdrehreep (Bramfall), b die Augen für die Geitaublöcke, c die Augen für die Toppnanten, d die Augen für die Brassen und e die Jackstagen von 13 mm Durchmesser mit Augbolzen in 0,3 m Entfernung voneinander. f sind kleine Krampen für Bezüge in 0,6 m Entfernung voneinander.

Gegenüber dem Patent Cunningham hat diese Konstruktion insofern einige Vorzüge, als hier der Antrieb zum Drehen der Rollspiere von der Mitte nach den Nocken der Raa verlegt worden ist, und daß keine Kettenscheibe zur Anwendung kommt, sondern daß die Antriebskette sich auf der Spiere auf- und abwickelt. Hierdurch fällt auch der Übelstand fort, daß das Marssegel in der Mitte aufgeschlitzt werden muß. Es kann hier das Segel in seiner vollen Breite aufgerollt werden. Trotzdem ist auch diese Vorrichtung durch die doppelten Marsraaen vollständig verdrängt worden.

d. Beschlag der Bäume und Gaffeln.

1. Beschlag der Bäume.

Es sollen hier nur solche Bäume behandelt werden, welche lediglich zum Setzen der Segel bestimmt sind oder nur nebenbei als Ladebäume in Betracht kommen. Für den andern Fall, wo die Bäume und ihre Beschläge für Lösch- und Ladezwecke größere Abmessungen erhalten, als für das betr. Gaffelsegel erforderlich ist, müssen Bäume und Beschläge nach der Belastung und dem Neigungswinkel beim Auslegen von Fall zu Fall berechnet werden.

Jeder Baum muß mit dem Mast derartig verbunden sein, daß er sich nach allen Richtungen hin, soweit es das Segel erfordert, frei bewegen kann. Zur Aufnahme der Klaue oder des Schwanenhalses erhält der Mast 1 oder $1^1/_2$ oder 2 Bänder, wie dies in Fig. 136 und 137 dargestellt ist. Bei eisernen oder stählernen Masten wird gewöhnlich oben ein halbes Band mit einem Auge am Mast vernietet und das untere Band als Nagelband ausgebildet. Es sollen deshalb hier auch die Abmessungen der einzelnen Teile des Nagelbandes, bezogen auf den Durchmesser d des Mastes gegeben werden. Siehe nachstehende Tabelle.

Die Beschlagteile am Baum richten sich nach dem Durchmesser des Baumes.

Da die Bäume nur an den Enden Beschläge erhalten, so können die letzteren in Beschläge am Mastende und in Beschläge am Außenende des Baumes geteilt werden.

α. Beschläge am Mastende des Baumes. (Siehe Fig. 136 und 137.)

Diese Beschläge richten sich nach dem Durchmesser d_1 des Baumes, ihre Abmessungen gehen aus der zweiten nachstehenden Tabelle hervor:

Abmessungen des Nagelbandes. (Fig. 136.)

Durchmesser des Mastes d	Band					Belegnägel					Anzahl der Nägel im Bande
	a	b	c	e Bolzen Ø	e Gewinde Ø	f	g Ø	h	i	k	
mm	mm	mm	mm	mm	engl.Zoll	mm	mm	mm	mm	mm	mm
200 u. unter 220	70	13,5	17,5	24	$^7/_8$	210	15	58	20	22	4
220 „ „ 240	71	14	18	25	$^7/_8$	215	15	60	20	23	4
240 „ „ 260	72	14	18	26	1	220	15	63	21	23	4
260 „ „ 280	73	14,5	18,5	26	1	225	16	65	21	24	4
280 „ „ 300	74	15	19	26	1	230	16	68	22	24	4
300 „ „ 320	75	15	19,5	27	1	235	17	70	22	25	4
320 „ „ 340	76	15,5	20	27	1	240	17	73	23	25	6
340 „ „ 360	77	16	20,5	28	1	245	18	75	23	26	6
360 „ „ 380	78	16	21	28	1	250	18	78	24	26	6
380 „ „ 400	79	16,5	21	29	$1^1/_8$	255	19	80	24	27	6
400 „ „ 420	80	17	21,5	29	$1^1/_8$	260	19	82	25	27	6
420 „ „ 440	81	17	22	29	$1^1/_8$	265	20	84	25	28	6
440 „ „ 460	82	17,5	22	30	$1^1/_8$	270	20	87	26	28	8
460 „ „ 480	83	18	22,5	30	$1^1/_8$	275	21	89	26	29	8
480 „ „ 500	84	18	23	31	$1^1/_8$	280	21	91	26	29	8
500 „ „ 520	85	18,5	23,5	31	$1^1/_8$	285	22	93	27	30	8
520 „ „ 540	86	19	24	31	$1^1/_8$	290	22	95	27	30	8
540 „ „ 560	87	19	24,5	32	$1^1/_4$	295	23	98	28	31	8
560 „ „ 580	88	19,5	25	32	$1^1/_4$	300	23	100	28	31	10
580 „ „ 600	89	20	25,5	32	$1^1/_4$	305	24	102	29	32	10
600 „ „ 620	90	20	26	33	$1^1/_4$	310	24	105	29	32	10
620 „ „ 640	91	20 5	26,5	33	$1^1/_4$	315	25	108	30	33	10
640 „ „ 660	92	21	27	33	$1^1/_4$	320	25	110	30	33	10
660 „ „ 680	93	21	27,5	34	$1^1/_4$	325	26	112	31	34	10
680 „ „ 700	94	21,5	28	34	$1^1/_4$	330	26	114	31	34	12
700 „ „ 720	95	22	28,5	34	$1^1/_4$	335	27	116	32	35	12
720 „ „ 740	96	22	29	35	$1^3/_8$	340	27	118	32	35	12

Abmessungen der Beschläge am Mastende des Baumes. (Fig. 136.)

Durchmesser des Baumes am Mast d_1	Gabel				Bänder			
	l	m	n	o	p	q	r Bolzen Ø	r Gewinde Ø
mm	mm	mm	mm	mm	mm	mm	mm	engl. Zoll
100 u. unter 110	28	20	21	8	42	5	16	$^5/_8$
110 „ „ 120	30	22	22	9	46	6	17	$^5/_8$
120 „ „ 130	33	24	24	10	50	7	18	$^5/_8$
130 „ „ 140	36	26	26	11	54	8	20	$^3/_4$
140 „ „ 150	39	28	28	12	57	9	21	$^3/_4$
150 „ „ 160	42	30	31	13	60	10	22	$^3/_4$
160 „ „ 170	45	32	33	14	62	11	23	$^7/_8$
170 „ „ 180	48	34	35	15	64	12	24	$^7/_8$
180 „ „ 190	50	36	38	16	66	13	25	$^7/_8$
190 „ „ 200	52	38	40	17	68	14	26	1
200 „ „ 210	54	40	42	18	70	15	27	1
210 „ „ 220	56	42	44	19	72	16	28	1
220 „ „ 230	58	44	46	20	74	17	29	$1^1/_8$
230 „ „ 240	60	46	48	21	76	18	30	$1^1/_8$
240 „ „ 250	62	48	50	22	78	19	31	$1^1/_8$

Es gibt verschieden Konstruktionen der Verbindung des Baumes mit dem Mast. Die hauptsächlichsten sind in Fig. 136 und 137 dargestellt. Für große Schiffe finden die in Fig. 136 und in Fig. 137 I und II dargestellten Anordnungen Anwendung.

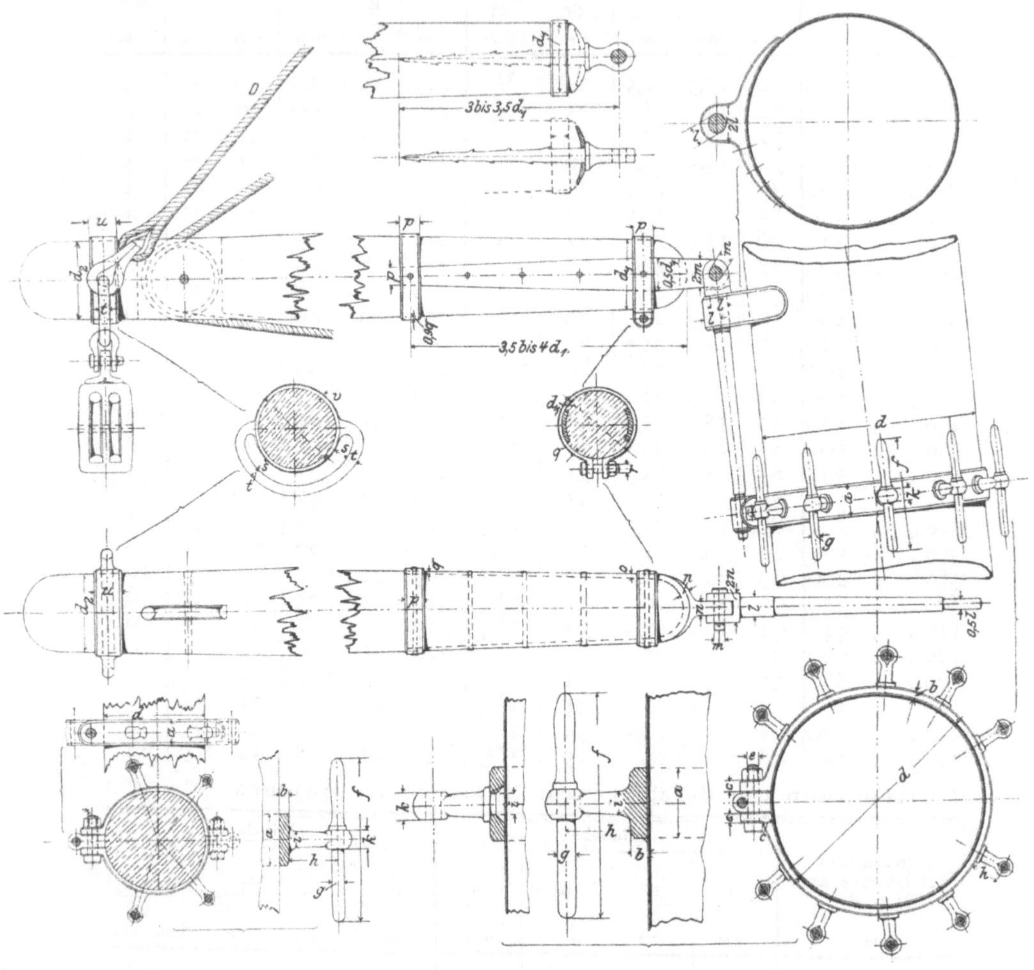

Fig. 136.

Bei kleinen Schiffen kommen wohl die in Fig. 137 III und IV angegebenen Konstruktionen vor, dieselben haben aber den Übelstand, daß sie sich sehr stark abnutzen.

In Fig. 137 V ist eine gabelförmige Baumklaue dargestellt, wie sie bei Schonern und namentlich bei diesen für das Großsegel vielfach zur Anwendung kommt. Wenn bei einem Schoner der Baum für das Schonersegel nicht als Ladebaum benutzt wird, wie z. B. bei Lotsenschonern, dann kommt eine solche Gabel (Mick) oft auch für den Schonerbaum zur Benutzung. Diese Anordnung hat den Vorteil, daß bei Anwendung von Mast-

bändern (Legeln) zur Befestigung des Segels am Mast, die Drehachse des
Segels mit derjenigen des Baumes in der Achse des Mastes zusammenfällt.
Hierbei erhält der Mast eine Konsole als Auflager für die Gabel des
Baumes.

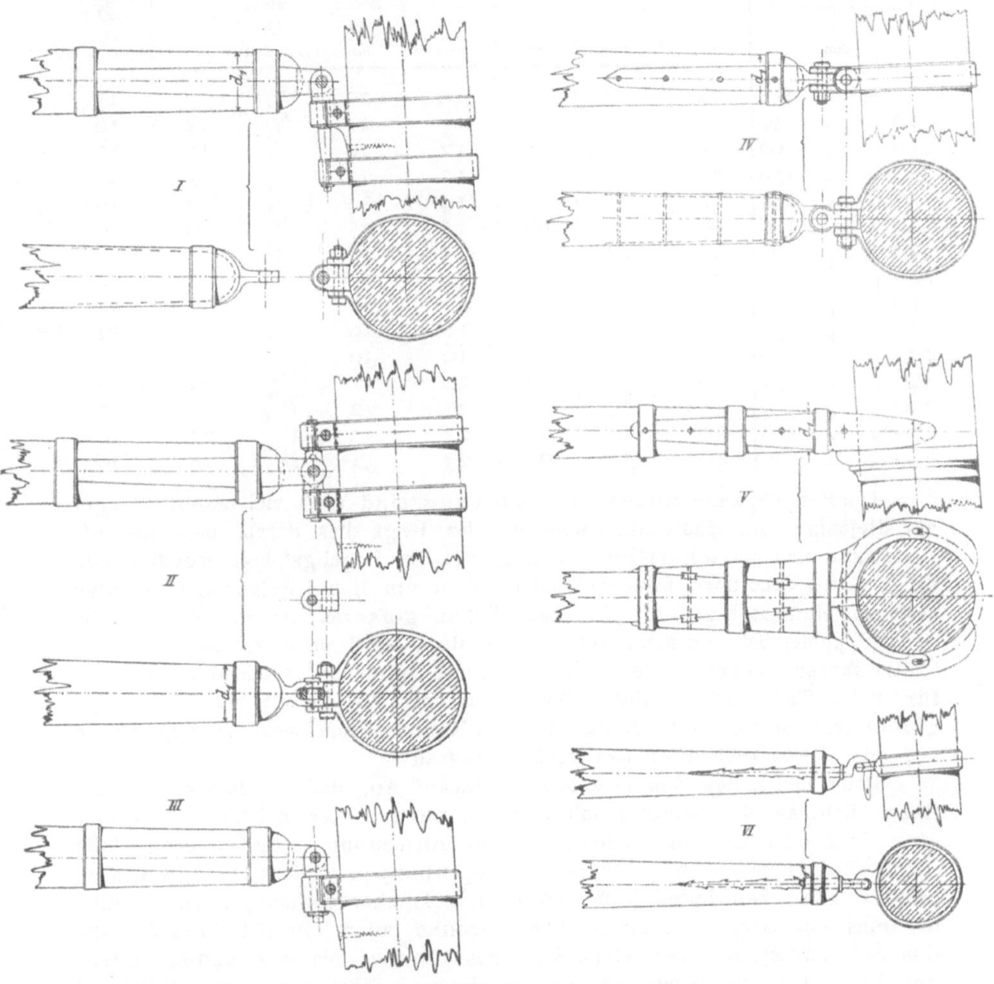

Fig. 137.

Fig. 137 VI stellt schließlich noch eine Konstruktion dar, die häufig
bei ganz kleinen Segeln (Besahn und Treibern) vorkommt und den Namen
Schwanenhals führt.

β. Beschläge am Außenende des Baumes.

(Siehe Fig. 136 und 138 a und b.)

Die Abmessungen dieser Beschläge richten sich nach dem Durchmesser
d_2 des Baumes am Außenende und sind nachfolgender Tabelle zu entnehmen:

Abmessungen der Beschläge am Außenende des Baumes.

Durchmesser des Baumes am Außenende $= d_2$	s	t	u	v	w		x	y ∅
					Bolzen ∅	Gewinde ∅		
mm	mm	mm	mm	mm	mm	engl. Zoll	mm	mm
130 u. unter 140	22	17	50	10	20	$^3/_4$	13	15
140 „ „ 150	23	18	54	11	21	$^3/_4$	14	16
150 „ „ 160	25	19	58	12	22	$^3/_4$	15	17
160 „ „ 170	26	20	62	13	23	$^7/_8$	17	18
170 „ „ 180	27	21	65	14	24	$^7/_8$	18	19
180 „ „ 190	29	22	69	15	25	$^7/_8$	19	20
190 „ „ 200	30	23	72	15	26	1	20	21
200 „ „ 210	31	24	76	16	27	1	21	22
210 „ „ 220	33	25	80	17	28	1	22	23
220 „ „ 230	34	26	83	18	29	$1^1/_8$	23	24
230 „ „ 240	35	27	86	19	30	$1^1/_8$	24	25
240 „ „ 250	36	28	90	22	31	$1^1/_8$	25	26
250 „ „ 260	38	29	93	21	32	$1^1/_4$	26	27
260 „ „ 270	39	30	97	22	33	$1^1/_4$	27	28
270 „ „ 280	40	31	100	23	34	$1^1/_4$	28	29

Die Beschläge am Außenende des Baumes sind noch viel mannigfaltiger als diejenigen am Mastende desselben. Es liegt dies daran, daß hier die Beschläge sich danach richten müssen, wie das Segel gefahren werden soll, ob z. B. das Schothorn ausgeholt oder außen am Baum festgemacht werden soll, ob einfache oder doppelte Baumdirken gefahren werden, ob einfache oder doppelte Schotentaljen erforderlich sind, und ob diese an derselben Stelle fahren können, wie die Baumdirken, oder ob verschiedene Bänder für beide Teile erforderlich. Ferner ist von Wichtigkeit, wie das Segel gerefft werden soll und ob das Ende des Baumes vom Deck aus zugänglich ist, oder ob es weit über das Heck hinausragt.

Beim Reffen des Segels kommt es darauf an, daß die Refflegel möglichst dicht auf den Baum geholt werden können. Hierbei kommt entweder eine Talje oder ein sog. Schmierreep zur Anwendung. Im letzteren Falle sind zu beiden Seiten am Baum Schmierreepsklampen K (siehe Fig. 138 a u. b), anzubringen. Für jedes Reff sind dann 2 Löcher vorhanden, von denen oft eins mit einer kleinen Scheibe versehen wird. Beim Gebrauch wird das Schmierreep an der einen Seite des Baumes bis zum Knoten durch das Loch der Schmierreepsklampe geschoren, fährt durch den Refflegel am Segel, von da an der anderen Seite des Baumes durch das korrespondierende Loch in der andern Schmierreepsklampe und läuft dann unter dem Baum entlang. Hier kann es dann durchgeholt und festgemacht werden.

Einige der wichtigsten Anordnungen sollen im Nachstehenden behandelt werden. In Fig. 136 und 138 a u. b sind die Baumdirken überall mit D bezeichnet. Bei doppelten Baumdirken und doppelten Schotentaljen kann man mit einem einzigen Bande auskommen, wie in Fig. 136. Das Band erhält an der unteren Hälfte einen halbkreisförmigen eisernen Ring, der überall gleich weit von dem Bande absteht und an den gegenüberliegenden Enden mit dem Bande verbunden ist. Hier werden die beiderseitigen Dirken eingehakt, während die Schotenblöcke an dem Rundeisen entlang gleiten und sich bei jeder Ausladung des Baumes so legen können, daß die Zugrichtung der Schote durch den Mittelpunkt des Bandes geht. In Fig. 138 a I ist ebenfalls nur ein Band bei doppelten Baumdirken und einfacher Schottalje vorhanden. Der untere Schotenblock fährt in diesem Falle entweder an einem Leuwagen oder in einem festen Auge auf Deck. Hierbei ist der Übelstand zu vermerken, daß bei einer Ausladung des Baumes die Zugrichtung der Schottalje nicht durch die Achse des Baumes geht, sondern stets unten einseitig angreift und den Baum auf Torsion beansprucht. Um dies zu vermeiden, wird häufig ein Band angeordnet, um welches sich in einer Nut ein zweites Band dreht. Siehe Fig. 138 a u. b II bis VIII. Bei doppelten Schottaljen erhält jede Schote ein solches Doppelband. Siehe Fig. 138 a II. Hierbei müssen die Baumdirken stets noch ein besonderes Band haben. In Fig. 138 a II hat das Band 2 Augen, bei den übrigen ist nur eine einfache Baumdirke angenommen. Einfache Dirken fahren in der Regel am äußersten Ende des Baumes, haben oben am Topp des Mastes einen Block und fahren von dort unter Einschaltung eines Klappläufers (Talje) an Deck oder sie fahren fest an der Gaffel. In diesem Falle wird wohl unter dem Baum noch eine Kette mit Zurrung angebracht, um eine kleine Änderung in der Länge der Dirk zu ermöglichen, wie dies in Fig. 138 b VIII dargestellt ist, meistens aber wird die Dirk fest am Baum und an der Gaffel gefahren.

Für das Ausholen des Schothorns vom Gaffelsegel sind in Fig. 138 a u. b I bis VIII verschiedene Anordnungen angegeben, wobei entweder eine Scheibe im Baum vorgesehen ist, wie in Fig. 138 a u. b I, III und IV, oder wo Löcher durch den Baum hindurch gehen, wie in Fig. 138 a u. b II, VII und VIII. In letzterem Falle kommt ein großer Bügel zur Anwendung. Derselbe wird durch den Schothornlegel gesteckt und mittels Bolzen am Baum befestigt. In Fig. 138 b V ist ein Stück Eisen mit 3 Löchern auf dem Baum befestigt, so daß das Segel mittels Schäckel daran ausgeholt werden kann.

In Fig. 138 b IV ist eine Anordnung dargestellt, welche darin besteht, daß das Schothorn durch einen um den Baum gelegten Ring beim Ausholen möglichst dicht am Baum gehalten wird. In Fig. 138 b IVb ist eine andere Konstruktion dargestellt, welche es bei kleinen Schiffen ermöglicht, das Segel leicht loszuwerfen bezw wieder einzuhaken.

In Fig. 138 b VI ist das Ringsystem noch weiter ausgebildet, indem nicht nur für das Schothorn, sondern auch für die Schot selbst je 1 Ring angeordnet ist. Beide Ringe werden durch in den Baum getriebene Stifte, die etwas vorstehen, gehalten. Die letzteren Konstruktionen eignen sich nur für kleine Fahrzeuge bezw. kleine Segel, weil beim Auftreten von großen Kräften sich die Ringe deformieren und am Baum festklemmen.

Häufig wird gar keine Rücksicht auf ein Recken des Segels genommen und die Schot an einem in dem Baum sitzenden Augbolzen befestigt, oder es werden, wie in Fig. 138 b VII angegeben, Löcher durch den Baum gebohrt, und das Schothorn mit einem durch die Löcher gehenden Stropp festgemacht.

In Fig. 139 ist eine Vorrichtung zum Ausholen des Gaffelsegels am Baum dargestellt, wie sie vielfach bei Yachten zur Ausführung gelangt. Auf dem Baume ist eine kurze Schiene angebracht, auf welcher sich ein Gleitklotz A bewegt. An dem Bolzen d wird das Schothorn des Segels festgemacht. Auf dem Band am Ende des Baumes befindet sich ein Auge a,

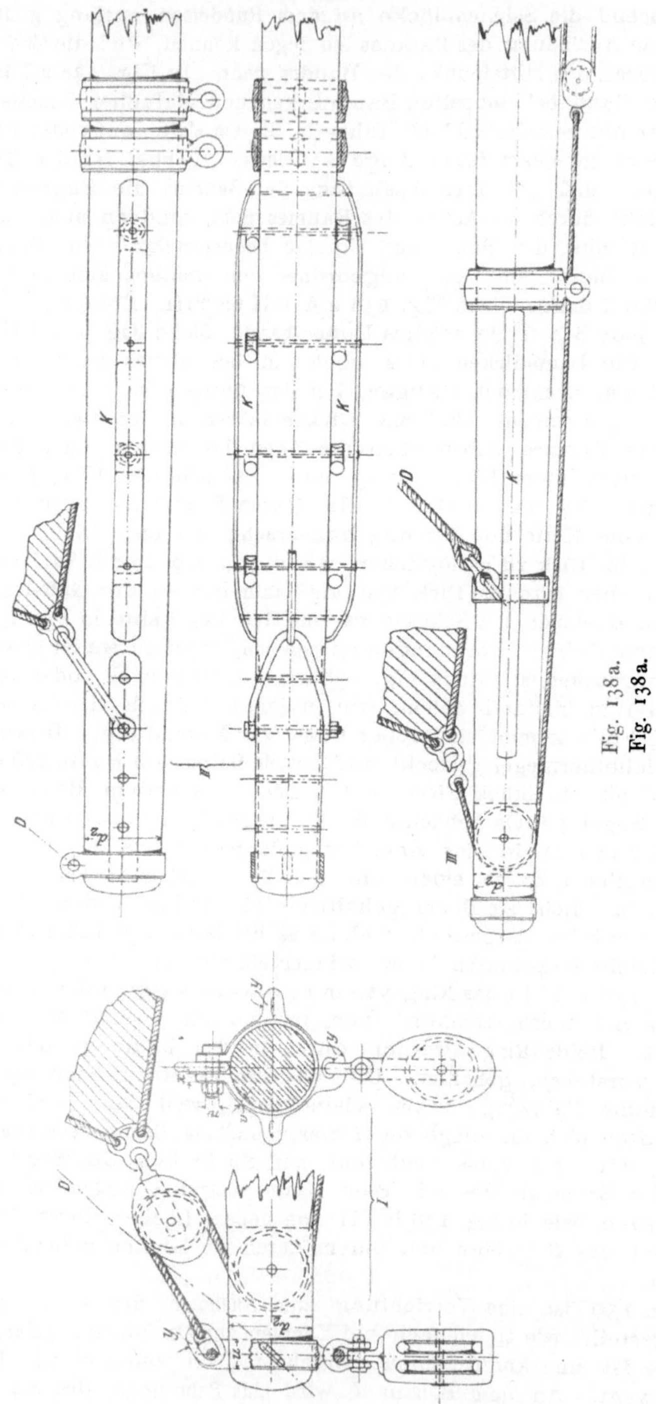

Fig. 138a.

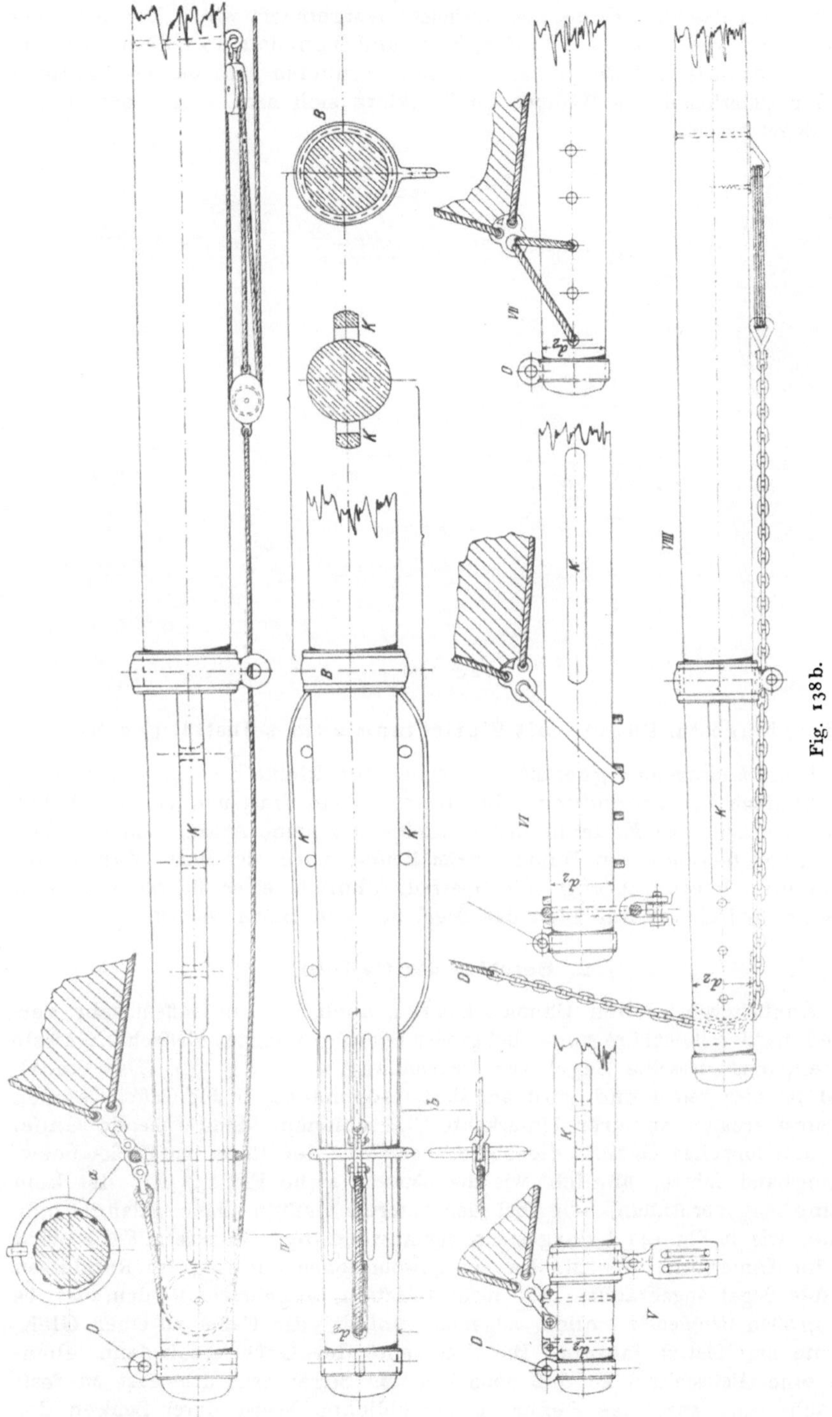

Fig. 138b.

in welchem das eine Ende des Ausholers festgemacht wird. Der Ausholer fährt dann von *a* über die Scheibe *b* und von dort über die schräg im Baum befindliche Scheibe *c*, so daß beim Einholen nach der Pfeilrichtung an der Unterkante des Baumes der Gleitklotz sich nach außen bewegt und das Segel ausholt.

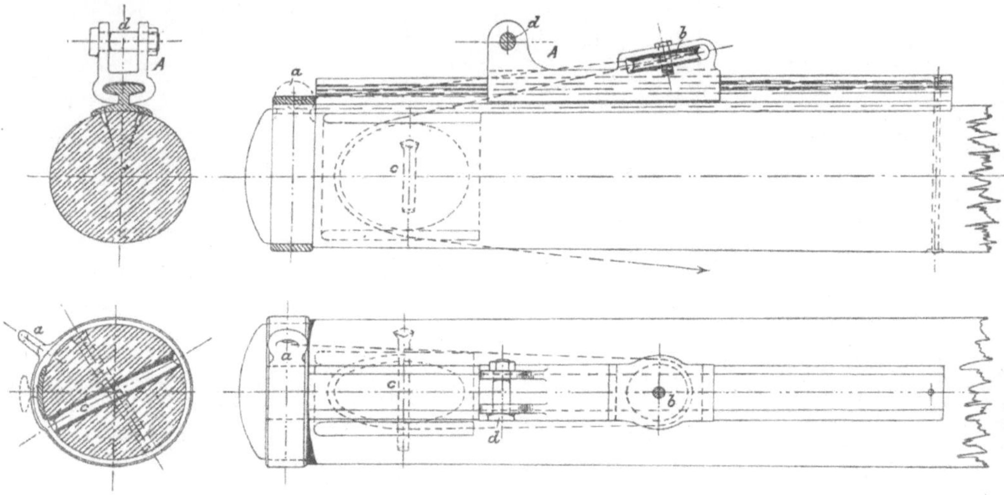

Fig. 139.

γ. Beschläge für Bäume mit Einrichtung zum selbsttätigen Reffen.

Diese Anordnung eignet sich vorzüglich für kleine Yachten und gelangt hier vielfach zur Anwendung. Der Baum ist am Mast und in den Dirken bezw. am äußersten Ende in der Kranleine um seine Achse drehbar. Das Gaffelsegel fährt fest am Baum. Beim Reffen wird der Baum durch eine besondere Drehvorrichtung mit Sperrad, ähnlich einer Bohrknarre oder Ratsche, gedreht, so daß sich das Segel um den Baum wickelt.

2. Beschlag der Gaffeln.

Ähnlich wie bei den Bäumen kommen auch bei den Gaffeln sehr verschiedenartige Beschläge vor. Bei großen Schiffen kommen vielfach 2 Gaffeln für ein und dasselbe Segel zur Anwendung, siehe Fig. 140. Das Gaffelsegel ist hier geteilt und wird am Mast festgemacht. Beide Gaffeln stehen fest und erhalten an ihrer Unterkante Gleitschienen. Eine stehende Gaffel und bei doppelten Gaffeln die obere, kann in der Regel am Rack- bezw. Püttingband fahren, ähnlich wie die Bäume, siehe Fig. 137 III. Ist kein Püttingband vorhanden, wie bei den unteren Gaffeln, dann gelangt eine Klaue, wie in Fig. 141 I dargestellt, zur Anwendung. In diesem Falle wird an der Hinterkante des Mastes ein gewöhnliches Jackstag aus Rundeisen für das Segel angebracht. Wo nicht 2 Gaffeln angebracht werden, ist es bei großen Schiffen ziemlich allgemein üblich, die Gaffel an einer Gleitschiene am Mast zu fahren. Die Unterkante der Gaffel erhält dann ebenfalls eine Gleitschiene, so daß auch hier das Segel nach dem Mast zu festgemacht, und auch das Reffen in der üblichen Weise durch Senken der

Gaffel vorgenommen werden kann. In diesem Falle gelangt die Konstruktion Fig. 141 II zur Anwendung.

α. Gaffelklauen mit Gleitschienen (Jackstag).

In Fig. 141 A ist das deutsche Normalprofil für Gleitschienen (Jackstag) dargestellt. Dieses Profil ist sehr zweckmäßig, in vielen Fällen aber für die Verwendung am Mast etwas zu leicht und für die Gaffel reichlich schwer. Man hilft sich dann gelegentlich durch die Verwendung einer leichten Eisenbahnschiene oder es wird die Gleitschiene aus 2 oder 3 Flachschienen zusammengebaut, wie dies in Fig. 141 II für den Mast und die Gaffel angedeutet ist. Nach der Form der Gleitschiene richtet sich dann auch der Schlitz in der Klaue und die Gestalt der Legel. Vor allen Dingen ist darauf zu achten, daß die Klaue und die Legel gut laufen und nicht „ecken“ oder festklemmen.

In Fig. 141 II und III sind zwei verschiedene Konstruktionen von Gleitklötzen dargestellt. Der Gleitklotz besteht in beiden Fällen aus einem Stück, entweder aus Gußeisen oder besser aus Stahlguß. In Fig. 141 II ist

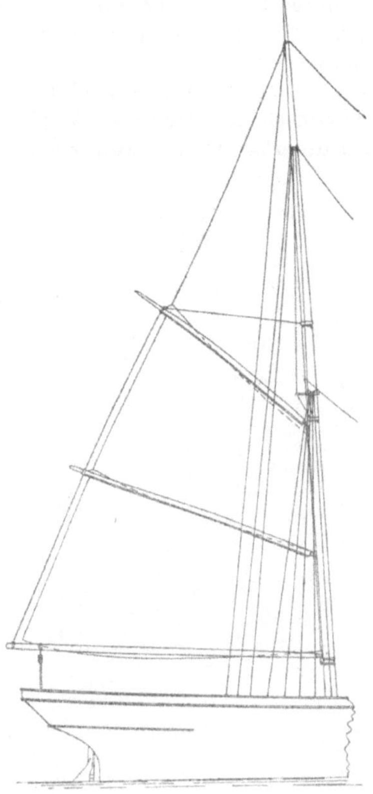

Fig. 140.

der vertikale Bolzen zwischen den beiden Lagerstellen abgeplattet und trägt hier an jeder Seite eine dreieckig geformte schmiedeeiserne Platte, welche zusammen mit dem Bolzen durch 2 Niete verbunden sind und den horizontalen Bolzen für die Gabel an der Gaffel tragen. In Fig. 141 III dagegen geht der vertikale Bolzen durch beide Lagerstellen hindurch und trägt dazwischen ein Gußstück, welches nach Art der Universalgelenke den horizontalen Bolzen für die Gabel an der Gaffel aufnimmt. Die Konstruktion Fig. 141 II hat den Vorteil, daß bei einem Bruch des Gleitklotzes die Gaffel noch in dem Klaufall hängen bleibt und nicht von oben kommt. Bei Verwendung von gutem Stahlguß ist jedoch ein Bruch des Gleitklotzes ziemlich ausgeschlossen. Bei kleinen Gaffeln kommt wohl statt der Gabel ein Zackbolzen zur Anwendung, wie dies in Fig. 141 IV dargestellt ist. Eine Gabel ist jedoch in allen Fällen vorzuziehen.

β. Gaffelklauen ohne Gleitschienen.

Diese Gaffelklauen sind gabelförmig gestaltet und umfassen den Mast ungefähr zur Hälfte. Sie sind aber nur zweckmäßig bei Masten von kleinem Durchmesser. Vor der Zeit der Gleitschienen kam deshalb unter dem Mast eine dünnere Spiere, der sogen. „Schnaumast“, zur Anwendung. Diese Konstruktion wird indes jetzt nicht mehr ausgeführt, sondern man wendet dafür allgemein die Gleitschiene an.   Gabelförmige Klauen sind in Fig. 142 dargestellt und zwar in I, II, III und IV eiserne, in V und VI hölzerne Klauen.

I für größere und II für kleine Gaffeln sind sehr zweckmäßig, wo es erwünscht ist, das Piekfall plötzlich loszuwerfen, so daß die Gaffel am Mast herunterhängt.   Die Innenseite der Gabel wird gewöhnlich mit Leder ver-

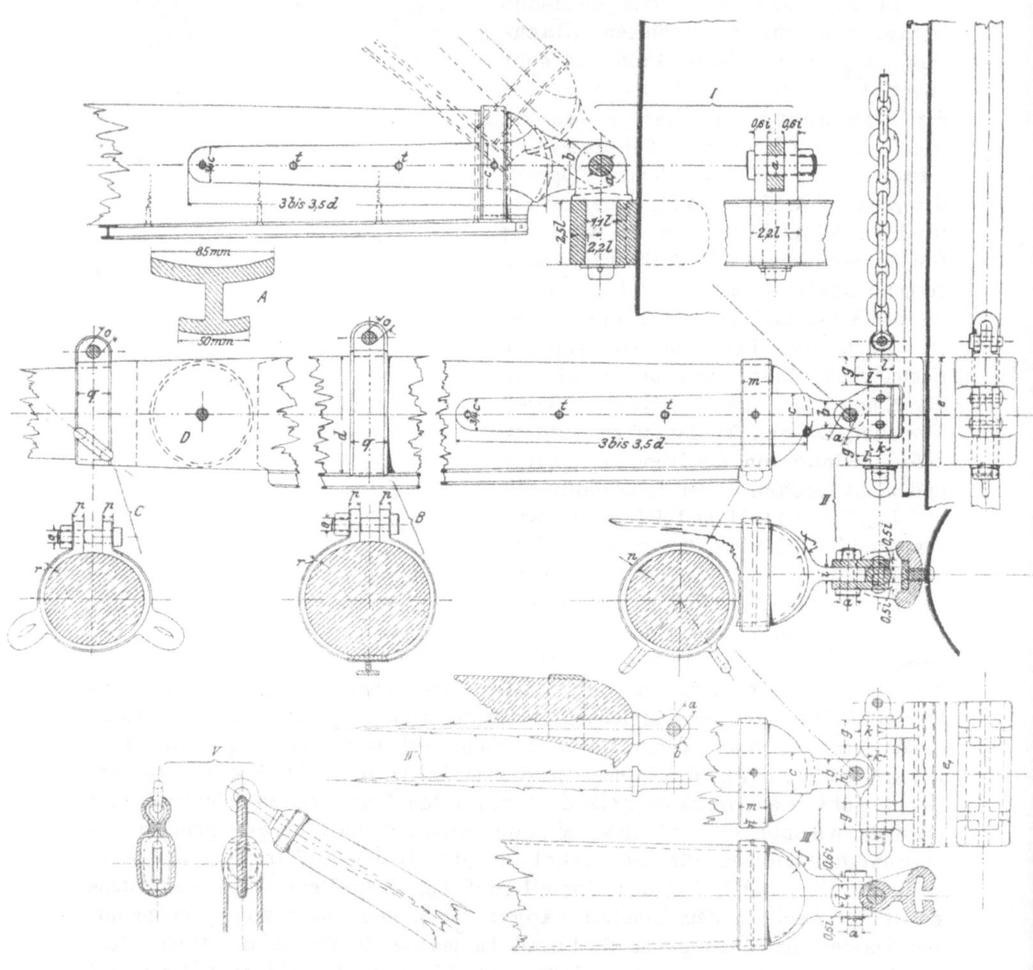

Fig. 141.

sehen und der Mast an denjenigen Stellen, an welchen die Gaffel gewöhnlich hängt, mit Kupferblech bekleidet.

Die Befestigung des Klaufalls ist stets so anzuordnen, daß der untere Block frei vom Mast fährt.

Die Abmessungen der Klauen aus Eisen gehen aus nachstehender Tabelle hervor.

Damit die offene Klaue bei Gaffeln ohne Gleitschiene nicht vom Mast weichen kann, erhält jede Zinke der Gabel ein Loch; in diesen Löchern wird ein **um den Mast fahrender Taustropp** mit seinen Enden befestigt, wie dies in Fig. 142 angedeutet ist. Zur Verminderung der Reibung erhält der Stropp **kleine hölzerne Rollen**, sogen. Klotjes (Rackkloten).

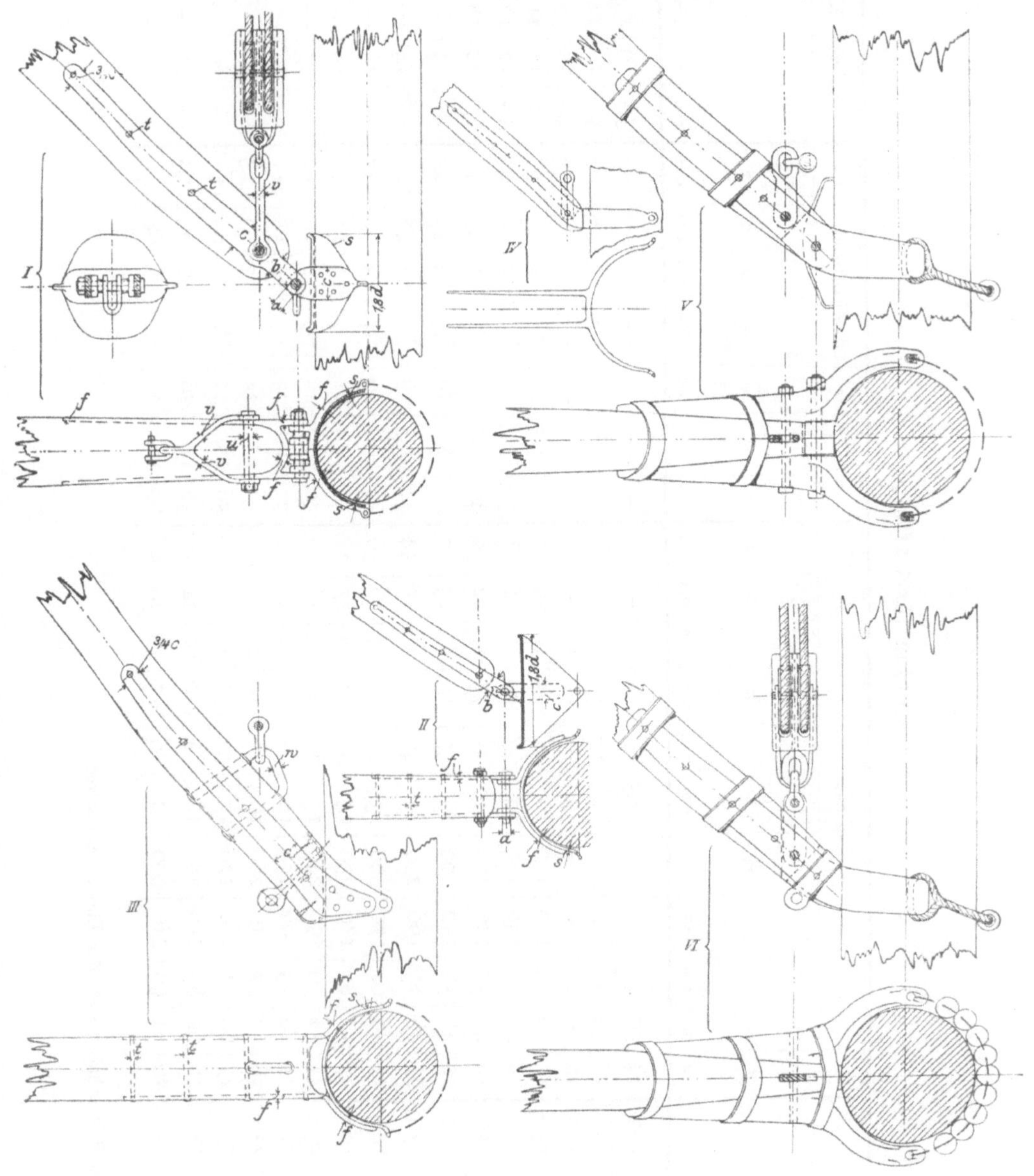

Fig. 142.

γ. Bänder für das Piekfall.

Bei einer stehenden Gaffel wird häufig nur ein Drahttau als Dirk für die Gaffel gefahren, und dann ist nur ein Band an der Nock erforderlich.

Beschlag für Gaffeln.

Größter Durchmesser der Gaffel d	Klaue											Nock- und Mittelband¹)							Kleine Klauen				
	a	b	c	e	e_1	f	g	h	i	k	l	m	n	o Bolzen Ø	o Gewinde	p	q	r	s	t	u	v	w
mm	mm	mm	mm	mm	mm	mm	mm	mm	mm	mm	mm	mm	mm	mm	engl.Zoll	mm	mm	mm	mm	mm	mm	mm	mm
90 und unter 100	14	30	40	—	—	8,5	—	—	—	—	—	—	—	—	—	—	—	—	3,5	9	13	12	16
100 " " 110	15	33	43	—	—	9	—	—	—	—	—	—	—	—	—	—	—	—	4,0	10	14	12	17
110 " " 120	16	36	46	—	—	9,5	—	—	—	—	—	—	—	—	—	—	—	—	4,5	10	15	13	18
120 " " 130	17	39	49	120	170	10	31	65	15	20	26	36	6,5	16	$^5/_8$	10	38	8	5,0	11	11	14	19
130 " " 140	18	42	52	130	180	10,5	33	70	16	21	28	38	7	16	$^5/_8$	11	40	8,5	5,5	12	17	15	20
140 " " 150	19	44	55	140	190	11	35	75	17	22	30	40	7,5	17	$^5/_8$	11	43	9	6,0	12	18	16	21
150 " " 160	20	46	58	150	200	12	37	80	19	23	32	42	8	18	$^5/_8$	12	45	9,5	—	13	—	—	—
160 " " 170	21	48	61	160	210	13	40	85	20	25	34	44	8,5	19	$^5/_8$	12	48	10	—	14	—	—	—
170 " " 180	22	50	64	170	220	13,5	42	90	21	26	36	46	9	20	$^3/_4$	13	50	10,5	—	15	—	—	—
180 " " 190	23	52	67	180	230	14	44	95	23	27	38	48	9,5	21	$^3/_4$	13	53	11	—	16	—	—	—
190 " " 200	24	54	70	190	240	15	46	100	24	28	40	50	10	22	$^3/_4$	14	56	11,5	—	17	—	—	—
200 " " 210	25	56	73	200	250	16	48	105	25	30	42	52	10,5	23	$^7/_8$	14	58	12	—	18	—	—	—
210 " " 220	26	58	77	210	260	16,5	50	110	26	31	44	54	11	24	$^7/_8$	15	60	12,5	—	19	—	—	—
220 " " 230	27	60	81	220	270	17	52	115	28	32	46	56	11,5	25	$^7/_8$	15	63	13	—	20	—	—	—
230 " " 240	28	62	85	230	280	18	54	120	29	34	48	58	12	26	1	16	66	13,5	—	21	—	—	—
240 " " 250	30	64	90	240	290	19	56	125	30	36	50	60	12,5	27	1	17	68	14	—	22	—	—	—

¹) Kleine Gaffeln erhalten statt der Bänder Augbolzen.

Damit sich die Gaffel nicht durchbiegt, empfiehlt es sich, dieselbe auch in der Mitte aufzuhängen. Bei Gaffeln, die an einer Gleitschiene fahren oder eine Klaue haben, die am Mast auf- und niederfährt, erhält das Piekfall meistens zwei Befestigungen an der Gaffel; die eine an der Nock, die andere ungefähr in der Mitte zwischen Nock und Klaue (s. die Bänder B und C in Fig. 141 II). Die Befestigung der Blöcke bezw. Ketten für das Piekfall erfolgt durch Kettenglieder, die auf dem Schraubbolzen der Bänder sitzen. Das Nockband C erhält ferner zwei schrägsitzende Augen für die Gaffelgerden. Die Abmessungen der Bänder für das Piekfall finden sich in vorstehender Tabelle. Für kleine Gaffeln genügen Augbolzen oder Stroppen für das Piekfall. In diesem Fall nimmt man zwei bis drei Befestigungen des Piekfalls an der Gaffel.

δ. Weiteres Zubehör für die Gaffeln.

Die Gaffeln werden in der Regel aus Holz hergestellt und erhalten deshalb an dem Mastende ein Band, um das Aufspalten zu verhüten.

Bei einer Gaffel, die am hintersten Mast eines Schiffes fährt, erhält das äußerste Ende einen Spitzbolzen mit Auge für den Flaggleinblock (s. Fig. 141 V).

Ist das Gaffelsegel zum Ausholen eingerichtet, so ist in der Gaffel oder seitlich außerhalb derselben an der Nock eine Scheibe für den Ausholer anzubringen. Wird ein Gaffeltoppsegel gefahren, so ist außerhalb der obigen eine zweite Scheibe für die Gaffeltoppsegelschote in oder an der Gaffel vorzusehen.

e. Brafsbäume.

Um ein gutes Anbrassen der Unter- und Marsraaen zu erzielen, ist es vorteilhaft, für die Braßblöcke des vorletzten Mastes hinten am Heck, an der Schiffswand außenbords, etwas unterhalb der Reling, zu beiden Seiten je einen Braßbaum anzubringen (s. Fig. 143 I). Die Braßbäume werden ganz aus Eisen hergestellt. Die Augen A, B und C dienen für die Braßblöcke der drei unteren Raaen des vorletzten Mastes, das Auge D für die Gaffelgerden. Der Braßbaum hat an der Schiffswand ein Scharnier E, welches so eingerichtet ist, daß der Baum, wenn das Schiff im Hafen liegt, nach hinten beiklappen kann. F ist eine Zugstange, die den Zug nach oben, G eine solche, die den Zug nach vorne aufnimmt.

Außer diesen kommen auch oft noch Braßbäume für zwei oder drei der unteren Raaen der vorderen Masten zur Anwendung (s. Fig. 143 II). Solche Bäume sitzen in der Gegend der Wanten des nächstfolgenden Mastes. A und D sind die Augen für die Braßblöcke, F und G die Zugstangen, wobei zu bemerken ist, daß hier die Scharniere übereinander liegen und G eine Kette ist, so daß der Baum beiklappen kann, ohne daß etwas loszunehmen ist.

f. Verschiedene Beschläge.

Es würde zu weit führen, alle die verschiedenen kleinen Beschläge: Ringe, Klampen, Augbolzen u. s. w., die bei einem Segelschiffe vorzusehen

sind, einzeln zu beschreiben. Es sollen deshalb hier nur die wichtigsten
Vorkehrungen für die Schoten und Halsen der Untersegel kurz angedeutet
werden. Es sind in Fig. 144 die Befestigungen dargestellt in

A für   Fockhalsen,
B „   Fockschoten,
C „   Großsegelhalsen,
D „   Großsegelschoten,
E „   Bagiensegelhalsen,
F „   Bagiensegelschoten.

Bei B_1, D_1 und F_1 sind Scheiben oder Blöcke vorzusehen. Die
beiden ersteren sitzen gewöhnlich im Schanzkleid und zwar etwas schräg,

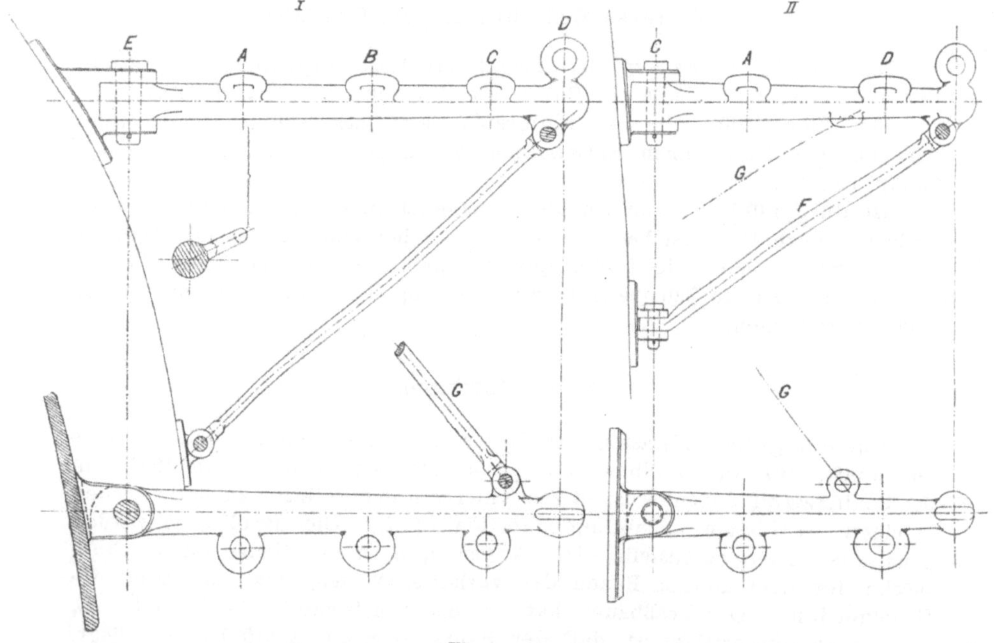

Fig. 143.

in der Richtung der Zugkraft. Wo bei großen Schiffen die Schoten der
Untersegel mit Hilfe eines Spillkopfes angeholt werden, wird die im Schanzkleid sitzende Scheibe mit einem Kneifer versehen, so daß nach dem Anholen die Schote in der Scheibe festgeklemmt, vom Spillkopf abgeworfen
und um einen Belegnagel oder eine Klampe belegt werden kann.

Die unteren Schotenblöcke für die Gaffel- und Stagsegel fahren entweder in festen Augen auf Deck oder am Schanzkleid, oder sie laufen auf
einer quer über Deck angebrachten Stange, dem sogen. Leuwagen.

Alle Augen, Belegklampen und sonstige Teile zum Befestigen des
laufenden Tauwerks müssen selbstverständlich der Beanspruchung entsprechend stark ausgeführt werden und unter allen Umständen die betr.
Taue oder Segel überdauern. Die Augbolzen setzt man so, daß das Auge
möglichst genau mit der Richtung der größten Zugkraft zusammenfällt.

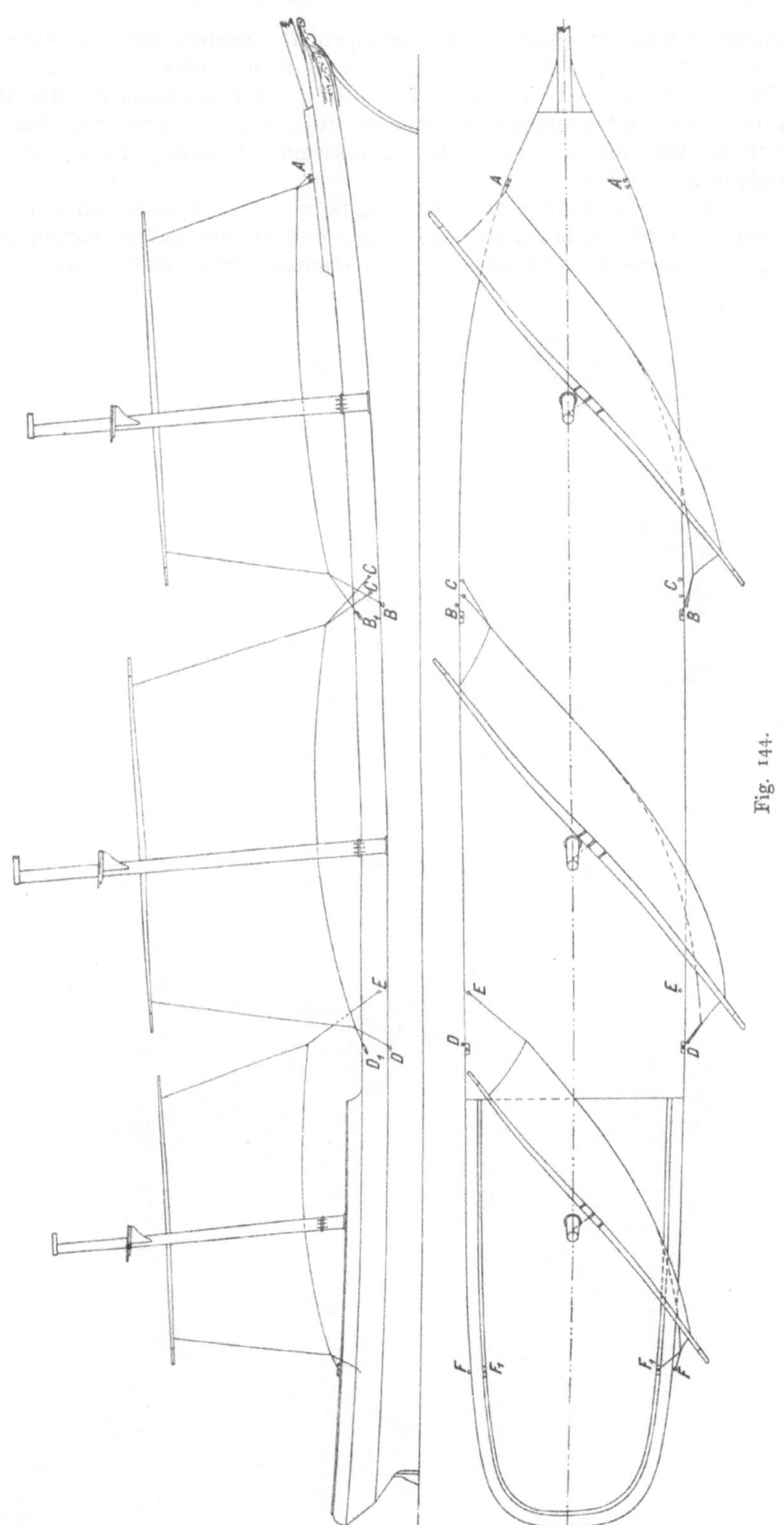
Fig. 144.

Augen, welche besonders stark beansprucht werden, erhalten einen angeschweißten Lappen und werden mit vier Nieten oder Bolzen am Schiffskörper oder am Mast befestigt. Die Ketten oder Drahttaue für die Unter-
Marsschoten fahren durch Augen, die entweder im Deck vor dem Mast
oder am Mast sitzen, und werden an schweren Klampen, die an den Mast
genietet sind, belegt.

Für das laufende Gut sind Belegnägel in genügender Anzahl vorzusehen. Die Masten erhalten Nagelbänke, und in der Reling werden Belegnägel — gewöhnlich zwischen je zwei Wanten zwei Stück — angebracht.

II. Abschnitt.

Tauwerk, Ketten, Winden, Blöcke und Segel.

A. Stehendes Gut.

a. Allgemeines.

Das stehende Tauwerk oder, wie es gewöhnlich genannt wird, das stehende Gut, dient zur Befestigung der Masten, des Bugspriets und der Stengen. Für das stehende Gut kommt außer beim Bugspriet (s. I, Fig. 101 bis 105), wo vorzugsweise Stangen oder Ketten benutzt werden, fast ausschließlich verzinktes Eisen- oder Stahldrahttauwerk zur Verwendung, welches nach den Vorschriften des Germ. Lloyd die in nachstehender Tabelle angegebene Bruchfestigkeit haben muß.

| Umfang von | | Bruch-belastung | Umfang von | | Bruch-belastung | Umfang von | | Bruch-belastung |
Eisendraht-tauwerk in mm	Stahldraht-tauwerk in mm	in Tonnen à 1000 kg	Eisendraht-tauwerk in mm	Stahldraht-tauwerk in mm	in Tonnen à 1000 kg	Eisendraht-tauwerk in mm	Stahldraht-tauwerk in mm	in Tonnen à 1000 kg
37	32	3,0	80	67	12,6	120	102	30,3
40	35	3,3	83	70	13,8	125	105	32,0
45	38	4,0	86	73	15,1	128	108	34,0
48	42	5,1	90	76	16,4	131	111	36,0
51	45	5,6	94	80	18,2	135	114	38,0
55	48	6,5	97	83	19,7	140	118	40,6
60	51	7,3	100	86	21,0	143	121	43,0
65	54	8,2	105	89	22,5	146	124	45,5
68	57	9,1	110	92	24,3	150	127	48,0
71	61	10,5	113	96	26,7	160	133	53,0
75	63	11,2	116	99	28,4	165	140	58,9

Obgleich aus sehr dünnen Drähten hergestelltes Drahttauwerk bei der vorstehenden Bruchbelastung und entsprechend geringerem Umfange bedeutend leichter ausfällt als das Tauwerk von obigen Abmessungen, so wird letzteres doch deshalb vorgezogen, weil es bei der häufigen Anfeuchtung durch Seewasser nicht so schnell wegrostet als dünndrähtiges Tauwerk. Das letztere dagegen findet in neuerer Zeit, der größeren Biegsamkeit wegen, vorzugsweise für laufendes Gut an Stelle von Hanftauwerk ausgedehnte Verwendung.

Jedes Stück des stehenden Gutes wird an beiden Enden solide befestigt, und zwar in der Weise, daß, sobald sich das betreffende Tau gereckt hat, das eine Ende desselben jederzeit von einer möglichst bequem zugänglichen Stelle aus nachgesetzt werden kann. In der Regel geschieht dies von Deck oder von den Salingen aus. Die Unterwanten, sowie die Unter- und Stengestagen und Pardunen werden gewöhnlich um den Topp des Mastes oder der Stenge herumgeschlungen, so daß die beiden Enden herabhängen. Diese werden dann an den Bordwänden, bezw. auf Deck befestigt. Bei den oberen Stagen und Pardunen wird, falls diese nicht doppelt vorhanden sind, oben ein Auge eingespließt und um den Absatz der Stenge gelegt. Bei Dampfern werden auch wohl für die einzelnen Wanten Augen an den Masten angebracht, um keinen Absatz für die Saling herstellen zu brauchen.

b. Abmessungen des stehenden Gutes.

Aus den nachfolgenden Tabellen I und II gehen die Abmessungen der Wanten, Stagen, Pardunen für alle Schiffe hervor. Wenn die oberen Stagen einen wesentlich spitzeren Winkel zum Mast bilden, als dies in den verschiedenen Abbildungen von Segelzeichnungen im II. Teil ersten Abschnitt angegeben, dann sind diese Stagen entsprechend zu verstärken. Die Anzahl der Wanten, Stagen und Pardunen ist auch aus den Tabellen I und II zu entnehmen. Ist eine andere Anzahl erwünscht, so kann dafür die Stärke entsprechend geändert werden.

Das stehende Gut muß von bestem Hanf oder von bestem verzinkten Eisen- oder Stahldraht geschlagen und von bewährter Herstellungsart sein. In Tabelle III ist eine Vergleichung zwischen Hanf-, Eisen- und Stahldrahttauwerk gegeben.

Das „Setzen" des stehenden Gutes erfolgt entweder auf Schrauben mit rechts- und linksgängigem Gewinde oder auf Taljereeps, bei Stagen, die dem Recken nicht so sehr unterworfen sind, auch wohl auf Tamp. In neuester Zeit werden bei größeren Schiffen nicht allein die Wanten und Pardunen, sondern auch alle Stagen auf Schrauben gesetzt.

c. Befestigungen des stehenden Gutes.

1. Die Verschraubungen (Spannschrauben).

In Fig. 145 sind in I bis VI einige der üblichen Verschraubungen dargestellt. In I ist die Art der Verschraubung wie auf großen Segelschiffen, in II eine solche, wie auf großen Dampfern üblich, angegeben. In III ist eine andere Art der Befestigung an der Bordwand dargestellt, während IV, V und VI Verschraubungen für kleinere Schiffe andeuten. Die Schrauben der Verschraubungen werden aus Schmiedeeisen oder Stahl, die Muttern oder Hülsen aus Schmiedeeisen, Stahl oder Bronze hergestellt. Der Durchmesser d außen und d_1 im Kern (s. Fig. 145) ist in Tabelle III angegeben. Die Stärke der Hülsen richtet sich nach dem hierfür zur Verwendung kommenden Material und muß mindestens der Festigkeit des Schraubeneisens entsprechen.

2. Die Taljereeps.

Zum Setzen des stehenden Gutes mittels Taljereeps kommen für die Wanten und Pardunen die Jungfern A, für die Stagen sogen. Dodshofte B

(Fig. 146) in Betracht. Beide werden aus Pockholz gefertigt, erhalten gleichen Durchmesser, gleiche Dicke und gleichen Beschlag, nur werden bei den Dodshoften die Taljereeps etwas dünner genommen, weil dort 4 doppelte Parten — statt 3 bei den Wanten und Pardunen — vorhanden sind. Die

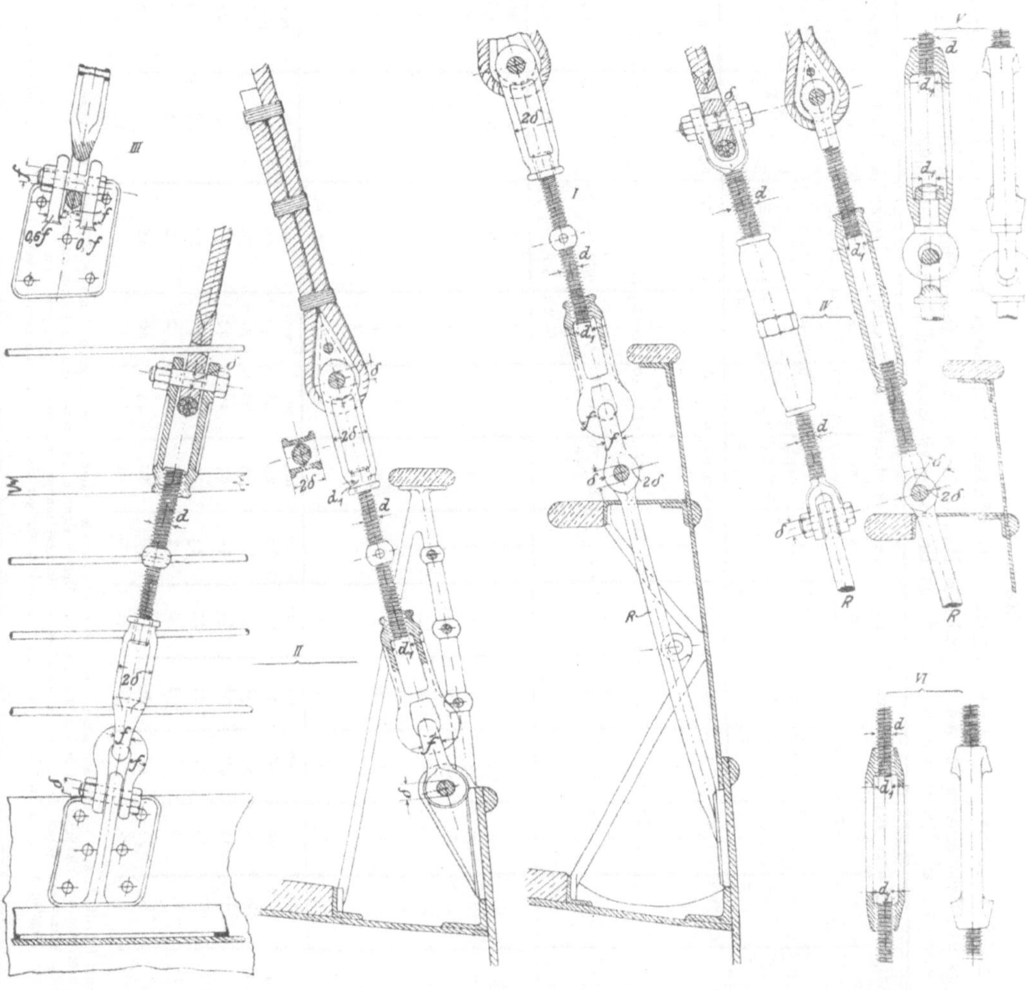

Fig. 145.

Abmessungen der Wantjungfern nebst dem dazu gehörigen Beschlag gehen aus Tabelle III hervor. Besteht der Beschlag nicht aus Rund-, sondern aus Flacheisen D, so muß der Querschnitt dem in Tabelle III für Rundeisen vorgeschriebenen gleich, d. h. es muß $f \cdot g = \dfrac{c^2\,\pi}{4}$ sein.

Das Setzen der Wanten mittels Taljereeps erfolgt gewöhnlich durch einen Takel, d. h. durch 2 aufeinander gesetzte Taljen, wie in Fig. 146 rechts skizziert.

Tabelle I.

Stehendes Gut aus Stahldrahttauwerk für vollgetakelte Masten von Segelschiffen und Dampfern.

Für die Fockmasten von Schonerbriggs und Schonerbarks, für die vollgetakelten Masten (Masten, welche Raaen führen) von Dreimast-, Viermast- und Fünfmastbarks sowie für alle Masten von Briggs und von Dreimast-, Viermast- und Fünfmast-Vollschiffen.

Länge des Mastes vom Hauptdeck (bei Dampfern vom obersten durchlaufenden Deck) bis Oberkante Bramsaling.[1] — alle Werte in mm. Für jede Mastlänge ist die Schiffsbreite im Hauptdeck bei dem Mast[1] unterteilt (unter / u. darüber bzw. bis / über).

Schiffsbreite im Hauptdeck bei dem Mast[1]	18—19 m (unter 7,2 m / 7,2 m u. darüber)	19—20 m (unter 7,8 m / 7,8 m u. darüber)	20—21 m (unter 8,4 m / 8,4 m u. darüber)	21—22 m (unter 9,0 m / 9,0 m u. darüber)	22—23 m (unter 9,6 m / 9,6 m u. darüber)	23—24 m (unter 10,2 m / 10,2 m u. darüber)	24—25 m (unter 10,8 m / 10,8 m u. darüber)	25—26 m (unter 11,4 m / 11,4 m u. darüber)	26—27 m (unter 11,9 m / 11,9 m u. darüber)	27—28 m (unter 12,3 m / 12,3 m u. darüber)	28—29 m (unter 12,7 m / 12,7 m u. darüber)	29—30 m (unter 13,1 m / 13,1 m bis 14,0 m / über 14,0 m)	30—31 m (unter 13,5 m / 13,5 m bis 14,3 m / über 14,3 m)	31—32 m (unter 13,9 m / 13,9 m bis 14,6 m / über 14,6 m)	33—34 m (unter 14,3 m / 14,3 m bis 15,0 m / 15,0 m u. darüber)
Umfang der Unterstagen, Unterwanten, unteren Toppwanten, Stengestagen, Stengepardunen und Stengetopppardunen	70 · 65	75 · 70	80 · 75	85 · 80	90 · 85	95 · 90	100 · 95	105 · 100	110 · 105	115 · 110	120 · 115	125 · 122 · 118	130 · 125 · 122	135 · 130 · 125	140 · 135 · 130
Umfang der Bramstagen und der Brampardunen	47 · 45	50 · 47	55 · 50	60 · 55	65 · 60	70 · 65	73 · 70	76 · 73	80 · 76	85 · 80	90 · 85	96 · 93 · 90	100 · 96 · 94	106 · 102 · 98	110 · 106 · 102
Umfang der Roilstagen und Roilpardunen	43 · 40	46 · 43	50 · 46	53 · 50	56 · 53	60 · 56	63 · 60	66 · 63	70 · 66	73 · 70	76 · 73	80 · 76 · 73	85 · 80 · 76	90 · 85 · 80	93 · 90 · 86
Anzahl d. Unterstagen	2	2	2	2	2	2	2	2	2	2	2	2	2	2	2
„ „ Unterwanten	4	5	5	5	5	5	5	6	6	6	6	6	6	6	6
„ „ unteren Toppwanten	—	—	—	—	1	1	1	1	1	1	1	1	2	2	2
„ „ Stengestagen	2	2	2	2	2	2	2	2	2	2	2	2	2	2	2
„ „ Stengepardunen	2	2	2	2	2	2	2	3	3	3	3	3	3	3	3
„ „ Stengetopppardunen[2]	—	—	—	—	—	—	1	1	1	1	1	1	1	1	1
„ „ Bramstagen	1	1	1	1	1	1	1	1	1	1	1	1	1	1	1
„ „ Brampardunen	1	1	1	1	1	2	2	2	2	2	2	2	2	2	2
„ „ Roilstagen und Pardunen	1	1	1	1	1	1	1	1	1	1	1	1	1	1	1
Wasserstag[3] { Stange: Durchm.	50	55	60	64	68	72	76	80	84	88	92	96	100	103	105
Wasserstag[3] { Bolzen dazu: „	40	43	46	50	53	56	59	62	65	68	71	74	76	78	80
Wasserstag[3] { Kette: „	28	30	32	34	36	38	40	42	44	46	48	50	52	54	56
Bugstagen { Kette: „	17	18	19	20	21	22	22	23	24	25	26	27	28	29	30
Bugstagen { Anzahl: „	1	1	1	1	1	1	2	2	2	2	2	2	2	2	2
Bugstagen { Stange: „	30	32	33	35	37	39	37	40	42	44	46	48	50	52	55
Bugstagen { Bolzen: „	24	26	27	28	30	32	30	32	34	36	37	39	40	42	44

[1] Um bei einer Bark oder einem Vollschiff für alle Masten — mit Ausnahme des letzten — stehendes Tauwerk von gleichem Umfange verwenden zu können, ist es zulässig, als Mastlänge das Mittel aus den Längen der betreffenden einzelnen Masten und als Schiffsbreite das Mittel aus den Deckbreiten bei den verschiedenen Masten zu nehmen.

[2] Wenn Masten unter 24 m Länge doppelte Bramraaen fahren, dann erhalten dieselben am Brameselshaupt auch eine Stengetoppardune.

[3] Beträgt der Winkel, den die Wasser- und Bugstagen mit der Mittellinie des Bugspriets bilden, weniger als 14 Grad, dann sind die betreffenden Stagen entsprechend zu verstärken.

Tabelle II.

Stehendes Gut aus Stahldrahttauwerk für Segelschiffe und Dampfer, deren Masten nicht vollgetakelt sind.

a. Für den Besahnmast von Drei-, Vier- und Fünfmastbarks, für den Großmast von Schonerbarks, für Fock- und Großmast von Drei- und Viermast-Toppsegelschonern und für den Fockmast von Schonern und Dreimastschonern.

	Länge des Mastes vom Hauptdeck (bei Dampfern vom obersten durchlaufenden Deck) bis Oberkante Saling											
	m 11—12	m 12—13	m 13—14	m 14—15	m 15—16	m 16—17	m 17—18	m 18—19	m 19—20	m 20—21	m 21—22	m 22—23
	mm	mm	mm	mm	mm	mm	mm	mm	mm	mm	mm	mm
Umfang der Unterstagen und Unterwanten	65	70	75	80	83	86	90	93	96	100	103	106
Umfang der Stengestagen und Stengepardunen	55	60	63	66	70	75	80	83	86	90	93	96
Umfang der Bramstagen und Brampardunen	40	45	47	50	53	56	60	63	66	70	73	76
Anzahl der Unterstagen ...	2	2	2	2	2	2	2	2	2	2	2	2
„ „ Unterwanten ..	4	4	4	4	4	4	4	5	5	5	5	5
„ „ Stengestagen ..	1	1	1	1	1	1	1	1	1	1	2	2
„ „ Stengepardunen.	1	1	1	1	1	2	2	2	2	2	3	3
„ „ Bramstagen ...	1	1	1	1	1	1	1	1	1	1	1	1
„ „ Brampardunen .	1	1	1	1	1	1	1	1	1	2	2	2

b. Für den Großmast von Schonern und Dreimastschonern, für den zweiten Großmast (Hauptmast) von Viermast-Toppsegelschonern, für den Besahnmast von Schonerbarks, Dreimastschonern und Drei- und Viermast-Toppsegelschonern, sowie für die Masten von Gaffelschonern, Loggern, Tjalken und Kuttern.

	Länge des Mastes vom Hauptdeck (bei Dampfern vom obersten durchlaufenden Deck) bis Oberkante Saling.											
	m 10—11	m 11—12	m 12—13	m 13—14	m 14—15	m 15—16	m 16—17	m 17—18	m 18—19	m 19—20	m 20—21	m 21—22
	mm	mm	mm	mm	mm	mm	mm	mm	mm	mm	mm	mm
Umfang des Fockstags	64	68	72	76	80	85	90	95	100	103	106	110
„ der Unterwanten ..	50	53	56	60	63	66	70	73	76	80	83	86
„ des Stengestags und der Stengepardunen	40	43	46	50	53	56	60	63	66	70	73	76
„ des Bramstags und der Brampardunen .	23	26	30	33	36	40	43	46	50	53	56	60
Anzahl der Stenge- u. Bram- stagen	1	1	1	1	1	1	1	1	1	1	1	1
„ „ Unterwanten ..	3	3	3	3	3	3	4	4	4	4	4	4
„ „ Stengepardunen.	1	1	1	1	1	1	1	1	2	2	2	2
„ „ Brampardunen .	1	1	1	1	1	1	1	1	1	1	1	1

Webeleinen aus Hanf für alle größeren Schiffe. Die Webeleinen für Unterwanten erhalten 24, diejenigen für Stengewanten 21 und die für Bramstengewanten 15 Garne.

Es kann auch eine andere Anzahl der Wanten, Stagen und Pardunen als in Tab. I und II angegeben, gewählt werden, der Umfang der betreffenden Teile ist dann aber dementsprechend zu ändern.

Tabelle III.

Vergleichung des stehenden Gutes aus Stahldraht, Eisendraht und Hanf,

nebst Abmessungen für die dazugehörigen Rüsteisen, Verschraubungen, Wantjungfern und Taljereeps.

Stehendes Gut			Zugehörige Befestigungen										
			Rüsteisen	Verschraubungen				Schäkel	Want-Jungfern		Taljereeps aus Hanf	Beschlag	
				Gewinde		Bolzen							
Stahldraht Umfang	Eisendraht Umfang	Hanf Umfang	Querschnitt R	äußerer Durchmesser d	Kern-Durchmesser d_1	Durchmesser δ	Gewinde	Durchmesser f	Durchmesser a	Dicke b	Umfang	Rundeisen Durchmesser c	Dicke der Augen e
mm	mm	mm	qmm	mm	mm	mm	engl. Zoll	mm	mm	mm	mm	mm	mm
40	55	110	300	25,4	21,3	19	$3/4$	21	100	65	55	14	13
45	57	115	400	25,4	21,3	20	$3/4$	22	110	70	57	16	14
47	60	120	500	28,6	23,9	22	$3/4$	24	120	75	60	18	16
50	65	130	600	28,6	23,9	23	$7/8$	26	130	80	65	20	18
55	70	140	700	31,7	26,9	25	$7/8$	28	140	85	70	22	20
60	75	150	800	34,9	29,4	27	1	30	150	90	75	23	21
65	80	160	900	34,9	29,4	28	1	31	160	95	80	24	22
70	85	170	1000	38,1	32,7	30	$1 1/8$	33	170	100	85	26	23
75	95	185	1100	38,1	32,7	31	$1 1/8$	34	180	110	95	27	25
80	100	200	1200	41,3	35,3	32	$1 1/8$	35	190	115	100	28	26
85	105	215	1300	44,4	37,8	34	$1 1/4$	37	200	120	105	29	27
90	115	230	1400	44,4	37,8	35	$1 1/4$	38	210	125	115	30	28
95	120	240	1500	47,6	40,4	37	$1 3/8$	40	220	130	120	31	29
100	125	250	1600	47,6	40,4	38	$1 3/8$	42	230	140	125	32	30
105	130	260	1750	50,8	43,4	39	$1 3/8$	43	240	145	130	34	31
110	135	270	1900	50,8	43,4	40	$1 1/2$	44	250	150	135	35	32
115	145	285	2050	53,9	46,2	41	$1 1/2$	45	260	155	145	37	33
120	150	300	2200	57,1	49,0	43	$1 1/2$	47	270	160	150	38	34
125	155	315	2350	57,1	49,0	45	$1 5/8$	49	280	170	155	39	35
130	165	330	2500	60,3	52,2	47	$1 5/8$	51	290	175	165	40	36
135	170	345	2700	60,3	52,2	49	$1 3/4$	54	300	180	170	42	37
140	180	—	3000	63,5	55,4	51	$1 7/8$	56	—	—	—	—	—
145	185	—	3300	63,5	55,4	53	$1 7/8$	58	—	—	—	—	—
150	190	—	3600	69,8	60,4	55	2	60	—	—	—	—	—

3. Die Rüsteisen und ihre Befestigung an dem Schiffskörper.

(S. Fig. 145 und 146.)

Die Rüsteisen R, oder, falls solche nicht vorhanden sind, wie in Fig. 145 bei II und III, die Augen zur Aufnahme der Spannschrauben oder der Wantjungfern müssen höchst zuverlässig mit dem Schiffskörper verbunden und die ersteren so gesetzt werden, daß sie möglichst genau mit der Richtung der Wanten oder der Pardunen zusammenfallen. Die Rüsteisen bezw. Augen für Wanten und Pardunen werden in der Regel am Scheergang, die Augen für die Stagen auf der Deckbeplankung bezw. Beplattung oder am Bugspriet befestigt.

Da die Befestigungsniete vorzugsweise auf Abscherung beansprucht werden, so ist der Gesamtnietquerschnitt mindestens um $^1/_4$ größer zu nehmen als der Querschnitt des zugehörigen Rüsteisens.

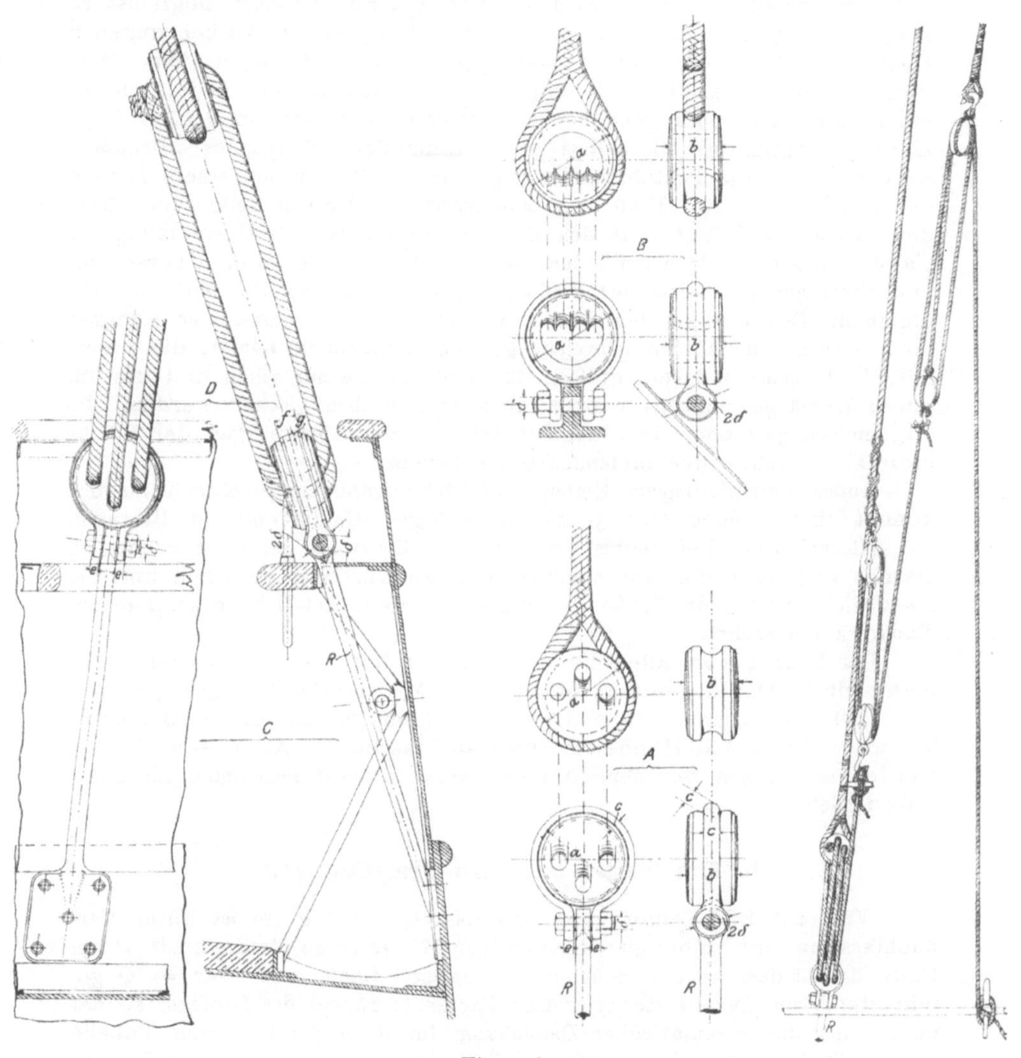

Fig. 146.

B. Laufendes Gut.

a. Allgemeines.

Das laufende Gut dient zum Bewegen und Befestigen der Raaen, Bäume und Gaffeln, sowie zum Setzen, Bewegen und Bergen der Segel. Alle diese Manipulationen werden auf Segelschiffen im allgemeinen durch Menschenkraft bewirkt, denn selbst da, wo große Segelschiffe mit Dampfkraft versehen werden, ist diese vorzugsweise zum Betriebe des Ankerspills, der Pumpen, des Lösch- und Ladegeschirrs u. s. w. vorgesehen, selten jedoch zum Bewegen der Segel und zum Steuern des Schiffes, weil dann die Hilfsmaschinen fortwährend unter Dampf stehen müßten.

Um überall, wo erforderlich, die nötige Kraft mit einer möglichst geringen Besatzung ausüben zu können, werden geeignete Vorkehrungen in Gestalt von Windevorrichtungen und Taljen (Flaschenzügen) getroffen. Wohl nirgends findet man eine so ausgedehnte Anwendung der Talje, wie auf einem Segelschiffe. Es geht dies am deutlichsten aus der am Schluß dieses Kapitels angeführten Blockliste des fünfmastigen Vollschiffes „Preußen" hervor. Eine Talje besteht in der Regel aus 2 Blöcken und einem Läufer; der letztere kann ein Hanf- oder Stahldrahttau oder eine Kette sein. Nach der Anzahl der Scheiben in den Blöcken richtet sich die Übersetzung der Talje. Je größer die Anzahl der Scheiben, desto größer ist die Übersetzung und desto geringer wird der Umfang, bezw. die Stärke des Läufers. Obgleich die Blöcke stets dem Läufer angepaßt werden müssen, so kommen doch hier und da kleine Abweichungen vor, indem für Läufer, die besonders leicht gehen müssen, größere, für andere, die nur selten und nur für kurze Weglängen bewegt werden, kleinere Scheiben gewählt werden. Im allgemeinen geht aber doch aus der Art und den Abmessungen der Blöcke indirekt die Stärke des laufenden Gutes hervor.

Außer kurzgliedrigen Ketten und dünndrähtigem Stahldrahttauwerk kommt als laufendes Gut 3- und 4schäftiges Hanftauwerk in Betracht.

Hierbei sollte bei rechts geschlagenem Tauwerk der Hanf rechts zu Garnen gesponnen, die Garne sollten links zu Kardeelen getrieben und die Kardeelen rechts zur Troße geschlagen werden, bei links geschlagenem Tauwerk umgekehrt.

Der Umfang von allem Tauwerk, namentlich von Taljenläufern, die nicht mittels Winden, sondern direkt durch Menschenhände angezogen werden, sollte nicht unter 50 und nicht viel über 76 mm sein, weil solches Tauwerk für normale Hände am besten anzufassen ist. Aus diesem Grunde werden bei kleinen Schiffen oft viele Läufer stärker genommen als sonst erforderlich.

b. Die Taljen und ihre Tragfähigkeit.

Wird mit Hilfe einer Talje eine Last Q gehoben, so ist unter Vernachlässigung der Reibungs- und sonstiger Widerstände die Zugkraft P am Ende des Läufers $=$ der Spannung im ganzen Läufer und zwar $= Q$ geteilt durch die Anzahl der einzelnen Parten (Stränge) des Läufers, so hat man nach der schematischen Darstellung im Kopf der folgenden Tabelle in der Spalte 1 die Last Q nur in 1 Part, in Spalte 2 und 3 in 2 Parten, in Spalte 4 und 5 in 3 Parten, in Spalte 6 und 7 in 4 Parten, in Spalte 8 und 9 in 5 Parten, in Spalte 10 und 11 in 6 Parten, in Spalte 12 in 7 Parten, in Spalte 13 und 14 in 8 Parten.

Im allgemeinen kommen bei Hebezeugen nur Blöcke mit 1 bis 3 Scheiben zur Anwendung, weil bei einer größeren Anzahl Scheiben die Widerstände zu groß werden. Auch die in den Spalten 13 und 14 der nachstehenden Tabelle verzeichneten Taljen wirken nur als 2 solche mit 2- und 3scheibigen Blöcken, weil hier der Läufer an beiden Enden gezogen wird, und in beiden Fällen die obere mittlere Scheibe nur als Ausgleich dient und bei gleichmäßigem Anziehen der beiden Läuferenden still steht. Es sind dies gleichsam doppelte Taljen, wie sie im kleinen wohl bei den Piekfallen der Gaffeln vorkommen. Es ist demnach theoretisch bei der Jolle oder Wipp (engl. Whip), s. Spalte 1 der Tabelle, $P = Q$, bei den Taljen in Spalte 2 und 3 $P = \dfrac{Q}{2}$, bei den Taljen in Spalte 4 und 5 $P = \dfrac{Q}{3}$, bei denjenigen in Spalte 6 und 7 $P = \dfrac{Q}{4}$ u. s. w. Bei der sogen. Staggarnat oder der Ladetakel s. Fig. 147 ist bei Skizze I der Zug P im holenden Part $= {}^1/_3 Q$ und bei Skizze II $P = {}^1/_6 Q$.

Bei all diesen Taljen und Takeln treten aber infolge der Reibung bei fortwährender Drehung der Scheiben in den Blöcken und der Biegung des Läufers beim Passieren der Scheiben erhebliche Widerstände auf, so daß zum Heben der Last Q unter Umständen eine erheblich größere Zugkraft P im holenden Part des Läufers aufzuwenden ist, als dies eben theoretisch, d. h. bei Vernachlässigung der Widerstände, ermittelt worden ist.

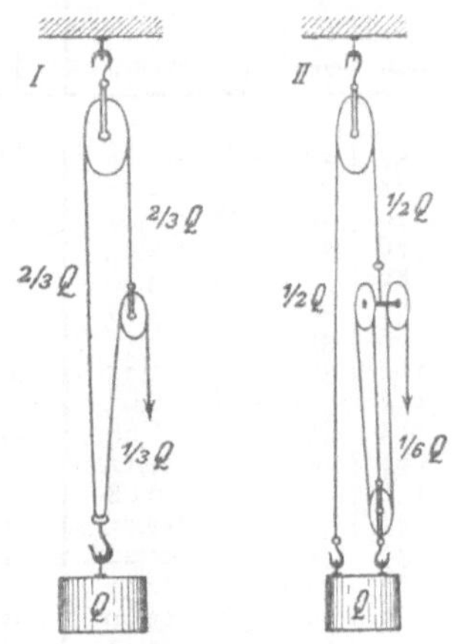

Fig. 147.

Der Verlust, der durch die Reibung der Scheiben bei der Drehung um den Nagel (Drehachse) entsteht, läßt sich annähernd berechnen und durch geeignete Konstruktionen und Schmierung sehr klein halten, dagegen ist die Ermittelung des Verlustes, der durch den Biegungswiderstand des Läufers entsteht, sehr schwierig, weil die Steifigkeit der Hanf- und Stahldrahttaue eine sehr verschiedene ist und streng genommen von Fall zu Fall ermittelt werden muß. Für das laufende Gut auf Schiffen kommt vorzugsweise bestes Hanftauwerk oder aus etwa 144 dünnen Drähten hergestelltes Stahldrahttauwerk von der in nachstehender Tabelle angegebenen Bruchfestigkeit in Betracht. Bei einem Scheibendurchmesser = dem 6fachen Durchmesser des Hanftauwerks und bei einer Beanspruchung des Läufers = ${}^1/_6$ bis ${}^1/_8$ der Bruchfestigkeit können die in nachstehender Tabelle angegebenen Werte für Q angenommen werden. Für Ketten ist der Biegungswiderstand des Läufers etwas geringer und sind auch hierfür in der Tabelle die betreffenden Werte für Q bei 6- bis 8facher Sicherheit des Läufers angegeben.

Für die Benutzung der Tabelle möge folgendes Beispiel dienen. Es soll der Umfang der Gien für den Ankerkran eines Schiffes wie das fünfmastige Vollschiff „Preußen" bestimmt werden. Ein Buganker der „Preußen" wiegt inkl. Stock 4000 kg. Hierzu kommt noch das Stück der am Anker hängenden Kette mit ungefähr 600 kg, das Gesamtgewicht Q ist demnach 4600 kg. Für eine Gien mit dreischeibigen Blöcken, wie sie für solche Lasten gewöhnlich gewählt werden, ist nach der Tabelle Spalte 11 ein Gienläufer von Hanf- mit 147 mm oder von Drahttauwerk mit 51 mm Umfang erforderlich. Für 2scheibige Blöcke würde nach Spalte 7 der Tabelle ein Läufer aus Hanf mit 157 mm oder aus Stahl mit 54 mm Umfang zu nehmen sein.

Tabelle über die

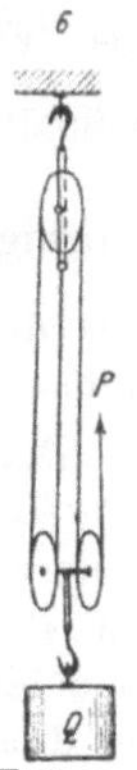

Hanf. — Umfang.	Stahldraht 144 drähtig. Umfang.	Kette. Durchmesser.	Bruch-belastung des Läufers.	1	2	3	4	5	6
mm	mm	mm	Tonnen	Tonnen	Tonnen	Tonnen	Tonnen	Tonnen	Tonnen

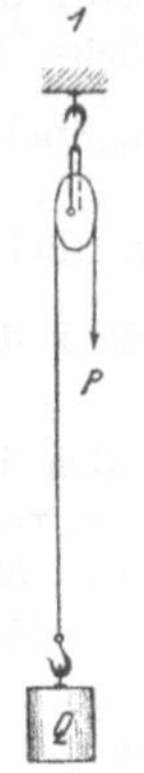

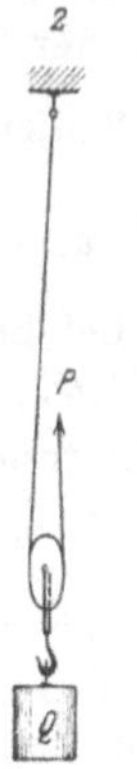

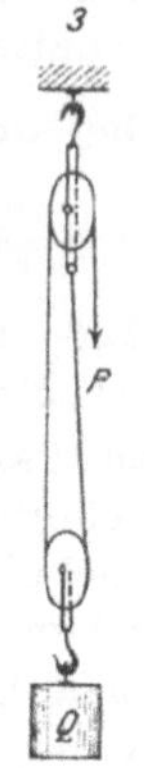

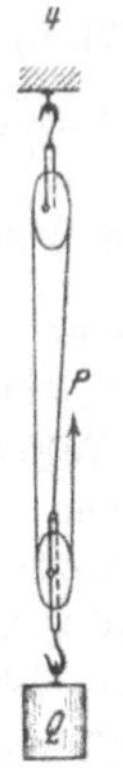

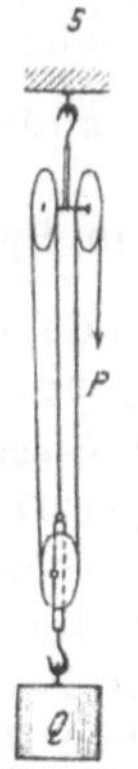

Für Hanf- und

Hanf. Umfang mm	Stahldraht mm	Kette mm	Bruchbel. Tonnen	1	2	3	4	5	6
57	22	—	1,88	0,249	0,498	0,470	0,691	0,635	0,847
64	24	—	2,04	0,271	0,541	0,500	0,751	0,690	0,919
70	26	—	2,47	0,328	0,656	0,607	0,911	0,837	1,115
76	28	—	2,93	0,390	0,779	0,721	1,081	0,993	1,324
82	30	—	3,20	0,425	0,851	0,786	1,179	1,100	1,444
87	32	—	3,77	0,500	1,001	0,925	1,388	1,275	1,700
96	35	—	4,50	0,598	1,196	1,106	1,659	1,524	2,032
102	37	—	5,25	0,697	1,395	1,290	1,935	1,777	2,370
112	39	—	6,03	0,802	1,603	1,483	2,220	2,043	2,724
118	41	—	6,88	0,914	1,828	1,691	2,536	2,340	3,106
127	44	—	8,12	1,078	2,158	1,995	2,993	2,749	3,666
138	47	—	9,08	1,206	2,412	2,231	3,346	3,074	4,098
147	51	—	10,15	1,348	2,697	2,528	3,741	3,436	4,582
157	54	—	11,22	1,491	2,981	2,757	4,136	3,799	5,065
167	57	—	12,37	1,643	3,287	3,039	4,559	4,188	5,584
	60	—	13,60	1,807	3,614	3,342	5,013	4,605	6,140
	63	—	15,30	2,033	4,066	3,760	5,640	5,281	6,908
	66	—	16,70	2,219	4,438	4,104	6,156	5,655	7,540

Für Ketten-

Hanf. Umfang mm	Stahldraht mm	Kette mm	Bruchbel. Tonnen	1	2	3	4	5	6
87	32	10	3,77	0,511	1,022	0,968	1,453	1,372	1,829
96	35	11	4,50	0,611	1,122	1,157	1,736	1,640	2,186
102	37	12	5,25	0,712	1,425	1,350	2,025	1,912	2,550
112	39	13	6,03	0,819	1,638	1,552	2,327	2,238	2,931
118	41	14	6,88	0,934	1,868	1,768	2,654	2,507	3,342
127	44	15	8,12	1,102	2,204	2,088	3,132	2,958	3,944
138	47	16	9,08	1,232	2,464	2,335	3,502	3,307	4,410
147	51	17	10,15	1,377	2,755	2,610	3,915	3,697	4,930
157	54	18	11,22	1,523	3,046	2,885	4,328	4,088	5,450
167	57	19	12,37	1,679	3,357	3,181	4,771	4,506	6,008
178	60	20	13,60	1,846	3,692	3,497	5,246	4,955	6,606
192	63	21	15,30	2,077	4,153	3,935	5,902	5,574	7,432
202	66	22	16,70	2,267	4,533	4,295	6,442	6,084	8,112
210	68	23	18,22	2,473	4,946	4,685	7,028	6,638	8,850
221	70	24	19,77	2,683	5,366	5,083	7,625	7,201	9,602
233	73	25	21,95	—	—	5,645	8,467	7,997	10,66
241	76	26	23,26	—	—	5,781	8,972	8,554	11,30
254	79	27	25,75	—	—	6,622	10,83	9,379	12,51
264	84	28	27,89	—	—	—	—	10,16	13,55
273	89	29	30,12	—	—	—	—	10,97	14,63
286	91	30	32,30	—	—	—	—	11,77	15,69
295	94	31	34,68	—	—	—	—	—	—
305	98	32	37,86	—	—	—	—	—	—
315	101	33	40,50	—	—	—	—	—	—

Tragfähigkeit der Taljen.

7	8	9	10	11	12	13	14
Tonnen	Tonnen	Tonnen	Tonnen	Tonnen	Tonnen	Tonnen	Tonnen

Stahldrahtläufer.

7	8	9	10	11	12	13	14
0,772	0,965	0,871	1,045	—	—	—	—
0,838	1,048	0,946	1,135	1,25	—	—	—
1,017	1,271	1,147	1,377	—	—	—	—
1,207	1,508	1,362	1,634	1,72	—	—	—
1,316	1,645	1,485	1,782	1,81	—	—	—
1,549	1,937	1,748	2,098	—	—	—	—
1,852	2,315	2,090	2,508	2,237	2,611	—	—
2,160	2,700	2,437	2,925	2,610	3,045	—	—
2,482	3,103	2,801	3,362	3,000	3,500	—	—
2,831	3,539	3,195	3,834	3,421	3,991	—	—
3,341	4,176	3,770	4,524	4,037	4,710	—	—
3,735	4,669	4,215	5,058	4,513	5,266	—	—
4,176	5,220	4,712	5,655	5,046	5,887	8,093	9,164
4,694	5,771	5,210	6,252	5,578	6,509	9,233	10,13
5,089	6,361	5,743	6,891	6,149	7,174	10,18	11,17
5,596	6,995	6,315	7,578	6,762	7,889	11,19	12,28
6,296	7,870	7,104	8,525	7,607	8,875	12,59	13,82
6,872	8,590	7,754	9,305	8,303	9,687	13,74	15,08

läufer.

7	8	9	10	11	12	13	14
1,722	2,152	2,018	2,421	—	—	—	—
2,058	2,572	2,412	2,893	2,701	3,151	—	—
2,400	3,000	2,812	3,375	3,150	3,675	—	—
2,758	3,448	3,232	3,879	3,620	4,224	—	—
3,146	3,932	3,686	4,423	4,129	4,817	—	—
3,712	4,640	4,350	5,220	4,872	5,684	—	—
4,150	5,188	4,864	5,836	5,447	6,355	—	—
4,640	5,800	5,437	6,525	6,090	7,105	9,280	9,860
5,030	6,412	6,011	7,213	6,733	7,855	10,26	10,90
5,654	7,068	6,626	7,951	7,421	8,658	11,31	12,02
6,218	7,772	7,286	8,743	8,148	9,521	12,44	13,21
6,995	8,744	8,197	9,837	9,156	10,68	13,99	14,86
7,635	9,544	8,947	10,74	10,02	11,69	15,27	16,22
8,330	10,41	9,761	11,71	10,93	12,75	16,72	17,70
9,037	11,30	10,59	12,71	11,86	13,84	18,07	19,20
10,04	12,54	11,76	14,11	13,17	15,37	20,07	21,32
10,63	13,29	12,46	14,95	13,96	16,26	21,27	22,59
11,77	14,72	13,80	16,56	15,45	18,03	23,55	25,02
12,75	15,94	14,94	17,93	16,73	19,52	25,50	27,09
13,77	17,21	16,14	19,36	18,07	21,08	27,54	29,26
14,76	18,46	17,30	20,76	19,38	22,61	29,53	31,38
15,85	19,82	18,58	22,29	20,81	24,27	31,71	33,69
17,76	22,20	20,82	24,98	23,31	27,20	35,53	37,75
18,51	23,14	21,70	26,04	24,30	28,35	37,03	39,34

Leider läßt sich auf diese Weise nicht die Stärke von allem Tauwerk des laufenden Gutes bestimmen, weil die Last Q meistens unbekannt ist und nicht ziffernmäßig in Rechnung gebracht werden kann. Es muß daher der Umfang des laufenden Gutes nach der Erfahrung bemessen werden. Die Tabelle hat dann den großen Nutzen, daß von der Stärke des Läufers auf die Last Q geschlossen werden kann.

Für die einzelnen Taljen gibt es verschiedene Benennungen. Läuft ein Tau oder eine Kette durch einen Block und wird das eine Ende dieses Läufers noch durch eine besondere Talje angezogen, so heißt das Ganze „Manteltakel" und die Talje „Klappläufer".

c. Die Blöcke.

1. Allgemeines.

Die meisten Blöcke für die Takelung bestehen aus Holz, und nur für besonders hohe Beanspruchungen und für Ketten kommen eiserne Blöcke zur Anwendung. Ein Block besteht aus dem Gehäuse, der Scheibe bezw. den Scheiben, dem Nagel, um welchen sich die einzelnen Scheiben drehen und aus dem Stropp oder dem Beschlag mit dem Haken oder Auge zur Verbindung des Blockes mit einem festen Punkt oder mit einer zu hebenden oder einzuholenden Last. Die Öffnungen im Gehäuse zur Aufnahme der Scheiben heißen die Scheibegaten und die Wand zwischen 2 Scheibegaten der Steg oder Damm. Sogen. Violinblöcke haben 2 Scheiben von verschiedenem Durchmesser übereinander, und jede Scheibe hat ihren besonderen Nagel. Früher wurden die Blöcke ganz allgemein aus einem Stück Eschen- oder Ulmenholz hergestellt und außen mit einem Keep zur Aufnahme des Stropps versehen. Am Stropp befand sich dann der Haken. Später wurden die Blöcke aus mehreren Holzstücken zusammengebaut, und statt des Stropps kam ein außen rund um den Block gelegter Beschlag zur Anwendung. In beiden Fällen lag der Nagel im Holz und bei letzterer Konstruktion auch noch außen im Beschlag auf. Für kleine Kräfte und einscheibige Blöcke war dies allenfalls zulässig, für große Kräfte und mehrscheibige Blöcke wurde der Nagel aber zu sehr auf Biegung beansprucht oder er mußte einen sehr großen Durchmesser erhalten, wodurch wiederum die Reibung der Scheibe sehr vergrößert wurde.

Vor etwa 30 Jahren kam in Amerika zuerst der sogen. innenliegende Beschlag auf und ist nach und nach für alle größeren Schiffe eingeführt. Hierbei liegt der Beschlag nicht mehr außen, sondern im Innern des Gehäuses, so daß der Nagel unmittelbar neben den Scheiben gelagert wird und das Holz des Gehäuses nichts mehr zu tragen hat. Der Nagel wird hier aus einem sehr festen Stahlmaterial hergestellt, so daß er erheblich dünner sein kann als bei Blöcken mit außenliegendem Beschlag, was zur Verkleinerung der Reibung von größter Wichtigkeit ist. Die Scheiben für Hanftauwerk werden gewöhnlich aus Pockholz hergestellt und erhalten eine Büchse aus Eisen oder Bronze für die Lagerung am Nagel. Zur Verringerung des Taubiegungswiderstandes ist es gut, den Scheiben einen möglichst großen Durchmesser zu geben. Nach einer alten Regel soll der Durchmesser der Scheibe das Sechsfache von dem des Läufers betragen. Dies ist ein gutes Maß, aber aus verschiedenen Gründen wird der Scheibendurchmesser gelegentlich größer, oft aber auch noch kleiner genommen.

Bei Einführung des Stahldrahts als laufendes Gut wurden dazu anfänglich dieselben Blöcke genommen, wie sie für Hanftau gebräuchlich waren. Später erhielten diese Blöcke eiserne Scheiben mit tiefer Rille. Es ist aber nicht nötig, die Scheiben für Stahldraht so dick zu nehmen wie es für Hanf erforderlich ist. Für hölzerne Blöcke und Hanftauwerk kommen gewöhnlich Scheiben aus Pockholz (s. Fig. 148 Skizze I), für eiserne Blöcke und Hanftauwerk Scheiben aus Bronze (s. Skizze II), für hölzerne und eiserne Blöcke und Drahttauwerk Scheiben aus Gußeisen (s. Skizze III) und für eiserne Blöcke und Ketten Scheiben aus Gußeisen nach Skizze IV und V zur Anwendung. Bei Ketten, die sich verdrehen können, d. h. die gelegentlich ganz schlaff werden, kommt die Scheibe nach Skizze IV, bei solchen Ketten, die immer straff bleiben, d. h. bei welchen die Last stets

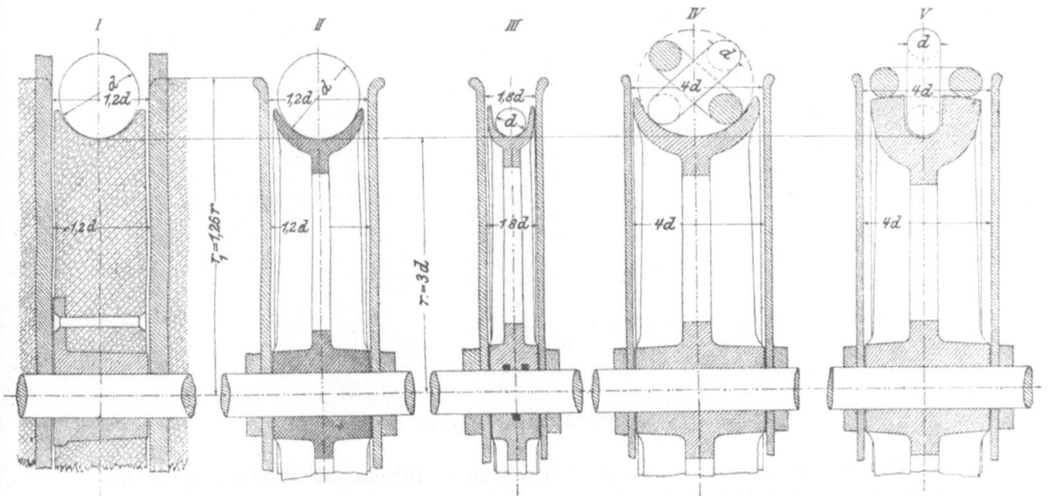

Fig. 148.

in der Kette hängt, die Scheibe nach Skizze V zur Verwendung. Die Weite des Scheibegats ist bei den verschiedenen Scheiben angegeben.

Um die Reibung der Scheiben auf dem Nagel möglichst klein zu halten, gelangten schon um die Mitte des vorigen Jahrhunderts sogen. Patentbüchsen zur Anwendung. Es sind dies Büchsen mit kleinen Rollen, die sich um den Nagel drehen (s. Fig. 149 I). In neuester Zeit konstruiert man solche Büchsen mit Kugeln, ähnlich wie die modernen Kugellager (s. Fig. 149 II). Es sind dies die „Ball bearing sheaves" der Cleveland Blocks der Upson-Walton Co. 155—161 River Street, Cleveland, Ohio. Überall da, wo nur kleine Kräfte oder geringe Weglängen in Frage kommen, werden die Nägel der Blöcke tunlichst klein im Durchmesser gehalten und weder Patentbüchsen noch Kugellager angewandt, diese kommen dagegen aber noch vielfach bei den Klappläuferblöcken für Hanftauwerk auf größeren Schiffen und bei allen wichtigen Blöcken auf kleinen Schiffen zur Anwendung.

Bei den eisernen Scheiben der Blöcke für Drahttauwerk wird vielfach die selbsttätige Schmiervorrichtung benutzt, wie solche in neuerer Zeit verschiedentlich, u. a. von Wm. Reid & Co., London, bei den „Patent oiling Sheaves", in den Handel gebracht werden. Hierbei ist um den Nagel in der Scheibe ein Hohlraum vorgesehen, der als Reservoir für das Schmiermaterial dient. In der Bohrung befinden sich Nuten parallel zur Lage des Nagels oder radiale Löcher, die ausgefüllt sind mit einem Material (Leder u. s. w.), welches das Schmieröl nur langsam durchläßt, so daß nur in langen Zwischenräumen ein Auffüllen des Reservoirs nötig ist.

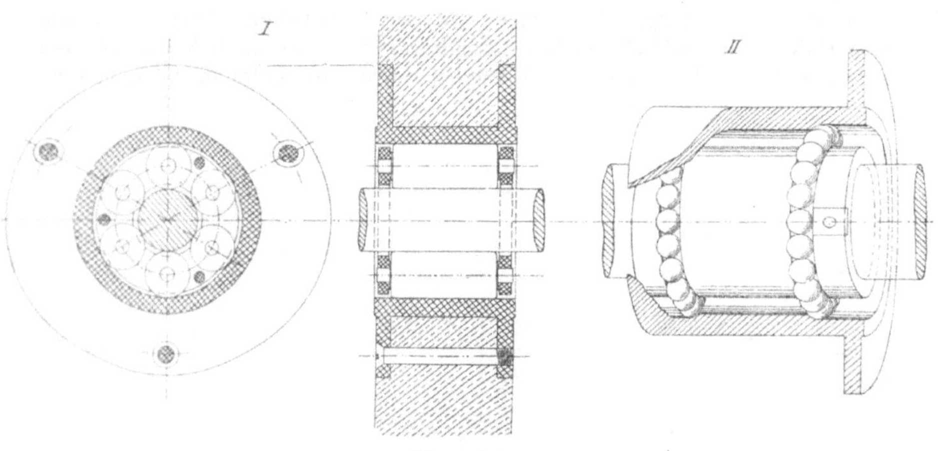

Fig. 149.

2. Haken, Schäkel und Augen der Blöcke.

Der wichtigste Teil eines Blockes ist der Haken, der Schäkel oder das Auge, womit der Block an dem Aufhängungspunkt oder an der Last befestigt wird. Für kleine Lasten kommen gewöhnlich Haken, für große Schäkel oder Augen zur Anwendung.

Kleine Haken. (Fig. 150, I und II.)

Lfd. Nr.	Zulässige Belastung	a	b	c	d	e	f	g	h	i	k	l	Wirbelhaken				
													m	n Ø	o	p	q
	Tonnen à 1000 kg	mm	mm	mm	mm	mm	mm	mm	mm	mm	mm	mm	mm	mm	mm	mm	mm
1	0,4 und unter 0,5	98	36	55	30	15	25	24	22	19	46	25	16	14	25	17	11
2	0,5 „ „ 0,7	108	40	68	33	17	31	29	27	22	50	31	17	15	28	19	12
3	0,7 „ „ 0,9	116	43	78	37	19	35	33	30	25	54	34	19	17	31	21	13
4	0,9 „ „ 1,1	127	45	87	40	21	40	37	33	28	58	37	21	19	34	23	14
5	1,1 „ „ 1,4	136	46	95	43	23	44	41	36	30	61	40	24	21	38	26	15
6	1,4 „ „ 1,7	145	48	100	45	25	48	44	38	32	64	41	26	23	42	28	16
7	1,7 „ „ 2,0	155	50	108	49	27	52	47	40	33	67	43	28	25	45	30	18
8	2,0 „ „ 2,4	164	52	113	52	28	55	50	42	35	69	45	30	27	49	32	19
9	2,4 „ „ 2,8	173	54	119	54	29	59	53	44	36	72	47	32	29	52	34	21
10	2,8 „ „ 3,2	181	56	124	56	30	62	56	46	38	74	48	33	30	55	36	22
11	3,2 „ „ 3,6	190	58	130	57	31	65	60	51	39	76	50	35	32	58	38	23
12	3,6 „ „ 4,0	197	60	135	59	33	68	64	54	41	78	52	38	34	61	40	24
13	4,0 „ „ 4,5	204	61	141	60	35	70	67	57	42	79	54	40	36	65	42	25

Große Haken. (Fig. 150 III.)

Lfd. Nr.	Zulässige Belastung	a	b	c	d	e	f	g	h	i	k	l
	Tonnen à 1000 kg	mm	mm	mm	mm	mm	mm	mm	mm	mm	mm	mm
1	0,4 und unter 0,5	110	40	60	30	15	28	25	20	18	46	28
2	0,5 „ „ 0,7	128	48	76	33	17	33	31	27	23	56	32
3	0,7 „ „ 0,9	142	54	90	37	19	38	36	32	27	64	35
4	0,9 „ „ 1,1	160	60	100	40	21	43	41	37	32	72	38
5	1,1 „ „ 1,4	176	64	107	43	23	48	46	41	34	78	40
6	1,4 „ „ 1,7	187	68	112	45	25	52	50	44	37	82	41
7	1,7 „ „ 2,0	200	72	117	49	27	57	54	48	39	86	43
8	2,0 „ „ 2,4	213	75	121	52	28	62	58	50	41	89	45
9	2,4 „ „ 2,8	222	77	124	54	29	66	61	52	42	92	47
10	2,8 „ „ 3,2	232	79	126	56	30	70	63	53	43	94	48
11	3,2 „ „ 3,6	243	81	129	57	31	76	67	55	44	96	50
12	3,6 „ „ 4,0	252	83	131	59	33	80	69	56	45	97	52
13	4,0 „ „ 4,5	260	85	132	60	35	85	72	57	46	98	54

Haken für Katt- und Fischtaljen. (Fig. 150 IV.)

Lfd. Nr.	Zulässige Belastung	a	b	c	d	e	f	g	h	i	k	l
	Tonnen à 1000 kg	mm	mm	mm	mm	mm	mm	mm	mm	mm	mm	mm
1	0,4 und unter 0,5	220	97	45	30	16	51	47	46	44	132	28
2	0,5 „ „ 0,7	235	104	48	33	18	55	50	48	46	142	32
3	0,7 „ „ 0,9	248	110	50	37	20	59	53	51	49	152	35
4	0,9 „ „ 1,1	264	117	52	40	22	63	57	54	52	163	38
5	1,1 „ „ 1,4	278	122	54	43	24	67	60	57	55	173	40
6	1,4 „ „ 1,7	290	126	56	45	26	70	63	59	57	180	41
7	1,7 „ „ 2,0	302	131	57	49	28	75	67	62	60	189	43
8	2,0 „ „ 2,4	313	135	59	52	29	78	70	64	61	197	45
9	2,4 „ „ 2,8	323	138	60	54	30	82	73	65	62	202	47
10	2,8 „ „ 3,2	330	141	61	56	31	86	76	67	64	207	48
11	3,2 „ „ 3,6	340	144	63	57	33	90	78	70	67	213	50
12	3,6 „ „ 4,0	350	148	65	59	35	94	81	73	70	216	52
13	4,0 „ „ 4,5	360	151	67	60	37	98	84	75	73	219	54
14	4,5 „ „ 5,0	370	154	69	61	38	102	87	77	76	221	56

Man unterscheidet (s. Fig. 150):

    I. Wirbelhaken,
    II. Kleine Haken,
    III. Große   „
    IV. Haken zum Katten und Fischen der Anker.

Die Haken II und III werden auch, wenn erwünscht, fest am Beschlag angebracht und heißen dann „steife Haken" im Gegensatz zu den hier gezeichneten losen oder beweglichen Haken.

Um nicht zu große Abmessungen für die Haken und deren Befestigungspunkte — die Augbolzen u. s. w. — zu erhalten, werden die Haken in der Regel doppelt so stark beansprucht als die Läufer, d. h. wenn man für den Läufer sechs- bis achtfache Sicherheit nimmt, rechnet man bei den Haken mit nur drei- bis vierfacher Sicherheit.

Die Abmessungen der Haken gehen aus vorstehender Tabelle hervor.
Hierbei ist zu bemerken, daß gelegentlich auch der Haken nach Skizze III

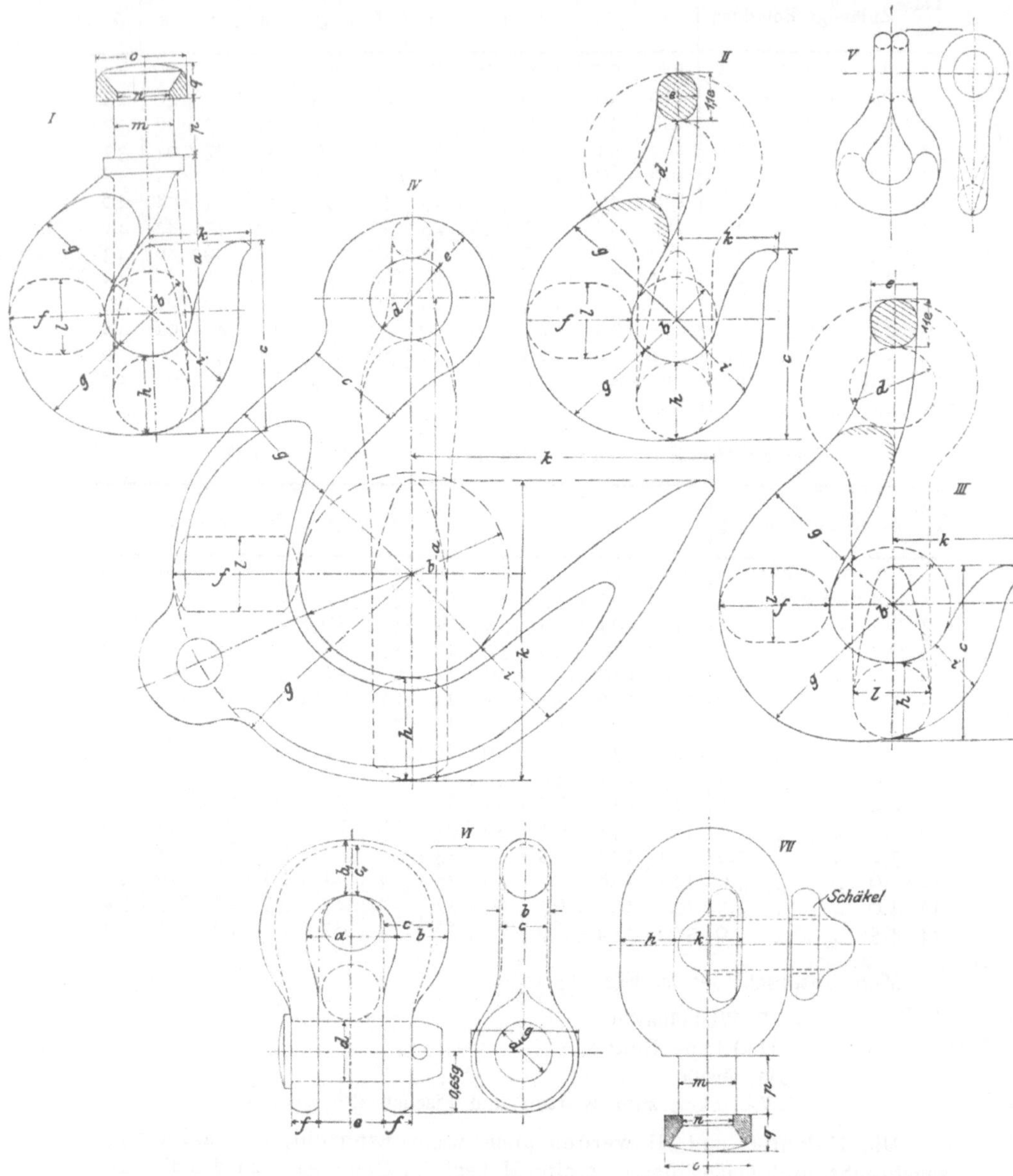

Fig. 150.

als Wirbelhaken vorkommt. Doppelhaken, Fig. 150 V, können als 2 einfache Haken angesehen und dementsprechend bemessen werden.

Haken für Katt- und Fischtaljen mit über 5 t Tragfähigkeit kommen
kaum noch vor, da schwerere Anker gewöhnlich als stocklose Patentanker
direkt in die Klüse gehievt werden.

Bei den Schäkeln und Augen, die namentlich bei größeren Blöcken zur Anwendung kommen, kann annähernd dieselbe Beanspruchung angenommen werden wie bei den Läufern, weil hier die Abmessungen nicht übermäßig groß ausfallen. Aus nachstehender Tabelle gehen die Abmessungen der Schäkel und Augen hervor. Das Auge wird gewöhnlich in Form eines Kettengliedes hergestellt, so daß ein entsprechend starker Schäkel hindurchgesteckt werden kann. Ist kein Wirbel am Block erforderlich, so kann das Auge auch fest am Beschlag des Blocks sitzen.

Schäkel und Augen. Fig. 150 VI und VII.

Lfd. Nr.	Zulässige Beanspruchung	a	b ∅	b₁	c ∅	c₁	d ∅	e	f	g	h	k	m	n	o	p	q
	Tonnen à 1000 kg	mm	mm	mm	mm	mm	mm	mm	mm	mm	mm	mm	mm	mm	mm	mm	mm
1	0,4 und unter 0,5	30	14	15	13	14	16	22	8	30	14	26	16	14	26	17	12
2	0,5 „ „ 0,7	34	16	18	14	15	19	24	9	36	15	29	17	15	29	19	13
3	0,7 „ „ 0,9	36	18	20	15	17	21	25	10	40	17	31	19	17	32	21	14
4	0,9 „ „ 1,1	39	20	22	17	19	23	26	10	44	19	33	21	19	35	23	15
5	1,1 „ „ 1,4	42	22	24	19	21	26	28	11	48	21	35	23	21	38	26	16
6	1,4 „ „ 1,7	45	24	26	21	23	28	29	12	52	23	37	25	23	42	28	18
7	1,7 „ „ 2,0	47	26	29	22	24	30	31	13	56	24	39	27	25	46	30	19
8	2,0 „ „ 2,4	49	28	31	24	26	32	32	14	60	26	41	29	27	50	32	21
9	2,4 „ „ 2,8	51	30	33	26	29	34	34	15	64	27	42	30	29	53	34	22
10	2,8 „ „ 3,2	53	32	35	28	31	36	35	16	68	29	44	32	30	56	36	23
11	3,2 „ „ 3,6	55	34	37	29	32	38	37	17	72	30	46	34	32	60	38	25
12	3,6 „ „ 4,0	57	35	39	31	34	40	38	18	76	32	48	36	34	63	40	26
13	4,0 „ „ 4,5	59	36	40	33	36	41	40	19	80	34	50	38	36	66	42	28
14	4,5 „ „ 5,0	60	37	41	34	37	43	42	20	84	35	51	40	38	70	44	29
15	5,0 „ „ 5,5	62	38	42	35	39	45	43	21	87	36	53	43	40	73	46	30
16	5,5 „ „ 6,0	63	39	43	36	42	46	45	22	90	38	54	46	42	77	48	32
17	6,0 „ „ 6,5	64	41	45	38	43	48	46	23	92	39	55	48	43	80	50	33
18	6,5 „ „ 7,0	65	42	46	39	44	50	47	24	95	41	56	50	45	83	52	34
19	7,0 „ „ 7,5	66	43	47	40	45	51	48	25	98	42	57	52	47	86	54	36
20	7,5 „ „ 8,0	67	45	50	41	46	53	49	26	101	43	58	53	48	89	56	37
21	8,0 „ „ 8,5	68	46	51	42	47	55	50	27	104	44	59	55	50	92	58	38
22	8,5 „ „ 9,0	69	47	52	44	48	56	51	28	107	46	60	56	51	95	60	40
23	9,0 „ „ 9,5	70	48	53	45	50	57	52	29	110	47	61	58	52	98	62	41
24	9,5 „ „ 10,0	71	49	54	46	51	59	53	30	113	48	62	60	53	100	64	42

Es ist von Wichtigkeit, die Weite a der Schäkel nicht größer zu nehmen, als dies eine freie Bewegung in dem festen Auge erfordert. Wird in Fig. 150 VI z. B. die Weite des Schäkels $= e$, dann können die Abmessungen b und b_1 auf die in der Tabelle enthaltenen Maße c und c_1 (s. punktierte Linien in Skizze Fig. 150 VI) verkleinert werden.

Für jede Talje ist besonders darauf zu achten, daß die Haken, Schäkel und Augen entweder für die größte Beanspruchung ausreichen oder daß sie der Beanspruchung entsprechend bemessen werden. Aus der Tabelle über die Tragfähigkeit der Taljen S. 346 u. 347 geht hervor, daß die Haken u. s. w. der ein- und mehrscheibigen Blöcke mit einem und demselben Läufer sehr verschieden beansprucht werden. So muß z. B. der Haken in dem unteren einscheibigen Block für einen Läufer von 102 bezw. 37 mm Umfang bei der Talje in Spalte 3 der Tabelle 1,29 t und bei der Talje in Spalte 4 1,935 t tragen. Der untere zweischeibige Block für denselben Läufer muß bei der Talje in Spalte 7 der Tabelle 2,16 und bei der Talje in Spalte 8 2,7 t tragen. Der untere dreischeibige Block für den obigen Läufer hat bei der Talje in Spalte 11 2,61 t und bei der Talje in Spalte 12 3,045 t zu tragen.

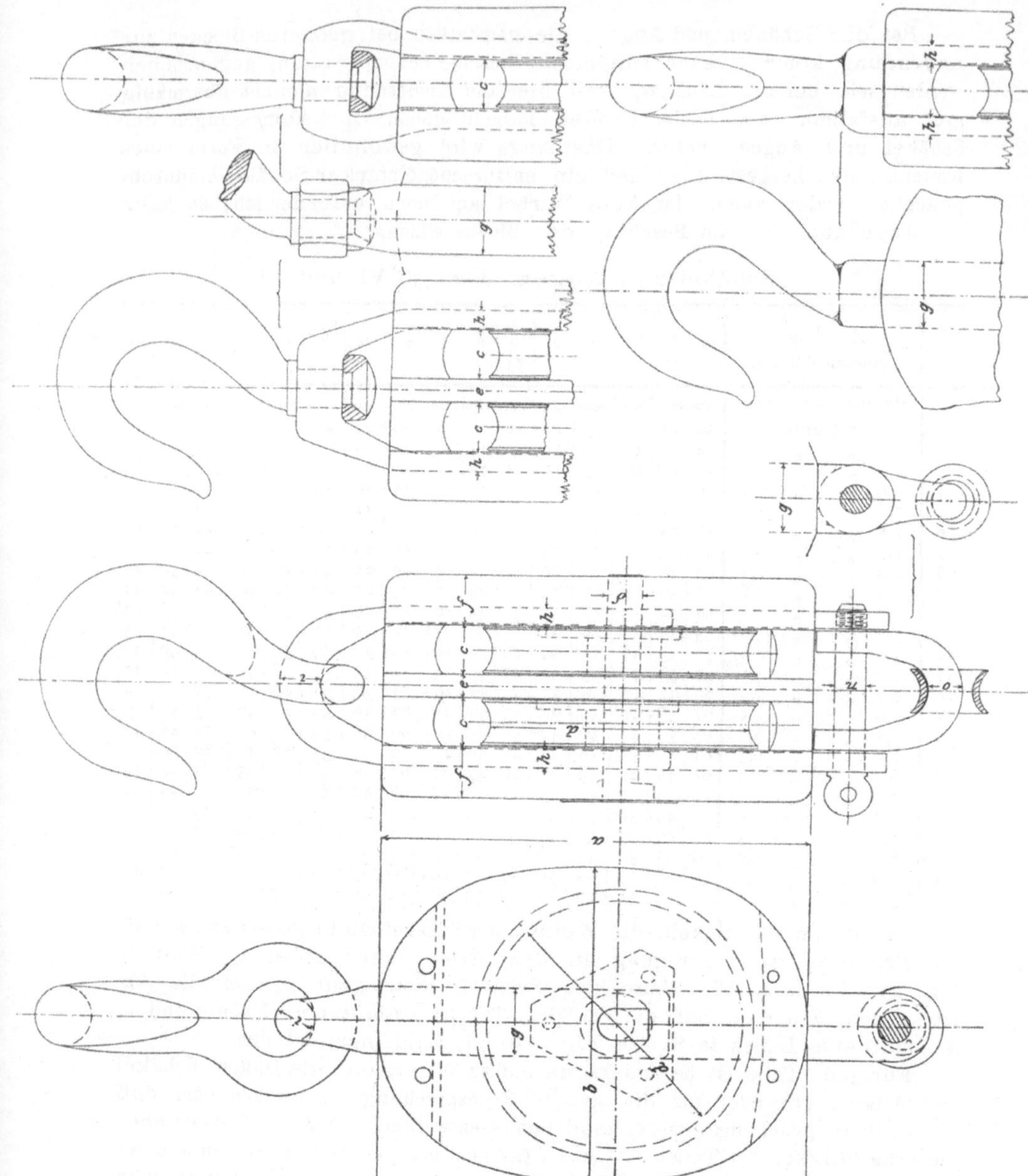

Fig. 151.

Die Blöcke selbst und deren Beschläge werden in der Regel so stark ausgeführt, daß sie für alle Beanspruchungen ausreichen. Der Nagel ist bei allen in nachstehenden Tabellen enthaltenen Blöcken aus Stahlmaterial von 48 bis 50 kg pro qmm Festigkeit bei $20\,^0/_0$ Dehnung angenommen.

3. Verschiedene Arten von Blöcken.

Man kann die Blöcke einteilen in gewöhnliche Blöcke und in Blöcke für besondere Zwecke. Zur ersten Kategorie gehören alle ein- bis dreischeibigen hölzernen Blöcke und alle ein- bis dreischeibigen eisernen Blöcke für Hanf- und Drahttauwerk, sowie alle Blöcke, die gleichzeitig für Hanf- und Drahttauwerk eingerichtet sind, d. h. die eine hölzerne und eine eiserne Scheibe haben. Zur zweiten Kategorie gehören, soweit die Takelage in Betracht kommt, zunächst alle eisernen Blöcke für Ketten (Blöcke für Jollen und Schoten) Gien- und Decktaljenblöcke, hölzerne und eiserne Fußblöcke, Anker- und Bootstaljenblöcke, Radblöcke für das Lösch- und Ladegeschirr u. s. w. Die wichtigsten Blöcke sollen im Nachstehenden näher beschrieben werden.

Gewöhnliche Blöcke.

α. Hölzerne Blöcke für Hanf- und Stahldrahttauwerk mit Innenbeschlag.

In Fig. 151 sind ein- und zweischeibige hölzerne Blöcke dargestellt, wie solche vielfach bis zu einer Länge von 200 mm ausgeführt werden. Ist an dem entgegengesetzten Ende vom Haken kein Hundsfott am Block erforderlich, dann endet der Beschlag dicht unter dem Nagel.

In Fig. 152 ist für größere Blöcke der Beschlag so angeordnet, daß der Nagel überall dicht neben der Scheibe vom Beschlag getragen wird und der Nagel somit für einen mehrscheibigen Block nicht dicker zu sein braucht als für einen einscheibigen. In der letzten Figur ist auch angegeben, wie sich der Beschlag bei einem steifen oder losen, kleinen oder großen Haken, bei Wirbel- und Katthaken sowie bei der Aufhängung an Davits anordnet. Soll im letzteren Falle die Talje abgenommen werden, so wird der Nagel aus dem Block herausgezogen. Ist, wie vielfach üblich, zwischen Davit und Block noch ein Zwischenglied, so muß der Davit zur Erzielung der Hubhöhe entsprechend höher sein. Der Nagel wird durch eine Nase am Drehen und durch eine dünne, mit vier kleinen Stiften im Blockgehäuse befestigte Messing- oder Zinkplatte am Herausfallen aus dem Block verhindert.

Wie schon erwähnt, werden gewöhnlich die Blöcke für Stahldrahttauwerk ebenso ausgeführt wie für Hanftauwerk, d. h. die Scheibegaten im ersteren Falle ebenso weit genommen, wie für Hanftauwerk erforderlich, so daß also $c = c_1$ wird, und die eisernen Scheiben dann entsprechend tiefer ausgekehlt. Das Drahttau dürfte jedoch besser in den Block hineingeführt werden, wenn die Weite des Scheibegats nicht größer genommen wird als erforderlich.

In Fig. 153 sind hölzerne Blöcke für Stahldrahttauwerk dargestellt. Die Abmessungen aller hölzernen Blöcke gehen aus nachstehender Tabelle hervor.

Bei zwei- und dreischeibigen Blöcken wird der innere Teil des Beschlages, der hier überall etwas stärker angegeben ist als der äußere, nicht aus einem dickeren, sondern aus zwei im Auge aufeinanderliegenden dünneren Flacheisen hergestellt. Die eine Lage liegt dann an der einen, die andere

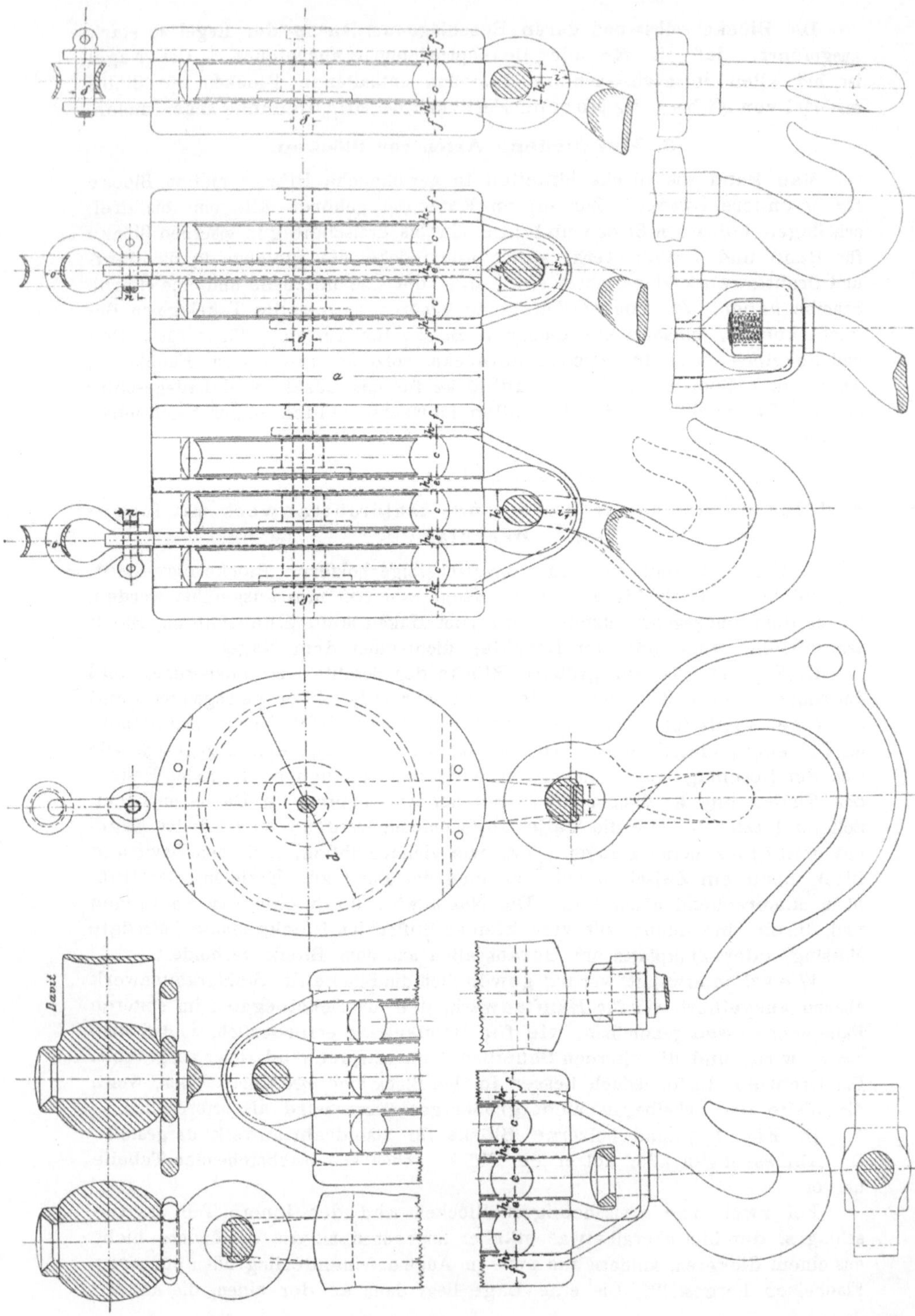

Fig. 152.

an der andern Seite der hölzernen Scheidewand (des Steges). Diese Konstruktion hat den Vorteil, daß sie leichter herzustellen ist und der hölzerne

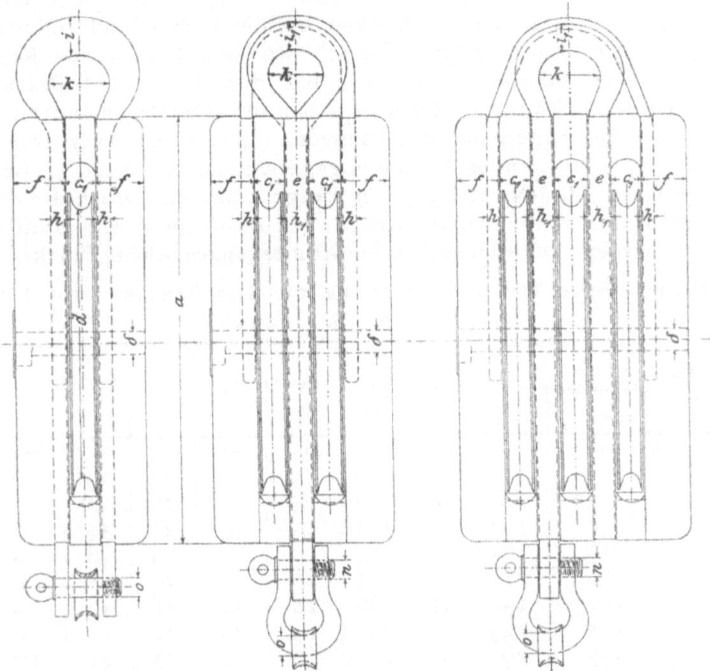

Fig. 153.

Steg nicht völlig durchschnitten zu werden braucht, aber auch den Nachteil, daß die verschiedenen Lagen von Flacheisen häufig nicht fest genug aufeinander liegen, etwas nachgeben und ein Verbiegen des Nagels herbeiführen.

Hölzerne Blöcke für Hanf- und Stahldrahttauwerk.

Bruch-belastung des Läufers	Umfang des Läufers		a	b	c	c_1	d Ø	δ Ø (Stahl)	e	f	g	h	h_1	i	i_1	k	l	m	n	o
Tonnen à 1000 kg	Hanf	Stahldraht																		
	mm	mm	mm	mm	mm	mm	mm	mm	mm	mm	mm	mm	mm	mm	mm	mm	mm	mm	mm	mm
1,30	51	—	170	126	20	—	100	13	10	23	25	6	—	16	—	25	—	14	11	14
1,88	57	22	185	140	22	13	110	14	11	24	30	7	—	18	—	27	—	15	12	15
2,04	64	24	200	150	25	14	120	15	11	25	35	7,5	—	19	—	29	—	15	13	15
2,47	70	26	215	165	27	15	130	15	12	26	36	8	11	21	17	30	25	16	13	16
2,93	76	28	240	185	29	16	145	16	13	27	38	8	12	23	19	32	27	16	14	17
3,20	82	30	255	195	31	17	155	17	14	29	40	8,5	13	25	20	34	28	17	14	17
3,77	87	32	270	210	33	19	165	18	15	30	42	9	14	27	21	36	30	17	15	18
4,50	96	35	290	230	36	21	180	19	15	31	44	9	14	29	22	38	31	18	15	18
5,25	102	37	315	245	39	22	195	21	16	32	46	10	15	31	23	40	32	18	16	19
6,03	112	39	335	265	43	23	210	22	17	33	49	11	16	32	24	42	33	19	16	20
6,88	118	41	360	285	46	24	225	24	18	35	52	11	17	34	25	44	34	20	17	20
8,12	127	44	385	300	49	26	240	25	18	36	54	12	17	35	26	47	36	21	18	21
9,08	138	47	415	330	53	27	260	27	19	37	57	12	18	36	27	50	38	22	18	22
10,15	147	51	450	350	56	29	280	28	20	38	60	13	19	37	28	53	40	22	19	23
11,22	157	54	480	380	60	31	300	29	21	39	63	14	20	39	29	56	42	23	20	24
12,37	167	57	510	400	64	33	320	31	22	40	65	15	21	40	30	60	44	23	21	24

Leider können die vorstehenden Blöcke nicht als Normalien für alle an Bord von Schiffen vorkommenden Blöcke angesehen werden, denn, wie schon in diesem Kapitel unter „Allgemeines" angegeben, pflegt man hier und da einen größeren oder auch einen kleineren Scheibendurchmesser zu nehmen, als hier angenommen. Überall, wo es sich um große Kraft und große Weglängen handelt, namentlich bei den Fallen und Brassen der Raaen, kommen Blöcke mit größerem Scheibendurchmesser, an andern Stellen, wo nur kleine Weglängen in Frage kommen, Scheiben mit kleinerem Durchmesser als in nachstehender Tabelle angegeben, zur Anwendung. Bei Stahldrahtbrassen, wo Windevorrichtungen in Frage kommen, werden die Scheiben nicht so groß im Durchmesser gemacht wie bei Hanftauwerk und Handbetrieb. Aus nachstehenden Tabellen gehen die Abmessungen solcher Blöcke hervor.

Hölzerne Blöcke für Hanftauwerk zu den Brassen und Fallen der Raaen. (S. Fig. 152.)

Umfang des Läufers, Hanf	Länge des Blocks a	b	c	d ∅	δ ∅	e	f	g	h	h₁
mm	mm	mm	mm	mm	mm	mm	mm	mm	mm	mm
51	200	150	20	120	13	—	25	30	6	—
54	215	165	21	130	14	—	26	32	7	—
57	240	185	22	145	15	—	27	34	7	—
60	255	195	24	155	16	—	29	36	8	—
64	270	210	25	165	17	—	30	38	8	—
70	290	230	27	180	18	12	31	40	9	11
76	315	245	29	195	19	13	32	42	9	12
82	335	265	31	210	20	14	33	44	10	13
87	360	285	33	225	21	15	35	46	10	14
92	385	300	35	240	22	16	36	48	11	15
96	415	330	37	260	23	17	37	50	11	16
100	430	340	39	270	24	18	38	52	12	17
105	450	350	41	280	25	19	39	54	12	18

Hölzerne Blöcke für Stahldrahtbrassen der Raaen mit Brassenwinden. (S. Fig. 153.)

Umfang des Läufers, Stahldraht	Länge des Blocks a	b	c	d ∅	δ ∅	e	f	g	h	h₁
mm	mm	mm	mm	mm	mm	mm	mm	mm	mm	mm
30	200	150	17	120	16	14	25	38	8,5	13
32	215	165	19	130	18	15	26	41	9	14
35	240	185	21	145	19	15	27	44	9,5	14
37	255	195	22	155	21	16	29	46	10	15
39	270	210	23	165	22	17	30	49	11	16
41	290	230	24	180	24	18	31	52	11	17
44	315	245	26	195	25	18	32	54	12	17
47	335	265	27	210	27	19	33	57	12	18
51	360	285	29	225	28	20	34	60	13	19
54	385	300	31	240	29	21	35	63	14	20
57	415	330	33	260	31	23	36	65	15	21
60	430	340	35	270	32	24	37	67	15	22
63	450	350	37	280	33	25	38	70	16	23

NB. Für die letzte Tabelle kommen vorzugsweise einscheibige Blöcke in Frage.

Eiserne Blöcke für Hanf- und Stahldrahttauwerk.

Bruchbelastung des Läufers	Umfang des Läufers		a	b	c	c_1	d $\varnothing$	Stahl δ $\varnothing$	e	f	g	h	i	i_1	k	l	m	n $\varnothing$	o	p	q	r
	Hanf	Stahldraht																				
Tonnen	mm	mm	mm	mm	mm	mm	mm	mm	mm	mm	mm	mm	mm	mm	mm	mm	mm	mm	mm	mm	mm	mm
3,77	87	32	270	210	33	19	165	18	6	4	40	7	27	24	36	13	16	21	11	90	8	14
4,50	96	35	290	230	37	21	180	19	7	4	44	7,5	29	26	38	14	18	23	12	98	9	15
5,25	102	37	315	245	39	22	195	21	7,5	4,5	48	8	31	28	40	16	20	25	13	108	9	16
6,03	112	39	335	265	43	23	210	22	8	4,5	53	8,5	32	29	42	17	22	27	14	116	10	18
6,88	118	41	360	285	45	24	225	24	8,5	5	57	9	34	31	44	18	24	29	15	124	11	19
8,12	127	44	385	300	49	26	240	25	9	5,5	62	9,5	35	32	47	20	26	31	16	135	11	21
9,08	138	47	415	330	53	27	260	27	9,5	6	65	10	36	33	50	21	28	33	17	146	12	22
10,15	147	51	450	350	56	29	280	28	10	6,5	69	11	37	34	53	23	30	35	18	157	13	24
11,22	157	54	480	380	60	31	300	29	10,5	7	74	12	39	35	56	24	32	37	20	168	14	25
12,37	167	57	510	400	64	33	320	31	11	7	78	13	40	36	60	26	34	39	21	179	15	27
13,60	—	60	545	425	68	35	340	33	11	7,5	83	14	43	39	64	27	37	41	22	190	16	28
15,30	—	63	575	450	73	37	360	35	12	8	87	14	46	42	68	29	40	44	24	202	16	30
16,70	—	66	600	475	77	38	380	37	1,3	8	92	15	50	45	72	30	42	46	25	214	17	31

β. Eiserne Blöcke für Hanf- und Stahldrahttauwerk.

Die Konstruktion der eisernen Blöcke ist sehr verschieden. Kleine einscheibige Blöcke werden oft aus einem Stück geschmiedet. Größere ein- und mehrscheibige Blöcke werden aus schmiedbarem Gußeisen gefertigt oder aus mehreren Stücken aus Schmiedeeisen oder Flußeisen zusammengebaut. Die letzteren werden gewöhnlich bevorzugt, weil sie zuverlässiger, leichter und billiger sein sollen als die ersteren. In Fig. 154 sind eiserne ein-, zwei- und dreischeibige Blöcke für Hanftauwerk und in Fig. 155 solche für Stahldrahttauwerk dargestellt. Wie schon bemerkt, kommen hier die verschiedenartigsten Konstruktionen vor. Bei den in Fig. 154 und 155 abgebildeten Blöcken liegt der Nagel bei mehrscheibigen Blöcken auch in den Zwischenstegen auf, so daß derselbe bei zwei- und dreischeibigen Blöcken nicht größer im Durchmesser zu sein braucht als bei einscheibigen. Dies hat den Vorteil, daß bei allen Blöcken für einen und denselben Läufer die Bohrung in den Scheiben gleich groß wird. Die äußeren Schilder der eisernen Blöcke werden nach außen etwas umgebogen, die inneren abgerundet und mit Erleichterungslöchern versehen. Die Scheiben für Hanftauwerk bestehen in der Regel aus Bronze, diejenigen für Stahldraht aus Gußeisen. Die Abmessungen der einzelnen Teile dieser Blöcke gehen aus vorstehender Tabelle hervor.

γ. Eiserne Blöcke für Ketten.

Die Ketten und die dazugehörigen Blöcke verschwinden aus der Takelung immer mehr und an Stelle der Ketten tritt das Stahldrahttau. Da aber noch auf vielen Schiffen Ketten vorhanden sind, sollen die Blöcke dafür hier kurz beschrieben werden.

Als gewöhnliche Blöcke für Ketten kommen hier nur die Fall- und Mantelblöcke in Betracht, welche stets einscheibig sind. In Fig. 156 ist ein solcher Block dargestellt. Gewöhnlich ist nur ein solcher Block vorhanden, so daß die Befestigung des Läufers unten am Block wegfällt. Die Abmessungen der einzelnen Teile des Blockes sind dieselben, wie in der Tabelle zu Fig. 154 und 155 angegeben, nur muß die Weite c der Scheibegats nach nachstehender Tabelle vergrößert werden.

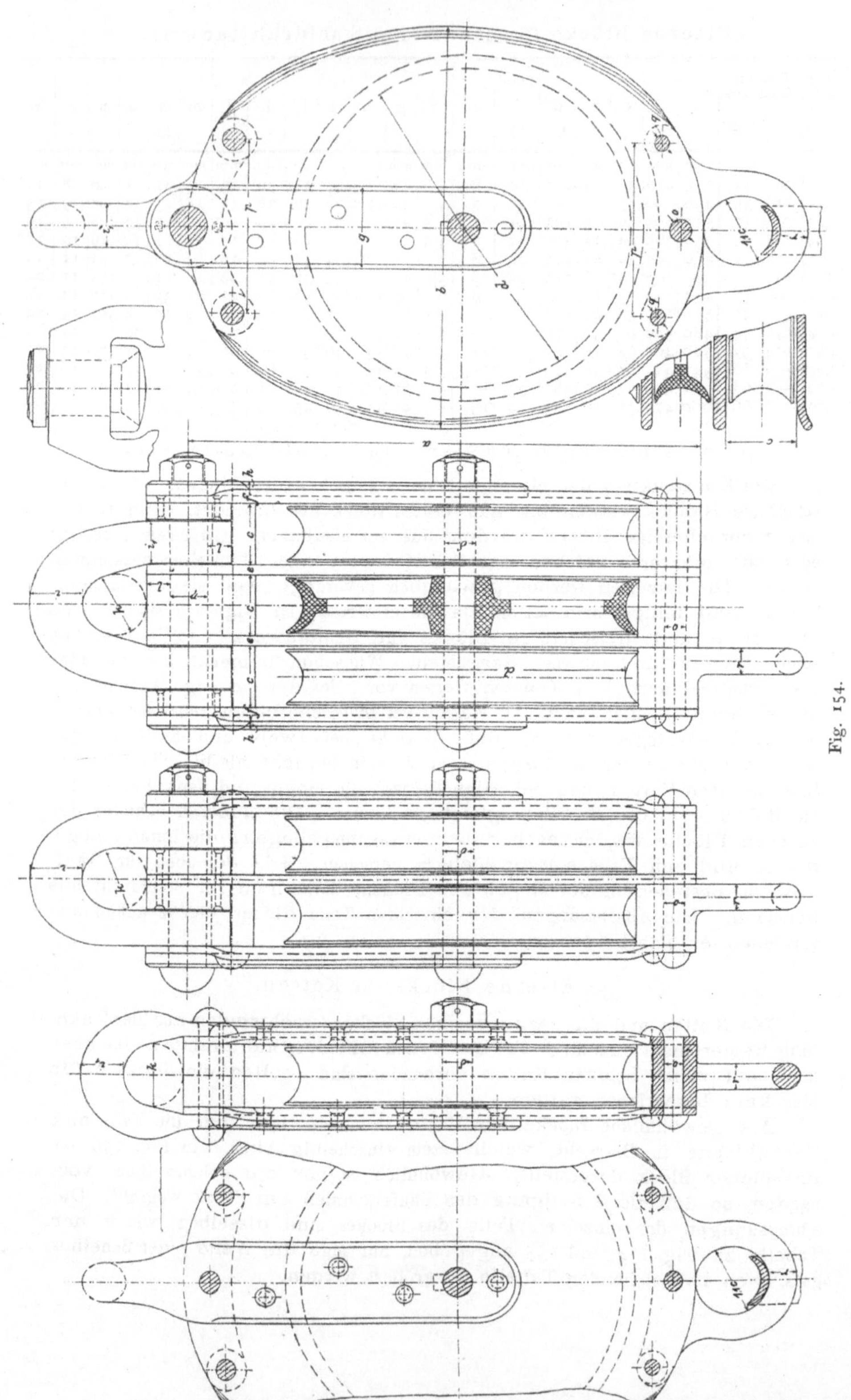

Fig. 154.

Für den Mantel der Drehreeps kommen auch wohl Kettenscheiben nach Skizze V **Fig.** 148 in Betracht.

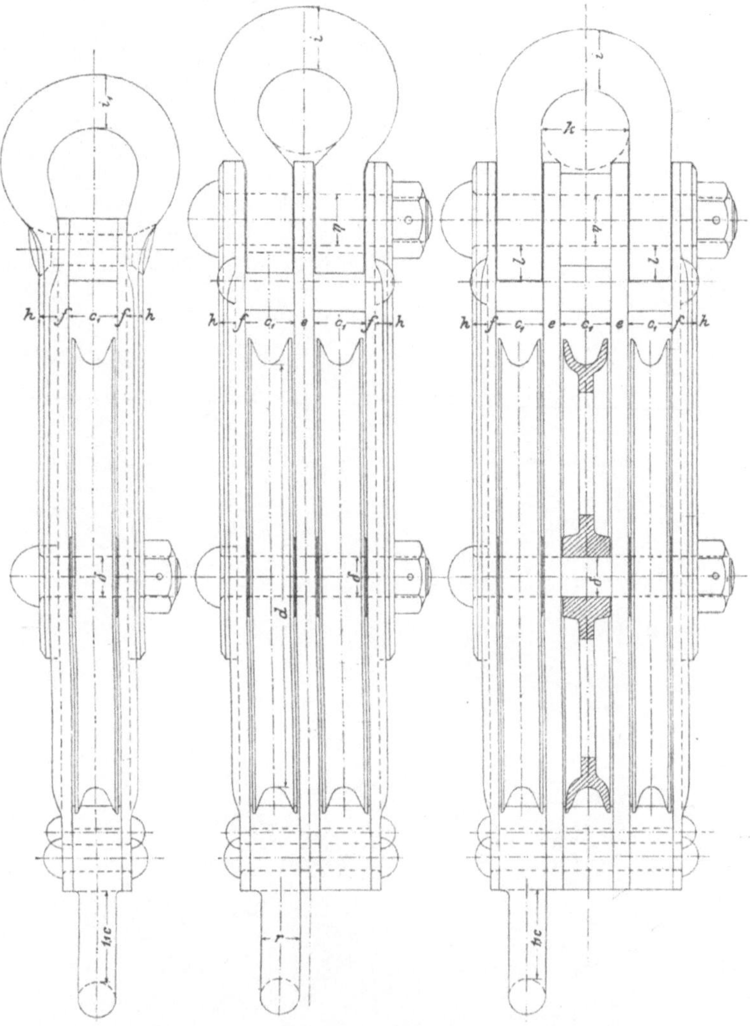

Fig. 155.

Bruchbelastung	Durch-messer der Kette	c	Bruchbelastung	Durch-messer der Kette	c
Tonnen à 1000 kg	mm	mm	Tonnen à 1000 kg	mm	mm
3,77	10	40	10,15	17	68
4,50	11	44	11,22	18	72
5,25	12	48	12,37	19	76
6,03	13	52	13,60	20	80
6,88	14	56	15,30	21	84
8,12	15	60	16,70	22	88
9,08	16	64			

Mehrscheibige Blöcke für Ketten können ähnlich wie die Blöcke Fig. 154 und 155 konstruiert werden.

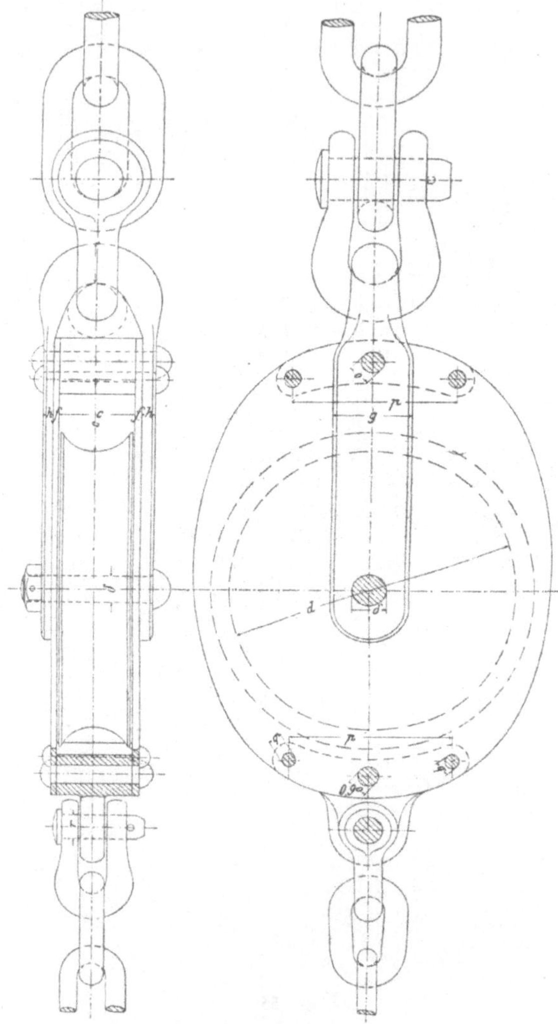

Fig. 156.

Blöcke für besondere Zwecke.

α. Eiserne Blöcke für Mars-, Bram- und Roilschotenketten.
(S. Fig. 157.)

Die Abmessungen dieser herzförmig gestalteten Blöcke, die in der Mitte unter der Raa hängen und durch welche die beiderseitigen Schotenketten an Deck oder zur Saling fahren, sind in nachstehender Tabelle angegeben.

Durch-messer der Kette	a	b	c	d Ø	Stabl δ Ø	e	f	g	h	i	k	l
mm	mm	mm	mm	mm	mm	mm	mm	mm	mm	mm	mm	mm
10	176	140	40	84	18	5	58	110	26	22	17	14
11	188	150	44	90	20	6	62	115	30	24	19	15
12	200	161	48	96	22	7	66	120	35	25	20	16
13	213	172	52	102	24	8	70	125	40	27	21	17
14	226	183	56	108	26	9	74	130	45	28	22	18
15	239	194	60	114	29	10	78	135	50	29	23	19
16	252	2c5	64	120	31	10	82	140	55	30	24	20

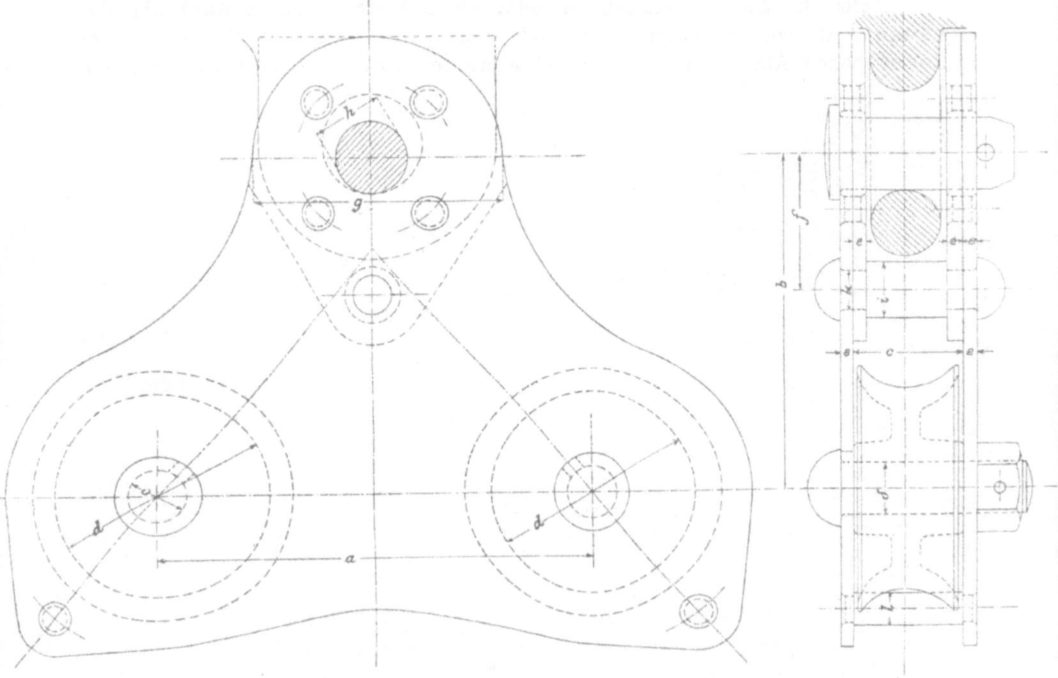

Fig. 157.

Die Schotenblöcke erhalten auch wohl oben eine kantige Form, wie durch die punktierten Linien dargestellt, so daß 2 „Schultern" entstehen, die sich gegen das Hangerband der Raa legen und verhindern, daß bei einseitigem Anziehen der Schotenketten die eine Kette sich an der Raa bekneift.

β. Eiserne Blöcke für Baumdirken, Klaufallen u. s. w.

Auch hier werden, wie bei den vorhergehenden Blöcken, gußeiserne Scheiben von kleinem Durchmesser verwandt, wie dies in Fig. 158 angegeben. Die Abmessungen der einzelnen Teile gehen aus nachstehender Tabelle hervor.

Durch-messer der Kette	a	b	c	d $\varnothing$	Stahl δ $\varnothing$	e	f	g	h	i	k	l
mm	mm	mm	mm	mm	mm	mm	mm	mm	mm	mm	mm	mm
10	164	130	40	93	18	96	4	46	7	13	12	10
11	183	145	44	104	20	104	4,5	50	8	15	13	11
12	202	160	48	115	22	115	5	56	9	16	15	13
13	220	175	52	125	24	124	5,5	62	10	18	16	14
14	235	188	56	134	26	134	6	68	10	19	17	15
15	250	200	60	143	29	144	6,5	73	11	21	18	16
16	264	210	64	150	31	153	7	76	12	22	19	17

Falls hier Augen, Haken mit oder ohne Wirbel oder Schäkel als Aufhängung dienen, müssen diese nach den dafür unter c2 dieses Kapitels angegebenen Abmessungen der Belastung entsprechend bemessen werden.

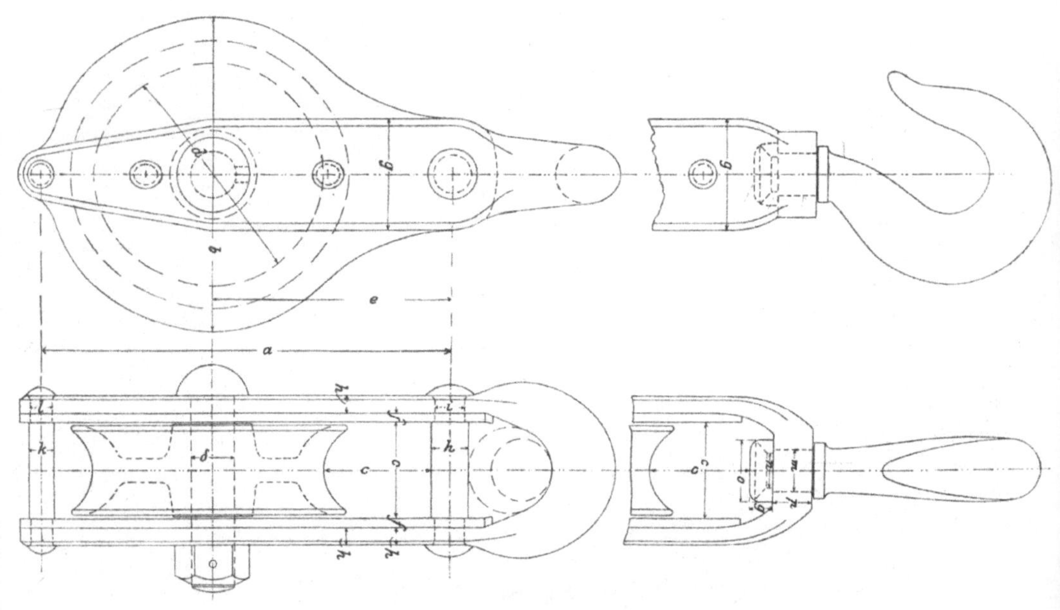

Fig. 158.

Eiserne Blöcke für Piekfall- und Ausholerkette.

Kette für Piekfall-Durchm	Ausholer-Durchm.	a	b	c	c_1	d $\varnothing$	δ $\varnothing$	e	f	g	h	i $\varnothing$	k	l	m	n $\varnothing$	o	p $\varnothing$
mm	mm	mm	mm	mm	mm	mm	mm	mm	mm	mm	mm	mm	mm	mm	mm	mm	mm	mm
12	9	216	155	48	36	115	22	5	4	55	7	28	43	32	138	28	17	12
13	10	240	172	52	40	128	24	6	4,5	60	8	31	48	36	153	32	19	13
14	11	265	188	57	43	139	26	7	5	65	9	34	52	40	167	35	21	14
16	12	287	204	63	46	150	30	8	5,5	70	10	37	56	44	182	38	23	15
17	13	308	220	68	48	162	33	9	6	75	11	40	60	48	196	40	25	16

Eiserne·Blöcke für Piekfall- und Gaffelsegelausholerketten.
(S. Fig. 159. Vergl. auch Fig. 169 III.)

Piekfall- und Ausholerkette laufen bei größeren Schiffen oft am Maste durch einen und denselben Block. Da die Kette für das Piekfall erheblich stärker als die Ausholerkette sein muß, so erhalten die Scheiben in dem

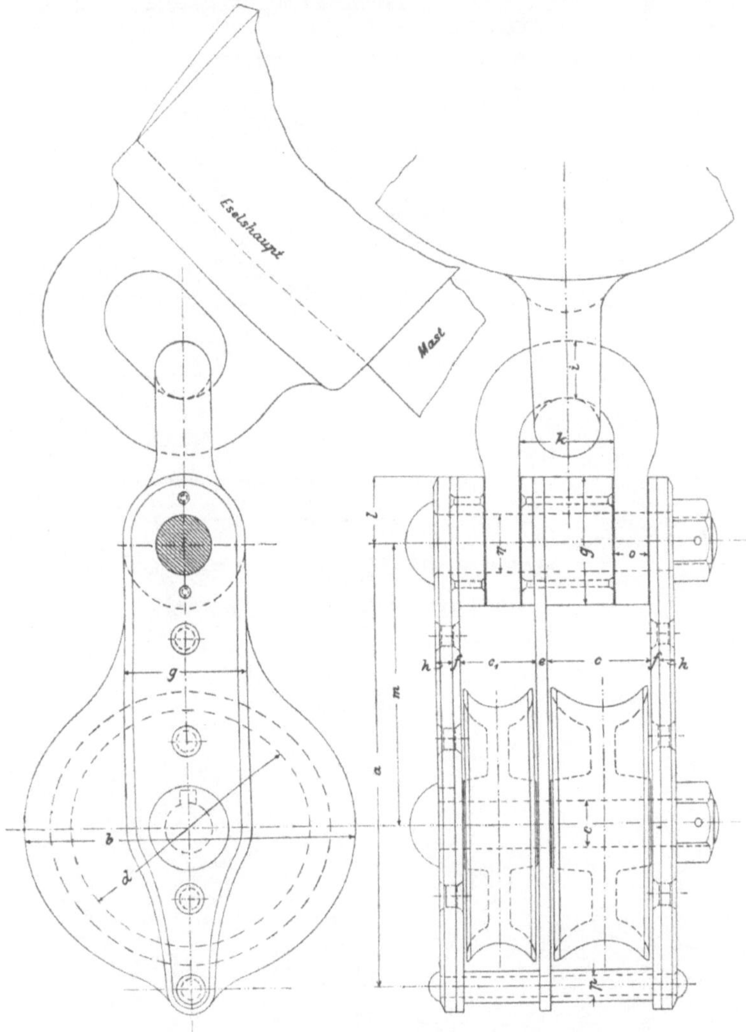

Fig. 159.

Block eine verschiedene Dicke. Die Abmessungen sind aus vorstehender Tabelle zu entnehmen. Es ist aus verschiedenen Gründen erwünscht, den Block so nahe wie möglich an den Masttopp zu bringen; außerdem muß er sich frei bewegen und nach allen erforderlichen Richtungen hin der Gaffel folgen können. In der Zeichnung Fig. 159 ist am Mast ein längliches Auge vorgesehen, durch welches der Schäkel des Blocks hindurchgesteckt werden kann, so daß der Block jederzeit losnehmbar ist.

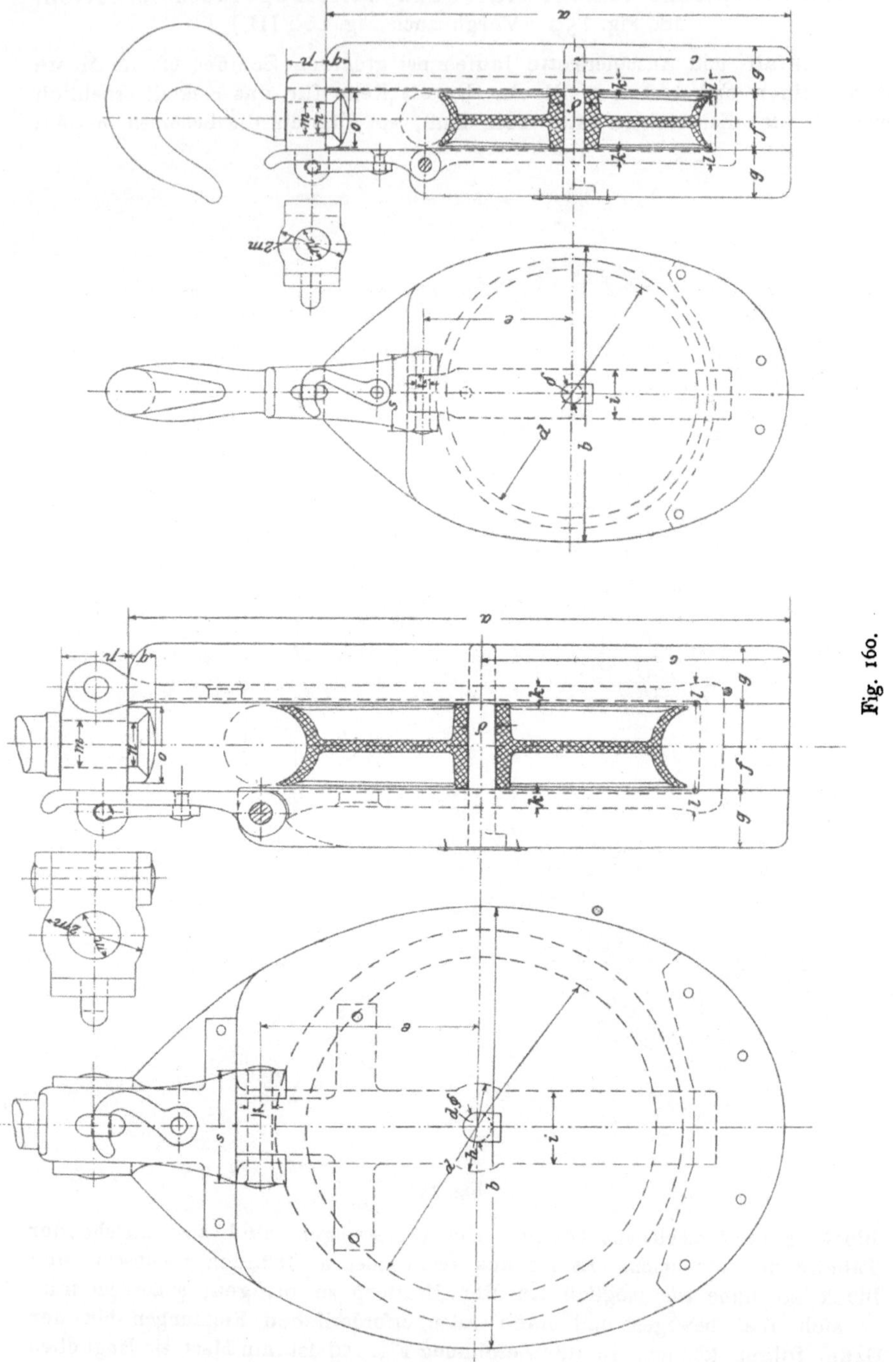

Fig. 160.

δ. Fußblöcke (Kinnbacksblöcke, Einlegeblöcke).
(S. Fig. 160 und 161.)

Die Fußblöcke sind stets einscheibig und dienen im allgemeinen dazu, der holenden Part des Läufers einer Talje oder einer Gien eine solche Richtung zu geben, daß dieselbe bequem von mehreren Personen angehalten werden kann. So sind streng genommen die in Fig. 167 dargestellten Blöcke für die Brassen nichts anderes als Fußblöcke. Im engeren Sinne versteht man aber unter Fußblock oder Kinnbacksblock einen Block, der so eingerichtet ist, daß die Bucht eines Taljenläufers oder einer Trosse an beliebiger Stelle über die Scheibe des Blocks gelegt werden kann und nicht, wie bei gewöhnlichen Blöcken, erst das Ende des Taus durch das Scheibegat ge-

I   II   III

Fig. 161.

steckt und die ganze Bucht hindurchgeholt zu werden braucht. Zu diesem Zwecke wird die eine Wange oder das obere Ende des Blocks offen konstruiert und mit einem Scharnier zum Aufklappen versehen. Es sind hier wieder hölzerne und eiserne Fußblöcke und solche für Verholtrossen und solche für Taljenläufer aus Hanf oder aus Stahldraht zu unterscheiden.

Häufig findet man, daß Fußblöcke, die für Hanftaue konstruiert sind, auch für Drahttaue benutzt werden. Es ist hiergegen nichts einzuwenden, wenn im letzteren Falle nur immer die Festigkeit des Blocks ausreichend groß ist. Da aber über eine für ein Hanftau berechnete Scheibe ein Stahldrahttau von der dreifachen Festigkeit des Hanftaues gelegt werden kann, so liegt die Gefahr nahe, daß gelegentlich ein zu starkes Drahttau für den Block benutzt wird und der letztere bricht. Es ist deshalb zu empfehlen, die für Stahldraht bestimmten Fußblöcke so einzurichten, daß sie für eine zu starke Trosse nicht gebraucht werden können, d. h. die Rille in der Scheibe dem Durchmesser der zugehörigen Stahltrosse anzupassen.

Hölzerne Fußblöcke für Läufer und Verholtrossen.

Bruch-belastung des Läufers oder der Trosse	Umfang		a	b	c	d Ø	Stahl δ Ø	e	f		g	h	i	k	l	m Ø	n Ø	o	p	q	r	s	Haken No.
	des Läufers (Want-schlag)	der Trosse (Kabel-schlag)							für Läufer	für Trossen													
Tonnen à 1000 kg	mm	mm	mm	mm	mm	mm	mm	mm	mm	mm	mm	mm	mm	mm	mm	mm	mm	mm	mm	mm	mm	mm	
3,20	82	101	300	195	142	155	17	96	31	39	28	—	36	7	12	21	17	31	21	13	10	50	3
3,77	87	108	320	210	150	165	18	102	33	41	30	—	38	7,5	13	23	19	34	23	14	10,5	52	4
4,50	96	121	350	230	165	180	19	110	37	46	32	—	40	8	14	25	21	38	26	15	11	54	5
5,24	102	127	375	245	177	195	21	120	39	49	34	—	42	8,5	15	27	23	42	28	16	11,5	57	6
6,03	112	140	400	265	190	210	22	130	43	54	36	—	44	9	16	28	24	44	29	17	12	60	6
6,88	118	146	430	290	202	225	24	140	45	56	38	—	46	9,5	17	30	25	46	30	18	13	63	7
8,12	127	159	460	310	216	240	25	150	49	61	40	50	40	10	18	31	27	49	32	19	14	67	8
9,08	138	171	500	335	235	260	27	160	53	65	42	52	42	10,5	18	33	29	52	34	21	15	70	9
10,15	147	178	535	360	250	280	28	174	56	68	43	55	44	11	18	34	29	53	35	21	16	73	9
11,22	157	184	570	380	270	300	29	187	60	70	44	59	46	11	19	36	30	55	36	22	17	76	10
12,37	167	197	600	405	288	320	31	198	64	75	45	63	48	12	19	37	32	58	38	23	18	80	11
13,60	178	203	645	430	306	340	33	210	68	78	46	67	50	12	19	38	34	61	40	24	19	85	12
15,30	192	215	685	460	325	360	35	223	73	82	47	71	52	12	20	41	36	65	42	25	19,5	90	13
16,70	202	222	722	480	340	380	37	236	77	85	48	75	54	13	20	43	38	68	44	26	20	95	—
18,22	210	228	760	510	360	400	39	248	80	87	49	80	56	13	20	44	39	71	46	27	21	100	—
19,77	221	241	800	530	380	420	42	260	85	92	50	85	58	13	21	46	40	74	48	28	22	105	—

In Fig. 160 sind zwei verschiedene hölzerne Fußblöcke dargestellt und die Abmessungen der einzelnen Teile in vorstehender Tabelle angegeben. Für Hanftrossen erhalten die größeren Fußblöcke gewöhnlich Scheiben aus Bronze, für Drahttauwerk solche aus Gußeisen. Für Drahttauwerk bleiben, mit Ausnahme von f, welches entsprechend zu verkleinern ist, alle Abmessungen wie in der Tabelle angegeben.

In Fig. 161 Skizze I ist ein eiserner Fußblock dargestellt.

ε. Eiserne Radblöcke.

Diese Blöcke dienen zum Löschen und Laden und werden gewöhnlich nur als einfache Wipp (Whip) — s. Spalte 1 der Tabelle über die Tragfähigkeit der Blöcke B. b — für kleine Lasten gebraucht. Skizze II ist für Hanf- und Drahttauwerk, Skizze III nur für Hanftauwerk eingerichtet. Diese Blöcke haben ihren Namen von der großen Scheibe, die wie ein Rad gestaltet ist, erhalten.

d. Vorrichtungen zum Bewegen und Befestigen der Raasegel.

1. Vorrichtungen zum Heifsen der Raaen.

Das auf Raaschiffen am stärksten beanspruchte laufende Gut ist dasjenige zum Heißen der oberen Mars- und Bramraaen. Da diese Vorrichtungen jeden Augenblick funktionieren müssen, werden dieselben selbst auf Schiffen, wo Dampfkraft vorhanden, doch gewöhnlich für Handbetrieb eingerichtet, um die Hilfsmaschinen nicht ununterbrochen unter Dampf haben zu müssen. Bei großen Schiffen hat man zum Heißen der genannten Raaen besonders konstruierte Windevorrichtungen, die schon stellenweise bei Schiffen von 2000 Registertons angetroffen werden, dagegen gibt es auch erheblich größere Schiffe, die ihre Raaen noch in der altgewohnten Weise mittels Mantel und Takel (s. Fig. 109) bewegen.

α. Windevorrichtungen zum Heißen der Raaen.

Allgemeine Anordnung. (S. Fig. 162 und 163.)

Bei Anwendung von Winden fällt der Mantel mit dem Takel fort, und das Drehreep wird, nachdem es unter Umständen als Taljenläufer über eine oder mehrere Scheiben geführt ist, direkt auf die Winde geleitet. In Fig. 162 sind in den Skizzen I bis IV die verschiedenartigen Leitungen des Drehreeps, welche darauf hinzielen, einen Läufer von geeignetem Umfange zu erhalten, dargestellt. Skizze I gibt eine Anordnung, wie sie für die schwersten Raaen ausgeführt wird, während bei II, III und IV die Last nur durch den einen Block auf der Raa für den Läufer ungefähr halbiert wird. Bei leichten Raaen führt man das Drehreep direkt — d. h. ohne Anwendung eines Blocks auf der Raa — zur Winde, s. Skizze V. Skizze IV stellt die am seltensten zur Ausführung gelangende Anordnung dar. Dieselbe hat den Vorteil, daß die Stenge nicht durch die Scheibe geschwächt wird, weil das Drehreep durch den seitlich an der Stenge angebrachten Block fährt, sie hat aber dagegen den Nachteil, daß das Reep nicht immer gut frei von der Stenge fährt und sich durch Schamfielen stark abnutzt. Skizze III kommt bei Bramstengen in Betracht. Bei den Anordnungen nach Skizze I und II muß die Bramsaling besonders verstärkt werden, weil zu dem Druck, den das Schloßeisen der Stenge ausübt, noch der Zug vom Drehreep hinzutritt.

Aus Fig. 163 ist ersichtlich, wie das Mars- und Bramdrehreep auf die
Winde geleitet wird. In dieser Zeichnung ist das Drehreep, soweit es über
Scheiben läuft, als Kette durch punktierte Linien dargestellt. Die Abmessungen dieser Kette sind im III. Teil, I. Abschn. C. c. angegeben. In
neuester Zeit pflegt man das ganze Drehreep aus Stahldraht herzustellen und
demselben die in nachstehender Tabelle angegebenen Abmessungen zu geben.

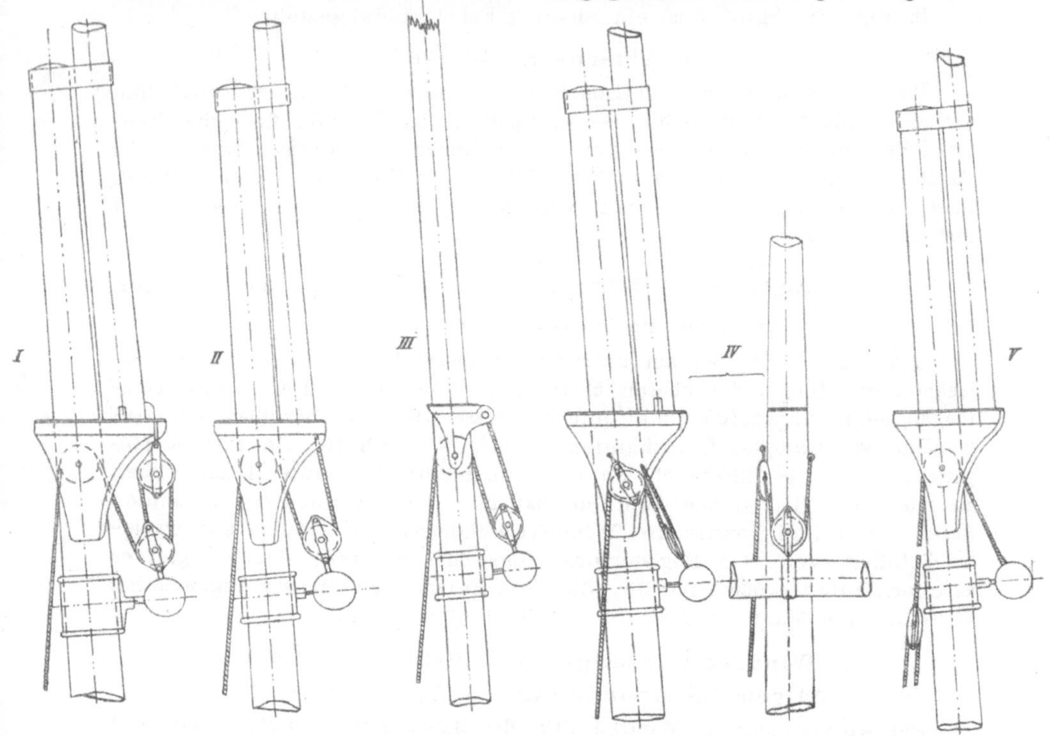

Fig. 162.

Umfang des Drehreeps aus Stahldraht für Winden zum Heben und Senken der Raaen.

Länge der Raaen	Wenn Drehreep geschoren		Wenn Drehreep direkt auf die Winde geführt.
	nach Skizze I	nach Skizze II—IV	
	Umfang	Umfang	Umfang
m	mm	mm	mm
14 und unter 15	—	—	54
15 „ „ 16	—	—	57
16 „ „ 17	—	—	60
17 „ „ 18	—	—	63
18 „ „ 19	—	57	66
19 „ „ 20	—	60	68
20 „ „ 21	—	63	70
21 „ „ 22	57	66	73
22 „ „ 23	60	68	—
23 „ „ 24	63	70	—
24 „ „ 25	66	73	—
25 „ „ 26	68	—	—
26 „ „ 27	70	—	—

Winden dazu.

(S. Fig. 164.)

Als Windevorrichtung kommen am häufigsten die Shaw and Hastie's Patent Halyard Winches (Hastie & Co. Ltd. Greenock) zur Anwendung. Diese Winden sind in Fig. 164 dargestellt, und zwar oben in der Zeichnung eine doppelte für Mars- und Bramfall eingerichtete und unten eine einfache, nur für das Marsfall dienende Winde. Mit einer solchen Winde sollen, nach Angabe der Erfinder, auf einem Schiffe von 2000 t 4 Mann das obere Marssegel in 5 Minuten setzen und ein Mann dasselbe in einer halben Minute niederlassen können. Die Winden sind so eingerichtet, daß mittels der Kurbeln nach Belieben durch ein einfaches oder doppeltes Vorgelege die betreffende Trommel bewegt wird. Jede Trommel ist konisch gestaltet, so daß die an der Kurbel auszuübende Kraft in der oberen und unteren Lage der Raa annähernd gleich groß bleibt. Eine sehr zweckmäßige Bremsvorrichtung verhindert das Herabfallen der Raa für den Fall, daß die Mannschaft durch überkommende Seen von der Winde weggeschwemmt wird.

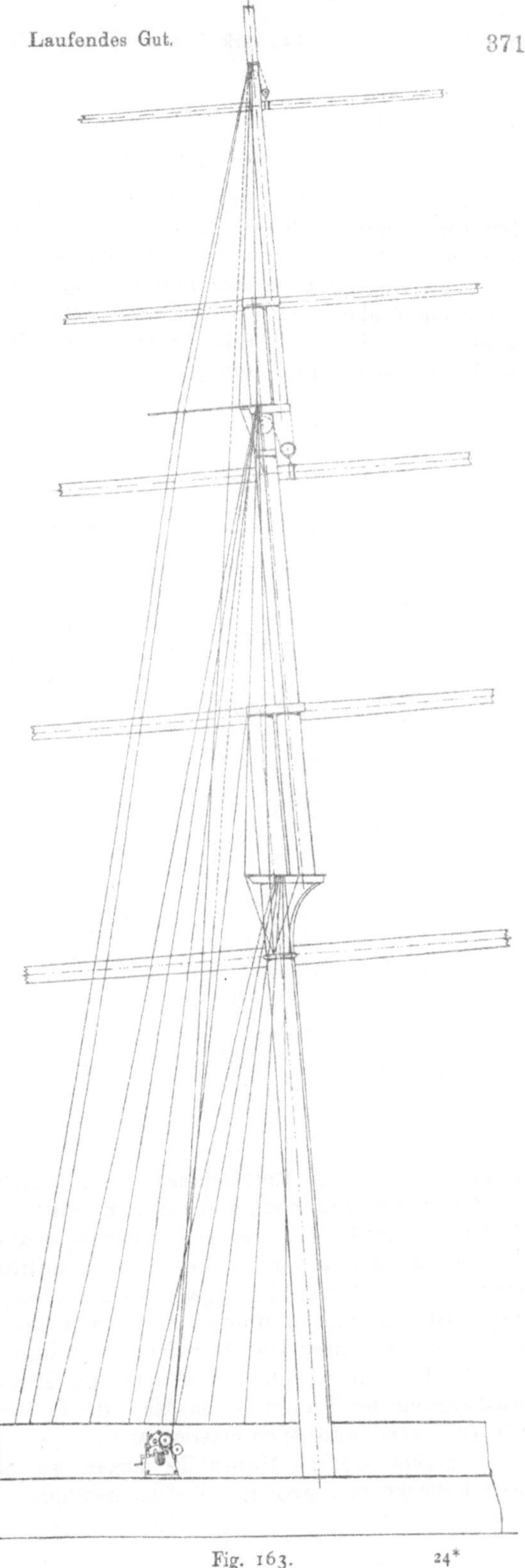

Fig. 163.

β. Gewöhnliche Vorrichtungen zum Heißen der Raaen (Drehreep mit Mantel und Takel).

In Fig. 109 ist die gewöhnliche Anordnung der Vorrichtung zum Heißen der verschiedenen Raaen dargestellt. In dieser Figur ist *a* das Marsdrehreep, *b* der Mantel dazu und *c* das Marsfall in Gestalt einer Talje. An der dem Fall entgegengesetzten Bordseite ist die Kette des Mantels gewöhnlich durch ein Drahttau ersetzt und heißt „Marsfallstander" Ferner ist in derselben Figur *d* das Bramdrehreep, *e* der Brammantel, der an der einen Bordseite den Bramfallstander, an der andern bei *f* das Bramfall hat. So-

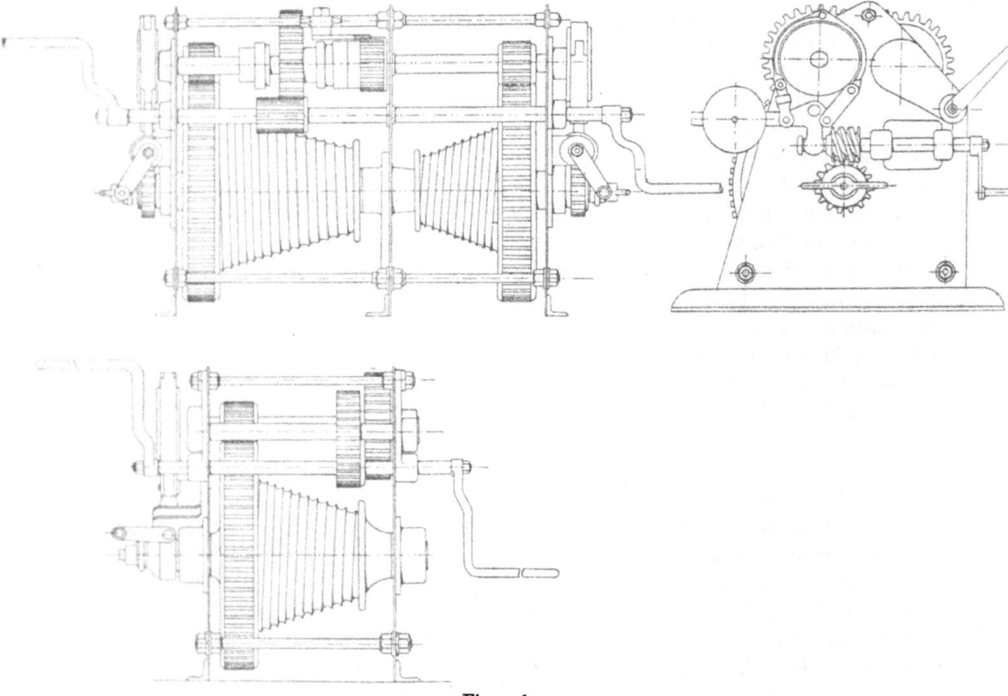

Fig. 164.

dann ist bei *g* das Roildrehreep, *h* der Mantel dazu, der links aus dem Roilfallstander und rechts aus dem Roilfall *i* besteht. Die Anordnung der Fallen an einem Mast ist gewöhnlich so, daß an der einen Bordseite das Marsfall, an der andern das Bram- und Roilfall fahren, und die zugehörigen Stander je an der entgegengesetzten Seite angebracht sind. Es bewegt sich dann jeder Block am unteren Ende eines jeden Drehreeps stets in gerader Linie vertikal hinter der betreffenden Stenge auf und nieder.

Im III. Teil, Abschnitt I sind bereits unter C, c, I, — Anordnung und Aufhängung der Raaen — in der Tabelle auf Seite 285 die Abmessungen für Drehreeps- und Mantelketten angegeben.

Um ein leichtes Heben der Raaen zu erzielen, werden hier in der Regel Blöcke mit großen Scheiben gewählt, s. B, c, 3 *a* vorletzte Tabelle.

Bei den Blöcken werden hier die Scheiben mit Patentbüchsen versehen und die Läufer oft aus dem sehr biegsamen Manilahanf hergestellt.

Läufer und Blöcke für die Mars-, Bram- und Roilfallen.

Länge der Raaen			Mantel-kette Ø	Umfang des Läufers Hanf	Länge der Blöcke a	Anzahl der Scheiben im oberen Block	im unteren Block
		m	mm	mm	mm		
	unter	9	—	51	185—200	1	1
9 und	„	10	—	54	200—215	2	1
10 „	„	11	8,5	54	215	2	1
11 „	„	12	9	57	215—240	2	1
12 „	„	13	10	60	240—255	2	1
13 „	„	14	11	64	255—270	2	1
13 „	„	14	11	60	255	2	2
14 „	„	15	12 .	64	270	2	2
15 „	„	16	13	70	290	2	2
16 „	„	17	14	76	290—315	2	2
17 „	„	18	14	82	315—335	2	2
17 „	„	18	14	76	315	3	2
18 „	„	19	15	82	335	3	2
19 „	„	20	16	82	335	3	2
20 „	„	21	16	87	360	3	2
20 „	„	21	16	82	335—360	3	3
21 „	„	22	17	87	360—385	3	3
22 „	„	23	18	92	385	3	3
23 „	„	24	19	96	415	3	3
24 „	„	25	19	102	430—450	3	3

2. Vorrichtungen zum Brassen der Raaen.

a. Windevorrichtungen zum Brassen der Raaen.

Allgemeine Anordnung. (S. Fig. 165.)

Die Anordnung besteht im allgemeinen darin, daß die sämtlichen drei unteren Raaen eines Mastes durch eine geeignete Windevorrichtung gleichzeitig angebraßt werden. Die Winden stehen in der Regel vor oder hinter demjenigen Mast, der dem Mast, dessen Raaen von den Winden gebraßt werden sollen, am nächsten steht, also für die Raaen des Fockmastes stehen die Winden beim Großmast, für die Raaen des Großmastes beim Kreuz- oder Besahnmast und für die Raaen des Kreuzmastes beim Großmast. Die Brassen werden in ähnlicher Weise angeordnet, wie bei der gewöhnlichen Vorrichtung zum Brassen, nur fahren bei den Unterraaen diejenigen Enden der Brassen, die auf die Winden geleitet werden, durch einen Block von der Reling hinauf zur Saling und von da durch einen zweiten Block vertikal abwärts zur Winde. Die Brassen bestehen aus Drahttauwerk, und es fährt bei allen Raaen die obere Part durch je einen am Mast befindlichen Block vertikal abwärts zur Winde. Die unteren Parten sind überall auf der Reling befestigt und tragen an ihren Enden kurze Klappläufer zum genauen Einstellen mit der Hand, falls die Winden an der einen oder andern Stelle eine „Lose" lassen sollten. S. Fig. 165. Beim Abmessen des Tau-

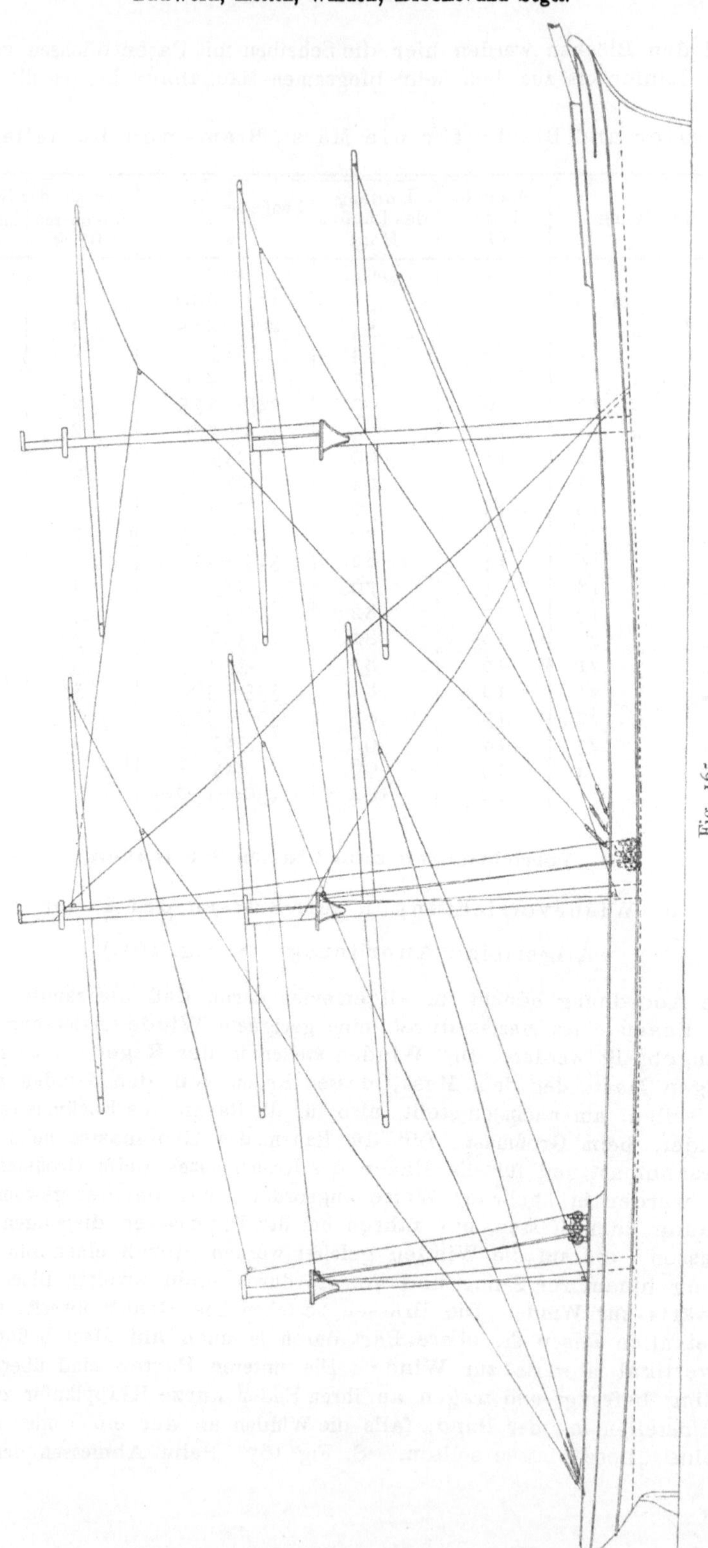

Fig. 165.

werks für die Brassen sollte die Fockraa auf 30°, die Untermarsraa auf 35° und die Obermarsraa auf 40° mit der Kiellinie angebraßt werden.

Winden dazu (Brassenwinden).

Hier kommen vorzugsweise Kapt. J. C. B. Jarvis' Patent-Brassenwinden (Vertreter und Fabrikant für Deutschland F. C. W. Wetzel, Hamburg) in Betracht. In Fig. 165 ist die Aufstellung der Winden vor dem Großmast und Besahnmast und in Fig. 166 eine Winde dargestellt, wie solche auf dem Fünfmast-Vollschiff „Preußen" zur Verwendung gekommen ist. Eine Brassenwinde ist so konstruiert, daß mit Hilfe zweier Kurbeln und einfachem oder doppeltem Vorgelege 3 Achsen betrieben werden können, welche je 2 aus 2 Scheiben und mehreren Stäben bestehende konische Trommeln tragen. Die Stäbe haben Höhlungen, in welche sich die einzelnen Windungen der Brassen legen. Um jede Trommel so justieren zu können, daß sich beim Brassen annähernd an der einen Bordseite ebensoviel Tauwerk aufwickelt, wie sich an der andern Seite abwickelt, sind die beiden Scheiben einer jeden Trommel auf der Achse verschiebbar, so daß sich durch eine passende Verschiebung einer oder beider Scheiben jede erwünschte Konizität erzielen läßt. Ist die beste Form der Trommel ausprobiert, dann werden die Scheiben festgekeilt und die einzelnen Stäbe in die Einschnitte der Scheiben gelegt und hier mittels Holzkeilen befestigt.

Als passende Abmessungen für die Stander, Brassen und Braßblöcke bei Brassenwinden können die in nachstehender Tabelle enthaltenen Angaben dienen.

Die Klappläufer bestehen gewöhnlich aus Manilatauwerk, und die Scheiben der Blöcke für die Klappläufer erhalten Patentbüchsen.

Im Nachstehenden sind die mit ihrem einen Ende an der Raa befestigten, an ihrem andern Ende den Braßblock tragenden Taue mit „Schenkel", und die durch diesen Braßblock fahrende, an einem Ende feststehende Part der Brasse mit „Stander" bezeichnet.

Brassen, Braßblöcke und Klappläufer für Unterraaen.

Länge der Unterraa	Stahldraht-Schenkel Umfang	Braßblock Länge a	Stahldraht-Brassen Umfang	Klappläufer aus Hanf Umfang	Klappläufer-blöcke Länge a
m	mm	mm	mm	mm	mm
22 und unter 23	68	335	47	64—68	270
23 „ „ 24	70	360	51	70	290
24 „ „ 25	70	360—385	51	70—73	290
25 „ „ 26	73	385	54	76	315
26 „ „ 27	76	385—415	54	76—82	315
27 „ „ 28	79	415	57	82	335
28 „ „ 29	82	415—430	57	84—87	335
29 „ „ 30	84	430	60	87	360
30 „ „ 31	86	430—450	63	87—92	360
31 „ „ 32	89	450	63	92	385

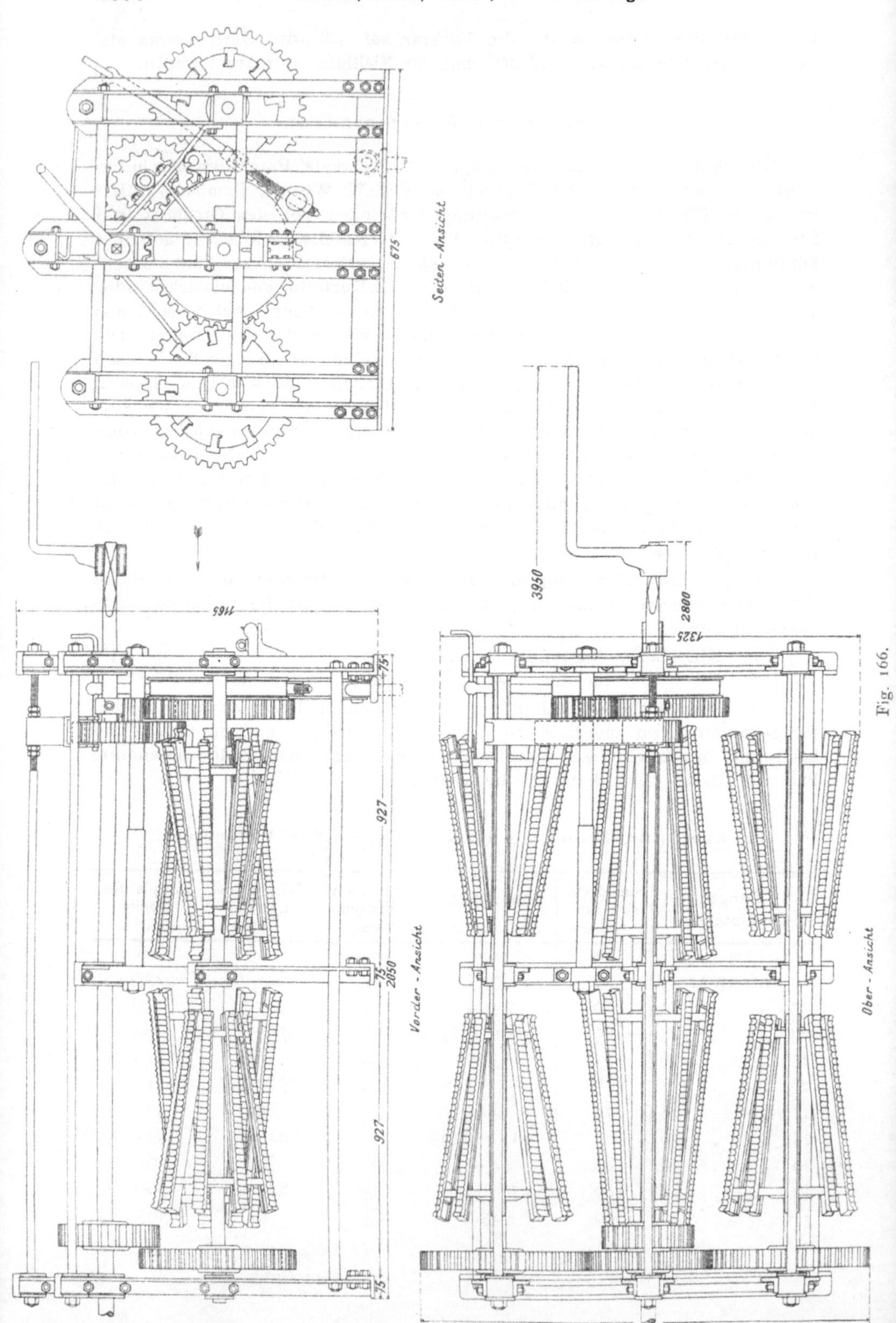
Seiten-Ansicht
Vorder-Ansicht
Ober-Ansicht
675
1165
927
927
75
75
2050
75
3950
2800
1325
1400
Fig. 166.

Brassen, Braßblöcke und Klappläufer für die Marsraaen.

$\frac{1}{2}$ Länge der unteren $+ \frac{1}{2}$ Länge der oberen Marsraa	Stahldraht-Schenkel Umfang	Braßblock Länge a	Stahldraht-Brassen Umfang	Klappläufer aus Hanf Umfang	Klappläufer-blöcke Länge a
m	mm	mm	mm	mm	mm
20 und unter 21	60	290	41	60—64	255
21 „ „ 22	63	315	44	64	255—270
22 „ „ 23	66	335	47	64—68	270
23 „ „ 24	68	360	51	70	290
24 „ „ 25	70	360—385	51	70—73	290
25 „ „ 26	73	385	54	76	315
26 „ „ 27	76	385—415	54	76—82	315
27 „ „ 28	79	415	57	82	335
28 „ „ 29	82	415—430	57	84—87	335

β. Gewöhnliche Anordnung zum Brassen der Raaen.

Die gewöhnliche Anordnung der Brassen ist in den verschiedenen Segelzeichnungen, s. II. Teil Abschn. 1 C, dargestellt. Es bestehen hier die Läufer häufig aus Manilatauwerk, und die Scheiben der Braßblöcke werden in der Regel mit Patentbüchsen versehen. Die folgenden Tabellen geben passende Abmessungen für die Stander, Brassenläufer und Braßblöcke.

Brassen und Braßblöcke für Unterraaen.

Länge der Unterraa	Drahttau-Schenkel Umfang	Dreifach holend	
		Braßblöcke Länge a	Läufer aus Hanf Umfang
m	mm	mm	mm
15 und unter 16	44	240	57
16 „ „ 17	47	255	60
17 „ „ 18	51	270	64
18 „ „ 19	54	290	68—70
19 „ „ 20	57	315	73—76
20 „ „ 21	60	315—335	76—80
21 „ „ 22	63	335—360	82
22 „ „ 23	66	360	84—87
23 „ „ 24	68	360—385	87
24 „ „ 25	70	385	92
25 „ „ 26	73	385	92—94
26 „ „ 27	76	385—415	96
27 „ „ 28	79	415—430	100
28 „ „ 29	82	430—450	105

Brassen, Brassenschenkel und Braßblöcke für Marsraaen.

¹/₂ Länge der unteren + ¹/₂ Länge der oberen Marsraa	Brassenschenkel		Standerdrahttau	Braßblock am Schenkel	Einfach holend		Doppelt holend	
	Kette Ø	Drahttau Umfang	drahttau Umfang	Länge	Braßblock Länge	Hanf-Läufer Umfang	Braßblock Länge	Hanf-Läufer Umfang
m	mm	mm	mm	mm	mm	mm	mm	mm
12 und unter 13	10	37	30	200	200	51	—	—
13 „ „ 14	11	39	32	215	215	54	—	—
14 „ „ 15	12	41	35	240	240	57	200	51
15 „ „ 16	12	44	37	255	255	60	215	51—54
16 „ „ 17	13	47	39	270	270	64	240	54—57
17 „ „ 18	14	51	41	290	290	70	255	57—60
18 „ „ 19	14	54	44	315	315	70—76	270	60—64
19 „ „ 20	15	57	47	335	—	—	290	64—70
20 „ „ 21	16	60	51	360	—	—	315	70—76
21 „ „ 22	16	63	54	385	—	—	335	76—82
22 „ „ 23	17	66	57	415	—	—	360	82—87
23 „ „ 24	18	68	60	430	—	—	385	87—92
24 „ „ 25	19	70	63	450	—	—	415	92—96
25 „ „ 26	19	73	66	450	—	—	430	96—100

Brassen und Braßblöcke für Bramraaen.

¹/₂ Länge der unteren + ¹/₂ Länge der oberen Bramraa [1])	Langer-Standerdrahttau Umfang	Klappläufer	
		Braßblöcke Länge a'	Hanfläufer Umfang
m	mm	mm	mm
9 und unter 10	32	170	51
10 „ „ 11	35	185	54
11 „ „ 12	37	200	54
12 „ „ 13	39	200	57
13 „ „ 14	41	215	57
14 „ „ 15	44	215	60
15 „ „ 16	47	240	64
16 „ „ 17	51	240	64
17 „ „ 18	54	255	68
18 „ „ 19	57	255	68
19 „ „ 20	60	270	70
20 „ „ 21	63	270	70
21 „ „ 22	66	290	73

Die Brassen der drei unteren Raaen fahren meistens auf der Reling oder am Braßbaum. Die drei holenden Parten werden bei größeren Schiffen in der Regel durch einen Fußblock nach vorne geleitet, wie dies in Fig. 167 in zwei verschiedenen Anordnungen durch Skizze I und II dargestellt ist. Die Blöcke liegen in Scharnieren, so daß sie sich um ihre Längsachse drehen und beim Loswerden der Brassen nicht herabfallen können. Dadurch würde leicht ein Bekneifen des Läufers eintreten. Zum Belegen der Brassen werden vor den Blöcken noch kleine Poller oder große Klampen, ähnlich wie in Skizze III dargestellt, angebracht.

[1]) Ist nur eine Bramraa vorhanden, so „Länge der Bramraa".

Brassen und Braßblöcke für Roil- und Skeisegelraaen.

Länge der Raa		Standerdrahttau Umfang	Braßblöcke Länge a	Hanfläufer Umfang
m		mm	mm	mm
7 und unter 8		28	150	48
8 ” ” 9		30	160	51
9 ” ” 10		32	170	51
10 ” ” 11		35	185	54
11 ” ” 12		37	200	54
12 ” ” 13		39	200	57
13 ” ” 14		41	215	57
14 ” ” 15		44	215	60
15 ” ” 16		47	240	64
16 ” ” 17		51	240	64

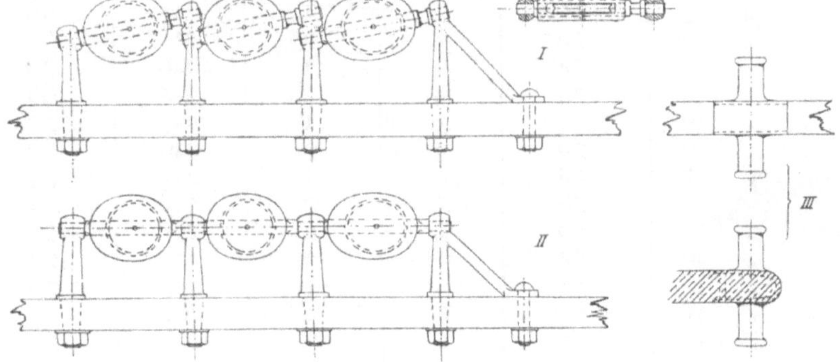

Fig. 167.

Statt der Lagerung der Blöcke in Scharnieren werden zur Aufnahme der betreffenden Blöcke auch wohl Stützen mit sogen. Hahnpoten auf der Reling angebracht. Diese Stützen sind mit einem Ansatz versehen, gegen welchen sich eine am Block befindliche Schulter legt und das Herabfallen des Blocks verhindert.

Bei kleineren Schiffen gibt man auch wohl dem unteren Braßblock zwei Scheiben, so daß die eine Scheibe den Fußblock ersetzt.

3. Vorrichtungen zum Feststellen und Bedienen der Raaen.

α. Die Toppnanten.

Die Toppnanten der oberen Mars- und Bramraaen, sowie die der Roil- und Skeisegelraaen sind an beiden Enden fest und hängen, wenn die Raaen geheißt sind, lose herab. Dieselben sind unter III. 1. C, c, 1. „Aufhängung der Raaen" bereits beschrieben. Die Toppnanten der Unterraaen dagegen gehören zu dem laufenden Gut und deshalb hierher. Die Toppnanten der Unterraaen bestehen gewöhnlich aus Drahttauwerk, fahren am Topp des Mastes durch einen Block mit Scheiben von kleinem Durchmesser oder durch ein Dodshoft und haben unten einen Klappläufer mit einem ein- und einem zweischeibigen oder, bei größeren Schiffen, mit zweischeibigen Blöcken. Der untere Block ist gewöhnlich dicht am Mast in einem Auge auf Deck befestigt. Die Abmessungen der Toppnanten und deren Klappläufer für Unterraaen gehen aus nachstehender Tabelle hervor.

Toppnanten für Unterraaen und deren Klappläufer.

| Länge der Unterraa | Toppnant aus Stahldraht Umfang | Klappläufer | | Länge der Blöcke a | Läufer aus Hanf Umfang |
		Anzahl der Scheiben im oberen Block	unteren Block		
m	mm			mm	mm
14 und unter 15	54	2	1	170	51
15 „ „ 16	56	2	1	170	54
16 „ „ 17	58	2	1	170	54
17 „ „ 18	60	2	1	185	57
18 „ „ 19	62	2	1	185	57
19 „ „ 20	64	2	1	185	60
20 „ „ 21	66	2	1	200	64
21 „ „ 22	68	2	1	200	64
22 „ „ 23	70	2	1	215	66
23 „ „ 24	72	2	1	215	68
24 „ „ 25	74	2	1	240	70
24 „ „ 25	74	2	2	215	68
25 „ „ 26	76	2	1	255	72
25 „ „ 26	76	2	2	240	70
26 „ „ 27	78	2	1	255	74
26 „ „ 27	78	2	2	255	72
27 „ „ 28	80	2	2	255	74
28 „ „ 29	82	2	2	270	74
29 „ „ 30	84	2	2	270	76
30 „ „ 31	86	2	2	290	76
31 „ „ 32	88	2	2	290	78
32 „ „ 33	90	2	2	290	78

β. Die Perden (Pferde).

Auf allen Raaen müssen starke Fußperden, sowie Handperden oder andere Handgriffe den Mannschaften ausreichend sicheren Halt bieten. Aus Drahttauwerk hergestellte Perden müssen bekleidet sein. Die Perden werden bei größeren Schiffen aus bestem Stahldraht von nachstehenden Abmessungen hergestellt:

Länge der Raa	Perden aus Stahldraht Umfang	Länge der Raa	Perden aus Stahldraht Umfang
m	mm	m	mm
10 und unter 11	42	22 und unter 23	60
11 „ „ 12	44	23 „ „ 24	62
12 „ „ 13	44	24 „ „ 25	64
13 „ „ 14	46	25 „ „ 26	64
14 „ „ 15	48	26 „ „ 27	66
15 „ „ 16	50	27 „ „ 28	68
16 „ „ 17	52	28 „ „ 29	70
17 „ „ 18	54	29 „ „ 30	70
18 „ „ 19	56	30 „ „ 31	72
19 „ „ 20	56	31 „ „ 32	72
20 „ „ 21	58	32 „ „ 33	75
21 „ „ 22	60		

Sämtliche Nock- und Springperden aus Stahldraht erhalten einen Umfang von 38 bis 40 mm.

4. Vorrichtungen zum Setzen und Festmachen der Raasegel.

a. Halsen und Schoten der Untersegel.

In Fig. 144 ist die Befestigung der Halsen und Schoten der Untersegel dargestellt. Die Abmessungen derselben gehen aus nachstehender Tabelle hervor.

Halsen und Schoten der Untersegel.

Länge der Unterraa	Halsen und Schoten		Länge der Unterraa	Halsen und Schoten	
	Kette Ø	Hanftau Umfang		Kette Ø	Hanftau Umfang
m	mm	mm	m	mm	mm
16 und unter 17	10	87	24 und unter 25	14	110
17 „ „ 18	11	90	25 „ „ 26	15	112
18 „ „ 19	11	93	26 „ „ 27	15	115
19 „ „ 20	12	96	27 „ „ 28	16	118
20 „ „ 21	12	100	28 „ „ 29	16	122
21 „ „ 22	13	103	29 „ „ 30	17	126
22 „ „ 23	13	106	30 „ „ 31	17	130
23 „ „ 24	14	108	31 „ „ 32	18	132

Winden zum Anholen der Schoten.

Zum Anholen der Schoten für die Untersegel kommen auf großen Schiffen sogen. Relingwinden zur Anwendung (s. Fig. 168). Wenn eine Schote angeholt ist, wird dieselbe in dem Scheibegat der Reling bekniffen, dann vom Spillkopf abgenommen und um einen Poller oder um eine Klampe belegt.

β. Schoten für die Mars-, Bram- und Roilsegel.

Die beiden Untermarsschoten fahren in der Regel durch zwei dicht vor dem Mast befindliche Augen im Deck oder durch solche am Mast dicht über Deck und werden an zwei am Mast befestigten schweren Klampen belegt. Die Obermarsschoten sind bei kleinen Schiffen oft gar nicht vorhanden, sondern es werden hier die Brillenlegel direkt an der Raa festgemacht. Die Bram- und Roilschoten fahren nicht an Deck, sondern erhalten Klappläufer unter der Raa oder auf der Saling. Bei den Untermarsraaen fahren oft die Obermarsschoten mit dem Geitau und bei den Oberbramraaen die Dumper und Roilschoten durch ein und denselben Block, der dann eine hölzerne und eine eiserne Scheibe erhält.

Bei älteren Schiffen bestehen die Schoten der Raasegel ihrer ganzen Länge nach aus Ketten, bei neueren Schiffen findet man oft nur an den Stellen ein kurzes Stück Kette, wo die Schoten bei gesetztem Segel in den Scheiben liegen, im übrigen aber Stahldraht. Die Abmessungen der Schoten für die Raasegel sind bezogen auf die Länge derjenigen Raa, unter welcher die Schoten entlang laufen, und gehen aus nachstehender Tabelle hervor.

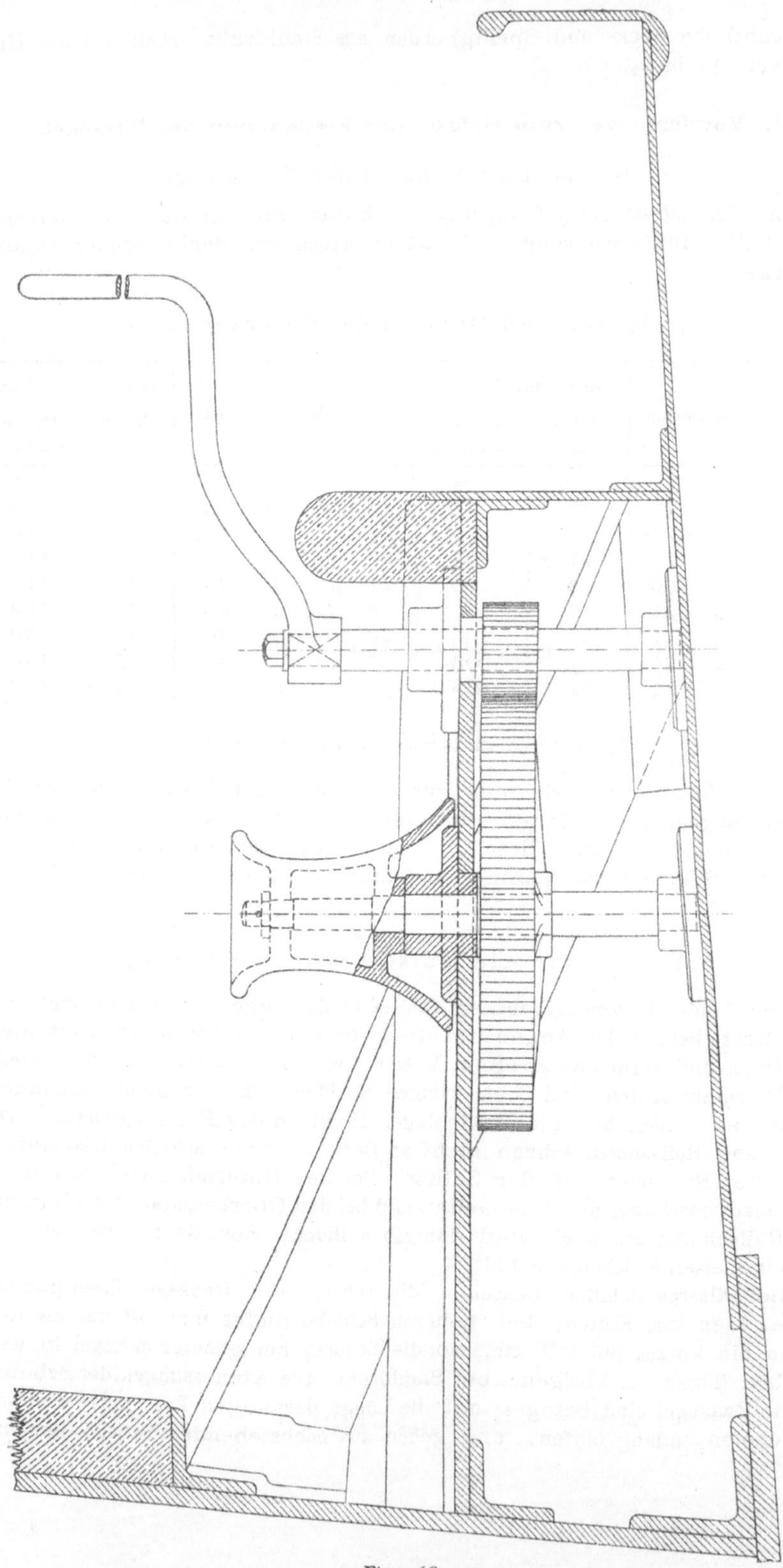

Fig. 168.

Abmessungen der Mars-, Bram- und Roilschoten.

Länge der Raa	Schoten		Länge der Raa	Schoten	
	Kette Ø	Stahldraht Umfang		Kette Ø	Stahldraht Umfang
m	mm	mm	m	mm	mm
13 und unter 14	10	32	23 und unter 24	16	47
14 „ „ 15	10	32	24 „ „ 25	17	51
15 „ „ 16	11	35	25 „ „ 26	17	51
16 „ „ 17	12	37	26 „ „ 27	18	54
17 „ „ 18	12	37	27 „ „ 28	18	54
18 „ „ 19	13	39	28 „ „ 29	19	57
19 „ „ 20	14	41	29 „ „ 30	20	60
20 „ „ 21	14	41	30 „ „ 31	20	60
21 „ „ 22	15	44	31 „ „ 32	21	63
22 „ „ 23	16	47			

γ. Gordings, Geitaue und Refftaljen.

In Fig. 109 ist die früher allgemein übliche Anordnung der Geitaue, Refftaljen und der Bauch- und Nockgordings dargestellt. Hierbei werden die einzelnen Raasegel derartig auf der Raa „festgemacht", daß die Brillenlegel nach der Mitte der Raa hin zu liegen kommen, und der Bauch des Segels in der Mitte der Raa liegt. In neuerer Zeit werden die Raasegel dagegen in der Weise festgemacht, daß sich das betreffende Segel gleichmäßig auf die ganze Länge der Raa verteilt, und die Brillenlegel außen an den Nocken zu liegen kommen. Diese Anordnung geht aus der Skizze Fig. 172 hervor.

Werden die Gordings aus Manilatauwerk gefertigt, dann kommen folgende Abmessungen in Betracht:

Länge der Raa	Gordings aus Manila Umfang	Länge der Raa	Gordings aus Manila Umfang
m	mm	m	mm
12 und unter 13	54	22 und unter 23	70
13 „ „ 14	56	23 „ „ 24	72
14 „ „ 15	58	24 „ „ 25	74
15 „ „ 16	58	25 „ „ 26	74
16 „ „ 17	60	26 „ „ 27	76
17 „ „ 18	62	27 „ „ 28	78
18 „ „ 19	64	28 „ „ 29	78
19 „ „ 20	66	29 „ „ 30	80
20 „ „ 21	68	30 „ „ 31	80
21 „ „ 22	70		

Für größere Schiffe werden die Gordings, Geitaue und Refftaljen gewöhnlich aus Drahttauwerk mit Klappläufern hergestellt. Die letzteren werden dann für die Untersegel und Untermarssegel dreifach (dritter Hand) geschoren und erhalten diese Teile dann annähernd die in nachstehender Tabelle angegebenen Abmessungen.

Länge der Raa	Draht-tauwerk Umfang	Klapp-läufer aus Hanf Umfang	Länge der Raa	Draht-tauwerk Umfang	Klapp-läufer aus Hanf Umfang
m	mm	mm	m	mm	mm
15 und unter 16	38	52	24 und unter 25	52	66
16 „ „ 17	38	54	25 „ „ 26	54	68
17 „ „ 18	40	56	26 „ „ 27	56	70
18 „ „ 19	42	58	27 „ „ 28	58	70
19 „ „ 20	44	58	28 „ „ 29	60	72
20 „ „ 21	44	60	29 „ „ 30	62	74
21 „ „ 22	46	62	30 „ „ 31	64	74
22 „ „ 23	48	62	31 „ „ 32	64	76
23 „ „ 24	50	64			

Im übrigen muß hier auf das am Schluß dieses Kapitels beigefügte Verzeichnis der Blöcke und des laufenden Tauwerks des Fünfmasters „Preußen" verwiesen werden.

e. Vorrichtungen zum Bewegen und Befestigen der Gaffel- und Gaffeltoppsegel.

1. Laufendes Gut am Baum.

Die Baumdirken (Kranleinen) fahren bei großen Segelschiffen mit doppelten oder einfachen Gaffeln oft vom äußersten Ende des Baumes nach den Nocken der Gaffeln und von dort als Piekfall nach dem Mast (s. Fig. 140).

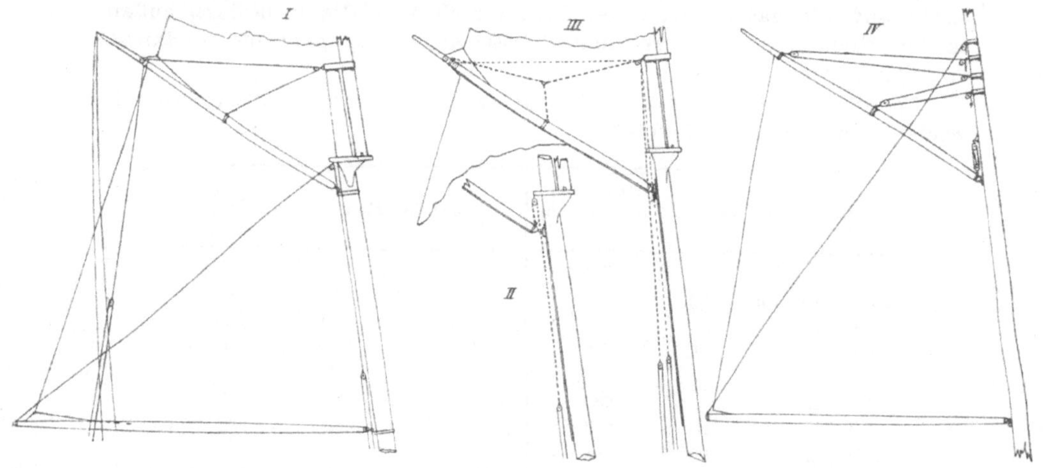

Fig. 169.

Gewöhnlich fahren aber die Baumdirken, die bei größeren Schiffen doppelt sind, so daß das Segel zwischen den beiden Dirken liegt, direkt nach der Saling (s. Fig. 169 I). Bei kleineren Schiffen und einfacher Dirk fährt diese oft über dem obersten Piekfallblock am Topp des Mastes (s. Fig. 169 IV). Bei Schonern fährt die Dirk des Schonersegels nach der Saling des Groß-mastes hinauf. Die Dirk ist dann einfach und hat oben einen Klappläufer (s. Fig. 50).

Die Dirken der größeren Schiffe bestehen in der Regel aus Stahldraht, der durch einen verhältnismäßig kleinen Block mit eiserner Scheibe läuft und unten einen Klappläufer trägt (s. Fig. 169 I). Die Abmessungen des laufenden Gutes und der Blöcke sind in nachstehender Tabelle für solche Segel angegeben, deren Vorderliek nicht wesentlich länger ist als die Gaffel. Für hohe Segel ist das laufende Gut des Baumes entsprechend zu verstärken.

Die Schoten erhalten in der Regel doppelte Taljen. Die Ausholer bestehen meistens aus Stahldraht und haben am inneren Ende eine kleine Talje. Am Mast ist eine kleine Halstalje.

Tabelle über Baumdirken und Schoten.

Länge des Baumes	Baumdirken					Schoten			Schmierreeps- u. Bullentaljen		
	Block für Dirken 1 Scheibe	Dirken doppelt aus Stahl Umfang	Klappläufer			Block- länge a	Anzahl der Scheiben	Hanf- läufer Um- fang	Block- länge a	Anzahl der Scheiben	Hanf- läufer Um- fang
			Block- länge a	Anzahl der Schei- ben	Hanf- läufer Um- fang						
m	mm	mm	mm		mm	mm		mm	mm		mm
9 und unter 10	185	47	170	1 u. 2	51	200	1 u. 2	57	160	1 u 1	46
10 „ „ 11	200	51	185	1 „ 2	54	215	1 „ 2	60	170	1 „ 1	48
11 „ „ 12	215	54	200	1 „ 2	57	215	1 „ 2	64	185	1 „ 1	50
12 „ „ 13	240	57	200	1 „ 2	60	240	1 „ 2	67	200	1 „ 1	54
13 „ „ 14	240	60	215	1 „ 2	64	240	2 „ 2	67	200	2 „ 1	54
14 „ „ 15	255	63	215	2 „ 2	64	255	2 „ 2	70	215	2 „ 1	57
15 „ „ 16	255	66	240	2 „ 2	70	270	2 „ 2	76	215	2 „ 1	60
16 „ „ 17	270	68	255	2 „ 2	76	270	2 „ 3	76	240	2 „ 1	66
17 „ „ 18	290	70	270	2 „ 2	82	290	2 „ 3	82	240	2 „ 2	70
18 „ „ 19	290	73	290	2 „ 2	87	315	2 „ 3	87	255	2 „ 2	74
19 „ „ 20	315	76	315	2 „ 2	96	335	2 „ 3	96	255	2 „ 2	76

2. Laufendes Gut an der Gaffel.

S. Fig. 169, 170 und 171. Bei feststehender Gaffel fällt Piek- und Klaufall weg, und für ersteres ist entweder ein einfacher oder ein doppelter Stander (s. Fig. 140 und 169 I), für letzteres ein Scharnier im Pütting- oder Rackband oder am Mast vorhanden. Bei beweglichen Gaffeln kommen sehr verschiedenartige Anordnungen des Klau- und Piekfalls vor. Bei größeren Schiffen und Dampfern ist die in Fig. 169 II und III dargestellte Anordnung mittels Ketten oder Drahttau und Klappläufer die gebräuchlichste. Beim Piekfall wird gewöhnlich ein sogen. Hahnpoot, d. h. ein kurzes Kettenende, welches an der Nock und in der Mitte der Gaffel festgemacht ist und woran das Piekfall angreift, angebracht. Hierdurch wird erreicht, daß die Gaffel auch in der Mitte von dem Piekfall gehalten wird und nicht zu stark auf Durchbiegung beansprucht wird. Ketten und Klappläufer für das Piekfall werden etwas stärker gewählt als für das Klaufall. Neben dem Piekfall läuft durch denselben Block am Mast die Kette oder das Drahttau für den Gaffelsegelausholer (s. Fig. 169 III und 159).

Aus nachstehender Tabelle gehen die Abmessungen für Klau- und Piekfall, sowie für die Gaffelsegel-Aus- und Ein-(Nieder)holer hervor.

½ Länge der Gaffel + ½ Länge des Vorderlieks vom Gaffelsegel	Klaufall				Piekfall				Gaffelsegel-Ausholer				Gaffelsegel-Einholer	
	Kette Ø	Klappläufer			Kette Ø	Klappläufer			Kette Ø	Klappläufer				
		Länge der Blöcke a	Anzahl der Scheiben	Hanfläufer Umfang		Länge der Blöcke a	Anzahl der Scheiben	Hanfläufer Umfang		Länge der Blöcke a	Anzahl der Scheiben	Hanfläufer Umfang	Blocklänge	Hanfläufer Umfang
m	mm	mm		mm	mm	mm		mm	mm	mm		mm	mm	mm
8,0 und unter 8,5	10	200	2 u. 1	64	11	200	2 u. 1	64	8	160	1 u. 1	48	160	46
8,5 „ „ 9,0	11	215	2 „ 1	70	12	215	2 „ 1	70	9	170	1 „ 1	51	170	48
9,0 „ „ 9,5	12	240	2 „ 1	74	13	240	2 „ 1	76	10	185	1 „ 1	54	185	51
9,5 „ „ 10,0	13	255	2 „ 1	76	14	255	2 „ 2	76	11	200	1 „ 1	56	200	51
10,0 „ „ 10,5	15	270	2 „ 1	78	16	270	2 „ 2	78	12	215	1 „ 1	58	235	54
10,5 „ „ 11,0	16	290	2 „ 2	78	17	290	2 „ 2	80	13	240	1 „ 1	60	240	56
11,0 „ „ 11,5	17	290	2 „ 2	80	19	300	2 „ 2	82	13	255	1 „ 1	62	255	58
11,5 „ „ 12,0	18	315	2 „ 2	82	20	315	2 „ 2	84	14	270	1 „ 1	64	270	60
12,0 „ „ 12,5	19	335	2 „ 2	84	21	335	2 „ 2	86	14	290	1 „ 1	66	290	60

Die Gaffelgerden haben in der Regel für jede Bordseite einen Stander aus Drahttau, in welchem der obere Block sich befindet. Die Abmessungen der Gerden und Geitaue gehen aus nachstehender Tabelle hervor:

½ Länge der Gaffel + ½ Länge des Vorderlieks vom Gaffelsegel	Gerden				Geitaue	
	Stander a. Stahldraht Umfang	Blocklänge a	Anzahl der Scheiben	Hanfläufer Umfang	Blocklänge	Hanfläufer Umfang
mm	mm	mm		mm	mm	mm
8,0 und unter 8,5	40	150	1 und 1	48	150	48
8,5 „ „ 9,0	46	170	1 „ 1	51	170	51
9,0 „ „ 9,5	48	170	1 „ 1	54	170	54
9,5 „ „ 10,0	50	185	2 „ 1	54	185	54
10,0 „ „ 10,5	52	185	2 „ 1	57	185	57
10,5 „ „ 11,0	54	200	2 „ 1	60	200	60
11,0 „ „ 11,5	56	215	2 „ 1	62	215	62
11,5 „ „ 12,0	58	215	2 „ 1	64	230	64
12,0 „ „ 12,5	60	230	2 „ 1	66	230	66

In Fig. 169 IV ist die bei kleineren Schiffen übliche Anordnung des Klau- und Piekfalls dargestellt. Die Klaue der Gaffel hat ihr Fall in Gestalt einer zwei-, drei- oder vierfach geschornen Talje, die unter der Saling am Mast hängt. Das Piekfall besteht aus einer Talje mit 5 bis 6 Blöcken, deren Läufer an beiden Enden gezogen wird. Dies ist dasselbe Prinzip der Talje, welches in diesem Abschnitt B. b in der „Tabelle über die Tragfähigkeit der Taljen" in Spalte 13 und 14 angegeben ist. Es hängen gewöhnlich in beiden Fällen 3 Blöcke am Mast, von denen der unterste und oberste für die beiden nach Deck laufenden holenden Parten des Läufers dienen. Bei Anwendung von 5 Blöcken sind alle Blöcke einscheibig, und 2 Blöcke sitzen auf der Gaffel, wie in Fig. 169 IV und 170 angegeben. Bei größeren Gaffeln, etwa von 8 m aufwärts, kommen oft schon 6 Blöcke zur Anwendung, von denen 3 auf der Gaffel und 3 am Mast sich befinden. Der mittelste Block am Mast ist dann zweischeibig, und die holenden Parten fahren auch hier durch den obersten und untersten Block am Mast hinunter. Bei gleichmäßigem Anholen der Läuferenden steht bei 5 Blöcken die Scheibe im mittelsten Block am Mast still, so daß oben und unten eine doppelt geschorne Talje entsteht. Bei 6 Blöcken dagegen steht die Scheibe des mittleren Blockes auf der Gaffel still, und es entsteht oben und unten je eine dreifach geschorne Talje.

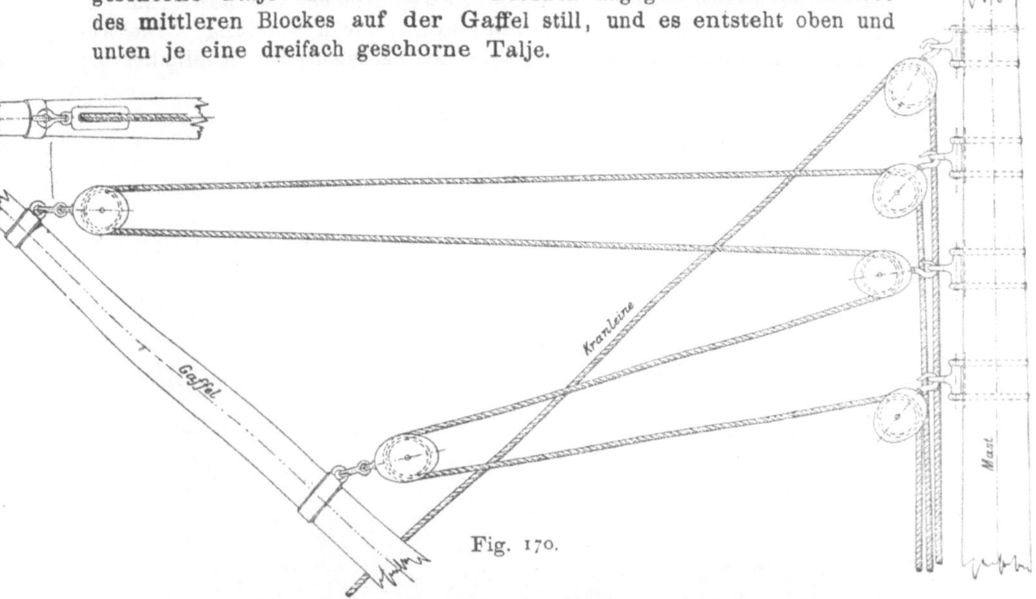

Fig. 170.

Bei kleineren Schiffen, wo das Gaffelsegel in der Regel nicht, wie bei großen, am Mast, sondern auf dem Baum festgemacht wird und die Gaffel beim jedesmaligen Festmachen ganz bis auf den Baum hinabgefiert werden muß, ist besondere Sorgfalt darauf zu legen, daß die Blöcke für das Piekfall frei vom Mast hängen und der Läufer sich nicht zwischen Block und Mast bekneifen kann, wie dies in Fig. 171 I bis V angegeben ist. Die Skizze I ist für größere, die übrigen für kleine Gaffelsegel zu empfehlen. Skizze III stellt eine bewegliche, kranartige Anordnung dar, wie sie bei kleineren Schiffen gebräuchlich. In Fig. 170 ist die bei Tjalken und Kuffen übliche Aufhängung der Piekfall- und Kranlein- (Dirk) Blöcke mit drehbaren Augen dargestellt.

3. Laufendes Gut für das Gaffeltoppsegel.

Kleine Gaffeltoppsegel werden von Deck aus gesetzt, größere dagegen bleiben oben, erhalten Legel (Mastbänder) an der Stenge und werden am Masttopp festgemacht. Es kommt auch vor, daß die Gaffeltoppsegel gar nicht niedergelassen, sondern mittels Geitaue an die Stenge geholt und dort festgemacht werden.

Die ersteren, von Deck aus zu setzenden Gaffeltoppsegel haben in der Regel ein einfaches Fall, welches entweder durch einen kleinen Block oder über eine in der Stenge befindliche Scheibe fährt. Bei diesen erhalten Fall, Schoten und Hals etwa folgende Abmessungen:

Fläche des Gaffel-toppsegels	Umfang für Fall, Schoten u. Hals	Fläche des Gaffel-toppsegels	Umfang für Fall, Schoten u. Hals
qm	mm	qm	mm
15 und unter 20	48	30 und unter 40	57
20 „ „ 25	51	40 „ „ 50	60
25 „ „ 30	54	50 „ „ 60	70

25*

Bei größeren Gaffeltoppsegeln kommt gewöhnlich ein aus Stahldraht bestehendes Fall mit Klappläufer (Fallklappläufer) zur Anwendung. Die Abmessungen der einzelnen Zubehörteile gehen aus nachstehender Tabelle hervor:

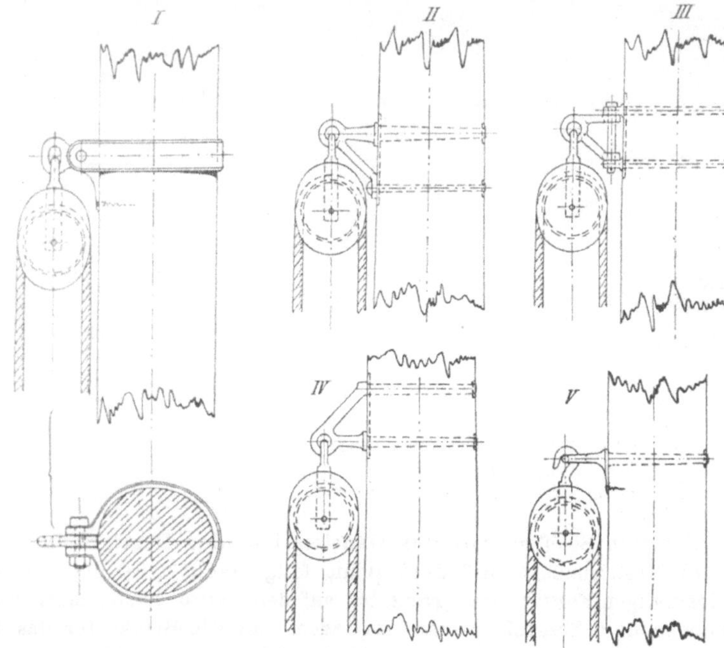

Fig. 171.

Fläche des Gaffeltoppsegels	Drahttaufall Umfang	Hanfklappläufer Umfang	Blöcke für Fall und Ausholer Länge	Block für Niederholer Länge
qm	mm	mm	mm	mm
40 und unter 50	37	60	185	160
50 „ „ 60	39	64	200	170
60 „ „ 70	41	70	215	185
70 „ „ 80	44	76	240	200
80 „ „ 90	46	80	255	215

f. Vorrichtungen zum Bewegen und Befestigen der Stagsegel.

Die Anordnung der Fallen und Schoten der Stagsegel ist nicht allein bei den verschiedenen Schiffstypen, sondern auch oft bei Schiffen eines und desselben Typs verschieden. Bei einigen Stagsegeln ist ein einfaches Fall, welches über eine in der Stenge oder dem Mast befindliche Scheibe läuft, vorhanden, während bei anderen ein einscheibiger Block am Mast vorgesehen ist. Bei größeren Segeln kommt auch ein Block am Segel und unter Umständen ein zweischeibiger Block am Mast zur Anwendung. Bei großen Schiffen ist gewöhnlich ein Fall aus Stahldraht, welches durch einen Block am Mast fährt und unten in einen Klappläufer endet, vorhanden. Ist unter dem Stagsegel kein Stag, so sitzen die Schotenblöcke beide am Segel, andernfalls haben sie noch einen Schenkel aus Drahttau, damit der Block nicht das unter dem Segel befindliche Stag zu passieren braucht. Aus nachstehender Tabelle gehen die üblichen Abmessungen der Fallen, Schoten und Niederholer, sowie der zugehörigen Blöcke hervor.

Areal des Stagsegels	Fall						Schot			Niederholer	
	mit Klappläufer			ohne Klappläufer							
	Falldrahttau Umfang	Leitblock Länge a	Klappläuferblock Länge a	Fallblock Länge a	Anzahl der Scheiben	Läufer aus Hanf Umfang	Blocklänge a	Anzahl der Scheiben	Läufer aus Hanf Umfang	Blocklänge a	Läufer aus Hanf Umfang
qm	mm	mm	mm	mm		mm	mm		mm	mm	mm
Sturmsegel.											
40 und unter 50	56	315	290	290	2 u. 1	72	270	2 u. 2	76	200	62
50 „ „ 60	58	335	315	315	2 „ 1	74	270	2 „ 2	76	200	64
60 „ „ 70	60	360	335	335	2 „ 1	76	290	2 „ 2	78	200	64
Vor- und Großstengestagsegel, Stagfock bei Schonern, Binnen- und Mittelklüver.											
20 und unter 30	—	—	—	200	1 u. 1	57	170	1	60	150	57
30 „ „ 40	—	—	—	215	1 „ 1	60	200	1	64	160	57
40 „ „ 50	—	—	—	215	1 „ 1	62	215	1 u. 1	66	170	60
50 „ „ 60	48	240	240	240	1 „ 1	64	240	1 „ 1	68	185	60
60 „ „ 70	50	255	240	240	2 „ 1	66	255	1 „ 1	70	185	62
70 „ „ 80	52	270	255	255	2 „ 1	68	255	2 „ 1	72	200	62
80 „ „ 90	54	270	255	255	2 „ 1	70	270	2 „ 1	74	200	64
90 „ „ 100	56	270	255	255	2 „ 1	70	270	2 „ 1	76	200	64
100 „ „ 110	58	290	270	270	2 „ 1	72	270	2 „ 1	78	200	64
Vor- und Großbramstagsegel, Kreuzstengestagsegel, Besahnstagsegel und Außenklüver.											
30 und unter 40	—	—	—	185	1 u. 1	57	—	einfach	57	150	57
40 „ „ 50	—	—	—	200	1 „ 1	60	185	1	60	160	57
50 „ „ 60	—	—	—	215	1 „ 1	60	200	1	64	170	60
60 „ „ 70	46	240	240	240	1 „ 1	62	215	1 u. 1	66	170	60
70 „ „ 80	48	240	240	240	1 „ 1	64	240	1 „ 1	68	185	60
80 „ „ 90	50	255	240	240	1 „ 1	64	240	2 „ 1	70	185	62
90 „ „ 100	52	270	255	255	1 „ 1	66	255	2 „ 1	72	200	62
Vor- und Großroilstagsegel und Kreuzbramstagsegel.											
20 und unter 30	—	—	—	160	1 u. 1	57	—	einfach	57	140	51
30 „ „ 40	—	—	—	170	1 „ 1	57	170	1	57	150	51
40 „ „ 50	—	—	—	185	1 „ 1	57	185	1	57	160	53
50 „ „ 60	—	—	—	200	1 „ 1	57	200	1	60	170	55
60 „ „ 70	40	200	200	200	1 „ 1	60	200	1 u. 1	60	170	55
70 „ „ 80	42	215	215	215	1 „ 1	60	215	1 „ 1	62	170	57
80 „ „ 90	44	215	215	215	1 „ 1	60	215	1 „ 1	64	185	60
Vor- und Großskeistagsegel, Kreuzroilstagsegel, Besahnstengestagsegel und Besahnflieger.											
20 und unter 30	—	—	—	150	1 u. 1	—	—	einfach	57	140	51
30 „ „ 40	—	—	—	160	1 „ 1	—	—	1	57	140	51
40 „ „ 50	—	—	—	170	1 „ 1	—	170	1	57	150	53
50 „ „ 60	—	—	—	185	1 „ 1	—	185	1	60	160	55
60 „ „ 70	40	200	200	200	1 „ 1	57	200	1	60	170	57
70 „ „ 80	42	215	215	215	1 „ 1	60	215	1	62	170	57

Gewöhnlich werden so feine Abstufungen, wie in vorstehender Tabelle angegeben, nicht ausgeführt, sondern es wird alles dünne Tauwerk von einem Umfange gleich 60 mm genommen.

g. Verzeichnis der Blöcke und des laufenden Gutes vom Fünfmast-vollschiff „Preufsen“.

Es ist dieses Schiff gewählt worden, weil hier nicht allein alle Arten von Segeln — ausgenommen Gaffeltoppsegel — sondern auch Raaen in den verschiedensten Längen — von 30,5 m bis 11,2 m vorkommen.

Die Mars- und Bramdrehreeps (Fallen) fahren auf Hastie's Patentwinden und haben eiserne Blöcke, alle übrigen Blöcke sind aus Holz und haben, sofern Hanfläufer in Frage kommen, Scheiben aus Pockholz, von denen die wichtigsten mit Patentbüchsen versehen sind. Bei Drahttauläufern bestehen die Scheiben aus Metall (in der Regel Eisen), von denen wiederum die wichtigsten selbsttätige Schmiervorrichtungen haben.

Die Brassen der drei unteren Raaen sämtlicher Masten fahren auf Jarvis' Patentbrassenwinden.

Der vorletzte Mast (Hauptmast) ist hier Laeiszmast genannt.

Mit Hilfe des nachstehenden Verzeichnisses und der in diesem Abschnitt enthaltenen Angaben lassen sich leicht die Blöcke und das laufende Gut für jedes kleinere Raaschiff bestimmen.

Fünfmast-Vollschiff „Preußen“.

Verzeichnis der Blöcke und des laufenden Tauwerks.

Anzahl	Blöcke			Laufendes Gut		Verwendung
	Länge	Scheiben				
		Anzahl	Art	Art	Umfang	
	mm				mm	
				Vorbramstagsegel.		
1	230	1	Metall	Stahl	44	Fall
1	203	1	Pockholz	Hanf	63	Fall-Klappläufer
1	177	1	„	„	57	Niederholer
2	230	1	„	„	63	Schoten
2	Leit-klotjes		„	„	57	Niederholer
				Außenklüver.		
1	255	1	Metall	Stahl	44	Fall
1	255	1	Pockholz	„	44	Fall-Leitblock
1	230	1	„	Hanf	70	Fall-Klappläufer
1	203	1	„	„	57	Niederholer
2	255	1	„	„	76	Schoten
2	Leit-klotjes		„	„	57	Niederholer
				Binnenklüver.		
1	255	1	Metall	Stahl	44	Fall
1	255	1	„	„	44	Fall-Leitblock
1	230	1	Pockholz	Hanf	70	Fall-Klappläufer
1	203	1	„	„	57	Niederholer
2	255	1	„	„	76	Schoten
2	Leit-klotjes		„	„	57	Niederholer
				Vorstengestagsegel.		
1	255	1	Metall	Stahl	51	Fall
1	255	1	„	„	51	Fall-Leitblock
1	230	1	Pockholz	Hanf	70	Fall-Klappläufer
1	203	1	„	„	57	Niederholer
2	255	1	„	„	76	Schoten
2	Leit-klotjes		„	„	57	Niederholer
8	„		„	„	57	Für Schoten auf der Back

An-zahl	Blöcke			Laufendes Gut		Verwendung
	Länge	Scheiben		Art	Um-fang	
		An-zahl	Art			
	mm				mm	
				Großbramstagsegel.		
1	230	1	Metall	Stahl	44	Fall
1	203	1	Pockholz	Hanf	70	Fall-Klappläufer
2	203	1	„	„	57	Schoten
2	177	1	„	„	63	Niederholer
3	Leit-klotjes		„	„	57	Niederholer
				Großstengestagsegel.		
1	255	1	Metall	Stahl	51	Fall
1	255	1	„	„	51	Fall-Leitblock
1	230	1	Pockholz	Hanf	63	Fall-Klappläufer
1	203	1	„	„	57	Niederholer
1	177	1	„	„	57	Schotaufholer
1	255	2	„	„	76	Schoten
1	255	1	„	„	76	Schoten
2	Leit-klotjes		„	„	57	Niederholer
				Mittel-Bramstagsegel.		
1	230	1	Metall	Stahl	44	Fall
1	203	1	Pockholz	Hanf	63	Fall-Klappläufer
2	203	1	„	„	63	Schoten
2	177	1	„	„	57	Niederholer
3	Leit-klotjes		„	„ .	57	Niederholer
				Mittel-Stengestagsegel.		
1	255	1	Metall	Stahl	51	Fall
1	255	1	„	„	51	Fall-Leitblock
1	230	1	Pockholz	Hanf	63	Fall-Klappläufer
1	203	1	„	„	57	Niederholer
1	177	1	„	„	51	Schotaufholer
1	255	2	„	„	76	Schoten
1	255	1	„	„	76	Schoten
2	Leit-klotjes		„	„	57	Niederholer
				Laeisz-Bramstagsegel.		
1	230	1	Metall	Stahl	44	Fall
1	203	1	Pockholz	Hanf	63	Fall-Klappläufer
2	203	1	„	„	63	Schoten
2	177	1	„	„	57	Niederholer
3	Leit-klotjes		„	„	57	Niederholer
				Laeisz-Stengestagsegel.		
1	255	1	Metall	Stahl	51	Fall
1	255	1	„	„	51	Fall-Leitblock
1	230	1	Pockholz	Hanf	63	Fall-Klappläufer
1	203	1	„	„	57	Niederholer
1	177	1	„	„	57	Schotaufholer
1	255	2	„	„	76	Schoten
1	255	1	„	„	76	Schoten
2	Leit-klotjes		„	„	57	Niederholer
				Kreuz-Bramstagsegel.		
1	230	1	Metall	Stahl	44	Fall
1	203	1	Pockholz	Hanf	63	Fall-Klappläufer
2	203	1	„	„	63	Schoten
2	177	1	„	„	57	Niederholer
3	Leit-klotjes		„	„	57	Niederholer

An-zahl	Blöcke Länge	Scheiben An-zahl	Art	Laufendes Gut Art	Um-fang	Verwendung
	mm				mm	

Kreuz-Stengestagsegel.

An-zahl	Länge (mm)	Scheiben Anzahl	Blöcke Art	Lauf. Gut Art	Umfang (mm)	Verwendung
1	255	1	Metall	Stahl	51	Fall
1	255	1	„	„	51	Fall-Leitblock
1	230	1	Pockholz	Hanf	63	Fall-Klappläufer
1	203	1	„	„	57	Niederholer
1	177	1	„	„	51	Schotaufholer
1	255	2	„	„	76	Schoten
1	255	1	„	„	76	Schoten
2	Leit-klotjes		„	„	57	Niederholer

Fock-, Groß-, Mittel- und Laeisz-Raa, je 30,5 m lang.

An-zahl	Länge (mm)	Scheiben Anzahl	Blöcke Art	Lauf. Gut Art	Umfang (mm)	Verwendung
8	355	1	Pockholz	Hanf	89	Brassen
8	430	1	Metall	Stahl	63	Brassen im Stander (Schenkel)
8	355	1	Pockholz	Hanf	89	Brassen feste Part
8	355	1	„	„	89	Brassen auf der Nagelbank
8	430	1	Metall	Stahl	63	Brassen auf der Reling
8	430	1	„	„	63	Brassen am Pender unter dem Mars
6	305	2	„	„	63	Refftalje und Geitau an der Nock
4	305	1	„	„	63	Refftalje und Geitau nur für Fockraa
8	305	2	„	„	63	Refftalie und Geitau auf Mitte Raa
8	203	1	Pockholz	Hanf	70	Refftaljen-Klappläufer
8	255	1	„	„	70	Geitau-Klappläufer
24	255	1	Metall	Stahl	38	Bauchgordings unter dem Mars
24	177	1	„	„	38	Bauchgordings an der Raa
24	230	1	Pockholz	Manilahanf	63	Bauchgordings-Klappläufer
8	280	2	„	Hanf	76	Toppnanttaljen
8	280	2	„	„	76	Toppnanttaljen an Deck
4	230	1	„	„	76	Buleinblöcke am Stag
8	305	1	Metall	Stahl	63	Halsblöcke im Segel
8	305	1	„	„	63	Halsblöcke an Deck
8	305	1	„	„	57	Schotenblöcke im Segel

Bagienraa, 24,4 m lang.

An-zahl	Länge (mm)	Scheiben Anzahl	Blöcke Art	Lauf. Gut Art	Umfang (mm)	Verwendung
2	380	1	Metall	Stahl	57	Braßblöcke im Stander
2	305	1	Pockholz	Hanf	83	Brassen am festen Part
2	380	1	Metall	Stahl	57	Brassen an Laeisz-Mast Saling
2	305	1	Pockholz	Hanf	83	Brassen an Laeisz-Mast Saling
2	255	2	Metall	Stahl	38	Refftaljen und Geitau an der Nock
2	255	2	„	„	38	Refftaljen und Geitau auf Raamitte
2	230	1	Pockholz	Hanf	63	Refftaljen-Klappläufer
2	230	1	„	„	63	Geitau-Klappläufer
5	230	1	Metall	Stahl	38	Bauchgordings unter dem Mars
4	150	1	„	„	38	Bauchgordings auf der Raa
5	203	1	Pockholz	Manilahanf	57	Bauchgordings-Klappläufer
1	Leit-klotje		„	„	57	Mittel-Bauchgording
2	255	2	„	Hanf	70	Toppnanttaljen
2	255	2	„	„	70	Toppnanttaljen am Deck
1	203	1	„	„	70	Bulein am Stag
2	280	1	Metall	Stahl	57	Halsblöcke im Segel
2	280	1	„	„	57	Halsblöcke am Deck
2	280	1	„	„	51	Schotenblöcke
2	355	1	„	„	51	Contrebrassen

Vor-, Groß-, Mittel- und Laeisz-Untermarsraa, je 28,24 m lang.

An-zahl	Länge (mm)	Scheiben Anzahl	Blöcke Art	Lauf. Gut Art	Umfang (mm)	Verwendung
8	380	1	Metall	Stahl	57	Brassenblöcke im Stander
8	305	1	Pockholz	Hanf	76	Brassen feste Part
8	380	1	Metall	Stahl	57	Brassen auf der Nagelbank
8	305	1	Pockholz	Hanf	76	Brassen auf der Reling für Hanf
8	380	1	Metall	Stahl	57	Brassen am Pender unter dem Mars
8	280	1	„	„	51	Geitaublöcke unter der Nock

| An-zahl | Blöcke | | | Laufendes Gut | | Verwendung |
	Länge	Scheiben Anzahl	Art	Art	Um-fang	
	mm				mm	
8	280	2	Metall	Stahl	51	Geitau- und Obermarsschotenblock Raamitte
8	255	1	Pockholz	Hanf	63	Geitau-Klappläufer
8	255	2	Metall	Stahl	38	Bauchgordings am Pender
16	150	1	„	„	38	Bauchgordings-Leitblöcke auf der Raa
16	203	1	Pockholz	Manilahanf	63	Bauchgordings-Klappläufer
8	255	1	Metall	Stahl	51	Untermarsschotenblock an der Kette
8	255	1	„	„	51	Untermarsschotenblock unter der Raa

Kreuz-Untermarsraa, 22,4 m lang.

| An-zahl | Blöcke | | | Laufendes Gut | | Verwendung |
	Länge	Scheiben Anzahl	Art	Art	Um-fang	
2	305	1	Metall	Stahl	51	Brassenblöcke im Stander
2	255	1	Pockholz	Hanf	70	Brassen, feste Part des Stahldrahts
2	255	1	„	„	70	Brassen an Laeisz-Mast Backen
2	305	1	Metall	Stahl	51	Brassen an Laeisz-Marssaling
2	255	1	„	„	44	Geitaublöcke unter der Nock
2	255	1	„	„	44	Geitau- und Obermarsschotenblock Raamitte
2	230	1	Pockholz	Hanf	63	Geitau-Klappläufer
2	230	2	Metall	Stahl	38	Bauchgordingsblock am Pender
4	150	1	„	„	38	Bauchgordings-Leitblöcke auf der Raa
4	203	1	Pockholz	Manilahanf	57	Bauchgordings-Klappläufer
2	230	1	Metall	Stahl	44	Kreuzuntermarsschoten an der Kette
2	230	1	„	„	44	Kreuzuntermarsschoten unter der Raa
2	355	1	„	„	51	Contrebrassen

Vor-, Groß-, Mittel- und Laeisz-Obermarsraa, je 25,3 m lang.

| An-zahl | Blöcke | | | Laufendes Gut | | Verwendung |
	Länge	Scheiben Anzahl	Art	Art	Um-fang	
8	Eisen	1	Metall	Stahl	70	Marsfall, dreifach geschoren
8	380	1	„	„	57	Brassenblöcke im Stander
8	380	1	„	„	57	Brassenblöcke unter der Bramsaling
8	305	1	Pockholz	Hanf	70	Brassenblöcke am festen Part des Stahldrahts
8	305	1	„	„	70	Brassenblöcke auf der Reling
8	255	1	Metall	Stahl	44	Dumper unter der Nock
8	255	1	Pockholz	Hanf	70	Dumper-Klappläufer
8	255	2	Metall	Stahl	51	Dumper und Unterbramschoten
8	230	1	Pockholz	Hanf	70	Obermarsschoten-Klappläufer
8	230	1	Metall	Stahl	51	Obermarsschoten an der Kette
20	255	1	„	„	38	Bauchgordings unter der Bramsaling
16	150	1	„	„	38	Obermarsbauchgordingsleitblock an der Raa
4	Leit-klotjes		Pockholz	„	38	Obermarsmittelbauchgording
20	203	1	„	Manilahanf	63	Obermarsbauchgording-Klappläufer
8	203	1	Metall	Stahl	57	Brassen-Leitblock am Mast
8	177	1	„	„	51	Schoten-Leitblock am Mast
8	230	1	„	„	51	Schotenblöcke am Deck.

Kreuz-Obermarsraa, 19,8 m lang.

| An-zahl | Blöcke | | | Laufendes Gut | | Verwendung |
	Länge	Scheiben Anzahl	Art	Art	Um-fang	
1	Eisen	1	Metall	Stahl	64	Marsfall, doppelt geschoren
2	305	1	„	„	51	Brassenblöcke am Stander
2	305	1	„	„	51	Brassenblöcke unter dem Laeisz-Mars
2	255	1	Pockholz	Hanf	63	Brassenblöcke auf festem Part der Stahlbrassen
2	255	1	Metall	Stahl	51	Brassenblöcke an der Bramsaling
2	230	1	„	„	38	Dumperblöcke unter der Nock
2	230	1	Pockholz	Hanf	63	Dumper-Klappläufer
2	230	2	Metall	Stahl	44	Dumper und Unterbramschotenblöcke Raamitte
2	203	1	Pockholz	Hanf	63	Obermarsschotenklappläufer am Stahlklappläufer
2	203	1	Metall	Stahl	44	Obermarsschotenklappläufer an der Schotenkette
4	230	1	Pockholz	Hanf	38	Bauchgordingsblock unter der Bramsaling
4	150	1	Metall	Stahl	38	Bauchgordings-Leitblock auf der Raa
4	203	1	Pockholz	Manilahanf	57	Bauchgordings-Klappläufer
2	230	1	„	Hanf	63	Schotenblöcke am Deck

Vor-, Groß-, Mittel- und Laeisz-Unterbramraa, je 22,64 m lang.

| An-zahl | Blöcke | | | Laufendes Gut | | Verwendung |
	Länge	Scheiben Anzahl	Art	Art	Um-fang	
8	230	1	Metall	Stahl	51	Brassenblock am Stengestag
8	230	2	„	„	51	Brassenblock an der Bramsaling
8	230	1	Pockholz	Hanf	70	Brassentaljenblock am Deck

An-zahl	Blöcke			Laufendes Gut		Verwendung
	Länge	Scheiben		Art	Um-fang	
		An-zahl	Art			
	mm				mm	
8	230	1	Pockholz	Hanf	70	Brassentaljenblock an der Brasse
8	203	2	„	Manilahanf	63	Bauchgordingsblock am Pender
16	150	1	„	„	63	Bauchgordingsblock auf der Raa
8	230	1	Metall	Stahl	44	Geitaublock unter der Raanock
8	255	2	„	„	44	Geitau und Oberbramschoten
8	230	1	Pockholz	Hanf	57	Geitau-Klappläufer
8	230	1	„	„	70	Unterbramschotentalje am Deck
8	230	1	„	„	70	Unterbramschotentalje an der Schote

Kreuz-Unterbramraa, 18 m lang.

An-zahl	Länge	An-zahl	Art	Art	Um-fang	Verwendung
2	230	1	Metall	Stahl	44	Brassenblock an der Bramsaling
2	203	1	Pockholz	Hanf	63	Brassentaljenblock am Deck
2	203	1	„	„	63	Brassentaljenblock an der Stahldrahtbrasse
2	203	2	„	Manilahanf	57	Bauchgordingsblock am Pender
4	150	1	„	„	57	Bauchgordingsblock auf der Raa
2	230	1	Metall	Stahl	38	Geitaublock unter der Raanock
2	230	2	„	„	38 u.44	Geitau und Oberbramschotenblock
2	203	1	Pockholz	Hanf	51	Geitau-Klappläuferblock
2	230	1	„	„	63	Unterbramschotentalje am Deck
2	230	1	„	„	63	Unterbramschotentalje an der Schote

Vor-, Groß-, Mittel- und Laeisz-Oberbramraa, je 19,2 m lang.

An-zahl	Länge	An-zahl	Art	Art	Um-fang	Verwendung
4	Eisen	1	Metall	Stahl	57	Bramfall, doppelt geschoren
8	230	1	„	„	51	Brassenblock am Stengestag
8	230	1	Pockholz	Hanf	70	Brassen-Klappläufer
16	203	1	„	Manilahanf	63	Bauchgording an der Bramstenge
16	150	1	„	„	63	Bauchgording auf der Raa
8	230	2	Metall	Stahl	44 u.38	Dumper und Roilschotenblock
8	230	1	„	„	44	Dumperblock unter der Raanock
8	203	1	Pockholz	Hanf	57	Dumper-Klappläuferblock
8	230	1	Metall	Stahl	38	Schotenklappläufer
8	Leit-klotjes		Pockholz	„	38	Schoten am Stander

Kreuz-Oberbramraa, 14,7 m lang.

An-zahl	Länge	An-zahl	Art	Art	Um-fang	Verwendung
1	Eisen	1	Metall	Stahl	51	Bramfall, doppelt geschoren
2	230	1	„	„	44	Brassenblöcke an der Bramsaling
2	203	1	Pockholz	Hanf	63	Brassenklappläufer
3	203	1	„	Manilahanf	57	Bauchgordings an der Bramstenge
2	150	1	„	Hanf	57	Bauchgordings-Leitblöcke auf der Raa
1	Leit-klotje		„	„	57	Bauchgordings (mittlere)
2	203	1	Metall	Stahl	38	Dumperblöcke unter der Raanock
2	203	2	„	„	38	Dumper und Roilschoten
2	203	1	Pockholz	Hanf	57	Dumper-Klappläufer
2	203	1	Metall	Stahl	38	Oberbramschotenblock an der Kette
2	Leit-klotjes		Pockholz	„	38	Schotenleitklötze am Stander

Vor-, Groß-, Mittel- und Laeisz-Roilraa, je 15,7 m lang.

An-zahl	Länge	An-zahl	Art	Art	Um-fang	Verwendung
4	305	2	Pockholz	Hanf	63	Roilfall
4	305	2	„	„	63	Roilfall
4	255	1	„	„	63	Roilfall-Fußblöcke
8	230	1	Metall	Stahl	44	Brassenblock an der Bramstenge
8	203	1	Pockholz	Hanf	63	Brassen-Klappläufer
16	203	1	„	Manilahanf	57	Bauchgordings an der Stenge
16	150	1	„	„	57	Bauchgordings auf der Raa
8	203	1	Metall	Stahl	38	Geitau unter der Raanock
8	203	1	„	„	38	Geitau unter der Raa in der Mitte
8	203	1	Pockholz	Hanf	51	Geitau-Klappläufer
8	203	1	„	„	63	Schoten-Klappläufer

An-zahl	Blöcke			Laufendes Gut		Verwendung
	Länge	Scheiben		Art	Um-fang	
		An-zahl	Art			
	mm				mm	
	**Kreuz-Roilraa, 11,2 m lang.**					
1	280	2	Pockholz	Hanf	57	Roilfall
1	280	2	"	"	57	Roilfall
1	230	1	"	"	57	Roilfall-Fußblock
2	203	1	Metall	Stahl	38	Brassenblöcke an der Bramstenge
3	203	1	Pockholz	Hanf	57	Brassen-Klappläufer
2	203	1	"	Manilahanf	57	Bauchgordings an der Stenge
2	150	1	"	"	57	Bauchgordings auf der Raa
1	Leitklotje		"	"	57	Bauchgordings (mittlere)
2	203	1	Metall	Stahl	32	Geitaublock unter der Raanock
2	203	1	"	"	32	Geitaublock unter der Raa in der Mitte
2	203	1	Pockholz	Hanf	51	Geitau-Klappläufer
2	203	1	"	"	57	Schoten-Klappläufer
	**Gaffelsegel. Länge des Baumes 17,4 m.**					
1	230	1	Metall	Stahl	44	Gaffelsegel-Ausholer
1	203	1	Pockholz	Hanf	63	Gaffelsegel-Ausholer-Klappläufer
1	230	1	"	"	51	Gaffelsegel-Niederholer
1	230	1	"	"	51	Schotaufholer
6	203	1	"	"	57	Geitaublöcke
1	230	1	"	"	63	Baumausholer-Talje
1	230	2	"	"	63	Baumausholer-Talje
2	230	2	"	"	63	Bullentalje
1	305	3	"	"	83	Baumschoten am Baum
1	305	2	"	"	83	Baumschoten am Deck
2	203	2	"	"	63	Gaffelgerden am Stander
2	203	1	"	"	63	Gaffelgerden am Deck
2	127	1	"	"		Flaggenleine
	**Verschiedenes.**					
4	255	2	Pockholz	Hanf	70	Lösch- und Ladegeschirr
4	255	1	"	"	70	Lösch- und Ladegeschirr
4	305	1	"	"	114	Lösch- und Ladegeschirr
4	305	1	"	"	89	Lösch- und Ladegeschirr
4	280	2	"	"	76	Bootstaljen
4	280	3	"	"	76	Bootstaljen
2	455	3	Metall	Stahl	51	Ankergien
1	355	1	"	"	51	Ankergien-Fußblock
4	305	2	Pockholz	Hanf	57	Ankerkran-Gerden
2	203	1	"	"	51	Fallreepstreppentalje
2	203	2	"	"	51	Fallreepstreppentalje
12	177	1	"	"	63	Untere Schwichtings
6	230	1	"	"		Reserve-Steertblöcke
2	255	1	"	"		Reserve-Kinnbacksblöcke
2	455	3	"	"		Reserve-Gienblöcke
1	380	3	"	"		Gienblöcke
1	380	2	"	"		Gienblöcke
3	305	3	"	"		Gienblöcke
2	230	1	"	"		Reserve-Stengewindreepsblock
8	305	2	"	"		Reserve-Taljenblöcke
2	Lotlein		"	"		Lotleinblock
8	405	1	Metall	Stah		Staggarnatblöcke
4	355	1	"	"		Staggarnatblöcke
4	305	1	"	"		Staggarnatblöcke
1	380	1	Pockholz	Hanf		Fußblock
1	305	1	"	"		Fußblock
2	455	3	"	"		Kattblock
8	255	1	"	"		Leitblock

C. Segel.

a. Material und Arbeit.

Die Segel für Handelsschiffe wurden früher vielfach aus einem Hanf-
gewebe gefertigt. Seit vielen Jahren wird aber statt dessen nur noch ein
Gewebe aus Flachs verwendet, weil letzteres Material, obgleich höher im
Preise, weniger hart und spröde, sondern geschmeidiger und widerstands-
fähiger ist als Hanf. Für Segel von
Yachten gelangt vielfach ein Gewebe
aus Baumwolle zur Verwendung.

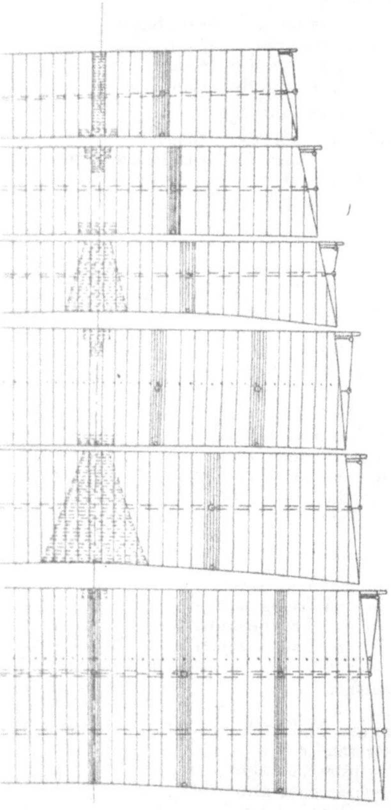

Das im Handel vorkommende Segeltuch wird gewöhnlich in „Stücken"
von 35 m (38¹/₄ Yards) Länge und
61 cm (24″ engl.) Breite geliefert.
Das Zusammennähen der einzelnen
Bahnen (Kleider) geschieht im allgemeinen in der Weise, daß die Nähte
im Segel annähernd vertikal zu stehen
kommen, nur einige Stagsegel und
die Segel der Yachten machen hierin
eine Ausnahme, wie aus den Segelzeichnungen, namentlich aus Fig. 76,
ersichtlich ist. Bei letzteren sind die
Nähte annähernd normal zum Außen-
liek angeordnet. Fast alle Änderungen in der Anordnung der Nähte
zielen darauf hin, das Verziehen des
Segels einzuschränken. Die äußeren
Kanten der Segel erhalten als Ein-
fassung ein besonders für diesen
Zweck geschlagenes Hanftau oder
bei größeren Segeln ein Drahttau,
das Liek, dessen Umfang sich nach
der Stärke des Segeltuchs richtet.
Mit den Lieken müssen die verschiedenen Legel (Brillen-, Nockohren-,
Refftaljen-, Kopf-, Hals-, Schothorn-,
Ring- u. s. w. Legel) kunstgerecht
verbunden werden.

Fig. 172.

An besonders beanspruchten Stellen wird jedes Segel noch durch auf-
genähte Doppelungen (Stoßlappen) gegen Aufreißen und Durchscheuern ge-
schützt. In der Fig. 172 ist für Raasegel, die auf der ganzen Länge der
Raa gleichmäßig verteilt festgemacht werden, durch beistehende vertikale
Schraffierung die Verdoppelung für die Gordings an der Vorderseite
des Segels und durch horizontale punktierte Schraffierung, wie nebenstehend,
die Verdoppelung an der Hinterseite des Segels an-
gegeben. Zwei horizontale ⸻ Striche bedeuten ein Verstärkungsband
von 200 mm Breite und drei horizontale ⸻ Striche ein Verstärkungsband mit Schamfilungsbolzen von 76 mm Hanf. ⊙ bedeutet ferner eine

Pockholzkausche mit Stropp für die Gordings und $--\odot$ eine Pockholzkausche mit Steert für Geitaue und Niederholer.

Bei Gaffel- und Stagsegeln werden Doppelungen in den Ecken und bei
letzteren noch solche in der Richtung der Schoten angebracht. Bei allen
Segeln werden außerdem Doppelungen am Umfange und im Bereich der
Reffbändsel vorgesehen.

Das Segeltuch wird in verschiedenen Stärken (Schwere) hergestellt, und
zwar wird für die unteren und Sturmsegel das schwerste, für die oberen
Segel das leichteste Tuch verwendet.

Von deutschen Segeltuchwebereien finden vorzugsweise die Fabrikate
der Firma Conr. Wilh. Delius & Co. in Versmold, Westfalen, welche ihre
Garne in eigener Spinnerei herstellt, für Segelchiffe Verwendung. Diese
Firma liefert das Segeltuch vornehmlich in zwei Qualitäten, „Kern" als erste,
„Kron" als zweite Qualität, beide in verschiedenen Stärken, die durch
Nummern bezeichnet sind, und zwar von Nr. 0 bis Nr. 6. Die letzte
Nummer kommt indes für Segelschiffe selten in Anwendung. Außerdem
werden noch zwei weitere Qualitäten, „Marke A und B", für Reparaturen
und Segel der kleinen Küstenfahrer geliefert.

In Großbritannien steht wohl die Gonrock Ropework Co. in Port Glasgow als Segeltuchfabrik obenan. Dieses Werk liefert Tuche in drei Qualitäten, „Extra" ist die erste, „Bleached" die zweite und „Boiled" die dritte
Qualität. Jede derselben wird in sechs verschiedenen Stärken geliefert, die
mit Nr. 1 bis Nr. 6 bezeichnet sind.

Von den Fabrikaten erster Qualität der beiden genannten Firmen
wurden früher nachstehende Nummern als gleichwertig bezeichnet:

Delius Kerntuch Nr. 0 = Extra Gonrock Nr. 1
„   „   „ 1 = „   „   „ 2
„   „   „ 2 = „   „   „ 3
„   „   „ 3 = „   „   „ 4
„   „   „ 4 = „   „   „ 5
„   „   „ 5 = „   „   „ 6

Dieser Unterschied existiert aber nicht mehr, so daß jetzt die beiderseitigen Nummern von 0 bis 6 gleichwertig sind. Das Gewicht des Segeltuches ist:

Nr. 0   1,012 bis 1,032 kg pro qm
„   1   0,941   „   0,965 „   „   „
„   2   0,894   „   0,918 „   „   „
„   3   0,847   „   0,871 „   „   „
„   4   0,800   „   0,823 „   „   „
„   5   0,729   „   0,753 „   „   „
„   6   0,659   „   0,682 „   „   „

Was die Verwendung der verschiedenen Qualitäten des Segeltuches betrifft, so ist zu bemerken, daß bei Neubauten gewöhnlich die erste Qualität
für die eigentlichen Segel und die zweite, bezw. dritte Qualität für Sonnensegel, Persenning, Kleider und Bezüge zur Anwendung gelangt.

b. Stärke des Segeltuches für die verschiedenen Schiffsarten.

Die Stärke (Schwere) des Segeltuches für die verschiedenen Schiffstypen (Segelschiffe und Dampfer) wird gewöhnlich wie folgt genommen:

Vollschiffe (V₅ IV₄ III₃).

Nr.

Fock, Untermarssegel für alle Masten (Toppen), Vorstengestagsegel
und Sturmsegel 0

Groß-, Mittel- und Hauptsegel, sowie Obermarssegel und Stengestag-
segel für alle Toppen 1

Unterbramsegel für alle Toppen mit Ausnahme des Kreuztopps, Großer
Klüver, Binnenklüver, Bagiensegel, Besahn 2

Oberbramsegel für alle Toppen mit Ausnahme des Kreuztopps, Kreuz-
unterbramsegel, Außenklüver 3

Kreuzoberbramsegel, Bramstengestagsegel und Roils für alle Toppen
mit Ausnahme des Kreuztopps 4

Kreuzbramstengestagsegel 5

Skeisegel, Kreuzroil, Roilstengestagsegel 6

Barks (V₄ IV₃ III₂).

Fock, sämtliche Untermarssegel, Vorstengestagsegel, Besahnstagsegel
und Sturmsegel 0

Groß-, Mittel- und Hauptsegel, sämtliche Obermarssegel, Besahn, Sturm-
besahn und Besahnstengestagsegel 1

Sämtliche Unterbramsegel, Großer Klüver und Binnenklüver . . . 2

Sämtliche Oberbramsegel, Bramstengestagsegel, Außenklüver und
Gaffeltoppsegel 3

Sämtliche Roils, Roilstengestagsegel und Besahnbramstagsegel (Flieger) 4

NB. Wenn einfache Bramsegel zur Anwendung kommen, dann erhalten dieselben eine Stärke 3

Schonerbarks (III₁).

Untermarssegel, Vorstengestagsegel und Großstagsegel (Sturmsegel) . 0

Fock, Obermarssegel, Großsegel, Großstagsegel und Besahn 1

Kleiner und großer Klüver 2

Außenklüver und Bramsegel (Außenklüver evtl. Nr. 4) 3

Gaffeltoppsegel 4

Flieger und Roil 5

Briggs (II₂).

Fock, Untermarssegel und Vorstengestagsegel 0

Großsegel, Obermarssegel, Briggsegel und Großstengestagsegel . . . 1

Kleiner und großer Klüver 2

Bramsegel und Außenklüver (Außenklüver evtl. Nr. 4) 3

Roils und Bramstagsegel 5

Schonerbriggs (II₁).

Untermarssegel, Vorstengestagsegel, Großstagsegel (Sturmsegel) . . 0

Fock, Obermarssegel, Großsegel, Großstengestagsegel 1

Großer und kleiner Klüver 2

Bramsegel 3

Außenklüver und Roil 4

Gaffeltoppsegel . . . . 4 oder 5

Toppsegelschoner.

	Nr.
Unteres Toppsegel und Sturmsegel	0
Oberes Toppsegel, Stagfock und sämtliche Gaffelsegel	1
Binnenklüver	2
Klüver und Bramsegel	3
Außenklüver und sämtliche Gaffeltoppsegel	4
Flieger und Breitfock, wenn vorhanden	5

Gaffelschoner.

Da die Größe der Gaffelschoner sehr verschieden ist und die Stärke der Segel sich nach der Schiffsgröße richtet, so können hier genaue Angaben über Tuchnummern generell nicht gemacht werden. Bei großen Schonern verwendet man für die Stagfock und für alle Gaffelsegel das schwerste Tuch, bei kleineren Schiffen, z. B. bei Lotsenschonern sind folgende Nummern üblich:

Gaffelsegel und Stagfock	2
Klüver	3
Gaffeltoppsegel	4

Logger.

Hier kommt namentlich der Zweck, für welchen das Fahrzeug bestimmt ist, in Betracht. Für Heringslogger werden nachstehende Stärken genommen:

Stagfock	0
Großsegel	1
Sturmgroßsegel, Besahn (Treiber), Sturmbesahn, Sturmklüver und kleiner Klüver	2
Mittelklüver und Aaksegel	3
Großer Klüver, Groß- und Besahn-Gaffeltoppsegel	4

Fischkutter.

Großsegel und kleine Stagfock	0
Sturmklüver	1
Besahn	2
Kleiner Klüver	3
Mittelklüver	4
Große Stagfock, großer Klüver und Gaffeltoppsegel	5

Segeltuch zweiter Qualität findet u. a. für Sonnensegel Verwendung, und zwar wird für Sonnensegel großer Schiffe Kerntuch Nr. 2 oder 3 genommen, für diejenigen kleiner Schiffe entsprechend dünneres Tuch.

c. Reservesegel.

An Bord eines jeden Segelschiffes müssen sich folgende Reservesegel befinden:

A. Fünfmast-Vollschiffe.

Drei Untersegel.	Ein Vorstengestagsegel.
Drei Untermarssegel.	Ein Klüver.
Drei Obermarssegel.	Ein Besahnstagsegel oder eine Sturmbesahn.

B. Fünfmast-Barks und Viermast-Vollschiffe.

Zwei Untersegel.
Zwei Untermarssegel.
Zwei Obermarssegel.

Ein Vorstengestagsegel.
Ein Klüver.
Ein Besahnstagsegel oder eine Sturm-
besahn.

C. Viermast-Barks, Vollschiffe und Barks.

Eine Fock.
Ein Untermarssegel.
Ein Obermarssegel.

Ein Vorstengestagsegel.
Ein Klüver.
Ein Besahnstagsegel oder eine Sturm-
besahn.

D. Briggs.

Eine Fock.
Ein Untermarssegel.
Ein Obermarssegel.

Ein Vorstengestagsegel.
Ein Klüver.
Ein Briggsegel.

E. Schonerbarks, Schonerbriggs und Dreimastschoner mit Raaen.

Eine Fock.
Ein Marssegel.
Ein Vorstengestagsegel.

Ein Klüver.
Ein Großstagsegel.
Ein Großsegel.

F. Raa- und Gaffelschoner.

Ein Vorstagsegel.
Eine Stagfock.
Ein Schonersegel.

G. Kleinere Schiffe ohne Raa (außerhalb der Wattfahrt).

Eine Stagfock.
Ein Großsegel.

Schiffe ohne **Raa**, deren Brutto-Raumgehalt 200 Kubikmeter nicht überschreitet, sind von der Mitführung eines Reservegroßsegels befreit.

Für Dampfer richtet sich der Bedarf an Reservesegeln nach der Größe der Maschinenkraft und der Art des Dienstes, für welchen das Schiff bestimmt ist.

Additional information of this book

(Bemastung und Takelung der Schiffe; 978-3-662-24466-1; 978-3-662-24466-1_OSFO1) is provided:

http://Extras.Springer.com

Additional information of this book

(Bemastung und Takelung der Schiffe; 978-3-662-24466-1;

978-3-662-24466-1_OSFO3) is provided:

http://Extras.Springer.com

Additional information of this book

*(Bemastung und Takelung der Schiffe; 978-3-662-24466-1;
978-3-662-24466-1_OSFO5)* is provided:

http://Extras.Springer.com

Additional information of this book

(Bemastung und Takelung der Schiffe; 978-3-662-24466-1;

978-3-662-24466-1_OSFO7) is provided:

http://Extras.Springer.com

Additional information of this book

(Bemastung und Takelung der Schiffe; 978-3-662-24466-1;
978-3-662-24466-1_OSFO9) is provided:

http://Extras.Springer.com

Additional information of this book

(Bemastung und Takelung der Schiffe; 978-3-662-24466-1;

978-3-662-24466-1_OSFO11) is provided:

http://Extras.Springer.com

Additional information of this book

(Bemastung und Takelung der Schiffe; 978-3-662-24466-1;
978-3-662-24466-1_OSFO13) is provided:

http://Extras.Springer.com

EXTRA
MATERIALS

Additional information of this book

(Bemastung und Takelung der Schiffe; 978-3-662-24466-1;
978-3-662-24466-1_OSFO15) is provided:

http://Extras.Springer.com

Additional information of this book

(Bemastung und Takelung der Schiffe; 978-3-662-24466-1;

978-3-662-24466-1_OSFO17) is provided:

http://Extras.Springer.com

Additional information of this book

(Bemastung und Takelung der Schiffe; 978-3-662-24466-1;

978-3-662-24466-1_OSFO19) is provided:

http://Extras.Springer.com

Additional information of this book

(Bemastung und Takelung der Schiffe; 978-3-662-24466-1; 978-3-662-24466-1_OSFO21) is provided:

http://Extras.Springer.com

Additional information of this book

(Bemastung und Takelung der Schiffe; 978-3-662-24466-1;

978-3-662-24466-1_OSFO23) is provided:

http://Extras.Springer.com

Additional information of this book

(Bemastung und Takelung der Schiffe; 978-3-662-24466-1; 978-3-662-24466-1_OSFO25) is provided:

http://Extras.Springer.com